教育部高等学校材料类专业教学指导委员会规划教材

国家级一流本科专业建设成果教材

# 薄膜材料科学与技术

刘仲武 主 编

THIN FILM MATERIALS SCIENCE AND TECHNOLOGY

化学工业出版社

·北 京·

## 内容简介

《薄膜材料科学与技术》是教育部高等学校材料类专业教学指导委员会规划教材，全面地介绍了薄膜材料的基本概念、薄膜制备技术、薄膜生长机理、薄膜加工技术以及薄膜分析技术。在简要地阐述薄膜材料基本特点的基础上，首先介绍了与薄膜表征和分析密切相关的真空技术和等离子体技术；详细阐述了薄膜材料的制备方法，包括薄膜制备的液相方法、薄膜物理气相沉积技术、薄膜的热氧化与化学气相沉积技术、薄膜旋涂和喷涂技术，涉及各种制备方法的基本原理、制备设备和制备工艺；分析了气相沉积薄膜材料的生长机制、薄膜的生长过程及其影响因素，介绍了薄膜的外延生长技术；随后进一步介绍了薄膜的微细加工技术，特别是薄膜刻蚀技术；最后，系统阐述了薄膜的表征和分析方法，包括薄膜的厚度控制与测量、成分表征、结构表征、原子化学键表征、表面形貌与微观组织分析以及薄膜材料性能分析。

本书不仅具有一定的理论参考价值，也具有较为广泛的应用参考价值，既可作为高等院校材料类及相关专业的本科生、研究生教学用书，也可作为薄膜材料专业科技人员的参考书。

**图书在版编目（CIP）数据**

薄膜材料科学与技术 / 刘仲武主编. -- 北京 : 化学工业出版社，2024. 9
教育部高等学校材料类专业教学指导委员会规划教材
ISBN 978-7-122-45614-4

Ⅰ. ①薄… Ⅱ. ①刘… Ⅲ. ①薄膜－工程材料－高等学校－教材 Ⅳ. ①TB383

中国国家版本馆 CIP 数据核字(2024)第092078号

责任编辑：陶艳玲　　文字编辑：胡艺艺
责任校对：宋　夏　　装帧设计：史利平

出版发行：化学工业出版社
(北京市东城区青年湖南街 13 号　邮政编码 100011)
印　　刷：北京云浩印刷有限责任公司
装　　订：三河市振勇印装有限公司
787mm×1092mm　1/16　印张 22¾　字数 560 千字
2024 年 10 月北京第 1 版第 1 次印刷

购书咨询：010-64518888　　售后服务：010-64518899
网　　址：http://www.cip.com.cn
凡购买本书，如有缺损质量问题，本社销售中心负责调换。

定　　价：69.00 元

# 前言

二维材料被誉为材料界的新革命。接近二维尺度的材料都可以称之为膜材料，本书中的薄膜材料是指在基片表面由原子、分子或离子沉积以及其它方式生长形成的二维和准二维材料，厚度从单原子层到微米尺度。由于其二维特性，薄膜材料是实现器件小型化、集成化的最有效的手段之一。自20世纪以来，基于薄膜材料的新物理现象层出不穷，并由此诞生了众多的新物理器件，极大地推动了材料科学技术与工业技术的发展。目前，薄膜材料科学与技术已成为现代材料科学中发展最为迅速的分支之一。借鉴材料科学与工程的概念，薄膜材料科学与技术是研究薄膜材料的成分与结构、制备与加工工艺、力学与功能特性以及薄膜的应用效能之间相互关系的科学与技术。同时，它也是集材料科学、物理、化学、冶金学、机械、电子等于一体的交叉学科。薄膜材料科学与技术涉及面广，至少包括薄膜材料制备科学与技术、薄膜材料微细加工科学与技术、薄膜材料分析表征技术、薄膜材料生长热力学与动力学、薄膜材料组织和性能学、薄膜的应用技术等几个方面。

薄膜材料的发展历史可以追溯到17世纪，研究者观察到液体表面上液体薄膜的光学特性。19世纪，制备薄膜的电镀、溅射沉积和物理蒸发沉积等技术相继出现。20世纪开始，随着真空技术、等离子体技术和材料分析技术的进步，薄膜技术和薄膜材料取得了飞速的发展。尤其是20世纪中叶之后，电子、信息工业的兴起，薄膜材料与技术在工业制造中显示出越来越重要的作用。集成电路等电子器件的特征尺寸由微米向纳米线宽发展，高集成度和高性能化的需求促使研究者不断地开发性能更优异的薄膜材料和制程更先进的薄膜制备方法。在21世纪出现的材料高通量制备、材料基因工程等材料研究新技术中，薄膜科学与技术也是重要的研究方向之一。现今，薄膜技术已成为工业制造和科学研究的重要手段。薄膜科学与技术已经渗透到现代科技和国民经济各个领域，在电子信息、通信交通、航空航天、生物医药、能源、军事和消费电子等工业中都必不可少。

正是因为薄膜材料在各个学科的作用越来越重要，很多高校的材料类、机械类、集成电路类等专业都将薄膜材料类课程列入了本科和研究生教学培养方案中，大部分学校都开设了薄膜材料与技术相关的本科和研究生专业课程。然而，尽管目前市场上出现了不少薄膜材料相关的专著，教材仍然比较缺乏。

因此，为了更好地反映薄膜材料与技术发展趋势，全面覆盖该技术领域的基础知识，满足相关专业对教材的需求，我们在多年教学和科学实践的基础上，参阅了国内外教材和有关文献资料，编写了本书。本书内容力求涉及面广、简洁易懂，适合学生学习使用。本书内容完整，不仅涉及薄膜的制备、薄膜的分析、薄膜的生长，也涉及薄膜的加工。在薄膜制备部分，不仅介绍了薄膜的物理和化学气相沉积技术，也介绍了液相沉积、喷涂、旋涂等涂层制备技术。

本书内容第一、二、四、七、九章由刘仲武编写，第三、五、十章由余红雅编写，第六、八章由吴雅祥编写，统稿和整理由余红雅负责。在编写过程中，黄韦达、黎向东、胡锦文、李松懋、周帮、张许行、曹佳丽、魏祖春、何娜、俞志高、蒋春云、曾超超、陈世英等参与了资料收集和部分初稿撰写，在此表示衷心感谢！

本书在撰写过程中，特别借鉴了国内已有的教材和专著，在此，对各位编者的辛勤工作表示衷心感谢！

本书入选教育部高等学校材料类专业教学指导委员会规划教材 2022 年度建设项目、华南理工大学 2022 年度本科精品教材专项建设项目，在此感谢教育部高等学校材料类专业教学指导委员会和华南理工大学的支持。

由于薄膜材料与技术始终在不断发展、更新，加之编者水平有限，书中难免有不妥之处，敬请读者批评指正。

**刘仲武**

**2024 年 3 月**

**华南理工大学**

# 目 录

## 第三章 薄膜制备的液相方法

## 第四章 薄膜物理气相沉积技术



## 第五章 薄膜的热氧化与化学气相沉积技术

## 第九章 薄膜的厚度和组织结构表征

## 第十章 薄膜材料性能分析

# 第一章
# 绪　论

材料是人类社会文明发展的基础。随着现代科学和技术的分工越来越细，材料科学与技术的分支也越来越多，而薄膜材料科学与技术是现代材料科学与技术中发展最为迅速的分支之一。

薄膜材料（薄膜）的诞生与发展是现代科学技术，特别是微电子技术发展的必然结果。一方面，各种结构和功能器件正面临小型化和高性能需求，器件中的材料需要从三维向二维甚至是一维方向发展，而薄膜就是典型的二维材料；另一方面，过去需要众多器件组合才能实现的功能，现在需要用少数几个器件或一块集成电路来实现，这就要求将各种材料功能集中于一种材料当中，这正是薄膜材料的优势。而薄膜技术正是实现器件集成化最有效的技术手段之一，它不仅可以减小器件的体积，而且可以将各种不同的材料灵活地复合在一起，构成同时具有各种特性的复杂材料体系，发挥每种成分的优势，避免单一材料的局限性。此外，当材料厚度减小到纳米尺度，接近电子或其它粒子量子化运动的微观尺度，就会表现出许多全新的物理现象，包括新的电学性能、磁学性能、热学性能、光学性能以及力学性能。这正是薄膜材料引起人们广泛关注的原因。事实上，自 20 世纪以来，基于薄膜材料的新物理现象和新物理器件层出不穷，极大地推动了材料科学与材料工业的发展。

现代薄膜材料科学与技术实际上包括了以物理气相沉积和化学气相沉积为代表的薄膜制备技术、以化学刻蚀和离子束刻蚀为代表的薄膜加工技术、薄膜分析与检测技术以及薄膜应用技术等知识领域，如图 1-1 所示。此外，薄膜技术不仅是一门独立的材料制备与应用技术，而且可以作为材料表面改性和提高某些工艺水平的重要手段。

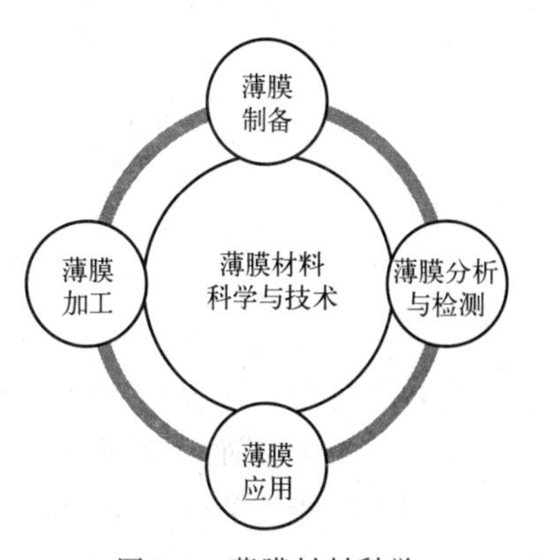

图 1-1　薄膜材料科学与技术知识领域

随着薄膜材料和技术的迅速发展，薄膜材料科学与工程学科也应运而生，并已成为材料科学与工程的重要组成部分。借鉴材料科学与工程的概念，薄膜材料科学与工程是研究薄膜材料的成分与组织结构、制备工艺、性质和应用效能之间相互关系的学科。它涉及的范围很广，包括材料学、物理学、化学、冶金学、机械、电子等多种学科。

当今社会，薄膜材料越来越重要。一方面，新一代电子、信息和能源等领域对薄膜材料与薄膜技术的需求越来越多，薄膜材料的应用越来越广；另一方面，从事薄膜生产与研究的企业和机构越来越多，薄膜技术人才需求越来越多。因此，理解薄膜材料基本科学原理，掌握薄膜材料制备、加工和测试技术非常重要。

本章主要介绍薄膜的基本概念、基本特点以及制备过程。

# 第一节　薄膜的定义

中文中的“薄膜”有两种解释：一是一种薄而软的透明薄片，用塑料、胶黏剂、橡胶或其它材料制成，例如聚酯薄膜、尼龙薄膜、塑料薄膜等；二是由原子、分子或离子沉积在基片表面形成的二维材料，例如光学薄膜、复合薄膜、超导薄膜等。在薄膜材料科学与技术中，我们主要关注第二种解释中的薄膜。

因此，薄膜材料的定义是：由原子、分子或离子沉积在基片表面形成的厚度小于1纳米到几个微米的薄层二维材料。图1-2给出不同厚度材料的定义。>1mm的块材，通常称之为板材；厚度在0.1～1mm的块材称之为薄板；厚度在10～100μm的材料称之为箔材。当材料的厚度减小到一定程度时，由于没办法支撑，必须依附于基片（衬底、基底、基体），形成薄膜。习惯上把厚度大于5μm的膜称为厚膜，厚度小于5μm的膜称为薄膜（thin film）。但是，这种划分有一定的任意性。通常，把能够不依托基片存在的宏观尺度的材料称之为块材（bulk materials），而薄膜与块材显著的不同是生长在基片上，且厚度很小。此外，在基片上制备的一层相对较厚的薄膜材料有时也称作“涂层”（coating）。涂层除了可以通过原子、分子或离子沉积，甚至可以通过原子团簇、微小颗粒乃至粉末沉积的方式制备。本书中，薄膜并不进行严格的厚度定义，凡是利用薄膜制备方法在基片上得到的一薄层物质都统称为薄膜。事实上，薄膜材料可以是气态、液态或固态。例如，气体分子吸附在固体表面会形成一层气态薄膜，而凝结在固体表面的水蒸气可以形成液态薄膜。但本书中，只关注在固态基片上的固态薄膜。一个大家非常熟悉的薄膜应用例子就是我们日常生活中用到的镜子，它是由透明玻璃和其背后的金属薄膜组成。

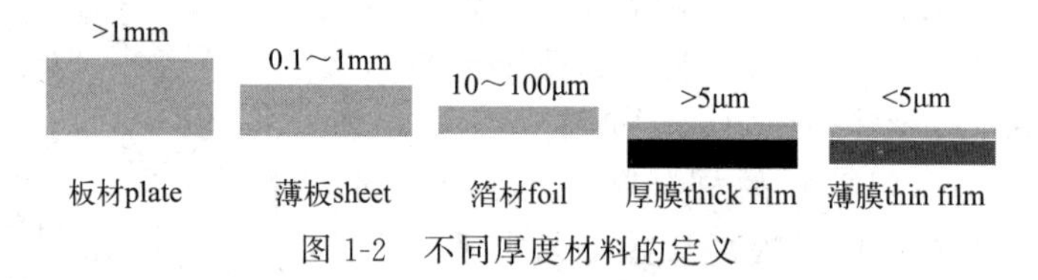


图1-2　不同厚度材料的定义

由定义可知，薄膜是一种特殊的物质形态，其在厚度这一特定方向上尺寸很小，而且在厚度方向上由于表面、界面的存在，物质连续性发生了中断，从而表现出与普通体材（块材）不同的性能。从厚度上看，薄膜可厚可薄，厚度可以从原子层级到纳米级，到几个微米，甚至十微米以上；从物质结构上讲，固体薄膜可以是非晶态、多晶态或单晶态薄膜；从材料性质上，薄膜可以是金属、无机或者有机薄膜，也可以是复合材料薄膜；从成分上，可以是单质薄膜，也可以是化合物薄膜；从结构上分类，薄膜可以是生长在基片上的一层均质膜，也可是由不同结构和/或成分组成的多层复合膜，如图1-3所示。此外，从性能上，薄膜材料又分为结构薄膜材料和功能薄膜材料。结构薄膜主要利用薄膜的高硬度、高强度、耐磨性等，提高基片材料的力学性能，通常又称为硬质薄膜或者硬质涂层。而功能薄膜主要利用薄膜的电学、磁学、光学、热学等物理性能或者气敏、吸附、耐腐蚀等化学性能。

薄膜的研究及其技术发展可以追溯到17世纪。1650年Boye、Hooke和Newton等观察到在液体表面上液体薄膜产生的相干彩色花纹。随后，各种制备薄膜的方法和手段相继诞生。1850年Faraday发明了电镀制备薄膜的方法，1852年Grove发明了基于辉光放电的溅

图 1-3　单层薄膜和多层薄膜

射沉积薄膜制备方法，19 世纪末 Edison 发明了蒸发沉积薄膜制备方法。由于薄膜制备工艺重复性差以及材料检测技术的限制，早期的薄膜材料的发展受到了一定的阻碍。到 20 世纪 50 年代，随着真空技术的发展和材料分析技术的进步，特别是电子工业和信息工业的兴起，薄膜材料和薄膜技术才得到迅速发展并显示出其独特的优势。

# 第二节　薄膜的特点与结构

这里所讨论的薄膜，是生长在基片上的一薄层材料。它不是由块体材料加工而成，而一般是由粒子沉积而成。与块材（体材）不同，薄膜材料具有其特殊性。首先，薄膜是由薄层材料与基片构成，薄膜和基片构成一个复合体系，两者存在相互作用。一方面，薄膜在基片上的附着力对于薄膜的应用非常重要；另一方面，薄膜和基片之间的成分扩散必须足够重视。因此，薄膜生长的结构受基片结构的影响很大。此外，薄膜材料可能不是完全致密，内部存在应力，存在不同结构，含有各种结构缺陷。特别是，作为准二维结构，薄膜材料的表面和界面效应非常显著。这些都可能改变材料的电学、磁学、光学、热学和力学性能。

## 一、薄膜材料的表面效应

薄膜材料中存在表面和界面，表面是薄膜与外界环境之间的接触面，而界面是薄膜和基片之间的接触面。由于薄膜很薄，表面和界面所占的比例相对较大，具有很大的比表面积（比表面积=表面积/体积）。因此，薄膜材料对电子或其它载流子具有很强的表面散射效果。相比块体材料，薄膜材料的物理性能，如导电性能等都会发生变化。

金属材料的导电性是由于金属内部自由电子在电场的作用下，沿着电场的反方向运动而引起的。对于块体材料，一般可忽略电子和块体表面碰撞所损失的能量，只考虑自由电子和振动的晶格碰撞所损失的能量，电阻主要由这两部分组成。而对于薄膜材料，由于比表面积增大，薄膜内电子的运动受电子与表面碰撞的影响不能忽略。因此，薄膜的电导率 $\sigma$ 可由式（1-1）表示

$$\frac{\sigma}{\sigma_{\infty}}=1-\frac{3(1-p)L_{\infty}}{8d} \tag{1-1}$$

式中，$d$ 为薄膜厚度；$p$ 为电子与表面弹性碰撞概率；$L_{\infty}$ 和 $\sigma_{\infty}$ 分别为块材的电子平均自由程和电导率。结果表明，随着薄膜厚度的减小，电导率将明显降低而偏离块材的电导率。

此外，薄膜材料的表面散射效应还会影响它的电阻温度系数、霍尔系数、热电系数等其它物理性能。

## 二、薄膜材料的纳米效应

薄膜材料实际上是纳米材料的一种。从维度上，材料可以分为：三维纳米材料，如纳米晶合金；二维纳米材料，即这里讲的薄膜材料；一维纳米材料，如纳米线、纳米管、纳米带等；零维纳米材料，如纳米颗粒。如图 1-4 所示。

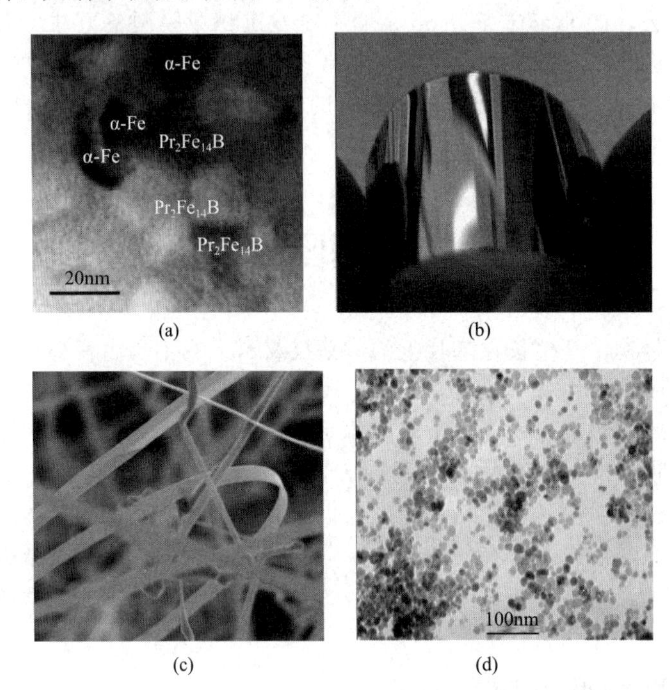


图 1-4　纳米材料的分类

(a) 三维纳米材料；(b) 二维纳米材料；(c) 一维纳米材料；(d) 零维纳米材料

因此，薄膜材料具有纳米材料相似的特性，即具有所谓的纳米效应。

例如，下面来分析块体材料和纳米材料的熔点变化。根据熔化热力学，半径为 $r$ 的固体纳米小球熔化成液体

$$L\,\mathrm{d}m - T_{\mathrm{S}}\Delta S\,\mathrm{d}m - \varepsilon\,\mathrm{d}A = 0 \tag{1-2}$$

式中，$T_{\mathrm{S}}$ 表示纳米小球的熔点；$\Delta S$ 为熵变；$A$ 为小球的表面积；$\varepsilon$ 为界面能；$L$ 为熔化潜热；$m$ 为质量。

对于块体材料，由于比表面积小，表面能可忽略不计，因此

$$L\,\mathrm{d}m - T_{\mathrm{m}}\Delta S\,\mathrm{d}m = 0 \tag{1-3}$$

式中，$T_{\mathrm{m}}$ 表示块体材料的熔点。

由式 (1-3) 得

$$\Delta S = \frac{L}{T_{\mathrm{m}}} \tag{1-4}$$

若纳米小球的半径为 $r$，密度为 $\rho$，则有

$$\frac{\mathrm{d}A}{\mathrm{d}m}=\frac{\mathrm{d}A/\mathrm{d}r}{\mathrm{d}m/\mathrm{d}r}=\frac{\mathrm{d}(4\pi r^2)/\mathrm{d}r}{\mathrm{d}\left(\rho\,\frac{4}{3}\pi r^3\right)/\mathrm{d}r}=\frac{2}{\rho r} \tag{1-5}$$

将式（1-4）代入式（1-2）得

$$L-T_{\mathrm{S}}\,\frac{L}{T_{\mathrm{m}}}=\varepsilon\,\frac{\mathrm{d}A}{\mathrm{d}m}=\varepsilon\,\frac{2}{\rho r}>0 \tag{1-6}$$

因此

$$\frac{T_{\mathrm{m}}-T_{\mathrm{S}}}{T_{\mathrm{m}}}=\frac{2\varepsilon}{\rho L r}>0，即\ T_{\mathrm{m}}>T_{\mathrm{S}} \tag{1-7}$$

由式（1-7）可知，纳米小球的熔点低于块体材料的熔点，并且小球的半径越小，两者的熔点相差就越大。相似的，薄膜材料的熔点低于同成分的块体材料，而且薄膜厚度越小，熔点降低越多。

## 三、薄膜材料的应力

块体材料即使在良好的热平衡条件下制备，也会存在相当的内部应力。但通常利用适当的后续处理，例如金属材料的去应力退火，可以一定程度上释放应力。而大多数薄膜都是通过气-固转变在非热平衡状态下形成，并且形成薄膜之后，冷却速度非常快，没有缓慢冷却，因此制备的薄膜通常都有显著的残余应力。此外，薄膜在制备过程中受到基片的束缚，也会产生内应力。例如，高温制备的薄膜在冷却过程中，由于基片和薄膜材料热膨胀系数不一样，会产生热应力。一些薄膜在生长时，会与基片呈共格或半共格方式生长。由于基片材料和薄膜材料的晶格常数不一致，就会导致晶格应变，产生内应力。这部分内应力即使通过后续处理也很难消除。

薄膜应力的形成是一个复杂的过程，是在薄膜生成过程中以及成膜后老化过程中逐步形成的。对于薄膜应力产生的原因，国内外学者做了大量研究工作，归纳起来，造成薄膜应力的机理主要有三种：热应力、内应力和外应力。

① 热应力是在薄膜制备过程中，基片和薄膜同时加热到一定温度，在制备完成后，基片和薄膜同时冷却时，由于薄膜材料和基片的膨胀系数不同，使二者收缩程度不一致而导致的。当基片的膨胀系数小于薄膜材料的膨胀系数时，产生拉应力；反之，则产生压应力。若基片在薄膜沉积时处于某一温度 $T_1$，应力测量时的温度为 $T_0$，薄膜的杨氏模量和泊松比分别为 $E_{\mathrm{f}}$、$V_{\mathrm{f}}$，基片和薄膜的热膨胀系数分别为 $\alpha_{\mathrm{s}}$、$\alpha_{\mathrm{f}}$，如果假设 $\alpha_{\mathrm{s}}$ 和 $\alpha_{\mathrm{f}}$ 不随温度而变化，则由于薄膜与基片的热膨胀系数不同而产生的热应力可表示为

$$\sigma_{\mathrm{th}}=\frac{E_{\mathrm{f}}}{1-V_{\mathrm{f}}}(\alpha_{\mathrm{s}}-\alpha_{\mathrm{f}})(T_1-T_0) \tag{1-8}$$

计算热应力时，式中参量可从有关物理数据表查得。这些参量一般与沉积条件之间没有十分敏感的关系。

② 外应力是薄膜制备完成后，薄膜的物理环境（如工作压强、湿度等）发生变化，当变化的条件与原始条件差异较大时会引起应力。例如，蒸发沉积制备的薄膜，结构相对比较

疏松，在真空室内沉积完毕转移到大气中并在其中进行存放的过程中，空洞中或多或少会吸收空气中的水分子。薄膜分子与空洞壁上吸附的水分子结合的静电偶极矩之间的排斥作用会导致压应力。

③ 内应力又称为本征应力，主要取决于薄膜的微观结构和缺陷等因素，可能是由晶粒之间的相互作用或者薄膜材料晶格与基片材料晶格的失配等造成的。相对于热应力而言，内应力的成因比较复杂，它与原材料及沉积过程的工艺参数密切相关，每一种材料与沉积工艺的组合都需要进行细致的研究。有研究表明，内应力与晶核生长、合并过程中产生的晶粒间的弹性应力相关。在大多数应用场合，内应力和热应力是薄膜制备需重点关注和调节的对象。

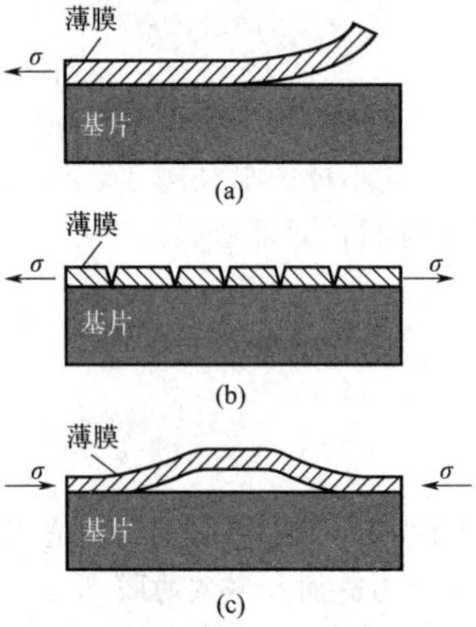

图 1-5　应力作用下薄膜的失效形式

一般情形下，应力的产生是几种机理共同作用的结果。随着对薄膜结构分析的不断深化，对薄膜内应力的产生机制将有进一步的认识，并趋向于定量化。因此，今后需要一些具体的薄膜应力理论计算模型，以便更好地为薄膜的制备提供依据。

实际上，附着力、扩散和内应力是薄膜的固有特征。薄膜的附着力跟应力有直接的关系，过大的拉应力或压应力都会导致薄膜失效。图 1-5 给出了应力作用下薄膜的失效形式。当基片与薄膜界面附着不是很牢固时，拉应力过大会使薄膜分层［图 1-5（a）］；当基片与薄膜界面附着牢固时，拉应力过大则会使薄膜产生微裂纹［图 1-5（b）］；在过大的压应力作用下，薄膜会皱褶甚至脱落［图 1-5（c）］。

## 四、薄膜的结构

结构决定性能。薄膜材料的结构与缺陷在很大程度上决定着薄膜的性能。薄膜的结构是指它的结晶形态、晶体结构和表面结构。

### （一）薄膜的结晶形态

薄膜的结晶形态分为单晶结构、多晶结构和非晶结构。

① 单晶薄膜（single crystalline thin film）是指沿着某一晶体学方向生长形成的单晶结构薄膜。单晶结构中的原子高度有序排列，整个薄膜是一个晶粒，没有晶界，如图 1-6（a）所示。单晶薄膜通常是用外延生长工艺制备的，即薄膜沿着基片的某一晶体学方向生长。外延生长的条件不仅与薄膜沉积工艺如基片温度和沉积速率有关，还与基片和薄膜材料的晶格错配度相关，一般晶格错配度越小，越容易获得单晶。此外，要获得好的单晶薄膜，还要求基片表面清洁、光滑和化学稳定性好。

② 多晶薄膜（polycrystalline thin film）是由若干尺寸大小不等的晶粒所组成，存在晶界。晶粒尺寸一般在 10～100nm，亦称为微晶薄膜，如图 1-6（b）所示。晶界是由一种晶粒内原子排列状态向另一种晶粒排列状态过渡的结构。多晶薄膜内晶粒的取向可能随机分布，也可能有择优取向。有择优取向的薄膜通常形成柱状晶结构，也称纤维结构薄膜，根据

取向方向、数量的不同分为单重纤维结构和双重纤维结构。单重纤维结构是指晶粒只在一个方向上择优取向，有时称为一维取向薄膜。双重纤维结构中，薄膜在两个方向上有择优取向，有时称为二维取向薄膜。薄膜中晶粒是否形成择优取向取决于薄膜的生长条件，包括基片表面、基片温度、沉积速率，也与材料的晶体结构、原子半径和熔点等有关。图 1-6（c）为沿 C 轴择优取向 AlN 膜的纤维结构。

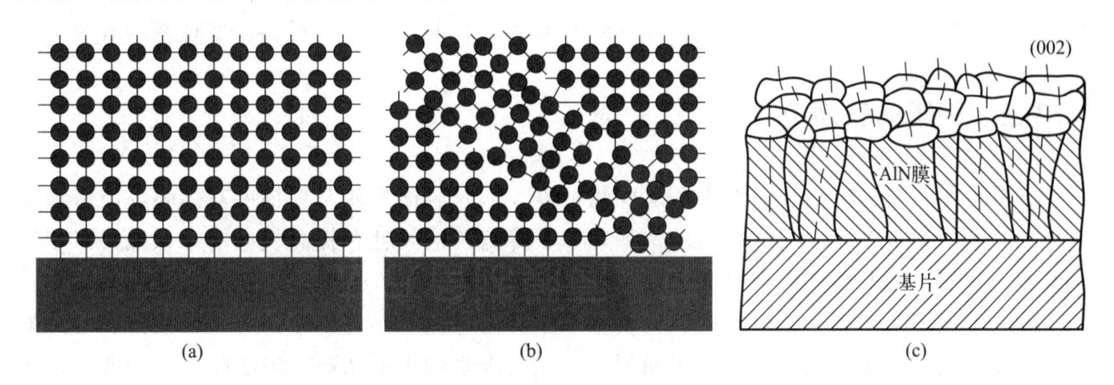


图 1-6　单晶薄膜（a）和多晶薄膜（b）以及显微结构多晶 AlN 膜（c）

③ 非晶薄膜（amorphous thin film）是指薄膜呈非晶态，又叫无定形结构或玻璃态结构。从原子排列情况来看，它是一种近程有序结构，只有少数原子排列是有序的，显示不出任何晶体的性质，如图 1-7（a）所示。图 1-7（b）为典型的非晶薄膜电子衍射花样。由于很多薄膜是在非平衡条件下制备的，获得非晶结构比块材简单得多。例如，形成非晶薄膜的工艺条件是降低吸附原子的表面扩散速率。可以通过降低基片温度、引入反应气体和掺杂的方法实现。非晶态结构薄膜在环境温度下是稳定的。它或具有不规则的网络结构（玻璃态），或具有随机密堆积的结构。前者主要出现在氧化物薄膜、元素半导体薄膜和硫化物薄膜之中，后者主要出现在合金薄膜中。

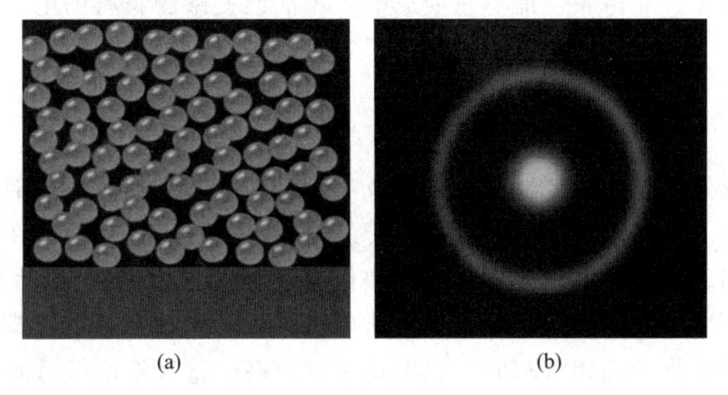


图 1-7　非晶薄膜（a）及其典型的电子衍射花样（b）

## （二）薄膜的晶体结构

对于多晶态和单晶态薄膜，薄膜的晶体结构是指薄膜中各晶粒的晶型。晶体的主要特征是其中原子有规则的排列。在大多数情况下，薄膜中晶粒的晶格结构与相同材料的块状晶体是相同的，只是晶粒取向和晶粒尺寸与块状晶体不同。但薄膜中晶粒的晶格常数常常和块状晶体不同，主要原因有两个：一是薄膜材料本身的晶格常数与基片材料晶格常数不匹配；二是薄膜中有较大的内应力和表面张力。由于晶格常数不匹配，在薄膜与基片的界面处，晶粒的晶格发生畸变形成一种新晶格。但是，薄膜中晶粒的晶格结构也可以与块状晶体不同。因为大部分块体材料是在平衡状态或接近平衡状态下制备的，而薄膜材料很多情况下是在远离平衡状态条件下获得的。在非平衡条件下，由于热力学条件发生变化，可以形成新的晶体结构。利用薄膜制备方法获得材料新的晶体结构有利于我们寻找新的材料、发现新的现象。

### （三）薄膜的表面结构

薄膜的表面结构包括表面形貌和表面粗糙度。薄膜表面形貌与粗糙度对薄膜性能有重要影响，因此一直是人们关注的重点。例如，为了降低传输损耗，提高机电耦合系数，对于高性能压电薄膜，要求其具有很高的表面光滑度。

薄膜的表面结构取决于材料的晶体结构和生长条件。从热力学分析，为了使薄膜的总能量达到最低值，应该让它有最小的表面积，即成为理想的平面状态。但实际上这种薄膜是无法得到的，因为在薄膜的沉积、形成、生长过程中，抵达到基片表面上的粒子（如原子、离子）是无规律的，所以薄膜表面都有一定的粗糙度。

## 五、薄膜中的缺陷

所有在块状晶体材料中可能出现的各类晶格缺陷在薄膜材料中也都可能出现。但是，由于薄膜及其成膜过程的特殊性，薄膜中缺陷的形成原因和分布等也表现出一定的特殊性，特别是其数量一般都大大超过块体材料。此外，由于基片表面上本身存在凹坑、棱角和台阶等缺陷，薄膜的形核和长大过程中不可避免地出现残余应力和各种缺陷。这些缺陷的出现与薄膜制造工艺密切相关，对薄膜性能有重要影响，可能改变薄膜材料的电学、磁学、光学、热学和力学性能等。

#### 1. 薄膜的点缺陷

晶体中晶格排列出现的缺陷，如果只涉及单个晶格结点则称为点缺陷。常见的点缺陷包括空位和填隙原子。此外杂质原子可能存在于晶格结点位置，也可能存在于原子间隙，也是一类重要的点缺陷。薄膜中点缺陷的形成与块体材料相似，但由于薄膜沉积通常处于真空、等离子体或液相环境中，很容易出现气体杂质原子、脱气导致的氧空位或者溶液中的氢离子杂质缺陷。在物理或化学气相沉积时，当沉积速率很高、基片温度较低时，到达基片表面的原子来不及完整地排列就被后来的原子层所覆盖，这样就可能在薄膜中产生高浓度的空位缺陷。

#### 2. 薄膜的线缺陷

位错是晶态薄膜中最普遍存在的一种线缺陷，包括刃型位错和螺型位错，是薄膜中最常遇到的缺陷之一。它是晶格结构中一种“线型”的不完整结构，其密度为$10^{12}\sim10^{13}\mathrm{cm}^{-2}$，远高于块状优质晶体中的位错密度（$10^{4}\sim10^{6}\mathrm{cm}^{-2}$）或者发生强烈塑性形变晶体中的位错密度（$10^{10} \sim 10^{12} cm^{-2}$）。引起薄膜位错的原因很多。基片表面的缺陷可能会延伸到薄膜中，但这并非是主要因素，因为通常情况下薄膜中的位错密度要比基片表面的缺陷密度大几个数量级。在薄膜生长过程中，最初阶段基片上的晶核的结晶取向是随机的。当两个晶核长大相遇时，如果它们的位向有轻微差别，在结合处将形成位错。此外，薄膜与基片的晶格常数不同。晶格错配度较小时，在紧靠基片的薄膜层中将产生晶格畸变，如图 1-8（a）所示；但当失配率 $m$ 达到 12%时，薄膜与基片之间的失配将产生刃型位错来加以调节，如图 1-8（b）所示。

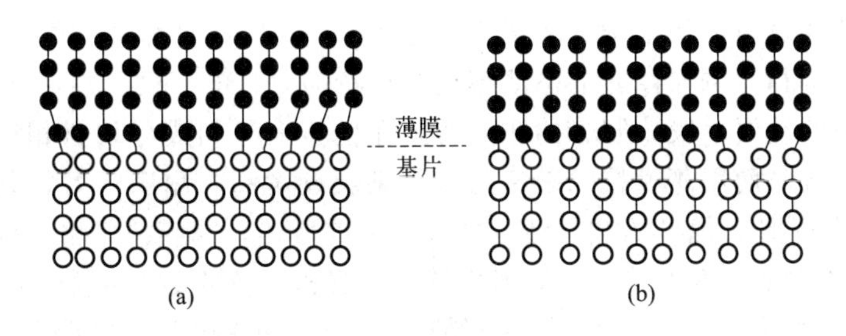


图 1-8　薄膜与基片之间的晶格常数失配

薄膜中的位错大部分从薄膜表面伸向基片表面，并在位错周围产生畸变。与块体材料不同，由于薄膜中的位错通常贯穿表面，其位错能量更高，一般较难运动。

### 3. 薄膜的面缺陷

和块材相似，薄膜中的面缺陷有晶界、孪晶界与层错。晶界是把结构相同但位向不同的两个晶粒分隔开来的一种面缺陷。在多晶薄膜中，易形成纳米晶或微小晶粒，因此与块体材料相比，薄膜晶界面积可能更大。孪晶是指两个晶体（或一个晶体的两部分）沿一个公共晶面构成镜面对称的位向关系，此公共晶面称孪晶面或孪晶界。孪晶界也分为两类，即共格孪晶界与非共格孪晶界。共格孪晶界两侧晶体以此面为对称面，构成镜面对称关系。它的能量很低，很稳定。当孪生切变区与基片的界面不和孪生面重合时，这种界面称为非共格孪生面，它是孪生过程中的运动界面。随非共格孪生面的移动，孪晶长大。非共格孪晶界是一系列不全位错组成的位错壁，孪晶界移动就是不全位错的运动。层错是在薄膜的生长过程中由于晶面的正常堆垛次序遭到破坏而出现的晶格缺陷。堆垛层错破坏了晶体的完整性，引起晶体能量的升高。与单位面积堆垛层错相联系的能量称为层错能。层错仅仅破坏了原子的次邻近关系，并没有破坏原子的最邻近关系，因此与晶界能相比，层错能要小得多。与块材相似，这些面缺陷对薄膜性能有显著影响。

### 4. 其它缺陷

与块材不同，薄膜中经常存在一些其它的缺陷，包括制备过程中形成的空洞和外来物以及由于内应力导致的宏观或微观裂纹。这些缺陷会影响薄膜的完整性，对薄膜力学与物理、化学性能有很大的影响。例如，透明导电薄膜制备过程中，如果工艺不当，会产生以下缺陷：①气泡缺陷，主要是由于材料中的水分、气体等挥发物质在制造过程中未能完全排出所造成的。②划痕缺陷，是因为在制造过程中，薄膜受到机器或人工加工的摩擦，导致表面出现破损。③凸起缺陷，是指薄膜表面出现凸起，是由于制造过程中薄膜表面材料被过度压缩所导致的。④污点缺陷，是由于薄膜制造过程中各种灰尘、杂质等材料沉积而成的。⑤其它外观缺陷，是指由于薄膜表面的颜色、均匀度等导致产生的外观不良的现象，其产生原因很多，比如薄膜材料中的颜料分散不均、制造过程中的气温和水温不同等。

### 六、薄膜的异常结构、非理想化学计量比和伪合金

大部分薄膜是在非平衡条件下制备，有的还处于一定的应力状态下，因此与大多数情况下的块材不同，薄膜材料的相结构和相图不一定相符，会产生许多异常结构，包括非晶和其它非平衡结构、异常相。例如，非晶态薄膜具有独特的力、电、磁、热性能，而薄膜制备方法是获得非晶材料的重要手段。制备的非晶薄膜在性能上与同成分块材相比有明显的差别。块体石墨软、高导电，而用薄膜技术制备的非晶碳膜硬度高、耐磨性好，是一种介电材料。非晶态的金属 Bi 薄膜具有优异的超导性。此外，如前所述，薄膜技术可以得到许多新的晶体结构。块体 BN 晶体通常是六方结构，但用化学气相沉积制备的 BN 薄膜却是立方结构（立方 BN），硬度仅次于金刚石。Fe 在室温下是 bcc 结构，但通过薄膜技术可以得到 fcc 的 Fe 薄膜。

在薄膜制备时，多组元化合物薄膜的成分往往偏离其理想化学计量比，形成原子的相对数目不可以用整数比来表示的化合物，例如：$TiN_x$ 合金薄膜中，可以获得 $x \neq 1$ 的化学成分。$x$ 值可以为大于 1 的小数，也可以为小于 1 的小数。而且，$x$ 数值不同，薄膜的物理性能和力学性能差异很大。这种非理想化学计量比合金在块体材料中有时是很难得到的。

薄膜也是制备伪合金的重要手段。所谓伪合金，又称假合金，是指两种以上金属均匀混合，各以独立、均匀的相存在，不形成合金相。例如 W-Cu 和 W-Ag 体系，其中的 W 和 Cu 以及 W 和 Ag 在液相和固相都不互溶，无法得到真正意义上的合金。薄膜技术和粉末冶金技术一样，可以将两种金属的原子或微细颗粒均匀混合，获得成分均匀的伪合金，从而获得新的性能。此外，由于热力学因素，相图上没有出现的化合物或者合金是很难制备出块体材料的，但通过薄膜制备技术就可以将不同元素均匀沉积在基片上，从而很容易获得所需成分的材料。

制备这些异常结构、非理想化学计量比和伪合金也是薄膜材料制备的技术优势，为新材料研发提供了有效手段。

## 第三节　薄膜制备方法

大部分情况下，薄膜的形成是通过固态、液态或气态粒子在基片上以固态的形式沉积下来的，因此薄膜的制备在大多数情况下也称为薄膜沉积。

从原材料的形态来分类，薄膜制备方法可分为气相制备方法、液相制备方法和固相制备方法。薄膜的气相制备方法也称气相沉积，是指利用气态的原材料或者将原材料首先转变为气态，然后利用气相中发生的物理、化学过程，在基片或工件表面形成具有特殊性能的金属或化合物薄膜的薄膜制备技术。按照过程的本质可将气相沉积分为物理气相沉积（physical vapor deposition，PVD）和化学气相沉积（chemical vapor deposition ，CVD）两大类。薄膜的液相制备方法主要是通过液相反应或溶液中沉积制备薄膜，包括常见的电镀、化学镀、阳极氧化等。而薄膜的固态制备方法是将固态或半固态粉末黏结或者冲击成形制备薄膜的方法，常见的有旋涂、喷涂等技术。

从制备过程是否发生化学反应的角度来分类，薄膜制备方法分为两大类，即物理方法和化学方法。薄膜制备的物理方法是指在薄膜沉积过程中不涉及化学反应的制备技术。最常用的方法为物理气相沉积，其它方法包括旋涂、热喷涂和冷喷涂等。物理气相沉积是用物理方法（如蒸发或溅射）使原材料气化，在基片表面沉积成膜的方法。因此，物理气相沉积方法主要包括两类：真空蒸发沉积和溅射沉积。在此基础上，通过引入离子束，还发展了各种离子束沉积、离子镀和离子束辅助沉积技术。薄膜制备的化学方法是指通过化学反应形成薄膜的制备技术。最常用的方法为化学气相沉积，其它的化学方法包括热氧化、电镀、化学镀、阳极反应沉积、溶胶-凝胶技术、喷雾沉积等。化学气相沉积是利用气态或蒸气态的物质在气相或气固界面上发生反应生成固态沉积物的过程。图 1-9 给出了常见薄膜制备方法的分类。

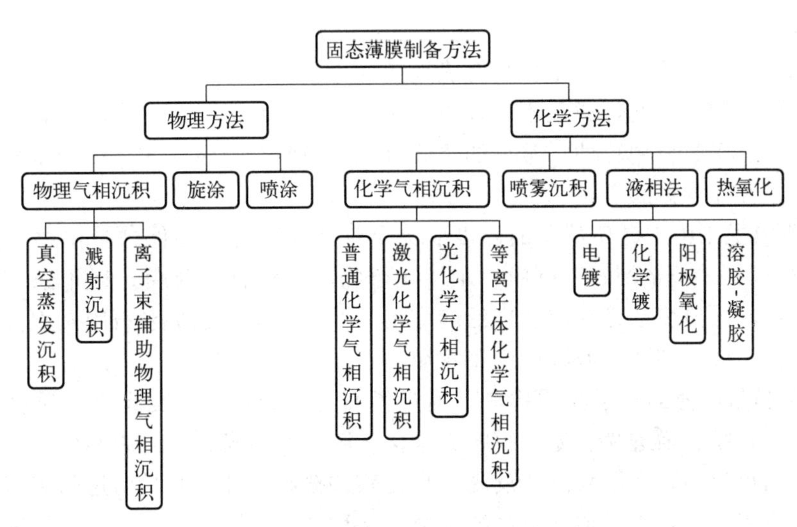


图 1-9　常见固态薄膜制备方法分类

除了热氧化等少数工艺，薄膜沉积过程大多包括三个基本过程。第一个过程是粒子流的产生：要考虑选择什么样的靶材（固态、液态或气态）作为粒子源使粒子能和基片有较好的结合性，采用什么样的方式产生持续和稳定的粒子源。第二个过程是粒子流的运输：产生的粒子可能是中性或者带电的，我们要考虑采用什么样的方式控制粒子流运动到基片。第三个过程是粒子流的沉积：基片和粒子的润湿性、基片的加热温度和沉积时间等都会影响成膜的质量。这三个过程之间并没有严格的分界线，如何使它们相互衔接，提高成膜效率，降低生产成本，提高成膜质量是每一个薄膜工作者需要考虑的问题。图 1-10 是薄膜沉积的示意图，从原材料到薄膜，经历了粒子产生、粒子输运和粒子沉积三个过程。通过不同的能量激发使靶材产生粒子，按照一定的方式使粒子运动到基片上，并且在基片上沉积下来，形成需要的薄膜。

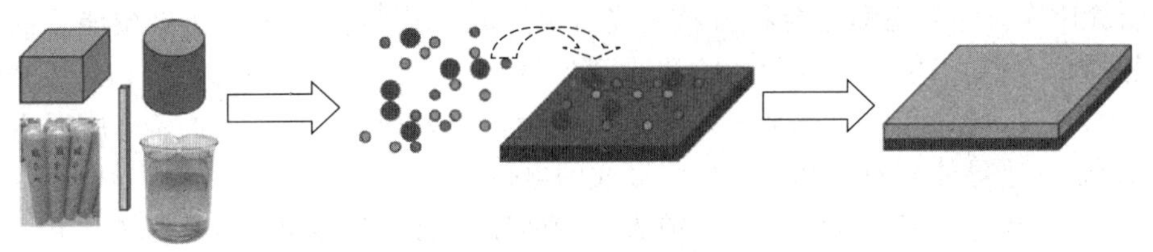

图 1-10　薄膜的沉积：原材料、产生粒子和粒子输运、形成薄膜

值得注意的是，薄膜的制备方法多种多样，而且新的制膜方法层出不穷。因此，薄膜的制备方法和制备设备并非一成不变，在理解薄膜材料科学与技术基本原理的基础上，每一位薄膜材料工作者都可以大胆创新，自主设计，根据对薄膜材料的具体要求，开发新的技术与工艺。

## 第四节　薄膜材料的应用

如前所述，薄膜材料分为功能薄膜材料和结构薄膜材料，其中功能薄膜材料又包括利用其电、光、磁、声、热学性能的物理功能薄膜和利用其化学吸附、催化、化学敏感等性能的化学功能薄膜。结构薄膜材料常称为力学薄膜，主要利用其力学性能，如耐磨性、强度、韧性、润滑性或耐腐蚀性。

作为准二维材料，薄膜材料不仅具有表面效应，同时可能具有不同于块体材料的组织、晶体结构和表面结构。因此，薄膜不仅仅可以实现传统块材的扁平化和轻量化，还会赋予材料全新的应用。基于其应用特性，常见的薄膜有硬质薄膜、显示薄膜、智能薄膜、能量转换薄膜、电磁薄膜和光学薄膜等。

① 硬质薄膜主要用于提高基体的硬度和力学性能，作为涂层保护基体材料。超硬质薄膜主要有金刚石膜、“类金刚石”碳膜、难熔化合物及各种合金薄膜。近年来，过渡族金属碳化物和氮化物硬质薄膜已经获得了广泛的应用。低压气相合成金刚石膜及立方氮化硼膜的成功，又进一步拓展了超硬质薄膜的应用领域。

② 光学薄膜是由薄的分层介质构成，通过界面传播光束的一类光学介质材料。光学薄膜按应用分为反射膜、增透膜、滤光膜、光学保护膜、偏振膜、分光膜和位相膜。光学反射膜用以增加镜面反射率，常用来制造反光、折光和共振腔器件。光学增透膜沉积在光学元件表面，用以减少表面反射，增加光学系统透射，又称减反射膜。光学滤光膜用来进行光谱或其它光性分割。光学保护膜沉积在金属或其它软性易侵蚀材料或薄膜表面，用以增加其强度或稳定性，改进光学性质，如最常见的金属镜面保护膜。光学薄膜的应用始于 20 世纪 30 年代，目前已广泛用于光学和光电子技术领域。

③ 智能薄膜是指那些对环境具有可感知、可响应，具有功能发现能力的薄膜材料。20 世纪 90 年代，人们把仿生功能引入智能材料，使智能材料具有自检测、自判断、自指令和自结论的特殊功能。智能材料把高技术传感器或敏感元件与传统结构材料和功能材料结合起来，使无生命的材料变得有“感知”，不仅能发现问题，还能自行解决问题。目前智能材料包括智能金属及合金材料、智能金属陶瓷材料、智能高分子材料和智能生物材料等。这些材料若以二维的形式存在，即为智能薄膜。与块材相比，薄膜的二维特性不仅降低了智能材料的维度，而且进一步丰富了智能材料（传感器）的功能特性。目前研究较多的有压电薄膜、铁电薄膜、磁致伸缩薄膜等。

④ 能量转换薄膜是指那些能将材料的光、电、磁、热等物理性能和机械能之间互相转化的薄膜材料。例如光电转换薄膜，物质受到光照射，吸收光能，内部电子被激发而向外放出，即产生光子。与此相伴，产生光致导电或光生伏打效应。由 Si、Ge 等单质元素，ⅢA-ⅤA 族化合物等半导体材料，利用 p-n 节形成的电位势垒，将光能产生的传导电子和空穴分离，可制成发生光生伏打的光电池。目前太阳能薄膜电池正获得越来越广泛的应用。

⑤ 电磁薄膜因其丰富的电、磁特性和电、磁相互作用，在当今社会具有越来越重要的

作用。例如，最常见的磁记录薄膜主要通过磁矩方向的不同记录二进制中的“0”或“1”的信号，成为现代信息技术的基础。现代计算机技术、信息技术和信息存储技术的发展很大程度上依赖于磁记录薄膜的发展。除了磁记录薄膜，还有光磁记录薄膜，它利用光与自反磁化的相互作用，可存储、读取以及重复擦写介质。

⑥ 显示薄膜主要包括液晶显示、等离子体显示和电致发光显示三大类平板显示器件所用的各种薄膜材料。目前，显示领域涉及的薄膜类型主要有：偏光板、偏光板保护膜、表面处理膜、扩散膜、增量膜、反射膜、量子点膜、透明导电膜、硬化膜、盖板膜、光学胶膜、保护膜、离型膜、柔性基板膜等。例如，电致发光多层薄膜［包括氧化铟锡（ITO）膜，ZnS、Mn 等发光膜，Al 电极膜等］组成的全固态平板显示器件及有机发光半导体（OLED）显示器件为我们展现了优美和精致的显示画面。

除此之外，薄膜材料与薄膜技术还是现代芯片技术的基础，它涉及薄膜材料的制备、加工与检测。特别地，利用薄膜材料对传统材料表面进行改性或者对表面失效材料进行表面修复也已经成为材料科学与工程领域重要的应用方向。

表 1-1 给出了薄膜材料的性能与典型应用。薄膜材料技术在电子元器件、集成光学、电子技术、红外技术、激光技术、航天技术和光学仪器等各个领域都得到广泛应用。值得一提的是，经过几十年的发展，我国的薄膜材料与技术已经迈入国际先进行业。例如，中国薄膜太阳能技术的高速发展引起了国际上的广泛关注。2019 年全球各国在尖端科技领域的学术能力和研发水平排名中，中国的薄膜太阳能技术位居全球第一。中国企业也掌握了多项光电转换率世界纪录，在高效太阳能薄膜电池领域拥有领先地位。这是中国科学家和工程技术人员长期努力的结果。

**表 1-1　薄膜材料的典型应用**

| 薄膜性能 | 典型应用 |
|---|---|
| 光学性能 | 光学器件等，如反射涂层、防反射涂层、干涉滤光涂层、装饰涂层、光盘、波导 |
| 电学性能 | 微电子器件等，如绝缘薄膜、导电薄膜、半导体薄膜器件、压电薄膜驱动器 |
| 磁学性能 | 磁性器件等，如磁性传感器、磁记录介质 |
| 化学性能 | 防护涂层等，如防扩散涂层、防氧化薄膜、防腐蚀薄膜 |
| 力学性能 | 耐磨涂层等，如抗摩擦涂层、硬质涂层、黏附涂层 |
| 热学性能 | 热障涂层、热沉薄膜 |
| 其它性能 | 气体传感器、表面声波元件人工材料、液体传感薄膜 |

# 本章小结

薄膜材料科学与技术是一门交叉学科，它涉及化学、物理、材料、冶金、机械、电子、自动控制等多个学科。在材料、物理和化学领域，内容涵盖材料热力学和动力学（气固/液固相变、形核热力学、生长动力学、吸附和扩散过程、相图热力学）、结构化学（晶体学、缺陷、化学键）以及材料的力学、光学、电学和磁学性能等。

薄膜作为准二维材料具有与相同块体材料不同的性质，如表面效应、残余应力等，薄膜的熔点低于相同的块体材料，薄膜的组织和晶体结构也不同于块体材料。由于尺寸减小到纳米尺度，接近于电子或其它粒子量子化运动的微观尺度，薄膜材料或其器件将显示出许多全新的物理现象，包括全新的电学性能、磁学性能、热学性能、光学性能以及力学性能。利用薄膜制备技术还可以获得传统块材制备方法不能得到的新材料和新结构。现代科学技术的发展，特别是微电子技术的发展，促进了薄膜材料和薄膜技术的发展。超硬薄膜、智能薄膜、能量变换薄膜与器件、磁记录和存储薄膜、平板显示器以及集成电路薄膜等充分体现了薄膜材料和技术的广泛应用及广阔的发展前景。

## 思考题

1. 什么是薄膜材料？
2. 薄膜材料有哪些基本特性？为什么要研究薄膜材料？
3. 薄膜中的缺陷有哪些？
4. 简述薄膜沉积的基本过程。
5. 薄膜材料的应用领域有哪些？

## 参考文献

[1] 郑伟涛. 薄膜材料与薄膜技术[M]. 北京：化学工业出版社，2005.
[2] 麻蒔立男. 薄膜制备技术基础[M]. 4版. 陈国荣，刘晓萌，莫晓亮，译. 北京：化学工业出版社，2009.
[3] 李位勇. C轴择优取向AlN薄膜的制备研究[J]. 四川大学自然学报，2005，42(4)：415-420.
[4] 田民波. 薄膜技术与薄膜材料[M]. 北京：清华大学出版社，2006.
[5] 宁兆元，江美福，辛煜，等. 固体薄膜材料与制备技术[M]. 北京：科学出版社，2008.

第二章

# 薄膜制备技术基础

薄膜主要是在气相或液相环境下制备的，其中气相沉积则主要是在真空或等离子体环境下进行的。此外，薄膜的很多加工表征方法也离不开真空或等离子体环境。因此，真空技术和等离子体技术是薄膜材料科学与技术的基础。本章主要介绍真空的基本概念、真空的获得、真空的测量、气体动力学基础、等离子体基本概念以及薄膜液相制备技术基础。

## 第一节　真空的基本概念

真空技术在科学研究和工业生产中应用广泛，在真空环境下制备薄膜，可以最大程度地排除气体的不良影响。一方面可以减少空间中气体分子的碰撞次数，从而减少带电粒子、中性粒子等在空间运动中的碰撞损失；另一方面可以减少工作气体粒子与物体表面碰撞的概率，减少气体分子在表面上的吸附数量，防止材料氧化，增强材料表面活性，提高薄膜制备效率。

### 一、真空的描述

“真空”是指在给定空间内，气体压强低于标准大气压的气体状态。因此，依据“真空”的定义，只要空间内的气压低于一个大气压，即 101.3kPa，便可以称为真空。真空可分为两种：一种是自然界中存在的真空，称为“自然真空”，例如外星球和高原上的空气状态；另一种是人们将密闭容器中的气体抽出所获得的真空，称为“人为真空”。

真空中气体的稀薄程度，可用真空度来描述。理论上，真空度可以用气体分子密度、气体压强、粒子数密度、分子平均自由程、碰撞频率、单分子层覆盖时间等来描述。其中，气体分子密度是度量真空最直接的物理量，即单位体积内气体分子的数量。气体分子密度越低，其稀薄程度就越大，真空度越高。但是，直接测量气体分子密度十分困难。气体压强作为与气体分子密度密切相关的物理量，可以被直接或间接地精确测量，因此实际应用中往往用压强来描述真空度的高低。气体压强越低，表示真空度越高。

因此，真空度的单位即为压强的单位。国际单位制中，压强的单位是帕斯卡，简称帕（Pa），其定义为 $1Pa=1N/m^2$。真空技术中常用的压强单位还有标准大气压（atm）、托（Torr）、毫巴（mbar）、千克力每平方厘米（$kgf/cm^2$）以及磅力每平方英寸（psi）等。帕（Pa）与常用压强单位之间的换算关系见表 2-1。

表 2-1　常用压强单位换算

| 单位 | 帕 | 标准大气压 | 托 | 毫巴 | 千克力每平方厘米 | 磅力每平方英寸 |
|---|---|---|---|---|---|---|
| 1Pa | 1 | $9.8692\times10^{-6}$ | $7.5006\times10^{-3}$ | $1\times10^{-2}$ | $1.0197\times10^{-5}$ | $1.4503\times10^{-4}$ |

续表

| 单位 | 帕 | 标准大气压 | 托 | 毫巴 | 千克力每平方厘米 | 磅力每平方英寸 |
|---|---|---|---|---|---|---|
| 1atm | $1.0133\times10^{5}$ | 1 | 760 | $1.0132\times10^{3}$ | 1.0332 | $1.4695\times10^{1}$ |
| 1Torr | $1.3332\times10^{2}$ | $1.3158\times10^{-3}$ | 1 | 1.3332 | $1.3595\times10^{-3}$ | $1.9337\times10^{-2}$ |
| 1mbar | 100 | $9.8692\times10^{-4}$ | 0.7501 | 1 | $1.0197\times10^{-3}$ | $1.4503\times10^{-2}$ |
| $1kgf/cm^{2}$ | $9.8067\times10^{4}$ | $9.6784\times10^{-1}$ | $7.3556\times10^{2}$ | $9.8067\times10^{2}$ | 1 | $1.4223\times10^{1}$ |
| 1psi | $6.8948\times10^{3}$ | $6.8046\times10^{-2}$ | $5.1715\times10^{1}$ | $6.8748\times10^{1}$ | $7.0307\times10^{-2}$ | 1 |

在真空度不高时，真空度也可用“真空分数”$\delta$来表示，即

$$\delta=\frac{p_0-p}{p_0}\times100\% \tag{2-1}$$

式中，$p_0$为标准大气压；$p$为达到的目标压力，前后两个压力的单位需保持一致。

真空技术中涉及的压强范围很宽，覆盖从$10^{5}$到$10^{-12}$Pa的18个数量级。根据真空中的气体压强、气体粒子的密度和物理特性，可以把真空划分为以下几个区间：

① 压强为$1\times10^{5}\sim>1\times10^{2}$Pa，称为粗真空。在粗真空环境下，单位体积内气体分子含量仍然较多，气体分子表现为黏滞流。相比常压，基本上只有分子数目的变化，气体分子以杂乱无章的热运动为主，宏观体现为气压差。气体分子间以及气体与容器壁的碰撞次数都很多。

② 压强为$1\times10^{2}\sim>1\times10^{-1}$Pa，称为低真空。在低真空环境下，气体密度较小，气体分子的流动从黏滞流向分子流过渡。气体分子间相互碰撞概率和气体分子与器壁的碰撞概率相近。低真空下会出现较明显的热传导变差、气体对流消失等现象。

③ 压强为$1\times10^{-1}\sim>1\times10^{-6}$Pa，称为高真空。在高真空环境下，气体密度小，气体分子的流动表现为分子流。气体分子间相互碰撞概率小于气体与器壁的碰撞概率，并且碰撞次数大大减少，基本不存在气体分子间的能量交换。此时气体分子与物质发生反应的能力大大降低。

④ 压强为$1\times10^{-6}\sim1\times10^{-12}$Pa，称为超高真空。在超高真空环境下，气体密度非常小，几乎不存在气体分子间的碰撞，气体与器壁的碰撞概率也很小。气体分子以固体表面的吸附为主，但附着在固体表面形成单分子层也需要很长的时间。

## 二、气体的吸附与脱附

无论是在真空还是非真空下，气体分子和固体表面都会发生相互作用。简单来讲，气体吸附就是固体表面捕获气体分子的现象；而气体脱附则是在一定条件下气体分子从固体表面释放的现象，它是气体吸附的逆过程。在真空系统中，除了在空间做无规则运动的气体分子之外，还存在着器壁和内部元件各种材料表面上吸附着的气体分子及材料内部溶解的气体分子。

对于处在稀薄气体中的固体表面，当受到中性分子的碰撞时，有一部分分子没有立刻返回而暂时停留在固体表面，出现吸附现象。在一定条件下，这些吸附分子又可重新释放，返回空间，出现脱附现象。当表面受到带电粒子碰撞时，会造成气体脱附或电子发射、离子发射、光子（X线）发射等现象，甚至在表面引起化学反应。其它如光子或高能量的中性粒子，轰击表面时也能导致气体脱附等。下面将具体描述气体的吸附和脱附。

## （一）气体的吸附

吸附实质上是气体分子和固体表面原子极矩发生相互作用的过程。当空间运动的气体分子与固体表面碰撞时，分子会在表面发生弹性反射或附着在表面。在大多数情况下，碰撞表面的分子都会在表面上停留一定的时间。时间的长短取决于气体分子与表面相互作用的一些因素，如表面的组成、结构和状态以及气体分子的种类及其动能等。在一定的压强下，总有一定数量的分子连续不断地碰撞表面。由于气体分子重新逸回空间之前要在固体表面上停留一些时间，因此气体在界面上的密度必将高于其在空间中的密度，表现为一部分气体分子附着于固体表面上，这种现象就是“吸附”。

固体表面吸附气体分子的密度取决于单位时间内与表面碰撞的分子数及其在表面上停留的时间。若单位时间内有 $n_t$ 个分子碰撞到单位表面上，且它们的平均停留时间（或称吸附时间）是 $\tau$，则表面上吸附气体分子的密度 $n_a$ 为

$$n_a = n_t \tau \tag{2-2}$$

式中，$n_t$ 正比于空间气体分子密度 $n$（或压强 $p$），真空度越高，$n_t$ 越小；$\tau$ 则与气体分子与表面相互作用的不同性质和条件有关。

根据气体分子与固体表面之间相互作用力的性质，表面吸附可分为物理吸附和化学吸附两大类。

物理吸附是由被吸附的气体分子与固体表面分子之间的作用力实现的，该分子间吸引力即范德瓦耳斯力。因此，物理吸附又称范德瓦耳斯吸附，它是一种可逆过程。当固体表面分子与气体分子间的引力大于气体内部分子间的引力时，气体分子就被吸附在固体表面上。物理吸附的特征是吸附物质不发生任何化学反应，吸附过程进行得极快，参与吸附的各相间的平衡瞬时即可达到。

化学吸附是固体表面与被吸附物间接触后形成化学键作用的结果。这类型的吸附需要一定的活化能，故又称“活化吸附”。这种化学键亲和力的大小可以差别很大，但它大大超过物理吸附的范德瓦耳斯力。在吸附过程中，被吸附分子释放出吸附热，与表面原子之间有能量交换。若吸附时间足够长，它们之间将达到热平衡。化学吸附放出的吸附热比物理吸附所放出的吸附热要大得多，达到化学反应热的数量级。而物理吸附放出的吸附热通常与气体的液化热相近。此外，化学吸附的脱附过程也不易进行，常需要很高的温度才能把被吸附的分子释放出去，而且脱附后，脱附的物质常发生了化学变化。化学吸附的速率大多较慢，吸附平衡也需要相当长时间才能达到，升高温度可以大大地增加吸附速率。通常情况下，同一种物质，在低温时主要发生物理吸附，随着温度升高到一定程度，就开始发生化学变化转为化学吸附，但有时两种吸附会同时发生。

## （二）气体的脱附

气体的脱附是吸附的逆过程，通常指把吸附在固体表面的气体分子从固体表面释放出来的过程。固体表面的吸附与脱附是同时存在的，它们是气体与表面相互作用中的两个方面。在一定条件下，当吸附速率超过脱附速率时，就呈现气体在表面上的吸附现象，系统内压强

不断降低。一些能量较高的吸附分子，可能克服吸附势的束缚而向固体表面扩散最终脱离表面，此时脱附速率超过吸附速率，在表面上就呈现脱附现象，系统内压强不断增加。一个真空系统的极限压力往往决定于上述二者之间的平衡。因此，脱附速率是限制真空系统极限压强的一个重要因素。根据脱附机理的不同，脱附主要分为热脱附、电子诱导脱附、离子溅射脱附、光致脱附等。

热脱附是指被吸附分子重新释放时，必须从表面的热能起伏中取得足够的动能，使其与表面垂直方向的分量超过一定的数值以致能够克服吸引力束缚而释放回气相空间。与吸附相反，脱附是吸热过程。单位时间、单位面积上脱附的气体分子数目称为脱附速率，其表达式为

$$-\frac{\mathrm{d}\sigma}{\mathrm{d}t}=k\sigma\exp\left(-\frac{E_{\mathrm{d}}}{RT}\right) \tag{2-3}$$

式中，$\sigma$ 为单位面积吸附的分子数；$t$ 为时间；$k$ 为比例系数；$R$ 为摩尔气体常数；$T$ 为绝对温度；$E_{\mathrm{d}}$ 为脱附激活能。因此，温度越高，脱附速率越快。这就是在真空技术中对真空室的适当烘烤有利于获得高真空的原因。

电子诱导脱附是表面受带电粒子轰击引起的脱附。当表面被电子轰击时，吸附分子因电子激发或分解而脱附，不是简单的动量传递和热效应，由于电子的直接激励，脱附的产物除中性的分子、原子或分子碎片外，也可能是激发态或带电的正、负离子。

此外，当离子轰击表面时，会产生溅射现象，溅射出来的产物是表面吸附的气体分子、已中和的被捕集离子和表面本身的原子。吸附分子的溅射称为离子溅射脱附。在超高真空系统中，具有一定能量的光子投射在表面的吸附层上也可能引起显著的脱附效应即光致脱附。

# 第二节　抽真空与真空泵

真空技术是指建立低于大气压力的物理环境，以及在此环境中进行科学试验和物理测量等行为所需的技术。真空技术主要包括真空的获得、真空的测量和真空的应用等几个方面，在真空技术的发展中，这四个方面的技术是相互促进的。

在一个密闭容器中获得真空的过程就是我们常说的“抽真空”。它是利用各种抽真空设备将空间里的气体抽出，从而获得低于一个大气压下的压强。这里的抽真空设备称为真空泵。

## 一、真空泵的分类与选择

真空泵是指利用机械、物理、化学或物理化学的方法对被抽容器进行抽气而获得真空的器件或设备。按其工作压强，可分为低真空泵、高真空泵和超高真空泵。而按其工作原理，大致可分为下面两大类：

一类是气体传输泵，也称为压缩型真空泵。原理是通过一级或多级压缩，将气体分子周期性地从泵的入口端压缩至出口端，最终排至外部环境。它是通过脱附的方式将密闭空间内的气体抽走。气体传输泵可进一步细分为变容气体传输泵和动量气体传输泵。变容气体传输泵是利用泵腔容积的周期性变化来完成吸气和排气过程，将气体在排出前压缩的一种真空

泵，主要包括旋片式机械泵和罗茨（Roots）泵。动量气体传输泵是依靠高速旋转的叶片或高速射流，把动量传输给气体或气体分子，使气体连续不断地从泵的入口传输到出口的一种真空泵，主要包括油扩散泵和分子泵。

另一类是气体捕获泵，也称为吸附型真空泵。原理基于气体的吸附过程。它是通过物理、化学等方法，将气体分子化学吸附或冷凝到真空室内的低温物体表面上来实现气体分子的排出，以达到降低气体压强的目的。常见的气体捕获泵有利用物理或化学吸附作用的吸附泵和升华泵、利用低温表面冷凝气体的低温冷凝泵以及利用电离吸气作用的离子泵等。

气体传输泵是将气体永久性地排出，而气体捕获泵的捕获过程是可逆的，气体分子并不排出泵外，而是被永久储存或暂时储存于泵内，温度上升后，会将捕获、冷凝的气体释放回真空系统。需要注意的是，每种泵都有对应的工作压强范围。有些泵可以直接在大气压下开始工作，如机械泵、吸附泵等；有些泵则需要达到一定的真空度后才能正常工作，如罗茨泵、扩散泵、分子泵、离子泵等。图 2-1 列出了常用的各类真空泵的工作范围，图中浅灰色部分表示该真空泵和其它装置组合起来使用时所能扩展的区域。可见，为获得压强低于 $10^{-2}$Pa 的真空，通常需要至少 2 种真空泵的组合才能实现。其中从一个大气压抽到约 $10^{-2}$Pa 的真空泵称为前级泵，而从约 $10^{-2}$Pa 抽到更低气压的真空泵称为次级泵。例如，要获得 $10^{-6}\sim10^{-8}$Pa 的真空度，必须采用机械泵＋分子泵组合装置，这里抽低真空的机械泵为前级泵，抽高真空的分子泵为次级泵。前级泵作用有两个：一是提供一定的初始环境，使高真空泵能够正常运转；二是高真空泵运转时排出的气体可通过前级泵排到大气中。

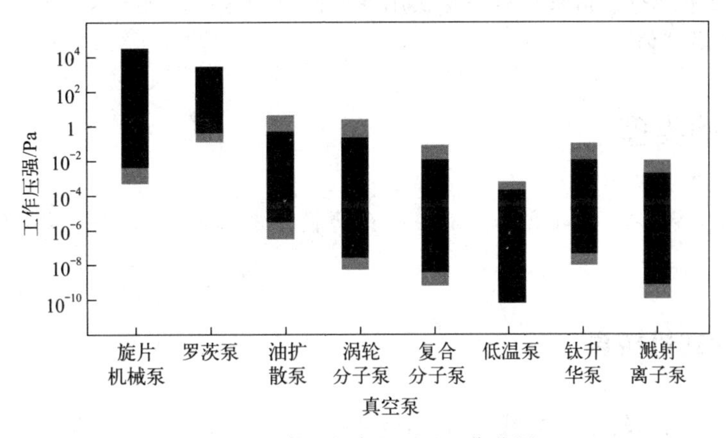


图 2-1　常用的真空泵及工作范围

真空泵的选择原则主要包括：

① 选用的真空泵必须能抽出工艺过程中释放出来的气体。例如，工艺过程中产生水蒸气，则选用的真空泵必须能抽出水蒸气。

② 真空泵的极限真空度必须高于被抽容器要求的真空度，一般至少要高一个数量级，并且能在要求的工作真空度范围内正常工作。如磁控溅射薄膜沉积一般要求 $10^{-5}$Pa 或以上的真空环境，则真空泵一般选用容积泵＋动量传输泵/气体捕集泵的组合。

③ 泵的抽速必须大于工艺过程中的最大放气量。如果工艺过程中会出现突然大量放气，主泵的有效抽速还要适当加大，通常加大到最大放气量的 2～3 倍。

④ 真空泵工作介质和制造泵的材料必须满足工艺要求。在抽出具有腐蚀性的气体时，应采取防腐措施；抽出带灰尘或颗粒的气体时，要在主泵前加除尘器或过滤器。

## 二、真空泵的基本参数

真空泵的基本参数包括抽气速率、极限压强、最大工作压强和运用压强等。

① 抽气速率（$S$）简称抽速，是指在泵进气口处，在给定泵口压强下，单位时间流入泵的气体体积数，即

$$S=\frac{\Delta V}{\Delta t}\bigg|_{p=p_i} \tag{2-4}$$

式中，$\Delta V$ 为 $\Delta t$ 时间内从泵口流入泵的气体体积数；$p_i$ 为测定该气体体积时的泵口压强；$S$ 的量纲是 L/s 或 $m^3/s$。如单位时间内流入泵内的气体量用 $Q$（单位：Pa·L/s）表示，则有

$$Q=Sp \tag{2-5}$$

② 极限压强 $p_u$ 指泵在泵入口能达到的最低平衡压强。一个真空泵的极限压强，要在气体负载很小的情况下，且泵经过彻底烘烤除气和长时间的抽气后才能达到。

③ 最大工作压强 $p_{max}$ 指泵能正常工作的入口最高压强。如果工作压强超过该值，泵的抽速将趋于零，失去抽气能力。

④ 运用压强 $p_x \sim p_y$ 指泵具有一定实用抽速值时的入口压强范围，$p_x$、$p_y$ 分别为入口压强的最低值和最高值。

## 三、真空泵的类型

真空泵的种类繁多，下面重点介绍一些在薄膜技术领域内常用的真空泵的工作原理和特性。

### （一）旋片式机械泵

机械泵是利用泵内转子的机械运动（转动或滑动）来获得真空的泵，可以从一个大气压下开始工作。它既可以单独使用，又可作为高真空泵或超高真空的前级泵。常见的机械真空泵有旋片式、定片式和滑阀式（又称柱塞式），其中旋片式机械泵的噪声小，运行速度快，在真空薄膜制备中应用广泛。

旋片式机械泵通过泵内转子的旋转，使密封空间的容积周期性地增大或缩小，即抽气或排气，完成对气体的连续吸入、压缩和排出的周期。图 2-2（a）是单级旋片泵的结构图，泵体主要由定子、转子、旋片、弹簧、进气管和排气阀等组成。定子两端被真空泵油密封，形成一个封闭的泵腔。泵腔内装有转子，与定子组合相当于两个内切圆。转子的轴线上有一个通槽，槽内装有两块旋片，旋片中间用弹簧相连，确保转子旋转时旋片始终沿定子内壁滑动，同时在泵腔内会形成保持润滑和密封的油膜。如图 2-2（b）所示，在旋转过程中，旋片 2 把泵腔和转子间构成的弯月形区域分成了 A、B 两部分：一部分是连通进气管道的吸气空腔；另一部分是连通出口阀门的排气空腔。如图中 $b_1$，当旋片沿图中给出的方向顺时针

旋转时，由于旋片1后的空间压强小于进气口的压强，所以气体通过进气口，吸进气体。图中$b_2$表示吸气截止，此时泵的吸气量达到最大，气体开始压缩。当旋片继续运动到图中$b_3$所示的位置时，气体压缩使旋片1后的空间压强增高，当压强高于1个大气压时，气体推开排气阀门排出气体。当旋片重新回到图中$b_1$所示的位置，排气结束。如此不断循环，转子按箭头方向旋转，不断进行吸气、压缩和排气的循环过程，连着机械泵的真空泵腔便获得了真空。

可见，机械泵的工作原理是基于波义耳-马略特定律，即在密闭容器中的定量气体，在恒温下，压强和体积成反比

$$pV=K \tag{2-6}$$

式中，$K$为与温度相关的常数。

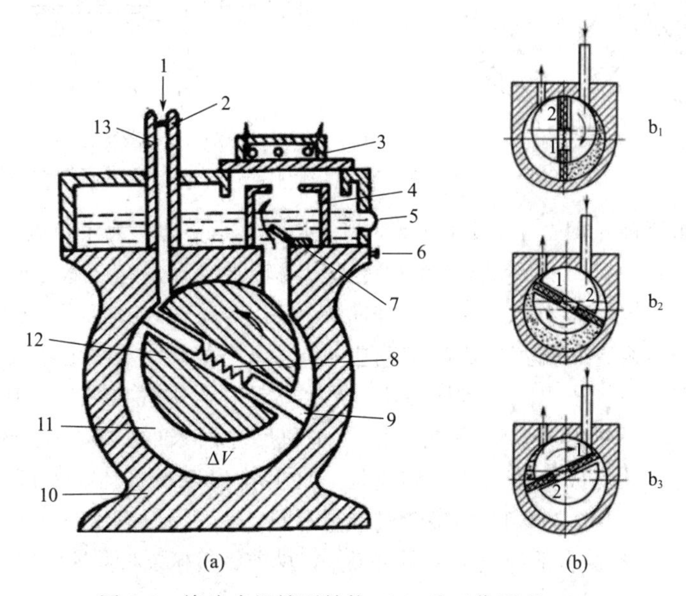


图2-2 旋片式机械泵结构（a）及工作原理（b）

1—进气口（接至被抽系统）；2—进气滤网；3—排气口；4—油气分离室；
5—油标；6—放油阀；7—排气阀；8—弹簧；9—旋片；
10—定子；11—工作室；12—转子；13—进气管

旋片泵工作时，转子的转速一般为450～1400r/min，转子转速越快，抽速越大。同时，能获得的极限压强$p_u$约为1Pa，这主要受限于转子与泵腔接触部位密封处的气密性，其漏气量与密封部位两侧的压强差成正比。为了降低压强差以提高泵极限真空度，很多旋片机械泵一般都采用双级泵结构，如图2-3所示。两泵串联同转速、同方向旋转，前级泵处于吸气位置时，后级泵正好在排气，降低了后级泵转子与空腔接触部位密封处的压强差，使机械泵的极限真空从单级旋片泵的1Pa提高到双级泵的$10^{-2}$Pa数量级。

## （二）罗茨泵

罗茨泵也是变容气体传输泵的一种。如图2-4所示，其结构是由泵壳体、转子以及传动部分组成。泵的转子与转子和泵壳之间，存在一定间隙，其间隙值和相对转动位置由转子的加工精度和同步转速来确定。罗茨泵转子的种类很多，如圆弧型、渐开线型、摆线型、综合

线型等，由不同种类的转子制造的真空泵容积系数不同，即泵的抽气量、极限真空度均不同。罗茨泵由于配合公差非常小，可以不用油密封。

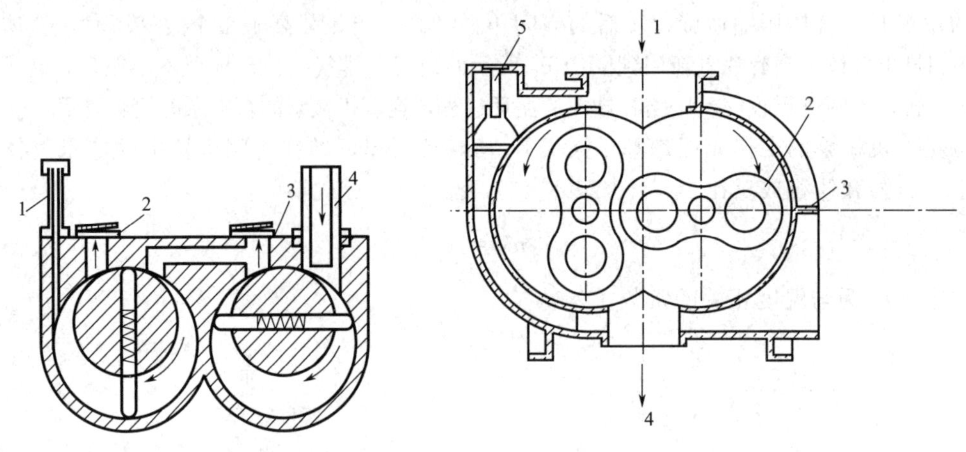


图 2-3 双级泵结构

1—气镇阀；2—前排气阀；3—后排气阀；4—进气管

图 2-4 罗茨泵结构

1—进气口；2—转子；3—泵体；4—排气口；5—旁通阀

罗茨泵的工作原理见图 2-5。其中，$p_A$ 为入口处压强，$p_V$ 为出口处压强。在罗茨泵腔的两平行轴上，装有一对“8”字形对称的转子，两转子以等角速度做方向相反的旋转运动，由轴端齿轮驱动同步转动。当转子按箭头方向旋转到图（a）、（b）所示位置时，被抽气体从吸气口进到由转子与泵壳和端盖构成的空间中；图（c）表示吸气截止，吸入的气体被转子、泵壳和端盖所封闭；当转子再旋转到图（d）所示位置时，排气口端较高压力的气体会反冲到这部分空间中。转子继续旋转，会把被抽气体和反冲回来的气体一起驱压到排气口处抽走。泵轴每转一周，共完成上述四个动作过程，即共排出四份气体。罗茨泵中转子不停地旋转，从而形成抽吸真空。可以看到，与旋转机械泵不同，罗茨泵没有压缩气体，因此，罗茨泵不能单独对大气排气，必须配备前级机械泵同时工作，由前级机械泵将罗茨泵排出的气体抽走。

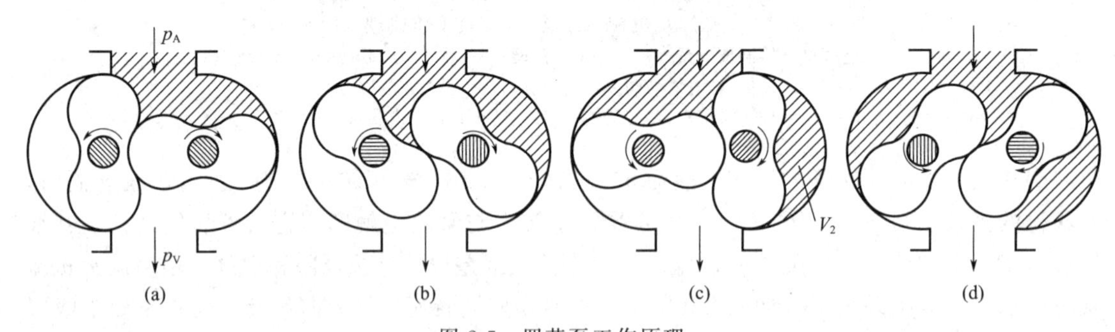


图 2-5 罗茨泵工作原理

虽然罗茨泵没有压缩气体，但由于其转子可以高速旋转，转速达 3000～4000r/min，且转子与泵壳之间的缝隙很小，仅为 0.1mm 左右，所以罗茨泵也会产生一定的压缩比，且 $p_A/p_V$ 在 100 左右，极限真空可达到 0.1Pa。

## （三）油扩散泵

油扩散泵是利用喷嘴中高速喷出的油蒸气喷流抽气的真空泵，也称为蒸气喷流泵。图

2-6 为油扩散泵的外形和结构。油扩散泵主要由泵体、水冷套、蒸发器、多级喷嘴、导流管等构成。

油扩散泵的工作原理是借助于油蒸气喷流的动量而输运气体，其结构如图 2-6（b）所示。泵的底部为蒸发器，其内部储存有扩散泵油。泵上部为进气口，下侧旁管为出气口，工作时出气口处由机械泵提供前置真空。当扩散泵油被电炉加热后，油蒸气经导流管进入伞形喷嘴并向下喷出。气体分子由于热运动，一旦落入蒸气流中，便与定向运动的油蒸气分子碰撞，获得向下运动的动量而向出气口飞去。由于喷嘴外面为机械泵提供的低真空（10～1Pa），气体密度小，故蒸气流可向下喷出一长段距离，构成一个向出气口方向运动的射流。在射流界面的两边，被抽气体有很大的浓度差（界面外浓度大，界面内浓度小）。正是这个浓度差，使被抽气体能源源不断地越过界面，扩散进入射流而被带至出气口，再由一个前级泵将它们抽走，达到抽气的目的。射流最后碰上由冷却水冷却的器壁时，油会凝结为液体流回蒸发器，完成抽气循环。

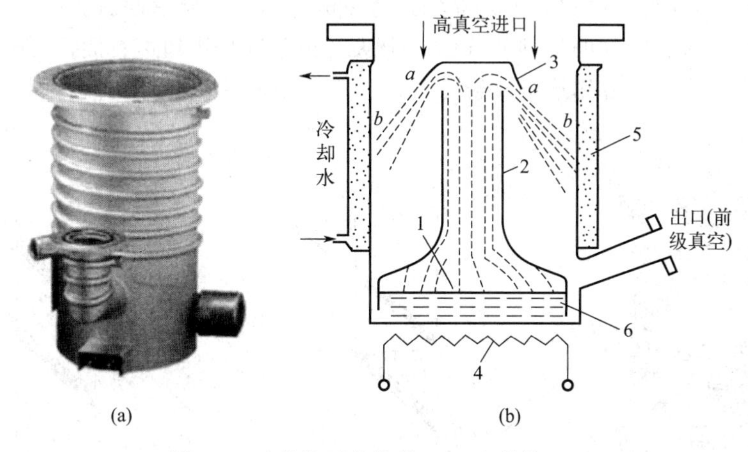


图 2-6 油扩散泵的外形（a）和结构（b）

1—蒸发器；2—导流管；3—喷嘴；4—加热器；5—冷凝器；6—扩散泵油；*a*、*b*—射流的抽气面

油扩散泵的抽速范围为 $10\sim10^4$L/s，油蒸气具有高的射流运动速度（约 200m/s）、高的蒸气流密度（蒸气压达数百帕）、高的油分子量，因此有良好的运载气体分子的能力，极限真空可达到 $10^{-6}$Pa。油扩散泵作为一种经济实用的高真空泵，易维护，在各种真空设备上广泛使用，但主要的缺点是工作时总会有部分油蒸气流向高真空处，影响泵的极限真空，造成真空系统的污染。

### （四）分子泵

分子泵也是动量气体传输泵的一种。作为一种无油类泵，可以与前级泵构成组合装置，从而获得超高真空。分子泵可分为牵引分子泵（阻压）、涡轮分子泵和复合分子泵三大类。其中，牵引分子泵结构简单，转速小，但压缩比大；涡轮分子泵又包含敞开叶片型和重叠叶片型，前者转速高，抽速大，后者则恰好相反；复合分子泵结合了牵引分子泵压缩比大和涡轮分子泵抽气能力强的优点，利用高速旋转的转子排出气体分子获得超高真空。分子泵已成为很多高真空精密仪器设备常用的高真空泵。

### 1. 涡轮分子泵

涡轮分子泵结构如图 2-7（a）所示，由四个基本部分组成：带有进气口法兰的泵壳、带叶片的转子（动轮叶）和静轮叶、由中频电动机和润滑油循环系统构成的驱动装置以及安置泵内所有元件的底座。一个轮叶所能得到的压缩比有限，因此实际的分子泵都是由数十个轮叶装于同一转轴上组成转子，转子上则装有数目相等的静轮叶。静轮叶在工作时是静止的，其形状及尺寸与动轮叶完全相同，但叶片倾斜角相反。

涡轮分子泵的工作原理是利用高速旋转的涡轮叶片，不断对被抽气体分子施以定向的动量和压缩作用，从而将气体排走。如图 2-7（b）所示，运动叶片两侧的气体分子呈漫散射，在叶轮左侧，气体分子到达 $A$ 点附近，在角度 $\alpha_1$ 内反射的气体分子回到左侧；在角度 $\beta_1$ 内反射的分子一部分回到左侧，另一部分到达右侧；在角度 $\gamma_1$ 内反射的气体分子直接穿过叶片到达右侧。同理，在叶轮右侧，气体分子入射到 $B$ 点附近，$\alpha_2$ 角度内反射的气体分子返回右侧；在 $\beta_2$ 角度内反射的分子一部分到达左侧，另一部分返回右侧；在 $\gamma_2$ 角度内反射的分子到达左侧。倾斜叶片的运动使气体分子从左侧穿过叶片到达右侧，比从右侧穿过叶片到达左侧的概率大得多。叶轮连续旋转，气体分子便不断地由左侧流向右侧，从而产生抽气作用。

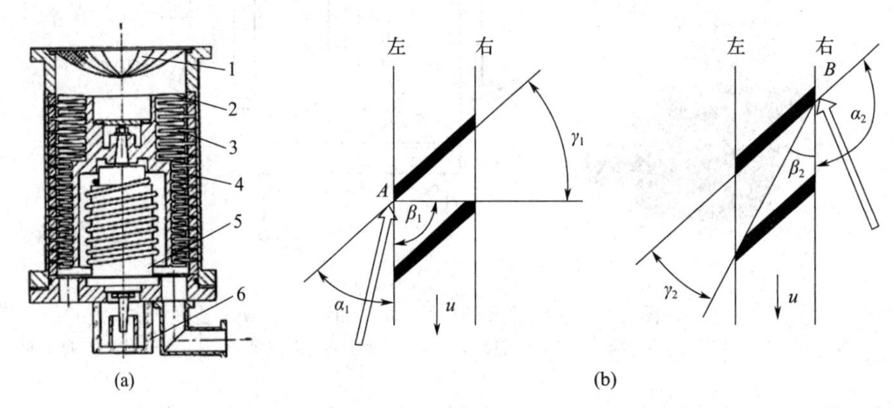


图 2-7　涡轮分子泵结构（a）及动叶片工作原理（b）

1—栅网；2—带叶片的转子；3—静轮叶；4—泵体；5—驱动系统；6—油箱

涡轮分子泵的极限真空度可达到 $10^{-8}$ Pa 的数量级，抽速可达 1000L/s，而达到最大抽速的压力区间是在 $1\sim10^{-8}$ Pa 之间，因此在使用时需要旋片机械泵作为其前级泵。

### 2. 复合分子泵

为进一步提高排气量，在普通涡轮分子泵的基础上开发了复合分子泵，其结构如图 2-8 所示。在涡轮分子泵的高压侧，设置高速旋转的螺纹，依靠螺纹部位的旋转运动，进一步将气体向排出口一方压缩，增加出口与入口的压强差。这样即使吸入口压力提高，分子泵也能工作，以满足大排气量的需求。

## （五）低温吸附泵

低温吸附泵是利用微孔型吸附剂（如硅胶活性炭、沸石等）的低温吸附性质制成的抽气装置，简称吸附泵。这些吸附剂在低温下能大量吸附气体，温度升高以后又将气体重新放出。分子筛是吸附泵中常用的吸附剂，是指一些孔径较大的沸石。在液氮温度下，分子筛吸附的气体体积可达自身体积的50～100倍。根据冷却方式不同，低温吸附泵可分为内冷式和外冷式。

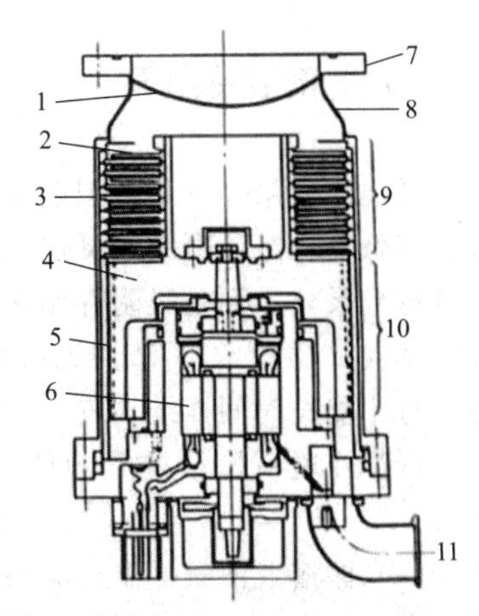

图 2-8 复合分子泵的结构
1—栅网；2—涡轮转子；3—涡轮定子；4—螺纹转子；5—螺纹定子；6—电机；7—进气口法兰；8—泵体；9—涡轮分子泵部分；10—高速旋转螺纹部分；11—排气口

(1) 内冷式低温吸附泵的结构如图 2-9 (a) 所示。在泵壳内安放着许多铜翼片，分子筛放置在翼片上方。由于分子筛导热性能差，故翼片间的距离仅6mm，以确保分子筛能得到充分均匀的冷却或烘烤。在翼片的四周有不锈钢网，以防止分子筛撒出。注入液氮后，由于分子筛的大量吸气，泵内就抽成真空并有良好的绝热性。当液氮消耗完毕后，气体从分子筛重新放出。当泵内压强超过一个大气压时，安全阀上的橡胶塞会冲出，使气体释放到大气中。内冷式低温吸附泵使用7～8次后需要加热再生一次，再生电炉呈细棒状，从液氮注入口插入，可使分子筛加热到300～350℃，烘烤0.5～1h后即可完成脱水；经过多次再生循环后，若分子筛吸气能力明显下降，则需在550℃下激活。内冷式吸附泵的分子筛重约1kg，可以把50L容器由大气压抽至1Pa，液氮消耗约为3L。如果两只吸附泵串接使用，可以达到 $2\times10^{-2}$Pa以下。

(2) 外冷式低温吸附泵的结构如图 2-9 (b) 所示。泵壳是一个不锈钢圆筒，分子筛放在辐射状的铜导热片（或液氮冷却管）与网筒之间，以确保分子筛冷却性能良好。泵的中心放置一个顶端封闭的圆柱状金属网筒，以保证气路畅通。吸附泵外是用来盛放液氮的塑料桶，当分子筛需要加热再生时，卸下液氮桶，在外部套装一电炉即可加热吸附泵。外冷式吸附泵单泵可把50L容器由大气压抽至1Pa。双泵串联，可达 $10^{-1}$Pa，双泵的液氮消耗量为8～10L。

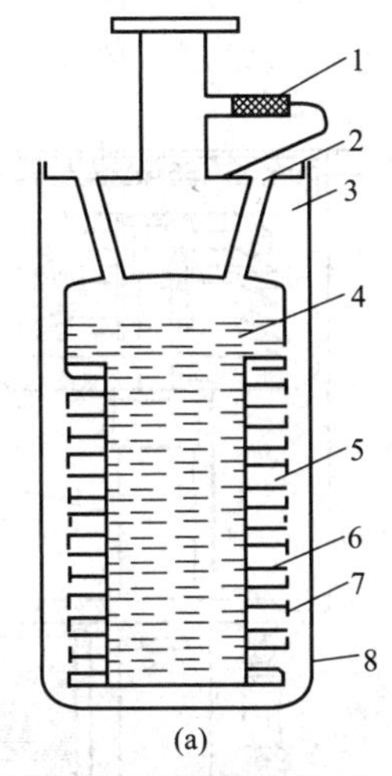

(a)

1—安全阀；2—液氮注入口；3—再生电炉插入口；4—液氮；5—分子筛；6—翼片；7—Ni网或不锈钢网；8—不锈钢外壳

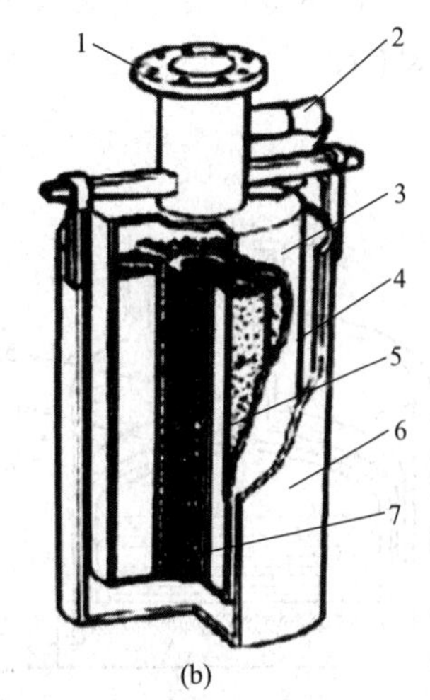

(b)

1—泵口；2—安全塞；3—泵壳；4—液氮；5—分子筛；6—液氮筒；7—钢丝网

图 2-9 内冷式低温吸附泵结构 (a) 及外冷式低温吸附泵结构 (b)

## （六）低温冷凝泵

低温冷凝泵是利用低温表面冷凝捕集、吸附被抽空间的气体，使被抽气体的饱和蒸气压大大降低，让气体凝结在低温表面上，从而获得并维持真空状态的抽气装置。被抽气体不是直接排到泵外，而是吸附存储在泵内。低温冷凝泵具有极限压强低（$10^{-10}\sim10^{-11}$Pa）、抽气速率大（$10^6$L/s）、清洁无污染等优点；缺点是价格昂贵，运行时需要制冷剂或制冷设备，且不能长时间连续抽气。

低温冷凝泵按结构分为两种：储槽式液氦低温冷凝泵和闭路循环气氦制冷机低温冷凝泵。

（1）储槽式液氦低温冷凝泵的基本结构如图 2-10 所示。主要由含双层保温壁的液氦容器、带有“人”字形挡板的液氦腔体、辐射屏、泵壳等部分组成。其中，液氦容器的底部平面作为低温抽气表面；辐射屏固定在液氦容器的颈管处，被排出的气体冷却，屏内壁涂黑，外壁镀银，使温度小于 30 K，可减小液氦透过泵内空间及进入双层保温壁的热辐射；“人”字形挡板可减少室温对冷凝面的热辐射，同时与液氦容器连接，具有接近液氦的温度，能预先冷却气体，将可凝性气体冷凝或预冷不可凝性气体，减少对低温冷量的消耗。储槽式液氦低温冷凝泵一般都由其它泵预抽到高真空或超高真空，再灌入液氮和液氦开始工作，减少液氦的消耗。

（2）闭路循环气氦制冷机低温冷凝泵的基本结构如图 2-11 所示。利用氦气作为介质，由一小型制冷机循环制冷，故不消耗氦气。在制冷机的第一级冷头上，装有辐射屏和辐射挡板，温度处于 50～77K，用以冷凝、抽除水蒸气和二氧化碳等气体，同时还能屏蔽真空室的热辐射，保护第二级冷头和深冷板。深冷板装在第二级冷头上，温度为 10～20K，板正面光滑的金属表面可以去除氮、氧等气体，反面的活性炭可以吸附氢、氦、氖等气体。通过两极冷头的作用，可去除各种气体，获得超高真空状态。闭路循环气氦制冷机低温冷凝泵的冷壁温度比储槽式液氦低温冷凝泵的高，极限压强为 $10^{-9}\sim10^{-10}$Pa。但工作一段时间后，泵的低温排气能力会降低，因此必须经“再生”处理，即清除低温凝结层。闭路循环气氦制冷机

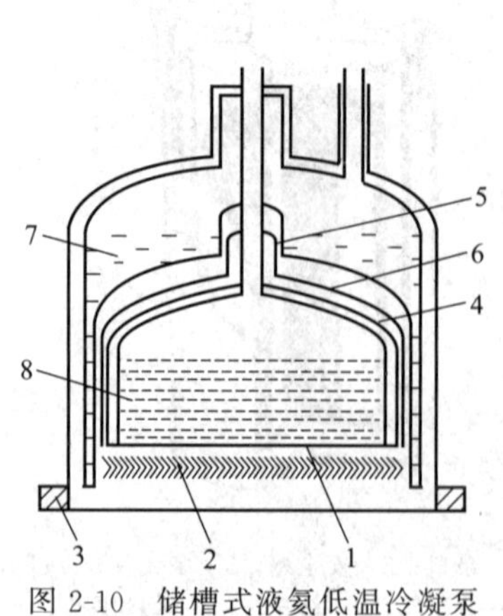

图 2-10 储槽式液氦低温冷凝泵

1—冷凝面；2—“人”字形挡板；3—法兰；4—双层保温壁；5—铜箔；6—辐射屏；7—液氮；8—液氦

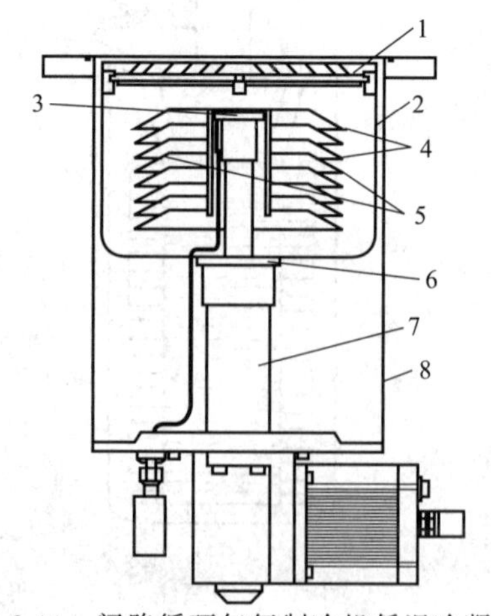

图 2-11 闭路循环气氦制冷机低温冷凝泵

1—障板；2—辐射屏；3—第二级冷头；4—冷板；5—活性炭；6—第一级冷头；7—制冷机；8—泵体

冷凝泵在实际工作中是用前级泵将压强抽到5～10Pa后，再启动低温冷凝泵，这样既可充分发挥低温冷凝泵在高真空及超高真空下的性能，又能避免机械泵的返油。闭路循环气氦制冷机低温冷凝泵使用方便，运行费用较低，在实际应用中大量使用。

## （七）钛升华泵

钛升华泵是通过加热使钛升华并使其沉积在一个冷却的表面上形成薄膜，对气体进行吸附的抽气装置。钛升华泵的结构如图2-12所示，它包括吸气面、升华器（热丝或加热器）和控制器三个部分。工作时控制器通电给升华器，使钛加热到足够高的温度（1100℃）直接升华，升华出来的钛沉积在用水或液氮冷却的泵壁表面上，形成新鲜的钛膜层。钛在升华和沉积的过程中，与活性气体结合成稳定的化合物（固相的TiO或TiN），从而抽出空间中的气体分子。根据加热方式的不同，钛升华器可分为电阻加热式、热传导加热式、辐射加热式和电子轰击加热式等。

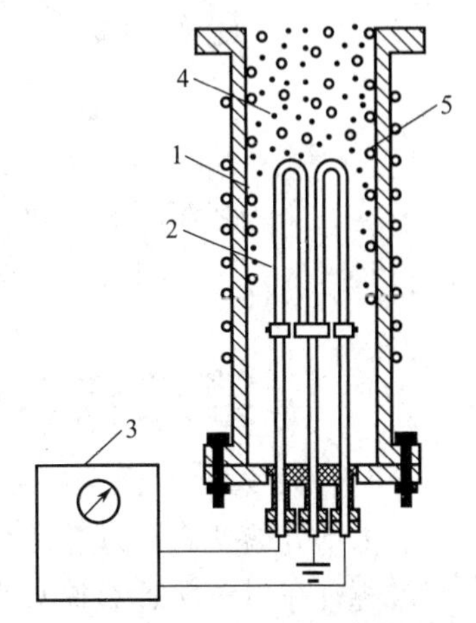

图2-12　钛升华泵的结构
1—吸气面；2—蒸发热丝；3—电气控制装置；4—升华出来的钛；5—活性气体

钛升华泵具有以下优点：抽速大，新鲜钛膜在液氮温度下，对氮的抽速可达10.1L/($cm^2$·s)，对氢的抽速可达19.9L/($cm^2$·s)；极限真空度高，可达$10^{-8}$Pa；结构简单，钛易于蒸发，抽气性能和工艺性能较好。主要缺点是对惰性气体的抽速为零，因此不能作为主泵使用。

## （八）溅射离子泵

溅射离子泵是由阴极连续溅射获得吸气剂，吸附被电离的气体而获得真空的抽气装置。它具有以下优点：无油故清洁度高、无振动、无噪声；使用简单可靠，寿命长，可烘烤；不需要冷剂，放置方向不限；在超高真空下仍有较大抽速，极限真空度高（$10^{-9}$～$10^{-10}$Pa）。其主要缺点是：带有笨重的磁铁，体积和重量较大；对惰性气体的抽速小。

溅射离子泵的结构如图2-13（a）所示。阳极为多个并联的不锈钢圆筒，圆筒的两端是薄钛板制成的阴极板。阳极筒和钛阴极间留有适当的缝隙，以保持电绝缘并作为气体的通导。阴极、阳极一起装于不锈钢外壳中，整个壳体置于一磁场中。磁力线方向平行于阳极筒轴向，磁通密度为0.1～0.2T。泵的单室结构如图2-13（b）所示。一个单室有一个阳极筒，单室的抽速只有1～3L/s，为了增加泵的抽速，通常将多个单室并联，阴极共用一块钛板，组成一个单元，再由多个单元组合成一个泵。

溅射离子泵的抽气作用是基于活性钛膜的吸附和电清除作用。当在阳极与阴极间加有3～7kV的直流电压时，泵内的气体分子被电离；放电产生的离子朝向阴极运动，在阴极上引起强烈的溅射，溅射的活性金属钛向阳极筒内壁以及阴极上遭受离子轰击较少的区域沉积。这样不仅得到了新鲜的活性钛膜，同时掩埋了阳极筒内壁上的吸附分子以及阴极边角部分（即阴极中不易遭到离子轰击的部分）的惰性气体离子，该过程称为电清除过程。

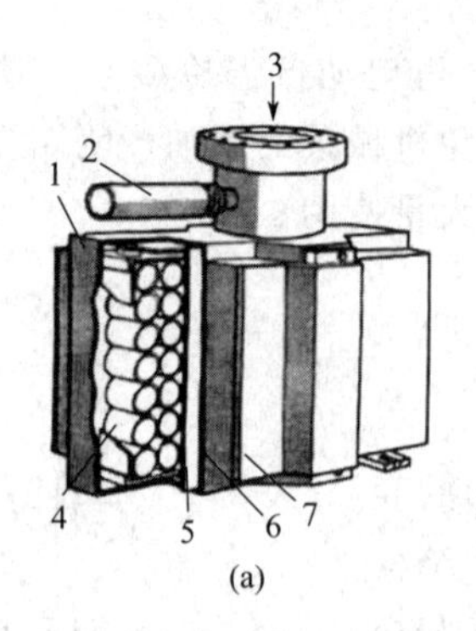

(a)

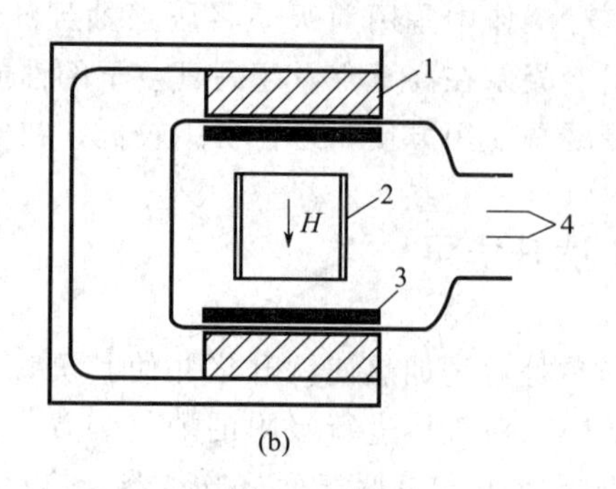

(b)

1—外壳；2—阳极接口；3—进气口；4—阳极筒；
5—钛阴极板；6—软铁；7—磁铁

1—磁铁；2—阳极筒；
3—阴极；4—接被抽系统

图 2-13 溅射离子泵的结构（a）及溅射离子泵单室结构（b）

# 第三节 气体分子的运动和气体的流动

大部分的薄膜材料都是在真空或较低气压下制备的，通常会涉及气相的产生、输运及反应过程。在对密闭容器抽真空的过程中，容器的几何形状、气体分子与表面的相互作用不同，气体的流动状态存在很大差别。为了更好地理解气体在真空腔室、真空管道和真空泵中的传输，理解气体的流动与抽气概念是非常重要的。

## 一、气体分子的平均自由程

除绝对零度以外，气体分子无时无刻不在做无规则的热运动。在运动过程中，不可避免地会发生气体分子之间的相互碰撞。气体分子在任意两次连续碰撞之间经过的直线路程 $\lambda$，称为自由程。大量分子多次碰撞自由程的平均值称为气体分子的平均自由程，用符号 $\bar{\lambda}$ 表示。单位时间内的碰撞次数用 $\bar{Z}$ 表示，它与气体压强成正比。$\bar{\lambda}$ 和 $\bar{Z}$ 共同表示气体分子的碰撞频繁程度。

设分子以平均速度 $\bar{v}$ 运动，$t$ 时间内分子运动的平均路程为 $\bar{v}t$，$t$ 时间内分子平均碰撞次数为 $\bar{Z}t$ 次，则平均自由程为

$$\bar{\lambda}=\frac{\bar{v}t}{\bar{Z}t}=\frac{\bar{v}}{\bar{Z}} \tag{2-7}$$

从上式可知，$\bar{\lambda}\propto\frac{1}{\bar{Z}}$。即碰撞次数越多，分子平均自由程越短。

假设每个分子是直径为 $d$ 的圆球，与其它分子的中心距离接近 $d$ 时进行完全弹性碰撞。若假设空间中仅有一个分子 A 运动，其它分子均静止。以分子 A 中心的运动轨迹为轴线、分子 A 有效直径 $d$ 为半径做一个圆柱体，则凡是中心在此圆柱体内的所有分子都会与 A 发生碰撞。

A 分子以平均速度 $\bar{v}$ 运动，在 $t$ 时间内，A 走过的路程为 $\bar{v}t$。相应的圆柱体体积为 $\pi d^2\bar{v}t$。设单位体积内分子数为 $n$，则 A 分子与其它分子的碰撞次数为$n\pi d^2\bar{v}t$。因此，碰撞频率

$$\bar{Z}=\frac{n\pi d^2\bar{v}t}{t}=n\pi d^2\bar{v} \tag{2-8}$$

平均自由程为

$$\bar{\lambda}=\frac{\bar{v}}{\bar{Z}}=\frac{1}{n\pi d^2} \tag{2-9}$$

若考虑每个分子都在运动的状况，按照麦克斯韦速度分布，将 $\bar{Z}$ 的表达式修正为

$$\bar{Z}=\sqrt{2}n\pi d^2\bar{v} \tag{2-10}$$

由此可得平均自由程为

$$\bar{\lambda}=\frac{\bar{v}}{\bar{Z}}=\frac{1}{\sqrt{2}n\pi d^2} \tag{2-11}$$

宏观而言，分子运动会对气体压强造成明显的影响。气体的压强与气体分子的浓度和平均动能成正比，也与其温度成正比，即

$$p=\frac{2}{3}n\left(\frac{1}{2}mv^2\right)=nkT \tag{2-12}$$

式中，$p$ 为压强；$k$ 为玻尔兹曼常数；$T$ 为温度。

根据式（2-11）和式（2-12），可知 $\bar{\lambda}$、$T$、$p$ 的关系为

$$\bar{\lambda}=\frac{kT}{\sqrt{2}\pi d^2 p} \tag{2-13}$$

即温度一定时，气压越小，平均自由程越长。

## 二、气体与表面的碰撞

气体分子除了会与其它气体分子碰撞外，还会与各种表面发生相互作用，包括与容器内壁或基体表面的碰撞。此过程中，气体分子会被器壁或基体表面反射或被吸附。

首先分析与表面碰撞的气体分子数。假设一容器内气体的压强为 $p$，且气体已经达到完全热平衡。容器壁受分子的频繁碰撞，在器壁上任取一面积元 $\mathrm{d}s$，如图 2-14 所示。

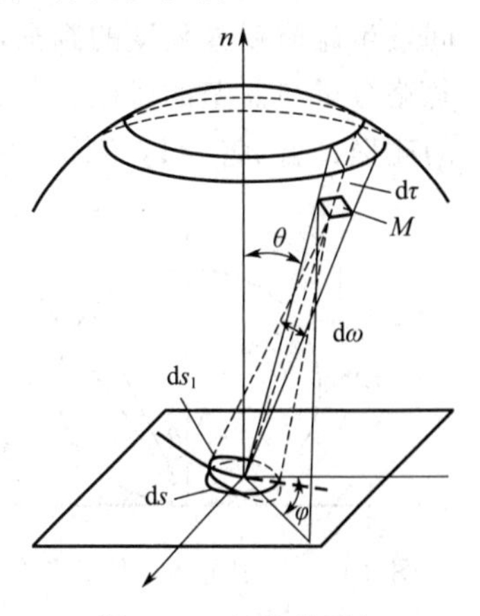

图 2-14　气体分子与表面碰撞模型

在平衡状态下，气体分子进行无规则运动，朝各个方向运动的概率相同，因此，任何时刻分子运动方向在立体角 $\mathrm{d}\omega$ 中的概率为 $\mathrm{d}\omega/4\pi$。设 $\mathrm{d}\omega$ 和 $\mathrm{d}s$ 面的法线夹角为 $\theta$，单位时间内，速度在 $v\sim(v+\mathrm{d}v)$ 间从立体角 $\mathrm{d}\omega$ 方向飞来与 $\mathrm{d}s$ 相碰撞的气体分子数，就是以 $\cos\theta\mathrm{d}s$ 为底、$v$ 为高的圆筒中包含的分子，其数目为

$$\frac{\mathrm{d}\omega}{4\pi}[nf(v)\mathrm{d}v]v\cos\theta\mathrm{d}s$$

对 $v$ 从 $0\rightarrow\infty$ 积分，得到单位时间内从立体角 $\mathrm{d}\omega$ 方向飞来碰撞

于ds 上的各个速度的分子数为

$$\frac{d\omega}{4\pi}n\cos\theta ds\int_{0}^{\infty}vf(v)dv=\frac{d\omega}{4\pi}n\bar{v}\cos\theta ds \tag{2-14}$$

结果表明，碰撞于 ds 平面上的分子数与 $\cos\theta$ 成正比。

若考虑从任何角度飞来在单位时间内碰撞于 ds 的分子数，取 ds 的法线为 $\theta$，$\varphi$ 为极坐标系的轴，将 $d\omega$ 写成 $\sin\theta d\theta d\varphi$，并对 $\varphi$ 从 $0\to 2\pi$ 积分，就得单位时间内从 $\theta\to\theta+d\theta$ 两个锥体间飞来碰撞于 ds 上的分子数

$$\text{分子数}=\frac{n\bar{v}}{2}\sin\theta\cos\theta d\theta ds$$

对 $\theta$ 从 $0\to\pi/2$ 积分，就得到从任何角度飞来在单位时间内碰撞于 ds 的分子数

$$\frac{n\bar{v}}{2}ds\int_{0}^{\frac{\pi}{2}}\sin\theta\cos\theta d\theta=\frac{n\bar{v}}{4}ds \tag{2-15}$$

上式两边同时除以 ds，就得到在单位时间内碰撞于表面单位面积上的分子数为

$$n_t=\frac{n\bar{v}}{4} \tag{2-16}$$

式中，$n$ 是气体分子密度，$m^{-3}$；$\bar{v}$ 是分子平均运动速度。式（2-16）即为赫兹-克努森（Hertz-Knudsen）公式，它是描述气体分子热运动的重要公式。该式表明，碰撞于表面的气体分子数正比于分子的密度和平均运动速度。由于气体中分子的无规则运动相比液体和固体更强烈，因此平均运动速度更高，$n_t$ 更大。

根据 $p=nkT$，$\bar{v}=\sqrt{\frac{8kT}{\pi m}}$，式（2-16）可表示为 $p$ 的函数，即单位时间内单位面积上表面碰撞的分子数为

$$n_t=\frac{p}{\sqrt{2\pi mkT}} \tag{2-17}$$

分子平均自由程 $\bar{\lambda}$ 与容器尺寸 $D$ 的比值 $\bar{\lambda}/D$，是判断分子与分子之间、分子与器壁之间发生碰撞频繁程度的判据，称为克努森数 $K_n$。若 $K_n<1$，表明以分子间碰撞为主，可以忽略分子与器壁的碰撞；若 $K_n\geqslant 1$，表明以分子与器壁之间的碰撞为主，可以忽略分子间的碰撞；若 $K_n\approx 1$，则两种碰撞都重要。

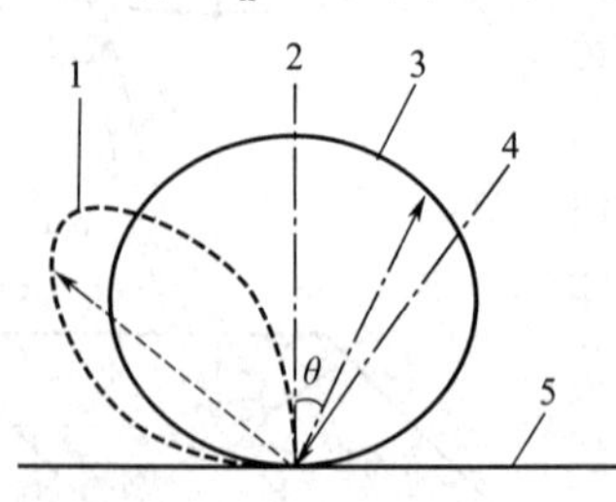

图 2-15　反射分子数按 $\theta$ 角余弦分布

1—被溅射原子；2—法线；3—漫反射；4—入射离子；5—表面

在气体脱附过程中，碰撞于固体表面的分子，它们从表面飞离时的方向与原飞来方向无关，而是呈余弦分布的方式漫反射，即按与表面法线方向所成角度 $\theta$ 的余弦分布，称为克努森余弦定律。分子离开表面时位于立体角 $d\omega$ 中的概率为

$$dp=\frac{d\omega}{\pi}\cos\theta \tag{2-18}$$

式中，系数 $1/\pi$ 是归一化因子，即位于半球 $2\pi$ 立体角中的概率为 1。反射分子分布如图 2-15 所示。

## 三、气体的流动状态

气体动力学认为，当空间存在压强差时，气体会产生宏观的定向流动，其流动状态取决于容器的几何尺寸、压强、温度以及气体种类。气体在管道中的流动情况，是设计真空系统的重要依据。在直径一定的管道中，随着气体压强的变化，气体的流动状态将发生明显的变化。根据流体在系统各个截面上的状态，气体的流动状态可分为稳态流动和非稳态流动。稳态流动中，气体流量不因其所在的时间、地点而变化，系统各处流量均相等；而非稳态流动中，气体的流量会随时间、地点而变化。在真空技术中，稳态流动占绝大部分，因此这里仅讨论气体的稳态流动。

克努森数 $K_n$（$K_n=\bar{\lambda}/D$）除了是分子间及容器壁碰撞的判据外，还是气体流动状态的判据。此外，压强与管道直径的乘积 $pD$ 也可以用来描述气体的流动状态。气体沿管道的流动状态可分为四类：湍流、黏滞流、黏滞流-分子流和分子流。

湍流仅发生于真空系统工作之初的短时间内。管道中气体压强、流速较高，流动处于不稳定状态。如图 2-16（a）所示，湍流流线无规则且有旋涡，质点速度变化急剧，加速度大，惯性力对流动起支配作用。

当 $\bar{\lambda}/D<0.01$ 或 $pD>0.5$，即气体压强较高同时流速较低时，气体的惯性力较小，气体处于黏滞流状态，如图 2-16（b）所示。此时的气流由不同流速的数个流动态所组成，气体分子密度较高，相互之间碰撞频繁，即内摩擦力起主要作用，气体分子和管壁表面的碰撞仅占总碰撞行为的小部分。气体分子彼此之间有着黏滞作用，使得气体流动方向基本一致，与管道的轴线平行；气流与管壁的黏滞作用也较强，因此管壁附近的气体几乎不流动，流速的最大值在管道中心，越靠近管壁，气体的流速就越慢。

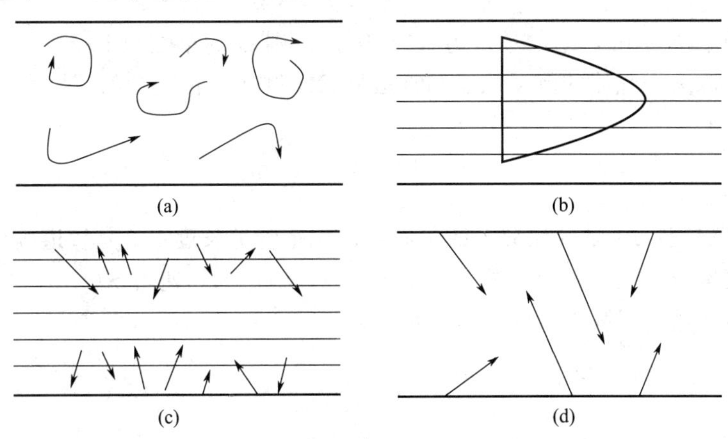


图 2-16　不同真空度下的分子运动状态

（a）湍流；（b）黏滞流；（c）黏滞流-分子流；（d）分子流

在同样的 $K_n$ 范围内，当气体流速较高时，气体会从黏滞流状态转为湍流状态。湍流状态往往在真空系统开始抽气的初期短暂出现，气体流动快、不稳定，气体的流动是惯性力导致，管路中每一点的压强和流速随时间不断变化，气体流动方向与黏滞流基本上与管道轴线平行不同，会出现横向的位移，形成气流旋涡，对气体的流动造成一定阻力。两种状态的差异用雷诺数 $Re$ 来判别。

$$Re = Dv\rho/\eta \tag{2-19}$$

式中，$v$ 为气体流速，m/s；$\rho$ 为密度，kg/m$^3$；$\eta$ 为内摩擦系数，kg/(m/s)。$Re<1200$ 时为黏滞流，$Re>2200$ 时为湍流。

当 $0.01\leqslant\bar{\lambda}/D\leqslant 1$ 或 $5\times10^{-3}\leqslant pD\leqslant 0.5$ 时，气体处于黏滞流-分子流状态，即黏滞流和分子流之间的一种过渡状态，气流同时呈现出两种状态的特征，但不如单纯的黏滞流或分子流状态明显，如图 2-16（c）所示。气体分子密度降低，碰撞减少，黏滞性降低。

当 $\bar{\lambda}/D>1$ 或 $pD<5\times10^{-3}$ 时，气体处于分子流状态，即图 2-16（d）所示。此时气体密度大大降低，分子间的相互碰撞明显减少，管道压强很小，气体分子平均自由程远大于管径，不存在气体内摩擦，气体与管壁的碰撞占了碰撞总数的绝大部分，气体分子靠热运动自由且独立地离开管道。

在薄膜材料的制备过程中，气体分子的流动状态至关重要。在高真空薄膜制备系统中，气体分子除了与容器壁碰撞外，几乎不发生气体分子间的相互碰撞，即气体分子处于分子流动状态，此时起关键作用的只是分子与各种表面的碰撞。

## 四、抽气和抽气方程

在真空系统中，真空腔室通过管道连接真空泵，抽真空过程与气体在管道中的流动密切相关。管道通过气体的能力称为流导，如果管道两端的压强分别为 $p_1$ 和 $p_2$，单位时间通过管道的气体流量为 $Q$，则流导 $C$ 定义为

$$C=\frac{Q}{p_1-p_2} \tag{2-20}$$

由于压强的单位为 Pa，$Q$ 的单位为（Pa·L)/s，则 $C$ 的单位为 L/s。

流导的大小取决于气体的流动状态和管道形状。例如，长圆管的流导为

$$C=3.81\times10^6\sqrt{\frac{T}{M}}\frac{d^3}{L} \tag{2-21}$$

式中，$T$ 是温度；$M$ 是气体分子摩尔质量；$L$ 是管道长度；$d$ 是管道内径。

抽真空的快慢与抽气速率密切相关。根据式（2-5），抽气速率 $S$(L/s）为，在一定压强下，单位时间内通过真空泵入口的气体流量，即

$$S=\frac{Q}{p} \tag{2-22}$$

在实际的真空系统中，抽速为 $S_p$ 的真空泵通过一个流导为 $C$ 的管道连接到真空泵，真空泵对真空室的实际抽速（或有效抽速）$S_e$ 为

$$S_e=\frac{S_pC}{S_p+C} \tag{2-23}$$

因此，有效抽速 $S_e$ 小于理论抽速 $S_p$ 和 $C$，并且受 $S_p$ 和 $C$ 中较小的量限制。例如，当 $C=S_p$ 时，$S_e=1/2S_p$。

由此可见，实际真空系统中，管道、阀门等部件流导的限制将使真空泵对真空腔室的有效抽速降低。在设计真空系统的抽气系统时，应选择具有合适流导的管道等部件，这就要求优化管道的内径、长度甚至材料。

抽真空时，一方面，真空泵会使真空腔室压强降低，气体减少；但另一方面，容器内壁吸附的气体会释放到容器内（放气），容器外部的气体还会通过容器的焊缝等渗透进容器内（漏气），使腔室内气体增加。容器内气体压强的动态变化可以用抽气方程描述

$$V\frac{dp}{dt}=-pS_e+Q \tag{2-24}$$

式中，$V$ 为体积；$t$ 为时间；$Q$ 为单位时间进入到容器内的气体量，包括器壁表面的放气量以及漏气量。

当 $Q<pS_e$，容器内的压强随抽气时间下降。当 $Q=pS_e$ 时，$dp/dt=0$，$p$ 为常数，腔室内的压强不再变化，达到极限真空度。为了获得高的极限真空度，应尽可能降低 $Q$ 值，即减少放气和漏气。当 $Q=0$ 时，抽气方程为

$$V\frac{dP}{dt}=-pS_e \tag{2-25}$$

由上式可得

$$\frac{dp}{p}=-\frac{S_e}{V}dt \tag{2-26}$$

对该式积分，取 $t=0$ 时，$p=p_0$，则在时刻 $t$ 的压强为

$$p=p_0\exp\left(-\frac{S_e}{V}t\right) \tag{2-27}$$

因此，当 $S_e/V$ 一定时，$p$ 随时间延长而降低。理论上，当 $t\rightarrow\infty$ 时，$p\rightarrow 0$。但实际上，真空泵的有效抽速 $S_e$ 是压强的函数，$S_e$ 随 $p$ 下降而减小。当压强下降到某个稳定值，即 $dp/dt=0$ 时，真空系统达到极限压强。根据式（2-24），有 $pS_e=Q$，因此极限压强为

$$p_u=\frac{Q}{S_e} \tag{2-28}$$

所以，为了获得高真空或超高真空，应尽可能增大有效抽速 $S_e$，同时减少进气量 $Q$。

## 第四节 真空的测量

薄膜技术中真空的测量非常重要。真空测量是指用特定仪器对某一特定空间内真空度高低程度进行测定。测量真空度的仪器称为真空计。由于真空度一般用气体压强来表示，真空度的测量实际上是测量某一空间的气体压强。但是，不同真空计测量真空的原理、精确度以及适用范围不尽相同。

## 一、真空计的分类

真空计分为绝对真空计和相对真空计。绝对真空计可直接读取气体压力，其压力响应（刻度）可通过自身几何尺寸计算出来。绝对真空计的测量范围为$10^5\sim10^{-2}$Pa，其测量结果与被测气体种类无关。相对真空计是通过测量与压强有关的物理量（热、电阻、电流等），建立该物理量与气体压强的对应关系，从而间接测量气体压强。相对真空计不能通过简单的计算进行刻度，必须进行校准才能刻度。相对真空计一般由作为传感器的真空计规管（或规头）和用于控制、指示的测量器组成，测量结果与被测气体种类有关。

表 2-2 给出了真空计的分类及测量原理。

**表 2-2　真空计的分类与测量原理**

| 分类 | 真空计 | 原理 |
| --- | --- | --- |
| 绝对真空计 | U 形磅压力计 | 利用 U 形管两端液面差测量气体压力 |
| | 弹性元件真空计 | 利用与真空相连的容器表面受到压力作用后产生弹性变形来测量气体压力 |
| | 电容薄膜真空计 | 利用电容薄膜上的压力变化产生膜片间距离的变化，导致电容变化来测量气体压力 |
| 相对真空计 | 热传导真空计（电阻真空计和热电偶真空计） | 低压下气体热传导与气体压力相关 |
| | 热辐射真空计 | 低压下气体热辐射与气体压力相关 |
| | 电离真空计（热阴极电离真空计、冷阴极电离真空计和放射性电离真空计） | 低压下气体分子被荷能粒子碰撞电离，产生的离子流与气体压力相关 |
| | 放电管指示器 | 气体放电情况和放电颜色与气体压力相关 |
| | 黏滞真空计（振膜式真空计和磁悬浮转子真空计） | 低压下气体与容器壁的动量交换即外摩擦原理，产生的切向力与气体压力相关 |
| | 场致显微仪 | 吸附和脱附时间与气体压力相关 |
| | 分压力真空计（四极质谱计、回旋质谱计和射频质谱计） | 利用质谱技术进行混合气体分压力测量 |

由于真空技术所涉及的压力范围宽达 18 个数级（$10^5\sim10^{-12}$Pa），任何测量真空度的方法，都只能在一定的压强范围内有效，超出这个压强范围，所测量的物理量与压强的关系就变得十分微弱，导致测量失效。一些常用真空计的测量范围如表 2-3 所示。在薄膜制备装备中，电阻真空计、热电偶真空计、电离真空计应用较为广泛。

**表 2-3　常用真空计的测量范围**

| 真空计名称 | 测量范围/Pa | 真空计名称 | 测量范围/Pa |
| --- | --- | --- | --- |
| U 形磅压力计 | $10^5\sim10$ | 电阻真空计 | $10^5\sim10^{-1}$ |
| 压缩式真空计 | $10^4\sim10$ | 弹性元件真空计 | $10^5\sim10^2$ |
| 热阴极电离真空计 | $10^{-1}\sim10^{-5}$ | 薄膜真空计 | $10^5\sim10^{-2}$ |

| 真空计名称 | 测量范围/Pa | 真空计名称 | 测量范围/Pa |
| --- | --- | --- | --- |
| 中真空电离真空计 | $10^3 \sim 10^{-4}$ | 振膜式真空计 | $10^5 \sim 10^{-2}$ |
| B-A 式电离真空计 | $10^{-1} \sim 10^{-8}$ | 波登管真空计 | $10^5 \sim 10^2$ |
| 应变式真空计 | $10^5 \sim 10$ | 冷阴极真空计 | $1 \sim 10^{-5}$ |
| 热辐射真空计 | $10^{-1} \sim 10^{-5}$ | 热电偶真空计 | $10^2 \sim 10^{-1}$ |

## 二、热传导真空计

热传导真空计是利用气体的热传导随压强变化来测定气体压强的相对真空计。热传导真空计真空规管的原理结构如图 2-17 所示。在规管壳体内置有一根很细的具有正电阻温度系数的金属丝，称为热丝。热丝连通密封管壳外的电极引线与管外电源相连接，产生的电流使热丝发热，温度为 $T_2$。当气体与规管壳发生碰撞时，碰撞于热丝表面的气体分子会将热丝的一部分热量传导到温度为室温 $T_1$ 的规管壳上。当热丝的电加热功率与气体导出的热量平衡时，热丝的温度将保持在某一恒定值。气体压强变化时，气体从热丝导出的热量发生变化，热丝的温度也随之改变。因此，热丝的温度是气体压强的函数，测量出热丝的温度与压强的函数曲线，就能根据热丝的温度得到所测量气体的压强。

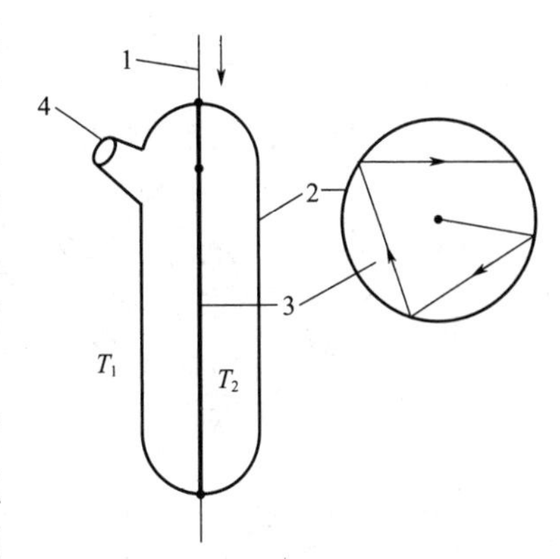


图 2-17　热传导真空计的原理
1—电流；2—规管壳；
3—热丝；4—真空腔体

常用的热传导真空计有两种类型，即电阻真空计和热电偶真空计。

### （一）电阻真空计

电阻真空计测量热丝温度变化的方法主要有两种，即恒压法和恒温法。

#### 1. 恒压法

恒压法电阻真空计的测量原理如图 2-18 所示，其压强测量范围为 $100 \sim 10^{-1}$Pa。测量规管 p 与参考规管 D 构成惠斯通电桥的一个桥臂，两个阻值相等的电阻 $R_1$、$R_2$ 构成惠斯通电桥的另一桥臂，$R_v$ 为可变电阻。在测量之前，先对真空计进行校准，即将测量规管抽至 $10^{-2} \sim 10^{-3}$Pa 的高真空，调节 $R_v$ 使两个桥臂的中点电位相等，使电桥平衡，此时电压表 M 指示为零，然后开始测量压强。当测量规管中气体的压强增加即空间中气体分子数增加时，气体从热丝导出的热量增加，热丝的温度 $T_2$ 将下降，热丝的电阻将减小，电桥失去平衡，电压表 M 的读数将增大，因此可以利用测量热丝的电阻值来间接地确定压强。

恒压法中加在电桥两臂上的电压是恒定的，压强较高时热丝温度下降比较多，导致测量灵敏度严重下降，为了克服这一缺点，开发出了恒温法电阻真空计，不仅能稳定热丝温度，还能测量较高压强。

## 2. 恒温法

恒温法电阻真空计的测量原理如图 2-19 所示，其压强测量范围为 $10^5 \sim 10^{-1}$Pa。电阻真空计的规管和一个可调电阻 $R_v$ 构成惠斯通电桥的一个桥臂，另一臂由两个电阻 $R_1$、$R_2$ 构成。当压强变化时，电桥两臂中点产生的电位差信号作为一个电压放大器的输入信号，该放大器的输出电压作为电桥的供电电压，同时作为压强测量信号。测量前先调整 $R_v$，使放大器的输出电压为某一数值，为规管热丝提供一个特定电流，使热丝处于一定温度。当压强增大时，热丝温度下降，电桥两臂中点的电压差增大，控制放大器输出电压增加并反馈给电桥，给电桥提供更高的电压，通过热丝的电流随之增大，热丝温度增加，这个过程进行到使热丝温度恢复到原来的温度时为止，达到新的平衡。测量放大器的输出电压随压强的增加而增大，利用这个函数关系即可确定被测压强值。

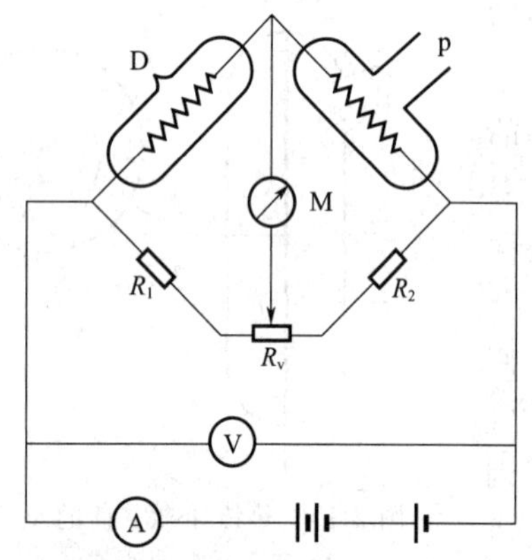


图 2-18　恒压法电阻真空计的原理

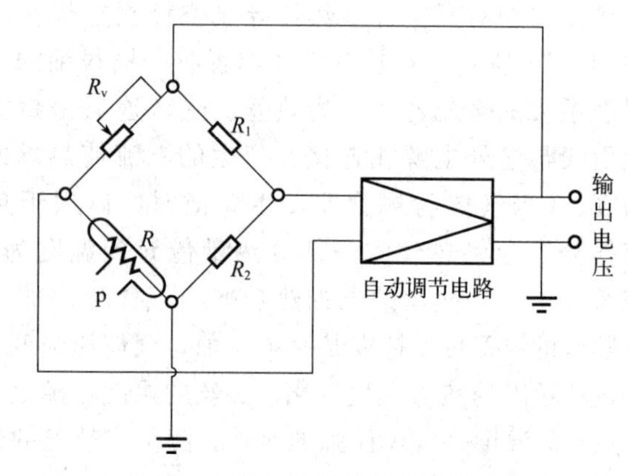


图 2-19　恒温法电阻真空计的原理

电阻真空计由于是相对真空计，所测压强对气体的种类依赖性较大，其校准曲线都是针对干燥的氮气或空气的，当被测气体成分变化较大时，应对测量结果进行修正。

## （二）热电偶真空计

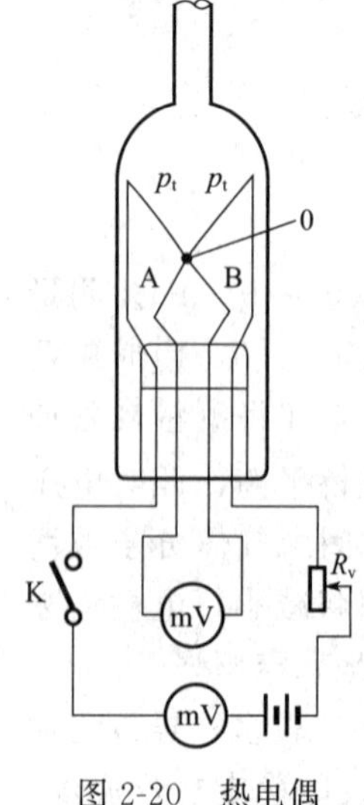


图 2-20　热电偶真空计的基本结构

热电偶真空计利用热电偶测量真空规管中的热丝温度来测量气体压强值，其测量范围是 $10^2 \sim 10^{-1}$Pa。热电偶由两种不同材料的金属丝连接而成。根据塞贝克效应，当热电偶两端的温度 $T$、$T_0$ 不相等时，开路端将产生热电动势 ε。当金属丝材料选定后，ε 值只由两端的温度差 $T-T_0$ 决定，与金属丝的形状和几何尺寸无关，因此可以准确测量温度差，温度差越大，热电势越高。

热电偶真空计的基本结构如图 2-20 所示。热电偶规的管壳用玻璃或金属制成，内部装有一根钨或铂制的热丝，热丝的中部焊接有两种金属丝 A、B 构成的热电偶的一个端头（热端），两根金属丝的另一端（冷端）分别焊接在芯柱引线上。热电偶计电源给热丝提供一定值的电流（110mA 左右），使热丝温度升高到 100℃以上，此时热电偶的热端温度为热丝温度，冷端为室温热电偶产生 mV 量级的热电势，由电压表直接读出。在加热电流不变的情况下，当气体压强变化时，热丝的平衡温度及热电偶的热电势随之变化。真空度越高，气体分子与热丝碰撞频率越少，则热丝表面温度越高，热电偶输出的热电势也越高。

热电偶真空计对不同气体的测量结果不同，这是由于不同气体分子的热传导性能不同，因此在测量后需进行一定的修正。热电偶真空计具有热惯性，压强变化时，热丝温度的改变常滞后一段时间，数据读取也随之滞后；另外，和电阻真空计一样，热电偶真空计的加热灯丝也是钨丝或铂丝，长时间使用，热丝会因氧化而发生零点漂移，所以使用时，应经常调整加热电流，并重新校正加热电流值。

## 三、电离真空计

电离真空计是基于在高真空和超高真空下，待测气体的压力与气体电离产生的离子流成正比关系的原理制作的真空计。电离真空计可以按电离方式不同分为两种：一种是应用最广、依靠高温阴极热电子发射原理工作的热阴极电离真空计；另一种是利用真空中的高压放电原理工作的冷阴极电离真空计。

热阴极电离真空计的基本结构如图 2-21（a）所示，测量范围是 $10^{-1} \sim 10^{-5}$ Pa。电离规管由三个电极构成：灯丝（阴极），用于提供电子流；电子加速极，产生电子加速场并收集电子流；收集极，用于收集离子流，它相对于阴极是负电位。

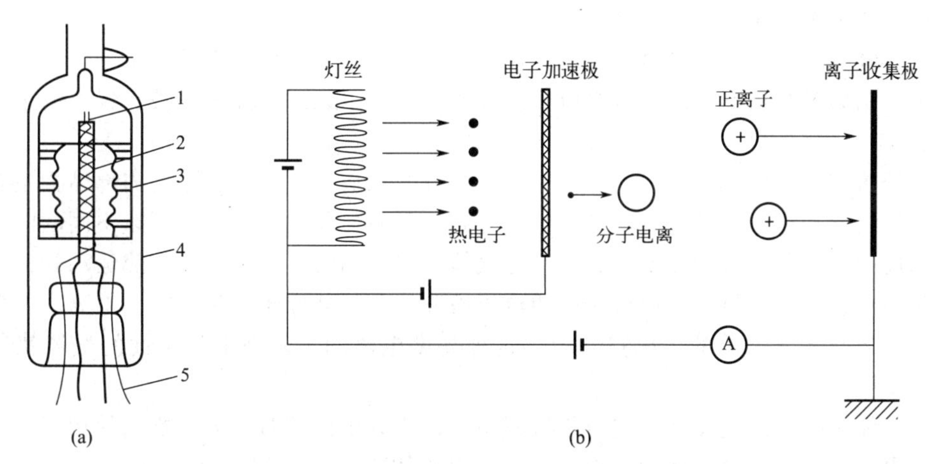


图 2-21　电离真空计基本结构（a）及工作原理（b）

1—灯丝；2—栅极；3—收集极；4—玻壳；5—引线

如图 2-21（b）所示，通电后，热阴极被加热后向外发射热电子，形成电子流 $I_e$。加速极是用细的金属丝做成的网状结构，在加速极上加正电压，吸引并加速电子，使其高速穿过加速极，前往收集极。由于收集极的电压相对加速极是负值，电子又将会被推回，并继续进行加速。电子在这样的往返运动中增大与气体分子发生碰撞的概率，使更多气体分子电离为正离子和二次电子，其中正离子将会被电位最低的收集极吸引，在电路中形成电流 $I$。电流 $I$ 与真空环境中的压强和电子流 $I_e$ 有如下关系

$$I = KI_e p \tag{2-29}$$

式中，$K$ 为规管系数；$p$ 为被测的真空环境的压强。为简化设计，通常将 $I_e$ 控制为定

值，则 $I$ 与 $p$ 成正比，可由此确定真空度的大小。

电离真空计可以迅速、连续地测出待测气体的总压强，而且规管体积小，易于连接。但是，规管中的发射极由钨丝制成，当压强高于 $10^{-1}$Pa 时，规管寿命将大大缩短，甚至烧毁，应避免在高压强下工作。在真空系统暴露于大气时，电离计规管的玻壳内表面和各电极会吸附气体，这些气体会影响真空测量的准确程度。因此，当真空系统长期暴露在大气或使用一段时间以后，应定时进行规管的除气处理。

# 第五节　等离子体技术基础

等离子体相关技术在薄膜材料科学与技术中非常重要，它不仅应用于气相沉积、热喷涂、电子束表面处理等薄膜制备工艺中，也广泛应用于刻蚀和表面改性等薄膜加工方法以及薄膜成分、结构分析等薄膜表征方法中。

## 一、等离子体基本概念

等离子体是由克鲁克斯在 1879 年发现的，1928 年美国科学家欧文·朗缪尔和汤克斯首次将“等离子体”（plasma）一词引入物理学，用来描述气体放电管里的物质形态。

所谓等离子体，简单地说，是一种“电离”了的气体。它是由带有相同电荷量的正离子及负离子（电子）组成的物质聚集状态，通常含有光子、电子、基态原子或分子、激发态原子或分子、正离子和负离子六种基本粒子。等离子体可以认为是除固、液、气外的第四种物质形态。

等离子体和普通气体性质不同。普通气体由分子构成，分子或原子的内部结构主要由电子和原子核组成。在通常情况下，电子与核之间的关系比较固定，即电子以不同的能级存在于核场的周围，其势能或动能不大。当普通气体温度升高时，气体粒子的热运动加剧，粒子之间发生强烈碰撞，大量原子或分子中的电子被撞掉，气体原子发生电离。电离出的自由电子总的负电量与正离子总的正电量相等。这种高度电离的、宏观上呈中性的气体就是等离子体。

普通气体中分子之间相互作用力是短程力，仅当分子碰撞时，分子之间的相互作用力才有明显效果，理论上用分子运动论描述。在等离子体中，带电粒子之间的库仑力是长程力，库仑力的作用效果远远超过带电粒子可能发生的局部短程碰撞效果。因为是以自由电子和带电离子为主要成分，等离子体具有很高的电导率，与电磁场存在极强的耦合作用。等离子体中的带电粒子运动时，能引起正电荷或负电荷局部集中，产生电场；电荷定向运动引起电流，产生磁场。电场和磁场会影响其它带电粒子的运动，并伴随着极强的热辐射和热传导；等离子体能被磁场约束做回旋运动等。

等离子体通常仅能在真空中存在，因为空气会冷却等离子体，导致离子和电子复合形成普通中性原子。在太空中，大部分气体处于等离子体态，可以被直接观测到。实际上，宇宙中几乎 99.9%以上的物质都是以等离子体态存在的。在地球上，等离子体造就了许多自然奇观，如闪电的闪光、北极光的柔光等。此外，用人工方法，如核聚变、核裂变、辉光放电及各种放电都可产生等离子体。

## 二、等离子体的基本参量

### （一）等离子体密度

等离子体由电子、离子和中性粒子组成。用 $n_e$ 来表示电子密度，$n_i$ 为离子密度，$n_g$ 表示未电离的中性粒子密度。当 $n_e=n_i$ 时，称为等离子体的一级电离，可以用 $n$ 表示二者中任一个带电粒子的密度，即等离子体密度。

一般等离子体中电子密度和离子密度并不一定相等，大多数情况下，主要讨论一阶电离和含有同一类中性粒子的等离子体，故认为 $n_e \approx n_i$，此时，电离度 $\alpha$ 定义为

$$\alpha=\frac{n_e}{n_e+n_g} \tag{2-30}$$

### （二）等离子体温度

等离子体中的离子、电子和多种中性粒子或基团等均处于不停相互碰撞之中。在外加电场的作用下，等离子体中的离子和电子可获得比中性粒子热运动更高的能量，而这些带电粒子通过与其它粒子不断碰撞而交换能量，最终达到某一平衡状态。对于处于热平衡中的气体，组成气体粒子的速度不是相同的，速度的分布一般满足麦克斯韦分布

$$f(u)=A\exp\left[-\frac{1}{2}mu^2/(kT)\right] \tag{2-31}$$

式中，$f(u)$ 意味着速度在 $u$ 与 $u+\mathrm{d}u$ 之间每立方米（单位体积）内的粒子数；$\frac{1}{2}mu^2$ 是动能；$T$ 为温度；$k$ 是玻尔兹曼常数，$k=1.38\times10^{-23}\mathrm{J/K}$。

密度 $n$（每立方米总的粒子数）为

$$n=\int_{-\infty}^{\infty}f(u)\mathrm{d}u=A\sqrt{2\pi kT/m} \tag{2-32}$$

常数 $A$ 与密度 $n$ 的关系为

$$A=n\left(\frac{m}{2\pi kT}\right)^{1/2} \tag{2-33}$$

麦克斯韦分布中粒子的平均动能

$$E_{av}=\frac{\int_{-\infty}^{\infty}\frac{1}{2}mu^2 f(u)\mathrm{d}u}{\int_{-\infty}^{\infty}f(u)\mathrm{d}u}=\frac{1}{2}kT \tag{2-34}$$

如果粒子速度在三个方向上的分布相同，平均动能是三个方向平均动能之和

$$E=\frac{3}{2}kT \tag{2-35}$$

由于 $T$ 和 $E_{av}$ 紧密相关，所以温度通常用能量单位来表示。通常用电子伏特（eV）来表征带电粒子的温度，表示一个电子（$e^-$）在 1 伏特（V）电压的加速后所获得的动能

$$kT=1\text{eV}=1.6\times10^{-19}\text{J}$$

$$T=\frac{1}{k}\times1\text{eV}=\frac{1.6\times10^{-19}}{1.38\times10^{-23}}\left(\frac{\text{J}}{\text{J/K}}\right)=11594\text{K} \tag{2-36}$$

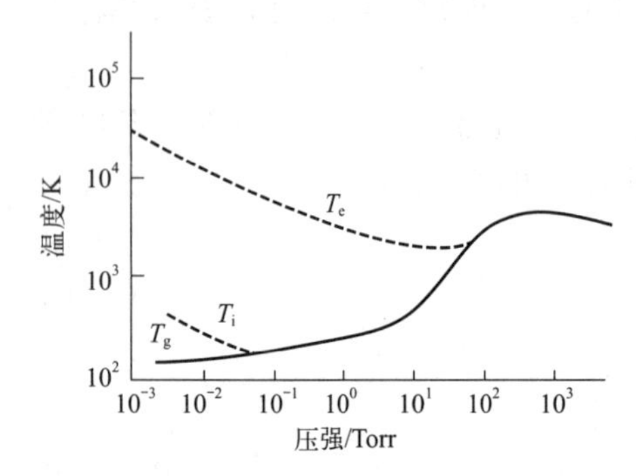


图 2-22　等离子体中温度与压力的关系
$T_e$—电子温度；$T_i$—离子温度；$T_g$—气体温度

高温等离子体中，电子、离子和中性粒子的温度相近，基本上满足热力学平衡，具有统一的热力学温度，为 $3\times10^3\sim3\times10^4$K。而低温等离子体中，不同粒子的温度则有很大差别：离子和中性粒子的温度只有 300～500K，而电子温度可达 $10^4$K 以上。这是由于离子与其它粒子（原子、分子）之间因弹性碰撞而交换的动能大，而电子与其它粒子（原子、分子、离子）之间因弹性碰撞交换的动能小。因此在单位时间内碰撞次数少的情况下（低气压），电子的平均动能高，其它粒子的平均动能低，如图 2-22 所示。即电子温度、离子温度与气体温度并不相等，三者之间并不处于热平衡状态，称这种等离子体为“非热平衡等离子体”。电子、离子和气体温度分别用 $T_e$、$T_i$ 和 $T_g$ 表示。一般电子温度 $T_e\gg$离子温度 $T_i$。

### （三）等离子体电导率

等离子体是一种导电流体。当给物质施加高温或高能量时，中性的物质会被离解成电子、离子和自由基，在外加电压下，正负电粒子流动从而产生电流。由于电子比离子轻得多，通常在电场作用下流过的电流主要是电子的贡献。在弱电离等离子体中，由于电子和中性原子及分子之间的碰撞会妨碍电子的运动，因此电导率的数值会稳定在一定范围之内。在强电离等离子体中，电子与离子间的碰撞对电导率的提高有妨碍作用。

将等离子体看作微观粒子集合，可以把等离子体的整体电导率 $\sigma$ 写为

$$\sigma=\frac{q_e^2 n_e}{m_e \nu_{ce}} \tag{2-37}$$

式中，$q_e$ 为电子的电荷；$n_e$ 为电子密度；$m_e$ 为电子质量；$\nu_{ce}$ 为电子碰撞频率。

对于完全电离等离子体，电导率可表示为

$$\sigma=T_e^{\frac{3}{2}} \tag{2-38}$$

式中，$T_e$ 为电子温度。可以看到，完全电离等离子体中电导率与电子密度或离子密度无关，是因为随着输运电荷的电子增加，作为碰撞对象的离子也按比例增加，且碰撞时的相对速度几乎完全由轻质量电子的热速度来决定。因此，电导率实质上仅是电子温度的函数。

对电子只与每个电荷数均为 $z$ 的带电粒子碰撞的情况，等离子体整体电导率 $\sigma_s$ 为

$$\sigma_s=\frac{51.6\varepsilon_0^2}{q_e^2 z}\left(\frac{\pi}{m_e}\right)^{1/2}\frac{(kT_e)^{3/2}}{\ln\Lambda} \tag{2-39}$$

式中，$\varepsilon_0$ 为真空介电常数；$k$ 为玻尔兹曼常数；$\ln\Lambda$ 为库仑常数。

$$\ln\Lambda=\ln\frac{12\pi(k\varepsilon_0 T_e)^{1/2}}{z^2 q_e^3 n_e^{1/2}} \tag{2-40}$$

## （四）等离子体振荡

等离子体中存在离子密度分布起伏现象，这是等离子体的一种集体特性，如图 2-23 所示。等离子体对外呈现电中性，但局部区域仍会发生电子和离子的偏移，导致局部电中性的破坏，形成电场。带电粒子在电场作用（库仑力）下会立即响应，向着使空间电荷中和的方向移动。同时电子具有一定的质量，在自身的惯性作用下会继续运动（反冲），造成过平衡状态，又会产生反向的电荷分离与相应电场。等离子体内带电粒子由于惯性和库仑力作用，反复在平衡位置周围进行振荡运动，称为等离子体振荡。

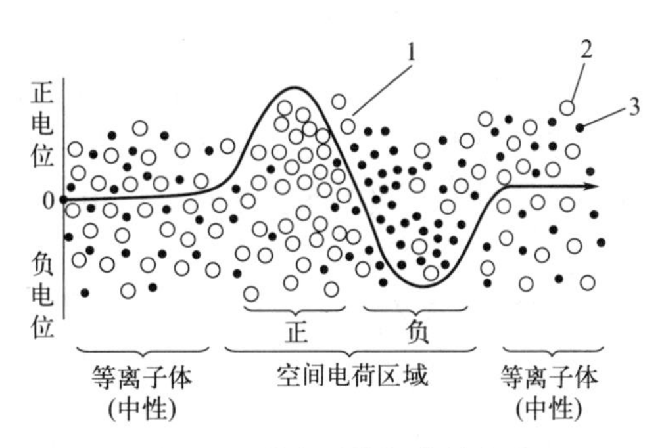


图 2-23 等离子体振荡的发生

1—密度的起伏；2—离子；3—电子

在等离子体内电子偏离平衡位置形成的面电荷电场为

$$E=\frac{n_e q_e x_e}{\varepsilon_0} \tag{2-41}$$

电子在其中所受的力为

$$F=-q_e E=-\frac{n_e q_e^2 x_e}{\varepsilon_0} \tag{2-42}$$

式中，$q_e$ 为电子的电荷；$n_e$ 为电子密度；$x_e$ 为电子位移；负号表示作用力与位移方向相反，也就是说电子所受的力始终指向其平衡位置。

电子和离子的角振荡频率分别为

$$\omega_{pe}=\frac{4\pi n_e q_e^2}{m_e} \tag{2-43}$$

$$\omega_{pi}=\frac{4\pi n_i q_e^2}{m_i} \tag{2-44}$$

由于电子的质量远小于离子，因此电子的振荡频率比离子高得多。

## （五）德拜长度

若考察等离子体中任一个带电粒子，由于电荷的同性相斥、异性相吸现象，在静电场作

用下，等离子体中的任一个带电粒子总是会吸引异号电荷的粒子，同时排斥同号电荷的粒子，从而在其周围会出现净的异号“电荷云”，这就削弱了这个带电粒子对远处其它带电粒子的作用，使其电场只能作用在一定距离内，若超出此距离，电场就会被周围的异性粒子所屏蔽，即电荷屏蔽现象，这也是等离子体的一种集体特性。实现有效屏蔽的最短距离被称为德拜长度，又称德拜屏蔽距离。

等离子体的德拜长度即等离子体中任一电荷的电场所能作用的距离。德拜长度常用 $\lambda_D$ 表示，其计算公式为

$$\lambda_D=\left(\frac{\varepsilon_0 k T_e}{n_e q_e^2}\right)^{1/2} \tag{2-45}$$

式中，$\lambda_D$ 的单位是 m；$\varepsilon_0$ 为真空介电常数；$q_e$ 为电子的电荷；$k$ 为玻尔兹曼常数；$T_e$ 为电子温度，eV；$n_e$ 为电子密度，$m^{-3}$。

德拜长度也是描述等离子体宏观电中性的空间特征尺度，净电荷仅在小于德拜长度内存在，大于德拜长度的等离子体呈电中性。

## 三、等离子体的分类

根据存在形式，等离子体可以大致分为两类：一类是自然界中本来就存在的等离子体，包括地球空间环境中的电离层-地球磁层中的介质、磁层之外的日球层空间、太阳内部和太阳的大气、其它恒星系统、星际空间等；另一类是为了达到研究和应用等目的在实验室中人为制造的等离子体，可按照温度、电离度、粒子密度、热力学平衡状态等标准进行分类。具体分类情况如表 2-4 所示。

**表 2-4 等离子体分类及特点**

| 标准 | 分类 | | 特点及应用 |
|---|---|---|---|
| 温度 $T$ | 高温等离子体 | | 温度>10000K，密度大，粒子有足够的能量相互碰撞，达到了核聚变反应的条件，$T_e=T_i=10^6\sim10^9$K |
| | 低温等离子体 | 热等离子体 | $T_e\approx T_i=10^3\sim10^4$K，可使分子、原子离解、电离、化合等，用于表面处理技术，还可用于高熔点金属和陶瓷熔化、烧结、热喷涂、焊接等 |
| | | 冷等离子体 | 温度 $10^2\sim10^3$K，$T_e\gg T_g$，$T_e<10^4$K，$T_g$=室温～100K |
| 电离度 $\alpha$ | 完全电离等离子体 | | 电离度 100%，如日冕、核聚变中的高温等离子体 |
| | 部分电离等离子体 | | $0.01<\alpha<1$，如大气电离层、极光、雷电、电晕放电等 |
| | 弱电离等离子体 | | $10^{-6}<\alpha<0.01$，如火焰中的等离子体大部分是中性粒子，带电粒子成分较少 |
| 粒子密度 $n$ | 致密（高压）等离子体 | | $n>10^{15}\sim10^{18}cm^{-3}$ |
| | 稀薄（低压）等离子体 | | $n<10^{12}\sim10^{14}cm^{-3}$ |

续表

| 标准 | 分类 | 特点及应用 |
| --- | --- | --- |
| 热力学平衡状态 | 完全平衡等离子体 | 整个等离子体系统温度 $T>5\times10^3$K 时，体系处于热平衡状态，各种粒子的平均动能相同。如高温等离子体，电子、离子和中性粒子的温度几乎相同 |
| | 部分（局部）平衡等离子体 | 局部处于热力学平衡的等离子体，如热等离子体 |
| | 非平衡等离子体 | 低气压放电获得等离子体时，气体分子间距非常大，自由电子可在电场方向得到较大加速度，从而获得较高的能量；质量较大的离子和气体分子在电场中动能小。电子的平均动能远远超过中性粒子和离子的动能，$T_e$ 可达 $10^4$ K，而 $T_i$ 和 $T_n$ 仅 300～500K，如冷等离子体 |

## 四、等离子体的产生

随着等离子体技术的发展与成熟，现在已经可以通过很多方法获得等离子体，如气体放电法、射线辐照法、光电离法等。这里重点介绍应用较为广泛的气体放电法。

### （一）气体放电电场

气体放电法即利用外加电场或高频感应电场，使气体被击穿而电离从而产生等离子体。在不锈钢及玻璃制反应器（真空容器、钟罩）中，使非活性气体及反应性气体保持在低压状态，通过反应器中设置的电极，施加直流电场或进行射频输入、微波输入等进行激发，发生气体放电，使加速的电子与气体分子碰撞，并使其激发和电离。常用的放电电场包括如下几种。

#### 1. 直流放电

直流放电是最早出现的一种放电方法，有工艺成熟、稳定、简单易操作和可大功率放电等优点，但气体的电离度相对较低。一个简单的方法是通过高电压、低气压产生，如图 2-24（a）所示，$V_B \propto pd$，其中 $V_B$ 为击穿电压（起始电压）、$p$ 为气体压强、$d$ 为极板间距。当两极的电压加大到一定值时，稀薄气体中的残余正离子被电场加速，获得足够大的动能去撞击阴极，产生二次电子，形成大量带电粒子，使气体电离，产生气体击穿放电，形成等离子体。

直流放电的放电形式按电极间电压和电流条件的上升，可被分为非自持暗放电→自持暗放电→电晕放电→辉光放电→弧光放电。

① 非自持暗放电：当气体由中性原子（或分子）组成，电极间电压强度较小时，只有自然辐射产生微量残余带电粒子在空间中运动。此时放电形式为非自持暗放电，该区间放电电流极小，被激发的原子数量小，无明显发光。若此时撤去空间中的自然辐射，放电过程立即停止。

② 自持暗放电：此放电方式也称为汤生放电。当电压升到某一个临界值时，气体被“击穿”。此时气体绝缘特性被破坏，电流急剧上升，空间电子数目呈雪崩式上升。此时即使撤去外界自然辐射条件，空间内也可靠自身的电离机制来维持，故为自持放电。

③ 电晕放电：当气体被击穿后，绝缘被破坏，内阻降低，电极间迅速通过大量电流，

立即出现电极间电压减小的现象，并同时在电极周围产生微弱的辉光。此时随着电流的增大，空间电荷密度增大，开始影响电极间电荷分布。由于电子质量小，飞向阳极的速度比正离子大得多，所以空间电荷大多为正离子，正离子在电场作用下呈梯度排布，此时在空间某处电位甚至可以高于阳极电位。在飞向阳极的电子中，一些慢速电子会在电场作用下被拉回电极间电位最高处附近，从而形成了电子密度与正离子密度相同的等离子区域。

④ 辉光放电：越过电晕放电区后，继续增加放电功率时放电电流不断上升，同时辉光拓展于两电极之间的整个放电空间，发光也越来越明亮。辉光放电是一种稳定的自持放电，被广泛用于溅射领域当中。

⑤ 弧光放电：进一步增强辉光放电的电流，当到达一定电流时，电极间电压急剧下降，电流大增，放电机制从辉光放电转变为弧光放电。弧光放电产生极高的光和热，产生电弧等离子体，属于热等离子体。

### 2. 交流放电

交流放电又包括低频放电和高频放电。低频放电的原理是在电极间利用低频电场激发等离子体，即在交流电场的作用下，频率达到一定值时，电子和离子在电极间振荡运动，与气体分子的碰撞使气体电离，产生气体击穿放电。低频放电的频率在 50Hz～500kHz 之间，主要应用于材料表面改性技术中。高频放电的频率在 10～100MHz 之间，因其频率在无线电的频谱范围内，又称射频放电，具有放电能量高、放电范围大的特点，常被应用于材料的表面处理和有毒废物清除和裂解中。高频放电时，由于频率较高，带电粒子在电场周期内还未运动到极板时，电场就发生了改变，带电粒子在电场作用下向反方向移动，如此往复形成振荡，因粒子的运动行程长，增加了与气体分子的碰撞概率，电离度比直流放电高出几个数量级，且可以在较低电压下维持。射频安放点装置有很多种结构型式，根据电极在放电室的位置可分为外电极和内电极，如图 2-24（b）所示。图中 $b_1$ 为外电极式，用缠绕在放电管外部的感应线圈代替电极，利用高频磁场在放电管内感应的二次电场来产生等离子体；图中 $b_2$ 为内电极式，多采用平板式电极，电极位于放电室内，在两极板之间加射频功率，电场激发放电，形成稳定的等离子体。

### 3. 微波放电

微波放电是指用微波激发气体产生等离子体，常用频率为 935MHz 和 2450MHz。微波放电与射频放电类似，不同之处在于能量的传输方式。如图 2-24（c）所示，微波电源产生微波，通过波导管或天线耦合至反应室内，反应室内的介质气体分子或原子吸收能量，部分气体电离，产生初始电子，初始电子受微波场作用沿磁力线做加速回旋运动，当电子回旋频率与输入微波频率相同时，电子回旋加速运动与微波发生共振，称电子回旋共振（ECR）。电子运动过程中与气体分子发生非弹性碰撞并再次电离，电子数量逐渐增加，增大了碰撞的概率，加速了气体的电离过程，通过调整微波功率，可维持放电击穿，产生稳定的等离子体，该过程称电子回旋加速共振放电。

微波放电与直流或射频放电相比，其显著特点：一是气体的电离度高，一般可达到 10% 以上，具有更强的化学活性；二是电子温度高，但并不意味着微波放电等离子体的整体温度更高；同时，因微波能够穿透等离子体传播，因此放电室内无须电极，可以避免电极材料对放电区域的污染，产物纯度高。

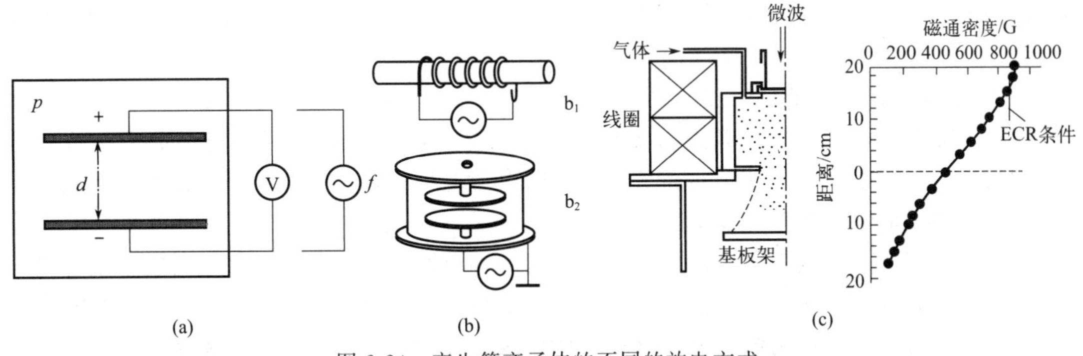


图 2-24　产生等离子体的不同的放电方式

（a）直流放电；（b）交流放电；（c）微波放电

## （二）气体放电的特性

在薄膜制备技术中，有两种常见的等离子体产生技术，包括辉光放电和弧光放电。辉光放电产生冷等离子体，通常在低气压、高电压情况下发生；弧光放电产生热等离子体，通常可以在高气压、大电流情况下发生。

### 1. 辉光放电

以普通的直流放电为例，分析气体放电等离子体的放电特性和发生过程。图 2-25 为二级辉光放电系统和直流辉光放电伏安特性曲线。

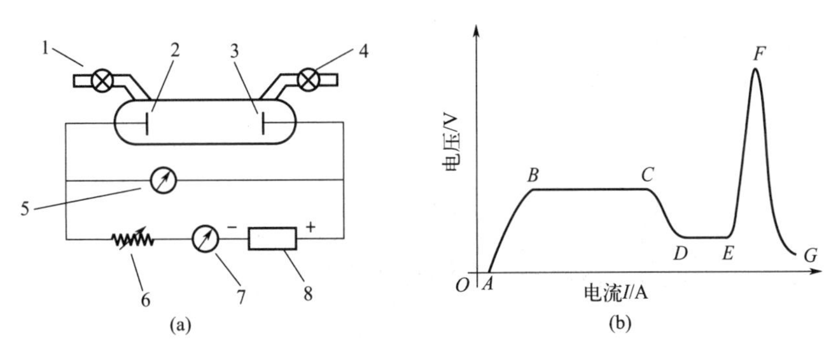


图 2-25　二级辉光放电系统（a）及直流辉光放电伏安特性曲线（b）

1—进气；2—阴极；3—阳极；4—真空泵；5—电压表；6—电阻；7—电流表；8—电源

二级系统压强为几十帕，在两极加上电压，系统中的气体因宇宙射线辐射会产生一些游离离子和电子，但其数量是很有限的，电子与原子之间发生的碰撞为弹性碰撞，因此，所形成的电流是非常微弱的，这一区域 $AB$ 称为无光放电区。

随着两极间电压的升高，带电离子和电子获得足够高的能量与系统中的中性气体分子发生碰撞并产生电离，带电粒子增加，进而使电流持续地增加，此时由于电路中的电源有高输出阻抗限制，致使电压呈一恒定值，这一区域 $BC$ 称为汤森放电区。在此区域，电流可在电压不变情况下增大。

当电流增大到一定值（$C$ 点）时，会发生“雪崩”现象。离子开始轰击阴极，产生二次电子，二次电子与中性气体分子发生碰撞，产生更多的离子，离子再轰击阴极，阴极又产生出更多的二次电子，大量的离子和电子产生后，放电便达到了自持。气体开始起辉，两极间的电流剧增，极板间电压迅速下降，极板间电阻减小，放电呈负阻特性，这一区域 $CD$ 叫作过渡区。

在 $D$ 点以后，电流平稳增加，电压维持不变，这一区域 $DE$ 称为正常辉光放电区。在这一区域，随着电流的增加，轰击阴极的区域逐渐扩大，到达 $E$ 点后，离子轰击已覆盖至整个阴极表面，可在较低电压下维持放电。此时电流与极板形状、面积、气体种类相关，与电压无关；极板间电压几乎不变。

由于离子轰击已经覆盖整个阴极表面，继续增加电源功率，则使两极间的电流随着电压的增大而增大，这一区域 $EF$ 称作“异常辉光放电区”。在这一区域，电流可以通过电压来控制，从而使这一区域成为溅射所选择的工作区域。此时电压与电流、压强相关。

在 $F$ 点以后，继续增加电源功率，两极间的电流迅速下降，并且产生大量的光和热，电流则几乎由外电阻所控制，电流越大，电压越小，这一区域 $FG$ 称为“弧光放电区”。

辉光放电的特点是电流密度小，温度不高，放电管内产生辉光明暗光区，由电子能量决定。电子能量低时，很难与气体分子电离碰撞产生跃迁，为暗区；当电子获得足够的能量时，大量气体分子被电离，离化后的离子与电子复合湮灭，产生辉光，为明区。如图 2-26 所示，阴极发射出来的电子能量较低（慢电子区域）为阿斯顿暗区；电子在电场作用下获得足够高的能量，激发态气体发光为阴极辉光区；电子能量在阴极辉光区被消耗，暗区宽度与电子平均自由程有关为克鲁克斯暗区；电子重新获得能量，激发气体为负辉光区；慢电子区域，压降低，电子不易加速为法拉第暗区。管内的气体不同，辉光的颜色也不同。辉光放电的发光效应被用于制造霓虹灯、荧光灯等光源，利用其稳压特性可制成稳压管。

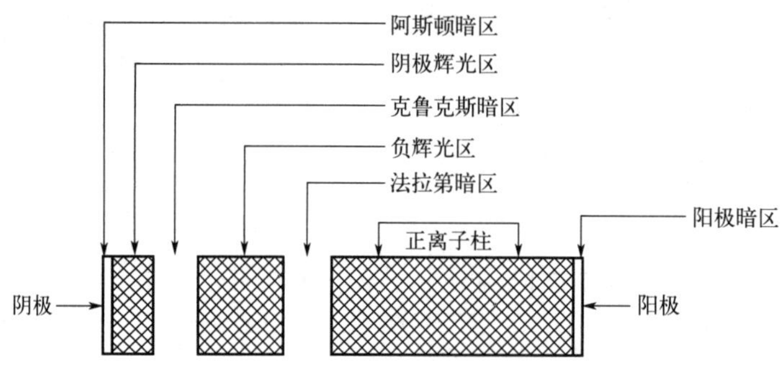


图 2-26　辉光放电时明暗光区分布

## 2. 弧光放电

弧光放电的放电机理和辉光放电有所不同。辉光放电都属于冷等离子体，是稀薄气体在低气压下通过直流、射频、激光或微波电源电离气体产生的，等离子体中的电子主要来源于二次电子发射。弧光放电可以通过高气压（1 个大气压作用）和大电流产生。在电离度更高的弧光放电状态，由于电子密度高、电流大（$10\sim10^2$ A），局部上升到很高的温度，而产生了热电子发射，使碰撞电离及阴极的二次电子发射急剧增加，两极间的气体具有良好的导电性，电流增加，两极板间电压下降，产生强烈光辉，从而发生电弧放电现象。热等离子体通常是稠密气体在常压或高压下通过电弧放电或高频放电而产生的。

伏安特性曲线图中，三个稳定放电区均可产生等离子体，在工业上应用于不同用途。表 2-5 列出了部分气体放电法的等离子体参数范围。

表 2-5　部分气体放电法等离子体参数范围

| 放电方法 | 单位体积电子数 $n_e/cm^{-3}$ | 电场强度 $E/(V/cm)$ | 真空度 $p/Torr$ | 电子温度 $T_e/K$ | 离子和分子温度 $T_g/K$ |
|---|---|---|---|---|---|
| 直流弧光放电 | $>10^{14}$ | $<20$ | $>100$ | 约 $10^4$ | 约 $10^4$ |
| 直流辉光放电 | $10^9 \sim 10^{12}$ | $50 \sim 10^4$ | $<100$ | 约 $10^4$ | 约 $7\times10^2$ |
| 高频放电 | $10^8 \sim 10^9$ | $100 \sim 500$ | $<100$ | 约 $10^4$ | 约 $7\times10^2$ |
| 微波放电 | $10^{11}$ | — | $<100$ | 约 $10^4$ | 约 $10^3$ |

## 五、等离子体的应用

现代科学研究和工业中，主要应用低温等离子体，高温等离子体主要用于电弧及受控核聚变反应中。而低温等离子体中，根据不同的特性，热等离子体和冷等离子体又各有不同的应用领域。

### 1. 热等离子体的应用

热等离子体最突出的特点是能量密度高，对其的应用也围绕着这个特点进行。

在材料科学方面，热等离子体主要应用于材料的球化、致密、喷涂、熔炼、烧结、焊接等冶金、合成及表面改性工艺。对于用普通方法难以冶炼的材料，例如高熔点的锆（Zr）、钛（Ti）、钽（Ta）、铌（Nb）、钒（V）、钨（W）等金属，可用等离子体进行熔炼；许多设备的部件应能耐磨、耐腐蚀、抗高温，为此需要在其表面喷涂一层具有特殊性能的材料，用等离子体沉积可将特种材料粉末喷入热等离子体中熔化，并喷涂到基体（部件）上，使之迅速冷却、固化，形成接近网状结构的表层，这可大大提高喷涂质量；由于热等离子体能量密度大，也可用来焊接钢、合金钢、铝、铜、钛等及其合金等，不仅焊缝平整，可以再加工，且没有氧化物杂质，焊接速度快。

热等离子体在航空技术方面也有广泛应用：可模拟航天飞船在发射及返回期间的高温环境，以进行烧蚀试验；还可用于航空发动机的点火助燃及推进系统。

由于其高温的特点，热等离子体可以用于危险废料的高温处理，用气化或热解代替传统的火焰焚烧法和填埋法，避免产生有毒物质和污染。热等离子体还可用于处理多种危险垃圾，如医疗垃圾、低辐射性的核废料等；对于电子垃圾、炉渣等回收再利用价值较高的废料，也可以利用热等离子体进行重熔回收。

此外，热等离子体也用于煤的裂解工艺。以氢气等离子体炬与煤进行反应，而将其裂解为以乙炔为主的简单小分子气体，可大幅降低传统化工裂解法的能耗，也省去了烦琐的多步骤加工。产物中也有大量的乙烯、甲烷、一氧化碳等燃气及化工原料，二氧化碳产量少，有着重大的环保意义。

### 2. 冷等离子体的应用

等离子体的化学活性很高，能够在温和条件下使很多活化能较高的反应顺利进行。利用等离子体的化学活性，冷等离子体主要应用于材料的表面改性、薄膜沉积、刻蚀、废物处理、生物材料、医学、制备催化剂、产生冷光源、光谱测定等。

在表面处理技术中，射频放电冷等离子体广泛应用于单晶硅片的表面干法刻蚀，具有速率快、物理形貌良好等特点，还可以通过对反应气体的选择达到针对光刻胶和衬底的高选择比。等离子体还可广泛应用于各种薄膜的沉积，包括硅、金刚石、氮化物、碳化物以及金属。利用辉光放电进行等离子体氮化在我国已经产业化，用于刀具和模具的表面处理、机械零部件的热处理，以及金属、陶瓷和部分塑料的表面镀膜；近年来随着技术的成熟和对反应机理的更加了解，利用等离子体可制造更加具有功能性的薄膜，如梯度陶瓷薄膜、超导薄膜、生物功能薄膜等。

和热等离子体一样，冷等离子体也可用于废物处理，但具体领域不同。冷等离子体废物处理并非利用高温热解，而是利用电离气体的高化学活性（如电离氧气而生成臭氧及自由基）将有害废料氧化或降解，达到无害化处理的目的，主要处理对象是有机废料，如染料废液、医疗废液等；此外，冷等离子体也可应用于医疗灭菌。

# 第六节　薄膜液相沉积基础

薄膜材料的制备方法很多，大部分薄膜材料是在气相或液相环境下制备的，基于原始材料的物态，可以分为三种类型：基于液相-固相转变的薄膜制备、基于固相-固相转变的薄膜制备、基于气相-固相转变的薄膜制备。本节主要介绍溶液中基于液相-固相转变的热力学和动力学基本原理以及薄膜液相沉积方法。

## 一、液相法制备薄膜材料

薄膜的液相制备技术是指利用液相-固相转变的薄膜制备，指的是在溶液中利用化学反应或电化学反应等方法在基片表面沉积薄膜的一种技术。它包括化学反应沉积、电镀、阳极氧化、溶胶-凝胶法等。这种技术不需要真空环境、设备简单，可在各种基片表面成膜，原材料获得容易，因而在电子元件、表面涂覆和装饰等方面得到了广泛的应用。

液相沉积法是液相法制备薄膜材料方法中工艺简单、成本较低的一种方法。它是通过液相中原子或分子的自身作用或者加入某些可以与原料反应的物质，将生成物沉积在基片表面形成单层或多层膜。其中，化学反应沉积镀膜主要是利用各种化学反应（如氧化还原、置换、水解反应）在基片表面沉积镀膜；化学镀是利用还原剂使金属盐中的金属离子还原成原子状态并在基片表面沉积形成薄膜；置换沉积镀膜又称浸镀，是在待镀金属盐类的溶液中，通过发生置换反应，使金属原子在基片表面沉积析出；溶液水解镀膜是利用一些无机盐等成膜物质，将这些成膜物质溶于某些有机溶剂，发生水解作用形成胶体膜，再进行脱水即可获得薄膜。电沉积法包括电镀和阳极氧化。电镀是通过在电解池的阴极或阳极表面发生电化学反应来制备薄膜；阳极氧化是将某些金属或合金在相应的电解液中作阳极，接通直流电压后，发生电化学反应在金属表面形成薄膜。溶胶-凝胶法是目前制备纳米薄膜常用的另外一种方法，它是从金属的有机或无机化合物的溶液出发，在溶液中通过化合物的加水分解、聚合，把溶液制成溶有金属氧化物微粒的溶胶液，将溶胶液通过浸渍法或旋转涂膜法在基片上形成液膜，进一步反应发生凝胶化，再把凝胶加热干燥形成各类薄膜。

以上大多数液相法制备薄膜材料的方法本质上都涉及液-固转变，因此都遵循液相-固相转变过程的热力学与动力学。

## 二、相变过程热力学

根据热力学理论，相变过程的推动力是相变过程前后自由能的差值。

$$\Delta G_{T,p}\begin{cases}=0 & \text{过程达到平衡}\\<0 & \text{过程自发进行}\end{cases} \tag{2-46}$$

对于任何物系在等压条件下，随着温度变化，体系自由能变化表达为

$$\Delta G=\Delta H-T\Delta S \tag{2-47}$$

在平衡条件下，$\Delta G=0$，则有

$$\Delta H-T_0\Delta S=0 \tag{2-48}$$

$$\Delta S=\frac{\Delta H}{T_0} \tag{2-49}$$

式中，$T_0$ 为相变的平衡温度；$\Delta H$ 为相变潜热；$\Delta S$ 为相变熵。

假设在 $T_0$ 附近的这个温度范围内，$\Delta H$ 和 $\Delta S$ 不随温度而变化，则有

$$\Delta G=\Delta H-T\frac{\Delta H}{T_0}=\Delta H\frac{T_0-T}{T_0}=\Delta H\frac{\Delta T}{T_0} \tag{2-50}$$

相变过程要自发进行，必须有 $\Delta G<0$，所以

$$\frac{\Delta H\Delta T}{T_0}<0 \tag{2-51}$$

由式（2-51）可知：若相变过程是放热过程，则 $\Delta H<0$，为使 $\Delta G<0$，则必须有 $\Delta T>0$，即 $T_0-T>0$，$T<T_0$。表明该过程系统必须“过冷却”，即系统实际温度比理论相变温度要低，才能使相变过程自发进行。

若相变过程是吸热过程，则 $\Delta H>0$，为使 $\Delta G<0$，则必须有 $\Delta T<0$，即 $T_0-T<0$，$T>T_0$。表明该过程系统必须“过热”，即系统实际温度比理论相变温度要高，才能使相变过程自发进行。

由此可以得出结论：从相变过程的热效应出发，相变驱动力可以表示为过冷度或者过热度，即相平衡理论温度与系统实际温度之差为该相变过程的推动力。

此外，对于气-固或气-液体系，在恒温可逆不做有用功时，有

$$\mathrm{d}G=V\mathrm{d}p \tag{2-52}$$

式中，$V$ 为气体分子所能到达的空间，即气体容器的容积。

当过饱和蒸气压为 $p$ 的气相凝聚成液相或者固相（平衡蒸气压为 $p_0$）时，有

$$\Delta G=RT\ln(p_0/p) \tag{2-53}$$

式中，$R$ 为摩尔气体常数。

要使相变能自发进行，必须 $\Delta G<0$，即 $p>p_0$，$p-p_0>0$，也就是要使凝聚相变自发进行，系统的饱和蒸气压应大于平衡蒸气压，这种过饱和蒸气压差 $p-p_0$ 即为凝聚相变过程的推动力。这是很多气相沉积制备薄膜材料时需要满足的热力学条件。

对于溶液中析出固体的相变而言，用浓度 $c$ 代替蒸气压 $p$，仿上述推导可以得到

$$\Delta G=RT\ln(c_0/c) \tag{2-54}$$

若是电解质溶液还要考虑电离度 $\alpha$，上式改写成

$$\Delta G=\alpha RT\ln(c_0/c)=\alpha RT\ln\left(1+\frac{\Delta c}{c}\right)\approx\alpha RT\ \frac{\Delta c}{c} \tag{2-55}$$

式中，$c_0$ 为饱和溶液浓度；$c$ 为过饱和溶液浓度。

为使相变过程自发进行，应使 $\Delta G<0$，因为上式中 $\alpha$、$R$、$T$、$c$ 都为正值，要满足这一条件，必须 $\Delta c<0$，即 $c>c_0$，即溶液要有过饱和浓度，它们之间的差值 $c-c_0$ 为这一相变过程的推动力。这就是液相沉积制备薄膜材料的热力学条件。

综上所述，各类相变根据具体的过程不同，其相变推动力或者表现为过冷度，或者表现为过饱和浓度，或者表现为过饱和蒸气压，相变时系统的实际温度、浓度、压力与相平衡时的平衡温度、浓度、压力之差即为相变过程推动力。

## 三、晶核形成条件

设有一均匀单相并处于稳定条件下的溶液，进入过饱和状态时，系统就有结晶的趋向。要形成结晶，需要经历两个过程：形成晶核（成核过程）和晶核长大（生长过程）。当系统刚刚进入过饱和态时，此时所形成的新相的晶胚十分微小，其溶解度很大，极容易重新溶入母相溶液中。只有当形成的新相晶核的尺寸足够大时，它才不会消失而是继续长大形成新相。下面来考察能够形成新相的最小晶核尺寸。

处于过冷状态的液体，由于热运动引起组成和结构的种种起伏变化，起伏形成后部分微粒从高自由能转变为低自由能而形成新相，造成体系自由能 $\Delta G_1$ 的降低。同时，新相和母相之间形成新的界面，为此需要做功，造成系统的自由能增加 $\Delta G_2$，即界面能。整个系统自由能变化为这两项的代数和：$\Delta G=\Delta G_1+\Delta G_2$。当起伏很小时，形成微粒尺寸太小，新相界面面积对体积的比例大，界面能增加一项很大，使系统的自由能增加。新相的溶解度都很大，会溶解而消失于母相中。这种较小的不能稳定长大成新相的晶核称为晶胚。但是，热起伏总是遵循玻尔兹曼分布，总有某个局部区域起伏较大，形成新相的尺寸较大，界面对体积的比例减小。此时 $\Delta G_1$ 的降低可能超过 $\Delta G_2$ 的增加，从而使体系自由能变化为负值，对于这样一种新相成核，从能量角度看是有利的，能够自发进行，这一部分起伏就有可能稳定生长出新相。这种能稳定生长的新相晶核称为临界晶核。尺寸小于临界晶核的就是晶胚。因此，要在液体中析出晶体，首先必须通过热运动导致成分和结构起伏等途径产生临界晶核，然后临界晶核进一步长大。

假设在恒温恒压条件下，成核过程中不考虑应变能，系统能量变化只有 $\Delta G_1$ 和 $\Delta G_2$ 两项，并且假设形成的新相为球状，那么系统自由能的变化为

$$\Delta G=\Delta G_1+\Delta G_2=V\Delta G_V+A\gamma=\frac{4}{3}\pi r^3 n\Delta G_V+4\pi r^2 n\gamma \tag{2-56}$$

式中，$V$ 为新相的体积；$\Delta G_V$ 为单位体积中母相和新相之间的自由能差（$G_{固}-G_{液}$）；$A$ 为新相总表面积；$\gamma$ 为新相-母相间的界面能；$r$ 为球形晶核半径；$n$ 为单位体积中半径为 $r$ 的晶核的数目。

将式（2-50）代入式（2-56），得到

$$\Delta G=\frac{4}{3}\pi r^3 n\Delta H\frac{\Delta T}{T_0}+4\pi r^2 n\gamma \tag{2-57}$$

上式表明了 $\Delta G$ 随晶核半径 $r$ 和过冷度 $\Delta T$ 变化的函数关系。其中第一项表示液-固相变自由能的变化，在相变温度以下始终是负值，且随着形成的晶核越多越大，自由能减小越多。第二项代表形成固-液界面需要的能量，始终为正值，且随着晶核越多越大，表面积越大，自由能增大越多。

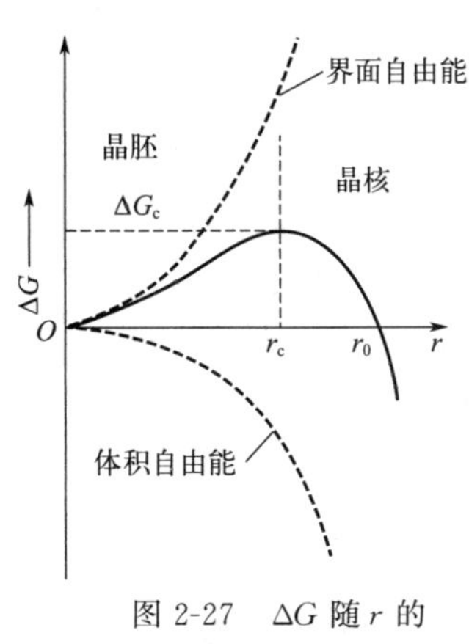


图 2-27　$\Delta G$ 随 $r$ 的变化曲线

综合考虑上述两项对 $\Delta G$ 的贡献，$\Delta G$ 与晶核半径 $r$ 的关系示于图 2-27。$\Delta G$ 曲线存在极值，这个极值随着温度的变化而变化。通过 $\Delta G$ 对 $r$ 求导，令导数为 0，即可求出与极值对应的临界半径 $r_c$ 以及相变位垒 $\Delta G_c$。

$$r_c=-\frac{2\gamma T_0}{\Delta H\Delta T}=-\frac{2\gamma}{\Delta G_\gamma} \tag{2-58}$$

$$\Delta G_c=-\frac{32\pi n\gamma^3}{3\Delta G_V^2}+16\frac{\pi n\gamma^3}{\Delta G_V^2}=\frac{1}{3}\left(16\frac{\pi n\gamma^3}{\Delta G_V^2}\right) \tag{2-59}$$

以上公式表明：

① $r_c$ 是新相可以长大而不消失的最小晶核半径，$r_c$ 值越小，新相越容易生成。

② 当 $r<r_c$ 时，在 $\Delta G$ 表达式中 $\Delta G_2$ 项占优势，$\Delta G$ 随 $r$ 增大而增大；当 $r>r_c$ 时，在 $\Delta G$ 表达式中 $\Delta G_1$ 项占优势，$\Delta G$ 随 $r$ 增大而减小。

③ $r_c$ 随着温度而变化，当系统温度接近相变平衡温度时，即 $\Delta T\to 0$，则 $r\to\infty$。这表明在非常接近平衡温度附近发生析晶相变，要求 $r_c$ 无限大，显然析晶转变过程不可能发生。$\Delta T$ 越大则 $r_c$ 越小，相变也越容易进行。

④ 在相变过程中，$\gamma$ 和 $T_0$ 均为正值。如相变过程为放热过程，即 $\Delta H<0$，若 $r_c$ 永为正值，则必 $\Delta T>0$，也即 $T_0>T$，这表明系统需要过冷，而且过冷度越大，$r_c$ 值就越小。

## 四、相变过程动力学

与常规固液转变一样，薄膜的形核与长大遵循相变动力学规律。

### （一）均匀成核

当从母相中产生临界晶核以后，它并不是稳定的晶核，而必须从母相中将原子或分子一个一个迁移到临界晶核表面，并逐个加到晶核上，使其生长成稳定的晶核。在此用成核速率来描述从临界晶核到稳定晶核的生长。成核速率除了取决于单位体积母相中临界晶核的数目

外，还取决于母相中原子或分子加到临界晶核上的速率，可以表示为

$$I_\nu=\nu n_i n_c \tag{2-60}$$

式中，$I_\nu$ 为成核速率，指单位时间、单位体积中所生成的晶核数目，其单位为个/(s·cm$^3$)；$\nu$ 为单个原子或分子同临界晶核碰撞的频率；$n_i$ 为临界晶核周边的原子或分子数；$n_c$ 为单位体积中临界晶核的数目。

碰撞频率 $\nu$ 表示为

$$\nu=\nu_0\exp[-\Delta G_m/(RT)] \tag{2-61}$$

式中，$\nu_0$ 为原子或分子的跃迁频率；$\Delta G_m$ 为原子或分子跃迁新旧界面的迁移活化能。

单位体积中临界晶核的数目 $n_c$ 表示为

$$n_c=n\exp[-\Delta G_c/(RT)] \tag{2-62}$$

因此，成核速率可以写成

$$I_\nu=\nu_0 n_i n\exp\left(-\frac{\Delta G_c}{RT}\right)\exp\left(-\frac{\Delta G_m}{RT}\right)=B\exp\left(-\frac{\Delta G_c}{RT}\right)\exp\left(-\frac{\Delta G_m}{RT}\right)=PD \tag{2-63}$$

式中，$P=B\exp[-\Delta G_c/(RT)]$，为受成核位垒影响的成核速率因子；$D=\exp[-\Delta G_m/(RT)]$，为受原子扩散影响的成核速率因子；$B$ 为常数。

上式表示了成核速率随温度的变化关系，当温度降低，过冷度增大，由于 $\Delta G_c\propto 1/\Delta T^2$，因而成核位垒下降，成核速率增大，直至达到最大值。

## （二）非均匀成核

溶液过饱和后不能立即成核的主要障碍是生成晶核时要出现液-固界面，为此需要提供界面能。如果成核依附于已有的界面上形成，则高能量的液-固界面能就被低能量的晶核与成核基体之间的界面所取代。显然，这种界面代换比界面的生成所需要的能量要少得多。因此，成核基体的存在可大大降低成核位垒，使成核能在较小的过冷度下进行。这种情况下，成核过程将不再均匀地分布在整个系统内，故常被称为非均匀成核。

非均匀成核的临界位垒 $\Delta G_c^*$ 在很大程度上取决于接触角 $\theta$ 的大小。当新相的晶核与平面成核基体接触时，形成接触角 $\theta$，如图 2-28 所示。假设形成的晶核是一个具有临界大小的球冠形粒子，并且在二者之间的界面上不存在应力，这时的成核位垒为

$$\Delta G_c^*=\Delta G_c f(\theta) \tag{2-64}$$

式中，$\Delta G_c^*$ 为非均匀成核时的临界位垒；$\Delta G_c$ 为均匀成核时的临界位垒；$f(\theta)$ 为与接触角有关的几何因子，对于球冠模型，从简单的几何关系可求得

$$f(\theta)=\frac{(2+\cos\theta)(1-\cos\theta)^2}{4}\leqslant 1 \tag{2-65}$$

由上可见，在成核基体上形成晶核时，始终有临界成核位垒，成核位垒随着 $\theta$ 的减小而下降。当晶核与成核基体之间润湿时，非均匀成核时临界位垒只有均匀成核时临界位垒的一半以下，如 $\theta=0°$，则 $\Delta G_c^*=0$；即使晶核与成核基体之间不润湿，非均匀成核时临界位垒

也要低于均匀成核时临界位垒，介于 1/2～1 之间；只有当 $\theta=180°$时，即二者之间完全不润湿，$\Delta G_c^*=\Delta G$。

### （三）晶核长大

在稳定的晶核形成后，母相中的质点按照晶体格子构造不断堆积到晶核上去，使晶体得以生长。如图 2-29 所示，晶体生长过程包括物质扩散到晶核表面和扩散到晶核表面的质点按照点阵结构堆积到晶粒上两个过程，前者需要扩散活化能 $\Delta G_d$，后者实现质点从液相转移到固相后，存在液-固之间的自由能差 $\Delta G$。质点在由液相向固相迁移的同时，固相上的质点也会不断溶入液相。最后，通过固液相竞争，形成固态薄膜。

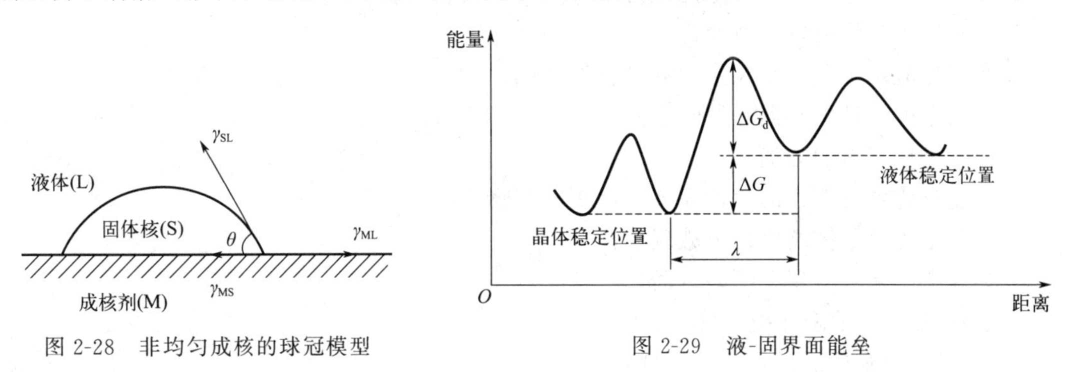


图 2-28　非均匀成核的球冠模型　　图 2-29　液-固界面能垒

值得注意的是，本节描述的薄膜形核长大热力学条件，不仅适用于基于液-固转变的薄膜生长，很多情况下，也适用于基于气-固或气-液-固转变的薄膜生长。

# 本章小结

真空技术、等离子体技术和薄膜液相沉积是薄膜制备技术中的基础。真空技术主要包括真空的获得、真空的测量和真空的应用。真空是指气体压强低于一个大气压强的稀薄气体状态。真空度是气态物质稀薄程度的客观度量。根据真空度的不同，可将真空状态划分为从粗真空到超高真空几个等级。在真空系统中，气体的吸附和脱附至关重要，两者处于动态平衡过程，均可以用来获得高真空。为了获得所需的真空环境，通常需要借助各种真空泵将被抽容器中的气体抽出，真空泵按工作原理大致可分为两类：一类是基于气体脱附过程的气体传输泵，主要包括旋片式机械泵、罗茨泵等；另一类是基于气体吸附过程的气体捕获泵，主要包括钛升华泵、低温冷凝泵、离子泵等。通过几种真空泵的相互组合构成复合排气系统，可以获得所需的高真空环境。真空计可以测定某一特定空间内的真空高低程度，按测量原理可分为绝对真空计和相对真空计。在薄膜制备过程中，良好的真空环境可以减小粒子在空间运动中的碰撞损失，防止材料氧化，增强材料表面活性，使薄膜制备效率大大提高。

等离子体作为一种“电离”的气体，是由带有相同电荷量的正离子及负离子组成的物质聚集状态，通常分为天然等离子体和人工等离子体，后者又可按照温度、电离度、粒子密度、热力学平衡状态等标准进行分类，并由气体放电法、射线辐照法、光电离法等产生。在薄膜技术中，等离子体相关技术被应用于物理气相沉积、热喷涂、电子束表面处理等数种制备和加工方法中。

薄膜材料的制备可基于液相-固相转变、固相-固相转变和气相-固相转变。其中，基于液相-固相转变的材料制备一般可分为从熔体出发和从溶液出发两类，薄膜的液相制备技术指的是在溶液中利用化学反应或电化学反应等化学方法在基片表面沉积薄膜的一种技术，主要包括化学反应沉积、电镀、阳极氧化、溶胶-凝胶法等。

# 思考题

1. 真空是如何定义的？真空区域可划分为哪几类？
2. 简述物理吸附的定义及原理。
3. 在实际应用中，真空泵是如何进行选择的？
4. 什么是油扩散泵和涡轮分子泵？它们是怎样工作的？
5. 简述等离子体的分类。
6. 简述热传导真空计的工作原理，可画图解释。
7. 什么是等离子体的电荷屏蔽现象？
8. 热等离子体可应用在哪些方面？
9. 溶胶-凝胶法是怎样制备薄膜的？
10. 液相法沉积薄膜的热力学条件是什么？

# 参考文献

[1] 李军建，王小菊. 真空技术[M]. 北京：国防工业出版社，2014.
[2] 田民波，李正操. 薄膜技术与薄膜材料[M]. 北京：清华大学出版社，2011.
[3] 郑伟涛. 薄膜材料与薄膜技术[M]. 2 版. 北京：化学工业出版社，2023.
[4] 刘卫国. 薄膜材料科学[M]. 北京：国防工业出版社，2013.
[5] 陈耀. 等离子体物理学基础[M]. 北京：科学出版社，2019.
[6] 陈凤翔. 等离子体物理学导论[M]. 北京：科学出版社，2022.
[7] 宁兆元，江美福，辛煜，等. 固体薄膜材料与制备技术[M]. 北京：科学出版社，2008.

第三章

# 薄膜制备的液相方法

薄膜制备的液相方法是利用化学或电化学方法，使液相中的粒子在基体表面形成一定厚度的薄膜。薄膜制备的过程中发生一定的化学反应，属于化学方法范畴。常见的薄膜液相制备方法包括电镀、化学镀、阳极氧化、电泳、溶胶-凝胶法和喷雾热解法，与其它方法相比，液相方法具有效率较高、成本较低、操作简单、易于大面积制备等优势。

## 第一节　电　　镀

电镀（electroplating，EP）是在一定的电解质和工艺条件下，在阴极表面电沉积金属的过程。电镀适用于在导电的基体（金属或合金等）上沉积薄膜或涂层，若在不导电的非金属材料（如塑料、布料、陶瓷等）上电镀，必须首先对基体进行导电化处理。

### 一、电镀的基本原理

电镀工艺用到的电解装置由电源、电镀槽、电镀液、待镀零件和电极构成，如图 3-1 所示。电镀液、待镀零件（作为阴极）和阳极均放置于电镀槽中，由外部电源提供电流。通过调节镀液成分、镀液温度、镀槽电压等参数可以调节电镀工艺。电镀时，阴阳极与直流电源的负正极相连，并在两电极上发生不同的反应。

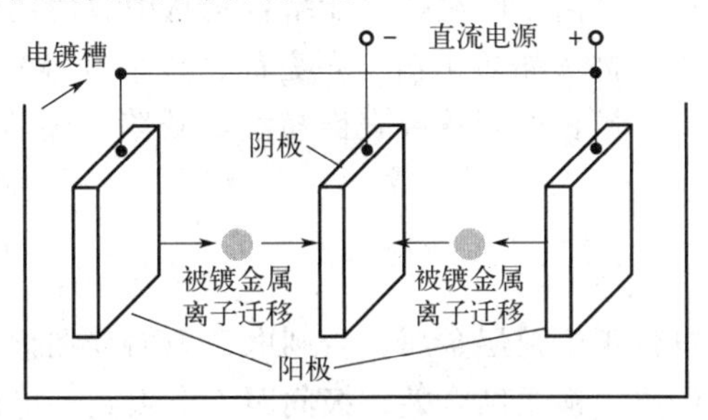


图 3-1　电镀装置

当在阴阳两极间施加一定电位时，阴极发生以下电化学反应

$$M^{n+} + ne^{-} \longrightarrow M \tag{3-1}$$

式中，$M^{n+}$ 为金属离子；M 为金属原子；$n$ 为原子价态数；$e^{-}$ 为电子。镀液界面的金属离子 $M^{n+}$ 在阴极上获得 $n$ 个电子，还原成金属 M。对于多离子型的电解液体系，可发生多种离子同时在阴极沉积的现象，获得共沉积薄膜。

同时阳极则发生与阴极完全相反的反应，即阳极界面上发生金属 M 的溶解，释放 $n$ 个

电子，生成金属离子 $M^{n+}$，其反应式如下

$$M-ne^{-}\longrightarrow M^{n+} \tag{3-2}$$

电镀过程包括液相传质、电化学反应和电结晶等步骤。电镀薄膜的沉积包含晶核形成和晶粒长大两个过程，所需的能量来自阴极过电位。以二维晶核形核为例，在较高过电位下，电极表面放电生成吸附原子，吸附原子凝聚形成高为 $h$、临界半径为 $r_c$ 的二维晶核。二维晶核形成过程中，$r_c$、自由能 $\Delta G$、生成晶核的概率 $W$ 与阴极过电位之间的关系可分别表示为

$$r_c=\frac{\sigma A}{\rho nF\eta_k} \tag{3-3}$$

$$\Delta G=\frac{\pi h\sigma^2 A}{\rho nF\eta_k} \tag{3-4}$$

$$W=K_1\exp\left(\frac{-\Delta G}{RT}\right)=K_1\exp\left(\frac{-K_2}{\eta_k}\right) \tag{3-5}$$

式中，$\sigma$ 为晶核固/液界面张力；$A$ 为沉积金属的原子量；$\rho$ 为沉积金属的密度；$n$ 为金属离子的价数；$F$ 为法拉第常数；$\eta_k$ 为阴极过电位；$K_1$ 和 $K_2$ 均为常数。由以上公式，阴极过电位 $\eta_k$ 与形核半径 $r_c$ 和自由能 $\Delta G$ 成反比，与形核概率 $W$ 成正比。因此，控制阴极过电位，可以调控薄膜沉积过程和薄膜的微观结构。

## 二、电镀的工艺参数

影响电镀薄膜质量的主要工艺条件及参数如下。

(1) 电镀液

电镀液的成分含有提供金属离子的主盐、能络合主盐中金属离子的络合剂、能稳定溶液酸碱度的缓冲剂以及特殊添加物（如活化剂、光亮剂、整平剂等）。电镀液要求必须用高纯化学试剂，尽量减少杂质的含量，否则镀层表面易形成缺陷，还可能引起局部电化学反应，使薄膜遭到腐蚀。

(2) 电极材料

电极材料要求基体的电位正于镀层金属，否则电极表面存在化学置换，金属离子优先被置换形成不连续的扩散阻碍层，镀层结合差；极间距不宜太大，极间距太大，电力线分布不均，镀层易出现阴阳面；极板面积比（$S_K:S_A$），即阴极与阳极的面积比值，在 1.5～2.0 之间。面积比太大，阳极正常溶解受阻，阻碍阳极极化状态。

(3) 电流密度

电流密度是镀液状态的一项重要指标，不仅影响镀层质量，还直接决定镀层沉积速度，影响生产效率。电镀中的电流密度是通过单位电极面积的电流强度，阴极电流密度用 $j_K$ 表示，阳极电流密度用 $j_A$ 表示，单位是安培每平方分米（$A/dm^2$）。例如，阴极电流密度可表示为

$$j_K=\frac{I}{S} \tag{3-6}$$

式中，$I$ 为通过阴极上的电流大小，A；$S$ 为阴极的总表面积，$dm^2$。

需要根据被镀件的表面积和电解液的组成选择合适的电流密度。电流密度过小时，晶粒的生长速度超过了晶粒的形成速度，镀层粗糙；电流密度过大时，零件的尖角和边缘处容易发生“烧焦”现象，形成树枝状结晶或者是海绵状镀层。

(4) 温度

镀液温度对薄膜质量有重要影响，不同的镀种有不同的适宜温度范围。温度过低，沉积速率慢，生产效率低，镀层沉积不均匀、结晶粗糙；温度过高，沉积速率快，镀层结晶较粗，并且析氢量大，镀层易产生氢脆，薄膜质量降低。

(5) 电流效率

电流效率是评价镀液应用性能的一项重要指标。电流效率是指当电流通过电极时，消耗于所需反应的电量占总电量的比例，通常用 $\eta$ 表示。阴极的电流效率用 $\eta_K$ 表示，阳极的电流效率用 $\eta_A$ 表示。以阴极的还原反应为例，其电流效率表示为

$$\eta_K=\frac{Q_1}{Q_2}\times 100\%=\frac{m_1}{m_2}\times 100\% \tag{3-7}$$

式中，$Q_1$ 为沉积镀层金属消耗的电量，C；$Q_2$ 为通过电极的总电量，C；$m_1$ 为沉积镀层金属的实际质量，g；$m_2$ 为由总电量折算的理论沉积镀层金属质量，g。电流效率高，可减少镀膜电耗。

(6) 镀层质量

镀层质量和阴极放电的离子数遵从法拉第定律。法拉第定律用来描述电极上通过的电量与电极反应物质量之间的关系，又称为电解定律

$$m/A=jtM\alpha/(nF) \tag{3-8}$$

式中，$m/A$ 代表单位面积上镀层的质量；$j$ 为电流密度；$t$ 为沉积时间；$M$ 为镀层的分子量；$n$ 为阶数；$F$ 为法拉第常数，约为 96500C/mol；$\alpha$ 为电流效率。

(7) 镀层厚度

在电流密度、电镀时间和阴极电流效率已知的情况下，阴极上沉积金属的平均厚度为

$$d=100Kj_Kt\,\frac{\eta_K}{60\rho} \tag{3-9}$$

式中，$d$ 为镀层厚度，$\mu m$；$K$ 为待镀金属的电化学当量，g/(A·h)；$j_K$ 为阴极电流密度，$A/dm^2$；$t$ 为电镀时间，min；$\eta_K$ 为阴极电流效率，%；$\rho$ 为待镀金属密度，$g/cm^3$。

## 三、电镀制备薄膜的应用

电镀作为制造业的四大基础工艺（热、铸、锻、镀）之一，可以起到防止金属氧化，提

高耐磨性、导电性、反光性、抗腐蚀性及增进美观等作用。相比其它薄膜和涂层制备方法，电镀有很多优点，如成本低、沉积速率高，可以在低温和非真空条件下大面积、多组元、连续化沉积薄膜，镀层与基体界面结合好，材料利用率高，废物产生量少，等等。因此，电镀在机械、轻工、电子等诸多工业领域都有广泛应用。表 3-1 总结了几种常见镀种电镀液的主要成分与应用。大多数镀种，比如电镀锌、电镀镍、电镀铬等，主要用于钢铁件的防护装饰性镀层。在电子行业中，电镀铜被广泛应用于印刷电路板、连接器以及半导体金属层的沉积，目的是实现互联导电。此外，为了实现更多的功能性镀层，合金电镀也逐渐兴起并不断发展。

**表 3-1　几种常见镀种电镀液的主要成分与应用**

| 镀种 | 镀液主要成分 | 应用 |
|---|---|---|
| 电镀锌 | ZnO、NaOH、光亮剂、其它添加剂 | 钢铁零部件和结构件的防护装饰层等 |
| 电镀铜 | $CuSO_4 \cdot 5H_2O$、$H_2SO_4$、$CuCl_2$、其它添加剂 | 常作底层或中间镀层，提高表面镀层与基体的结合力；优异的导电性可作为电子电路的导电层等 |
| 电镀镍 | $NiSO_4 \cdot 6H_2O$、$NiCl_2 \cdot 6H_2O$、$H_3BO_3$、其它添加剂 | 金属制品的防护装饰性镀层 |
| 电镀铬 | $CuSO_4 \cdot 5H_2O$、$CuCrO_4$、$H_2SO_4$、其它添加剂 | 金属制品的防护装饰性镀层；钢铁零部件和结构件的耐磨层 |
| 电镀锡 | $SnSO_4$、$H_2SO_4$、光亮剂、其它添加剂 | 制罐薄板的防护层、电子电路中可焊性镀层等 |
| 电镀银 | $Ag_2SO_4$、$H_2SO_4$、其它添加剂 | 零部件和结构件防护装饰性镀层、导电层、抗氧、抗菌等 |
| 合金电镀（铜锌、铜锡等） | 电镀铜锌：$Cu(CN)_2$、$Zn(CN)_2$、NaCN、NaOH、光亮剂、其它添加剂；<br>电镀铜锡：$CuSO_4 \cdot 5H_2O$、$SnSO_4$、$H_2SO_4$、其它添加剂 | 五金零件、机械零件、电子连接零件的防护装饰性镀层等 |

# 第二节　化学镀

化学镀（chemical plating，CP），也称无电镀（electroless plating，EP）或者自催化镀（autocatalytic plating，AP），是指在无外加电流的情况下，借助合适的还原剂，使镀液中金属离子还原成金属，并沉积到零件表面的一种镀覆方法。目前应用最多的是化学镀镍和化学镀铜。

## 一、化学镀的基本原理

化学镀是在金属的催化作用下，通过可控制的氧化还原反应产生金属的沉积过程。由于被镀金属本身是反应的催化剂，因此化学镀的过程就具有自催化作用，反应生成物本身对反应的催化作用使得反应不断继续下去。化学镀的基本条件包括：①镀液中还原剂的还原电位要显著低于沉积金属的电位；②镀液不产生自发分解；③调节溶液 pH 值、温度时，可以控制金属的还原速率，从而调节镀层覆盖率；④被还原析出的金属也具有催化活性，使得氧化还原沉积过程持续进行；⑤溶液具有足够的使用寿命。此外，化学镀的溶液组成及其相应的工作条件也必须是使反应只限制在具有催化作用的零件表面上进行，而在溶液本体内，反应却不应自发地产生，以免溶液自然分解。

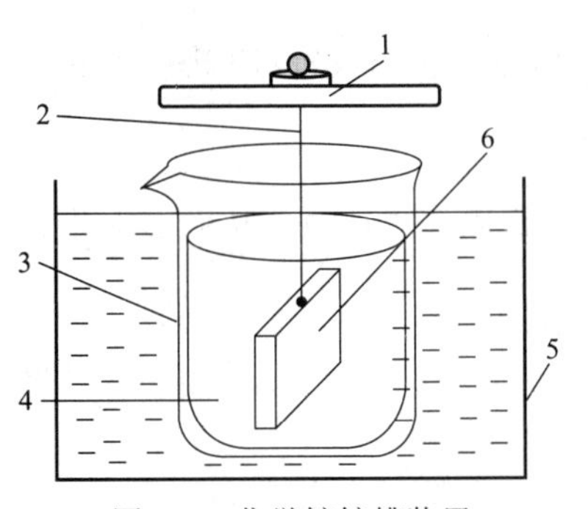

图 3-2　化学镀镀槽装置
1—盖子；2—尼龙丝；3—镀槽；4—镀液；5—加热锅；6—工件

图 3-2 为化学镀镀槽装置，基本构成包括：①工件；②镀液，其基本组成有主盐、还原剂、络合剂、缓冲剂、稳定剂、加速剂、光亮剂和润滑剂等；③镀槽，根据镀液的化学性质，可以选用聚丙烯、氧化聚氯乙烯和不锈钢等材质；④挂具，对于小零件比较常用。此外化学镀装置还应配有温度控制系统、镀液过滤系统和搅拌系统。

为了得到干净（无残胶、无毛刺、无油污染、无氧化物）的金属或非金属表面，在化学镀之前要对金属件进行前处理。金属表面的前处理基本工艺流程是机械粗化光→除油→除锈→活化→化学镀，非金属表面的前处理工艺流程是机械粗化→除油→化学粗化→中和→敏化→活化→解胶化→化学镀。

化学镀过程中有电子转移，实质是氧化还原反应过程。即还原剂还原溶液中的络合金属离子，在具有催化活化的表面沉积所需要的金属镀层。反应式可以表示为

$$R^{n+} \longrightarrow R^{n+m} + me^- \tag{3-10}$$

$$M_e^{m+} + me^- \longrightarrow M_e \tag{3-11}$$

式中，R 为还原剂；$M_e$ 为金属；$m$、$n$ 是化合价。

本节将以化学镀镍为例介绍化学镀的基本原理。化学镀镍常用次亚磷酸盐作为还原剂，将镍盐还原成镍，同时使镀层中含有一定量的磷，因此化学镀镍也称 Ni-P 化学镀。沉淀的镍膜具有自催化性，可使反应自动进行下去。Ni-P 化学镀的机理目前还没有统一的认识，主要有三种理论：原子态氢理论、电化学理论、正负氢离子理论。这三种理论的核心都涉及次亚磷酸根的 P—H 键。次亚磷酸根的空间结构是以磷为中心的空间四面体，空间四面体的四个顶角分别被氧原子和氢原子占据，其分子结构如图 3-3 所示。

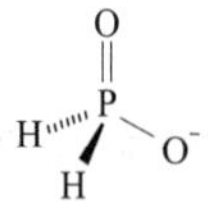

图 3-3　次亚磷酸根的分子式结构

各种化学镀镍反应机理的共同点是 P—H 键的断裂。P—H 键吸附在金属镍表面的活性点上，在镍的催化作用下，P—H 键发生断裂。如果次亚磷酸根的两个 P—H 键同时被吸附在镍表面的活性点上，键的断裂难以发生，只会造成亚磷酸盐缓慢生成。对于 P—H 键断裂后，P—H 间共用电子对的去向，各种理论具有不同的解释。如电子在磷、氢之间平均分配，这就是原子态氢理论；如果电子都转移至氢，则属于正负氢离子理论；而电化学理论则认为电子自由游离出来参与还原反应。

### （一）原子态氢理论

该理论最早是在1946年由Brenner和Ridder提出，1959年Gutgeit实验验证了该假说。1967年，苏联科学家对该理论又进行深入研究并提出：还原镍的物质实质上就是原子氢。

镀镍时，次磷酸钠在溶液中首先进行分解

$$NaH_2PO_2 \longrightarrow Na^+ + H_2PO_2^- \tag{3-12}$$

镀液在加热时，通过次亚磷酸盐在水溶液中脱氢，形成亚磷酸根，同时放出初生态原子氢

$$H_2PO_2^- + H_2O \longrightarrow HPO_3^{2-} + H^+ + 2H \tag{3-13}$$

初生态原子氢吸附催化金属表面而使之活化，使镀液中的镍阳离子还原，从而在催化金属表面上沉积金属镍

$$Ni^{2+} + 2H \longrightarrow Ni + 2H^+ \tag{3-14}$$

随着次亚磷酸根的分解，还原生成磷

$$H_2PO_2^- + H \longrightarrow H_2O + OH^- + P \tag{3-15}$$

镍原子和磷原子共同沉积而形成Ni-P固溶体

$$P + 3Ni \longrightarrow Ni_3P \tag{3-16}$$

同时产生的氢气逸出溶液

$$2H \longrightarrow H_2\uparrow \tag{3-17}$$

根据原子态氢理论，Ni-P化学镀的基本原理就是通过镀液中$Ni^{2+}$还原，同时伴随着次磷酸盐的分解而产生磷原子进入镀层，形成饱和的Ni-P固溶体。

### （二）电化学理论

1959年Machu提出了电子还原机理（即电化学理论），该理论认为次磷酸根被氧化释放出电子，使$Ni^{2+}$、$H_2PO_2^-$、$H^+$吸附在镀件表面形成原电池，电池的电动势驱动化学镀镍过程不断进行。

在阳极上，次磷酸根被氧化释放出电子

$$H_2PO_2^- + H_2O \longrightarrow H_2PO_3^- + 2H^+ + 2e^- \tag{3-18}$$

阴极发生还原反应

$$Ni^{2+} + 2e^- \longrightarrow Ni \tag{3-19}$$

$$H_2PO_2^- + e^- \longrightarrow P + 2OH^- \tag{3-20}$$

$$2H^+ + 2e^- \longrightarrow H_2\uparrow \tag{3-21}$$

最后，发生金属化反应，生成$NiP_3$

$$3P + Ni \longrightarrow NiP_3 \tag{3-22}$$

### （三）正负氢离子理论

该理论最大特点在于其认为次磷酸根离子与磷相连的氢离解产生还原性非常强的负氢离子，还原镍离子、次磷酸根后自身分解为氢气，反应如下

$$H_2PO_2^- + H_2O \longrightarrow HPO_3^{2-} + 2H^+ + H^- \tag{3-23}$$

$$Ni^{2+} + 2H^- \longrightarrow Ni + H_2\uparrow \tag{3-24}$$

$$H_2PO_2^- + 2H^+ + H^- \longrightarrow 2H_2O + 1/2H_2\uparrow + P \tag{3-25}$$

$$H^+ + H^- \longrightarrow H_2\uparrow \tag{3-26}$$

该机理主要着重于化学反应。

图 3-4 是化学镀镀层的生长模型，被镀金属具有自催化活性，还原反应是在金属表面上进行的，沿初始沉积部位开始，逐渐向平面扩展，最终覆盖在整个基体表面。在已经形成镀层的地方镀液浓度下降，难以进行还原反应，若使其在厚度方向上继续生长，必须采用搅拌方式和对流方式，使高浓度镀液接触已沉积的镀层表面。

化学镀镍时，在同一电极表面同一微区的位置，通常同时发生阴极反应和阳极反应，这说明具有催化活性的表面同时进行着氧化剂金属离子的还原和还原剂次磷酸盐等的氧化。根据这一理论，可以通过计算，得到电极表面的沉积速度。分别测定 $Ni^{2+}$ 还原和 $H_2PO_2^-$ 氧化的电流-电位曲线。图 3-5 为化学镀镍阴阳极反应的电流-电位曲线。$Ni^{2+}$ 还原反应的曲线向电位更负的方向延伸，而 $H_2PO_2^-$ 氧化反应的曲线是向电位更正的方向延伸，两条曲线必然会有一个相交点，该交点的电位就是沉积电位，对应的电流为沉积电流。

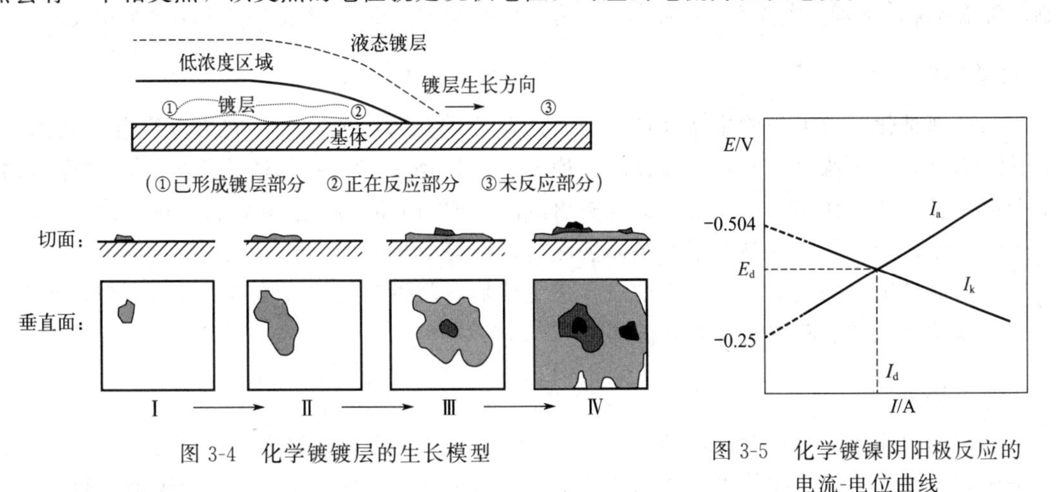


图 3-4 化学镀镀层的生长模型

图 3-5 化学镀镍阴阳极反应的电流-电位曲线

沉积电流的大小表征化学镀的沉积速度 $R$

$$R = I_d \times 1.09g/(A \cdot h) \tag{3-27}$$

式中，1.09g/(A·h)为镍的电化学当量。由此可知，通过工艺控制可以获得所需厚度的化学镀镀层。

## 二、化学镀的工艺参数

影响化学镀膜质量和沉积速度的工艺参数有镀液组成、温度、酸碱度等。其中，化学镀液中各种组分不仅影响镀层的性能，也会影响到化学镀的沉积速度。

### （一）镀液组成

化学镀液除了主盐，还包括还原剂、络合剂、稳定剂、缓冲剂、加速剂及其它添加剂组成，每一种成分都会对镀膜质量产生影响。

（1）主盐

主盐是镀层的金属供体，含量过低，则镀速低，含量过高，易导致表面沉积的金属层粗糙，且镀液易发生自分解现象。以镀镍为例，主盐一般有硫酸镍、氯化镍、醋酸镍、次亚磷酸镍等。醋酸镍和次亚磷酸镍都是非常理想的镍离子盐，但因价格昂贵不能被工业化应用，目前化学镀中应用最多的是硫酸镍。

（2）还原剂

还原剂提供电子，使金属离子进行还原。还原剂含量过低，会使镀速降低，含量过高，镀速也会降低，同时镀液稳定性变差。还原剂主要有四种类型：次磷酸盐型、硼氢化物型、肼型和氨基硼烷型。以镀镍为例，最常用的还原剂是次亚磷酸钠，用它配置的镀液易于控制，价格低廉，无毒，实验安全系数高，常用于制备 Ni-P、Ni-Co-P 或 Ni-Co-Fe-P 等薄膜。

（3）络合剂

络合剂是化学镀液中除主盐和还原剂之外非常重要的组成成分，它可以络合金属离子，降低游离金属离子浓度，有利于保持溶液稳定性，控制镀层金属的还原速率。以镀镍为例，络合剂主要有两个作用：一是防止镀液析出沉淀，增加镀液稳定性并延长使用寿命；二是提高沉积速度，因为络合剂被吸附在基体表面后，提高了基体表面的活性，为次磷酸根释放活性原子氢提供更多的激活能。常用的络合剂主要是一些脂肪族羧酸及其取代衍生物，如丁二酸、柠檬酸、乳酸、苹果酸及甘氨酸等。

（4）稳定剂

稳定剂的作用在于抑制镀液的自发分解，使化学镀过程在控制下有序进行。镀液中常含有杂质或沉淀物带来的胶体微粒或固体粒子，它们也具有催化作用，会导致镀液分解。稳定剂被粒子或胶体微粒吸附，阻止金属离子在这些粒子上还原，从而起到稳定镀液的作用。稳定剂使用不能过量，否则会使镀速减慢，甚至使反应不再发生。常用的稳定剂有：某些含氧化合物、重金属离子、水溶性有机物或ⅥA 族 S、Se、Te 的化合物。

（5）缓冲剂

缓冲剂能有效控制镀液的 pH 值，使镀液稳定，保证镀层质量。化学镀过程中会产生氢离子，导致镀液 pH 值逐渐下降，影响镀层质量，因此必须定期进行 pH 值监测，用碱中和调节。缓冲剂本身也是一种金属离子的弱络合剂，浓度不宜过量，否则会降低镀液中金属离子的活度，从而降低沉积速度。常用的缓冲剂有柠檬酸、丙酸、乙二酸、硼酸及其钠盐、醋酸钠等。

(6) 加速剂

加速剂的作用是加快化学镀的沉积速度。使用络合剂控制沉积速率，有时会使沉积速率很慢，达不到生产要求。为了提高镀层金属的沉积速率，常在镀液中加入加速剂。以镀镍为例，加速剂减弱 P—H 键能，有利于次磷酸根脱氢，即增加了次磷酸根的活性。常用的加速剂有乳酸、醋酸、琥珀酸及其盐类和可溶性氟化物等。

### (二) 温度

镀液温度对于镀层的沉积速度、镀液的稳定性以及镀层的质量有重要影响。温度升高，镀速快，但镀层的应力和孔隙率增加，耐蚀性能降低。温度过高，也会使镀液不稳定，发生自分解。大多数情况下，镀液的温度在 80～95℃间，变化要控制在 2℃之内。以酸性次磷酸钠镀液为例，最佳操作温度为 88～92℃。

### (三) 酸碱度

镀液的酸碱度既影响反应温度，又影响镀层中成分的含量。以镀镍-磷为例，pH 值增加，镀速增加，镀层中磷的含量减少，所以高磷镀层应使用酸性镀液。当 pH 值过高，镀层呈现灰暗、粗糙并有针孔产生，镀液的不稳定性也随之增加，容易发生自分解，因此必须控制化学镀液的 pH 值在适当范围内。通常工业生产中，酸性次磷酸钠镀液的 pH 值范围在 4.2～5.0 之间。

### (四) 其它工艺条件

化学镀的工艺条件如搅拌、镀液老化、表面积与体积比等也直接影响化学镀的过程以及镀层的质量。

对镀液进行适当的搅拌可以提高镀液稳定性和镀层质量，搅拌的方式一般有气体搅拌、液体搅拌和工件搅拌。搅拌的作用主要体现在：第一，可以防止镀液局部过热；第二，防止补充镀液时，局部组分浓度过高；第三，加快反应产物离开镀件表面的速度，有利于提高沉积速度；第四，消除镀件上的氢气泡。

化学镀液会发生老化，每种镀液都具有一定的使用寿命，镀液寿命以镀液的循环周期来表示，镀液中全部被镀金属离子耗尽后再补充被镀金属离子至原始浓度为一个循环周期。以镀镍为例，随着化学镀的进行，不断补加还原剂，$HPO_3^{2-}$ 浓度越来越大，到一定量以后超过 $NiHPO_3$ 溶解度，就会形成 $NiHPO_3$ 沉淀。虽然，加入络合剂可以抑制 $NiHPO_3$ 沉淀析出，但随着周期性的延长，即使存在大量的络合剂也不能抑制沉淀析出，镍沉积速度急剧下降，镀层性能变差，表明镀液已经达到寿命。

装载量是指一定时间内在镀液中处理的工件总表面积或总体积。装载量对镀层磷含量有非常显著的影响。以镀镍为例，装载量高，形成单 P—H 键吸附的概率增多，次磷酸根分解加快。但溶液中镍离子浓度不变，因此分解的次磷酸根还原成单质磷的机会也增多，镀层磷含量提高。装载量过高，磷含量增长变慢，镀液更容易自分解。

## 三、化学镀制备薄膜的应用

与电镀相比，化学镀具有镀层均匀、针孔小、不需直流电源设备、能在非导体（如塑料、玻璃、陶瓷及半导体）上沉积和具有某些特殊物理化学性能等特点。另外，由于化学镀废液排放少，对环境污染小以及成本较低，在许多领域已逐步取代电镀，成为一种环保型的表面镀覆工艺。目前，化学镀能够进行的金属主要有 Ni、Cu、Co、Ag、Pd、Pt 等及其合金，这类技术已在电子、机械、石油化工、汽车、航空航天等工业中得到广泛的应用。比如，铝或钢材料等非贵金属基材可用化学镀镍以提高金属的耐蚀性。化学镀还可用于非金属表面金属化。许多工程塑料因其轻质和良好的耐腐蚀性能被考虑用作金属的代用品，在其表面可用化学镀镍来获得导电性或使其电屏蔽。Wu 等在 Nd-Fe-B 永磁材料表面采用化学镀工艺制备出镀层光亮，孔隙率低，与 Nd-Fe-B 基体结合良好的 Ni-Cr-P/Ni-P 复合镀层，并且在碱性和酸性介质中均具有较好的耐蚀性能。Marzo 等在 AA7075-T6 铝板上用化学镀制备了 Ni-P-Cr 涂层，镀层厚度约为 20$\mu$m，并且表现出优异的抗腐蚀性。

另外，通过镀液的选择，化学镀还能够赋予金属件其它功能特性。随着磁记录材料与软磁材料的需求日益增大，化学镀钴也逐渐发展，其用于磁记录薄膜磁头的制备，有利于实现磁性器件的小型化与轻薄化。此外化学镀四元或五元合金镀层，如 Co-Ni-Re-P、Co-Ni-Re-Mn-P 等，还用于垂直磁记录薄膜。为了贯彻绿色环保的政策要求，针对化学镀中存在的废物和环境问题，工业上通过多种方式进行了改进。比如，降低金属含量处理，工业上通过将镍金属含量减小至 3g/L 来减少废金属镍和镍烟气的产生。

# 第三节　阳极氧化

阳极氧化（anodic oxidation，AO）是金属或合金的电化学氧化，是一种重要的电化学转化技术。电镀过程所关注的是阴极反应，而阳极氧化过程所关注的是阳极反应。利用阳极氧化的方法可以获得具有一定厚度的非晶连续膜。

## 一、阳极氧化的基本原理

阳极氧化是一种电解氧化过程，将金属或合金的制件作为阳极，当电流通过阳极时，金属阳极表面被消耗，氧化物在金属阳极表面生长并形成氧化膜层。目前最广泛且最典型的是铝及铝合金的阳极氧化处理。这里重点以铝的阳极氧化为例，介绍阳极氧化技术。

铝及其合金阳极氧化装置如图 3-6 所示，基本构成包括：①产品工件，作为阳极；②惰性电极（铅或者石墨），作为阴极；③电解液，铝及其合金的阳极氧化通常是硫酸、铬酸、草酸等；④电源系统，通过整流器调节直流电或交流电；⑤电解液过滤系统，采用循环过滤方式；⑥搅拌系统，如鼓风机吹入空气搅拌；⑦电解槽；⑧传感器，如进行温度监测。

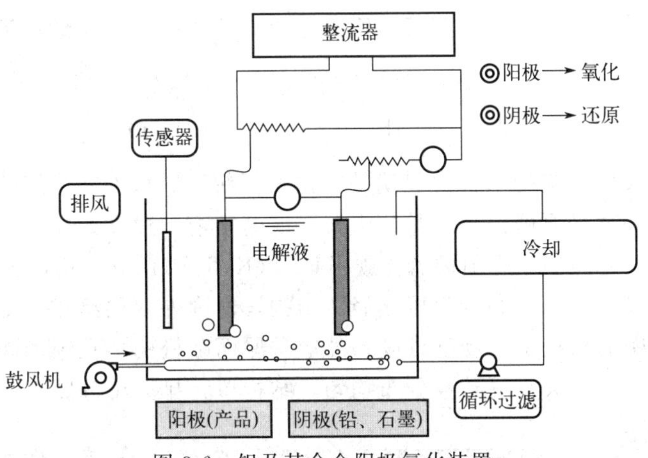

图 3-6　铝及其合金阳极氧化装置

典型铝的阳极氧化工艺流程如图 3-7 所示。铝材在生产过程中可能接触到的油污、灰尘、杂质颗粒等，会沉积在铝材表面形成污染物，阻碍铝材表面与处理溶液的充分接触，不易获得均匀的处理效果。因此，铝材首先要进行化学清洗，清除表面油污、污染物，这个脱脂过程也称除油。化学抛光是在磷酸基溶液中浸泡铝材，以消除其表面的机械缺陷，减小表面粗糙度，并提高表面光泽度。阳极氧化后，在染色之前，可用酸液处理将氧化膜活化，目的是让氧化膜孔壁从外向内溶解，使孔径扩大，同时通过控制活化时间调控孔径的大小，达到扩孔，增加孔隙率，提高后续吸附染料能力的效果。然后，再将铝的表面浸渍在含有染料的溶液中，氧化膜孔隙因吸附染料而染上各种颜色。最后，进行封孔处理，以降低阳极氧化膜的孔隙率和吸附能力。

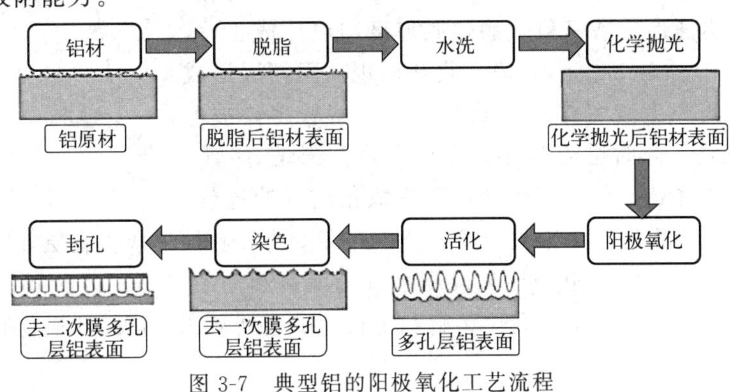

图 3-7　典型铝的阳极氧化工艺流程

铝阳极氧化原理实质上就是水电解的原理。当电流通过时，在阳极上，首先产生原子态氧，原子态氧立即与铝发生化学反应，生成氧化铝。对应阴极一般为铅或石墨，仅起导电作用，在其上发生析氢反应。

阳极反应

$$H_2O - 2e^- \longrightarrow O + 2H^+ \tag{3-28}$$

$$2Al + 3O \longrightarrow Al_2O_3 \tag{3-29}$$

阴极反应

$$2H^+ + 2e^- \longrightarrow H_2\uparrow \tag{3-30}$$

在氧化铝生成的同时，酸性电解液对铝和生成的氧化膜进行化学溶解

$$2Al+6H^+ \longrightarrow 2Al^{3+}+3H_2\uparrow \quad (3\text{-}31)$$

$$Al_2O_3+6H^+ \longrightarrow 2Al^{3+}+3H_2O \quad (3\text{-}32)$$

由此可见，阳极氧化膜的生长过程就是氧化膜不断生成和不断溶解的过程，阳极氧化膜形成的必要条件之一就是要确保氧化膜的生长速度高于溶解速度。

Keller 提出了氧化铝多孔型阳极氧化膜 KHR（Keller-Hunter-Robinson）模型，认为阳极氧化膜的结构是以针孔为中心的六棱体蜂窝结构，由内外双层组成。如图 3-8 所示，靠近铝基体的内层是致密的阻挡层，硬度较高；外层是厚而疏松的多孔层，硬度较低，其中多孔层有许多纳米微孔，孔径大小一致且分布均匀，结构单元排列十分紧密。

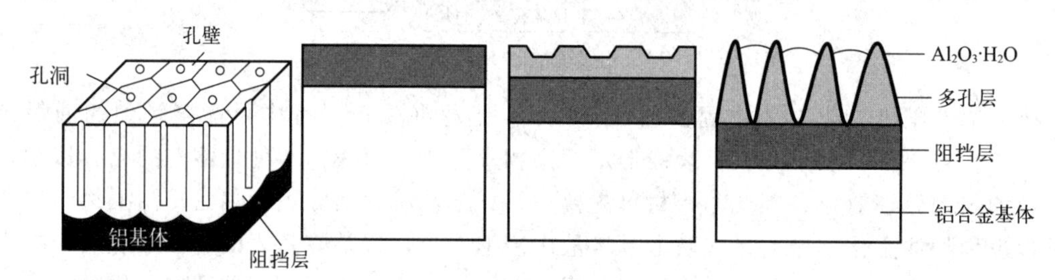


图 3-8　铝阳极氧化层的结构与生长过程

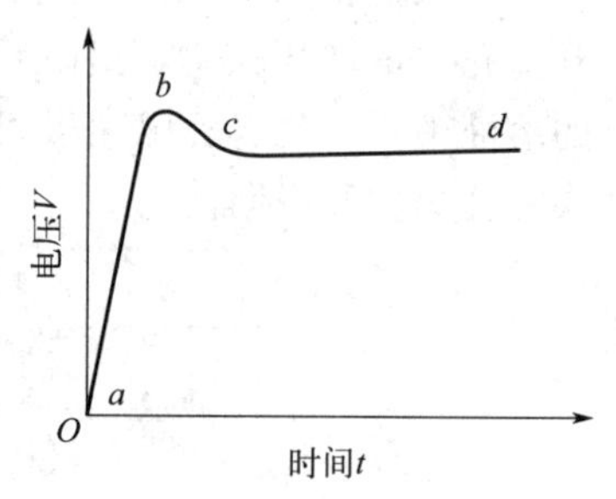


图 3-9　阳极氧化电压-时间曲线

氧化铝膜层的形成过程较为复杂，可以通过铝阳极氧化电压-时间曲线来理解氧化膜的生长规律。如图 3-9 所示，氧化铝膜层的生长过程可以分为三个阶段：一是 $ab$ 段，阻挡层形成。通电瞬间迅速形成致密氧化膜，其厚度与电压成正比，一般为 0.01～0.015μm。二是 $bc$ 段，膜孔出现。阻挡层形成的同时电解液对其产生溶解作用，某些部位溶解较多，被电压击穿，出现空穴，此时电阻减小，电压下降；三是 $cd$ 段，多孔层增厚。电压降到 $c$ 点趋于平衡，随着氧化过程的进行，电压稍有增加，说明阻挡层不断被溶解，空穴逐渐变为孔隙而形成多孔层，电流通过膜孔又会生成新的阻挡层。此时，阻挡层生成和溶解速度达到动态平衡，因此阻挡层厚度不再变化，只有多孔层不断增厚，当多孔层溶解和生长速度达到动态平衡时，氧化膜厚度稳定。

## 二、阳极氧化的工艺参数

阳极氧化可以获得非晶连续膜，但连续膜的厚度受到一定限制。薄膜的厚度极限 $D_{max}=kV_j$，取决于所加电压 $V_j$ 和材料系数 $k$。部分元素的薄膜的 $D_{max}$ 与 $k$ 值列于表 3-2 中。

**表 3-2　部分元素的薄膜的 $D_{max}$ 和 $k$**

| 元素 | Al | Ta | Nb | Ti | Zr | Si |
| --- | --- | --- | --- | --- | --- | --- |
| $k$/(A/V) | 3.5 | 16.0 | 43.0 | 15.0 | 12.0～13.0 | 3.5 |
| $D_{max}$/μm | 1.5 | 1.1 | — | — | 1.0 | 0.12 |

此外，薄膜厚度和薄膜质量与阳极氧化的电解液、温度、电压、氧化时间和杂质离子等密切相关。

(1) 电解液

电解液离子主要是预处理溶液残留的离子以及阳极氧化过程产生的离子。以铝阳极氧化为例，电解液浓度最高的离子 $Al^{3+}$，在一定范围内可以提高氧化膜层的性能。但如果 $Al^{3+}$ 的浓度过高时，将导致铝合金阳极氧化膜层表面发白，影响氧化膜层的质量。在工业生产中，通常会加入 $(NH_4)_2SO_4$ 用于降低 $Al^{3+}$ 的浓度。

(2) 温度

电解液温度是阳极氧化的一个重要工艺参数。一般情况下，电解液温度控制比较严格，有的需要保持在±1℃范围内，电解液温度高，氧化膜溶解速度大，生成的速度减小，生成的膜疏松。若温度过低，氧化膜发脆易裂。在工业生产中，通常采用机械搅拌或利用温度冷却装置对电镀液进行降温，以解决温度过高问题。

(3) 电压

电压高，有利于提高氧化膜生长速度，增多孔隙，易于染色，提高硬度和耐磨性。但电压低，生成氧化膜的速度慢，膜层较致密。因此，阳极氧化过程中要合理选择电压。通常，阳极氧化电压范围参考值在5～25V之间。

(4) 氧化时间

若其它条件不变，氧化时间越长，形成的膜层越厚，但达到一定厚度时，膜厚将不会增加（即膜的溶解速度与生长速度相等）。通过控制氧化时间，可以形成两种类型的膜层：第一种是只有致密阻挡层的氧化膜层；第二种是致密性阻挡层和多孔膜层组成的复合膜层。因此，可以通过控制氧化时间调控膜层结构。

(5) 杂质离子

电解液中可能存在的杂质离子包括 $Cl^-$、$F^-$、$NO_3^-$、$Al^{3+}$、$CN^-$、$Fe^{2+}$、$Si^{2+}$ 等。其中，$Cl^-$、$F^-$、$NO_3^-$、$CN^-$ 等阴离子含量高时，氧化膜孔隙增加，表面粗糙、疏松。因此，要严格控制电解液中 $Cl^-$ 浓度 $<0.05g/L$、$F^-$ 浓度 $<0.01g/L$。而 $Al^{3+}$、$Fe^{2+}$、$Si^{2+}$ 等阳离子主要影响氧化膜的色泽、透明度和抗蚀性。

## 三、阳极氧化制备薄膜的应用

有色金属或其合金（如Al、Nb、Ta、Ti、Zr及其合金等）都可进行阳极氧化处理，得到对应金属氧化物薄膜，金属氧化物薄膜改变了基体的表面状态和性能，如表面着色、提高耐腐蚀性、增强耐磨性及硬度、保护金属表面等，并被广泛用于化工设备的防腐层、电子元件的绝缘层和导电层、汽车制造的表面装饰、器械和零部件的表面处理等方面。对阳极氧化铝膜（anodic aluminum oxide，AAO）的应用，最初是希望它能具有良好的耐蚀性、耐磨性和电绝缘性等。铝或其合金阳极氧化后，提高了材料的硬度和耐磨性，增强了抗腐蚀性能，具有良好的耐热性和优良的绝缘性。制备的氧化膜层中具有大量的微孔，可吸附各种润滑剂，适合制造发动机气缸或其它耐磨零件；与此同时，膜微孔吸附能力强可着色成各种美观艳丽的色彩。20世纪30年代中期，人们开始对铝氧化膜的多孔结构产生兴趣，并尝试制备规则排布纳米孔洞的AAO多孔膜。利用制得的具有纳米级微孔的特殊结构的AAO膜，可以在微孔处合成出多种结构（管、棒、线等）且分散性好的纳米材料，如金属、半导体、高分子材料等功能材料。因此，铝阳极氧化膜为研究开发新型的纳米功能材料提供了一条全新的途径。可以说，阳极氧化技术已经成为现代工业制造中不可或缺的一部分。

# 第四节　电　　泳

电泳（electrophoresis，EP）是在外加电场的作用下，介质中的胶体粒子向电极迁移后沉积在电极表面，发生聚沉而获得由较密集的微团结构形成均质薄膜的方法。电泳适宜大规模制膜，基材形状不受限制，光滑表面或结构复杂的表面均可制备薄膜，并且电泳液可循环利用且无污染物排出。

## 一、电泳的基本原理

电泳工艺用到的电解装置由电源、电泳槽、电泳液、待镀零件和电极构成，如图3-10所示。一般情况下，金属氧化物和金属氢化合物最容易带负电，而金属粉末和金属硫化物带正电。这样，金属和金属化合物都能在带电的电极表面沉积。根据电极的极性，电泳可分为阳极电泳（即电极为阳极，沉积粒子表面带负电荷）和阴极电泳（即电极为阴极，沉积粒子表面带正电荷）两种方法。

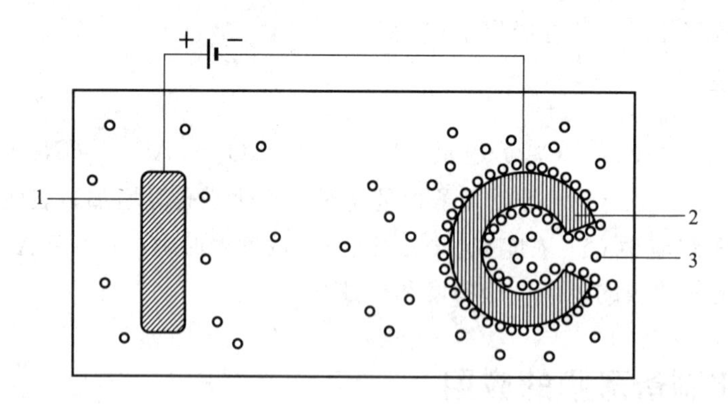


图3-10　电泳装置

1—阳极；2—镀件；3—带荷电的胶体粒子

整个电泳过程分为以下四个步骤。

（1）电解

阴极反应最初为水的电解反应，生成氢气及氢氧根 $OH^-$，此反应造成阴极表面形成高碱性边界层，当阳离子与氢氧根作用成为不溶于水的物质，发生薄膜沉积。阳极生成水及氧气。反应式表示如下。

阴极反应

$$2H_2O+2e^- \longrightarrow H_2\uparrow +2OH^- \tag{3-33}$$

阳极反应

$$2OH^- -2e^- \longrightarrow H_2O + 1/2O_2\uparrow \tag{3-34}$$

总反应式

$$2H_2O \longrightarrow 2H_2\uparrow + O_2\uparrow \tag{3-35}$$

（2）电泳动（泳动、迁移）

阳离子颗粒及 $H^+$ 在电场作用下向阴极移动，而阴离子向阳极移动的过程。

（3）电沉积（析出）

在被涂工件表面，阳离子颗粒与阴极表面碱性物质作用，中和而析出不溶解物，沉积于被涂工件上。根据电泳薄膜发生的位置，对应的电泳反应不同。

阴极电泳

$$R^+ + OH^- \longrightarrow ROH \tag{3-36}$$

阳极电泳

$$R^- + H^+ \longrightarrow RH \tag{3-37}$$

式中，$R^+$、$R^-$ 为带正负荷电的胶体粒子；ROH、RH 为析出不溶解化合物。

（4）电渗（脱水）

涂料固体与工件表面上的涂膜为半透明性的，具有多数毛细孔，水被从阴极涂膜中排渗出来，在电场作用下，引起涂膜脱水，而涂膜则吸附于工件表面，从而完成整个电泳过程。

电泳的重要特性是在带电的金属基材表面上沉积所需成分的任何物质，包括金属和非金属等物质。

## 二、电泳的工艺参数

影响电泳薄膜质量的主要工艺条件及参数如下。

（1）槽液的固体份

固体份指槽液中的成膜物质（树脂、颜料、添加剂等）的含量。通常，较高的固体份会使涂膜厚度增加，泳透力（涂料对被涂物的内表面、凹穴处及背面的涂覆能力）提高，但工件附着漆液多，损耗增加；固体份过低，颜料易沉淀，槽液稳定性差。

（2）槽液温度

通常槽液温度不低于 15℃，否则很难形成完整的涂膜。在电泳过程中，通常还会出现槽温升高的现象，槽液温度升高，电沉积量大，泳透力有下降趋势，但温度过高，溶剂挥发加快，必影响槽液的稳定性，加速槽液老化，且电解反应加剧，漆膜易出现针孔、橘皮等弊病。

（3）槽液 pH 值

pH 值是控制槽液稳定的最重要因素。以阴极电泳为例，槽液是酸溶液体系，需适量的酸度才能保持槽液 pH 值的稳定。pH 值过高，高于规定值，槽液提供助溶的酸量减少，体系稳定性下降，严重时产生不溶性颗粒，槽液出现分层、沉淀，涂膜外观差；pH 值过低，槽液的可溶性增强，漆膜发生再溶解，出现漆膜薄、针孔、花脸等，且 pH 值低对设备的腐蚀性增加。

（4）槽液电导率

槽液电导率可以衡量带电粒子的多少和通电能力，在指标范围内可确保电流的适当通过量和连续成膜。通常，随着槽液电导率增高，膜厚也相对增厚。杂质离子带入会引起电导率异常偏高，给漆膜外观性能、槽液温度带来很坏影响。如电导率超出指标上限，可通过排超滤液而补加去离子水、助剂等来调整。

（5）电泳电压

电泳电压对漆膜的影响较大，电压高低的选择与电泳涂料的类型、被涂工件材料的性质、表面积大小和阴阳极间距有关。一般电压高，电沉积速度加快，泳透深度提高、漆膜增厚。但电压过高，电解反应加剧，气泡增多，电泳漆膜厚且粗糙有针孔，烘干后有橘皮现象，甚至漆膜破坏。电压过低，电解反应慢，电沉积量减少，漆膜薄。一旦电压低于临界电压，漆膜就电泳不上。选择电泳电压的依据是在临界电压与破坏电压之间。

（6）泳涂时间

泳涂时间指被涂物浸在槽液中通电成膜时间。在一定条件下，泳涂时间增长，电沉积量也增加，泳透深度增大。但当漆膜达一定厚度时，电泳时间再延长，也不可能增加膜厚，相反因出现返溶而导致漆膜外观状态变坏。

（7）涂料电阻

带入电泳槽的杂质离子等会引起涂料电阻值的下降，从而导致漆膜出现粗糙不均和针孔等弊病。在电泳工艺中，需对电泳液进行净化处理。为了得到高质量涂膜，可采用阴极罩设备，以除去其它杂质离子。

（8）工件与阴极间距离

距离近，沉积效率高。但距离过近，会使漆膜太厚而产生流挂、橘皮等弊病。一般距离不低于 20cm。对大型而形状复杂的工件，当出现外壳已沉积很厚涂膜，而内部涂膜仍较薄现象时，应在距离阴极较远的部位，增加辅助阴极。

## 三、电泳制备薄膜的应用

电泳和电镀都是电化学处理技术，它们都是通过在工件表面形成一层薄膜来改变工件表面的性质和外观。电泳和电镀的主要区别在于它们的工作原理和应用领域。电泳主要用于涂层和表面处理，而电镀则用于保护和改善金属表面。电泳的优势是：可以实现对导体表面的均匀涂覆，形成均匀性好的薄膜；电泳不需要复杂的设备和条件，操作简便，适用于大规模生产；作为一种无废水、无废气的绿色制备技术，电泳对环境友好，在多个领域都有广泛的应用。表 3-3 总结了几种常见的电泳膜的主要成分和应用。电泳沉积具有膜层丰满、均匀、平整、光滑等优点，电泳膜的硬度、附着力、耐腐蚀性能、抗冲击性能、耐渗透性能明显优于电镀等其它涂装工艺。电泳也常用于分析和分离一些天然胶体组分，例如蛋白质、多糖、核酸等。随着科学技术的不断进步，电泳沉积技术也将不断改进和创新，提高其沉积效率和涂层质量。

**表 3-3　常见的电泳膜的主要成分与应用**

| 膜种类 | 主要成分 | 应用 |
| --- | --- | --- |
| 碳化物 | $B_4C$，C，$Cr_3C_2$，NpC，金刚石，PuC，ThC，UC，SiC，$UWC_2$，WC | 可用于质子交换膜燃料电池；提升传统结构材料的力学性能 |
| 氟化物 | $TbF_3$、$DyF_3$ | 提高烧结钕铁硼磁体高温磁性能 |
| 氮化物 | $Si_3N_4$，AlN | 常应用于陶瓷连接 |
| 氧化物 | $Al_2O_3$，$BaTiO_3$，$Cr_2O_3$，$Fe_2O_3$，$In_2O_3$，$La_2O_3$，$LiAlO_2$，MgO，NiO，ReBaCuO，$SiO_2$，$TiO_2$，$UO_2$，YBaCuO，ZnO，$ZrO_2$ | 用于气体传感、光电集成、多孔载体及催化等不同领域，也可作为锂电池材料 |
| 金属 | Al，Al-Cr，Al-Si，Al-Ti，Au，B，Cu，Dy，Fe，Mo，$MoSi_2$，Nb，$Nb_2Sn$，Ni，Sn，Re，Ru，W，Zn，Zr | 用于生物医学领域，提高材料的力学性能和生物兼容性 |
| 有机物 | 淀粉、橡胶、环氧树脂、聚酰胺、聚氨酯 | 常用于纳米材料电子器件 |

# 第五节　溶胶-凝胶法

溶胶-凝胶（sol-gel）法是一种材料制备的湿化学方法，是以金属盐为前驱体，通过这种前驱体的水解与缩醇化反应形成溶胶，最后通过缩聚反应形成凝胶制品的工艺。溶胶-凝胶法作为低温或温和条件下合成无机化合物或无机材料的重要方法，在软化学合成中占有重要地位，在制备薄膜、玻璃、陶瓷、纤维、复合材料等方面均获得重要应用。

## 一、溶胶-凝胶法的基本过程

溶胶（sol）是具有液体特征的胶体体系，分散的粒子是固体或者大分子，尺寸在 1～100nm 之间。凝胶（gel）是具有固体特征的胶体体系，被分散的物质形成连续的网状骨架，骨架空隙中充有液体或气体，凝胶中分散相的含量很低，一般在 1%～3%之间。如图 3-11 所示，凝胶的制备过程就是用含高化学活性组分的化合物作前驱体，在液相下将这些原料均匀混合，并进行水解、缩合化学反应，在溶液中形成稳定的透明溶胶体系。溶胶沉淀完全后，使溶液在一定条件下静止存放一段时间，这个过程称为陈化。溶胶经陈化，胶粒间缓慢聚合，形成三维网络结构的湿凝胶，老化过程网络间的溶剂逐渐失去流动性，最终形成干凝胶。溶胶-凝胶薄膜制备就是在凝胶的制备过程中，将溶液或溶胶通过各种涂膜方法，如浸渍法、旋涂法、喷涂法、流动涂布和毛细管涂镀等，在基体上形成液膜，经凝胶化后通过热处理可转变成无定形态或多晶态膜或涂层。

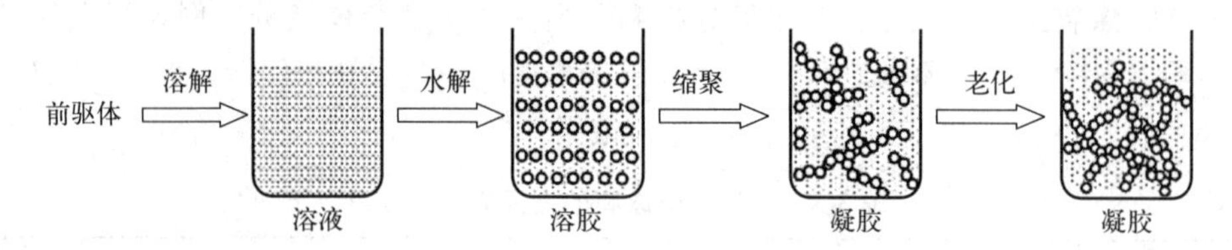


图 3-11　凝胶制备的基本过程

浸渍法和旋涂法是溶胶-凝胶法最常用的涂膜方法。浸渍法指将被镀基体自镀液槽以匀速 $v$ 向上垂直提起，向上运动着的基体将镀液带起，如图 3-12（a）所示。旋涂法是一种通过旋转获得的离心力，在平坦基体上沉积均匀薄膜的方法，如图 3-12（b）所示。对浸渍法来说，凝胶膜的厚度与浸渍时间的平方根成正比，膜的沉积速度随溶胶浓度增加而增加，随基体孔径增加而减小。其优点就在于，膜层与基体的适当结合可获得基体材料原来没有的电学、光学、化学和力学等方面的特殊性能。

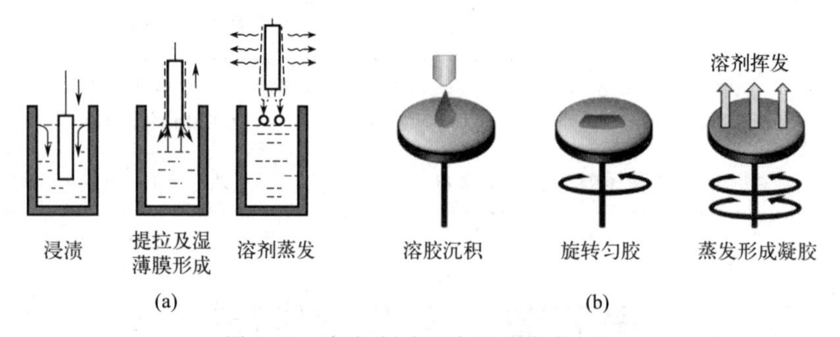


图 3-12　溶胶-凝胶法常用的涂膜方法

（a）浸渍法；（b）旋涂法

## 二、溶胶-凝胶法的基本原理

在溶胶-凝胶法的基本过程中，所涉及的化学过程如下所示。

（1）溶剂化

能电离的前驱物-金属盐的金属阳离子 $M^{z+}$ 吸引水分子形成溶剂单元 $[M(H_2O)_n]^{z+}$（$z$ 为 M 离子的价数），为保持它的配位数而具有强烈的释放 $H^+$ 的趋势

$$[M(H_2O)_n]^{z+} \longrightarrow M(H_2O)_{n-1}(OH)^{(z-1)+} + H^+ \tag{3-38}$$

（2）水解反应

非电离式分子前驱物，如金属醇盐 $M(OR)_n$（$n$ 为金属 M 的原子价，O 代表氧，R 代

表烷基），与水反应，反应可延续进行，直至生成 $M(OH)_n$

$$M(OR)_n + xH_2O \longrightarrow M(OH)_x(OR)_{n-x} + xROH \tag{3-39}$$

（3）缩聚反应

缩聚反应有两种，一种是脱水缩聚反应，另一种为脱醇缩聚反应，反应如下

$$—M—OH + HO—M \longrightarrow M—O—M— + H_2O \tag{3-40}$$

$$—M—OR + HO—M \longrightarrow —M—O—M + ROH \tag{3-41}$$

以溶胶-凝胶法制备 $Al_2O_3$ 薄膜的形成过程为例，其形成薄膜过程见图 3-13，溶质与基体表面—OH 位点经脱水缩聚形成了 Al—O—Al 金属键，进而形成金属氧化物绝缘薄膜。

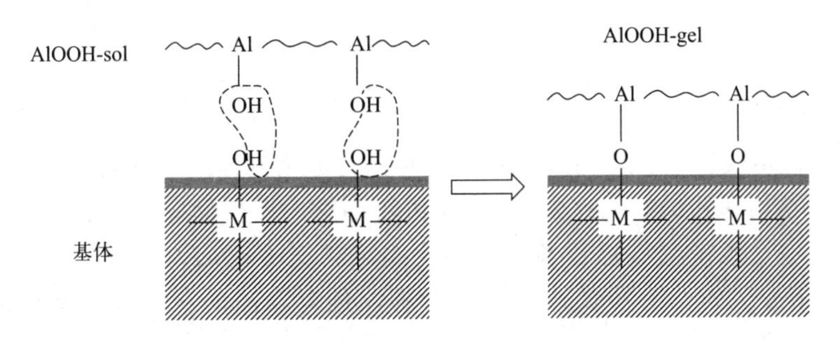


图 3-13　溶胶-凝胶法制备 $Al_2O_3$ 绝缘薄膜的形成过程

水解反应和缩聚反应是溶胶-凝胶技术的关键两步。从反应机理上而言，这两种反应均属于双分子亲核加成反应。亲核加成反应的活性与亲核试剂活性、金属烷氧化合物中配位基的性质、金属中心的配位扩张能力和金属原子的亲电性等密切关联。

## 三、溶胶-凝胶法的工艺参数

在溶胶-凝胶法制备薄膜的整个工艺过程中，溶胶的制备、凝胶的陈化、凝胶的干燥、干凝胶的烘烤环节均会影响薄膜的性能和质量。

### （一）溶胶的制备

溶胶-凝胶法的第一步就是制取一个包含醇盐和水的均相溶液，金属醇盐的水解反应和缩聚反应是均相溶液转变为溶胶的根本原因，控制醇盐水解和缩聚的条件是制备高质量溶胶的前提，溶胶制备过程的主要工艺参数如下。

（1）水的加入量

水的加入量习惯上以水与醇盐的摩尔比（也称水解度）计量，用符号 $R$ 表示。由于水本身是一种反应物，水的加入量对溶胶制备及其后续工艺过程都有很重要的影响，是溶胶-凝胶法的一项关键参数。水的加入量对醇盐水解缩聚产物的结构有重要影响，加入量少，醇

盐分子被水解的烷氧基团（—OR）少，即水解形成的—OH 基团少，从而易于形成低交联度的产物。反之，则易于形成高交联度的产物。因此，缩聚物的形态与水的加入量 $R$ 的大小密切相关。

水的加入量也与所制备的溶胶的黏度和胶凝时间有密切关系。当水的加入量小于水解所需的化学计量水量时，随 $R$ 增加，溶胶的黏度增大，胶凝时间缩短。但水的加入量超过水解所需的化学计量水量时，随 $R$ 的增加，黏度下降，胶凝时间延长。水的加入量对后续的干燥过程也有影响。加入量过多，凝胶的干燥收缩和干燥应力增加，使干燥时间延长。

（2）滴加速度

醇盐易吸收空气中的水而水解凝固，因此滴加醇盐溶液的速率会影响溶胶时间。滴加速率越快，凝胶速度越快，但易造成局部水解过快而聚合胶凝生成沉淀，同时一部分溶胶液未发生水解，最后导致无法获得均一的凝胶。因此，为保证获得均一的凝胶，在反应时宜采用均匀搅拌的方法。

（3） pH 值

溶液的 pH 值不仅影响醇盐的水解缩聚，而且对陈化过程中凝胶的结构演变和最后获得的干凝胶的显微结构和孔结构也有影响。pH 值较小时，缩聚反应速率远远大于水解反应速率，缩聚反应在完全水解前就已经开始，因此缩聚物交联度低，所得的凝胶透明，结构致密。反之，pH 值较大时，易形成大分子聚合物，且有较高的交联度，所得的凝胶结构疏松，半透明或不透明。

（4）反应温度

反应温度升高，水解速率相应增大，胶粒分子动能增加，粒子之间发生碰撞的概率也增大，聚合速率加快，溶胶形成时间缩短；另一方面，较高温度下溶剂挥发快，相当于增加了反应物浓度，加快了溶胶速率。但温度升高将导致生成的溶胶相对不稳定，且易生成多种产物的水解产物聚合。因此，在保证生成溶胶的情况下，尽可能在接近室温的条件下进行。

### （二）凝胶的陈化

溶胶在放置的过程中，由于溶剂蒸发或缩聚反应继续进行，均会导致向凝胶的逐渐转变，逐渐聚集形成网络结构。完成从溶胶到凝胶转变所需要的时间即陈化时间。陈化时间过短，颗粒尺寸反而不均匀；时间过长，粒子长大、团聚，不易形成超细结构。因此，陈化时间的选择对薄膜的微观结构非常重要。

### （三）凝胶的干燥

湿凝胶内包裹着大量溶剂和水，干燥过程体积收缩，很容易引起开裂。导致开裂的应力主要来源于毛细管力，它是由充填于凝胶骨架孔隙中的液体的表面张力所引起的。防止凝胶在干燥过程中开裂是溶胶-凝胶法至关重要而又很困难的环节。目前，干燥方法主要有以下两种：①添加控制干燥的化学添加剂，如甲酰胺、草酸等，由于它们的低蒸气压、低挥发性，能大大减少不同孔径中醇溶剂的不均匀蒸发，避免凝胶开裂；②超临界干燥，其原理是将湿凝胶中的有机溶剂和水加热加压到超过临界温度、临界压力，使系统中的液气界面消失，凝胶中毛细管力不复存在。

### （四）干凝胶的烘烤

烘烤的目的是消除干凝胶的气孔，使薄膜的相组成和显微结构能满足性能要求。在加热过程中，须先在低温下脱去吸附在干凝胶表面的水和醇，在升温过程中速度不宜太快，因为热处理过程中伴随较大的体积收缩、各种气体的释放，且须避免在薄膜中留下碳质颗粒（—OR 基在非充分氧化时可能碳化）。热处理的时间应以凝胶达到一定致密度为依据。此外，热处理的升温速度也会决定最终获得的薄膜材料是玻璃态还是晶态。

## 四、溶胶-凝胶法制备薄膜的应用

利用溶胶-凝胶法制备薄膜不需要使用物理气相沉积和化学气相沉积的复杂昂贵设备，具有工艺简单、设备要求低、制备条件温和等特点，适合于大面积制膜，而且薄膜化学组成比较容易控制，能从分子水平上设计、剪裁，特别适合于制备多组元氧化物薄膜及微量掺杂。采用溶胶-凝胶法已经成功制备出光学膜、波导膜、着色膜、电光效应膜、分离膜、保护膜等，它们大量应用于光学、电磁学、化学和机械力学等领域。

以有机溶胶-凝胶制备 $VO_2$ 光学薄膜为例：主要原料是钒的醇盐和羧盐，将之溶解在溶剂中，再加入所需其它原料配制成溶液，在一定温度进行水解、缩聚等化学反应，由溶胶转变成凝胶，然后经过干燥、烧结过程，获得与溅射薄膜质量相当的 $VO_2$ 薄膜。此外，在磁性材料领域，为了提高软磁复合材料的电阻率，降低磁损耗，必须在金属软磁粉末上包覆一定厚度的绝缘材料，因此溶胶-凝胶法是比较合适的技术方法。利用溶胶-凝胶技术，成功实现了铁基软磁复合粉末表面包覆 $Al_2O_3$ 或 $SiO_2$ 绝缘薄膜，有效改善了软磁复合材料的电磁性能和服役性能。

# 第六节　喷雾热解法

喷雾热解（spray pyrolysis，SP）的基本原理是将金属盐溶液以雾状喷入高温气氛中，通过溶剂的蒸发和金属盐的热分解，随后因过饱和而析出固相，直接得到纳米粉体或者薄膜材料。20 世纪 60 年代首次用于制备 CdS 太阳能电池薄膜，此后该方法在其它薄膜制备领域逐渐得到应用和发展。

## 一、喷雾热解法的基本过程

喷雾热解法制备薄膜材料的基本过程：首先，将金属盐按所需的化学计量比配制成前驱体有机溶液或水溶液；然后，将特定成分和浓度的前驱体溶液通过喷雾装置雾化形成气溶胶，在载气的携带下运动到达反应室中被加热的基片材料表面附近；最后，气溶胶粒子在基片表面区域发生溶剂蒸发和溶质热分解，固态反应物在基片材料表面沉积形成薄膜。因此，喷雾热解法是一种物理、化学过程相结合的材料制备综合方法。它不仅可以用于制备薄膜材料，也可以用于制备粉末或纳米材料。

喷雾热解法典型的装置主要由雾化系统、雾滴输送系统以及热解成膜系统等三部分组成。根据雾化器类型的不同，又可分为压力雾化热解、静电雾化热解和超声雾化热解。压力雾化热解就是将溶液在气流的冲击作用下破碎成小液滴，其雾化过程在喷嘴内实现，雾化具有不均匀性，需要控制的工艺参数较多。静电雾化热解是将喷嘴和基片之间加上很强的电场（可以达到±12.5kV），利用正负极之间的静电作用使溶液雾化，这种方法的优点是层板形貌的致密或疏松可以仅仅通过调整沉积时间来控制。典型的超声雾化热解的装置如图 3-14 所示。超声雾化是利用超声振动的空化作用，将溶液雾化成大量更加细小的悬浮微粒。其设备简单，工艺参数易于调节，并且容易实现大面积镀膜，且方便实现掺杂，是一种非常经济的薄膜制备方法，在薄膜材料的制备中很有发展潜力。

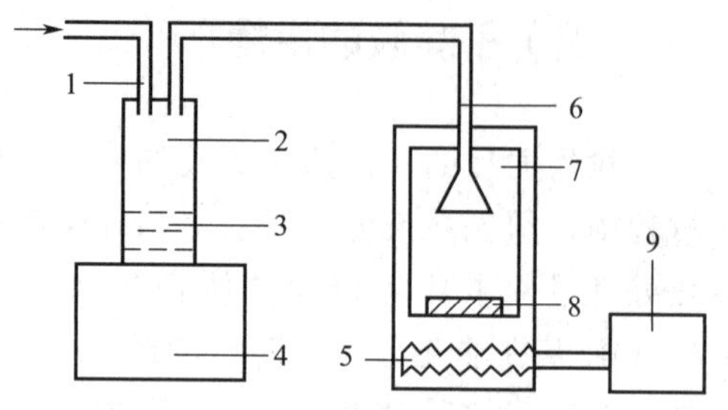


图 3-14 典型的超声雾化热解装置

1—载气管；2—反应室；3—前驱液；4—超声雾化器；5—加热器；6—喷嘴；7—沉积室；8—基片；9—控制器

## 二、喷雾热解法的基本原理

在喷雾热解成膜过程中，雾化的粒子（原子、离子或分子）从气相到在基片表面上沉积形成薄膜，在这个从气相到吸附再到固相的过程中，相继或者同时发生多且复杂的物理、化学反应。其基本过程包括前驱体溶液的雾化、气溶胶的输送、前驱体液的分解和成膜四个主要步骤。

### （一）前驱体溶液的雾化

喷雾热解法要制备出高质量的薄膜，首要的条件是必须通过前驱体溶液的雾化生成粒径细小的雾滴，且雾滴的尺寸分布要均匀。前驱体溶液雾化的均匀性对所制备的薄膜性能有很大影响。雾化粒子的形成机理是利用压缩空气射流或静电雾化器或超声波系统，使液滴破裂。图 3-15 显示球形液滴的雾化破碎过程。利用外场的作用使液滴发生变形，随之液滴表面的压力分布会发生改变。如果内部压力与外部压力相平衡，液滴就趋于稳定。否则，液滴将进一步变形，并导致破碎。喷雾热解法制备样品的过程符合液滴-粒子转变机理（ODOP），即 1 个液滴形成 1 个产物粒子。若 1 个液滴形成 1 个实心球形粒子，则形成的粒子平均粒度表示为

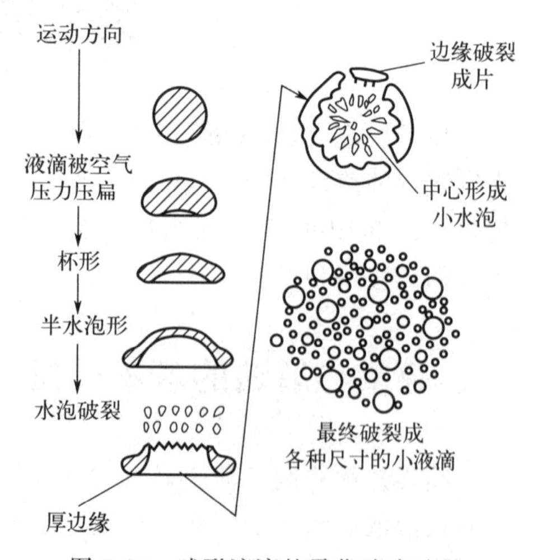


图 3-15 球形液滴的雾化破碎过程

$$d_p=\left(\frac{Mc}{1000\rho n}\right)^{\frac{1}{3}}D_0 \tag{3-42}$$

式中，$d_p$ 为产物粒子平均粒度，$\mu$m；$D_0$ 为液滴平均直径，$\mu$m；$M$、$\rho$ 分别为产物的摩尔质量和密度；$c$ 为前驱体溶液的浓度，mol/L；$n$ 为产物对原料的当量数。

## （二）气溶胶的输送

液滴中的溶剂在从雾化喷嘴向基片的输送过程中会蒸发，液滴的质量在不断减小，速度也在发生变化。在反应室内不同位置处，液滴的速度是不同的。即使是在同一位置处，不同液滴的速度也不相同。因此，很难定量描述大量的液滴在反应室内的运动速度。对单个粒子而言，蒸发引起的质量变化速率可表达为

$$-\frac{\mathrm{d}m}{\mathrm{d}t}=2\pi RD\times Sh\times(\gamma_s-\gamma_\infty) \tag{3-43}$$

式中，$\gamma_s$ 为气体中的溶剂含量，kg/m$^3$；$\gamma_\infty$ 为溶剂在液滴表面的饱和浓度，kg/m$^3$；$Sh$ 为 Sherwood 数（一个用于描述对流传质与扩散传质比值的无因次数群）；$D$ 是溶剂在反应室中的扩散系数，cm$^2$/s；$R$ 为小液滴半径，m。

根据以上液滴在运动过程中的质量变化，可判断液滴在到达基片前溶剂的蒸发程度。

## （三）前驱体液的分解

当液滴击中基片表面时，会发生许多过程，如残留溶剂的蒸发、液滴的分散和前驱体盐的分解。前驱体盐的分解过程与温度密切相关。可分为 4 种分解模式：在较低的温度下，液滴扩散到基片，然后分解。在较高的温度下（一般为 400℃），溶剂在飞行过程中完全蒸发，干燥的沉淀物滴落在基片上，在此发生分解。在更高的温度下，液滴到达基片之前，溶剂也会蒸发。然后，沉淀的固体熔化、汽化而不分解，蒸气扩散到基片进行化学气相沉积过程。如果进一步提高温度，前驱体在到达基片之前就会蒸发，因此在气相中发生化学反应后会形成固体颗粒。

## （四）成膜

对于雾滴热解的成膜过程，随着基片温度的升高，可分为四种生长模式，如图 3-16 所示。生长模式 A：基片温度很低时，雾化后的液滴还未等到溶剂完全蒸发，就已经喷溅到基片表面，发生溶剂的蒸发、溶质的热分解。生长模式 B：随着基片温度的升高，液滴在到达基片表面之前，溶剂就已经完全蒸发，溶质的固相沉积物撞击到基片表面，热解成膜。生长模式 C：基片温度进一步升高，液滴在到达基片之前，溶剂已经完全蒸发，而溶质经历熔

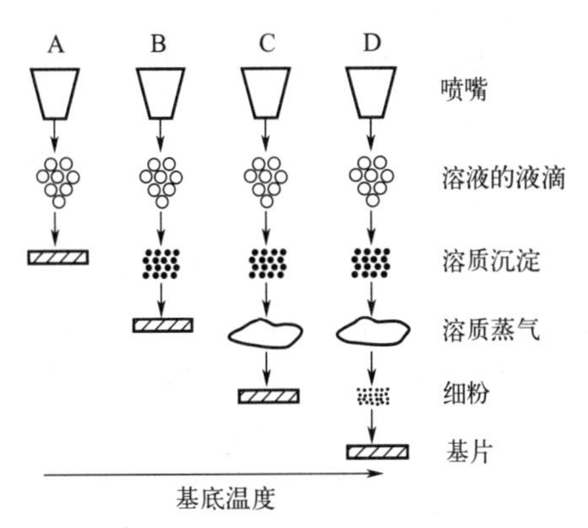


图 3-16　不同温度下喷雾热解法沉积薄膜的生长模式

化、汽化或升华，然后蒸气扩散到基片表面与其发生类似化学气相沉积的反应，沉积成膜。生长模式 D：基片温度过高，液滴在到达基片表面之前，上述的所有反应都已完成，生成的固态产物粉末落到基片表面，其附着力很差，不能形成薄膜。实际的薄膜生长模式不一定严格按照某种模式生长，而往往是几种模式共同作用的结果。一般情况，A 和 B 两种模式在喷雾热解过程中发生得较多，C 生长模式由于对液滴的物理性质和温度等要求很高，喷雾过程中比较难发生。

## 三、喷雾热解法的工艺参数

在喷雾热解法制备薄膜的过程，前驱体溶液、基片温度与材质、退火处理、载气流速、喷嘴到基片表面的距离等都会影响薄膜的微观结构形貌和性能，但前驱体溶液和基片温度是至关重要的。

### 1. 前驱体溶液

前驱体溶液的理化性质取决于溶剂和溶质的种类、溶质的浓度及添加剂，是影响薄膜微观结构和性能的主要因素。溶质通常为有机盐、氯盐、硝酸盐、乙酰丙酮金属盐等，其热分解产物为薄膜所需成分。溶剂要具有较大的溶解度，能使溶质完全溶解，并且在一定温度下易于挥发，同时挥发吸热要尽量小，以免引起反应室或基片温度的大幅下降。常用的溶剂有水、甲醇、乙醇或其混合物。为防止溶液发生水解、沉淀等现象，在溶液的配置过程中有时还要加入稳定剂。

前驱体溶液的浓度对薄膜质量有重要影响，溶液浓度高可提高薄膜的沉积效率，但过高的溶液浓度使薄膜厚度增加，粗糙度增大，缺陷增多，同时附着力有所下降。此外，前驱体溶液的 pH 值对薄膜的相组成和生长速率也会产生一定影响。

### 2. 基片温度与材质

基片温度影响气溶胶向基片的输送、溶剂的蒸发、液滴碰撞基片的可能性以及液滴在基片表面的扩散等许多沉积参数。它能够在很大程度上影响薄膜的生长模式，因此基片温度对薄膜微观结构形貌和性能等起着决定性作用。

基片材质对基片温度有重要影响，主要与其热容和导热系数有关。具有低的热容和导热系数的基片在受到喷雾气流和雾滴的冲击时温度下降得很快，对薄膜生长所需的有效的温度影响很大，不利于液滴热解成膜。

### 3. 退火处理

退火处理在各种方法制备薄膜的过程中都起着非常重要的作用。退火处理能有效改善喷雾热解法制备薄膜的表面形貌和结晶性能，对于有取向生长的薄膜可明显提高取向度，同时可增强薄膜在基片表面的附着力，还能使薄膜沉积过程中未及时热分解的前驱体盐类彻底分解，有利于提高沉积薄膜的纯度。

### 4. 载气流速

载气流速大小要适中，载气流速过大，气流和液滴会使基片温度迅速下降，引起反应室内温度场不稳定；流速过小，液滴没有足够动量到达基片表面。

### 5. 喷嘴到基片表面的距离

一般情况下控制在6～30cm，距离可以改变液滴在反应室内运动的时间，从而影响液滴到达基片时的状态。

以上这些工艺参数不是孤立的，而是相互影响的，它们的共同作用决定着薄膜的生长模式。因此，在利用喷雾热解法制备薄膜的过程中，要厘清薄膜的生长模式对薄膜质量的影响，考虑工艺参数的综合作用，精确控制薄膜的生长模式。

## 四、喷雾热解法制备薄膜的应用

自1966年Chamberlin等用喷雾热解法制备出CdS薄膜以来，喷雾热解法受到越来越多的关注，在玻璃工业、机械工业、化工工业、电子、光学以及光电薄膜的制备等方面都有着广泛应用。喷雾热解法实质上是气溶胶过程，属气相法的范畴，但与一般的气溶胶过程不同的是喷雾热解法以液相溶液作为前驱体，因此兼具有气相法和液相法的诸多优点：①工艺设备简单，不需要高真空设备，在常压下即可进行；②能大面积沉积薄膜，并可在立体表面沉积，沉积速率高，易实现工业生产；③可选择的前驱体较多，容易控制薄膜的化学计量比，掺杂容易并可改变前驱体溶液中组分的浓度制备多层膜或组分梯度膜等；④通过改变喷雾参数可以灵活地控制沉积速率和膜厚在大范围内变化，还可以制备层状薄膜或者在厚度方向具有成分梯度的薄膜；⑤沉积温度适中（100～500℃），可以在不太稳固的材料上沉积薄膜；⑥没有与基片发生不良反应，薄膜致密均匀。但是，喷雾热解法在制备薄膜材料过程中也有不足之处，它不容易制备光滑、致密的薄膜，在沉积过程中，薄膜中易带入外来杂质，而且主要限于制备氧化物、硫化物等材料。例如制备简单氧化物、复合氧化物薄膜，ⅠB-ⅥA、ⅡB-ⅥA、ⅢA-ⅥA、ⅣA-ⅥA、ⅤA-ⅥA和Ⅷ-ⅥA等二元硫属化物薄膜，ⅠB-ⅢA-ⅥA、ⅡB-ⅡB-ⅥA、ⅡB-ⅢA-ⅥA、ⅡB-ⅥA-ⅥA和ⅤA-ⅡB-ⅥA等三元硫属化物薄膜，$Cu_2ZnSnS_4/Se_4$、$Cu_2CdSnS_4/Se_4$、$CuGaSnS_4/Se_4$和$Cu_2InSnS_4/Se_4$等四元硫属化合物，Y-Ba-Cu-O、Hg-Ba-Ca-CuO等超导氧化物。众多高校与机构均开展了喷雾热解法制备透明氧化物及其相关实验装置的研究。例如利用CQUT USP-Ⅱ型双源超声雾化热解装置（如图3-17所示，该设备内置两个独立的雾化器，优点在于制备掺杂薄膜时，可以避免几种不同的溶液之间相互影响，常用于制备高性能多层结构的薄膜），研究学者分别以$Co(NO_3)_3 \cdot 6H_2O$和$Fe(NO_3)_3 \cdot 9H_2O$水溶液与$HNO_3$、$Bi(NO_3)_2 \cdot 5H_2O$、$Fe(NO_3)_3 \cdot 9H_2O$作为前驱体溶液，在单晶硅基片上成功制备钴铁氧体薄膜和铁酸铋薄膜，应用于微型电子元器件（如传感器、磁电转化器等）。类似的，采用同类型装置，以$Zn(CH_3COO)_2 \cdot 2H_2O$为前驱体，采用超声喷雾热解法，通过改变基片温度制备了片状、等轴颗粒状和六边形阵列状等不同薄膜形貌的纳米ZnO薄膜（如图3-18所示），发挥ZnO室温下高达3.37eV的禁带宽度的优势，制得短波长发光器件材料。同时，该技术也被开发用来制备压电材料、超导材料、太阳能电池和锂离子电池等复杂金属氧化物薄膜或涂层材料。

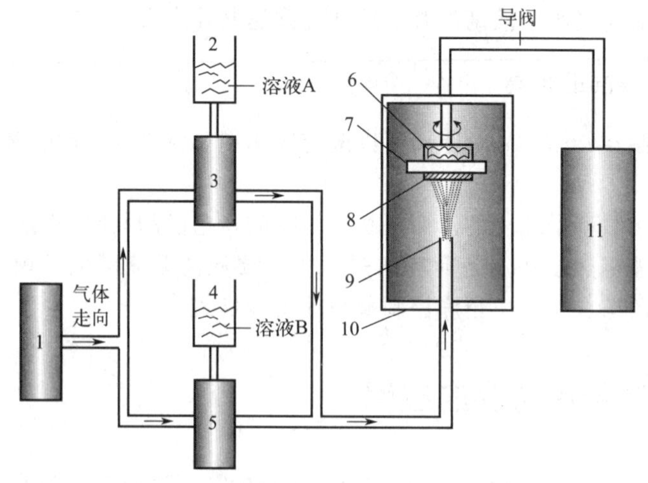


图 3-17　CQUT USP-Ⅱ型双源超声雾化热解装置

1—载气泵；2—盛杯Ⅰ；3—雾化器Ⅰ；4—盛杯Ⅱ；5—雾化器Ⅱ；6—加热灯丝；7—载物台；8—基片；9—喷嘴；10—沉积室；11—控制柜

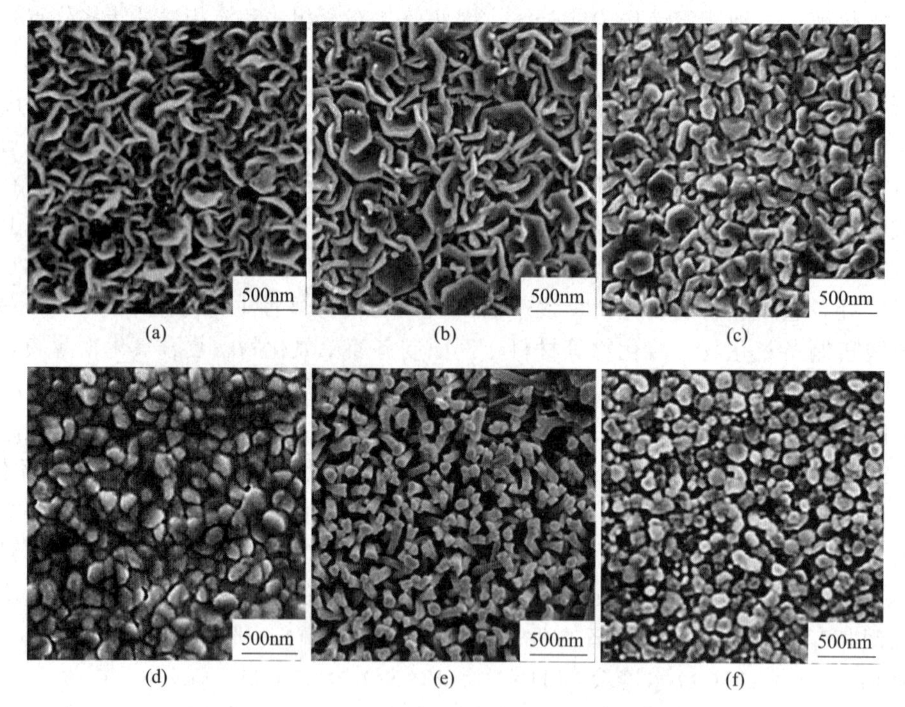


图 3-18　不同基片温度下制得 ZnO 薄膜的 SEM 图像

(a) 430℃；(b) 460℃；(c) 520℃；(d) 550℃；(e) 580℃；(f) 610℃

# 本章小结

本章介绍了一些常见的薄膜制备的液相方法，包括电镀、化学镀、阳极氧化、电泳、溶胶-凝胶法和喷雾热解法等。这些液相方法主要是通过化学或电化学反应在待沉积工件表面沉积所需要的金属或合金薄层。其中电镀是利用电化学原理在阴极表面镀上一层金属或合金薄层的过程；化学镀是在金属的催化作用下，通过可控制的氧化还原反应产生金属薄膜的沉积过程；阳极氧化是将金属或合金的制件作为阳极，采用电解的方法使其表面形成氧化物薄膜的工艺；电泳是在外加电场的作用下，介质中的胶体粒子向电极迁移后沉积在电极表面发生聚沉而形成均质膜的方法；溶胶-凝胶法是以金属烷氧化物为前驱体，通过水解与缩醇化反应形成溶胶，再通过缩聚反应形成凝胶制备金属氧化物材料的湿化学方法；喷雾热解法则是首先将前驱体溶液雾化成气溶胶，然后通过将气溶胶粒子的溶剂蒸发或溶质热分解在基片表面得到固态反应物形成薄膜的过程。相比其它方法如物理气相方法，液相方法是目前薄膜制备技术中效率较高、成本较低、操作简单、易于大面积制备的方法。值得一提的是，薄膜制备的液相方法远不止前面这几种，新的液相制备方法也层出不穷。实际上，只要通过在液相中完成液-固相反应，将固体产物沉积到基片上，都可以制备薄膜材料。随着电子工业和信息产业的兴起，液相薄膜制备方法和薄膜材料愈发显示出其重要性。它不仅可以独立用于制备薄膜器件，也可以与其它薄膜制备方法相结合，制备复杂薄膜材料或多功能薄膜器件。

# 思考题

1. 电镀的基本原理是什么？有哪些主要的工艺参数？
2. 化学镀的基本原理是什么？有哪些主要的工艺参数？
3. 化学镀与电镀相比具有哪些优势与劣势？
4. 阳极氧化的基本原理是什么？有哪些主要的工艺参数？
5. 简述阳极氧化制备 AAO 模板的基本过程。(可作图解释)
6. 溶胶-凝胶法的基本原理是什么？有哪些主要的工艺参数？
7. 简述溶胶-凝胶法的工艺过程。
8. 简述溶胶-凝胶法制备薄膜的成膜过程。
9. 喷雾热解法的基本原理是什么？有哪些主要的工艺参数？
10. 简述喷雾热解法制备薄膜的生长模式。

# 参考文献


[1] Wu M M, Lou B Y. Preparation and corrosion resistance of electroless plating of Ni-Cr-P/Ni-P composite coating on sintered Nd-Fe-B permanent magnet[J]. Advanced Materials Research, 2011, 2187: 284-286.

[2] Marzo F F, Alberro M, Manso A P, et al. Evaluation of the corrosion resistance of Ni(P)Cr coatings for bipolar plates by electrochemical impedance spectroscopy[J]. International Journal of Hydrogen Energy, 2020, 45(40): 20632-20646.

[3] 张巧红. 化学镀 Ni-Co-P 磁性记录薄膜的研究[D]. 北京：首都师范大学，2007.

[4] Keller F, Hunter M S, Robinson D L. Structural features of oxide coatings on aluminum[J]. J. Eleetrochem. Soc., 1953, 100: 411-419.

[5] Hanlon T J, Walker R E, Coath J A, et al. Comparison between vanadium coatings on glass produced

by sputtering, alkoxide and aqueous sol-gel methods[J]. Thin Solid Films, 2002, 405(1-2):234-237.
[6] 谢沁天. 基于 $Al_2O_3$ 绝缘包覆的 FeSiCr 软磁复合材料磁性能研究[D]. 广州：华南理工大学，2023.
[7] 赵庚申，梁凯，郭天勇，等. 衬底温度对超声喷雾法制备大面积绒面 $SnO_2$:F 薄膜特性影响的研究[J]. 光电子激光，2009，20(6)：758.
[8] Patil P S. Versatility of chemical spray pyrolysis technique[J]. Materials Chemistry and Physics, 1999, 59: 185-198.
[9] 陈建林，陈荐，何建军. 氧化锌透明导电薄膜及其应用[M]. 北京：化学工业出版社，2011.
[10] 马海力. 纳米结构 ZnO 超声雾化热解喷涂法制备与掺杂特性研究[D]. 广州：华南理工大学，2014.
[11] 胡丹丹. 超声喷雾热解法制备 $CoFe_2O_4$ 和 $BiFeO_3$ 薄膜及其性能研究[D]. 广州：华南理工大学，2014.
[12] Ma H L , Liu Z W , Zeng D C ,et al. Nanostructured ZnO films with various morphologies prepared by ultrasonic spray pyrolysis and its growing process[J]. Applied Surface Science, 2013, 283(15): 1006-1011.

# 第四章

# 薄膜物理气相沉积技术

薄膜的气相沉积技术主要包括两类，即物理气相沉积（PVD）技术和化学气相沉积（CVD）技术。与化学气相沉积相比，物理气相沉积在薄膜制备过程中一般没有化学反应发生，对沉积材料和基片基本没有限制，被广泛用于各类型高质量、高纯度的金属薄膜和化合物薄膜制造。本章从物理气相沉积的特点和原理出发，介绍了真空蒸发沉积技术、溅射沉积技术、离子辅助沉积技术以及近年兴起的复合沉积技术。

## 第一节　物理气相沉积简介

物理气相沉积技术是指在真空条件下采用物理方法将材料源（固体或液体）表面气化成气态原子或分子，或部分电离成离子，并通过低压气体（或等离子体）过程，在基片表面沉积薄膜材料的技术。物理气相沉积不仅是主要的薄膜制备方法之一，也是主要的表面处理技术之一。

### 一、物理气相沉积的基本过程与分类

薄膜材料的物理气相沉积过程包括三个阶段：首先，通过物理方式从原材料中发射出粒子；其次，粒子输运到基片；最后，粒子在基片上凝结、成核、长大和成膜。具体而言，是把固态或液态的原材料通过某种物理方式（高温蒸发、溅射、等离子体、离子束、激光束、电弧等）转变为气相原子、分子、离子（气态、等离子态）或团簇，再通过气体动能输运到基片表面，最后在基片上沉积下来，形成固态薄膜。通常情况下，物理气相沉积过程仅涉及物理相变，没有化学反应发生。物理气相沉积主要是在真空或等离子体环境下进行的。

不同的教材和文献对物理气相沉积的分类不尽相同，从基本原理上，物理气相沉积技术分为两类：真空蒸发沉积和溅射沉积。在此基础上，通过在气化原子迁移和薄膜沉积的过程中引入等离子体或者离子轰击，又形成了离子辅助沉积技术。因此，有时把物理气相沉积薄膜制备技术主要分为三类：真空蒸发镀膜、真空溅射镀膜和真空离子镀膜。但本质上，产生粒子的方法主要有蒸发和溅射两种，因此，蒸发沉积和溅射沉积是两类最基本的物理气相沉积方法。基于蒸发加热方式的不同，蒸发沉积又可分为电阻蒸发沉积、脉冲激光沉积和其它不同的沉积技术，而基于对溅射过程中施加电场方式和控制等离子体方式的不同，溅射沉积又可分为直流溅射、射频溅射、磁控溅射和其它等。而上面提到的离子辅助沉积技术则根据离子束作用位置的不同，分为：离子束沉积、离子镀和其它离子辅助技术。

真空蒸发沉积技术、溅射沉积技术和离子辅助沉积技术的不同，主要体现在上述三个物理气相沉积基本环节中能量供给方式不同、固-气相转变机制不同、气相粒子形态不同、气相粒子能量大小不同。

## 二、物理气相沉积的特点

物理气相沉积技术工艺过程简单，对环境无污染，耗材少，成膜均匀致密，与基体的结合力强，可用于在金属、陶瓷、玻璃和聚合物等基材上生产薄膜和涂层。其主要特点包括：①需要将固态或者熔融状态的待沉积原材料通过物理过程使之气化，如：使用高温加热原材料使之气化；使用高能粒子轰击待沉积原材料，通过溅射效应溅射出待沉积原材料的分子或者原子；利用阴极电弧弧光放电，在待沉积原材料表面上产生不停运动的微弧斑，弧斑的高温和场致效应导致待沉积原材料的蒸发和发射。②蒸镀过程中需要清洁的真空环境。真空系统中残余的杂质气体分子（如 $H_2O$、$CO_2$、$O_2$、$N_2$、有机蒸气等）会与蒸发分子或原子结合，从而在薄膜中造成污染，影响镀膜质量。③在气体环境中和基体表面一般不发生化学反应，但反应沉积例外。气态粒子到达基体表面之后凝聚形核，生长为固相薄膜，在此过程中一般不经历化学反应。④物理气相沉积的粒子能量可以调节，可以通过调节等离子体或是离子束的介入，调整沉积粒子能量，从而提高膜层质量。

对于大多数物理气相沉积技术，薄膜沉积过程中，原材料也不可避免地沉积在真空室内部的大多数其它表面上，包括用于固定零件的夹具。

## 三、物理气相沉积技术的应用

物理气相沉积技术应用非常广泛，许多硬质薄膜和功能薄膜常采用物理气相沉积方法制备。举例如下。

① 装饰膜：主要是为了改善工件的外观装饰性和色泽，同时使工件更耐磨、耐腐蚀，延长其使用寿命。在颜色上，通过成熟工艺制备的镀层可得到七彩色、银色、透明色、金黄色、黑色以及由金黄色到黑色之间的任何一种颜色，能够满足装饰性的各种需要。

② 耐磨超硬膜：主要是为了提高工件的表面硬度和耐磨性，降低表面的摩擦系数，延长工件的使用寿命。主要应用在各种零部件（齿轮、轴承、曲轴、活塞等）、刀具（如车刀、刨刀、铣刀、钻头等）、模具（注塑模、冲压模、压铸模等）等产品中，可以使工艺寿命成倍延长。

③ 光学膜：光学膜可分为增透膜/减反射膜以及反射膜/截止膜，增透膜/减反射膜是利用薄膜反射光与基底反射光发生干涉来调节反射率从而影响透过率，当膜层为光波波长的四分之一时，两组反射光发生干涉，从而相互抵消，达到减反效果，例如摄像头镜片经常会镀有增透膜来增强拍摄效果。反射膜/截止膜则是通过设计调节膜层结构及厚度，使其对特定波段的光呈现高反射性的薄膜，例如防蓝光手机屏就镀有蓝光截止膜。

④ 磁性膜：是指主要利用物质磁性能的薄膜材料，如 FeNi、FeSiAl、铁氧体、稀土永磁薄膜等。磁性薄膜可以用于薄膜磁记录介质、薄膜型磁头、薄膜噪声抑制器、平面薄膜电阻等，在信息储存、隐身技术、磁传感器、微机械装置、微波通信、电磁兼容等领域具有不可替代的作用。

⑤ 其它功能薄膜：物理气相沉积可以制备其它各种物理化学功能薄膜，包括具有导电、绝缘、光导、压电、润滑、超导等特性的薄膜。

特别是，随着现代工业的发展，物理气相沉积工艺正在逐步取代电镀工艺，成为制备薄膜或涂层技术的首选工艺。首先，从环保要求上来看，物理气相沉积是在真空气氛下进行，不会产生有毒或有污染的物质和气体，对环境较为友好；而电镀是在含镀层金属溶液里进行，溶液中往往含有强酸、强碱或是氰化物，导致其废水成分复杂，若处理不当会带来严重的环境污染。其次，从装饰性来看，电镀工艺镀膜的种类只有镀金属和合金，颜色较单调，一般只有亚银色、灰银、枪色、金色、黑铬色、半光铬等几种，物理气相沉积可以镀的膜层种类更为广泛（包括金属和非金属），镀出的颜色也更多。最后，从对基底材料选择性来看，对于塑胶材料，电镀工艺镀膜通常只能对 ABS（丙烯腈-丁二烯-苯乙烯共聚物）塑胶和少量的 ABS+PC（聚碳酸酯）塑胶材料进行电镀加工，具有一定的局限性，而物理气相沉积膜适用的塑胶材料范围相当广，理论上对基底材料无选择性。

# 第二节　真空蒸发沉积技术

真空蒸发（vacuum evaporation）沉积俗称蒸发镀，是在真空条件下用蒸发装置加热待蒸发物质，使其汽化并向基片输运，在基片上冷凝形成固态薄膜的过程。作为发展较早的镀膜技术，真空蒸发沉积原理较为简单，应用非常广泛。手机、平板电脑、电视机上的有机发光二极管（OLED）面板就是采用高端真空蒸发镀膜系统制备的。2018 年，生产 OLED 屏幕的高端真空蒸发镀膜机只有日本的 Canon Tokki 能制造，每台报价上亿美元，被我国《科技日报》列入 35 项“卡脖子”技术之一。在 2021 年，中国厂商实现了高端 OLED 真空蒸发镀膜机的国产化，实现了国产真空蒸发镀膜机的技术自主。

## 一、真空蒸发沉积的物理原理

真空蒸发沉积包括以下四个物理过程。①加热蒸发过程：包括固相或液相转变为气相的相变过程（固相或液相转变为气相），在这个过程中每种物质在不同的温度有不同的饱和蒸气压；②输运过程：汽化原子或分子在蒸发源与基片之间的输运，此过程中汽化原子或分子与残余气体分子发生碰撞的次数取决于汽化原子或分子的平均自由程以及蒸发源与基片之间的距离；③沉积过程：汽化原子或分子在基片表面的沉积过程，即蒸气的凝聚成核，并进一步生长形成连续膜（此过程即为气相转变为固相的相变过程）；④最后，组成薄膜的原子在基片上重新排列或产生化学键合。

上述过程必须在空气稀薄的清洁真空环境中（$10^{-2}$～1Pa）进行，否则待沉积材料形成的汽化原子或分子将与空气分子碰撞，使膜层发生污染形成氧化物，或是气体分子进入到膜层当中使膜层成分发生变化，甚至导致待沉积材料的氧化烧毁等情况的发生。真空蒸发沉积的设备简单示意图见图 4-1。

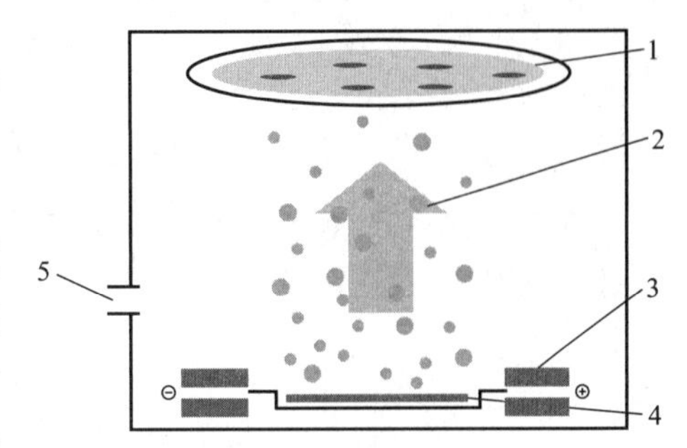

图 4-1　真空蒸发沉积设备

1—基片；2—汽化原子/汽化分子；3—加热装置；4—蒸发源；5—真空泵

与其它气相沉积技术相比，真空蒸发沉积有许多特点：设备比较简单、容易操作；制备的薄膜纯度高、成膜速率快；薄膜生长机理比较简单，易控制。真空蒸发沉积技术的不足是：不容易获得结晶结构的薄膜；沉积的薄膜与基片的附着性较差；工艺重复性不够好。

真空蒸发沉积从本质上来讲是一个固相→气相→固相转变的过程。为了更深入地理解这个过程的物理原理，需要首先理解相关的物理概念。

### (一) 蒸气压

液相或固相的待沉积材料的原子或分子必须获得足够的能量，能克服原子或分子间相互吸引力时，才能发生蒸发或升华。加热温度越高，分子的平均动能越大，蒸发或升华的粒子数量就越多。在蒸发过程中，待沉积材料的蒸发速率与其平衡蒸气压有关。平衡蒸气压是指在一定温度下，真空室中待蒸发材料的气相与固相或液相粒子处于平衡状态下所呈现的压力。平衡蒸气压与物质的种类、温度有关，即对于同一种物质，其平衡蒸气压是随温度而变化的。在平衡状态下，粒子会不断地从液相或固相蒸发或升华，同时也会有相同数量的粒子与液相或固相表面碰撞而返回到液相或固相中。蒸发过程会不断地消耗待沉积材料的内能，要维持蒸发，就要不断地为待沉积材料补充热能。显然，蒸发过程中待沉积材料汽化的量与待沉积材料的受热情况有密切关系。

待蒸发材料的平衡蒸气压 $p_v$ 随温度的变化可按照克劳修斯-克拉珀龙（Clausius-Clapeyron）方程进行热力学计算

$$\frac{\mathrm{d}p_v}{\mathrm{d}T}=\frac{\Delta H_e}{T(V_g-V_e)} \tag{4-1}$$

式中，$\Delta H_e$ 为摩尔蒸发热；$V_g$、$V_e$ 为气相与液相的摩尔体积；$T$ 为绝对温度。

在 $1.01\times10^5$Pa 的压强条件下，$V_g\gg V_e$，则有 $V_g-V_e\approx V_g$。

另外，用理想气体状态方程描述理想气体在 1 mol 的平衡态时压强 $p$、体积 $V$、温度 $T$ 之间的关系

$$\frac{pV}{T}=R \tag{4-2}$$

式中，$R$ 为摩尔气体常数，$R\approx8.31\mathrm{J/(mol\cdot K)}$。将式（4-2）代入到式（4-1）中，则其可被写为

$$\frac{1}{p_v}\frac{\mathrm{d}p_v}{\mathrm{d}T}=\frac{\Delta H_e}{RT^2} \tag{4-3}$$

在 $T=10\sim10^3$K 范围内，摩尔蒸发热 $\Delta H_e$ 随温度缓慢变化，可以把 $\Delta H_e$ 近似为一个常数，则对式（4-3）积分可得

$$\ln p_v=-\frac{\Delta H_e}{RT}+\frac{\Delta S_e}{R} \tag{4-4}$$

式中，$\Delta S_e$ 为摩尔蒸发熵。在热平衡条件下有

$$\Delta G_e=\Delta H_e-T\Delta S_e \tag{4-5}$$

式中，$\Delta G_c$ 为摩尔自由能，式（4-4）描述了大多数物质在蒸气压小于 $10^2$Pa 的压力范围内的蒸气压和温度之间的关系。

### （二）蒸发速率

在蒸发物质（固相或液相）与其气相共存的体系中，由气体分子运动论可得，处于热平衡状态压强为 $p$ 的气体，单位时间内碰撞单位蒸发面积的分子数为

$$\Phi=\frac{1}{4}nv_a=\frac{p}{\sqrt{2\pi mkT}} \tag{4-6}$$

式中，$n$ 是分子密度；$v_a$ 是分子运动平均速度；$m$ 是分子量；$k$ 是玻尔兹曼常数。若考虑并非所有蒸发分子全部发生凝结，则

$$\Phi_e=\frac{\alpha p_v}{\sqrt{2\pi mkT}} \tag{4-7}$$

式中，$\alpha$ 为凝结系数，$\alpha\leqslant 1$；$p_v$ 为饱和蒸气压。

当待蒸发材料表面液相、气相处于动态平衡时，蒸发速率为

$$\Phi_e=\frac{\mathrm{d}N}{A\mathrm{d}t}=\frac{\alpha(p_v-p_h)}{\sqrt{2\pi kmT}} \tag{4-8}$$

式中，$\mathrm{d}N$ 为蒸发原子（分子）数；$A$ 为蒸发表面积；$t$ 为时间，s；$p_v$ 和 $p_h$ 分别为平衡蒸气压和蒸发物分子对蒸发表面造成的静压强。

当 $\alpha=1$ 和 $p_h=0$ 时，得最大蒸发速率

$$\Phi_m=\frac{\mathrm{d}N}{A\mathrm{d}t}=\frac{p_v}{\sqrt{2\pi mkT}}=2.64\times 10^{24}p_v\left(\frac{1}{\sqrt{TM}}\right)[1/(\mathrm{cm}^2\cdot\mathrm{s})] \tag{4-9}$$

若将式（4-9）中乘以原子量或分子量，则得到单位面积的质量蒸发速率

$$G=m\Phi_m=\sqrt{\frac{m}{2\pi kT}}p_v=4.37\times 10^{-3}\sqrt{\frac{M}{T}}p_v[\mathrm{kg}/(\mathrm{cm}^2\cdot\mathrm{s})] \tag{4-10}$$

式（4-10）是描述蒸发速率的重要表达式，确定了蒸发速率、蒸气压和温度之间的关系。蒸发速率与蒸发物质的分子量、热力学温度和蒸发物质在温度 $T$ 时的饱和蒸气压有关。在蒸发温度以上进行蒸发时，蒸发源温度微小变化，即可引起蒸发速率发生很大变化。

### （三）蒸发分子的平均自由程与碰撞概率

事实上，从待沉积材料上气化的气体分子只有很少一部分能到达基片位置。蒸发气体分子转化为基片上薄膜的效率取决于真空环境下分子的平均自由程与碰撞概率。

（1）蒸发分子平均自由程

从待蒸发材料表面释放的粒子会以一定的速度在空间沿直线运动，直到与其它粒子碰

撞。在真空系统中，当粒子浓度和残余杂质气体的压强足够低时，这些粒子从蒸发源到基片之间可以保持直线飞行。在真空室内，除了蒸发物质的原子和分子外，还有其它残余气体，如 $H_2O$、$O_2$、$CO$、$CO_2$、$N_2$ 等的分子，这些残余气体对膜形成过程及膜的性质都会产生一定影响。由气体分子运动理论可求出在热平衡条件下，单位时间内通过单位面积的气体分子数 $N_g$ 为

$$N_g=\frac{dN}{A\,dt}=\frac{p}{\sqrt{2\pi mkT}}=3.51\times10^{22}\ \frac{p}{\sqrt{TM}}[1/(cm^2\cdot s)] \tag{4-11}$$

式中，$p$ 为气体压强，Torr；$M$ 为气体摩尔质量；$T$ 为气体温度，K；在真空室中，上式得出的 $N_g$ 即为气体对基片碰撞率。根据上式，当真空系统中残余气体为氩气、温度为室温时，残余气体压强为 $10^{-5}$ Torr 时，每秒可以有大约 $10^{15}$ 个气体分子到达单位基片表面，而在残余气体压强为 $10^{-2}$ Torr 时，残余气体分子与蒸发物质原子几乎按 1∶1 的比例到达基片表面，从而造成薄膜成分的偏移。因此，要提高膜的纯度，就必须尽可能使残余气体的压强降低，即提高本底真空度。

待蒸发材料的粒子在真空室中输运除了会与残余气体的分子碰撞，也会与真空室器壁碰撞，改变原来的运动方向和降低运动速度。待蒸发材料的分子在两次碰撞之间所飞行的距离为蒸发分子的平均自由程，可表示为

$$\bar{\lambda}=\frac{1}{\sqrt{2}\,n\pi d^2}=\frac{kT}{\sqrt{2}\,p\pi d^2}=\frac{2.331\times10^{-20}T}{p(\mathrm{Torr})d^2}=\frac{3.108\times10^{-18}}{p(\mathrm{Pa})d^2}T \tag{4-12}$$

式中，$n$ 为残余气体密度；$d$ 是碰撞截面半径，约零点几个纳米；$p$ 为残余气体压强；$T$ 为残余气体温度。在 25℃的空气中，若 $p=10^{-2}$ Pa（即是 $n\approx3\times10^{33}\,cm^{-3}$），$d=2nm$ 时，可计算出 $\bar{\lambda}=50cm$。当压强范围在 $10^{-2}\sim10^{-4}$ Pa 时，$\bar{\lambda}=50\sim6000cm$，而一般真空室的尺寸为几十厘米，这会使大量蒸发粒子与真空室器壁碰撞。因此，真空装置的起始压强必须小于 $10^{-3}$ Pa。

（2）碰撞概率

蒸发分子与残余气体分子发生碰撞会造成预期之外的化学反应，从而影响膜层质量。蒸发分子与残余气体分子的碰撞具有统计规律。$N_0$ 个蒸发分子飞行距离 $x$ 后，未受残余气体分子碰撞的数目 $N_x=N_0e^{-x/\bar{\lambda}}$，被碰撞的分子数 $N=N_0-N_x$，则被碰撞的分子占比为

$$f=\frac{N}{N_0}=1-\frac{N_x}{N_0}=1-e^{-\frac{x}{\bar{\lambda}}} \tag{4-13}$$

图 4-2 是根据式（4-13）计算而得到的蒸发粒子在源-基之间飞行时，蒸发粒子的碰撞概率 $f$ 与实际行程对平均自由程之比 $\left(\frac{d}{\bar{\lambda}}\right)$ 的关系曲线。当 $\frac{d}{\bar{\lambda}}=1$ 时，大约有 63% 的蒸发粒子受到碰撞；如果平均自由程 $\bar{\lambda}$ 增加 10 倍，即 $\frac{d}{\bar{\lambda}}=0.1$ 时，碰撞概率 $f$ 将减小至 9% 左右。由此可见，只有当蒸发分子的平均自由程 $\bar{\lambda}$ 远大于蒸发源与基片的间距时，才能有效减少蒸发粒子在行进过程中的碰撞现象。

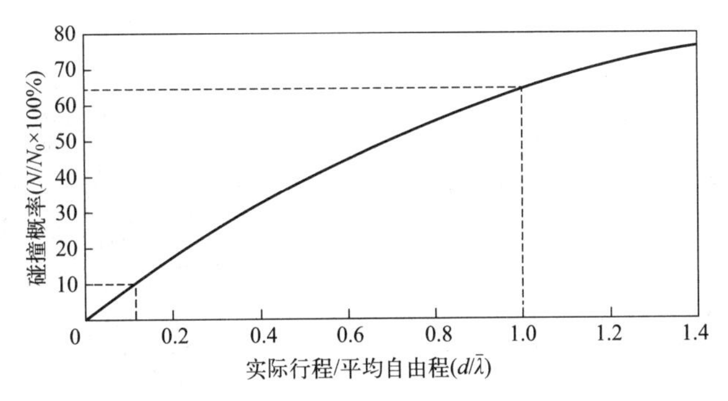


图 4-2　蒸发粒子的碰撞概率与实际行程对平均自由程之比的关系曲线

综合考虑以上两点，为了保证镀膜质量，要求在碰撞概率 $f \leqslant 0.1$ 时，蒸发源到基片间距 $l=25\text{cm}$ 的条件下，必须保证压强 $p \leqslant 3\times10^{-3}\text{Pa}$。

## （四）蒸发源的蒸发特性及膜厚分布

蒸发粒子到达基片上会产生形核和生长等一系列行为。薄膜的形成过程受到基片表面性质、蒸镀时的基片温度、蒸镀速率、真空度等诸多因素影响。

薄膜的厚度和均匀性与蒸发粒子的产生、输运及沉积过程密切相关。为了计算蒸发沉积薄膜的厚度，一般作如下几点假设：①蒸发粒子（原子或分子）与残余气体的原子和分子不发生碰撞；②蒸发源附近蒸发粒子之间也不发生碰撞；③沉积到基片上的粒子不再蒸发。以上假设与压强 $p \leqslant 3\times10^{-3}\text{Pa}$ 时的实际环境是比较接近的。

一般说来，相对片距离较远、尺寸较小的蒸发源可看作是点蒸发源。图 4-3 为点蒸发源蒸发示意图。图中，$r$ 为点源与基片上被观测点的距离，$\mathrm{d}S_2$ 为基片的面积微分，$\theta$ 为基片 $\mathrm{d}S_2$ 与蒸发方向的夹角，而 $\mathrm{d}S_1$ 为基片单位面积在蒸发方向上的投影面积微分，则点蒸发源在基片上沉积的薄膜厚度分布如下

$$t=\frac{mh}{4\pi\rho r^3}=\frac{mh}{4\pi\rho(h^2+l^2)^{2/3}} \tag{4-14}$$

式中，$m$ 为点蒸发源蒸发速率；$\rho$ 为膜密度；$h$、$l$ 分别为基片到点源的垂直距离和水平距离。当 $\mathrm{d}S_2$ 在点源正上方，$t_0$ 表示此点膜厚，显然 $t_0$ 为基片上最大膜厚。基片上其它各处的膜厚分布为

$$\frac{t}{t_0}=\frac{1}{\sqrt{1+\left(\frac{l}{h}\right)^2}} \tag{4-15}$$

与点蒸发源不同，图 4-4 是小平面蒸发源的示意图。小平面蒸发源的特点是蒸发具有方向性，蒸发源的发射质量与发射方向与表面法线的夹角 $\theta$ 成正比，则基片上任一点薄膜厚度为

$$t=\frac{m}{\pi\rho}\,\frac{\cos\theta\cos\varphi}{r^2}=\frac{mh^2}{\pi\rho(h^2+l^2)^2} \tag{4-16}$$

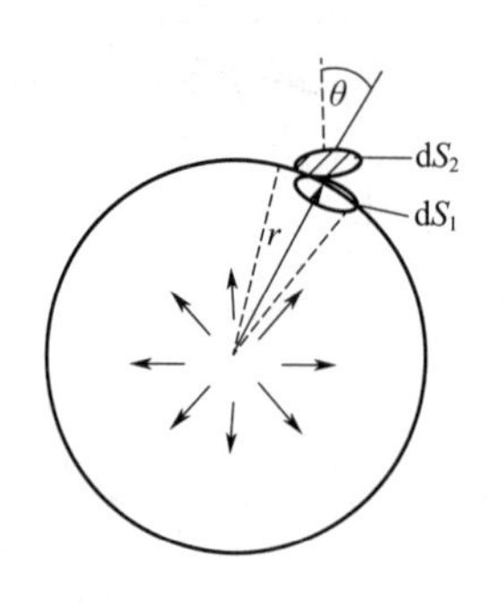


图 4-3　点蒸发源的蒸发

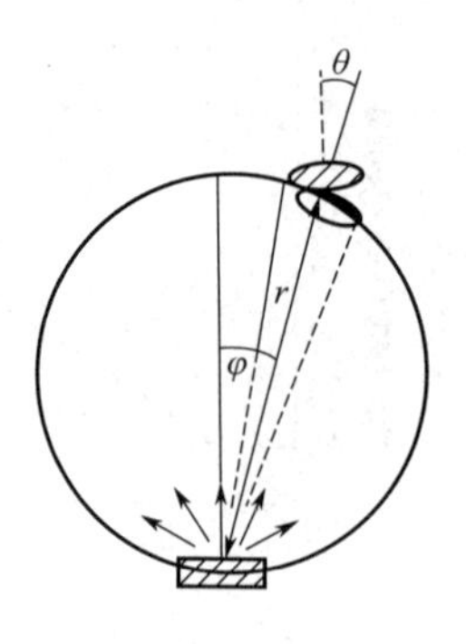


图 4-4　小平面蒸发源

图 4-5 比较了通过点蒸发源与小平面蒸发源沉积的薄膜在平面上的相对厚度分布。从图中可以看出，点蒸发源沉积的薄膜相对于小平面蒸发源沉积的薄膜较为均匀，但是，从最大膜厚方面来看，小平面蒸发源沉积的薄膜更加具有优势。这一点也可以由式（4-17）看出，即平面蒸发源的最大膜厚为点蒸发源的 4 倍。

$$\frac{t_{点}}{t_{面}}=\frac{\dfrac{m}{\pi\rho h^2}}{\dfrac{m}{\pi 4\rho h^2}}=4 \tag{4-17}$$

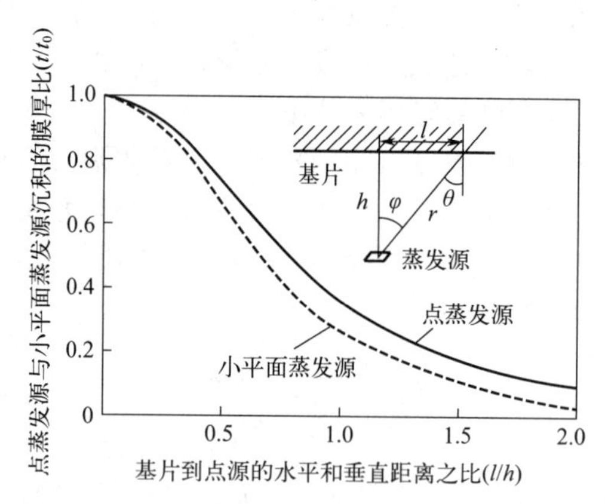


图 4-5　点蒸发源与小平面蒸发源的沉积薄膜在平面上的相对厚度分布比较

## （五）蒸发镀膜的均匀性

在蒸发镀膜中，膜层的均匀性与蒸发源的特性、基片与蒸发源的几何形状和物质的蒸发量有关。基片表面的光滑度极大地影响了镀膜质量，粗糙的基片材料表面会使蒸发的材料沉积不均匀。由于蒸发的粒子从单个方向到达基片材料，基片材料突出的特征会遮挡住某些区域，因而使蒸发粒子无法到达基片材料，这种现象称为“阴影”（shadowing）或“阶梯覆盖”（step coverage）。这种现象还会减少到达基片材料的蒸发的粒子量，使得膜层厚度难以控制，如图 4-6 所示。由于基片不一定总是正对蒸发源的平面，薄膜在非正对蒸发源表面的沉积效果有时也用绕射性来描述，绕射性越好，薄膜在粗糙表面的沉积越均匀，薄膜的保形性越好。

为了改善阶梯覆盖率，使薄膜更均匀，可以采取几种方法：首先，通过旋转基片甚至蒸发源的方式可以让蒸发粒子从各个角度入射到基片；其次，更换沉积源的种类，如将点沉积源更换为平面沉积源，也可以使得阶梯覆盖率更高；此外，加热基片，可以提高沉积原子的迁移率，让膜层的原子扩散更加充分，从而可以使膜层更均匀。如图 4-7 所示。

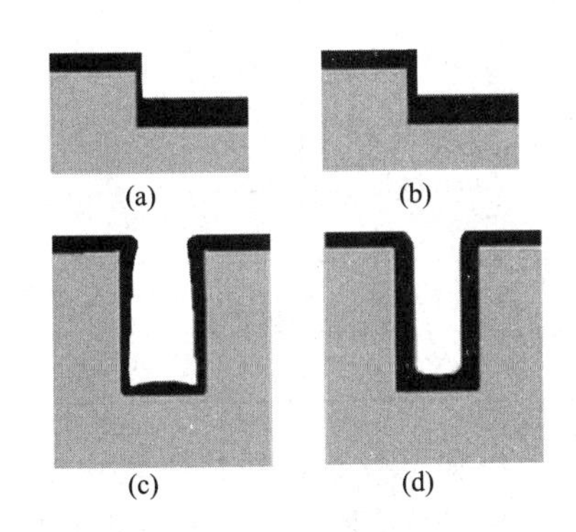


图 4-6　阶梯覆盖率和保形性
(a) 阶梯覆盖率差；(b) 阶梯覆盖率好；
(c) 非保形层；(d) 理想保形层

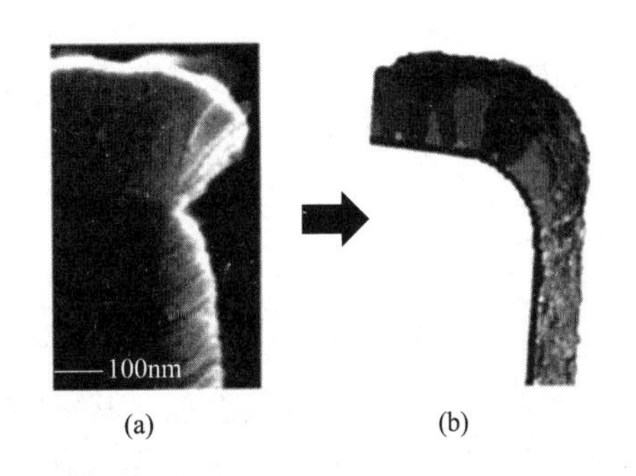


图 4-7　通过加热基片改善薄膜的阶梯覆盖性能或绕射性
(a) 未加热的基片镀膜情况；(b) 加热后的基片镀膜情况

## 二、不同的真空蒸发沉积技术

真空蒸发系统一般由三个部分组成：真空室和真空系统；蒸发源或蒸发加热装置；放置基片及给基片加热装置。蒸发源用来加热待蒸发材料，是真空蒸发系统中的重要部件。大多数金属材料在 1000～2000℃高温下蒸发。根据蒸发源的不同，可将真空蒸发沉积技术分为电阻加热蒸发沉积、闪烁蒸发沉积、电子束蒸发沉积、高频感应加热蒸发沉积、阴极电弧蒸发沉积和激光蒸发沉积等。

### (一) 电阻加热蒸发沉积

电阻加热是一种常用的蒸发源加热方式。它是将具有高熔点的金属 Ta、Mo、W 等做成适当形状的蒸发源，装上待蒸发材料后通过施加电流使蒸发源发热，实现直接蒸发，或将待蒸发材料放入 $Al_2O_3$、BeO、BN 坩埚内进行间接加热蒸发。电阻加热蒸发沉积设备结构简单，价格便宜，容易操作。图 4-8 为典型的电阻加热蒸发沉积设备。

用于电阻加热蒸发沉积工艺的蒸发源应由具备熔点高、饱和蒸气压低、化学稳定性好、具有良好的耐热性、原料丰富、经济耐用等特点的材料制备。表 4-1 列出了各种常用材料的熔点和对应平衡蒸气压温度。

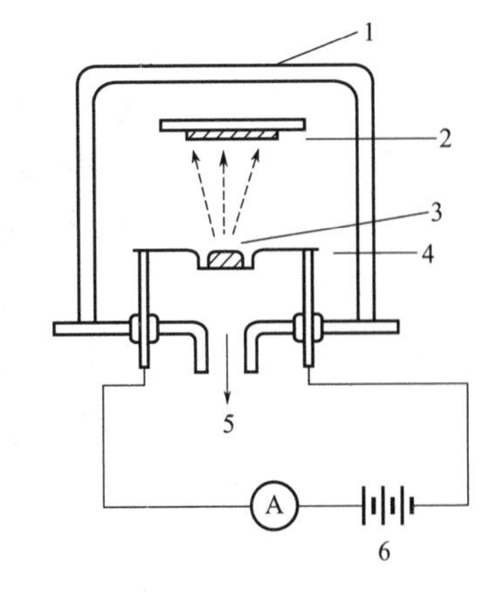


图 4-8　典型的电阻加热蒸发沉积设备
1—蒸镀室；2—基片；3—待蒸发材料；
4—坩埚；5—真空系统；6—电源

表 4-1　用于蒸发源的常见材料的熔点和对应平衡蒸气压温度

| 材料 | 熔点/K | 对应平衡蒸气压温度/K | | |
|---|---|---|---|---|
| | | $1.33\times10^{-6}$Pa | $1.33\times10^{-3}$Pa | 1.33Pa |
| W | 3683 | 2390 | 2840 | 3500 |
| Ta | 3269 | 2230 | 2680 | 3300 |
| Mo | 2890 | 1865 | 2230 | 2800 |
| Nb | 2741 | 2035 | 2400 | 2930 |
| Pt | 2045 | 1565 | 1885 | 2180 |
| Fe | 1808 | 1165 | 1400 | 1750 |
| Ni | 1726 | 1200 | 1430 | 1800 |

图 4-9 为不同类型的电阻蒸发源，其中图（a）、（b）为丝状蒸发源，加热装置由薄的钨、钽或钼丝制成。蒸发物直接放置在丝状加热装置上，加热时蒸发物熔化，润湿电阻丝，通过表面张力得到支撑。这类加热装置存在几个缺点：①只能用于特定金属或合金的蒸发；②在一定时间内，被蒸发的材料有限；③在加热时，待蒸发材料必须润湿电阻丝；④电阻丝在高温下容易变脆，多次使用后有断裂的风险。图（c）为金属凹箔，适合蒸发少量的待蒸发材料。图（d）为具有氧化物涂层的凹箔，这种表面由一层厚度约为 0.025cm 钼或钽箔包覆的凹箔，相比普通凹箔，最高加热温度更高，可达 1900℃，加热所需功率也更高。图（e）为锥形丝筐，可用于加热小块电介质或是金属。图（f）为非直接加热的坩埚，一般由石英、玻璃、氧化铝、石墨、氧化铍、氧化锆等高熔点材料制成。

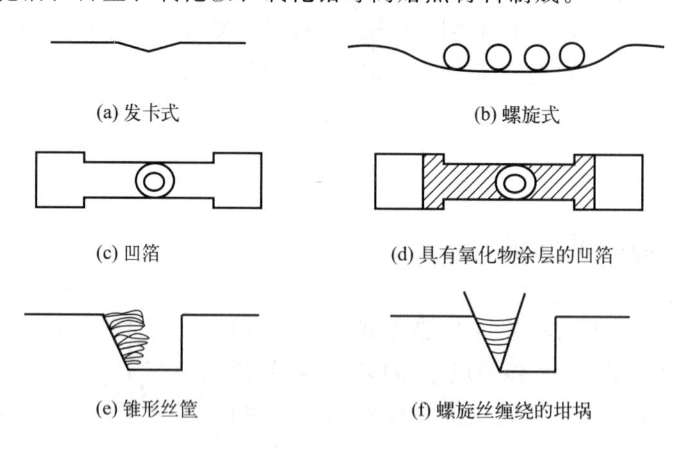


图 4-9　不同类型的电阻蒸发源

电阻加热蒸发的主要缺点是：①坩埚及支撑材料可能与蒸发物反应，污染薄膜；②加热温度有限，难以使高熔点的氧化物等材料蒸发；③蒸发率低，薄膜生长速率慢；④加热时合金或化合物可能会发生分解，导致获得的薄膜成分偏离原材料成分。

尽管目前有许多新型复杂的技术用于制备薄膜材料，电阻加热法仍然是实验室和工业生产制备各种单质、合金、氧化物、无机非金属薄膜最常用的办法。例如，通过在高强度钢的表面镀上一层 ZnMg 镀层，可以有效提高钢材的耐磨性与耐蚀性，从而提高钢材的性能，延长使用寿命。传统上制备 ZnMg 镀层往往是采用水溶液电镀法和热浸镀法，然而这两种方法往往会产生大量的废水，消耗大量能量，对环境造成污染。电阻加热蒸发沉积方法在真空密闭的环境中进行，不仅避免了电镀法产生的污染、氧化漏镀和氢脆问题，并且所需设备简单，工艺复杂度低。目前，日本神户制钢采用真空蒸镀方法生产的锌镁合金镀层钢板可以提高高达 23 倍的耐蚀性能，是目前报道的耐蚀性最佳的锌镁合金镀层钢板。国内单位也在积极地开展锌镁合金镀层钢板的真空蒸镀工艺研究，原钢铁研究总院通过真空蒸镀锌镁合金颗粒，调整基底温度为 200℃，真空腔室气体压强为 $5\times10^{-3}$Pa，沉积速率为 60Å/s（1Å/s=0.1nm/s）时，获得了综合性能优异的锌镁合金镀层钢板，在获取较强耐磨性能的同时提高了 5 倍的耐蚀性能。

### （二）闪烁蒸发沉积

在制备容易部分分馏的多组元合金或化合物薄膜时，对于双组元或多组元的蒸发体系，在蒸发过程中，具有高蒸气压的组元先蒸发，低蒸气压的组元后蒸发，这会导致所得到的薄膜化学成分偏离蒸发物组分。为了克服这一困难，人们提出了闪烁蒸发（或称瞬间蒸发）的概念。在闪烁蒸发沉积工艺当中，待蒸发材料以粉末的形式，少量输运到温度足够高的蒸发盘上，以保证蒸发在瞬间发生。当蒸发盘的温度足够高时，蒸发源快速蒸发。在这种蒸发条件下，不会有蒸发物聚集在蒸发盘上，因此瞬间分离蒸发的蒸气具有与待蒸发物相同的组分。当基片温度适宜时，这种蒸发不断发生，则可得到理想配比化合物或合金薄膜。闪烁蒸发装置的一个例子如图 4-10 所示，在这个装置中，待蒸发材料颗粒被储存在一个放置在低碳钢盘上的玻璃管中。当蒸镀开始时，脉冲电流使电磁铁短时通电，随后迅速断开，低碳钢盘被电磁铁短时吸引后复位，使得少量待蒸发颗粒从玻璃管中落入高温的钼蒸发盘中，从而瞬间完成蒸发。脉冲电流使这个周期反复发生，从而实现闪烁蒸发沉积。

闪烁蒸发沉积技术的一个严重缺陷是待蒸发粉末的预排气较困难。由于粉末间隙处容易存有大量气体，沉积前，需长时间抽真空，才可以完成对粉末的排气。如未完全排出气体的话，蒸发沉积过程中粉末间隙处的气体可能会瞬间大量释放，膨胀的气体可能使蒸发熔体发生“飞溅”现象，影响沉积薄膜的质量。

### （三）电子束蒸发沉积

电子束蒸发沉积技术是在真空条件下利用高能电子束直接加热待蒸发材料，使待蒸发材料气化并向基片输运，在基片上凝结，形成薄膜。在电子束蒸发技术中，一束电子在 5～10kV 的电场中被加速，并汇聚到待蒸发材料表面。当电子束打到待蒸发材料表面时，电子会迅速损失掉自己的能量，将能量传递给待蒸发材料，使其熔化并蒸发。与传统的加热方式不同，在电子束蒸发工艺中，待蒸发材料表面直接由撞击的电子束加热。电子束蒸发沉积突破了电阻蒸镀不能蒸镀某些难熔金属和氧化物的限制，并且解决了坩埚的污染问题。

图 4-11 为电子束蒸发沉积设备原理图。在这个设备中，坩埚为阳极，电子束枪产生的电子束经磁场聚焦和电场加速，高速轰击坩埚中的原材料，使之熔化并沉积到对面的基片上。在电子束加热装置中，被加热的物质放置于水冷的坩埚中，电子束不会轰击到坩埚和支撑材料，可避免待蒸发材料与坩埚壁发生反应影响薄膜的质量，因此，电子束蒸发沉积法可

以制备高纯薄膜。对于活性材料，特别是活性难熔材料的蒸发，坩埚的水冷是必要的。通过水冷，可以避免待蒸发材料与坩埚壁反应。此外，在同一蒸发沉积装置中可以安置多个坩埚，实现同时或分别蒸发，从而实现多种不同成分薄膜的沉积。

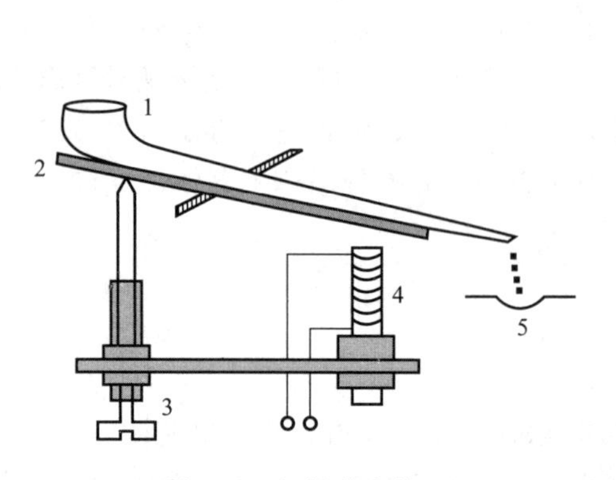


图 4-10　闪烁蒸发装置

1—玻璃管；2—低碳钢盘；3—中轴；4—电磁铁；5—钼蒸发盘

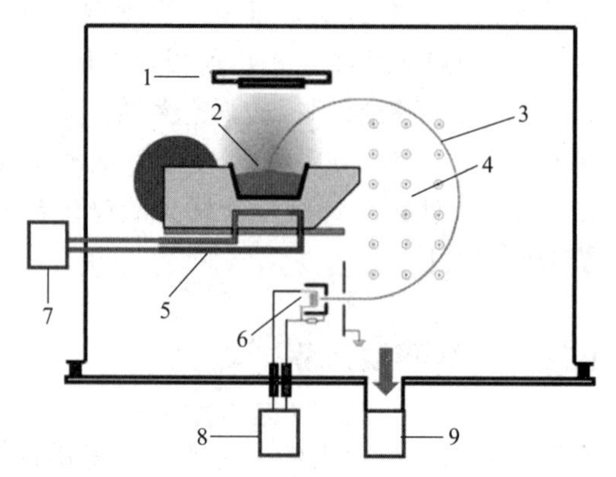


图 4-11　电子束蒸发沉积原理

1—基片；2—待蒸发材料；3—电子束；4—磁场；5—水冷管；6—电子束加热装置；7—冷却水循环模块；8—高压电源模块；9—高真空模块

在电子束蒸发系统中，电子束枪是其核心部件，电子束枪可以分为热阴极和等离子体电子两种类型。在热阴极类型电子束枪中，电子由加热的难熔金属丝、棒或盘以热阴极电子的形式发射出来。在等离子体电子束枪中，电子束由局域于某一小空间区域的等离子体中提取出来。在热阴极电子束发射类型的电子枪中，真空室压强必须限制在 $10^{-4}$ Torr 或更低，才能获得稳定的电子束，保证阴极工作寿命。在等离子体电子束发射类型的电子枪中则不需要如此低的真空条件，其工作压强可以是 $10^{-3}$ Torr 或更高。

电子束蒸发的特点有如下几点：①能量密度高，功率密度可达 $10^4 \sim 10^9$ $W/cm^3$，几乎适用于任何材料，可使熔点较高的材料如 W、Mo、Ge、$SiO_2$、$Al_2O_3$ 等实现蒸发；②制膜纯度高，支撑坩埚不直接被电子束加热，同时也采用水冷，可避免加热容器蒸发影响薄膜的纯度；③热效率高，可直接加热到表面，减少了热传导和热辐射。这一技术的缺点是：①电子枪发出的一次电子和待蒸发材料发出的二次电子会使蒸发原子和残余气体分子电离，有时会影响膜质量；②结构较复杂，设备昂贵。

电子束蒸发沉积已成为目前应用广泛的蒸发沉积方法，可制备各种材料和类型的薄膜。例如，通过电子束蒸发沉积技术制备金属薄膜已成为微电子领域最常见的薄膜沉积工艺之一，与电阻加热蒸发沉积技术相比，电子束蒸发沉积技术具有成本低、效率高、制备薄膜纯度高等优点。另外，采用电子束蒸发沉积工艺制备的 MgZnO 半导体薄膜也被广泛应用于光电领域。MgZnO 是一种宽带隙三元化合物半导体材料，其熔点可达 2000～3000℃，因此难以通过电阻加热蒸发沉积或是感应加热蒸发沉积工艺制备薄膜。长春光学精密机械与物理研究所通过电子束蒸发沉积工艺，在 $3\times10^{-3}$Pa 真空条件下，以 10cm 的蒸发源到基片距离，调节电子枪灯丝电流、高压使电子束流值在 20～40mA，实现了低成本制备可用于 220～280nm 紫外探测器的 MgZnO 薄膜。

### （四）阴极电弧蒸发沉积

阴极电弧蒸发沉积是在高真空下通过两电极之间的弧光放电使阴极靶上的材料蒸发，蒸发的材料随后沉积在基片上，形成薄膜的一种技术。

在电弧蒸发中，阴极靶待蒸发材料产生等离子体。对于等离子体的产生机制，目前存在两种主流的观点。一种解释采用了稳定态或准稳定态模型，在这一模型中，蒸发、离化和粒子加速发生在不同区域。而另一种解释则假设电弧蒸发可采用爆炸性模型来描述。在这一模型中，等离子体是靠对持续的微爆炸产生的微凸区进行连续、急速加热而产生的。两种解释都认为阴极区的粒子具有较高的迁移率，在无磁场存在的情况下，粒子在阴极表面无序运动，在有磁场存在的情况下，粒子则在 $\vec{I} \times \vec{B}$（$\vec{I}$ 为电流密度，$\vec{B}$ 为磁感应强度）的方向移动。

阴极电弧蒸发沉积设备的工作原理如图 4-12 所示，电弧蒸发首先在阴极（靶材）表面通过高电流、低电压放电形成一个小的高能量轰击点（面积只有几微米），叫作阴极点（cathode spot）。阴极点局域温度可以高达 15000℃，使得局部阴极材料蒸发，产生高速（10km/s）蒸气流，在靶材上留下一个“火山坑”。阴极点轰击时间很短，然后自动消失，在临近上一个“火山坑”处重新激发，使得电弧发生移动。电弧可以看作带电的导体，在电磁场下会发生运动、偏转。因此利用磁场可以使电弧在靶材表面迅速移动，使整个靶材均匀蒸发。

电弧具有高的能量密度，产生高的离化率，形成多种带电离子、团簇、大的颗粒（熔滴）。如果蒸发过程引入反应气体，与沉积材料发生作用，通过产生分解、离化和激发，可以制备化合物薄膜。如果阴极点总是轰击在靶材的一个点上，可能会产生很多的大尺寸粒子或熔滴。这种大颗粒的熔滴会严重影响镀膜的质量，因为这些熔滴与基底结合力不好，又容易穿透薄膜。如果阴极靶材熔点很低，则阴极点可能穿透靶材，轰击支撑材料或坩埚。为了解决以上问题，可以用磁场来控制电弧运动。如果电弧不动，也可以采取阴极旋转的方式使电弧不总是轰击靶材同一位置。

为了解决大尺寸粒子或熔滴的问题，可以用磁场来控制电弧运动，如采用弯曲磁过滤装置来过滤熔滴，如图 4-13 所示。在这个装置中，靶材产生的带电离子和团簇会在磁场作用下呈弧形运动，而不带电的大颗粒熔滴则倾向于直线运动，从而轰击在磁过滤器壁上。只有小尺寸、离化率高的颗粒可以通过磁过滤器，从而实现了减少薄膜中的大颗粒，改善薄膜表面质量的效果。

阴极电弧沉积也是一种重要的薄膜制备方法。例如，类金刚石碳膜具有高硬度、高耐磨性和低摩擦系数的特点，被广泛用于提高发动机部件、切削部件以及类似的滑动部件的耐磨性并降低它们的摩擦系数。日新电机株式会社采用阴极电弧沉积技术，在发动机部件表面沉积类金刚石碳/钨复合薄膜，在 $1\times10^{-1}$Pa 真空条件下，向蒸发源中的钨阴极通以 100A 的电弧电流，并且向基底施加 −1000V 的偏置电压，再向蒸发源中的碳阴极施加 80A 的电弧电流，并向基底施加 −5000V 的脉冲式偏置电压，偏置电压的频率为 10kHz。通过这种方法制备的类金刚石碳/钨复合薄膜，可以有效提高发动机部件的耐磨性并延长使用寿命。

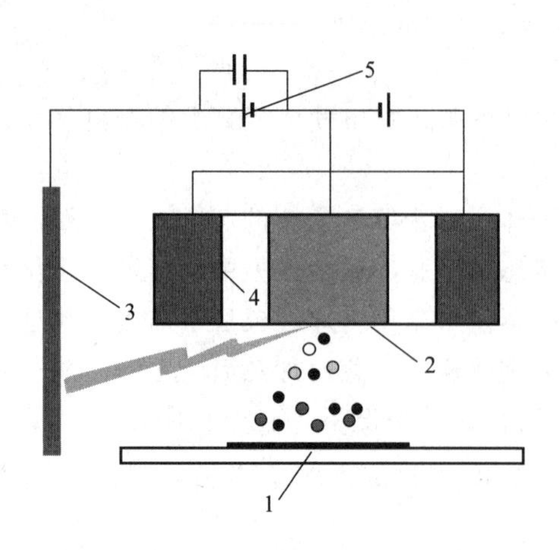


图 4-12　阴极电弧蒸发沉积设备工作原理
1—基底；2—靶材（阴极）；3—阳极；
4—电容器；5—高压电源

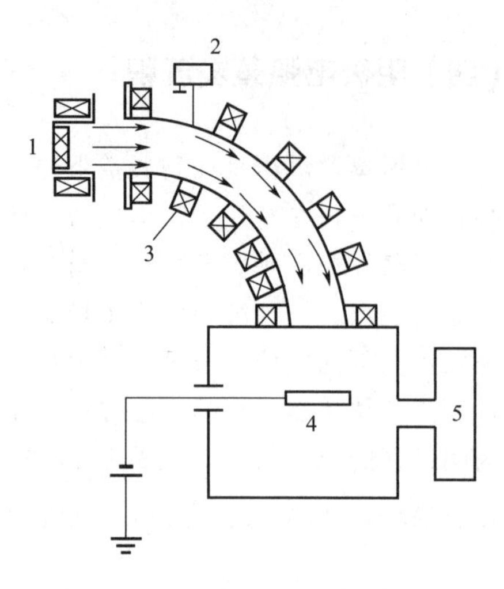


图 4-13　弯曲磁过滤电弧蒸发沉积
1—电弧源；2—阳极；3—磁场装置；
4—基底；5—真空泵

## （五）高频感应加热蒸发沉积

高频感应加热蒸发沉积装置的工作原理如图 4-14 所示，是将装有待蒸发材料的坩埚放在通有高频交流电的螺旋线圈中央，使材料在高频电磁场感应下产生巨大涡流损耗和磁滞损耗，使待蒸发材料升温蒸发。因此，高频感应加热蒸发源一般由水冷高频线圈和石墨或陶瓷坩埚组成。

高频感应蒸发沉积具有蒸发速率大（比电阻蒸发源大 10 倍左右）、温度均匀稳定、不易产生飞溅、可一次装料、操作比较简单等优点。为避免材料对膜的影响，坩埚应选用与待蒸发材料反应最小的材料。高频感应蒸发沉积缺点是：蒸发装置必须实现电磁屏蔽，并且不易对输入功率进行调整，所用设备的价格昂贵。这些缺点限制了高频感应蒸发沉积在工业上的应用。

## （六）激光蒸发沉积

激光蒸发沉积又称脉冲激光沉积（pulsed laser deposition）或激光烧蚀（laser ablation），是利用高能激光束作为热源使材料蒸发，如图 4-15 所示。激光光源采用大功率准分子激光器，功率可达 $10^6$ W/cm$^2$。在激光蒸发沉积装置中，激光的波长越短，吸收系数越大，穿透深度越浅。蒸发源表面吸收的激光束能量会导致蒸发源原子被激发与蒸发源表面的烧蚀蒸发。在这种情况下，蒸发物形成一个由中性原子、分子、离子、原子团、微尺度的微粒和熔化的液滴混合组成的羽状聚集体。聚集体到达基底表面时，在基底上凝聚成薄膜。激光加热蒸发具有加热温度高、可避免坩埚污染、材料蒸发速率高和蒸发过程易控制等特点。在蒸发过程中，激光将高能量直接传给被蒸发粒子，使蒸发粒子的能量显著高于其它蒸发方法产生的粒子能量。

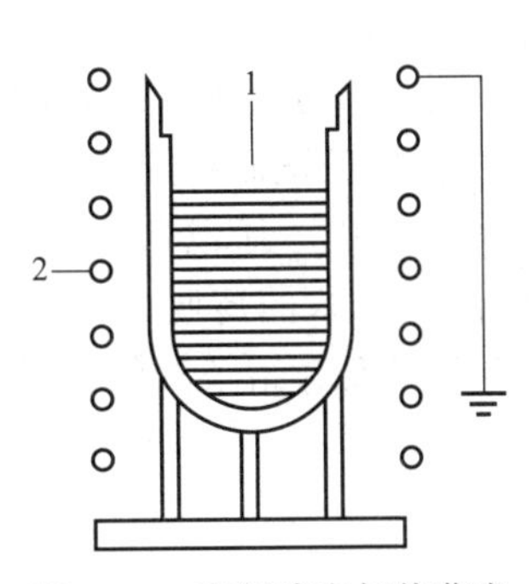


图 4-14 高频感应加热蒸发沉积装置的工作原理

1—待蒸发材料；2—高频感应线圈

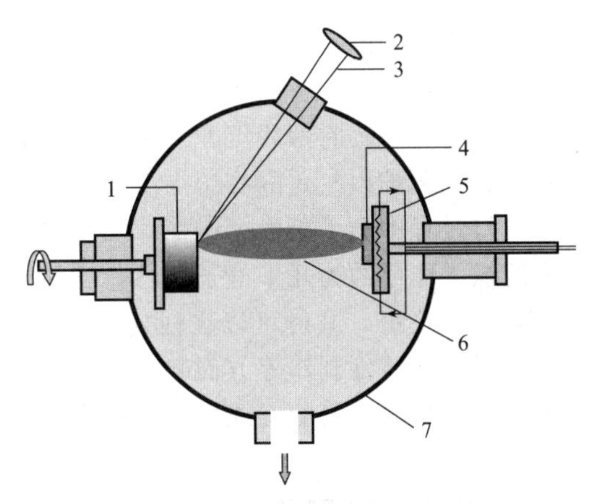


图 4-15 激光蒸发沉积装置原理

1—待蒸发材料；2—透镜；3—激光光束；4—基底；5—加热台；6—羽状聚集体；7—真空腔室

通过采用频率可调的高功率脉冲激光，可使原材料在很高温度下迅速加热和冷却，从而在靶材的某一小区域内瞬间实现蒸发。因此，激光蒸发沉积特别适用于蒸发成分较复杂的合金或化合物材料，如高温超导材料 $YBa_2Cu_3O_7$ 等。即使化合物中的组元具有差异很大的蒸气压，在蒸发时也不会发生显著的组分偏离现象。激光蒸发沉积技术目前广泛适用于各种不同的化合物和合金薄膜的沉积。其优势在于，可以在保持蒸发源纯度的同时减少坩埚污染。另外，通过调整脉冲激光的频率可以降低蒸发源与基底的温度，从而实现低温沉积。不仅如此，在待沉积材料的蒸发过程中，脉冲激光与蒸发源的相互作用会产生高能粒子流（电子、离子和中性粒子）。这种高能粒子流的能量取决于原材料和激光功率，而粒子流中的离子流引起的离子刻蚀可以起到清洁基底表面的作用，同时增加成核位置数，加速薄膜生长过程。激光蒸发的缺点是易产生微小物质颗粒飞溅，影响薄膜均匀性，沉积薄膜面积有限以及成本较高，目前主要用于科学研究。

激光蒸发沉积技术容易获得期望化学计量比的多组分薄膜。中国科学院物理研究所采用激光蒸发沉积技术，在控制 0.25Torr 氧分压、750℃的基底温度下，以 250mJ 的激光能量，制备了 $YBa_2Cu_3O_6$ 成分的超导薄膜，这种超导薄膜的超导转变温度可达到 92K，并且薄膜的平整度较高，可以满足超导量子干涉器以及超导单探测器的需要。

## 第三节 溅射沉积技术

1852 年 Grove 发现气体辉光放电产生的等离子体对阴极有溅射现象，后来人们开始利用溅射现象开发了最早制备薄膜的直流二极溅射技术。随后，人们又进一步开发了溅射速率较高的三极溅射和射频溅射等技术。溅射现象指的是固体或液体受到适当的高能粒子（通常为离子）轰击时，其中的原子从粒子碰撞中获得足够的能量，进而从表面逃逸的现象，其原理如图 4-16 所示。溅射现象除了用于镀膜外，也可以用于固体的离子清洁处理表面污染层和溅射刻蚀。

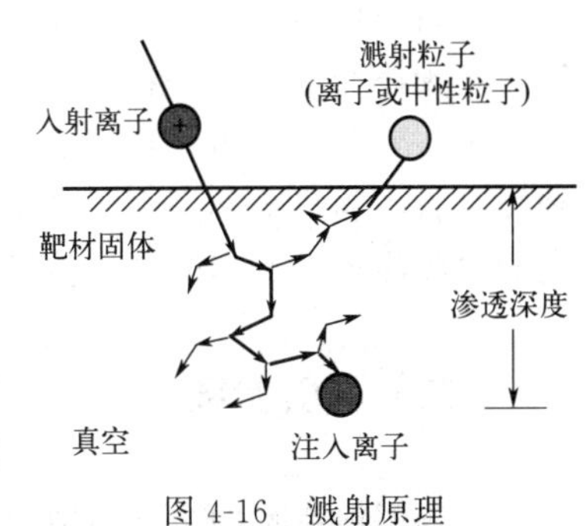


图 4-16 溅射原理

溅射沉积技术制备的薄膜具有结合力强、溅射密度高、孔隙少和可控性好等特性，广泛用于硬质工具、彩色装饰、建筑用玻璃、平面显示器、集成电路和半导体器件等领域的薄膜制备。溅射沉积技术与其它薄膜沉积方法相比具有如下优点：①膜层材料选择范围广，可用于真空蒸发镀膜工艺难以气化的高熔点金属、合金和化合物成膜；②可实现大面积的溅射沉积，粒子在飞行过程中会不断发生碰撞，与真空蒸发镀膜相比，其沉积面积更大，更均匀；③溅射出来的粒子能量约为几十电子伏特，比蒸发镀膜粒子的能量大，所以薄膜/基材结合力较好，成膜较为致密。溅射可以在任何材料的基片上沉积任何材料的薄膜，因此在新材料、新功能应用、新器件制作等方面起着举足轻重的作用。本节主要介绍了溅射镀膜的基本原理、设备工艺、溅射镀膜的方式以及一些实际的应用。

## 一、溅射沉积基本原理

入射高能离子轰击靶材表面会发生一系列物理、化学现象，包括以下三类：①表面粒子运动。靶材表面产生原子或分子溅射，正、负离子发射，二次电子发射，杂质（气体）原子解吸附或分解，溅射原子返回，光子辐射，等等。②表面物理、化学反应变化，如刻蚀、加热、清洗、化学分解或化合反应。③材料表面层的变化。材料表面层发生结构损伤（点缺陷、线缺陷）、扩散共混、碰撞级联、非晶化离子注入和化合相等。

实际上，当物体置于等离子体中，且表面具有一定的负电位时，就会发生溅射现象，只需要调整相对等离子体的电位，就可以获得不同程度的溅射效应，从而实现溅射清洗、溅射刻蚀或溅射镀膜及辅助沉积过程。为了更深入地了解这个过程，需要首先理解相关的物理概念。

### （一）溅射机理

溅射是一个复杂的物理过程，主要的特性是以动量传递的方式将材料激发为气态，本质特点为由辉光放电提供高能或中性粒子。动量转移理论认为溅射过程完全是粒子动能的交换过程，入射粒子轰击靶材表面，把动能传递给靶表面的原子，获得动能的表面原子再向靶内部原子传递，经过一系列的碰撞过程即级联碰撞，使部分原子获得足够的能量，克服表面势垒（结合能），逸出靶面成为溅射粒子。在溅射过程中，入射粒子的能量传输到飞溅出来原子上的能量大约只有初始的1%，大部分能量在级联碰撞的过程中被消耗在靶的表层中，并转化为晶格的热振动。飞溅出来的原子基本上来自靶材表面零点几纳米的浅表层，因此通常认为靶材溅射时原子是从表面开始剥离的。具体而言，溅射是通过低真空高电压产生等离子体，实现辉光放电，并在一定条件下实现放电自持，即产生的等离子体中的正离子（通常是氩离子）不断地轰击靶材，实现溅射，并维持溅射过程持续进行。辉光放电方式不同，溅射种类也就不同，如利用直流产生辉光放电的直流二极溅射、三极溅射，利用射频产生辉光放电的射频溅射，利用磁场调控溅射粒子运动轨迹的磁控溅射等。

### （二）溅射参数

影响溅射特性的主要参数有溅射率、溅射粒子的能量和速度等。

### 1. 溅射率

溅射率又称溅射产额或溅射系数，是指平均每个入射离子能从阴极靶上打出的原子个数，一般用 $S$（原子/离子）表示。溅射率是衡量溅射过程进行程度的重要参数，它直接影响到溅射膜的性能和质量。对于溅射沉积多种元素的工艺而言，确定了不同元素的溅射率比值，就可以确定沉积的薄膜原子比，因此了解元素溅射率对于获得准确原子比的薄膜具有重要的意义。表 4-2 列出了常用靶材的溅射率，一般为 $10^{-1}$～10 个原子/离子范围。溅射率 $S$ 的大小与靶材原子的种类和结构以及溅射气体的压强有关，也与轰击粒子的类型、入射角和能量有关，但与溅射时靶材表面发生的分解、扩散、化合等状况无关，同时在很宽的温度范围内与靶材的温度也无关。

**表 4-2　常用靶材溅射率**

| 靶材 | 阈值/eV | $Ar^+$ 能量/eV | | | 靶材 | 阈值/eV | $Ar^+$ 能量/eV | | |
|---|---|---|---|---|---|---|---|---|---|
| | | 100 | 300 | 600 | | | 100 | 300 | 600 |
| Ag | 15 | 0.63 | 2.20 | 3.40 | Ni | 21 | 0.28 | 0.95 | 1.52 |
| Al | 13 | 0.11 | 0.65 | 1.24 | Si | — | 0.07 | 0.31 | 0.53 |
| Au | 20 | 0.32 | 1.65 | — | Ta | 26 | 0.10 | 0.41 | 0.62 |
| Co | 25 | 0.15 | 0.81 | 1.36 | Ti | 20 | 0.081 | 0.33 | 0.58 |
| Cr | 22 | 0.30 | 0.87 | 1.30 | V | 23 | 0.11 | 0.41 | 0.70 |
| Cu | 17 | 0.48 | 1.59 | 2.30 | W | 33 | 0.068 | 0.40 | 0.62 |
| Fe | 20 | 0.20 | 0.76 | 1.26 | Zr | 22 | 0.12 | 0.41 | 0.75 |
| Mo | 24 | 0.13 | 0.58 | 0.93 | | | | | |

#### （1）溅射能量阈值

溅射能量阈值是使靶材产生溅射的入射离子的最小能量，当溅射能量小于或等于此能量值时，靶材不会发生溅射。如当 Ar 离子对 Cu 靶进行轰击溅射时，可以发现其能量阈值在 10～20eV 范围内，即当溅射能量阈值小于 10eV 时，Cu 靶不会产生溅射。表 4-3 列出了部分金属的溅射能量阈值，不同金属靶材的溅射能量阈值有差异。

**表 4-3　部分金属的溅射能量阈值**　　　　单位：eV

| 金属 | Ne | Ar | Kr | Xe | Hg | 热升华 | 金属 | Ne | Ar | Kr | Xe | Hg | 热升华 |
|---|---|---|---|---|---|---|---|---|---|---|---|---|---|
| Be | 12 | 15 | 15 | 15 | — | — | Ti | 22 | 20 | 17 | 18 | 25 | 4.40 |
| Al | 13 | 13 | 15 | 18 | 18 | — | V | 21 | 23 | 25 | 28 | 25 | 5.28 |
| Cr | 22 | 22 | 18 | 20 | 23 | 4.03 | Pb | 20 | 20 | 20 | 15 | 20 | 4.08 |
| Fe | 22 | 20 | 25 | 23 | 25 | 4.12 | Ag | 12 | 15 | 15 | 17 | — | 3.35 |
| Co | 20 | 25 | 22 | 22 | — | 4.40 | Ta | 25 | 26 | 30 | 30 | 30 | 8.02 |
| Ni | 23 | 21 | 25 | 20 | — | 4.41 | W | 35 | 33 | 30 | 30 | 30 | 8.80 |

续表

| 金属 | Ne | Ar | Kr | Xe | Hg | 热升华 | 金属 | Ne | Ar | Kr | Xe | Hg | 热升华 |
|---|---|---|---|---|---|---|---|---|---|---|---|---|---|
| Cu | 17 | 17 | 16 | 15 | 20 | 3.53 | Re | 35 | 35 | 25 | 30 | 35 | — |
| Ge | 23 | 25 | 22 | 18 | 25 | 4.07 | Pt | 27 | 25 | 22 | 22 | 25 | 5.60 |
| Zr | 23 | 22 | 18 | 25 | 30 | 6.14 | Au | 20 | 20 | 20 | 18 | — | 3.90 |
| Nb | 27 | 25 | 26 | 32 | — | 7.71 | Th | 20 | 24 | 25 | 25 | — | 7.07 |
| Mo | 24 | 24 | 28 | 27 | 32 | 6.15 | U | 20 | 23 | 25 | 22 | 27 | 9.57 |
| Rh | 25 | 24 | 25 | 25 | — | 5.98 | Ir |  | (8) |  |  |  | 5.22 |

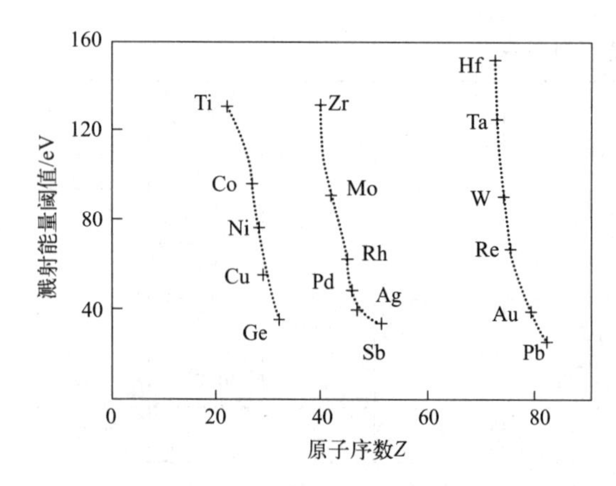


图 4-17　$Hg^+$ 轰击不同原子序数的靶材时溅射能量阈值的变化

溅射阈值的大小与离子质量之间无明显关系，主要取决于靶材料。在相同条件下，用汞离子轰击不同原子序数的靶材时，在同一周期的靶材随着原子序数增大，能量阈值减小，周期性的数值涨落在 40～130eV 之间，如图 4-17 所示。

### （2）溅射率和入射离子能量的关系

低于溅射能量阈值的离子入射靶材几乎不会产生溅射现象，离子能量超过阈值后，才能产生溅射。图 4-18 为溅射率与入射离子能量之间的典型关系曲线，该曲线可分为三个区域：即起初入射离子能量低于能量阈值时，溅射率为零；随着入射离子能量增大溅射率呈指数上升，其后出现一个线性区域，并逐渐达到一个平坦区域，此为饱和态区域；当入射离子能量更高时，溅射率随着入射离子能量增大而逐渐减小，这是因为离子能量过高会引发离子注入效应，导致溅射率下降。用 $Ar^+$ 轰击 Cu 时，离子能量与溅射率的关系如图 4-19 所示。当能量范围扩大到 100keV 时，曲线可以分为三部分：几乎没有溅射的低能区；溅射率随离子能量增大的区域（溅射能量范围为 70eV 到 10keV），用于溅射镀膜的能量大部分在此区域；30keV 以上，由于产生了离子注入效应，溅射率随着离子能量增加而下降。

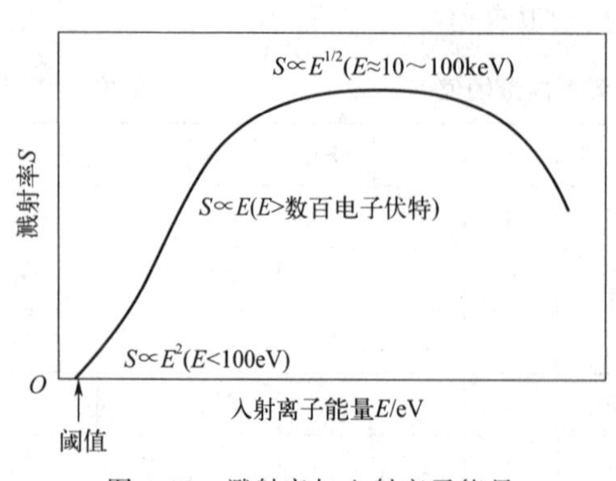


图 4-18　溅射率与入射离子能量之间的典型关系曲线

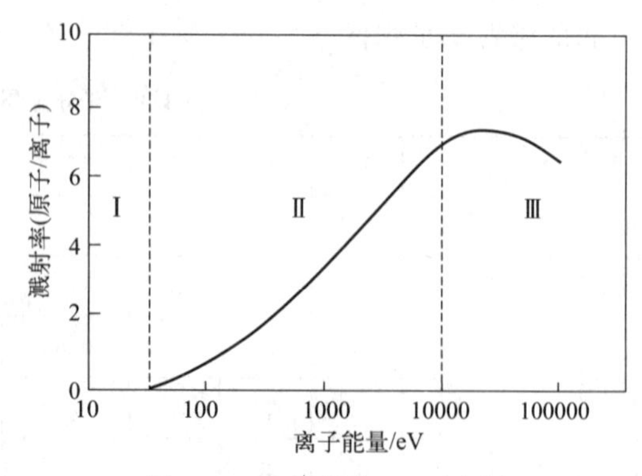


图 4-19　$Ar^+$ 轰击 Cu 时离子能量与溅射率的关系

（3）溅射率与轰击离子种类的关系

随着入射离子质量的增大，靶材溅射率保持总的上升趋势，但存在周期性起伏，而且与元素周期表的分组吻合。稀有气体元素离子，如 Ne、Ar、Kr、Xe、He 在同一周期内具有最大的离子质量，因此采用稀有气体元素离子轰击靶材的溅射率相对较高。图 4-20 是 Ag、Cu、Ta 三种金属靶材的溅射系数与轰击离子原子序数之间周期性关系的实验数据。一般经常采用氩气作为溅射的气体，使氩气电离为 Ar 离子，并在电场加速作用下使 Ar 离子轰击阴极靶。

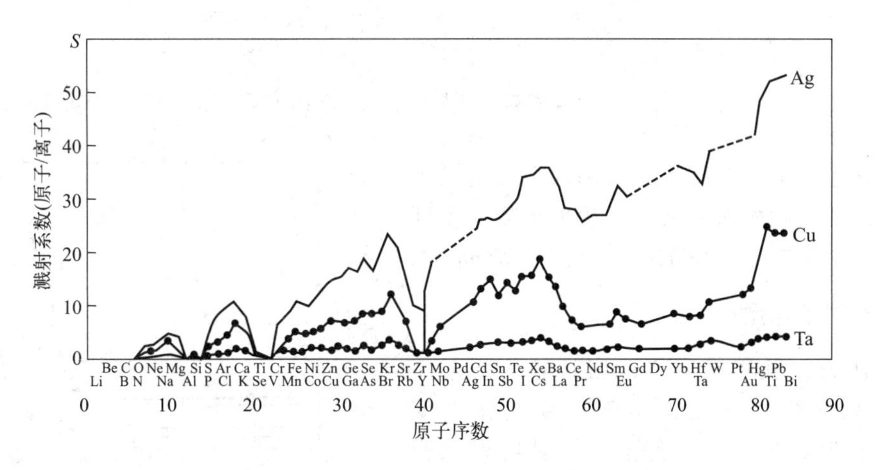


图 4-20　Ag、Cu、Ta 三种金属靶材的溅射系数与轰击离子原子序数之间的关系

（4）溅射率与靶材原子序数的关系

用同一种入射离子（例如 Ar 离子），在同一能量范围内轰击不同原子序数的靶材，其溅射率呈现出与溅射能量的阈值相似的周期性涨落，见图 4-21 所示。

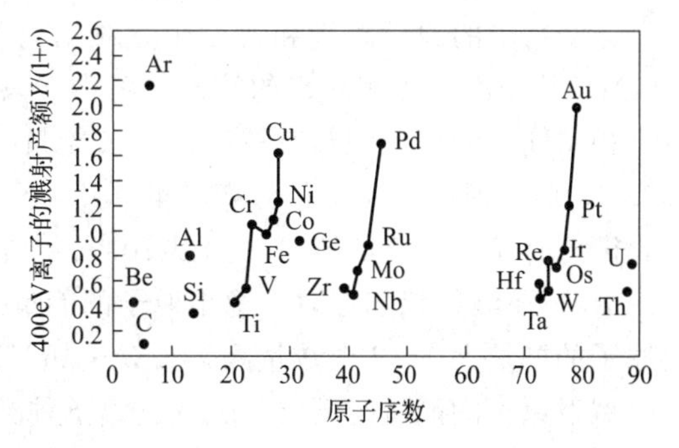


图 4-21　各种靶材的溅射系数（Ar 离子轰击）

（5）溅射率与离子入射角的关系

入射角是指离子入射方向与靶材表面法线之间的夹角，如图 4-22（a）所示；溅射率与离子入射角的关系如图 4-22（b）所表示。垂直入射时，$\theta=\theta_0$。当 $\theta$ 逐渐增加时，溅射率 $S(\theta)/S(\theta_0)$ 也增加；当 $\theta$ 达到 70°～80°时，溅射系数最大；当 $\theta$ 大于 80°以后，$S(\theta)/S(\theta_0)$ 急剧减小，直至为零。不同靶材的溅射率 S 随入射角变化情况是不同的。对于 Mo、Fe、Ta 等溅射率较小的金属，入射角对 S 的影响较大，而对于 Pt、Au、Ag、Cu 等溅射率较大的金属，影响较小。

（6）溅射率与工作气体压强的关系

在气体工作压强较低时，溅射率不随压强变化，在工作压强较高时，溅射率随压强增大

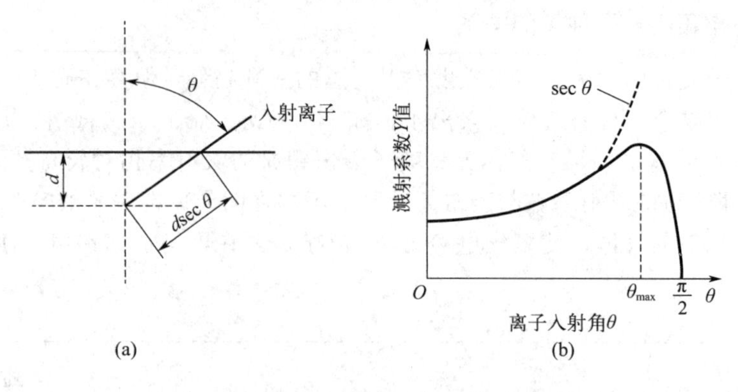


图 4-22 溅射系数与离子入射角的关系

而减小。这是由于工作气体压强高时，溅射粒子与气体分子发生碰撞而返回阴极表面所致。实际溅射过程中工作气体压强在 0.3～0.8Pa 之间。

(7) 溅射率与温度的关系

一般认为在和靶材升华能密切相关的某一温度范围内，溅射率几乎不随温度变化而变化，当靶材温度超过这一范围时，溅射率急剧上升。图 4-23 为各种靶材溅射率与温度的关系曲线。

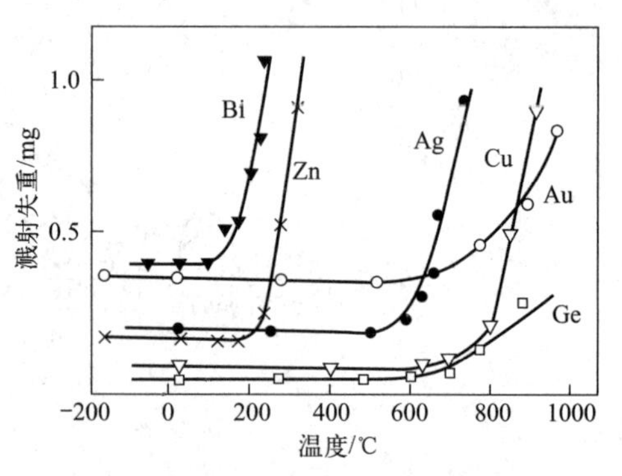


图 4-23 各种靶材溅射率与温度的关系曲线（$Xe^+$ 轰击，轰击能量 45keV）

## 2. 溅射粒子的能量和速度

被溅射出的原子能量和速度也是溅射特性的重要物理参数。轰击离子的能量为 100～500eV，从靶面上被溅射出的粒子，离化态只占约 1%，大部分粒子是单原子态。与真空蒸发沉积不同，溅射沉积具有较高的粒子能量。通常，由蒸发源蒸发出的原子能量为 0.04～0.2eV，而溅射出的原子是与高能量（几百至几千电子伏特）入射离子交换动量而溅射出来的，因此有相对较高的能量。如以 1000eV 加速的 $Ar^+$ 溅射铝等轻金属，逸出原子的能量约为 10eV，而溅射钨和铂时，逸出原子的能量约为 35eV。一般认为，溅射原子的能量比热蒸发原子的能量大 1～2 个数量级，为 5～10eV。

溅射原子的能量与靶材料、入射离子种类和能量以及溅射原子的逸出方向等都有关系。图 4-24 为热蒸发铜粒子和溅射铜粒子的速度分布曲线，纵坐标是单位速度区间的粒子数（任意单位）。蒸发和溅射粒子的速度（能量）分布符合 Maxwell 分布。溅射出的铜粒子速度（能量）明显高于蒸发粒子的速度。图 4-25 给出了不同加速电压下 $He^+$ 轰击 Cu 靶后溅射出 Cu 原子的速度分布图，随着能量的增加，Cu 原子的能量范围在增大，数量也在增加。当入射离子正向轰击多晶或非晶靶时，溅射原子在空间的角分布大致符合余弦分布，如图 4-26 所示。但当入射离子倾斜入射靶材时，溅射出的原子的空间分布则不符合余弦分布规律，而是在入射离子反射方向下溅射出的原子密度最大，如图 4-27 所示。

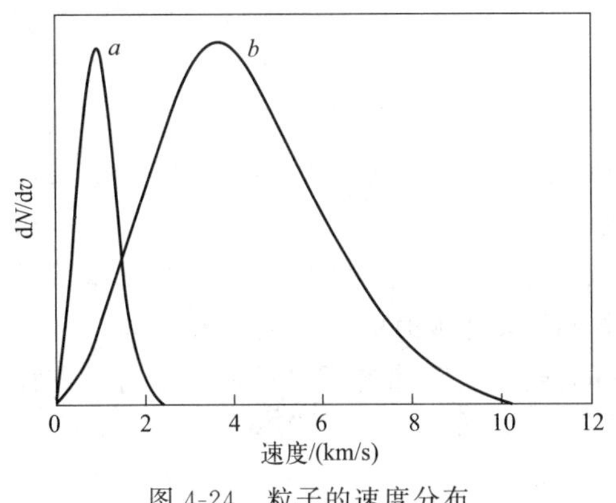

图 4-24 粒子的速度分布
*a* 蒸发铜粒子；*b* 溅射铜粒子

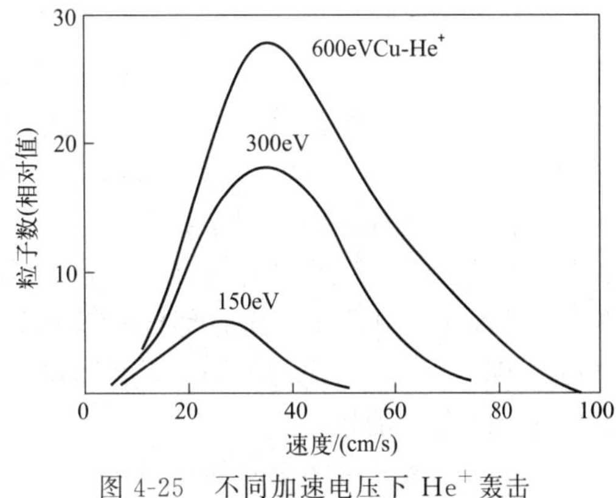

图 4-25 不同加速电压下 $He^{+}$ 轰击 Cu 靶后溅射 Cu 原子的速度分布

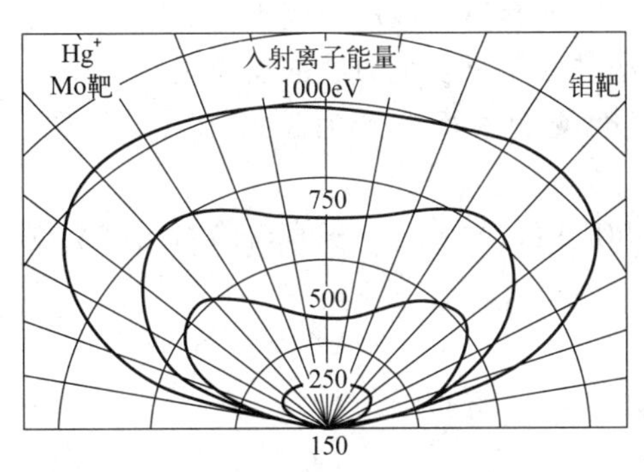

图 4-26 溅射原子的角分布（垂直入射，$Hg^{+}$ 能量 100～1000eV）

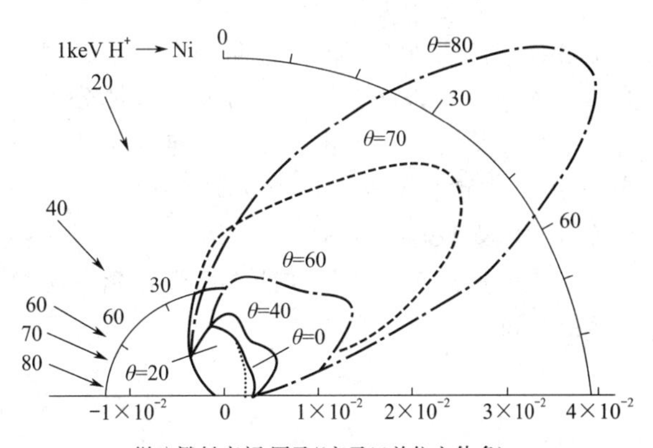

图 4-27 1000eV 的 $H^{+}$ 斜向入射 Ni 靶材时溅射原子的角分布

## 二、不同的溅射沉积技术

溅射沉积技术种类繁多，根据电极结构可分为二极溅射、三极溅射、四极溅射，此外还有射频溅射、磁控溅射、多靶共溅射以及反应溅射等。相对于其它镀膜方式，溅射沉积技术可以溅射任何材料，包括高熔点金属；溅射薄膜与基片结合良好，获得的薄膜纯度高，致密性好；工艺重复性好，膜厚可控，可大面积沉积厚度均匀薄膜，且薄膜成分接近原材料；不同材料溅射沉积薄膜成分的差别具有固定值，可以控制；靶材为大块块材，无须特殊处理，适合高真空工艺；靶材无须加热，可与反应气体如氧气共存。在溅射镀膜过程中，可以调节并需要优化的实验参数有电源功率、工作气体流量与压强、基片温度、基片偏压等。

### （一）二极溅射

二极溅射因溅射发生在阴极上，又称阴极溅射。是由溅射靶（阴极）和基片（阳极）两极构成，其原理如图 4-28 所示。在二极溅射中，阴极靶由膜料制成，工作时，先将真空室抽至 $10^{-3}$Pa，然后通入 Ar，使之维持 1～10Pa，接通电源使阴阳极之间产生异常辉光放电，形成等离子区，使带正电的 $Ar^+$ 受到电场加速轰击阴极靶，从而使靶材产生溅射。阴极靶与基片之间最佳距离为大于阴极暗区的 3～4 倍。

直流二极溅射结构简单，工艺控制较为容易，三个主要工艺参量是工作压力 $p$、电压 $U$、电流 $I$。一旦其中两个参数固定，第三个也就固定了，操作时重复性很好。但直流二极溅射也有不足之处，即溅射参数不易独立控制，放电电流易随气压变化；片板在沉积过程中温度升高较严重，沉积速率较低；靶材必须是良导体。为了克服这些缺点，可采取如下措施：设法在 $10^{-1}$Pa 以上真空度产生辉光放电，同时形成满足溅射的高密度等离子体；加强靶的冷却，在减少热辐射的同时，尽量减少或减弱由靶放出的高速电子对基片的轰击；选择适当的入射离子能量。

此外，直流二极溅射只能在较高的气压下进行，辉光放电是靠离子轰击阴极所发出的次级电子维持的。如果气压降到 1.3～2.7Pa 时，则暗区扩大，电子自由程增加，等离子密度降低，辉光放电便无法维持，而过高的气压往往会使得气体分子进入薄膜中，影响薄膜纯度和镀膜质量。另外，直流二极溅射存在金属靶材的“靶中毒”的问题。在镀膜的过程中金属靶材表面受到轰击活性较高，容易与气体分子产生反应，当介质生成的速度大于溅射的速度时，会生成绝缘层，轰击粒子受到绝缘层的阻挡，无法进入靶材发生后续的反应溅射。例如当采用 Ti 为靶材，氮气作为反应气体时，一段时间之后靶材表面会产生 TiN 形成绝缘层，从而使得溅射反应终止。

直流二极溅射在生产实践中已经得到广泛的研究和应用，如通过二极直流溅射的方法制备 In-Sn 和 Ag-Pd 薄膜等。

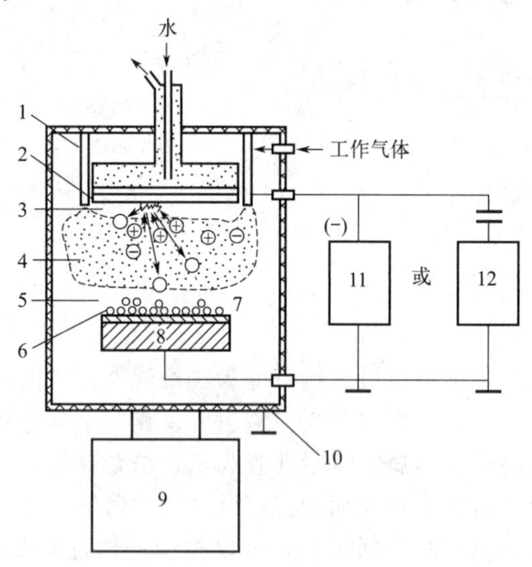


图 4-28　二极溅射装置

1—接地屏蔽；2—水冷屏蔽；3—阴极暗区；4—等离子体；5—阴极鞘层；6—溅射原子；7—基片；8—阳极；9—真空泵；10—真空室；11—直流电源；12—射频电源

## （二）三（四）极溅射

对直流二极磁控溅射进行改进，形成三极或四极溅射，简称三（四）极溅射，可以解决直流二极磁控溅射气压较高的问题。它是在真空室内附加一个热阴极，可使电子与阳极作用产生等离子体。同时使靶材对于该等离子体为负电位，用等离子体中正离子轰击靶材而进行溅射，从而使靶材沉积在基片上。三极溅射的放电气压可为 0.1～1Pa，放电电压为 1000～2000V，电流密度可达约 $2mA/cm^2$，镀膜速率为二极溅射的两倍，其结构示意图如图 4-29 所示。如果再加入一个稳定电极使放电更稳定，称为四极溅射。

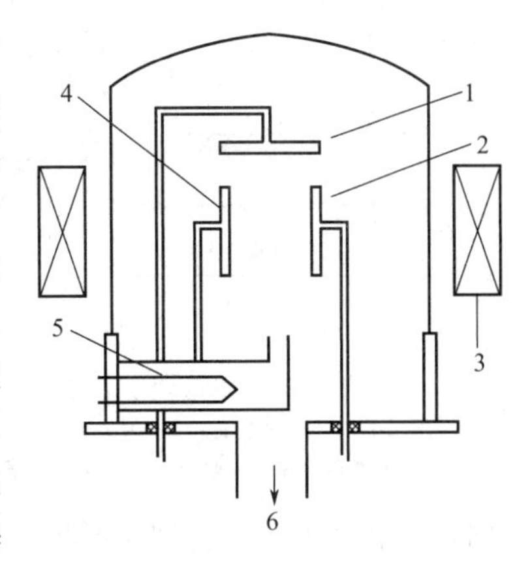


图 4-29　三极溅射结构

1—阳极；2—基片；3—线圈；4—靶；5—灯丝；6—接真空泵

三（四）极溅射的靶电流主要取决于阳极电流，这使得靶电流可以不随电压而变。因此，靶电流和靶电压可以互相独立调节，从而克服了二极溅射的缺点。三极溅射在一百伏到数百伏的靶电压下也能工作，较低的靶电压对基片溅射损伤小，适合用来作半导体器件。此外，溅射率可由热阴极发射电流控制，这提高了溅射参数的可控性和工艺重复性。三（四）极溅射也存在缺点：由于电子由热丝发射，难以获得大面积均匀等离子体，不适于处理尺寸较大的工件；不能控制由靶产生的高速电子对基片的轰击，特别是高速溅射情况下，基片的温度会比较高；灯丝寿命短，存在灯丝不纯物对膜的污染。目前三极溅射法已经大规模应用于半导体行业，如在 $2.5\times10^{-1}$Pa 的氩气氛围、溅射电压 400V、玻璃基片温度为 250℃下溅射 2h，可生长出优质的 $CuInS_2$ 薄膜。

### （三）射频溅射

直流溅射系统一般只能用于良导体靶材的溅射，而射频溅射则适用于绝缘体、导体、半导体等任何一类靶材。对于直流溅射，如果靶材是绝缘材料，在正离子的持续轰击下，靶材表面会不断地积累正电荷，从而使电位上升。靶材电位上升会使离子加速电场逐渐降低，直至放电无法继续，最后辉光放电会停止。

为了解决直流溅射的问题，可以采用交流射频溅射进行绝缘靶的溅射，即在高频交变电场作用下，在靶材表面上建立起负偏压，从而实现多种靶材的低压溅射。这种工艺的原理是，当靶材上的正弦交变电压处于正半周期时，由于电子质量比离子质量小，故电子的迁移率比离子高，在短时间内飞向靶材，中和其表面累积的正电荷，并且在靶材表面迅速积累大量电子，使靶材表面呈负电位，吸引正离子继续轰击靶表面产生溅射。实现了正、负半周中，均可产生溅射。这样一来，它克服了直流溅射只能溅射导体材料的缺点，可以溅射沉积绝缘膜。另外，在射频溅射工艺中，正离子富集区正好与直流溅射系统中的布鲁克斯暗区相对应。当频率小于 10kHz 时，正离子富集区不会形成，而用于射频溅射的交变电场频率一般采用 13.56 MHz。值得注意的是，由于射频场加在两个电极间，作为无序碰撞结果而从两极间逃逸的电子将不会在射频场中振荡。因此，这些电子将不能得到足够高的能量以使气体离化，最终损失在辉光区中。但是，如果在平行于射频场方向上施加磁场，磁场将限制电子使之不会损失在辉光区，进而改善射频放电效率。因此，磁场对于射频溅射更为重要。

射频溅射不需要用次级电子来维持放电。但是，当离子能量高达数千电子伏时，绝缘靶上发射的电子数量也相当大，由于靶具有较高的负电位，电子通过暗区得到加速，将成为高能电子，轰击基片，导致基片发热、带电并影响镀膜质量。所以，必须将基片放置在不直接

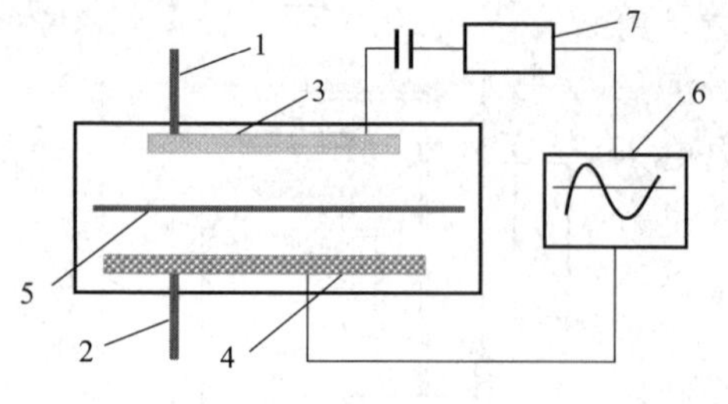

图 4-30　射频溅射装置
1—热装置；2—冷装置；3—基片；4—靶材；
5—挡板；6—射频源；7—匹配网络

受次级电子轰击的位置上，或者利用磁场使电子偏离基片。射频溅射的特点是除了能溅射沉积导体、半导体、绝缘体在内的几乎所有材料外，所需要的放电气压低，避免了气体的污染问题。射频溅射的缺点主要集中在射频电源上：电源价格昂贵，设备成本大；电源最大功率受到限制；射频设备需要进行额外的辐射防护。射频溅射装置如图 4-30 所示，主要包括热/冷装置、基片、靶材、射频源以及匹配网络。射频溅射系统的外貌几乎与直流溅射系统相同，二者最主要的差别是射频系统需要在电源与放电室间配备阻抗配网。

射频溅射的电子产生效率高，放电气体少，氩气进入薄膜的少，薄膜内应力较小，沉积压力大且沉积速率快，适用于制备非金属薄膜材料，对于金属靶材，在溅射过程中电子无法在金属表面积累，会由金属靶材传导至接地端，导致负偏压逐渐减小，而负偏压对溅射来说是必需的，因此这种现象影响溅射工作正常进行。通过在射频源在溅射金属靶材过程中的金属电极上配备耦合电容器，构成“通交流阻直流”的效果，从而阻断金属靶材上的电子传导至接地端的路径，在靶表面形成稳定的负偏压，可以实现金属靶材的射频溅射。对于射频功率为 1kW 的射频系统，许多金属薄膜的沉积率可达到 100nm/min。另外，射频溅射可在大面积基片上沉积薄膜，因此从经济角度考虑，射频溅射镀膜在实际生产中具有重要的意义。事实上，射频溅射薄膜已在各个领域得到了广泛的应用。

## （四）磁控溅射

磁控溅射是通过施加磁场来改变电子的运动方向，并束缚和延长电子的运动轨迹，进而提高电子对工作气体的电离效率和溅射沉积率的一类溅射沉积技术。

上面介绍的几种溅射沉积技术，主要有两个缺点：第一，薄膜的沉积速率比较低，特别是阴极溅射，其放电过程中只有 0.3%～0.5%的气体分子被电离。第二，溅射时气压较高，根据辉光放电基本原理，为了使溅射持续下去，需要有一定的气体维持放电自持，因此气压不能太低。但另一方面，气压过高会影响薄膜质量，因为惰性气体可能会进入薄膜，同时会影响溅射原子的沉积。因此，如何在低气压下维持放电自持，实现持续溅射，是高质量薄膜溅射沉积首先要解决的问题。而要在低气压下实现溅射沉积，有两种解决方式：一种是提供额外的电子，如三极溅射；另一种是提高气体的离化率。磁控溅射就是利用磁场改变带电粒子运动轨迹，提高等离子体密度，维持低气压下的放电自持，同时极大地增加溅射率，是一种高速低温溅射技术。在磁控溅射中运用了正交电磁场，使离化率提高到 5%～6%，溅射速率比三极溅射高 10 倍左右，沉积速率可达每分钟几百至两千纳米。

磁控溅射工作原理如图 4-31 所示，电子 $e^-$ 在电场 $\vec{E}$ 的作用下，在飞向基片的过程中与 Ar 原子发生碰撞，使其电离成 $Ar^+$ 和一个电子 $e^-$，电子 $e^-$ 飞向基片，$Ar^+$ 在电场的作用下加速飞向阴极靶，并以高能量轰击靶表面，溅射出中性靶原子或分子沉积在基片上形成薄膜。从靶材中溅射出的二次电子 $e_1^-$，一旦离开靶面，就同时受到电场和磁场作用，进入负辉区则只受磁场作用。于是，靶表面发射出的二次电子 $e_1^-$，首先在阳极暗区受到电场加速飞向负辉区。进入负辉区的电子具有一定速度，并且是垂直于磁力线运动的，在 Lorentz 力

$F=q\times(\vec{E}+v\times\vec{B})$ 的作用下，绕磁力线旋转。电子旋转半圈后重新进入阴极暗区，受到电场减速。当电子接近靶平面时速度降为零。然后电子在电场作用下再次飞离靶面，开始新的运动周期。电子就这样跳跃式地向 $\vec{E}\times\vec{B}$ 所指方向漂移，如图 4-31 所示，因此，在正交电磁场作用下的运动轨迹近似一条摆线。若为环形磁场，则电子就近似摆线形式在靶表面做圆周运动。二次电子在环形磁场的控制下，运动路径很长，增加了与气体碰撞电离的概率，从而实现高速率沉积。同时，受正交电磁场束缚的电子，只能在能量耗尽时才沉积在基片上，因此降低了基片受到电子高能轰击产生的温升。综上所述，磁控溅射具有“低温”“高速”两大特点。然而，磁控溅射也存在一定的缺点。首先，因电子运动受磁场控制，靶材往往只能呈环形溅射，产生不均匀冲蚀的现象，如图 4-32 所示，中心和边缘的靶材物质无法得到有效利用，典型的磁控溅射靶材利用率只有 20%～30%。另外，当铁磁性材料（Fe、Co、Ni 等）作为溅射靶材时，由于铁磁性材料具有高的磁导率，吸引磁力线会在磁场与等离子体之间形成磁屏蔽作用，导致溅射过程中等离子体无法与磁场接触，使得磁控溅射的效果不佳。这种现象需要通过减小铁磁性靶材厚度、增大磁场强度等措施解决。

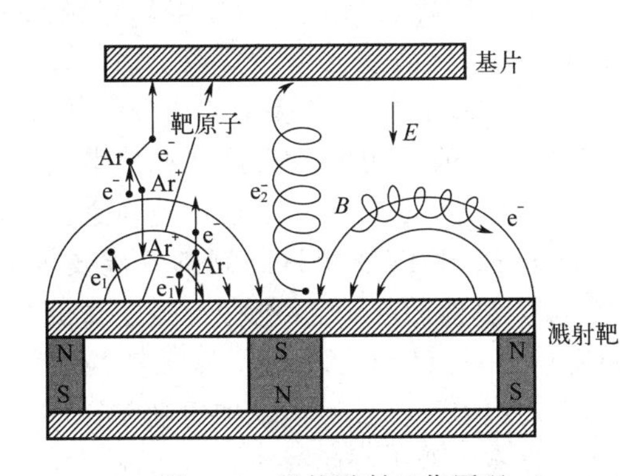


图 4-31　磁控溅射工作原理

图 4-32　靶材不均匀冲蚀现象

磁控溅射源类型主要有柱状磁控溅射源、平面磁控溅射源（分为圆形靶和矩形靶）和 S 枪溅射源等。

除了上述的种类外，磁控溅射还包括对靶溅射和非平衡磁控溅射。对靶溅射是将两只靶相对安置，所加磁场和靶面垂直，且磁场和电场平行，如图 4-33 所示。等离子体被约束在磁场及两靶之间，避免了高能电子对基片的轰击，使基片温升减小。通常，对靶溅射可以用来制备 Fe、Co、Ni 等磁性薄膜。

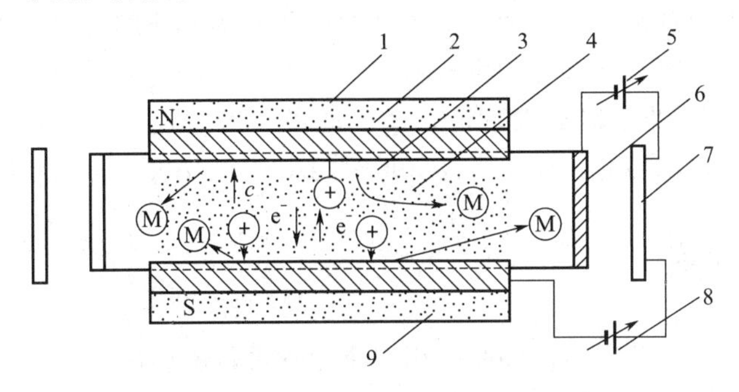


图 4-33　对靶溅射原理

1，9—永磁体；2—靶；3—靶面；4—等离子体；5—高频电源；6—阳极；7—基片；8—高频电源

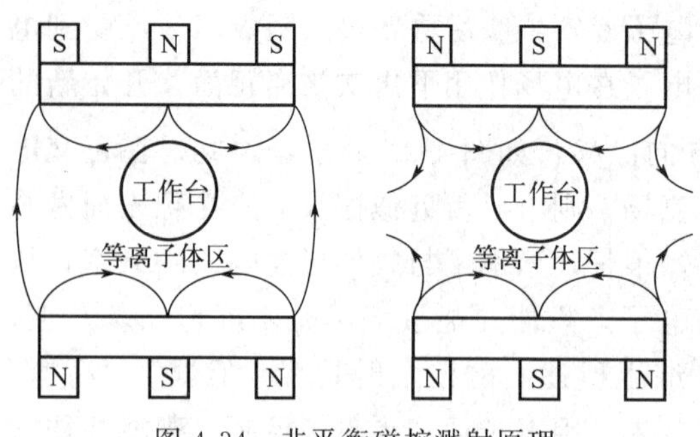


图 4-34　非平衡磁控溅射原理

非平衡磁控溅射是指磁控溅射阴极内、外两个磁极端面的磁通量不相等，其特征在于溅射系统中约束磁场所控制的等离子区不仅限于靶面附近，而且扩展到基片附近，形成大量离子轰击，直接影响基片表面的溅射成膜过程，如图 4-34 所示。

影响磁控溅射的主要参数有溅射电流、压强和基片的温度与偏压等。其中溅射电流影响薄膜的生长，压强和基片温度影响薄膜的致密性和晶体性，基片偏压影响薄膜结构和化学配比。

磁控溅射不仅可以增加溅射速率，而且在溅射金属时还可避免二次电子轰击而使基片保持冷态，这对使用单晶和塑料基片具有重要意义。同时磁控溅射的设备简单、易于控制、镀膜面积大和附着力强，且磁控溅射电源可为直流也可为射频，故能制备各种材料的薄膜，广泛应用于金属、半导体、绝缘体等多材料的制备，如磁性薄膜 FePt、半导体 ITO 薄膜和 Ta 薄膜等。例如，ITO 薄膜是一种 n 型半导体薄膜，具有较高导电率、高透光性，被广泛用于液晶显示器、等离子显示器中的透明电极中。但是，由于 ITO 薄膜主要成分为氧化锡/氧化铟材料，并且对沉积质量要求较高，因此在工业中一般采用射频磁控溅射技术制备。以前，国内由于 ITO 靶材和工艺的限制，无法自主生产大尺寸的显示面板，日韩企业把握着 ITO 靶材的生产和销售。2015 年，郑州大学实现了 32 寸 ITO 靶材的制备关键技术突破，打破了日韩企业的技术垄断。由于国内技术的突破，迫使国际 ITO 靶材大幅度降价，企业生产 ITO 薄膜的成本也显著降低。随着工业的需求和表面技术的发展，新型磁控溅射如高速溅射、自溅射等已成为目前磁控溅射领域新的发展趋势。高速溅射能够得到大约每分钟几个微米的高速率沉积，可以缩短溅射镀膜的时间，提高工业生产的效率，有可能替代目前对环境有污染的电镀工艺。当溅射率非常高，以至于在完全没有惰性气体的情况下也能维持放电，即用离子化的被溅射材料的蒸气来维持放电，这种磁控溅射被称为自溅射。被溅射材料的离子化以及减少甚至取消惰性气体，会明显地影响薄膜形成的机制，强化沉积薄膜过程中合金化和化合物形成中的化学反应，由此可能制备出新的薄膜材料，发展新的溅射技术，例如在深孔底部自溅射沉积薄膜。高速溅射和自溅射的特点在于较高的靶功率密度 $W_t=P_d/S>50\mathrm{W/cm^2}$（$P_d$ 为磁控靶功率，$S$ 为靶表面积）。在特殊的环境才能保持高速溅射，如足够高的靶源密度、靶材有足够的产额和溅射气体压力，并且要获得最大气体的离化率。限制高速沉积薄膜的最大问题是溅射靶的冷却。高的沉积速率意味着高的粒子流飞向基片，导致沉积过程中大量粒子的能量被转移到生长薄膜上，引起沉积温度明显增加。由于溅射离子的能量大约 70%需要从阴极冷却水中带走，薄膜的最大溅射速率将受到溅射靶冷却的限制。冷却不但靠足够的冷却水循环，还要求良好的靶材导热率及较薄的靶厚度。

## （五）多靶共溅射

多靶共溅射是在一个腔室内，同时采用多个靶材进行溅射沉积实现复合材料薄膜制备的工艺技术。共溅射支持预设材料成分比例，从技术/冶金角度来讲，这是单靶工艺无法实现的。实际案例中，应用一种被称作拼接靶材的特殊靶材。共溅射工艺也支持在不破坏真空的条件下，利用相同的靶材组实现不同的膜层成分，同时可避免增加额外工艺成本。多靶直流共溅射系统示意图见图4-35，主要包括真空排气系统、多靶材料设置系统、惰性气体输入系统以及膜层厚度控制系统。

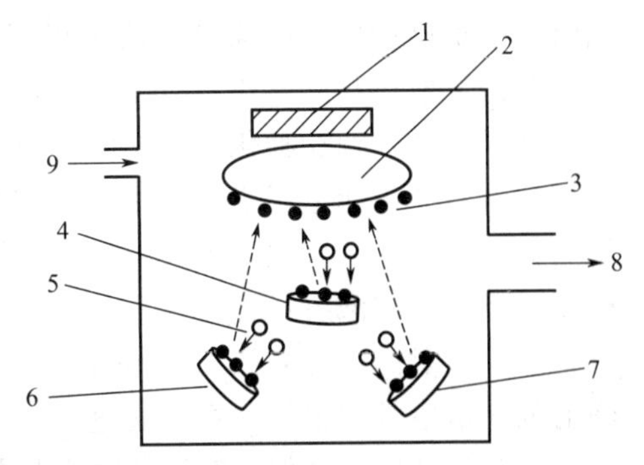


图4-35 多靶直流共溅射系统

1—加热电阻；2—基片；3—挡板；4—靶1；5—靶2；6—靶3；7—靶4；8—接真空泵；9—溅射气体入口

多靶共溅射可用于各种金属薄膜、半导体薄膜、介质薄膜、超晶格薄膜、集成光学薄膜、多层薄膜和薄膜器件的制备。其优点是便于调节材料的组分、制膜种类广泛、沉积速率高、可制备多组分薄膜等优势。随着溅射技术的不断发展和完善，多靶共溅射技术将会有更广泛的应用前景。例如，高通量实验是一种通过同时处理大量样品或数据的实验方法。通过采取多靶共溅射沉积技术，调整各个靶的尺寸和位置，调控溅射出的薄膜成分分布，从而一次获取大量不同成分的样品和数据。华南理工大学采用多靶共溅射沉积的方法，通过调整Sm靶、SmCo靶、Co靶的相对位置和角度，在基底上同时获得了成分连续变化的SmCo薄膜，如图4-36所示，结合原位表征技术，如原位X射线衍射、磁光克尔显微镜等，可以高效率地研究SmCo磁性薄膜成分-组织-性能之间的关系。

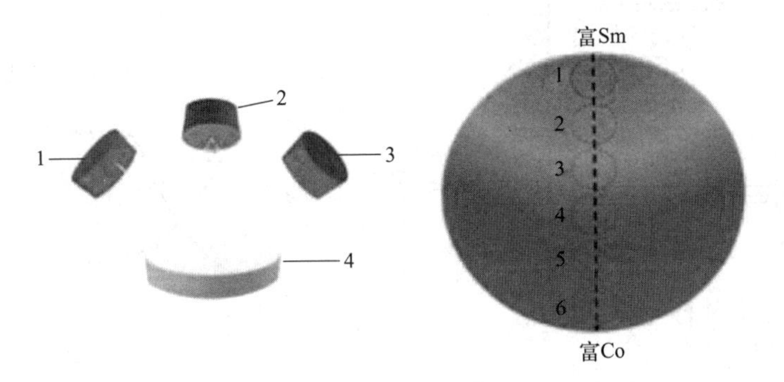


图4-36 通过多靶共溅射沉积技术高通量制备Sm-Co薄膜样品

1—Sm靶；2—SmCo靶；3—Co靶；4—基底

## （六）反应溅射

溅射沉积是一种物理气相沉积技术，但是，也可以通过引入某些活性反应气体与溅射粒子进行化学反应，获得不同于靶材的化合物薄膜，这一方法称为反应溅射。大多数化合物薄膜可以用化学气相沉积法制备，但是物理气相沉积同样也可以制备化合物薄膜。例如在$O_2$中通过溅射反应制备氧化物薄膜，在$N_2$或$NH_3$中制备氮化物薄膜，在$C_2H_2$或$CH_4$中制备碳化物薄膜，等等。

同蒸发一样，反应过程基本上发生在基片表面，气相反应几乎可以忽略。在靶面同时存在着溅射和化合反应生成化合物这两个过程：溅射过程和化合物生成过程。这两个过程的速率决定了反应溅射是否顺利进行。当溅射速率大于化合物生成速率，靶处于金属溅射状态，相反，如果反应气体压强增加或金属溅射速率较小，则反应生成化合物的速率超过溅射速率，靶的溅射过程即停止。有三种因素会导致反应生成化合物的速率高于溅射速率：①靶表面生成了化合物，这种化合物的溅射速率比金属低得多；②化合物的二次电子发射比金属大得多，更多离子能量用于产生和加速二次电子；③反应气体离子溅射速率低于 $Ar^+$ 溅射速率。为了解决这一问题，可以将反应气体和溅射气体分别送至基片和靶材附近，以形成压力梯度，避免反应溅射过程的终止。

反应溅射的机理如图 4-37 所示。反应气体一般有 $O_2$、$N_2$、$CH_4$、$CO_2$、$H_2S$ 等，反应溅射的气压通常都很低，在未被电离的情况下，气相反应不显著。但是，等离子体中电流很高，对反应气体的分解、激发和电离起着重要作用，因而使反应溅射中产生强大的由载能游离原子团组成的粒子流，与溅射出来的靶原子从阴极靶流向基片，在基片上克服薄膜激活能而生成化合物，这就是反应溅射的主要机理。

在很多情况下，只要改变溅射时反应气体与惰性气体的比例，就可改变薄膜性质，如可使薄膜由金属转变为半导体和绝缘体。图 4-38 示出了反应溅射沉积钽膜特性与氮气掺入量的关系，随着氮气分压的增加，薄膜结构发生改变，并且电阻率也随之变化。

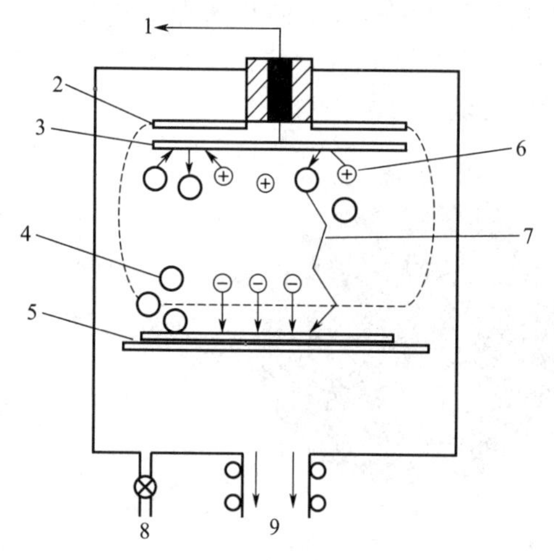


图 4-37 反应溅射机理

1—负高压；2—阳极；3—阴极；4—反应溅射过程；5—基片；6—惰性气体离子；7—溅射原子轨迹；8—入气口；9—真空泵组

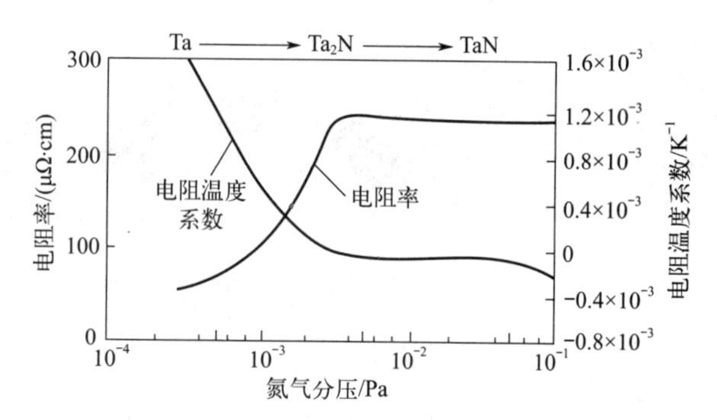


图 4-38 反应溅射镀膜中钽膜特性与氮气掺入量的关系曲线

反应溅射中的靶材可以是纯金属，也可以是化合物。反应溅射也可采用磁控溅射。反应磁控溅射制备化合物薄膜具有以下优点：①有利于制备高纯度薄膜；②镀膜面积大、均匀，有利于工业化生产；③基片温度低，选择范围大；④通过改变工艺参数，可制备化学配比和非化学配比的化合物薄膜，从而可调控薄膜特性。

现在，反应溅射已经应用到许多领域，如建筑镀膜玻璃中的 ZnO、$SnO_2$、$TiO_2$、$SiO_2$ 等；电子工业中使用的透明导电膜 ITO 膜和 ZAO（掺铝氧化锌）膜，$SiO_2$、$Al_2O_3$ 等钝化膜、隔离膜；光化学工业中的 $TiO_2$、$SiO_2$、$Ta_2O_5$ 等。

总体而言，一般制备化合物薄膜的技术主要有直流反应磁控溅射和射频反应溅射。直流反应磁控溅射，它适合溅射金属靶材合成某些化合物薄膜或溅射高阻靶形成化合物薄膜；射频反应溅射适合于溅射绝缘靶合成化合物薄膜。直流反应磁控溅射与射频反应溅射相比，有反应溅射不稳定、工艺过程难以控制、溅射速率低、容易出现靶中毒等不足；而射频反应溅射有阻抗匹配困难、要防止射频泄漏、电源功率不大（10～15kW）、溅射速率低等缺点。

## 三、蒸发沉积和溅射沉积方法的比较

蒸发沉积和溅射沉积作为两种主要的物理气相沉积技术，各有自己的特点。很多薄膜材料既可以用蒸发沉积，也可以用溅射沉积制备。表 4-4 对这两种镀膜方法的原理及特点作了较为详尽的对比。

**表 4-4 溅射沉积与蒸发沉积原理及特点比较**

| 项目 | 溅射沉积 | 蒸发沉积 |
| --- | --- | --- |
| 气相的产生过程 | 1. 离子轰击和碰撞动量转移机制 | 1. 原子的热蒸发机制 |
| | 2. 较高的溅射原子能量（2～30eV） | 2. 低的原子动能（温度 1200K 时约为 0.1eV） |
| | 3. 稍低的溅射速率 | 3. 较高的溅射速率 |
| | 4. 溅射原子运动具有方向性 | 4. 蒸发原子运动具有方向性 |
| | 5. 可保证合金成分，但有的化合物有分解倾向 | 5. 蒸发时会发生元素贫化或富集，部分化合物有分解倾向 |
| | 6. 靶材纯度要求随材料种类而变化 | 6. 蒸发源纯度要求较高 |
| 气相过程 | 1. 工作压力稍高 | 1. 高真空环境 |
| | 2. 原子的平均自由程小于靶和基底间距，原子沉积前要经过多次碰撞 | 2. 蒸发原子不经碰撞直接在基底上沉积 |
| 薄膜的沉积过程 | 1. 沉积原子具有较高能量 | 1. 沉积原子具有较低能量 |
| | 2. 沉积过程会引入部分气体杂质 | 2. 气体杂质含量低 |
| | 3. 薄膜附着力较高 | 3. 晶粒尺寸大于溅射沉积的薄膜 |
| | 4. 不利于形成薄膜取向 | 4. 有利于形成薄膜取向 |

# 第四节 离子束辅助物理气相沉积技术

物理气相沉积技术本质上包括蒸发和溅射两大类。后来在此基础上，通过引入离子束和等离子体技术，又衍生出多种离子辅助物理气相沉积技术，包括离子束溅射（ion beam sputtering，IBS）、离子束沉积（ion beam assisted deposition，IBD）、离子辅助沉积（ion assisted deposition，IAD）和离子束辅助沉积（ion beam assisted deposition，IBAD）技术。采用气体离子束对靶材轰击的技术称为离子束溅射技术，而利用电场，将靶材气化分子离化为离子态，再进行沉积的技术称之为离子束沉积技术。离子辅助沉积实际上是将离子束技术和等离子体技术与蒸发和溅射相结合，来实现高质量薄膜的沉积，它又包括离子镀（ion plating）和阴极电弧等离子体沉积（阴极弧光沉积、阴极电弧蒸发）。此外，溅射和蒸发沉积时，用离子束轰击基片，影响薄膜的生长，可称为离子束辅助沉积技术。这些沉积技术通过增加粒子的动能或通过离化中性粒子提高化学活性。获得的薄膜具有如下优点：与基片结合良好、在低温下可实现外延生长、形貌可控且可合成化合物等。

离子一般可以传输能量、动量和电荷。当电荷能粒子轰击基片表面和生长膜时会出现各种复杂过程。这些能量离子影响着沉积的各个过程，如：表面吸附原子的凝聚、运动，在点阵缺陷处原子的注入和成核。离子和表面的相互作用构成所有离子辅助沉积技术的关键因素。本节主要介绍了离子和离子束辅助沉积技术的基本原理、设备和工艺。

## 一、离子束溅射

溅射沉积技术的缺点是工作压强较高（利用气体离化产生溅射离子），气体分子易进入薄膜。而离子束溅射技术是通过高电压将离子源中产生的离子束引入到真空室，直接轰击到靶上并将靶材原子溅射出来，最终沉积在附近的基片上。其基本原理如图 4-39 所示。离子束溅射不仅降低了溅射的压强，减少了进入薄膜的气体量，同时也减少了溅射粒子输送过程中受到的散射影响。

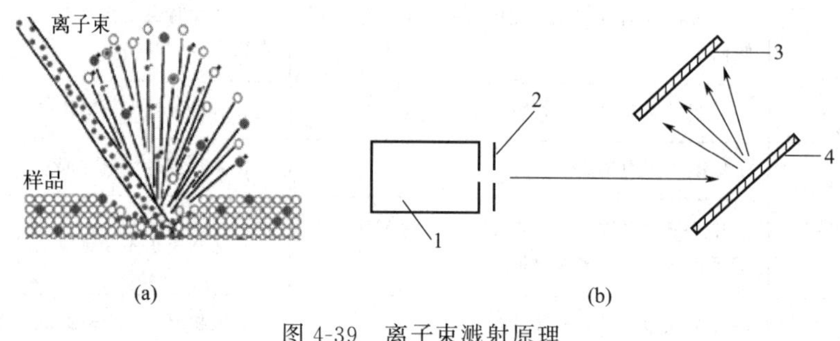


图 4-39　离子束溅射原理

1—离子源；2—导出电极；3—基片；4—靶

相对于传统溅射过程，离子束溅射的优点还包括：可以让基片远离离子发生过程；可以改变离子束的方向以改变离子束到靶材的入射角以及沉积在基片的角度；可以使离子束精确聚焦和扫描；可以保持离子束特性不变，变换靶材和基片；离子束能量分布窄，可以独立控制离子束能量和电流。离子束溅射的缺点：轰击面积小、沉积率低和不适于大面积薄膜沉积。

## 二、离子束沉积

离子束沉积的原理是将待沉积材料气化并在高电场下离化，高能量的离子被引入到高真空区，在到达基片之前被减速并实现低能直接沉积（离子能量为 $10^1 \sim 10^2$ eV），离子束沉积原理示意图如图 4-40 所示。离子束沉积包括以下优点：可以采用质量分析方法加以控制以产

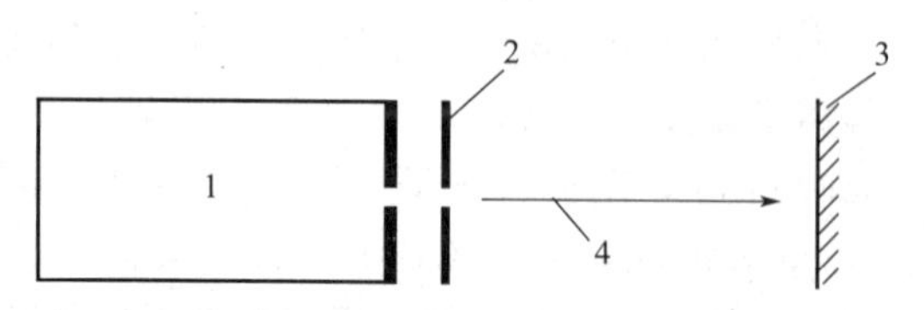


图 4-40　离子束沉积的简单原理

1—离子源；2—离子提取器；3—基片；4—离子束

生高纯沉积；沉积材料能量可直接控制；低能量离子束避免了靶材自溅射的产生。然而，由于离子沉积能量低，薄膜沉积率往往比较低。

## 三、离子镀

离子镀是一种将真空蒸发与真空溅射结合的镀膜技术。其蒸发沉积速度快，沉积的薄膜与基片的结合较差，膜孔洞多，厚度均匀性差；溅射没有这些缺点，但溅射沉积的速度较慢。1963 年首先由 D. M. Mattox 提出离子镀技术，主要通过增加离子动能或离化来提高沉积粒子的化学活性，同时实现溅射效率的提升。离子镀膜技术具有薄膜质量高、薄膜厚度均匀以及薄膜附着力强等特点。

离子镀就是真空条件下，利用气体放电使气体或被蒸发物部分离化，产生离子轰击效应，最终将蒸发物或反应物沉积在基片上。它联合了气体辉光放电、等离子体技术、真空蒸发技术，可以改善薄膜性能。离子镀的基本过程是：原材料蒸发；原材料蒸气进入等离子区，产生离化；离化的蒸气离子受到电场加速，打到基片上形成薄膜。进入等离子区的蒸气（或原子、分子）可通过蒸发（电阻加热、电子束加热等），也可通过溅射获得。因此离子镀又分为蒸发源离子镀和溅射源离子镀。

离子镀的核心思路是利用气体放电产生等离子体，通过碰撞电离，除部分工作气体电离以外，镀料原子也部分电离，同时在基片上施加负偏压，对工作气体和镀料电离离子加速增加能量，并吸引它们到达基片，一边轰击基片一边沉积，原理如图 4-41 所示。

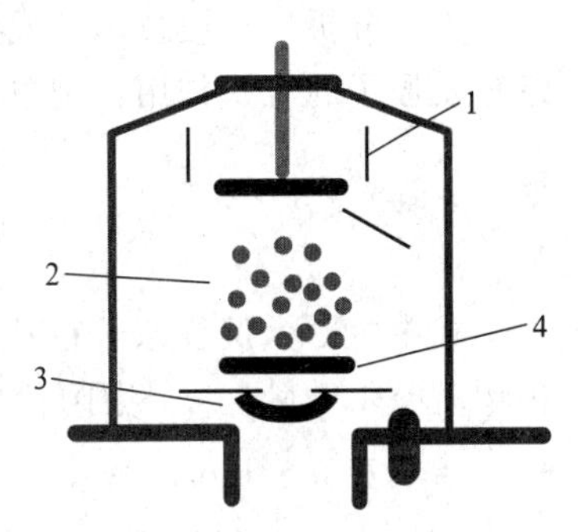

图 4-41　离子镀原理
1—接地屏障；2—等离子体；3—蒸发源；4—挡板

当荷能粒子轰击基片表面和已生长的薄膜表面时会出现各种复杂过程。在这里，荷能离子轰击处于负电位的基片时，不是溅射出基片原子，而是在荷能离子的作用下沉积成膜。在薄膜沉积之前，离子对基片产生如下的轰击作用：表面成分变化，造成表面成分与整体成分的不同、基片温度升高、破坏表面结晶结构、表面形貌变化、表面粗糙度增大、溅射清洗（可有效地清除基片表面所吸附的气体、各种污染物和氧化物）、气体的掺入和产生缺陷与位错网。

离子轰击对薄膜生长产生如下作用：①膜基面形成“伪扩散层”，构成梯度过渡，提高了膜-基界面的附着强度。如在磁控溅射离子镀铝膜钢基时，可形成 1～4$\mu$m 厚的过渡层；在直流二极离子镀 Ag 膜与 Fe 基界面间可形成 100nm 过渡层。②利于沉积粒子形核。离子轰击增加了基片表面的粗糙度，使缺陷密度增高，提供了更多的形核位置，薄膜材料粒子注入表面也可成为形核位置。③影响膜的内应力。离子轰击一方面使一部分原子离开平衡位置而处于一种较高的能量状态，从而引起内应力的增加；另一方面，粒子轰击导致的基片表面的自加热效应又有利于原子扩散。恰当地利用轰击的热效应或引进适当的外部加热，可以减小内应力，还可提高膜层组织的结晶性能。通常，蒸发镀膜具有张应力，溅射镀膜和离子镀膜具有压应力。④延长材料的疲劳寿命。离子轰击可使基片表面产生压应力和基片表面强化作用。离子撞击产生的脱附过程在基片预清洗和离子镀沉积过程中是非常重要和有益的因素。⑤改善形核模式。经离子轰击后，基片表面产生更多的缺陷，增加了形核密度。⑥影响膜中的结晶形状。离子镀能消除柱状晶，形成等轴晶。

在上述各过程中，粒子能量的变化范围为几电子伏特（热能）到一千电子伏特。为实现薄膜生长，薄膜原子沉积率必须超过溅射率，这就要求沉积原子的整个流量要远大于荷能气体和被二次溅射原子的流量。为确保薄膜具有良好的附着性和均匀性，以及获得基片和薄膜原子的可迁移性，薄膜粒子凝聚率和荷能粒子率之比不应太高。

### （一）离子镀制膜条件

在离子镀技术的应用过程中必须具备三个条件：一是应有一个放电空间，使工作气体部分电离产生等离子体；二是要将镀材原子和反应气体原子输送到放电空间；三是要在基片上施加负电位，以形成对离子加速的电场。

在离子镀中，基片为阴极，蒸发源为阳极。通常极间为1～5kV的负高压，电离作用产生的气体离子和镀材离子在电场中获得较高的能量，并在电场加速下轰击基片和镀层表面，这种轰击过程会一直进行。因此，在基片上同时存在两种过程：正离子（$Ar^+$或被电离的蒸发粒子）对基片的轰击和薄膜材料原子的沉积。显然，只有沉积作用大于溅射作用时，基片上才能成膜。

为了分析离子镀技术的成膜条件，假设在辉光放电空间中，只有金属蒸发物质，且只考虑蒸发原子的沉积作用，则单位时间内入射到单位表面积上沉积金属原子数 $n$ 为

$$n=R\frac{10^{-4}\rho N_A}{60M} \tag{4-18}$$

式中，$R$ 为沉积原子在基片上的沉积速率，μm/min；$\rho$ 为薄膜密度，g/cm$^3$；$M$ 为沉积物质摩尔质量；$N_A$ 为阿伏伽德罗常数，$N_A=6.029\times10^{23}$。例如，对于Ag，摩尔质量 $M_{Ag}=107.88$g/mol，密度 $\rho=10.49$g/cm$^3$，当其沉积速率为1μm/min，则 $n=9.76\times10^{16}\text{cm}^{-2}\cdot\text{s}^{-1}$。若只考虑溅射效应，轰击基片的为一价正离子 $Ar^+$，其电流密度为 $j$，则单位时间内轰击基片的粒子数为 $n_j$

$$n_j=\frac{10^{-3}j}{1.6\times10^{-19}}=0.63\times10^{-16}j \tag{4-19}$$

式中，$1.6\times10^{-19}$ 是一价正离子的电荷量，C；$j$ 是入射角的电流密度，mA/cm$^2$。要想沉积薄膜，沉积作用必须大于溅射剥离作用，即 $n>n_j$，而且 $n_j$ 应包括在有附着气体时所产生的粒子数。

若设正离子在达到基片的过程中与中性粒子的碰撞次数为 $d_k/\lambda$ 时，D. G. Teer给出了离子镀过程中，由离子到基片表面的能量 $E_i$ 的近似表达式为

$$E_i\approx N_0q_eV_e\left(\frac{2\lambda}{d_k}-\frac{2\lambda^2}{d_k^2}\right) \tag{4-20}$$

式中，$N_0$ 为离开负辉区的粒子数；$q_e$ 是粒子所带的电荷量；$V_e$ 是基片偏压。在离子镀系统中，$\lambda/d_k\approx1/20$。因此，离子的平均能量为 $q_eV_e/10$。当 $q_eV_e$ 为1～5kV时，粒子的平均能量为100～500eV。

由于受到碰撞的中性粒子数量约为 $d_k/\lambda N_0$，即约为离子数的 20 倍，但并非所有的高能中性原子都能到达基片。通常只有 70%左右到达基片，其余 30%则到达器壁、夹具等处。这些高能中性原子平均能量为 $q_e V_e/22$。当 $q_e V_e$ 为 1～5kV 时，其平均能量为 45～227eV。

考虑到碰撞概率不同，离子和高能中性原子的能量将在零到数千电子伏之间变化，个别的离子能量可达 1～5keV。D. G. Teer 测得，金属离化率只有 0.1%～1%，但由于产生了大量中性原子，故蒸发粒子的总能量仍得以提高。

离子能量以 500eV 为界，高于 500eV 为高能，反之则为低能。离子镀技术通常采用低能离子轰击。当离子能量低于 200eV 时，对提高沉积原子的迁移率和附着力、表面弱吸附原子的解吸、改善膜的结构和性能等都有利。若离子能量过高，则会产生点缺陷，使膜层产生空隙并导致膜层应力增加。

表 4-5 收集了一些离子轰击改性的实例。离子到达比是轰击膜层的入射离子通量 $\Psi_i$ 与沉积原子通量 $\Psi_d$ 之比，即 $\Psi_i/\Psi_d$。离子镀时，每个沉积原子由入射离子获得的平均能量，称为能量获取值 $E_a$(eV)

$$E_a=\frac{E_i\Psi_i}{\Psi_d} \tag{4-21}$$

式中，$E_i$ 为入射离子能量，eV；$\Psi_i/\Psi_d$ 为离子到达比。由于反溅射作用，离子到达比越高，镀膜速率就越低。

**表 4-5 离子轰击对沉积膜性能的改善**

| 编号 | 膜层材料 | 离子种类 | 改性内容 | 离子能量/eV | 离子到达比 |
|---|---|---|---|---|---|
| 1 | Ge | $Ar^+$ | 应力，结合力 | 600～3000 | 0.0002～0.1 |
| 2 | Nb | $Ar^+$ | 应力 | 100～400 | 0.03 |
| 3 | Cr | $Ar^+$，$Xe^+$ | 应力 | 3400～11500 | 0.008～0.04 |
| 4 | Cr | $Ar^+$ | 应力 | 200～800 | 0.007～0.02 |
| 5 | $SiO_2$ | $Ar^+$ | 阶梯覆盖 | 500 | 0.3 |
| 6 | $SiO_2$ | $Ar^+$ | 阶梯覆盖 | 1～80 | 约 3.0 |
| 7 | AlN | $N^+$ | 择优取向 | 300～500 | 0.96～1.5 |
| 8 | Au | $Ar^+$ | 覆盖 0.5mm 厚度 | 400 | 0.1 |
| 9 | CdCoMo | $Ar^+$ | 磁各向异性 | 1～150 | 约 0.1 |
| 10 | Cu | $Cu^+$ | 改善外延 | 50～400 | 0.01 |
| 11 | BN | $(B\text{-}N\text{-}H)^+$ | 立方结构 | 200～1000 | 约 0.1 |
| 12 | $ZrO_2$-$SiO_2$-$TiO_2$ | $Ar^+$，$O^+$ | 折射率，非晶-晶态 | 600 | 0.025～0.1 |
| 13 | $SiO_2$-$TiO_2$ | $O^+$ | 折射率 | 300 | 0.12 |
| 14 | $SiO_2$-$TiO_2$ | $O^+$ | 透光率 | 30～500 | 0.05～0.25 |
| 15 | Cu | $Ar^+$ | 结合强度 | 50000 | 0.02 |
| 16 | Ni | $Ar^+$ | 硬度 | 10000～20000 | 约 0.25 |

## （二）离子镀制膜的特点

相比于蒸发镀膜和溅射镀膜，离子镀膜的特点如下。

① 膜层密度高。在离子镀膜过程中，薄膜材料离子和中性原子带有较高能量到达基片，在其上扩散、迁移。薄膜材料原子在空间飞行过程中形成蒸气团，到达基片时也被粒子轰击碎化，形成细小核心，长成细密的等轴晶体。在此过程中，高能 $Ar^+$ 对改善膜层结构，提高膜密度起着重要作用。

② 绕镀性能好。在离子镀过程中，部分薄膜材料原子被离子化成正离子后，将沿着电场电力线方向运动。凡是电力线分布处，薄膜材料离子都可到达，因此离子镀中处于电场中的工件各表面，薄膜材料离子都可到达。另外，由于离子镀膜是在较高压强（≥1Pa）下进行，气体分子平均自由程比源-基距小，以致薄膜材料蒸气的离子或原子在到达基片的过程中与 $Ar^+$ 发生多次碰撞，产生非定向散射效应，使薄膜材料粒子散射在整个工件周围。所以，离子镀膜技术具有良好的绕镀性能。

③ 有利于化合物膜层形成。在离子镀技术中，在蒸发金属的同时向真空通入活性气体则形成化合物。在辉光放电低温等离子体中，通过高能电子与金属离子的非弹性碰撞，会将电能变为金属离子的反应活化能，所以在较低温度下，也能生成一般只有在高温条件下才能形成的化合物。

④ 膜层附着性能好。辉光放电产生的大量高能粒子对基片表面的阴极溅射，能清除基片表面吸附的气体和污染物，使基片表面净化，这是薄膜获得良好附着力的重要原因之一。在离子镀膜过程中，溅射与沉积并存，其中在镀膜初期可在膜基界面形成混合层，即“扩散层”，可有效改善膜层附着性能。

⑤ 可镀材质范围广泛，可在金属、非金属材料或非金属表面镀金属，适用于电子功能薄膜、冷加工精密模具、低温回火结构钢的表面处理。

⑥ 沉积速率高，成膜速度快。如离子镀 Ti 沉积速率可达 0.23mm/h，镀不锈钢可达 0.3mm/h。

## （三）离化率与离子能量

在离子镀膜中有离子和高速中性粒子的作用，并且离子轰击存在于整个镀膜过程中，因此离子的作用与离化率和离子能量有关。离化率是被电离的原子数与全部蒸发原子数之比，它是衡量离子镀活性的一个重要指标。在反应离子镀中，离化率又是衡量离子活化程度的主要参数。被蒸发原子和反应气体的离子化程度对沉积膜的性质会产生直接影响。在离子镀中，中性粒子能量（$W_v$）主要取决于蒸发温度，其值为

$$W_v = n_v E_v \tag{4-22}$$

式中，$n_v$ 为单位时间内在单位面积上所沉积的粒子数；$E_v$ 为蒸发粒子动能，$E_v = 3kT_v/2$，其中，$k$ 为玻尔兹曼常数，$T_v$ 为蒸发物质温度。

在离子镀膜中，离子能量为 $W_i$，主要由阴极加速电压决定，其值为

$$W_i = n_i E_i \tag{4-23}$$

式中，$n_i$ 为单位时间内对单位面积轰击的离子数；$E_i$ 为离子平均能量，$E_i \approx q_e U_i$，其中，$U_i$ 为沉积离子平均加速电压，$q_e$ 是粒子所带的电荷量。

由于荷能离子的轰击，基片表面或薄膜上粒子能量增大并产生界面缺陷，使基片活化而

薄膜也在不断的活化状态下凝聚生长。薄膜表面的能量活性系数ε可由下式近似给出

$$\varepsilon=\frac{W_{\mathrm{i}}+W_{\mathrm{v}}}{W_{\mathrm{v}}}=\frac{n_{\mathrm{i}}E_{\mathrm{i}}+n_{\mathrm{v}}E_{\mathrm{v}}}{n_{\mathrm{v}}E_{\mathrm{v}}} \tag{4-24}$$

这个活性系数是增加离子作用后的凝聚态与单纯蒸发时凝聚态的比值。由于 $n_{\mathrm{v}}E_{\mathrm{v}} \ll n_{\mathrm{i}}E_{\mathrm{i}}$，可得

$$\varepsilon \approx \frac{n_{\mathrm{i}}E_{\mathrm{i}}}{n_{\mathrm{v}}E_{\mathrm{v}}}=\frac{q_{\mathrm{e}}U_{\mathrm{i}}}{3kT_{\mathrm{v}}/2}\ \frac{n_{\mathrm{i}}}{n_{\mathrm{v}}}=C\ \frac{U_{\mathrm{i}}}{T_{\mathrm{v}}}\left(\frac{n_{\mathrm{i}}}{n_{\mathrm{v}}}\right) \tag{4-25}$$

式中，$T_{\mathrm{v}}$ 为绝对温度，K；$n_{\mathrm{i}}/n_{\mathrm{v}}$ 为离子镀的离化率；$C$ 为可调节参数。

离子镀过程中，由于基片的加速电压 $U_{\mathrm{i}}$ 的存在，即使离化率很低也会影响离子镀的能量活性系数。在离子镀中轰击离子的能量取决于基片加速电压，一般为 50～5000eV，溅射原子的平均能量约为几个电子伏特，而普通热蒸发中温度为 2000K，蒸发原子的平均能量约为 0.2eV。表 4-6 中给出了几种镀膜技术所达到的表面能量活性系数。在离子镀中，可通过改变 $U_{\mathrm{i}}$ 和 $n_{\mathrm{i}}/n_{\mathrm{v}}$，使 ε 提高 2～3 个数量级，图 4-42 是蒸发温度为 1800K 时能量活性系数 ε、离化率 $n_{\mathrm{i}}/n_{\mathrm{v}}$ 和加速电压的 $U_{\mathrm{i}}$ 关系。由图 4-42 可看出，能量活性系数 ε 和加速电压 $U_{\mathrm{i}}$ 的关系在很大程度上受离化率限制，通过提高离化率，可提高离子镀的能量活性系数。

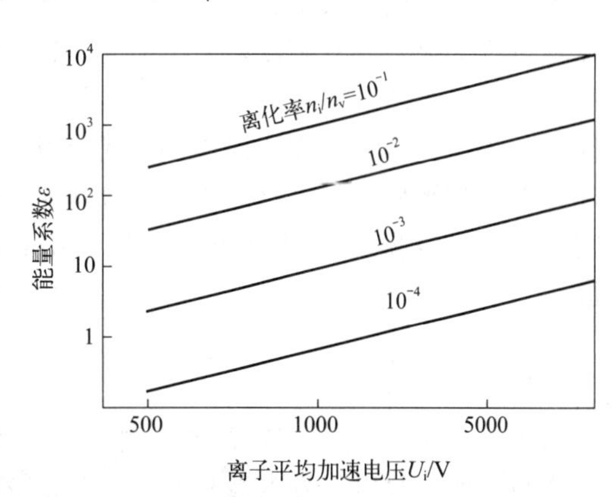


图 4-42 能量活性系数、离化率与加速电压的关系

**表 4-6 几种镀膜技术的表面能量活性系数**

| 镀膜技术 | 能量活性系数 | 参数 | |
|---|---|---|---|
| 真空蒸发 | 1 | 蒸发粒子能量 $E_{\mathrm{v}}\approx 0$ | |
| 溅射 | 5～10 | 溅射粒子能量 $E_{\mathrm{v}}\approx 1～2$ | |
| 离子镀 | 能量活性系数 ε | 离化率 $n_{\mathrm{i}}/n_{\mathrm{v}}$ | 平均加速电压 $U_{\mathrm{i}}$ |
| | 1.2 | 0.1 | 50 |
| | 3.5 | 0.01～1 | 50～5000 |
| | 25 | 0.1～10 | 50～5000 |
| | 250 | 1～10 | 500～5000 |
| | 2500 | 10 | 5000 |

## (四) 离子镀的类型及应用

离子镀不仅兼有真空蒸发镀膜和溅射的优点，而且还具有所镀薄膜与基片结合好、沉积粒子绕射性好、适用材料广泛等特点。此外，离子镀效率高，镀膜前对镀件清洗工艺简单，且对环境无污染。离子镀有多种分类方式，若以离子源分类，可把离子镀分为蒸发源离子镀

和溅射源离子镀两大类。

蒸发源离子镀是通过各种加热方式加热镀膜材料，使之蒸发产生金属蒸气，将其引入以各种方式激励产生的气体放电空间中，使之电离成金属离子，到达施加负偏压的基片上沉积成膜。按薄膜材料气化方式分，有电阻加热、电子束加热、高频或中频感应加热、等离子体束加热、电弧光放电加热等；按气体分子或原子的离子化和激发方式分，有辉光放电型、电子束型、热电子束型、等离子束型、磁场增强型和各类型离子源等。

溅射源离子镀是通过采用高能离子对镀膜材料表面进行溅射而产生金属粒子，金属粒子在气体放电空间电离成金属离子，它们到达施加负偏压的基片上沉积成膜。溅射源离子镀有磁控溅射离子镀、非平衡溅射离子镀、中频交流磁控离子镀和射频溅射离子镀。

离子镀技术的重要特征是在基片上施加负偏压，用来加速离子，增加离子能量。负偏压的供电方式，除传统的直流偏压外，还有脉冲偏压。脉冲偏压频率、幅值和占空比可调，使基片温度参数和偏压位可分别调控，改善了离子镀膜技术工艺条件，对镀膜会产生更多的新影响。工业中常用的几种离子镀类型包括：三极离子镀、射频离子镀和空心阴极放电离子镀。

### 1. 三极离子镀

图 4-43 是三极离子镀装置示意图。三极离子镀亦称“热电子增强型离子镀”。在蒸发源与基片间添加一热电子发射极和收集电子的正极，使热发射的电子横越时，与蒸发的粒子流发生碰撞产生电离，以此来使粒子离化的离子镀。在电子收集极的作用下，发射的大量低能电子进入等离子区，增加了与镀材的蒸发粒子流的碰撞概率，提高了离化率。直流二极离子镀的离化率只有 2%，而三极离子镀的热电子发射可达 10 A，收集极电压为 200V 以下，基片电流密度可提高 10～20 倍，离化率可达 10%。三极离子镀已经应用在高温超导薄膜和致密金属薄膜的制备中，如 Al 膜、Cu 膜、Ag 膜等。

三极离子镀特点还有：由热阴极灯丝电流和阳极电压变化，可独立控制放电条件，可有效地控制膜层的晶体结构和颜色、硬度等性能，膜层质量好；工作气压可在 0.133Pa，较二极离子镀高一个数量级；在主阴极（基片）上的维持辉光放电的电压较低，减少了高能离子对基片的轰击作用，使基片温升得到控制。

### 2. 射频离子镀

射频离子镀（radio frequency ion plating，RFIP）即采用射频电源的离子镀，是由日本的林三洋一在 1973 年提出的，装置如图 4-44 所示。采用射频激励式技术稳定，利用高频电磁波增强气化粒子离化率，能在高真空下镀膜，被蒸发物质气化粒子离化率可达 10%，工作压力为 $10^{-3}\sim10^{-1}$Pa，为二极离子镀的 1%，一般射频线圈 7 圈，高度 7cm，用直径 3mm 的铜线绕制，源-基距 20cm，射频频率 $f=13.56$MHz 或 18MHz，功率为 0.5～2kW，直流偏压为 0～－2000V。

射频离子镀膜室分为三个区域：以基片为中心的离子加速区和离子到达区；以蒸发源为中心的蒸发区；以感应线圈为中心的离化区。通过分别调节蒸发源功率、感应线圈的射频激励功率、基片偏压，可以对三个区域独立控制，从而有效地控制沉积过程，改善镀膜质量。射频离子镀可用来制备 Al-ZnO 和 AlN 等高性能复合薄膜。

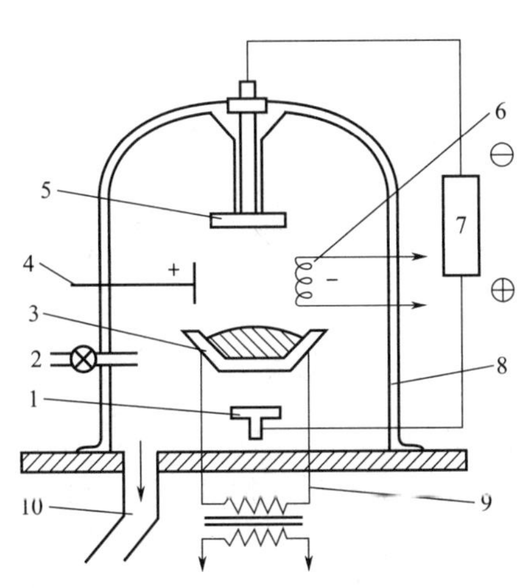


图 4-43　三极离子镀装置

1—阴极；2—进气口；3—蒸发源；4—电子吸收板；
5—基片；6—电子发射极；7—直流电源；
8—真空室；9—蒸发电源；10—真空系统

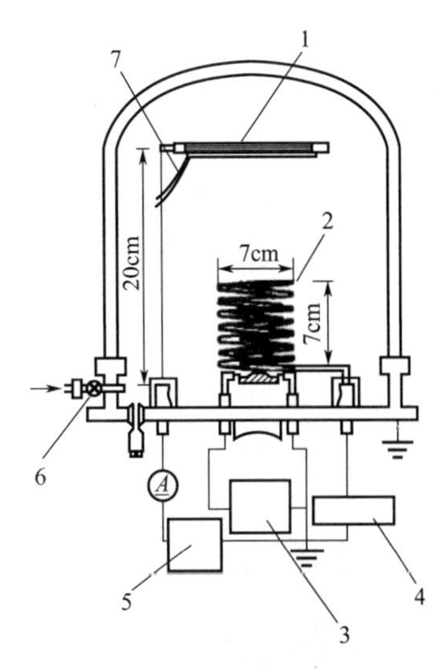


图 4-44　射频离子镀装置

1—阴极基片；2—射频线圈；3—蒸发电源；
4—射频电源；5—直流电源；
6—开关；7—热电偶

射频离子镀具有如下特点：在 $10^{-3}$～$10^{-1}$Pa 高真空下，也能稳定放电，离化率高，镀层质量好；基片温升低，操作方便；射频辐射对人有害，应有良好的接地线和应进行适当的屏蔽防护；蒸发、离化和加速三过程分别独立控制；离化率（5%～15%）介于直流放电型与空心阴极型之间；由于工作真空高，沉积粒子受气体粒子的散射较小，故镀膜绕射性差；易进行反应离子镀，适宜制备化合物薄膜和对非金属基片沉积。

### 3. 空心阴极放电离子镀

空心阴极放电（hollow cathode discharge，HCD）离子镀又称空心阴极离子镀。它是在离子镀、弧光放电和空心热阴极放电技术的基础上发展起来的一种薄膜沉积技术。现在空心阴极离子镀已进入工业生产应用。

空心阴极放电分为冷阴极放电和热阴极放电，在离子镀中通常采用空心热阴极放电。空心阴极放电的原理为：在双阴极产生的辉光放电中，若两阴极的位降区相对独立，则互不影响。若两阴极靠近，使两个负辉区合并，此时，从阴极 $k_1$ 发射的电子在 $k_1$ 阴极位降区加速，当它进入阴极 $k_2$ 的阴极位降区时，又被减速，并被反向加速后返回（图 4-45）。若这些电子没有被激发，它们将在 $k_1$ 和 $k_2$ 之间来回振荡，这就增加了电子和气体分子的碰撞概率，引起更多的激发和电离过程，使电流密度和辉光强度剧增，这种效应称为空心阴极效应。

若阴极是空心管，则空心阴极效应更加明显。图 4-45 给出了管状阴极内部辉光分布情况，管状空心阴极放电满足下面的共振条件时，可获得最大的空心阴极效应

$$2df=V_e \tag{4-26}$$

式中，$d$ 为圆管直径；$f$ 为电子在空心阴极间振荡的频率；$V_e$ 为电子通过等效阴极被加速获得的速度。

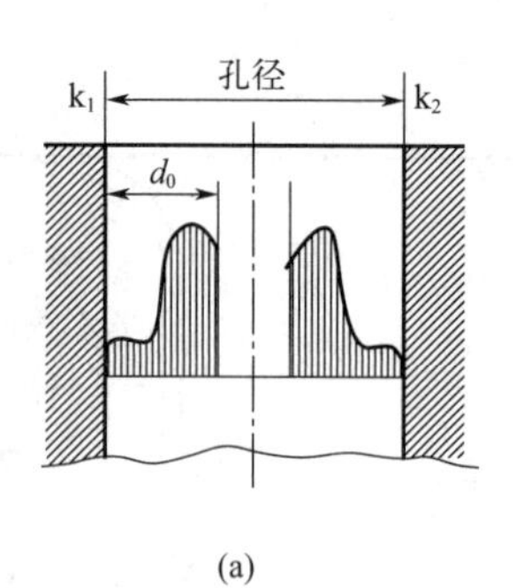


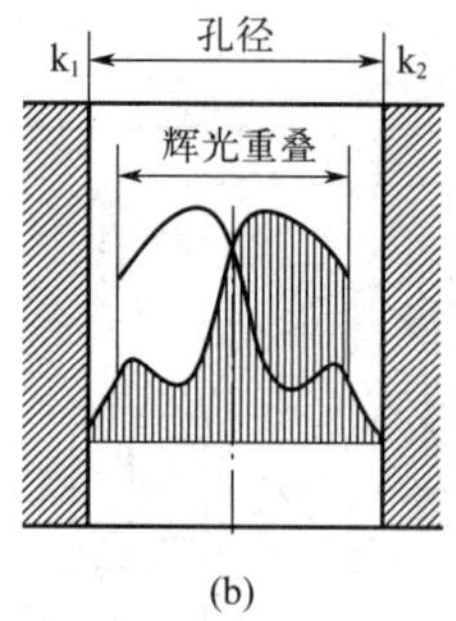


图 4-45 空心阴极管内辉光放电情形

(a) $d_{k_1-k_2}>2d_0$，辉光不重叠；(b) $d_{k_1-k_2}<2d_0$，辉光重叠

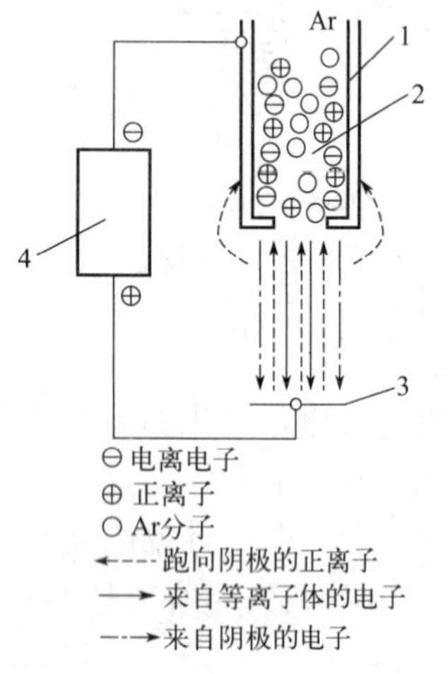


图 4-46 空心阴极放电原理

1—空心阴极；2—等离子体；3—加热面（阳极）；4—直流电源

在空心阴极离子镀装置中，管状阴极是用高熔点金属 Ta 或 W 制成，坩埚作阳极。待抽至高真空后，向 Ta 管中通入 Ar 气后，施加数百伏电压，开始产生气体辉光放电。由于空心阴极效应使 Ta 管中电流密度很大，大量 $Ar^+$ 轰击 Ta 管管壁，使管温升至 2300K 以上。因 Ta 管发射大量热电子，放电电流迅速增加，电压下降，辉光放电转为弧光放电，如图 4-46 所示。这些高密度的等离子电子束受阳极吸引，使坩埚中的镀材熔化、蒸发。

空心阴极离子镀的特点如下：①绕镀性好，由于 HCD 离子镀工作气压为 0.133～1.33Pa，蒸发原子受气体分子散射效应大，同时，金属原子的离化率高，大量金属原子受基片负电位吸引，因此具有较好的绕镀性。②膜层致密，质量高，附着力强。由于大量离子和高能中性粒子轰击，即使基片偏压较低，也能起到良好的溅射清洗作用。同时，大量荷能粒子轰击也促进了膜-基原子间的结合和扩散，以及膜层原子的扩散迁移，提高了膜层附着力，并可获得高质量的金属、合金或化合物薄膜。③离化率高，高能中性粒子密度大，空心阴极的离化率可达 20%～40%，离子密度可达 $(1\sim9)\times10^{15}\mathrm{cm^{-2}\cdot s^{-1}}$，比其它离子镀高 1～2 个数量级，在沉积过程中还产生大量高能中性粒子，比其它离子镀工艺高 2～3 个数量级。④空心阴极电子枪采用低电压、大电流工作，操作简易、安全。

## 四、阴极电弧等离子体沉积

阴极电弧等离子体沉积是相对较新的一种薄膜沉积技术，这一技术已在真空蒸发沉积技术一节中做过讨论，但是，这一技术在许多方面又类似于离子镀膜技术。阴极电弧等离子体沉积薄膜的优点主要是：在发射的粒子流中离化率高，而且这些离化的离子具有较高的动能(40～100eV)。许多离子束沉积的优点，如增加态密度、对化合物膜形成具有高反应率、提高黏着力等，在阴极电弧等离子体沉积中均有所体现。而阴极电弧等离子体沉积又具有自己的一些独特优点，如可在较多复杂形状基片上进行沉积，沉积率高，涂层均匀性好，基片温度低，易于制备理想化学配比的化合物或合金。

在阴极电弧等离子体沉积中，沉积材料是受真空电弧的作用而得到蒸发，在电弧线路中原材料作为阴极。大多数电弧的基本过程皆发生在阴极区电弧点，电弧点的典型尺寸为几微米，并具有非常高的电流密度。

阴极电弧沉积技术通过高电流密度的电弧轰击靶材，借助热蒸发过程将阴极材料蒸发，其所得到的蒸发物由电子、离子、中性气相原子和微粒组成。图 4-47 是一简单的电弧热蒸发过程示意图。在阴极电弧点，待蒸发材料几乎百分之百被离化，这些离子在几乎垂直于阴极表面的方向发射出去，而微粒子则在阴极表面以较小的角度（≤30°）离去，电子被加速吸引向正离子云，而一些离子被吸引至阴极，轰击阴极而创造新的发射点。电弧沉积中的离子除了具有高离化率的特点以外，还具有多种电荷态。尽管高离子能量的准确来源尚不十分清楚，但 Plyutto 等提出了一种可能的机制：在离子云区，高密度的正离子产生了电势分布的突起，这一电势突起使正离子能够脱离阴极点的吸引，而 50V 的突起足够使离子获得高能量。

阴极电弧等离子体沉积系统由电弧电源、真空室、基片偏压源、阴极弧光源和气体入口组成（图 4-48）。电弧是一低压高电流放电过程，电弧在 15～50V 的电压范围内达到自持，自持电压的大小取决于原材料，通常产生电弧的电流在 30～400A 之间。阴极电弧等离子体沉积已用于沉积各种金属、化合物和其它合金薄膜，如通过阴极电弧等离子体沉积技术获得了具有黏附性好、高沉积率、致密的 Ti、Cu、Cr 等膜。

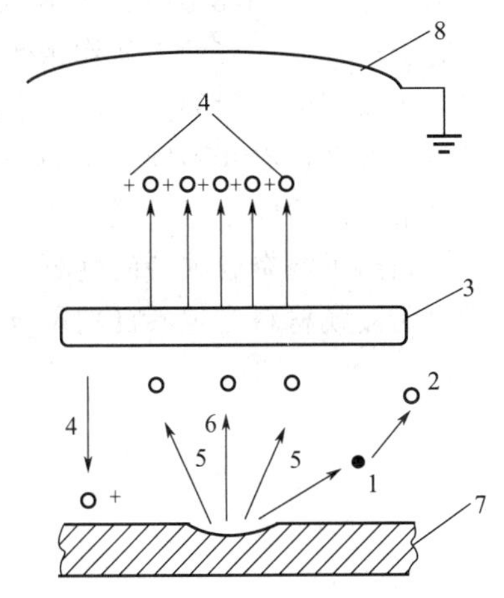


图 4-47 简单的电弧热蒸发过程

1—微粒子；2—中性原子；3—正离子云；4—离子流；5—金属蒸气；6—电子；7—阴极；8—阳极

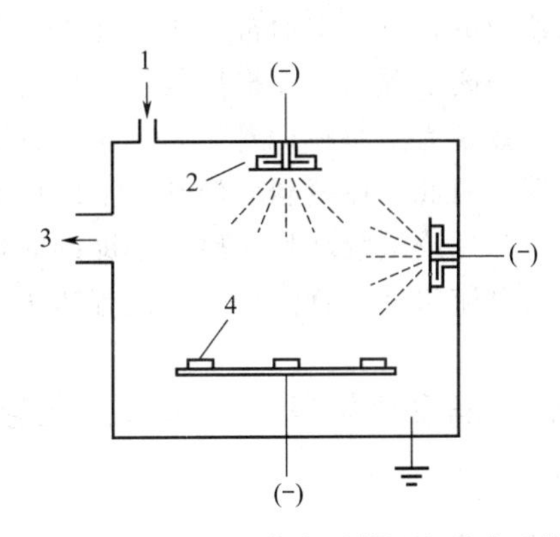


图 4-48 阴极电弧等离子体沉积基本系统

1—气体入口；2—电弧电源；3—接真空泵；4—基片

## 五、离子束辅助沉积

离子束辅助沉积技术始于 20 世纪 70 年代，到 80 年代中期受到普遍重视，该技术对形成化合物薄膜非常有利，可以改善材料表面的结构和化学性能，目前已经成为国际上广泛关注的新型薄膜制备手段。

### （一）离子束辅助沉积基本原理

离子束辅助沉积是把离子束轰击或注入和常规气相沉积方法相结合的薄膜制备方法，即

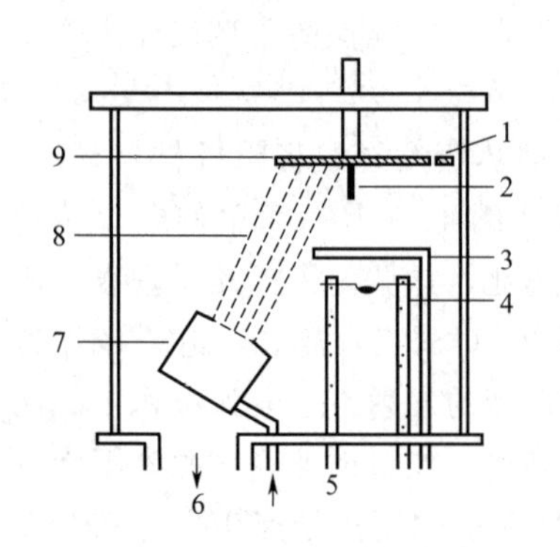

图 4-49　气体离子和蒸发复合系统
1—晶体监测仪；2—隔板；3—挡板；4—蒸发源；5—气体入口；6—接真空泵；7—离子源；8—离子束；9—基片

在气相沉积镀膜的同时，采用一定能量的离子束对薄膜进行轰击混合，从而形成单质或化合物膜层，如图 4-49 为气体离子和蒸发复合系统示意图。离子束辅助沉积除了保留离子注入的优点外，还可在较低的轰击能量下连续生长任意厚度的膜层，并能在室温或近室温下合成具有理想化学配比的化合物膜层（包括常温常压无法获得的新型膜层）。

从广义上讲，离子束辅助沉积技术主要包括以下三个方面：①静态反冲技术。先沉积膜层，然后用其它载能离子（如 $Ar^+$、$Ne^+$ 等）将沉积膜层与基片反冲共混。②离子束混合。预先交替沉积膜层，然后用载能离子将多层膜加以混合，得到均匀的新膜层。③动态混合技术。即沉积与注入同时进行。通常我们所说的 IBAD 技术多指最后一种方式。

依据能量的不同，荷能离子可分为高能离子（MeV 数量级）和低能离子（keV 以下数量级）两大类。高能离子束须借助离子加速器实现，且易于造成基片表层大量缺陷的产生，极易轰击掉大量沉积原子，大大降低了沉积速率。低能离子束具有较好的表面作用效果，故离子束辅助沉积技术中通常采用低能离子束轰击。目前广泛采用的有射频离子源、直流霍尔离子源、等离子源三种。根据具体应用的不同，对离子源的选择也有所不同。例如，对于玻璃基片上镀制光学薄膜，射频离子源可分别控制离子入射角、离子能量、反应气体、离子束流密度等，因此，在镀制玻璃基片上的可见光薄膜时，射频离子源有着独特的优势；而对于红外光学基片或塑胶基片，离子辅助的能量过高会对基片和镀膜材料产生不良的影响，因此低能、大电流密度的直流离子源或等离子体源更为合适。

## （二）离子束辅助沉积设备及工艺

### 1. 离子束辅助沉积设备

理论上讲，各种基本的真空镀膜方法（如离子镀、溅射、蒸发、化学气相沉积、等离子体化学气相沉积等）均可增加一套辅助轰击的离子枪构成离子束辅助沉积系统。但从真空度（一般基片真空$>10^{-3}$Pa）、功耗及操作难易程度等方面考虑，较为常用的离子束辅助沉积工艺有以下两种基本类型。

第一种采用电子束蒸发作为气相沉积方式，离子束注入方向与电子束蒸发方向可有多种布局［如图 4-50（a）］。典型的沉积速率为 0.5～1.5nm/s。其优点是可获得较高的镀膜速率，缺点是只能采用纯单质或有限的合金或化合物作为蒸发源，且由于合金或化合物各组分蒸气压不同，不易获得原蒸发源合金成分的膜层。

第二种采用离子束溅射作为气相沉积方式，基片试样的放置与离子束注入方向均呈 45°角［如图 4-50（b）所示］，这种方法的优点有：溅射粒子自身具有一定的能量，故其与基片有较好的结合力；金属与非金属元素的任意成分组合均可溅射；沉积膜层种类较多。不足之处在于沉积速率较低，且存在择优溅射的问题。

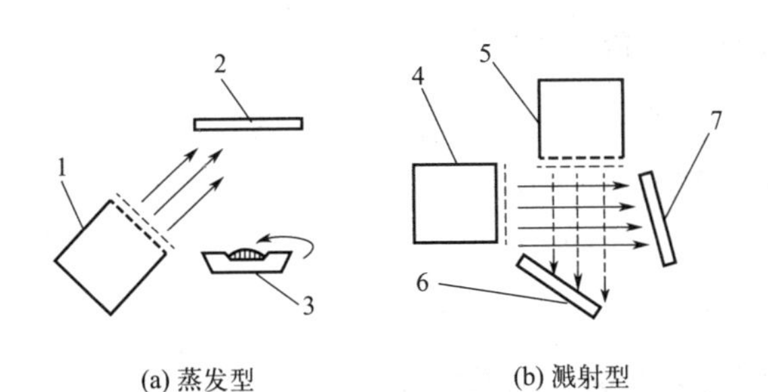

(a) 蒸发型　　(b) 溅射型

图 4-50　离子束辅助沉积工艺基本类型

1—离子源；2—基片；3—电子束蒸发坩埚；4—辅助离子源；
5—溅射离子源；6—靶；7—基片

由于离子源的限制以及离子束的直射性问题，离子束辅助沉积技术尚存在的主要问题包括加工试样尺寸有限与绕镀性不足等。目前许多研究者提出或正在使用新的离子束辅助沉积系统以改善这些不足。

磁控溅射与离子辅助轰击系统相结合是提高溅射型离子束辅助沉积系统沉积速率的一种新工艺。目前有研究者尝试将电子回旋共振（electron cyclotron resonance，ECR）微波放电系统作为离子源，提供等离子体以及辅助沉积用离子束，采用平面磁控溅射进行沉积。ECR 微波放电系统可实现大范围均匀放电，提供大量高活性等离子体，而磁控溅射电离率及沉积速率均很高，二者结合大幅度改善了传统离子束辅助沉积技术沉积速率低、绕镀性不足的缺点，对于镀覆形状复杂、尺寸较大的工件具有潜在的优势。目前也提出一种新的工艺，即综合等离子体与离子注入技术，也叫等离子体源离子束辅助沉积（plasma ion-assisted deposition，PSIAD）。这种技术的优点在于较好的绕镀性与较大的镀覆面积，不足之处在于等离子体技术不易精确控制沉积参数。

### 2. 离子束辅助沉积工艺类型

离子束辅助沉积的优势主要体现在工艺方法的灵活多样，即由于离子轰击与薄膜沉积是两个相互独立控制的过程，且均可在较大范围内调节，故可以实现理想化学配比的膜层，以及获得常温常压下无法获得的化合物薄膜。典型工艺类型有以下三种。

#### (1) 多元（层）膜制备工艺

采用多工位靶或两个（或多个）独立的蒸发源（或溅射源）或交替蒸发（溅射）形成膜层，同时辅以离子束轰击，即可形成膜层性能优良的多元膜或多层膜，如 Ti/TiN、Al/AlN、TiN/$MoS_2$ 双层膜，Ti(CN)、(Ti,Cr) N 双元膜，等等。可以预见，这一技术将是未来离子束辅助沉积技术研究和发展的重要领域。

#### (2) 反应型离子束辅助沉积工艺

此类型中，离子束除具有以上作用外，还能提供形成化合物膜层的离子。目前反应型 IBAD 工艺中以氮化物、氧化物及碳化物膜研究较多。如应用最广的 TiN 薄膜，高硬度、高抗蚀性的 TaN、CrN 膜，热稳定性、化学性极高的立方 BN 薄膜，以及 TiC、TaC、WC、MoC 薄膜等。利用氧离子辅助沉积 Zr、Y、Ti、Al 等，可以获得优质氧化物薄膜，这已成为光学膜研究的重要方面。

### (3) 非反应离子束辅助沉积工艺

注入离子为惰性气体离子（如 $Ne^+$、$Ar^+$ 等），其作用是影响薄膜的形成、成分调制与组织结构等。如采用溅射石墨靶，同时辅以 $Ar^+$ 离子束轰击，可制成类金刚石甚至金刚石薄膜。又如离子束辅助沉积工艺中，由于 $Ar^+$ 离子束的轰击，使得沉积的 Cu 膜比纯蒸发 Cu 膜晶粒细小且致密度高。

## 3. 离子束辅助沉积工艺的影响因素

影响离子束辅助沉积薄膜各生长阶段的主要因素有：离子/原子到达比、荷能离子的种类、沉积原子入射角度、能量、冲击角度、束流等。在成核与凝聚前，粒子（离子、原子等）碰撞表面后，要在表面迁移，形核密度决定了界面接触面积和界面空洞的形成。一般来说，形核密度高，薄膜内空洞减少，附着力增强。而成核密度又取决于沉积或轰击粒子的动能、表面迁移率与基片表面的化学反应、扩散等。它可以通过荷能离子的轰击注入、表面粒子的反冲注入以及由此造成的晶格缺陷的形成、表面化学性质的改变来实现。下面分别讨论各因素对薄膜结构与性能的影响。

### (1) 离子轰击角度

轰击离子的作用使基片或膜层原子产生迁移。离子束倾斜一定角度轰击时，其溅射作用增强，离子能量未能全部传递给基片而部分消耗掉，引起膜层原子迁移率改变。例如，当其它参数（如轰击能量、束流密度）相同，$N^+$ 倾斜 30°轰击时，TiN 膜层具有显著的（100）择优取向及最小的晶粒尺寸。

### (2) 束流密度的影响

束流密度过低，无法使膜层中原子键合完整、结构致密以及形成较厚的过渡层，到达基片表面的离子数也较少；束流密度过高，溅射沉积到基片上的原子将被轰击掉，从而使沉积速率大为降低。束流密度的改变将引起膜层结构择优取向的改变。例如在制备 TiN 薄膜时增大束流密度，晶体取向将从（110）变到（111）晶向。反应型离子束辅助沉积工艺中，束流密度影响化合物的化学配比。束流密度较低时（$0.5\times10^{17}cm^{-2}$），TiN 膜层呈金黄色，随束流密度变大（$2\times10^{17}\sim5\times10^{17}cm^{-2}$），样品表面逐渐由棕色变为蓝色。

### (3) 荷能离子种类及轰击能量的影响

采用不同离子束类型轰击膜层将得到不同的晶体结构。文献采用 He、Ne、Ar、Kr、Xe 等离子束轰击电子束蒸镀 Al 膜层，对所得晶体进行结构特征。结果表明，采用 Ne、Ar、Kr、Xe 在<1keV 轰击能量下可得到（111）择优取向生长的 Al 膜，采用 Kr、Xe 离子束在 5～10keV 轰击能量下将获得（200）取向的 Al 膜。

研究结果表明，随轰击能量的提高（从 10keV 到 30keV），膜层与基片界面宽度（即原子共混层宽度）逐渐增加，增强了膜层与基片的附着力。但能量大于 20keV 后，界面原子混合呈现饱和趋势，附着力增加幅度趋于平缓，膜层缺陷增多，硬度及耐磨性会下降。

在制备离子束辅助沉积类金刚石薄膜时发现，当轰击能量大于 3keV 时，类金刚石膜的金刚石特征减弱，显微硬度值降低；随轰击能量降低，薄膜 $sp^3$ 键特征明显，价带结构趋近于金刚石，显微硬度大幅度提高，金刚石特性增强。

### （三）离子束辅助沉积薄膜的组织和性能

传统气相沉积方法制备的薄膜微观上呈柱状结构，在柱状间隙中，潮气的吸附和渗透会造成很多缺陷，使薄膜具有结构松弛、缺陷较多、内应力大、寿命短、性能不稳定、膜基结合力差等缺点。而采用离子束作辅助轰击成膜，可使膜层致密、均匀，提高薄膜的稳定性，同时光学性能和力学性能也可得到改善。

### （四）离子束辅助沉积膜层的应用

离子束辅助沉积膜层主要分为耐磨/抗蚀膜和功能性薄膜。IBAD 技术在材料表面沉积致密保护薄膜，可明显改善材料表面强度，提高耐磨和耐腐蚀性。这些保护薄膜和材料结合紧密，具有良好的均匀性，已经用到的领域包括钢铁、铝、铜、光学玻璃等。可以用于沉积的薄膜有碳化物、氮化物、氧化物、金属等。IBAD 技术制备的功能性薄膜的孔隙率低、缺陷少、晶粒尺寸均匀致密，主要的应用领域是电、磁、光等，其中常见的光学膜均为氧化物膜、电磁学薄膜、纯金属膜或多元金属膜。表 4-7 给出了 IBAD 技术沉积薄膜各种类对应的组成物质。

表 4-7　IBAD 技术沉积耐磨/抗蚀膜以及功能性薄膜的分类及组成

| 耐磨/抗蚀膜 | | 功能性薄膜 | |
|---|---|---|---|
| 分类 | 组成 | 分类 | 组成 |
| 氮化物 | TiN、$Si_3N_4$、AlN、TaN、ZrN…… | 光学薄膜 | $TiO_2$、$SiO_2$、$ZrO_2$、$Ta_2O_5$、$HfO_2$…… |
| 碳化物 | TaC、TiC、WC、MoC、SiC…… | 电学薄膜 | Cu、Ni、W、Ag、Co-Si…… |
| 氧化物 | $Al_2O_3$、CuO、ZnO、$ZrO_2$、$Y_2O_3$…… | 磁学薄膜 | Fe、$PbTiO_3$、GdCoMo、$Co_{80}Nb_{20}$…… |
| 金属 | Al、Cr、Mo、Ti、W、Zr、Ta…… | | |

# 本章小结

本章从物理气相沉积的物理机制，介绍了物理气相沉积的特点、优势以及应用领域。随后本章介绍了真空蒸发沉积技术的特点、物理原理以及各种真空蒸发的方式。真空蒸发沉积虽然发展较早，应用历史较长，但是其原理简单、设备简易，已在工业中得到广泛的应用。在真空蒸发沉积的基础上，又介绍了溅射沉积技术的现象、原理、工艺参数。溅射沉积物理原理不同于真空蒸发沉积，其基于粒子动能传递来溅射镀料粒子，而非加热使镀料转变为气相。溅射沉积具有独特的优势与特点，并且目前已经在工业中推广普及。离子束辅助沉积技术是在溅射的基础上，将离子束技术和等离子体技术与蒸发和溅射相结合，从而改变镀膜的性能与结构的技术。目前离子束辅助沉积技术在微纳加工、刀具加工、功能薄膜等领域有着广泛的应用。除了基于单一机制的气相沉积技术以外，多种物理机制复合沉积技术也是研究者们正在研究的方向。总而言之，随着物理气相沉积技术不断发展，其工业应用领域将会不断扩大。

# 思考题

1. 一般真空蒸发沉积所需要的真空度大概是多少量级？超出这个量级会对蒸发有什么影响？

2. 何为饱和蒸气压？镀料的饱和蒸气压与气温之间有什么关系？

3. 对电阻加热蒸发源材料的要求有哪些？常用的电阻加热蒸发源材料有哪几种？

4. 为什么合金与化合物蒸发时，不易得到原成分比？为了改善这一点有什么办法？

5. 电子束蒸发与阴极电弧蒸发有什么异同？

6. 何谓溅射率？溅射率和哪些因素有关？

7. 磁控溅射中磁场的主要作用是什么？

8. 阐述离子镀的原理和分类。

9. 离子束溅射和离子束沉积有什么不同？

10. 为了提高气化原子被电子碰撞电离的离化率，一般需要采取哪些措施？

# 参考文献


[1] Kawafuku J, Katoh J, Toyama M, et al. Properties of zinc alloy coated steel sheets obtained by continuous vapor deposition pilot-line[C]//Proc. 5th Automotive Corrosion and Prevention Conference, Michigan. Philadelphia: SAE, 1991:43-50.

[2] 邱肖盼. 真空蒸发制备锌镁合金镀层的沉积工艺与机理研究[D]. 北京：钢铁研究总院，2022.

[3] 张吉英，赵延民，吕有明，等. 一种电子束蒸发生长 $Mg_xZn_{1-x}O$ 薄膜的方法：CN101210313[P]. 2008-07-02.

[4] 村上泰夫，三上隆司，村上浩. 覆碳膜部件及其制法：CN1225569C[P]. 2005-11-02.

[5] 于丹阳，小林康之，小林敏志. 直流三极溅射法制备 $CuInS_2$ 薄膜[J]. 物理学报，2012，61(19)：490-495.

[6] Yang W S, Sun T H, Chen S C, et al. Comparison of microstructures and magnetic properties in FePt alloy films deposited by direct current magnetron sputtering and high power impulse magnetron sputtering[J]. Journal of Alloys and Compounds, 2019, 803: 341-347.

[7] 贾国斌，冯寅楠，贾英. 磁控溅射用难熔金属靶材制作应用与发展[J]. 金属功能材料，2016，23(6)：5.

[8] 邱兆国，梁斯浙，龚岩嵩，等. 钐钴基薄膜相组成及磁性能调控的高通量实验研究[C/OL]//中国稀土学会，江西理工大学，国家稀土功能材料创新中心. 中国稀土学会第四届青年学术会议摘要集. 2023. 10.26914/c. cnkihy. 2023. 019013.

[9] 陈庆川，童洪辉，崔西蓉，等. 多功能复合离子镀膜机的研制[J]. 真空，2005(01)：36-38.

[10] Zou C W, Wang H J, Li M, et al. Microstructure and mechanical properties of Cr-S-N nanocomposite coatings deposited by combined cathodic arc middle frequency magnetron sputtering[J]. J. Alloys Compd., 2009, 485(1-2): 236-240.

[11] Zou C W, Wang H J, Li M, et al. Characterization and properties of TiN-containing amorphous Ti-Si-N nanocomposite coatings prepared by arc assisted middle frequency magnetron sputtering[J]. Vacuum, 2010, 84(6): 817-822.

[12] Ohtsu Y, Sakata G, Schulze J, et al. Spatial profile of Al-ZnO thin film on polycarbonate deposited by

ring-shaped magnetized rf plasma sputtering with two facing cylindrical $Al_2O_3$-ZnO targets [J]. Japanese Journal of Applied Physics, 2022, 61(S1): S11005.
[13] Ries S, Banko L, Hans M, et al. Ion energy control via the electrical asymmetry effect to tune coating properties in reactive radio frequency sputtering[J]. Plasma Sources Science and Technology, 2019, 28 (11):114001.
[14] Plyutto A A, Pyshkov V N. High speed plasma streams in vacuum arcs[J]. Sov Phys, 1965,20 :328.
[15] 郑伟涛,薄膜材料与薄膜技术[M]. 2 版. 北京:化学工业出版社,2023.
[16] 田民波, 李正操, 薄膜技术与薄膜材料[M]. 北京: 清华大学出版社, 2011.

# 第 5 章

# 薄膜的热氧化与化学气相沉积技术

薄膜制备的化学方法包括液相法和气相法。本章主要介绍利用气态或蒸气态的物质在气相或气固界面上发生化学反应生成固态沉积物的技术，包括热氧化技术和化学气相沉积技术。与物理气相沉积技术相比，化学气相沉积虽然过程控制比较复杂，但使用的设备一般比较简单，价格也较为便宜。目前，化学气相沉积已经成为微电子技术中的重要组成部分，在包括芯片制造等高新技术领域具有不可替代的作用。

## 第一节　热氧化生长

热氧化生长是指在氧化气氛条件下，通过加热基片进行气-固反应获得氧化物、氮化物和碳化物等薄膜的过程。以氧化物薄膜生长为例，在大气或氧化气氛中，将金属基片置于加热器上，在一定温度下，金属表面与 $O_2$ 发生化学反应，形成氧化物薄膜。例如 $Al_2O_3$ 薄膜可以在室温大气环境下生成，其反应式为 $4Al+3O_2 = 2Al_2O_3$。

热氧化生长主要用于制备氧化物薄膜，特别是金属和半导体氧化物。在氮气或含碳气体环境下，也可用于制备氧化物和碳化物。除 Au 以外的所有金属都与氧发生反应生成氧化物，现有的金属热氧化模型都能很好地解释金属和合金热氧化膜的成核和形成过程，且均假设金属阳离子或氧阴离子通过氧化物点阵扩散而不是沿着晶界或空洞扩散形成氧化膜。

下面分别以热氧化生长 $SiO_2$ 薄膜和 $Bi_2O_3$ 薄膜、热氧化生长制备氧化物纳米结构为例，详细阐述热氧化生长的基本过程、机理及其应用。

### 一、热氧化生长制备 $SiO_2$ 薄膜

Si 与含有氧化物质的气体，例如氧气和水汽在高温下进行化学反应，Si 表面生成一层致密的 $SiO_2$ 薄膜，这是硅表面技术中一项重要的工艺。图 5-1 为典型的 Si 热氧化装置示意图。将 Si 片置于用石英玻璃制成的反应管中，反应管用电阻丝加热炉加热至一定温度（900～1200℃），氧气或水汽通过反应管时，在 Si 片表面发生如下的化学反应

$$Si(s)+O_2(g) \longrightarrow SiO_2(s) \tag{5-1}$$

$$Si(s)+2H_2O(g) \longrightarrow SiO_2(s)+2H_2(g) \tag{5-2}$$

按照氧化气氛的不同，Si 热氧化生长可分为干氧氧化、水汽氧化和湿氧氧化三种工艺。干氧氧化是以干燥纯净的 $O_2$ 作为氧化气氛，在高温下 O 直接与 Si 反应生成 $SiO_2$。水汽氧化是以高纯水蒸气为氧化气氛，由 Si 片表面的 Si 原子和水分子反应生成 $SiO_2$，其氧化速率大于干氧氧化。水汽氧化时，可通过改变氢气和氧气的比例，调节水蒸气压，减少污染，有

助于提高热生长 $SiO_2$ 的质量。湿氧氧化实质上是干氧氧化和水汽氧化的混合，氧化速率介于二者之间，用干燥氧气通过加热的水（水温为 95℃）所形成的氧和水汽混合物形成氧化气氛。

$SiO_2$ 的热氧化生长过程如图 5-2 所示。Si 热氧化动力学研究表明，除了几个分子层外，Si 热氧化是由 O 或水分子 $H_2O$（或 $OH^-$）扩散通过已形成的 $SiO_2$ 层，在 Si-$SiO_2$ 界面与 Si 反应而生成 $SiO_2$。随着氧化过程的进行，Si-$SiO_2$ 界面不断向 Si 内部推移。当 Si 生成 $SiO_2$ 时，体积增大 2.2 倍。

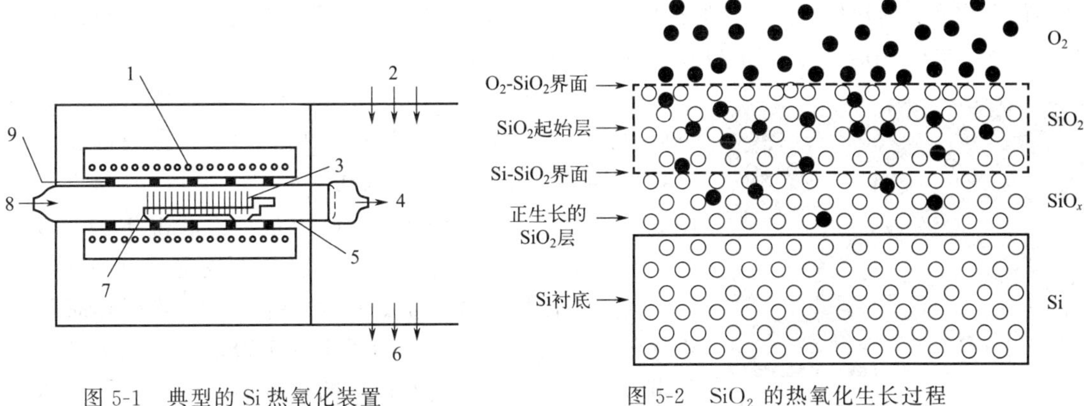


图 5-1　典型的 Si 热氧化装置

1—电阻加热器；2—经过滤的空气；3—硅片；4—至排气管；5—熔凝石英管炉；6—排出气体；7—熔凝石英舟；8—$O_2$ 或 $H_2O$ 携带气体；9—陶瓷梳状支架

图 5-2　$SiO_2$ 的热氧化生长过程

$SiO_2$ 的生成速率主要由两个因素控制：一是 Si-$SiO_2$ 界面上 Si 与氧化物反应生成 $SiO_2$ 的速率；二是反应物（$O_2$、$H_2O$ 或 $OH^-$）通过已生成的 $SiO_2$ 层的扩散速率。按照 Si 热氧化动力学，反应过程可用公式（5-3）表示

$$x_0^2+Ax_0=B(t+\tau) \tag{5-3}$$

式中，$x_0$ 为生成的 $SiO_2$ 厚度；$t$ 为氧化时间；$A$、$B$ 和 $\tau$ 是与氧化气氛和其它氧化条件有关的常数。当氧化时间很短、生成的 $SiO_2$ 很薄时，氧化速率主要由第一个因素控制。这时式（5-3）可简化为 $x_0=(B/A)(t+\tau)$，即氧化层厚度与氧化时间呈线性关系。当 $SiO_2$ 达到一定的厚度时，氧化速率由第二个因素控制。这时式（5-3）可简化为 $x_2=Bt$，即厚度与时间呈抛物线关系。

热氧化生长 $SiO_2$ 的结构通常为无定形，是由 Si-O 四面体无规则排列组成的三维网络。由于电阻率很高（$5\times10^{15}\ \Omega\cdot cm$），介电常数达 3.9，因而是很好的绝缘和介电材料。$SiO_2$ 膜层已在半导体器件和集成电路中广泛地用作绝缘栅、绝缘隔离、互连导线隔离材料和电容器的介质层等。此外，一些ⅢA、ⅤA 族元素如硼、磷、砷、锑等在 $SiO_2$ 中的扩散系数很小，因而 $SiO_2$ 薄膜在集成电路中常被用作杂质选择扩散的掩模和离子注入的掩模。$SiO_2$ 易于被 HF 腐蚀，而 HF 不腐蚀 Si 本身。利用这一特性，将扩散掺杂、离子注入技术、光刻技术和各种薄膜沉积技术相结合，能制造出各种不同性能的半导体器件和不同功能的集成电路。集成电路对热氧化生长 $SiO_2$ 质量的要求很高，最重要的是要控制 $SiO_2$ 的孔隙、$SiO_2$ 中的可动电荷、Si-$SiO_2$ 界面上和 $SiO_2$ 中的固定电荷与陷阱以及 Si-$SiO_2$ 界面态密度等。

## 二、热氧化生长制备 $Bi_2O_3$ 薄膜

$Bi_2O_3$（氧化铋）因其优异的物理、化学性能在电子功能材料、固体电解质材料、光电材料、超导材料、光催化剂等方面有着广泛的应用。金属 Bi 的熔点为 271.3℃，在空气或氧气中容易氧化，因此可通过热氧化金属 Bi 获得 $Bi_2O_3$ 薄膜。因 $Bi_2O_3$ 薄膜具有宽带隙、高折射率、高介电常数、优异的光电导性和光致荧光效应等特点，在半导体氧化物材料体系中占有非常重要的地位。$Bi_2O_3$ 的独特性源于其形态多样性，在不同工艺下制备，可以得到不同晶体结构的$\gamma$-$Bi_2O_3$、$\alpha$-$Bi_2O_3$、$\beta$-$Bi_2O_3$ 和$\delta$-$Bi_2O_3$。

图 5-3　热氧化 $Bi_2O_3$ 薄膜表面的扫描电子显微镜（SEM）图像

杨俊锋等以高纯（99.95%）Bi 金属为靶材，在室温下以直流磁控溅射在 Si 基片表面先沉积 Bi 金属薄膜。然后，将 Bi 金属薄膜置于管式气氛炉中，在 $O_2$ 气氛下，控制氧气压力为 $1.0\times10^5$Pa，$O_2$ 流量标准状况下为 0.8L/min，在 200～270℃之间热氧化制备出致密的 $\beta$-$Bi_2O_3$ 薄膜，薄膜表面的微观形貌如图 5-3 所示。Bi 膜层热氧化的机理包括：第一，Bi 金属原子中处于费米能级的电子通过隧道效应或热发射效应穿透不断形成的 $Bi_2O_3$ 层，到达氧气与 $Bi_2O_3$ 层的界面，并被氧分子捕获，形成不同的负离子（$O_2^-$、$O_2^{2-}$、$O^{2-}$、$O^-$）；第二，负离子和 $Bi^{3+}$ 在 Bi-$Bi_2O_3$ 界面产生 Mott 电势，$O_2^-$、$O_2^{2-}$、$O^{2-}$、$O^-$ 等负离子在 Mott 电势的作用下向金属内部迁移，使 $Bi^{3+}$ 不断被氧化，氧化层不断生长。

## 三、热氧化生长制备氧化物纳米结构

除了制备氧化物薄膜，利用热氧化生长的方法，将金属在含氧气氛（如干燥氧气、空气、水蒸气等）中加热至一定温度（一般小于其熔点）下进行气-固反应，还可以获得一维氧化物纳米结构或者纳米结构阵列。这是一种非常简单的氧化物纳米结构制备方法。加热方式有电热板、管式炉、箱式炉、真空炉等直接加热或通直流电源的电阻发热等。其中，使用电热板、管式炉或箱式炉在空气气氛下加热金属是最简单直接的方法，电热板热氧化法制备金属氧化物纳米结构如图 5-4 所示。

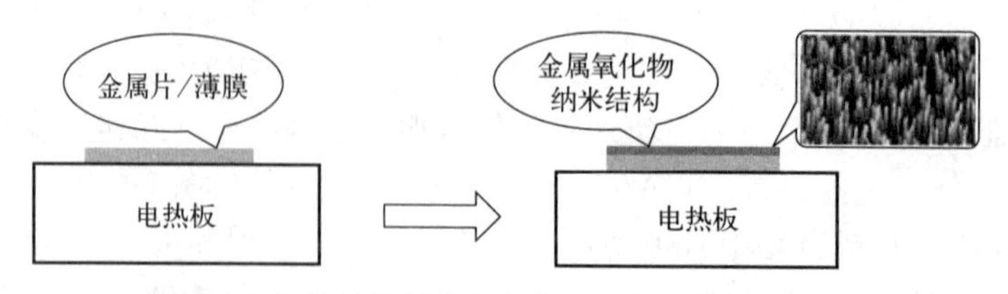

图 5-4　电热板热氧化法制备金属氧化物纳米结构

金属直接氧化获得氧化物晶须的方法在 1950 年就被发现。目前研究者已通过这一方法，在金属 Fe、Cu、Co、V、Zn 等块材、丝材、粉末以及沉积在不同基片上的合金薄膜如 Cu-

Zn、FeNi 合金等上，成功制备出了不同形貌的 α-$Fe_2O_3$ 纳米线（纳米带、纳米片）、CuO 纳米线、$Co_3O_4$ 纳米墙、$V_2O_5$ 纳米线、ZnO 纳米线等众多氧化物纳米结构。图 5-5 为利用电热板热氧化法在空气气氛、较低温度下制备的大面积 CuO、α-$Fe_2O_3$ 和 $Co_3O_4$ 纳米结构以及 $MoO_3$ 等微纳米结构，这些微纳米材料在气体传感、场发射、光致发光、磁学等方面有潜在的应用。

(a)CuO纳米线　(b)α-$Fe_2O_3$纳米线

(c)$Co_3O_4$纳米片　(d)$MoO_3$纳米片

图 5-5　扫描电镜下观察到的纳米结构

# 第二节　化学气相沉积技术基础

化学气相沉积（CVD），是指利用加热、等离子体激励或光辐射等方法，使前驱反应物气体在高温高压下，通过原子、分子间的化学反应，在基片（基体、基底表面生成固态薄膜或涂层的过程。图 5-6 为一个简单的化学气相沉积薄膜示意图，将一种或一种以上的气态原材料（反应气体）导入到一个反应室内，在一定条件下（例如加热）发生化学反应，形成一种新的固态材料沉积到基片表面上，副产物以气体的形式排出。

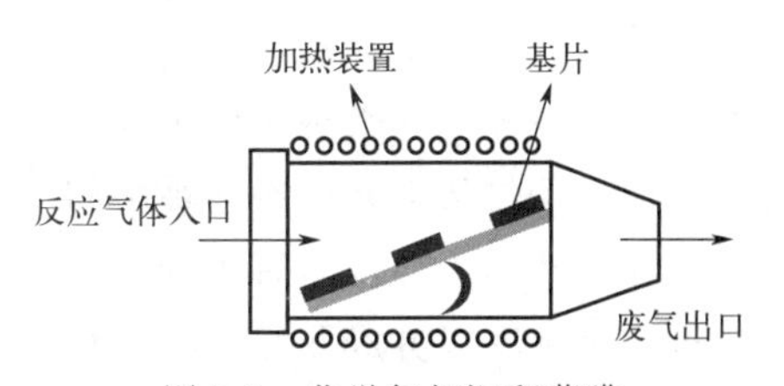

图 5-6　化学气相沉积薄膜

化学气相沉积已广泛用于提纯物质、研制新晶体以及沉积各种单晶、多晶或玻璃态无机薄膜材料，这些材料可以是单质，也可以是二元或多元的元素间化合物。

## 一、化学气相沉积基本要求

不同于物理气相沉积，化学气相沉积是利用气态物质在固态表面进行化学反应，生成固态沉积物的过程。因此，薄膜沉积时必须满足进行化学反应的热力学和动力学条件，同时又要符合化学气相沉积本身的特定要求。

（1）反应物

在沉积温度下，为保证反应物能以适当的速度被引入到反应室，其必须具有足够高的蒸气压。若反应物在室温下均为气态，通常用简单的沉积装置就可满足成膜的要求。但是，若反应物在室温下挥发性很小，则必须采用加热方式使其挥发，且利用载气把反应物带入反应室。此外，为防止反应气体在输送管道中凝结下来，从反应源到反应室的管道也必须同时进行加热。

（2）生成物

反应生成物之一应该是构成所需制备薄膜的固体物质，而且其蒸气压应当足够低。除了生成的固体薄膜外，其它反应产物（副产物）应是易挥发性物质，以便于被抽气系统排出到反应室以外。

（3）基片

为保证在反应全过程中沉积的固态物质能够在一定温度的基片上形成薄膜，除固体薄膜必须有足够低的蒸气压，基片材料在沉积温度下也必须具有足够低的蒸气压。

## 二、化学气相沉积基本过程

化学气相沉积技术的关键在于：一是气体与界面相互作用发生化学反应产生沉积；二是沉积必须在一定能量激活条件下进行，如加热、等离子体激励或光辐射。只有发生在气相-固相交界面的反应才能在基体上形成致密的固态薄膜。如果反应发生在气相中，生成的固态产物只能以粉末形态出现。由于反应过程中气态反应物之间的化学反应以及产物在基体上的析出过程是同时进行的，因此化学气相沉积的机理非常复杂。

一般来说，化学气相沉积基本过程包括如图 5-7 所示的七个步骤：①反应组分气体进入反应室；②由反应气组分形成中间反应物；③中间反应物气体扩散通过气相边界区到达沉积基体表面；④气体在基体表面被吸附；⑤在基体表面发生单步或多步反应造成沉积；⑥反应产物气体自基体表面发生解吸和扩散；⑦副产物通过扩散、对流被移走。

这七个步骤可分成两组：物质传递①、③和⑦与表面反应②、④、⑤和⑥。这两组中最慢的一步决定化学气相沉积是以物质传递作为控制因素还是以表面反应作为控制因素。在较低的温度，沉积速率受表面反应限制，当温度增高时，表面反应速率以指数升高，因此物质传递是控制因素。

从微观角度来看，反应物分子在高温下由于获得较高的能量得到活化，内部的化学键松弛或断裂，促使新键生成，从而形成新的物质。从宏观角度来看，一个反应能够进行，则其反应吉布斯自由能的变化（$\Delta G_0$）必须为负值。随着温度的升高，有关反应的 $\Delta G_0$ 值是下降的，因此升温有利于反应的自发进行。

如前所述，只有发生气相-固相交界面的反应才能在基体上形成致密的固态薄膜。化学反应受到气相与固相表面的接触催化作用，产物的析出过程也是由气相到固相的结晶生长过程。在化学气相沉积反应中，基体和气相间要保持一定的温度差和浓度差，由二者决定的过饱和度产生晶体生长的驱动力。

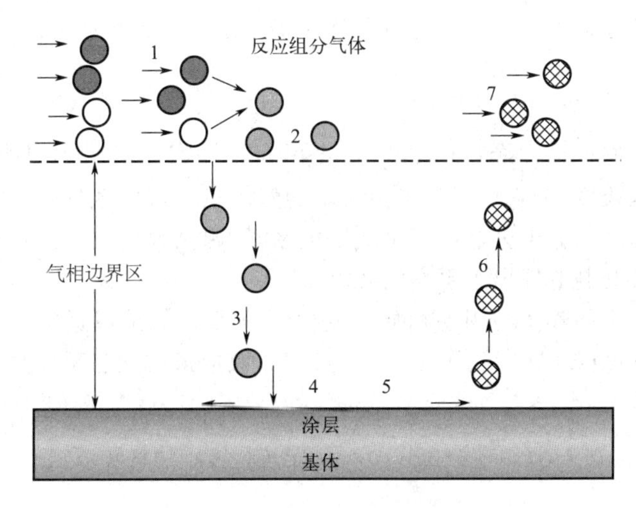


图 5-7　化学气相沉积基本过程

## 三、物质源

在化学气相沉积技术中，对于同一生成物，可以采用不同的反应物，其利用的化学反应也是不相同的。反应物，即制备薄膜的原材料，又称物质源。按照物质状态的不同，物质源分为气态物质源、液态物质源和固态物质源。本章涉及的化学反应中以（s）、（l）、（g）分别表示反应物或反应产物的固态、液态和气态等状态。

### 1. 气态物质源

常见的气态物质源包括 $H_2$、$N_2$、$CH_4$、$O_2$、$SiH_4$ 等常见气体以及含有其它无机元素的复杂气体。沉积薄膜使用气态物质源时，只需要流量计控制其流量，而不必控制物质源的温度，因此工艺最简便。如果所有物质源均为气态，化学气相沉积系统只需要一个温区，且反应物的浓度可以任意调节，这有利于控制薄膜的成分和组织，特别适合制备复合薄膜。

### 2. 液态物质源

液态物质源分为两种：一种是该液态物质的蒸气压即使在相当高的温度下也很低，这就必须用一种气态反应物与之反应，生成气态物质导入沉积区，然后再进行沉积反应；另一种是液态物质源在室温或稍高的温度下，有较高的蒸气压，例如 $AsCl_3$、$PCl_3$、$BCl_3$、$SiCl_4$、$TiCl_4$、$VCl_4$、$CH_3CN$ 等，可用载气（如 $H_2$、$N_2$、Ar）流过液体表面或在液体内部鼓泡，然后携带这种物质的饱和蒸气进入反应系统。

根据液体在不同温度下的饱和蒸气压数据或蒸气压随温度变化的曲线，可以定量地估算出气体携带物质的量，通常用单位时间内进入反应室的蒸气量 $n$ 表示。

$$n=10^2 R_T F/(RT) \tag{5-4}$$

式中，$n$ 为蒸气量，mol/min；$R_T$ 为液体饱和蒸气压，atm；$F$ 为载气流量，L/min；

$R$ 为摩尔气体常数，J/(mol·K)；$T$ 为热力学温度，K。由于蒸气压与温度呈指数关系，所以源区温度必须控制在适当的范围，这对保持气相组分的稳定极为重要。

### 3. 固态物质源

这种物质源在室温下呈固态，如 $AlCl_3$、$NbCl_5$、$TaCl_5$、$ZrCl_4$、$HfCl_4$、$WCl_6$ 等，在一定温度下（数百摄氏度），它们能升华出需要的蒸气量，可用载气带入沉积区。因为固态物质源的蒸气压随温度变化十分灵敏（呈指数关系），源区温度也必须严格控制，这对化学气相沉积设备的设计和制造提出了更高的要求。

通常可以通过一定的气体与固态物质源发生气-固反应，形成适当的气态组分向沉积区输运，如采用 HCl 和纯金属（Al、Ga、In、Tl 等）反应形成气态反应物质，再用载气输送到反应室内。

$$2Al(s)+6HCl(g) \longrightarrow 2AlCl_3(g)+3H_2(g) \tag{5-5}$$

## 四、化学气相沉积反应类型

化学气相沉积制备薄膜的过程中，始终存在气体与基片表面的相互作用，包括：第一，反应气体向基片表面扩散，即反应物的输运过程；第二，反应气体吸附于基片表面，并在基片表面发生化学反应，即化学反应过程；第三，基片表面产生的气相副产物脱离表面，向空间扩散或被抽气系统抽走，同时基片表面留下不挥发的固相反应产物——薄膜，即去除反应副产品过程。其中，第二个相互作用对是否能获得所需薄膜起到决定性的作用。基片表面发生的化学反应归纳起来有以下六种类型。

### 1. 分解反应

分解反应是指由一种物质生成两种或两种以上新物质的反应，如式（5-6）所示

$$AB(g) \xrightarrow{Q} A(s)+B(g) \tag{5-6}$$

金属氢化物中 M—H 键的离解能、键能都比较小，热解温度低，唯一副产物是没有腐蚀性的氢气。因此，早期制备 Si 膜的方法是在一定的温度下使 $SiH_4$ 分解，化学反应为

$$SiH_4(g) \longrightarrow Si(s)+2H_2(g) \tag{5-7}$$

金属有机化合物，如金属的烷基化合物，其 M—C 键能一般小于 C—C 键能 [$E$(M—C)<$E$(C—C)]，因此利用分解反应可以制备金属膜，例如

$$Cr[C_6H_4CH(CH_3)_2]_3(g) \longrightarrow Cr(s)+[C—H](g) \tag{5-8}$$

金属有机化合物，如元素的氧烷，由于 M—O 键能一般大于 O—C 键能[$E$(M—O)>$E$(O—C)]，所以利用分解反应可以获得氧化物薄膜，例如

$$Si(OC_2H_5)_4(g) \xrightarrow{740℃} SiO_2(s)+H_2O(g)+[C—H](g) \tag{5-9}$$

$$2Al(OC_3H_7)_3(g) \xrightarrow{420℃} Al_2O_3(s)+6C_3H_6(g)+3H_2O(g) \tag{5-10}$$

其它气态络合物、复合物，如羰基化物和羰基氯化物，多用于贵金属（铂族）和其它过渡金属薄膜的制备，例如

$$Pt(CO)_2Cl_2(g) \xrightarrow{600℃} Pt(s)+2CO(g)+Cl_2(g) \tag{5-11}$$

$$Ni(CO)_4(g) \xrightarrow{140\sim240℃} Ni(s)+4CO(g) \tag{5-12}$$

单氨络合物可用于热解制备氮化物，例如

$$GaCl_3 \cdot NH_3(g) \xrightarrow{800\sim900℃} GaN(s)+3HCl(g) \tag{5-13}$$

$$AlCl_3 \cdot NH_3(g) \xrightarrow{800\sim900℃} AlN(s)+3HCl(g) \tag{5-14}$$

$$B_3N_3H_6(g) \xrightarrow{900\sim1100℃} 3BN(s)+3H_2(g) \tag{5-15}$$

分解反应的激活能不仅可以利用高温即热分解反应，也可以利用等离子体或其它能源增强反应，例如

$$SiH_4(g) \xrightarrow[\text{等离子增强}]{\text{约 }350℃} \alpha\text{-}Si(H)(s)+2H_2(g) \tag{5-16}$$

$$W(CO)_6(g) \xrightarrow{\text{激光束}} W(s)+6CO(g) \tag{5-17}$$

## 2. 还原反应

还原反应即物质得到电子的反应。利用氢还原卤化物可以制备 Si 或其它单质、金属膜，所获得的膜层纯度高，工艺温度较低，操作简单，因此有很大的使用价值。典型的例子包括

$$SiCl_4(g)+2H_2(g) \longrightarrow Si(s)+4HCl(g) \tag{5-18}$$

$$WCl_6(g)+3H_2(g) \longrightarrow W(s)+6HCl(g) \tag{5-19}$$

$$WF_6(g)+3H_2(g) \longrightarrow W(s)+6HF(g) \tag{5-20}$$

$$2BCl_3(g)+3H_2(g) \longrightarrow 2B(s)+6HCl(g) \tag{5-21}$$

所用还原剂 $H_2$ 是最容易得到的。但是，某些基片材料也同时起到还原剂的作用，例如

$$WF_6(g)+3/2Si(g) \xrightarrow{700℃} W(s)+3/2SiF_4(g) \tag{5-22}$$

氯化物是更常用的卤化物，这是因为氯化物具有较大的挥发性，且容易通过部分分馏而纯化。氢的还原反应对于制备 Al、Ti 等金属是不适合的，这是因为这些元素的卤化物较稳定。

## 3. 氧化反应

利用氧化反应可以制备氧化物薄膜。例如 $SiO_2$ 薄膜，通常由 $SiH_4$ 的氧化来制备，其在 450℃较低温度下发生的氧化反应为

$$SiH_4(g)+O_2(g) \longrightarrow SiO_2(s)+2H_2(g) \tag{5-23}$$

其它用于沉积 $SiO_2$ 薄膜的氧化反应还有式（5-24）和式（5-25），这两个反应所需的温度分别为 850℃和 900℃。

$$SiH_4(g)+2N_2O(g) \longrightarrow SiO_2(s)+2H_2(g)+2N_2(g) \tag{5-24}$$

$$SiH_2Cl_2(g)+2N_2O(g) \longrightarrow SiO_2(s)+2HCl(g)+2N_2(g) \tag{5-25}$$

$SiCl_4$、$GeCl_4$ 在高温下也可以直接氧化生成 $SiO_2$、$GeO_2$ 薄膜

$$SiCl_4(g)+O_2(g) \longrightarrow SiO_2(s)+2Cl_2(g) \tag{5-26}$$

$$GeCl_4(g)+O_2(g) \longrightarrow GeO_2(s)+2Cl_2(g) \tag{5-27}$$

通过氯化物的水解反应，可以氧化沉积 Al，从而可获得 $Al_2O_3$ 薄膜

$$Al_2Cl_6(g)+3CO_2(g)+3H_2(g) \longrightarrow Al_2O_3(s)+6HCl(g)+3CO(g) \tag{5-28}$$

### 4. 氮化反应和碳化反应

利用化学气相沉积可制备氮化物，如氮化硅和氮化硼，由式（5-29）～式（5-31）的反应可获得高的沉积率。

$$3SiH_4(g)+4NH_3(g) \longrightarrow Si_3N_4(s)+12H_2(g) \tag{5-29}$$

$$3SiH_2Cl_2(g)+4NH_3(g) \longrightarrow Si_3N_4(s)+6HCl(g)+6H_2(g) \tag{5-30}$$

$$BCl_3(g)+NH_3(g) \longrightarrow BN(s)+3HCl(g) \tag{5-31}$$

化学气相沉积获得的薄膜性质取决于气体的种类和沉积条件（如温度等）。例如，在一定的温度下，氮化硅更容易形成非晶膜。

在碳氢气体存在的情况下，使用氯化还原可以制得 TiC 薄膜

$$TiCl_4(g)+CH_4(g) \longrightarrow TiC(s)+4HCl(g) \tag{5-32}$$

由 $CH_3SiCl_3$ 的热分解可制备 SiC 薄膜

$$CH_3SiCl_3(g) \longrightarrow SiC(s)+3HCl(g) \tag{5-33}$$

### 5. 化合反应

化合反应是指两种或两种以上的气态反应物在热基片上发生的相互反应，如式（5-34），可用于制备 TiC 薄膜。利用化合反应还可以由有机金属化合物沉积得到ⅢA～ⅤA 族化合物，如式（5-35）可获得 GaAs 薄膜。

$$TiCl_4(g)+CH_4(g) \longrightarrow TiC(s)+4HCl(g) \tag{5-34}$$

$$Ga(CH_3)_3(g)+AsH_3(g) \longrightarrow GaAs(s)+3CH_4(g) \tag{5-35}$$

### 6. 化学输运反应

化学输运反应是把构成薄膜所需要的物质当作源物质，借助于适当气体介质与之反应而形成一种气态化合物，这种气态化合物经化学迁移或物理载体（如载气）输运到与源区温度不同的沉积区，再发生逆向反应，使得源物质重新淀积出来。正反应为输运过程的热反应，逆反应为晶体生长过程的热反应。通过化学输运反应，可实现材料的纯化。例如

$$6GaAs(g)+6HCl(g) \underset{T_2}{\overset{T_1}{\rightleftharpoons}} As_4(s)+As_2(g)+6GaCl(g)+3H_2(g) \tag{5-36}$$

$$ZnS(s)+I_2(g) \underset{T_2}{\overset{T_1}{\rightleftharpoons}} ZnI_2(s)+1/2S_2(g) \tag{5-37}$$

如果系统存在温差，当原材料在温度 $T_1$ 时与输送气体反应，形成易挥发物时就会发生化学输送反应。当沿着温度梯度输运时，挥发材料在温度 $T_2$（$T_1>T_2$）时会发生可逆反应，在反应器的另一端就出现原材料。由此可见，化学输运反应的实质是利用物质的升华和冷凝现象而实现薄膜沉积。

根据上述反应，化学气相沉积技术制备薄膜时，不仅可以选择不同类型的反应方式制备出所需的膜层，而且即使沉积同一类型的膜层，也可以用不同的反应物和不同的沉积条件来获得所需的膜层。如图 5-8 所示，氮化镓薄膜就可以通过各种不同的前驱物和不同的化学反应来获得，也就是说，同一薄膜材料可以有多种合成路线。

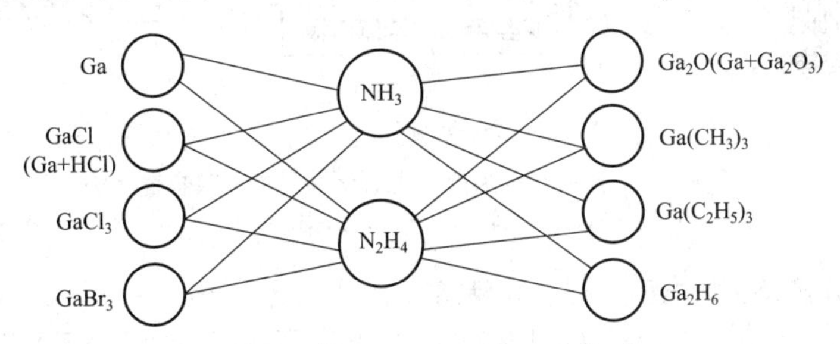


图 5-8　沉积 GaN 薄膜的反应体系

下面列举几个制备 GaN 薄膜的化学反应

$$GaCl(g)+NH_3(g)\xrightarrow{1000\sim1050℃,Ar}GaN(s)+HCl(g)+H_2(g) \tag{5-38}$$

$$Ga(CH_3)_3(g)+NH_3(g)\xrightarrow{约\ 650℃,H_2}GaN(s)+3CH_4(g) \tag{5-39}$$

$$Ga_2H_6(g)+N_2H_4(g)\xrightarrow{H_2}2GaN(s)+5H_2(g) \tag{5-40}$$

## 五、化学气相沉积装置

尽管制备不同的薄膜，其选用的反应类型不相同，但化学气相沉积装置都有一些共性，即每一个装置都必须具备三种功能：第一，将前驱物通过气体传输输运到反应装置内，并能进行质量流量的测量和调节；第二，能提供反应激活能如热或等离子体等，并通过自动系统控制膜层温度；第三，将沉积区内的副产物和未反应的气体抽走，并能安全处理。要实现以上功能，化学气相沉积装置通常包括四个部分：前驱物的供应、调节系统（载气、阀门、气路、源区、流量调节等）；反应器（设计构型、尺寸、基底支撑体、加热和附加能量方式等）；尾气排除或真空产生系统；自动控制系统。因此，化学气相沉积系统主要应该包括以下部件。

### （一）气体流量调节

为获得高质量的膜层，必须准确稳定地把各反应气体送入沉积室，这就要求对气体流量进行精准控制。气体流量可采用带针型调节阀门的玻璃转子流量计，也可以采用质量流量计，后者的控制精度高，可带计算机接口，易于实现自动控制。

## （二）加热和附加能量方式

化学气相沉积反应激活能量提供方式包括加热、等离子体和光辐射，如图 5-9 所示。利用加热与等离子体或光辐射相结合的反应激活方式，可以促进化学反应，降低工艺温度。

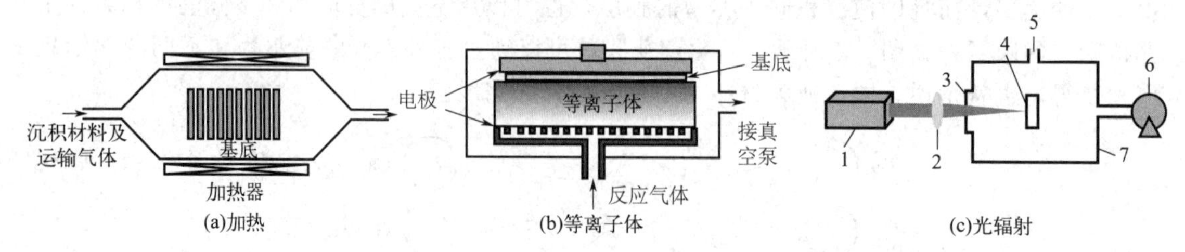


图 5-9　各种反应激活方式的化学气相沉积装置

1—光源（近紫外、真空紫外、激光等）；2—透镜；3—窗口；4　基底；5—反应气体；6—真空泵；7—反应室

其中，加热方式又包括电阻加热、高频感应加热、红外加热和激光加热等（如图 5-10），可根据装置结构、膜层种类和反应方式进行选择。大型化学气相沉积生产设备常采用电阻加热方式。加热可对整个反应器装置进行，也可仅加热基底，因此化学气相沉积装置的设计又分为热壁式和冷壁式。热壁式的整个反应器需要达到发生化学反应所需的温度，基底处于由均匀加热炉所产生的等温环境下，而冷壁式只有基底需要达到化学反应所需的温度，加热区只局限于基底或基底台。

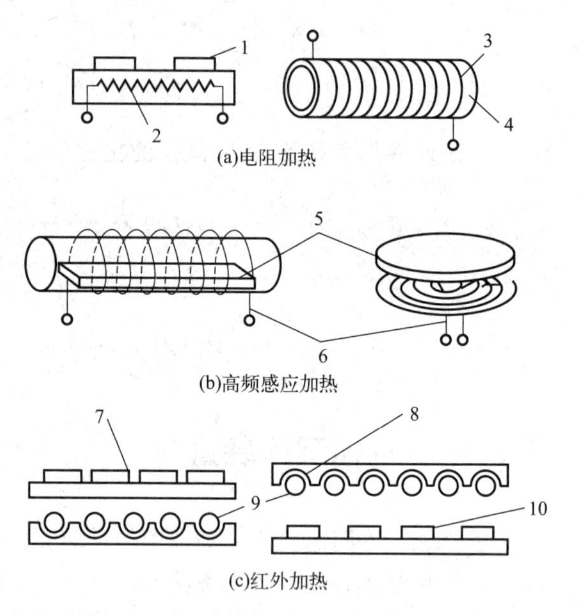


图 5-10　化学气相沉积反应器装置的加热方式

1—基底；2—内置加热器；3—加热线圈；4—陶瓷管；5—石墨感应体；6—射频线圈；7—基底台；8—反射罩；9—加热灯管；10—基底

## （三）反应器构型

化学气相沉积反应器装置的结构分为卧式和立式两种形式（图 5-11）。装置的结构必须满足三个条件：①各组分气体在反应器内均匀混合；②各个基底都能够得到充足的反应气体；③生成的附加产物能够迅速离开基

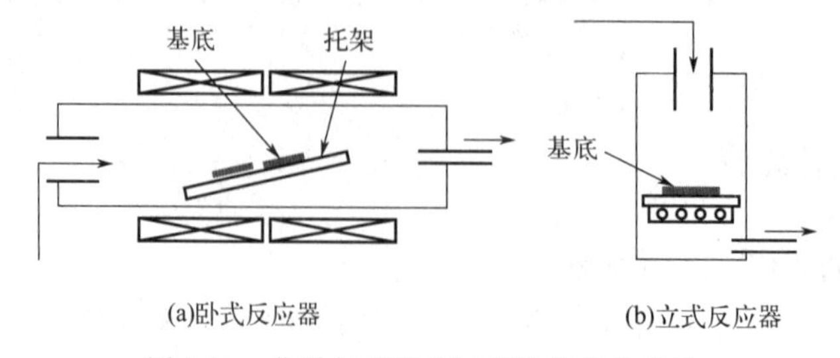


图 5-11　化学气相沉积反应器装置的结构

底表面。这样才能保证每一个基底和同一个基底各个部分的膜层厚度和性能均匀一致。卧式反应器具有高的生产能力，但沿气流方向存在气体浓度、膜厚分布不均匀性问题，同时需要大流量携载气体、大尺寸设备，膜被污染的程度高。立式反应器虽然膜厚均匀性好，但不易获得高的生产力。

### （四）尾气排除和真空产生

值得注意的是，化学气相沉积装置大多会产生腐蚀性、挥发性气体和粉末状副产物，这会对真空泵和环境造成很大的损害，所以在实际生产中，真空机组多选用水喷射泵和液体循环真空泵，废气采用冷阱吸收和碱液中和的方法去除酸气和有害粉尘，使尾气排放达到环保要求的标准。

图 5-12 为化学气相沉积制备 TiC 薄膜典型装置示意图。沉积 TiC 薄膜的化学反应如下

$$TiCl_4 + CH_4(g) \longrightarrow TiC(s) + 4HCl(g) \tag{5-41}$$

基底置于氢气保护下，加热到 1000～1050℃，然后以氢气作为载流气体把 $TiCl_4$ 和 $CH_4$ 气体带入反应室中，使 $TiCl_4$ 中的 Ti 与 $CH_4$ 中的 C 发生化合反应，形成 TiC。反应的副产物则被气流带出反应室外。

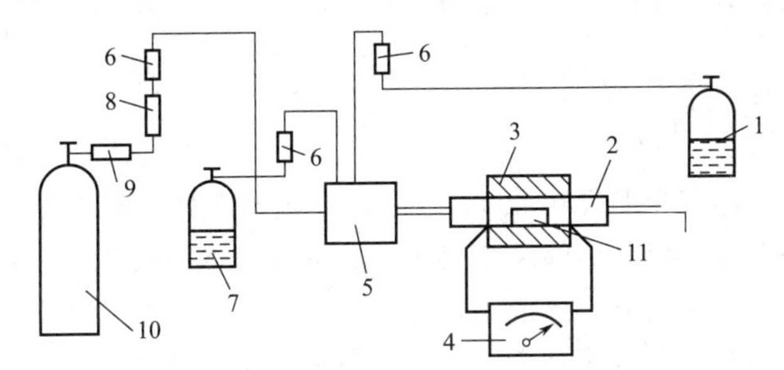


图 5-12　TiC 薄膜化学气相沉积典型装置

1—甲烷（或其它反应气体）；2—反应室；3—感应炉；4—高频（或中频）转换器；5—混合室；6—流量计；7—卤化物（$TiCl_4$）；8—干燥器；9—催化剂；10—氢气；11—工件

## 六、化学气相沉积膜层质量的主要影响因素

影响化学气相沉积膜层质量的因素很多，包括沉积温度、反应室内的压力、反应气体的分压（配比）、基片的材料和表面状态及位置、沉积时间等，这些因素之间互有联系，相互影响。

### （一）沉积温度

温度是影响薄膜质量的重要因素，每种薄膜材料都有最佳的沉积温度范围。沉积温度会影响气体质量运输过程，从而影响薄膜的形核率，改变薄膜的组织与性能。根据化学反应热力学，只有当沉积温度大于某一温度，反应的吉布斯自由能为负值时，沉积反应才会向生成物方向进行。但为了达到一定的沉积速率，实际沉积温度要比起始反应温度高。沉积温度升高，有助于增加界面反应和新生态固体原子的重排过程，利于获得更加稳定的结构。但是，

温度过高会导致薄膜晶粒粗大的现象，而温度过低会使反应不完全，产生不稳定结构和中间产物，导致膜层和基片结合强度大幅下降。

### （二）压力

反应室内的热量、质量及动量传输与压力密切相关，压力直接影响沉积速率、膜层质量和膜层厚度的均匀性。在常压卧式反应器内，气体流动状态被认为是层流，而在低压立式反应器内，由于气体扩散增强，反应生成物废气能够尽量排除，可获得组织致密、质量好的膜层，更适合大批量生产。

### （三）反应气体分压（配比）

很多化学气相沉积需要多个反应气体，或者除了反应气体还需要不参与反应的运载气体。反应气体分压是决定膜层质量的重要因素之一，它直接影响膜层成核、生长、沉积速率、组织结构和成分。反应气体分压过大时，由于表面反应和成核过快导致结构不完整，或不能得到单晶薄膜。反应气体分压过低时，成核密度太小，也不易得到均匀的薄膜。对于化合物薄膜，各反应气体分压之间的比例直接决定着薄膜的化学计量比。

### （四）基片

由于传统的化学气相沉积温度在800℃以上，因此大部分钢不适合作为基片材料，这是因为：一是会发生固态相变以及引起尺寸变化；二是由于钢和膜层热膨胀系数的差别，冷却时在界面上产生相当大的切向应力，造成结合破坏；三是钢表面与反应室气体的反应，可能会在界面形成不希望的相或有害化合物。因此，通常选用在高温下不容易被反应气体侵蚀的各种难熔金属（常用钼）、石英、陶瓷和硬质合金等作为基片材料。

基片对薄膜质量的影响主要体现在以下三个方面。

① 基片的材料。由于不同的基片材料与薄膜材料之间的亲和力和热膨胀系数存在差异，导致薄膜在不同基片材料上的附着牢固度也不相同。此外，基片材料的晶体结构可能直接影响薄膜的结构。例如，当用气相外延技术沉积薄膜时，由于基片与薄膜的晶格类型和晶格常数有差异，就有可能得不到单晶薄膜。

② 基片的晶面取向和表面状态。这会直接影响生成物的原子在基片表面上的成核和生长。此外，基片的表面状态还会影响薄膜的附着强度。

③ 基片的位置。选择正确的基片在反应器中的位置是非常重要的。基片的位置不仅影响基片温度的均匀性，而且还影响到气流模型，从而影响膜层的均匀性。气体流动方式与沉积厚度均匀性的关系如图5-13所示。当反应气流垂直于基片表面进入反应器时［图5-13（a）和（b）］，如果进气喷口的形状和尺寸不当，膜层会呈现凸和凹的形状。在薄膜面积很大的情况下，膜厚的不均匀性更为严重。通过正确地选择进气喷口气孔和反应器的几何形状和尺寸，调整进气口和出气口的位置，基片放置架采用旋转式或行星转动式运动，可获得均匀的薄膜。当反应气体平行于基片平面进入反应器时［图5-13（c）］，由于反应剂量逐渐减少，膜厚也随之减小，因此对于卧式反应器装置，反应气流平行于基片表面进入反应器，通

常让基片相对于气流有一定的倾斜角［图 5-14（a）］，或减小下游方向反应器装置的横截面，增大下游部位的气流速度，以补偿下游部位由于反应剂的不足而引起的薄膜厚度的变化不均。不同形式的反应器，其基片的放置方式也有所不同，如图 5-14（b）～（e）所示，但最终目的都是期望获得均匀的薄膜。

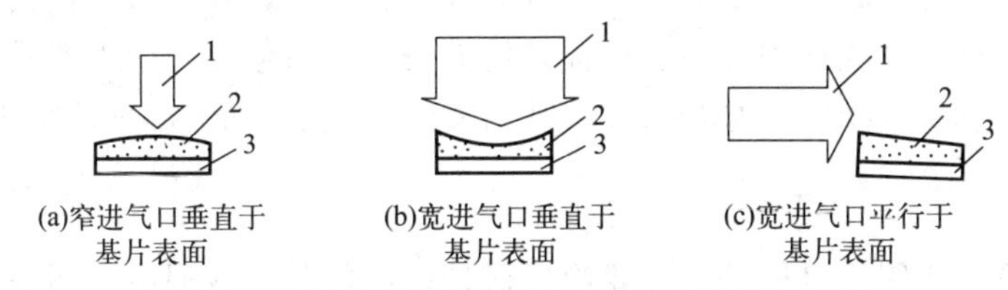


图 5-13　气体流动方式与沉积厚度均匀性的关系

1—反应气体；2—薄膜层；3—基片

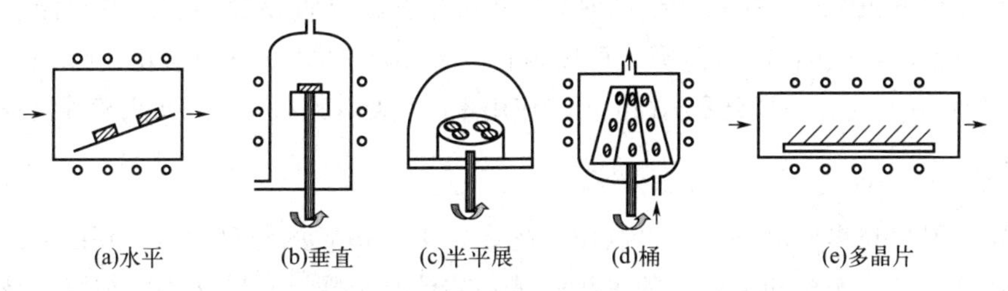


图 5-14　各种化学气相沉积反应器基片放置的方式

## 七、化学气相沉积的特点与应用

与其它沉积薄膜的方法相比较，化学气相沉积技术的优点在于：①工艺灵活性好。所需的反应原材料比较容易获得，且制备同一种薄膜可以选用不同的化学反应。通过改变和调节反应物的成分，能够准确控制薄膜的组分使其具有理想化学配比。②薄膜的均匀性好。因为镀膜的绕射性好，对于形状复杂的表面或工件的深孔、细孔都能均匀沉积薄膜。③成本低。一些反应可在大气压下进行，系统不需要昂贵的真空设备。④薄膜的致密性好、残余应力小。这是因为高沉积温度会大幅度改善晶体的结晶完整性。⑤特殊薄膜材料的制备。利用某些材料在熔点或蒸发时分解的特点得到其它方法无法得到的材料，如耐熔金属薄膜。⑥沉积过程可以在大尺寸基片上进行。

但是，化学气相沉积也有不足之处：①大部分情况下，化学反应需要高温（200～1350℃），基片硬度会随之降低，同时热处理后还需要进行淬火处理，也产生较大变形，因此该技术不适合于高精度的零件处理。②反应气体会与基片或设备发生化学反应。③所使用的设备也可能较为复杂，如金属有机化合物化学气相沉积。④许多变量（如气体流量、气体组分、沉积温度、气压、真空室形状、沉积时间、基片材料和位置等）需要控制。⑤排放的尾气一般是有害的，为满足环保要求，尾气处理会增加生产成本。

由于化学气相沉积能得到纯度高、致密性好、残余应力小、结晶良好的薄膜，且反应气体、反应产物和基片的相互扩散，有利于提高膜层与基片的附着力，这对表面钝化、抗蚀及耐磨等表面增强膜是很重要的。因此，化学气相沉积技术已经应用到许多领域。

（1）切削工具

利用化学气相沉积可以在刀具表面镀覆高耐磨性碳化物、氯化物、碳氯化合物、氧化物和硼化物等涂层，有效地减少在车、铣和钻孔过程中出现的磨损。特别应用于车床用的转位刀片、铣刀、刮刀和整体钻头等。

（2）模具

化学气相沉积对传统的模具制造是个技术突破。金属材料在成形时，会产生高的机械应力和物理应力，原来模具的抗磨能力、抗接触能力及摩擦系数等力学性能是靠基片材料来实现的，采用化学气相沉积技术后，膜层如 TiN 作为表面保护层，可大幅延长模具的使用寿命。

（3）机械零件

许多特殊环境中使用的机械零件需要涂层保护，以使其具有耐磨、耐腐蚀、耐高温氧化和耐辐射等功能。化学气相沉积 $Al_2O_3$ 和 TiN 薄膜以及含有 Cr 的非晶态薄膜具有很好的耐蚀性。化学气相沉积 SiC、$Si_3N_4$ 和 $MoSi_2$ 等硅系化合物是重要的高温耐氧化涂层。这些膜层通过在表面生成致密的 $SiO_2$ 薄膜，可以阻止在 1400～1600℃下的氧化。Mo 和 W 的化学气相沉积涂层也具有优异的高温耐腐蚀性能，应用于涡轮叶片、火箭发动机喷嘴等设备零件上。

（4）微电子技术

在半导体器件和集成电路的基本制作流程中，半导体膜的外延生长、p-n 结扩散元的形成、介质隔离、扩散掩模和金属膜的沉积等是工艺核心步骤。目前化学气相沉积技术已经逐渐取代了如 Si 的高温氧化和高温扩散等传统工艺，在现代微电子技术中占主导地位。立体集成电路就可以利用化学气相沉积硅外延技术进行制备，提高界面结构性，让金属硅化物接触层和硅基片达到最紧密的接触。在超大规模集成电路制作中，化学气相沉积可以用来沉积多晶硅膜、钨膜、铝膜、金属硅化物、氧化硅膜以及氮化硅膜等，这些薄膜材料可以用作栅电极、多层布线的层间绝缘膜、金属布线、电阻以及散热材料等。

（5）太阳能电池

目前制备多晶硅薄膜太阳能电池多采用化学气相沉积技术。硅、砷化镓同质结电池以及利用ⅡB-ⅤA 族、ⅠB-ⅥA 族等半导体制成的多种异质结太阳能电池，如 $SiO_2$/Si、GaAs/GaAlAs、CdTe/CdS 等薄膜材料，也主要采用化学气相沉积技术制备。

（6）光学方面的应用

化学气相沉积金刚石的光学应用主要分为金刚石自支撑膜窗口、光学晶体和光学涂层。金刚石自支撑膜窗口可作为微波窗口、导弹窗口、X 射线窗口、激光窗口、微透镜等。作为光学涂层，金刚石薄膜可直接沉积到被保护的光学窗口（如石英、硅等）表面，起到增透、保护的作用。此外，金刚石薄膜还是优良的紫外敏感材料。

## 第三节　常见的化学气相沉积技术

基于化学气相沉积基本原理，研究者和技术人员设计了各种各样的化学气相沉积制备薄膜的方法和化学气相沉积装置，并且随着技术的发展，化学气相沉积技术不断推陈出新。本节主要介绍化学气相沉积技术的分类和一些常见的化学气相沉积技术。

## 一、化学气相沉积技术分类

化学气相沉积技术可以根据加热方式、反应室压力、气相的物理特性、激活方式、反应温度、源物质类型等的不同进行分类。

（1）加热方式

根据加热方式的不同，可分为热壁式 CVD 和冷壁式 CVD。热壁式 CVD 是指直接依靠炉体的升温对薄膜生长区进行加热，即基底处于由均匀加热炉所产生的等温环境下。冷壁式 CVD 是通过恒流源直接对导电基底供电加热，腔壁和基底无直接接触，仅由于热辐射传导而略微升温，即加热区只局限于基底或基底台。热壁式 CVD 工艺相对成熟，成本低，薄膜生长可靠性好，是常用的 CVD 系统。冷壁式 CVD 的优点是降温速度可以通过所加的恒流源控制，能够在较大的范围内控制降温速率。

（2）反应室压力

根据反应室压力，可分为：①常压 CVD（atmospheric pressure CVD，APCVD），即在一个大气压下进行的薄膜沉积。②低压 CVD（low-pressure CVD，LPCVD），沉积温度与常压 CVD 相近，但沉积时压力为 10～4000Pa。③超高真空 CVD（ultrahigh vacuum CVD，UHVCVD），是在低于 $10^{-6}$Pa 的非常低压环境下进行薄膜生长。大部分先进的化学气相沉积是使用 LPCVD 或 UHVCVD。

（3）气相的物理特性

根据反应气相的物理特性，可分为：①气溶胶辅助 CVD（aerosol assisted CVD，AACVD），它通过液体或气体的气溶胶将前驱体输送到基底上，气溶胶可以通过超声波产生。该技术适用于非挥发性前驱体。②直接液体注入 CVD（direct liquid injection CVD，DLICVD），使用液体（液体或固体溶解在合适的溶液中）形式的前驱物。液相溶液被注入蒸发腔里变成注入物，前驱物利用传统的化学气相沉积技术沉积在基底上，可达到很大的生长速率。该技术适合使用液体或固体的前驱物，可实现高生长速率。

（4）激活方式

根据化学反应的激活方式可分为：①热 CVD（thermal CVD，TCVD），是指在 800～2000℃的高温反应区，利用各种加热方式产生高温的化学气相沉积。②等离子体增强 CVD（plasma-enhanced CVD，PECVD），它通过使用等离子体作为能量源来实现薄膜材料的沉积。③激光 CVD（laser CVD，LCVD），通过使用激光作为能量源来实现薄膜材料的沉积。激光作为能量源，通常采用连续波激光或脉冲激光。激光具有高能量密度、高空间分辨率和可调谐波长等优点，可以实现精确控制和高质量的薄膜沉积。④紫外线 CVD（ultraviolet CVD，UVCVD），借助紫外光的能量分解反应气体，通过光化学反应沉积薄膜材料。

（5）反应温度

根据化学反应温度，可分为：①高温 CVD（high temperature CVD，HTCVD），利用高温下的化学反应将气体分子沉积在基底上，沉积温度＞900℃。②中温 CVD（medium temperature CVD，MTCVD），反应温度在700～900℃之间，通常是通过金属有机化合物在较低温度的分解来实现的。③低温CVD（low temperature CVD，LTCVD），通常是指等离子体增强化学气相沉积和紫外光化学气相沉积，沉积温度<600℃。

（6）源物质类型

基于源物质的类型，又有：①金属有机化合物CVD（metalorganic chemical vapor deposition，MOCVD），是用金属有机化合物热分解进行气相外延生长的方法。②氯化物化学气相沉积，以氯化物作为前驱物的化学气相沉积技术。③氢化物化学气相沉积，以氢化物作为前驱体的化学气相沉积技术。

值得注意的是，以上分类方法互相交叉，而且任何一种分类都不能完全覆盖所有的化学气相沉积技术。事实上，除了上面提到的技术，还有一些其它的化学气相沉积技术，包括：①混合物理化学气相沉积（hybrid physical-chemical vapor deposition，HPCVD），即包含化学分解前驱气体及蒸发固体源两种技术的气相沉积技术。②原子层化学气相沉积（atomic layer CVD，ALCVD），是通过将气相前驱体脉冲交替地通入反应器，在沉积基底上化学吸附并反应而形成沉积膜的一种技术，可以将物质以单原子膜形式一层一层地镀在基底表面。③气相外延（vapor phase epitaxy，VPE），是一种单晶薄层生长方法。其生长薄层的晶体结构是单晶基底的延续，而且与基底的晶向保持对应的关系。④热线CVD（hot wire CVD，HWCVD），也称触媒化学气相沉积（catalytic CVD，cat-CVD）或热灯丝化学气相沉积（hot filament CVD，HFCVD），即使用热丝化学分解源气体。灯丝温度和基底温度是独立控制的，允许使用较低的基底温度获得更好的沉积率，并允许以较高的灯丝温度将前驱体分解成自由基。⑤快速热CVD（rapid thermal CVD，RTCVD），使用加热灯或其它方法快速加热基底。只对基底加热，可以减少不必要的气相反应，以免产生不必要的粒子。

以下详细介绍以不同反应压力、不同反应温度、不同反应激活方式的化学气相沉积技术以及金属有机化合物化学气相沉积技术。

## 二、以反应室压力分类的化学气相沉积技术

反应室压力是薄膜沉积的重要工艺参数。常压化学气相沉积、低压化学气相沉积和超高真空化学气相沉积具有不同的特点。

### （一）常压化学气相沉积

常压化学气相沉积是在一个大气压下进行的薄膜沉积。通常不需要复杂的真空系统，沉积温度在400～800℃。一般情况下，反应气体输运利用不参与反应的惰性气体（如$N_2$、Ar）来完成。其显著的优点是在常压下操作，沉积速率快，工艺重复性好，易于实现工业化连续式生产，成本较低，因此在许多领域都有广泛应用，如$TiO_2$、TiN、SiC、BN、ZrC、$ZrO_2$、石墨烯、氧化硅及非晶硅薄膜等。但是，由于处于大气压力下，气体分子间碰撞频率很高，易发生同质成核的化学气相反应，导致形成薄膜可能包含微粒及凹凸不平等。

常压化学气相沉积的装置采用开管（流道）式和闭管（封闭）式两种结构方式。

（1）开管式化学气相沉积

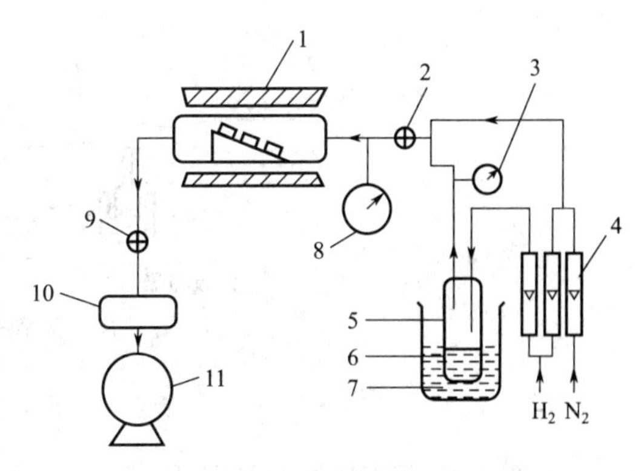


图 5-15　实验室用典型化学气相沉积设备沉积 SiC 薄膜装置

1—热炉；2—针阀；3—压力计；4—流量计；5—汽化器；6—甲基三氯硅烷（MTS）；7—水浴加热锅；8—膜盒真空计；9—速度阀；10—化学疏水阀；11—真空泵

典型的例子是制备 SiC 薄膜的化学气相沉积系统，如图 5-15，通常由气体净化系统、气体测量和控制部分、反应器、尾气处理系统和抽真空系统等组成。

若用液态前驱物，需加热产生蒸气，由载流气体携带入炉。若用固态前驱物，加热升华后产生的蒸气由载流气体带入反应室。对于在低温下会相互反应的物质，在进入沉积区之前应分隔开，以防止它们之间相互反应。

开管式化学气相沉积的特点是便于装、卸料，且能连续地供气及排气，工艺参数易于控制、重复性好，适于批量化生产。由于至少有一种反应产物可以连续地从反应区排出，这就使反应总是处于非平衡状态，从而有利于形成沉积层。在大多数情况下，为了便于废气从系统中排出，其操作大多为采用一个大气压或稍高于一个大气压，但也可在真空下以脉冲的形式连续供气及不断地抽出副产物，这有利于沉积层的均匀性。

（2）闭管式化学气相沉积

这种方式是把一定量的反应物和基底分别放在反应装置两端，管内抽真空后充入一定的输运气体，然后密封，再将反应装置置于双温区内，使反应装置内形成一定温度梯度。由于温度梯度造成负自由能变化是传输反应的推动力，所以物料从封管的一端传到另一端并沉积下来。

闭管式化学气相沉积系统适用于ⅡB-ⅥA 族化合物单晶生长。以 ZnSe 单晶薄膜工艺为例，图 5-16 中（a）是反应器示意图，（b）为炉温分布和晶体生长图。反应管是一个锥形石英管，其锥形端连接一根实心棒，另一端放置高纯度的 ZnSe 原料，盛碘瓶用液氮冷却。反应管加热到 200℃左右，并同时抽真空（约 $10^1$ Pa），在虚线 1 处以氢氧焰熔封，随后除去液氮冷阱。待碘升华进入反应管后，使碘的浓度在合适的范围内，再在虚线 2 处熔断。然后，将反应管置于温度梯度炉的适当位置上（用石英棒调节），使 ZnSe 料处于高温区，$T_2 \approx$ 850～860℃；锥端（生长端）位于较低的温度区，$T_1 = T_2 - \Delta T$，$\Delta T = 13.5$℃，生长端温度梯度约 2.5℃/cm。在精确控制的温度范围内（±0.5℃）进行 ZnSe 单晶生长，其反应如下

$$ZnSe(s) + I_2(g) \underset{T_1}{\overset{T_2}{\rightleftharpoons}} ZnI_2(s) + 1/2Se_2(g) \tag{5-42}$$

在 ZnSe 原料区（$T_2$）反应向右进行。ZnSe 进入气相，形成 $ZnI_2$ 和 $Se_2$ 气体运动到生长端，在较低温度下（$T_1$）发生逆反应，重新形成 ZnSe 的单晶体。这就是前述的化学输运反应。

闭管式化学气相沉积可以降低来自外界的污染，不必连续抽气即可保持真空，原料转化率高。但是，它有许多不足之处：材料生长速率慢，不利于大批量生产；有时反应管只能使用一次，沉积成本较高；管内压力测定相对较困难，具有一定的危险性。

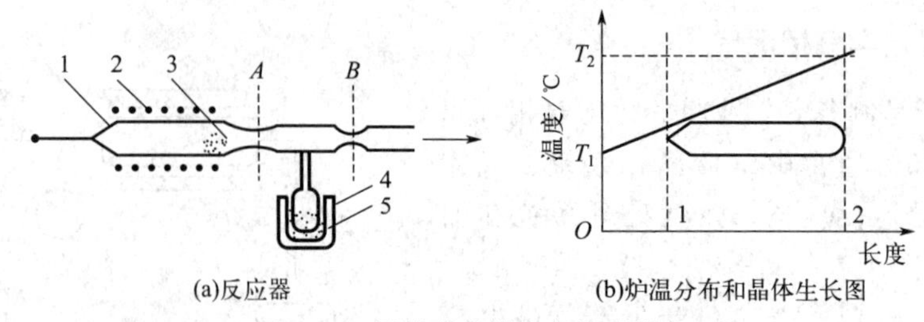


图 5-16　闭管式化学气相沉积设备

A、B—熔断处；1—反应管；2—电炉丝；3—ZnSe 原料；4—碘；5—液氮

## （二）低压化学气相沉积

低压化学气相沉积的原理与常压化学气相沉积基本相同，二者沉积温度相近，但工作气体压力降低到 $10\sim10^3$Pa 范围。LPCVD 装置主要由反应室、加热装置、气体供给及其测量与控制系统、真空系统等部分组成，图 5-17 为制备 $SiN_x$ 的低压化学气相沉积装置。

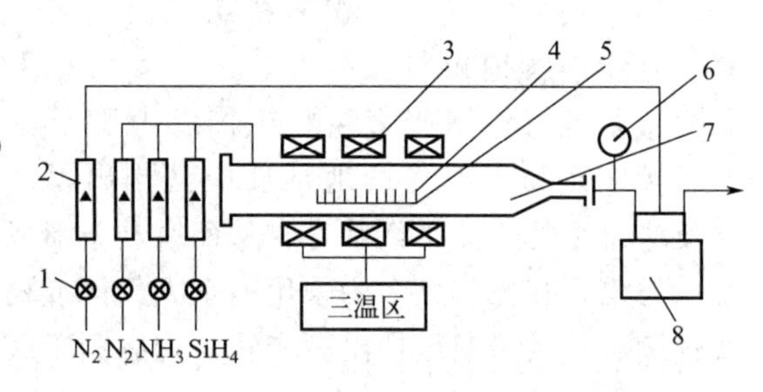


图 5-17　制备 $SiN_x$ 的低压化学气相沉积装置

1—微调针阀；2—流量计；3—可控加热炉；4—硅片；5—石英支架；6—真空计；7—反应室；8—真空泵

反应室的石英管利用电阻加热，并把炉内的温度分成几段，保持恒定的温度梯度。这是因为在沉积过程中随着硅烷（$SiH_4$）的逐步分解，其浓度越来越小，由于在相同条件下沉积速率正比于硅烷的浓度，使入口端沉积速率大于出口端的沉积速率。因此，为了保证各基片沉积膜的均匀性，可以通过提高出口端的温度来弥补，炉内的温度梯度值可根据工艺条件来选择。

由于低压化学气相沉积的真空度不高，处于低真空状态。因此，多选用极限真空度为 0.5～1Pa 的机械真空泵，但这要求密封性必须非常好，否则系统漏气会影响沉积膜层的质量，又易产生硅烷的燃烧，不能保证生产的安全性。

低压化学气相沉积的特点在于：①低压有助于加速反应气体向基片的扩散。根据分子运动论，气体密度和扩散系数均与气体压力有关。由于气体扩散系数反比于气体的质量输运，因此当压强减少到 10～50Pa 时，扩散系数会增加 $10^3$ 倍，从而加快了气体的质量输运，增强了沉积过程的速率，提高了生产效率。②载体气体用量少，反应室中基本上为反应源气体，因此大大降低了颗粒污染源。③气体压力低，分子运动速度加快，参加反应的气体分子在空间各点的吸收能量差别小，因此各点反应速率相近以致成膜均匀，具备较佳的阶梯覆盖能力。④随着压力的降低，反应温度也下降。如，当反应压力从十万帕降至数百帕，反应温度可降至 150℃左右。⑤可以实现直立密排装片，产量高，产品重复性好，适宜大规模工业性生产的需求。

低压化学气相沉积广泛用于二氧化硅、氮化硅、多晶硅、磷硅玻璃、硼磷硅玻璃、掺杂多晶硅、石墨烯、碳纳米管等多种薄膜制备。图 5-17 中，以氨气（$NH_3$）为氮源，以硅烷（$SiH_4$）为硅源，在热壁管式反应炉中采用三温区控制。首先将清洗好的单晶硅片直立插在石英支架上，推入石英反应炉管内，放置于中央位置，然后打开真空泵，抽至 0.5Pa 以下，温度控制到770～840℃后开始沉积薄模。反应气体流量通过质量流量计（MFC）调节控制，沉积完毕后继续将真空抽至0.5Pa以下，通入$N_2$至常压再取出硅片，硅片表面即可获得平整的$SiN_x$薄膜。在微电子材料及器件中，氮化硅薄膜（$SiN_x$）用作表面钝化保护膜、绝缘层、杂质扩散掩模、薄膜晶体管介电层、非挥发动态随机存储器的电荷存储层以及ⅢA-ⅤA族半导体（如GaAs）元件的表面封装材料等。此外，$SiN_x$薄膜可用于硅基太阳能电池中，作为减反射膜，同时起到表面钝化和体内钝化的作用，提高太阳能电池的转换效率。

### （三）超高真空化学气相沉积

1986年Donahue等提出超高真空化学气相沉积技术，在低于$10^{-6}$Pa的超高真空中进行化学气相沉积。同年，IBM Watson研究中心的Meyerson正式建立了一套超高真空化学气相沉积系统，如图5-18所示。利用该系统在Si基底上外延生长的SiGe材料已成功用于异质结双极晶体管器件。该系统由主体部分和辅助部分组成，其中主体部分包括反应室、预处理室和进样室；辅助部分包括真空系统、加热及温控系统、气体输送系统及计算机控制系统等。

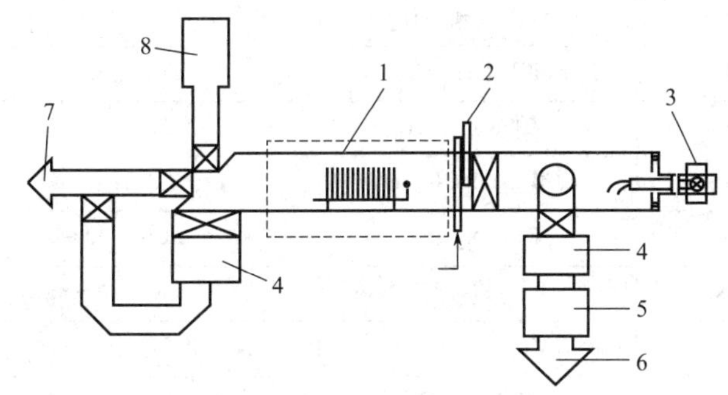


图5-18　超高真空化学气相沉积系统

1—炉体；2—气源；3—真空传输装置；4—分子泵；5—$Al_2O_3$捕集器；6—旋片式机械泵；7—薄片式机械泵及罗茨鼓风机；8—质谱仪

超高真空化学气相沉积过程中，由于沉积时压力非常低，气体传递是通过分子流实现的，并且不存在任何流体动力学效应，例如边界层。另外，由于分子碰撞频率较低，也不涉及气相化学，因此生长速率将由物质数密度和表面分子分解过程决定。这一技术的优点在于：①采用低压和低温生长，能够有效减少掺杂源的固态扩散，抑制外延薄膜的三维生长。②超高真空避免了基底表面的氧化，并有效减少了反应气体所产生的杂质掺入到生长的薄膜中。③气相前驱物分子直接冲击基底表面，薄膜的生长主要由表面的化学反应控制。在基座上的所有基片（基底）表面的气相前驱物硅烷或锗烷分子流量都是相同的，这可实现同时在多基片上进行外延生长。④超高真空环境可以实现利用以粒子（如电子和离子）为探针的多种表征技术，对反应过程和产物进行原位表征，以便对化学气相沉积这一重要化学过程的微观过程进行分析，特别有利于研究化学气相沉积过程的起始沉积和表征薄膜-基底界面的化学组成。

## 三、以反应温度分类的化学气相沉积技术

沉积温度直接影响化学反应热力学和动力学过程。不同的反应温度要求不同的化学反应

激活方式。高温化学气相沉积、中温化学气相沉积和低温化学气相沉积由于反应温度不同，其化学反应和反应激活方式有所不同。低温化学气相沉积通常借助于等离子体或紫外光激发化学反应。这里着重介绍高温化学气相沉积和中温化学气相沉积。

## （一）高温化学气相沉积

高温化学气相沉积的沉积温度大于900℃，主要利用高温激发化学反应，常用于制备硬质膜层。改变参与化学反应的反应源气体组分，可以获得各种碳化物、氮化物、氧化物、硼化物、硅化物等单质膜层和它们的多层复合膜层。常见的化学反应方式及条件如表5-1所示。沉积过程中选择最佳反应源气体流量配比，对制备高性能膜层是至关重要的。

**表5-1　典型硬质膜层材料化学反应方式及条件**

| 化合物类别 | 膜层材料 | 沉积反应系统 | 金属卤化物气化温度/℃ | 沉积温度/℃ |
|---|---|---|---|---|
| 碳化物 | $B_4C$ | $BCl_3$-$CH_4$-$H_2$ | $BCl_3$ −30～0 | 1200～1300 |
| | $Cr_7C_3$ | $CrCl_3$-$C_xH_y$-$H_2$ | $CrCl_3$ 100～130 | 900～1200 |
| | TiC | $TiCl_4$-$CH_4$-$H_2$ | $TiCl_4$ 20～80 | 1000～1100 |
| | SiC | $SiCl_4$-$CH_4$-$H_2$ | $SiCl_4$ −22～0 | 1025～2000 |
| | ZrC | $ZrCl_4$-$C_6H_6$-$H_2$ | $ZrCl_4$ 300～380 | 1200～1300 |
| | WC | $WCl_6$-$C_6H_5CH_3$-$H_2$ | $WCl_6$ 320～360 | 1000～1500 |
| 氮化物 | BN | $BCl_3$-$N_2$-$H_2$ | $BCl_3$ −30～0 | 1100～1500 |
| | TiN | $TiCl_4$-$N_2$-$H_2$ | $TiCl_4$ 20～80 | 900～1100 |
| | ZrN | $ZrCl_4$-$N_2$-$H_2$ | $ZrCl_4$ 300～350 | 1200～1500 |
| | HfN | $HfCl_4$-$N_2$-$H_2$ | $HfCl_4$ 280～310 | 1000～1300 |
| | VN | $VCl_4$-$N_2$-$H_2$ | $VCl_4$ 50～100 | 1100～1300 |
| | $Si_3N_4$ | $SiCl_4$-$N_2$-$H_2$ | $SiCl_4$ −40～20 | 1000～1600 |
| 氧化物 | $Al_2O_3$ | $AlCl_3$-$CO_2$-$H_2$ | $AlCl_3$ 180～250 | 1050～1200 |
| | $SiO_2$ | $SiCl_4$-CO-$H_2$ | $SiCl_4$ −40～20 | 800～1100 |
| | $ZrO_2$ | $ZrCl_4$-CO-$H_2$ | $ZrCl_4$ 300～350 | 800～1100 |
| 硼化物 | AlB | $AlCl_3$-$BCl_3$-$H_2$ | $AlCl_3$ 180～250<br>$BCl_3$ −30～0 | 1000～1300 |
| | $TiB_2$ | $TiCl_4$-$BCl_3$-$H_2$ | $TiCl_4$ 20～80<br>$BCl_3$ −30～0 | 900～1200 |
| 硅化物 | TiSi | $TiCl_4$-$SiCl_4$-$H_2$ | $TiCl_4$ 20～80<br>$SiCl_4$ −40～20 | 800～1200 |
| | ZrSi | $ZrCl_4$-$SiCl_4$-$H_2$ | $ZrCl_4$ 300～350<br>$SiCl_4$ −40～20 | 800～1000 |
| | VSi | $VCl_4$-$SiCl_4$-$H_2$ | $VCl_4$ 50～100<br>$SiCl_4$ −40～20 | 900～1100 |

由于沉积温度过高，沉积速率过快，高温化学气相沉积可能会造成膜层组织疏松、晶粒粗大甚至出现枝状结晶，这会严重影响硬质膜层的性能和质量。此外，在高温化学气相沉积工艺过程中，如果不采取特殊措施，在膜层和基体界面会产生元素扩散现象，形成一个过渡层。在过渡层内各元素扩散速度是不一样的，这与元素的活性和所组成相的化学稳定性有关。过渡层厚度和性能与硬质膜层的性能密切相关，因此必须严格控制。此外，基体材料也会影响硬质膜层的使用性能，高温化学气相沉积对硬质合金基体材料性能要求主要有以下几方面：①具有好的抗高温脱碳能力，减少薄膜沉积时形成脱碳层的厚度；②具有高抗弯强度和韧性；③具有高的热硬性和抗高温塑形变形能力。

高温化学气相沉积技术的优点在于：①所需要膜层物质源的制备相对容易；②可以实现 TiC、TiN、TiCN、TiB、$Al_2O_3$ 等单层及多元层复合膜层；③膜层与基体之间的结合强度高；④膜层具有良好的耐磨性能。

但是高温化学气相沉积硬质薄膜技术还存在先天性的缺陷：①膜层温度为＞900℃，即膜层温度高，使膜层与基体之间容易产生一层脆性的脱碳层，导致刀具脆性破裂，抗弯强度下降；②膜层内部为拉应力状态，使用时容易导致微裂纹的产生；③排放的废气、废液会造成工业污染，对环境的影响较大，与目前提倡的绿色工业相抵触。因此，在 20 世纪 90 年代中后期这种方法的发展受到了一定的制约。

高温化学气相沉积还可以用于制备其它薄膜材料。例如，碳化硅（SiC）是继第一代半导体材料硅和第二代半导体材料砷化镓（GaAs）后发展起来的第三代半导体材料。高温化学气相沉积是碳化硅晶体生长的重要方法。在密闭的反应器中，外部加热使反应室保持所需要的反应温度（2000～2300℃），压力为 40kPa 左右。反应气体 $SiH_4$ 由 $H_2$ 或 He 载入，并与 $C_2H_4$ 混合，再一起通入反应器中，反应气体在高温下分解生成 SiC 并附着在基体材料表面，并沿着材料表面不断生长，反应中产生的残余气体在废弃处理装置中处理和排放掉，其化学反应如下

$$2SiH_4(g)+C_2H_4(g)=\!=\!=2SiC(s)+6H_2(g) \tag{5-43}$$

## （二）中温化学气相沉积

中温化学气相沉积的温度在 700～900℃，主要通过金属有机化合物在较低温度的分解来实现化学反应。例如，以含 C-N 原子团的有机化合物，如 $CH_3CN$、$(CH_3)_3N$、$CH_3(NH)_2CH_3$、HCN 等为主要反应气体，与 $TiCl_4$、$H_2$、$N_2$ 等气体产生分解、化合反应，生成 TiCN 薄膜。可以制备出超级硬质合金膜层材料，具有很高的耐磨损性能、抗热震性能和较高的韧性，有效解决在高速、高效切削、合金钢重切削、干切削等机械加工领域中刀具使用寿命短的难题。基本沉积反应类型的方程式如下

$$2TiCl_4(g)+CH_3CN(g)+9/2H_2(g)\longrightarrow TiC(s)+TiN(s)+CH_4(g)+8HCl(g) \tag{5-44}$$

$$2TiCl_4(g)+(CH_3)_3N(g)+5/2H_2(g)\longrightarrow TiC(s)+TiN(s)+2CH_4Cl(g)+6HCl(g) \tag{5-45}$$

$$4TiCl_4(g)+CH_3(NH)_2CH_3(g)+4H_2(g)\longrightarrow 2TiC(s)+2TiN(s)+16HCl(g) \tag{5-46}$$

$$2TiCl_4(g)+HCN(g)+\frac{7}{2}H_2(g)\longrightarrow TiC(s)+TiN(s)+8HCl(g) \tag{5-47}$$

几种反应源气体如 $CH_3CN$、$(CH_3)_3N$、$CH_3(NH)_2CH_3$、HCN，都能在 550℃以上与 $TiCl_4$、$H_2$ 反应生成 TiCN，但是 $CH_3CN$ 在生成 TiCN 反应中产生的副产物少，对膜层性能有利，再加上其使用性能好、毒性相对小等优点，所以在中温化学气相沉积技术中一般均采用 $CH_3CN$ 作为反应源气体。

影响膜层质量的主要工艺参数同样是沉积温度、沉积室压力、各反应气体分压（配比）及膜层和基体之间形成的界面情况。如果沉积温度过高，沉积速率过快，TiCN 膜层组织也会生长成粗大柱状结晶，影响膜层质量；而沉积温度过低，也容易形成多孔、疏松的膜层，与基体结合强度不好。所以，一般沉积温度在 700～900℃之间。

尽管沉积速率随着沉积反应压力的增高而加快，但采用 $CH_3CN$ 在 750～800℃沉积 TiCN 时，当沉积反应压力在 $2\times10^4$Pa 以上时，膜层组织多为孔状，与基体结合强度较差。因此，沉积反应压力控制在 $2\times10^3\sim2\times10^4$Pa 的范围为宜。

$TiCl_4$ 与 $H_2$ 摩尔比对沉积速率也有较大影响，如采用 $CH_3CN$ 在 750～800℃沉积 TiCN 时，当反应气氛中 $TiCl_4$ 与 $H_2$ 摩尔比>0.2 时，由于 $TiCl_4$ 增多，反应生成的副产物 HCl 随之增加，使沉积 TiCN 的反应向逆方向进行，从而使膜层生长速度减缓。

与高温化学气相沉积不同，中温化学气相沉积技术沉积 TiCN 不受基体材料种类的影响，膜层沉积速率、成分与基体材料的含碳量没有关系。这是因为中温化学气相沉积 TiCN 所需要的 C 全部由 $CH_3CN$ 气体提供，而且沉积的柱状结晶 TiCN，有抵御基体元素向涂层内扩散的作用，这样在沉积过程中，不论基体是硬质合金还是钢，都不会造成基体表面脱 C 形成脆性相。因此，中温气相沉积不仅更适合于对脱 C 敏感的基体材料，而且其基体材料可选的范围很广，包括：超硬材料、钢、陶瓷、玻璃、金属间化合物、铜、铜合金、硬质合金、烧结金属、绝缘材料等。

中温化学气相沉积易于实现工业化生产，因为其沉积速度快、膜层厚、对于形体复杂的工件膜层均匀、膜层附着力高、膜层内部残余应力小。但其也存在不足之处：膜层内部为拉应力状态，使用时容易导致微裂纹的产生；排放的废气、废液对环境的影响较大。因此，这种方法的发展也受到了一定的制约。

## 四、以激活方式分类的化学气相沉积技术

化学反应可以采用不同的方式激活，因此，化学气相沉积技术可分为热化学气相沉积、等离子体增强化学气相沉积、激光化学气相沉积和紫外线化学气相沉积等。

### （一）热化学气相沉积

热化学气相沉积是指在 800～2000℃的高温反应区，利用电阻加热、高频感应加热和辐射加热等激活化学反应进行气相生长的方法。通过热能（传导、感应加热、辐射等）加热基片到适当温度之外，还对气体分子进行激发、分解，促进其发生热分解、氢还原、氧化、置换等反应。分解生成物或反应产物沉积在基片表面形成薄膜。

热化学气相沉积按其化学反应形式主要包括三大类：第一，化学输运反应，一般用于块状晶体生长；第二，热解反应，它的生长温度为 1000～1050℃，通常用于薄膜材料生长；

第三，合成反应，即几种气体物质在生长区内反应生成所生长物质，既用于块状晶体生长，也用于薄膜材料生长。

热化学气相沉积主要应用于半导体薄膜材料的制备，如 Si、GaAs、InP 等各种氧化物和其它材料。广泛应用的金属有机化合物化学气相沉积、氯化物化学气相沉积、氢化物化学气相沉积等实际上都属于热化学气相沉积的范畴。最典型的应用就是金刚石薄膜的制备。

## （二）等离子体增强化学气相沉积

等离子体增强化学气相沉积是将低压气体放电形成的等离子体应用于化学气相沉积。它借助真空环境下气体辉光放电产生的低温等离子体，增强反应物质的化学活性，促进气体间的化学反应，从而实现低温下在基片上形成新的固体膜。等离子体的主要功能是产生化学活性的离子和自由基。这些离子和自由基与气相中其它离子、原子和分子发生化学反应。等离子体增强化学气相沉积有效利用了非平衡等离子体的反应特征，从根本上改变了反应体系的能量供给方式，即用电子动能代替热能促进化学反应。

辉光放电是典型的自激发放电现象，最主要的特征是从阴极附近到克鲁克斯暗区的场强很大。在阴极辉光区中，不仅发生剧烈的气体电离，还有阴极溅射现象，这有助于提高基片表面的洁净度和活性。由于整个基片表面被辉光层均匀覆盖，因此基片受热均匀。阴极的热能主要靠辉光放电中激发的中性粒子与阴极粒子碰撞所提供，一小部分离子的轰击也是阴极能量的来源。辉光放电的存在，使反应气氛得到活化，其中基本的活性粒子是离子和原子团，它们通过气相中电子-分子碰撞产生，或通过固体表面离子、电子、光子的碰撞所产生，因而整个沉积过程与只有热激活的过程有显著不同。这些作用均有助于提高膜层的结合力，降低沉积温度，加快反应速度。

与普通化学气相沉积技术相比较，等离子体增强化学气相沉积的优点在于：①低温成膜，对基片影响小，避免了高温带来的膜层晶粒粗大及膜层和基片间形成脆性相。②低压下形成薄膜，膜厚及成分较均匀、针孔少、膜层致密、内应力小，不易产生裂纹。③薄膜的附着力大于普通化学气相沉积。④扩大了化学气相沉积应用范围，特别是在不同基片上，甚至温度敏感的基片（或聚合物）上制备金属薄膜、非晶态无机薄膜、有机聚合物薄膜等。

但是，等离子体增强化学气相沉积也有不足之处：①难以获得纯净的物质。因为在等离子体中，电子能量分布的范围宽，除电子碰撞外，其离子的碰撞和放电时产生的射线作用也可产生新的粒子，导致反应产物难以控制。②沉积温度低可导致反应过程中产生的副产物气体和其它气体的解吸不彻底，残留于沉积膜层中，从而影响膜层的成分和性能。③等离子体容易对某些脆弱的基底材料和薄膜造成离子轰击损伤。④等离子体增强化学气相沉积过程倾向于在薄膜中形成压应力，这对于厚膜来说，有可能造成膜层的开裂和剥落。⑤相对普通化学气相沉积而言，设备较为复杂，且价格较高。

自从 20 世纪 60 年代利用等离子体增强化学气相沉积制备了 Si-N 膜以后，这一技术相继用于制备不同的介电、金属、半导体膜，所制备的薄膜材料应用于微电子、光电子等领域，获得了广泛的应用。这些薄膜材料包括 W、$SiO_2$、GaAs、GaSb、Ti-Si、$Si_3N_4$、非晶 Si：H、多晶 Si、SiC 等。典型的等离子体增强化学气相沉积反应式如下

$$3SiH_4(g)+4NH_3(g)\xrightarrow{N_2,Ar,67Pa,250\sim350℃}Si_3N_4(s)+12H_2(g) \tag{5-48}$$

$$SiH_4(g)+2N_2O(g)\xrightarrow{N_2, Ar, 67Pa, 250\sim350^\circ C}SiO_2(s)+2N_2(g)+2H_2(g) \quad (5\text{-}49)$$

$$SiH_4(g)\xrightarrow{Ar, 500\sim625^\circ C}Si(s)+2H_2(g) \quad (5\text{-}50)$$

$$(1-x)SiH_4(g)+xPH_3(g)\xrightarrow{Ar, 600\sim700^\circ C}Si_{1-x}P_x(s)+(4-x)/2H_2(g) \quad (5\text{-}51)$$

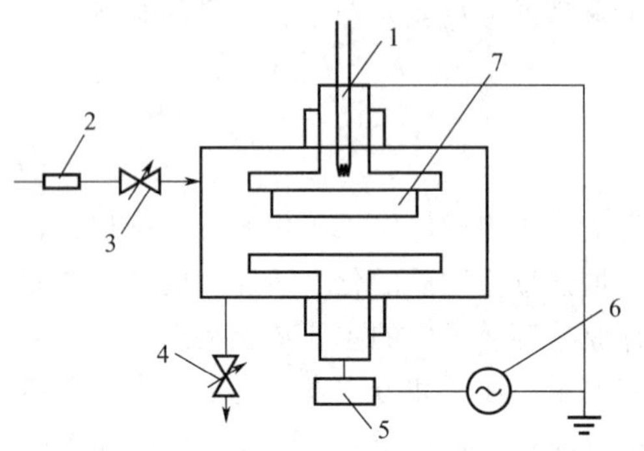


图 5-19 等离子体增强化学气相沉积装置
1—加热系统；2—质量流量计；3—进气系统；
4—排气系统；5—匹配网络；
6—激励电流；7—基底

等离子体增强化学气相沉积的装置一般由沉积室、反应物输送系统、放电电源、真空系统及检测系统组成，如图 5-19 所示。将工件置于低气压辉光放电的阴极上，气源需用气体净化器除去水分和其它杂质，经调节装置得到所需要的流量，源物质同时被送入沉积室，在一定的温度下，利用化学反应和离子轰击相结合的过程，在工件表面获得膜层。

等离子体增强化学气相沉积反应过程复杂，既包括等离子体化学反应过程，又包括等离子体物理过程，影响因素较多。真空系统工艺参数主要包括：气体种类、配比、流量、压强、抽速等；基片工艺参数主要包括：沉积温度、相对位置、导电状态等；等离子体工艺参数主要包括：放电种类、频率、电极结构、输入功率、电流密度、离子温度等。以上这些参数相互联系、相互影响。其中，影响薄膜生长的均匀性、致密性以及设备产能最主要的工艺参数包括：

① 极板间距和反应室尺寸。极板间距与起辉电压密切相关。极板间距大时，可降低等离子体电位，减少对基片的损伤，但间距不宜过大，否则会加重电场的边缘效应，影响薄膜沉积的均匀性。增大反应腔体的尺寸可以增加生产率，但也会对厚度的均匀性产生影响。

② 射频电源的工作频率。射频等离子体增强化学气相沉积通常采用 50kHz～13.56MHz 频段的射频电源。频率高，等离子体中离子的轰击作用强，沉积的薄膜更加致密，但对基体的损伤大。高的射频电源频率有利于提高薄膜的均匀性，这是因为当频率较低时，靠近极板边缘的电场较弱，其沉积速度会低于极板中心区域，而频率高时则边缘和中心区域的差别会变小。

③ 射频功率。射频功率越大，离子的轰击能量就越大，有利于膜层质量的改善。因为功率的增加会增强气体中自由基的浓度，使沉积速率随功率直线上升，当功率增加到一定程度，反应气体完全电离，自由基达到饱和，沉积速率则趋于稳定。

④ 气压。增加气体压力，可增加单位体积内的反应气体，沉积速率增大。气压太低，会导致薄膜的致密度下降，容易形成针状缺陷。但气压过高，等离子体的聚合反应明显增强，导致薄膜生长规则度下降，缺陷增加，且平均自由程减少，不利于沉积膜对台阶的覆盖。

⑤ 基片温度。基片温度对沉积速率的影响小，但对薄膜的质量影响很大。提高基片温度有利于减少薄膜的缺陷密度，温度越高，膜层的致密性越大。此外，高温增强了表面反应，从而改善了膜层的成分。

激发辉光放电的方法主要有：直流高压激发、射频激发、微波激发和脉冲激发等。按照产生辉光放电等离子体的方式，等离子体增强化学气相沉积可以分为许多类型，如直流等离子体增强化学气相沉积（direct current plasma-enhanced chemical vapor deposition，DC-PECVD）、射频等离子体增强化学气相沉积（radio-frequency plasma-enhanced chemical vapor deposition，RF-PECVD）、微波等离子体增强化学气相沉积（microwave plasma-enhanced chemical vapor deposition，MW-PECVD）、微波电子回旋共振等离子体增强化学气相沉积（microwave electron cyclotron resonance plasma-enhanced chemical vapor deposition，MWECR-PECVD）和介质层阻挡放电增强化学气相沉积（dielectric barrier discharge enhances chemical vapor deposition，DBD-PECVD）等。随着频率的增加，等离子体强化化学气相沉积过程的作用越明显，形成化合物的温度就越低。下面对几种常用等离子体增强化学气相沉积技术进行详细介绍。

### 1. 直流等离子体增强化学气相沉积

直流等离子体增强化学气相沉积是利用高压直流负偏压（－1～－5kV），使低压反应气体发生辉光放电产生等离子体，等离子体在电场作用下轰击基片，并在基片表面沉积成膜。这一技术适合把金属卤化物或含有金属的有机化合物经热分解后电离成金属离子和非金属离子，从而为金属膜层提供金属离子源。如用氢或氩气作载体，把 $AlCl_3$、$BCl_3$ 或 $SiCl_4$ 气体带入真空炉内，在直流高压电场的作用下，电离成铝离子、硼离子和硅离子，可进行铝、硼、硅薄膜的制备。也可用 $TiCl_4$ 经电离产生钛离子，在直流高压电场的作用下，以高速撞击基片，进行钛膜制备。若加入其它反应气体，可以在基片上沉积 TiN、TiC。

图 5-20 是直流等离子体增强化学气相沉积装置。工作台施加负高压，构成辉光放电的阴极，反应室接地构成阳极。以 TiN 薄膜为例，把清洗后的基片置于真空室内，抽真空至 10Pa 左右时，通入 $H_2$ 及 $N_2$，接通电源，则在镀膜室内壁与工件间产生辉光放电，产生的氢离子和氮离子轰击、净化并加热基片。基片温度达到 500℃时，通入 $TiCl_4$，气压调至 100～1000Pa，辉光放电使气体分子剧烈电离，产生大量的高能基元粒子和激发态原子、分子、离子、电子等活性粒子，这些活性组分导致化学反应，反应生成的 TiN 在电场的作用下沉积在基片表面上。

直流等离子体增强化学气相沉积比较简单，基片处于阴极电位，受其形状、大小的影响，使电场分布不均匀，在阴极附近压降最大，电场强度最高，正因为有这一特点，所以化学反应也集中在阴极基片表面，加强了沉积效率，避免了反应物质在器壁上的消耗。

但是，用直流等离子体增强化学气相沉积进行批量生产时存在一些缺点：①不能应用于不导电的基体或薄膜，因为阴极上电荷的积累会排斥进一步的沉积。②各工艺参数相互影响，无法独立控制，使工艺调整和控制困难。③反应室内壁是阳极，温度低，基片在受到离子轰击加热过程中，不同部位有一定的温差。④当装炉量大或沉积温度要求较高，需要离子能量较大时，直流辉光放电的工作区域在异常辉光放电的较强段，很容易过渡到弧光放电，引起电源打弧、跳闸、工艺过程不能正常进行。为了解决以上问题，可采用双阴极辉光放电装置，增加一个阴极作为辅助阴极。但目前更多的是采用辅助加外热方式沉积技术来解决以上问题，改变单纯依靠离子轰击加热而带来的弊端，将反应室等离子体放电强度与放电工件温度分离，从而提高了工艺的稳定性和重复性。现在，直流等离子体增强化学气相沉积技术基本上可实现超硬膜如 TiN、TiC、Ti（C，N）等的批量应用生产。

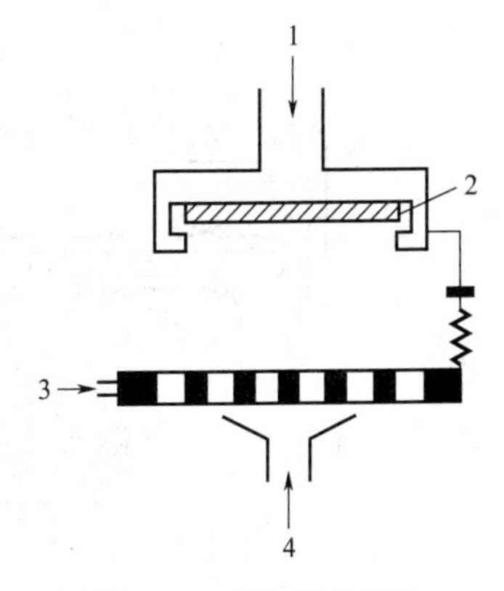

图 5-20 直流等离子体增强化学气相沉积装置

1，4—水入口；2—基片；3—气体入口

### 2. 射频等离子体增强化学气相沉积

射频等离子体增强化学气相沉积利用射频辉光放电产生的等离子体促进化学反应，降低反应温度。根据供应射频功率的耦合方式，射频等离子体增强化学气相沉积可以分为射频电容耦合式（CCP）和射频感应耦合式（ICP）。此外，电极设在真空室内的为内部电极型，真空室内无电极的为无极放电型。其中，内部电极采用平行平板的，可以在比较低的温度（150～300℃）获得高品质薄膜，特别是容易实现大面积化。

电容耦合式的基本原理是以两个平行的圆铝板作电极，通过电容耦合方式输入射频功率，反应气体由下电极中心孔输入，沿径向流动，在射频电场激励下放电，形成等离子体，并在位于下电极表面的基体上生成薄膜，如图 5-21 所示。在沉积中，基体与等离子体之间施加偏压，诱导沉积发生在基体上，偏压决定沉积速率。电容耦合式具有放电稳定和功率大的特点。可用绝缘材料作靶，制备陶瓷和高分子材料绝缘膜。但是，电容耦合式的等离子体电离率较低，导致沉积效率较低。

电感耦合可以产生更高密度的等离子体，如图 5-22 所示，其基本原理是等离子体由射频环形放电产生，当电感线圈通过射频电流时，在真空室（放电管）中激发出交变的磁场，这个变化的磁场又感应出电场，气体中的电子从电磁场中获取能量并电离，从而产生较高密度的等离子体。这种化学气相沉积能在低温下实现高质量、低损伤的介质薄膜沉积，有利于处理温度敏感的薄膜和器件。在基体温度低至 5℃ 的条件下，可沉积的典型材料包括 $SiO_2$、$Si_3N_4$、SiON、Si 和 SiC 等。但是，为了实现低温沉积，必须使用稀释的硅烷作为反应气体，因此沉积速度有限。

通常射频等离子体增强化学气相沉积采用工业用射频（13.56 MHz），当频率更高时，电子来不及追随电场的变化，而被捕集在放电电极之间或放电室内，也就是说，更高频率的放电可以抑制因电子到达放电室内壁而消失的情况，从而能保证更多的电子参与放电，获得高密度等离子体。甚高频等离子体增强化学气相淀积技术正是由于甚高频（27.12 兆赫至数百兆赫）激发的等离子体比常规的射频产生的等离子体电子温度更低、密度更大，因而能够大幅度提高薄膜的沉积速率，在实际应用中获得了更广泛的应用，如制备 a-Si、nc-Si、nc-SiGe、Ge 量子点、ZAO、ITO 薄膜。

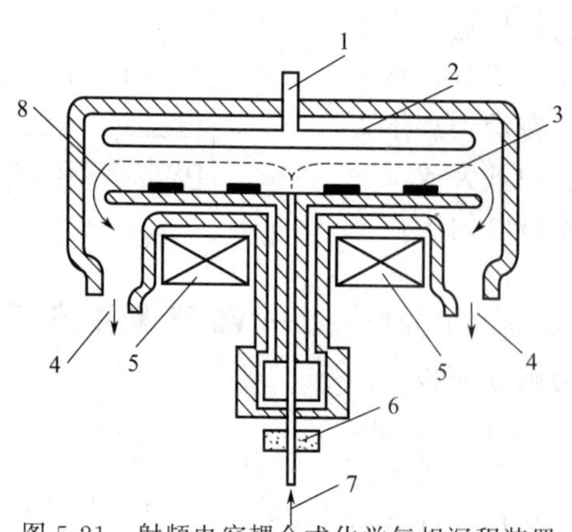


图 5-21　射频电容耦合式化学气相沉积装置

1—射频输入；2—电极；3—样品；4—排气（通真空泵）；5—加热器；6—旋转磁铁；7—反应气体；8—旋转支架

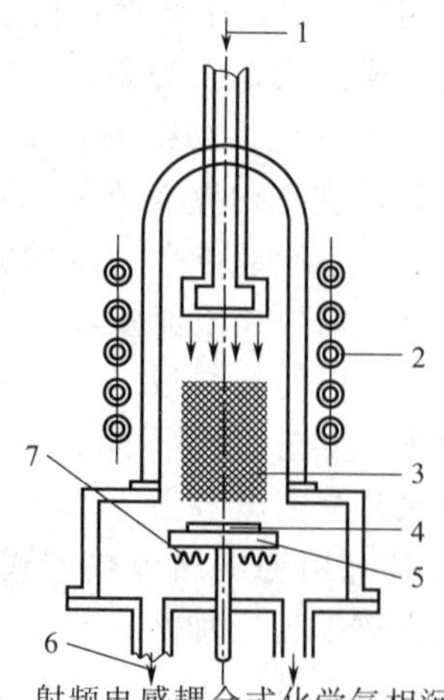


图 5-22　射频电感耦合式化学气相沉积装置

1—反应气体；2—高频线圈；3—等离子体；4—基体；5—工作台；6—连接真空泵；7—加热器

### 3. 微波等离子体增强化学气相沉积

微波等离子体增强化学气相沉积技术是将微波发生器产生的微波用波导管经隔离器导入反应器，并通入反应气体，利用微波等离子体的高能量和高反应性，在反应室内产生辉光放电，实现薄膜沉积。微波等离子体的最大特点是能量大，活性强，激发的亚稳态原子多，化学反应更容易进行，已被广泛应用于半导体、光电子、生物医学等领域。

微波等离子体放电采用的微波频率主要有 2.45GHz 和 915MHz。图 5-23 是典型微波等离子体增强化学气相沉积装置示意图，主要由微波发生器、波导系统、模式转换器、真空系统、供气系统、电控系统和反应室等组成。从微波发生器产生的 2.45GHz 频率的微波通过波导，再经过模式转换器，最后在反应室中激发流经反应室的低压气体，形成均匀的等离子体。由于在低压下，微波放电的电磁场可有效地与等离子体相互作用，因此可以获得很高的电离度和离解度。形成的等离子体再经轴对称约束磁场而轰击到基片上。基片带负电，所以吸引正离子，由此而造成的离子轰击对薄膜的低温沉积反应非常有利。

尽管微波等离子体增强化学气相沉积技术的设备比较复杂，控制的参数比较多，但它具有很多优点：①高效。微波等离子体的高能量和高反应性可以提高反应效率，实现高速沉积，可在几分钟内沉积几百纳米厚度的薄膜。②低温。反应温度通常在 500℃以下，可以避免基片表面的热应力和晶格缺陷的形成。还可以实现对高熔点材料的沉积，如氧化铝、氮化硅等。③薄膜成分纯净。微波放电属于无极放电，内部没有电极，可避免放电电极对薄膜的污染。此外，因为在反应室内产生的等离子体球呈椭球状，避免了真空器壁与等离子体区域相接触，从而使薄膜的成分更加纯净。④易于实时监测薄膜的生长。可以在基片台的下方配置冷却或者加热装置，在沉积过程中通过观察窗对等离子体的形状、大小以及薄膜的生长情况进行实时观察。⑤微波等离子体密度涨落低，重复性好，等离子体参数（离子密度、电子温度）的调整较为方便。⑥基片外形适应性强。

由于以上优点，微波等离子体增强化学气相沉积技术制备的金刚石膜具有良好的微观结构和与基片的黏附性。利用电磁波能量来激发反应气体，等离子体纯净，微波的放电区集中而不扩展，能激活产生各种原子基团如原子氢等，产生的离子最大动能低，不会腐蚀已生成的金刚石。通过对沉积反应室结构的调整，可以在沉积室中产生大面积而又稳定的等离子体球，因而有利于大面积、均匀地沉积金刚石膜，这一点是其它方法难以达到的。

### 4. 微波电子回旋共振等离子体增强化学气相沉积

微波电子回旋共振等离子体增强化学气相沉积利用电子在微波和磁场中的回旋共振效应，在真空条件下形成高活性和高密度的等离子体进行气相化学反应，从而在低温下获得高质量薄膜。其装置示意图如图 5-24，包括放电室、沉积室、微波系统、磁铁线圈、气路与真空系统等几部分。

放电室也是微波谐振腔，放电是在输入 2.45GHz 的微波功率并外加电子回旋共振磁场条件下产生的，微波由微波源通过波导和石英窗导入，共轴磁铁线圈则用于电子回旋等离子体激发。进入放电室的气体在微波作用下电离，产生的电子和离子等在静磁场中做回旋运动，施加的微波频率与电子的回旋运动频率相同，因此电子发生回旋共振吸收获得高达 5eV 左右的能量。高能电子与中性气体分子或原子碰撞，打破化学键使其电离或分解，产生了大量的、高活性的等离子体。进入沉积室的气体与这些等离子体充分作用并发生多种反应，如电离、聚合等，从而实现薄膜沉积。

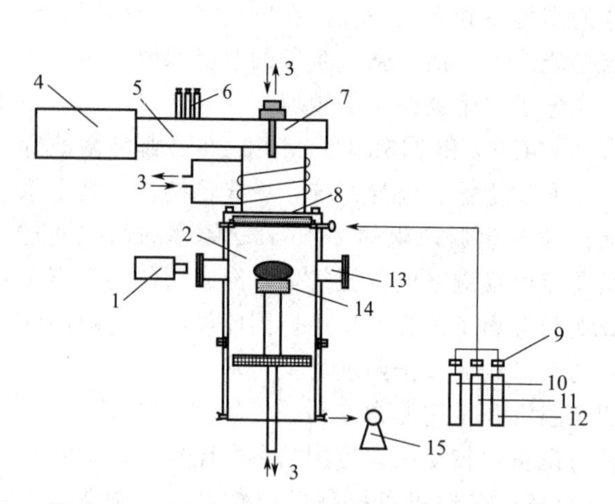


图 5-23　微波等离子体增强化学气相沉积装置

1—光学测温仪；2—等离子体球；3—水冷却；4—微波发生器，2.45GHz；5—波导；6—三销钉阻抗调配器；7—模式转换器；8—石英窗；9—质量流量控制器；10—氢气；11—甲烷；12—氧气；13—观察窗；14—基片台；15—真空系统

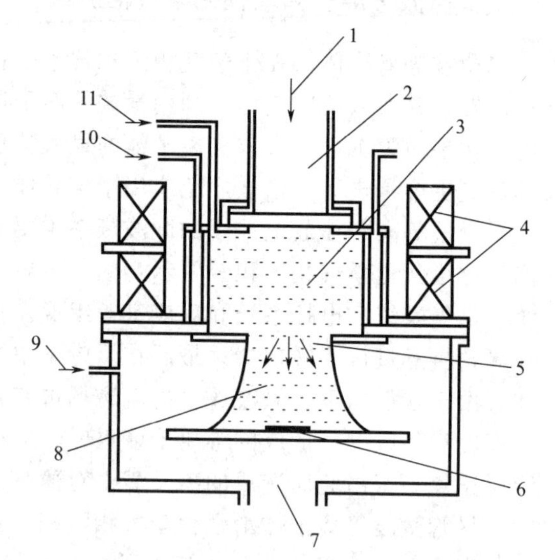


图 5-24　微波电子回旋共振等离子体增强化学气相沉积装置

1—微波，2.45GHz；2—矩形波导；3—等离子体；4—磁铁线圈；5—等离子体窗；6—样品；7—真空系统；8—等离子体流；9—气氛（2），$SiH_4$；10—冷却水；11—气氛（1），$N_2$ 等

这一技术最大的特点是不用加热基片便能得到高质量薄膜。低温成膜的原因除了气相中形成高激发、高离解、高离化率的等离子体，促进薄膜的形成之外，还包括其等离子体中的离子在压力比较低的气体中，碰撞较少，可以获得与等离子体电位相应的能量，从而促进化学反应的发生。此外，垂直于样品表面的磁场在沉积室内从等离子体室到样品逐步减弱，这个发散的磁场使离子向样品方向做加速运动，增加了离子对基片表面的轰击能量，促进了薄膜的生长。由于基片不直接处于等离子体区，高能粒子对基片表面的损伤也大大减少。

由于以上优点，这一技术可以在低温条件下，高速沉积性能良好的薄膜，与普通化学气相沉积技术相比具有明显的优势。利用该技术已成功制备出致密度高、抗腐蚀性好的 $Si_3N_4$ 和 $SiO_2$ 薄膜，典型的反应如式（5-52）和式（5-53），因为基底无须加热，因此作为集成电路金属化后的最终钝化膜是非常好的。

$$SiH_4(g)+N_2(g)\longrightarrow Si—N(s)+H_2(g) \tag{5-52}$$

$$SiH_4(g)+O_2(g)\longrightarrow Si—O(s)+H_2(g) \tag{5-53}$$

### 5. 介质层阻挡放电增强化学气相沉积

介质阻挡放电是一种典型的非平衡高压交流气体放电。如果两个电极中的一个或两个覆盖上绝缘介质，将高压交流电加在两个电极上时，就可以产生这种放电形式。介质阻挡放电同时具有辉光放电的大空间均匀放电和电晕放电的高气压运行特点，最理想的状态是弥散的辉光放电均匀分布在整个放电空间。它具有等离子体的优点，如电子有足够高的能量使反应物分子激发、离解和电离，同时反应体系保持低温乃至接近室温。

介质层阻挡放电增强化学气相沉积是以介质阻挡放电形式为离子源的等离子体增强化学

气相沉积，属于常压下的等离子体增强化学气相沉积，或常压下等离子体辅助化学气相沉积。技术的特点在于：①常压下使用，工业化生产中不需要复杂的真空设备，节约成本。②能够产生高能量的等离子体，大大提高反应前驱体的能量，加快反应。③可以根据不同的放电条件产生不同的放电方式，通过不同的放电方式能够控制薄膜的微观形貌。

图 5-25 是典型的介质层阻挡放电增强化学气相沉积装置示意图，该系统主要由真空系统、电源、反应室、电极、气路系统组成。利用真空系统，在反应开始之前先抽空反应室内的空气，反应进行中再抽走反应的废气；电源采用特种高压高频电源；反应一直处于含有反应气体环境的反应室内；电极是一对平行的金属板，其中一个或两个极板覆盖介质层，两个极板间距可调；气路系统由电磁截止阀、质量流量控制器、质量流量显示仪、气体喷嘴等组成，用于控制和显示反应气体的流量。

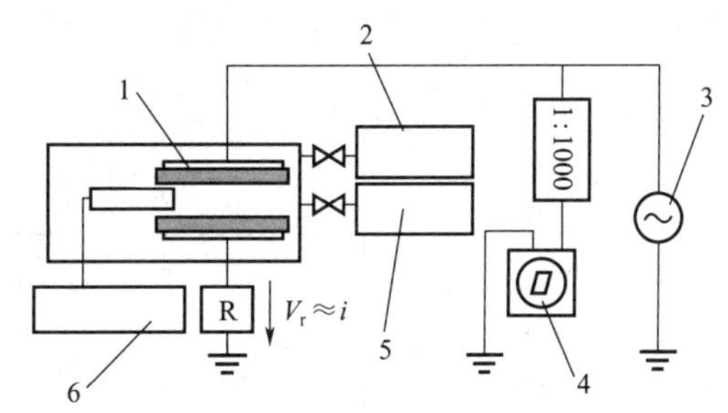

图 5-25 介质层阻挡放电增强化学气相沉积装置
1—电极；2—真空泵；3—电源；4—示波器；
5—反应气体；6—光谱仪；
$V_r$—反向电压；$i$—反向电流

利用这一技术，用四甲基硅烷（TMS）和四乙氧基硅烷（TEOS）前驱体可沉积 $SiO_x$ 薄膜、a-SiC：H 薄膜，用甲烷（$CH_4$）和乙炔（$C_2H_2$）前驱体可沉积 a-C∶H 薄膜，用四氟乙烯（$C_2F_4$）前驱体可沉积 a-C：F 薄膜。由于其非平衡等离子体的能量可以达到 100eV，这个能量水平是低压制备金刚石薄膜的理想条件。因此，介质层阻挡放电增强化学气相沉积也是制备金刚石薄膜的重要工艺方法之一。

## （三）激光化学气相沉积

激光化学气相沉积是通过使用激光作为能量源来实现薄膜材料的沉积。它是在 20 世纪 70 年代发展起来的。在常规化学气相沉积设备的基础上，增加了激光器、光路系统以及激光功率测量装置，利用激光光束能量来激发/促进前驱气体反应，可在基底上实现选区或大面积薄膜沉积。

与常规化学气相沉积相比，这一技术的主要特点在于：①沉积温度低，通常可在 500℃ 以下甚至室温获得高质量的薄膜和较高的沉积速度。适合于温度敏感的基体材料如聚合物、陶瓷、化合物半导体等，减少了因温升引起的变形、应力、开裂、扩散和夹杂等弊病。②可实现局部选区精准沉积，适于在微电子和微机械制造中应用。③不需掩模，利用激光光斑扫描形成指定区域的薄膜沉积，可制造形状不规则的零件，以及微电子器件的维修等。④可以避免高能粒子辐照在薄膜中造成损伤，膜层纯度高，夹杂少，质量高。⑤适用材料范围广，几乎所有适用于常规化学气相沉积的材料都可采用这种方法制备。

按照激光作用机制，可以把激光化学气相沉积分为热解激光化学气相沉积、光解激光化学气相沉积以及共振解离激光化学气相沉积（非紫外光解）三类。热解激光化学气相沉积通常采用连续输出的红外激光器（如 Nd：YAG 激光器、光纤激光器和 $CO_2$ 激光器）。光解激光化学气相沉积通常采用短波长的光源，如低压汞灯产生的紫外光、准分子激光器及氩离子激光器的倍频输出等。共振解离激光化学气相沉积是基于共振激发以及多光子解离作用的一类新型激光化学气相沉积技术，采用波长可调的激光光源［如红外 $CO_2$ 激光和光学参量振荡（OPO）激光]。表 5-2 中列举了一些常见的激光化学气相沉积光源。

**表 5-2 常见的激光化学气相沉积光源**

| 激光器 | 光谱 | 波长/nm | 单光子能量/eV |
| --- | --- | --- | --- |
| Nd：YAG | 红外 | 1064 | 1.2 |
| | 绿光 | 532 | 2.3 |
| | 紫外 | 351 | 3.5 |
| $CO_2$ | 红外 | 10600 | 0.1 |
| | 红外 | 9219 | 0.1 |
| $Ar^+$ | 可见光 | 514.5 | 2.4 |
| InGaAs | 红外 | 808 | 1.5 |
| ArF | 紫外 | 193 | 6.4 |
| KrCl | 紫外 | 222 | 5.5 |
| KrF | 紫外 | 248 | 5.0 |
| XeCl | 紫外 | 308 | 4.0 |

### 1. 热解激光化学气相沉积

热解激光化学气相沉积利用激光的局部加热特点，在基片表面诱导局部温度场，反应气体流经热场近表面时，受热发生化学反应，产生大量活性自由基和活性原子，随后在基片表面形成薄膜。在激光诱导气体分子能量转移过程中，热激发速率远远快于电离激发速率，因此激光可以简单地视为一个热源。

由于热解激光化学气相沉积可实现局部薄膜沉积，且在快热快冷成膜过程中，不仅使形核密度增大还有利于形成细小的纳米晶粒，因此该技术特别适用于制备高分辨率、图案复杂的微纳米结构薄膜。薄膜的生长速率优于光解激光化学气相沉积和共振解离激光化学气相沉积，具有良好的晶体取向和微观结构可控性。由于涉及超快的升温降温过程，热解激光化学气相沉积通常要求基底具有导热性好、热力学性能好、热稳定性好、不易熔化等特点。

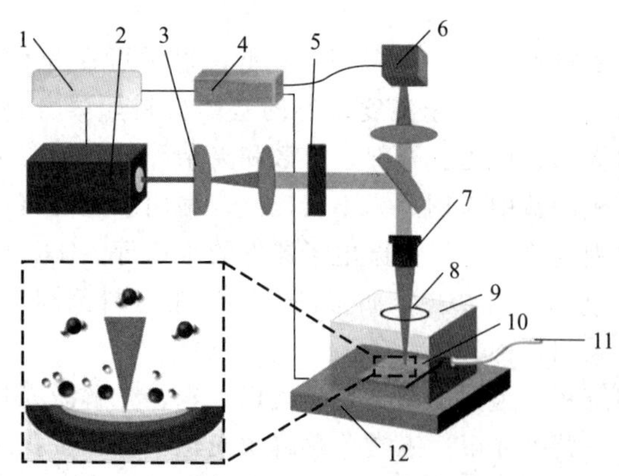

图 5-26 热解激光化学气相沉积实验装置

1—电脑；2—激光器；3—扩束镜；4—控制器；5—衰减器；6—CCD 镜头（指使用电荷耦合器件作为感光元件的镜头）；7—物镜；8—镜片；9—泵；10—样品；11—反应气体；12—样品台

热解激光化学气相沉积典型的实验装置如图 5-26，主要包括前驱体气体供给装置、加热系统、激光直写系统、反应真空腔、控制系统（控制平台移动与激光加工轨迹等）。通常使用连续波输出的红外激光器，利用激光扩束系统、衰减器、半透镜等组成的光路传输系统，将激光束引导入沉积室中，聚焦在基片表面，引起辐照区域局部升温。通过扫描振镜或者三维移动平台编程，控制激光束在基底表面的扫描路径，可以实现选区沉积，从而获得具有复杂图案的微纳结构。此外，采用红外线高温计或热电偶实时测量基片温度，前驱气体与载气气体的流速通过流量计进行精确控制。

利用热解激光化学气相沉积可以制备纯金属、碳基材料、氧化物材料和多层薄膜材料。例如利用 $Ar^+$ 激光（波长 515nm，光斑直径 6μm）热解 $Mo(CO)_6$ 前驱体，在具有多层互连结构的大规模集成电路上成功制备 Mo 金属线。采用连续泵浦固体激光器（波长 532nm，光斑直径 20μm）在镍箔上直接一步法制备高透明度、高洁净度、高导电的多层石墨烯图案（纳米量级），石墨烯的层数可通过控制激光功率密度以及激光作用时间精确控制，生产效率较常规化学气相沉积方法提高了近千倍。

### 2. 光解激光化学气相沉积

不同于热解激光化学气相沉积，光解激光化学气相沉积依赖于激光束与化学反应物的光化学作用，前驱体气体分子受到能量高光子的激发，发生直接光解离，活性解离基团通过重新结合，在基片表面沉积，适用于大面积成膜。

光解激光化学气相沉积装置以及光解机制见图 5-27，主要由激光器、气源供给系统、加热系统、反应室、废气排放系统以及自动控制系统组成。气体对激光的吸收能力决定激光光解作用效率，为提高激光光解效率，所选激光的光子能量需要足够高，才能被反应气体分子高效吸收，从而使反应气体分子在激光辐照下发生高效率分解，实现高速率沉积。因此，光解激光化学气相沉积采用的激光光源为具有高光子能量短波长紫外激光光源。

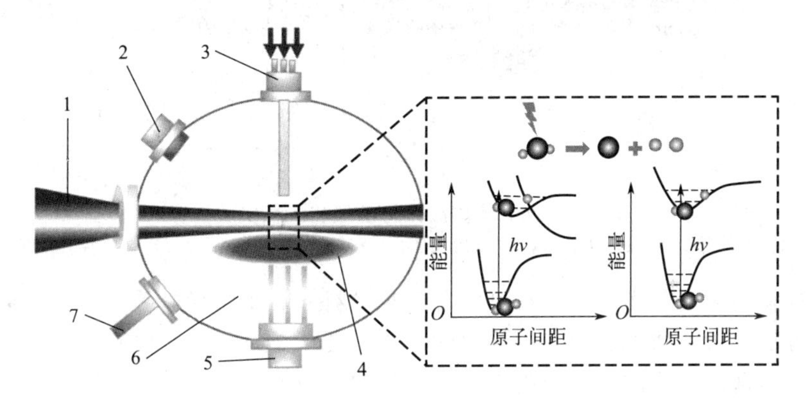


图 5-27 光解激光化学气相沉积实验装置以及光解机制

1—紫外激光器；2—高温计；3—反应气体；4—基底；5—平台；6—腔室；7—真空泵

高光子能量激光有利于降低沉积温度，减小薄膜的热应力，在沉积过程中，不易发生熔解与再结晶，薄膜均匀性好。但是，在高能量密度和高沉积气压条件下，光解反应易生成均一的分子团，这些分子团容易扩散到沉积室内壁和通光窗口等处，因此，生长区域难以控制，导致沉积效率低。另外，未完全分解的大分子基团作为副产物与待制备材料共沉积，影响薄膜纯净度。

利用光解激光化学气相沉积可以制备金属及其氧化物材料、碳基材料、氮基材料等。如采用 808nm 波长的 InGaAlAs 半导体激光器，通过直接辐照基底，让光子破坏 $CH_3$—Si 的硅碳键，可获得 SiC 薄膜，薄膜的沉积效率高达 50μm/h。

### 3. 共振解离激光化学气相沉积

常规的化学气相沉积技术采用能量激发的方式（热、射频、微波、高压等）对反应气体进行随机、无选择性地整体活化，在沉积材料中极易生成多余的副产物，存在能量利用率低和成膜质量差等问题。共振解离激光化学气相沉积是通过精确调制激光波长，使激光光子能量与分子内核间的内能模式相匹配，共振激发反应气体分子的特定内能模式，将激光能量定向耦合到选定气体分子中，诱导关键反应分子的高效解离，获得比整体加热更有效的能量耦合，提高化学反应的效率，有效实现在分子量级的化学反应控制，促进薄膜沉积。

与光解激光化学气相沉积不同，这一技术通常采用红外波长激光光源，这是因为分子内能模式（振动和转动）频率分布在红外谱段。通过红外多光子解离过程诱导反应室中前驱化合物的化学反应。

实验装置主要由激光器、真空沉积室、气路输运系统、温度测量系统、样品台以及控制系统组成，如图 5-28。激光光束通过透射窗口，以平行于基底表面的入射方式引导入沉积腔室中。通过调制激光波长，使其与目标气体分子的内能模态频率相匹配，将激光光量子能量直接耦合于分子键中，实现选择性精细生长控制，实现薄膜制备。

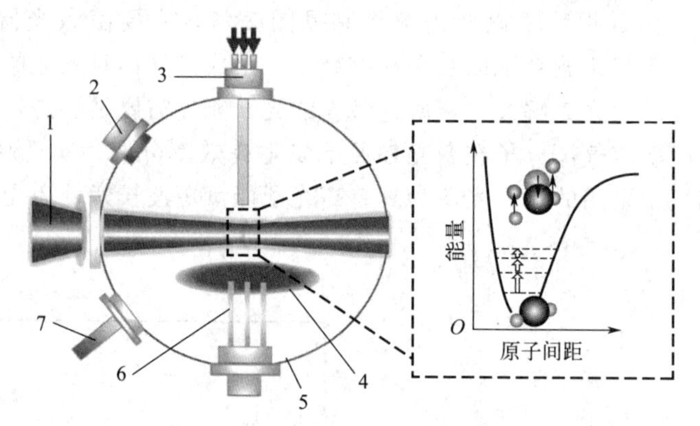


图 5-28　共振解离激光化学气相沉积实验装置

1—红外激光器；2—高温计；3—反应气体；4—基底；5—腔室；6—平台；7—真空泵

利用共振解离激光化学气相沉积可制备碳基材料和氮化物材料等。例如，采用红外激光共振激发的方法，激活掺硼氧炔焰中的中间产物 $BH_2$，在 Si 基片上成功沉积了高结晶、高导电掺硼金刚石薄膜。金刚石晶粒随激光功率的增大而增大，所制备掺硼金刚石掺杂浓度达 $10^{21}\,cm^{-3}$，比具有相同晶粒尺寸的掺硼金刚石薄膜高 2 个数量级；掺硼金刚石薄膜电阻低至 28.1 mΩ/cm，导电性能接近金属铜。

综上所述，激光化学气相沉积技术克服了常规化学气相沉积反应温度高、物理气相沉积绕镀性差和等离子体增强化学气相沉积杂质含量高等一系列缺点，是一种极具发展潜力的技术，已成功应用于半导体、光学、高熔点材料等方面。随着激光技术的快速发展以及新型功能器件的层出不穷，激光化学气相沉积技术已从单材料沉积、单光源辅助向多材料复合、多光源协同制备的方向发展。

## 五、金属有机化合物化学气相沉积技术

金属有机化合物化学气相沉积是在气相外延生长的基础上，利用金属有机化合物源（简称 MO 源）进行金属输运的一种新型气相外延生长技术，又被称为金属有机物气相外延（metalorganic vapor phase epitaxy，MOVEP）。外延生长是一种利用沉积层与基底存在晶体学位向关系，从基底上定向生长取向薄膜或单晶薄膜的技术，本书将在第七章做详细介绍。

金属有机化合物化学气相沉积通常以ⅢA族、ⅡB族元素的有机化合物和ⅤA、ⅥB族元素的氢化物等作为前驱物，以热分解反应方式在基底上生长各种ⅢA-ⅤA族、ⅡB-ⅥB族化合物半导体以及它们的多元固溶体的薄层单晶材料，已成功地应用于制备超晶格结构、超高速器件和量子阱激光器。部分反应示例如下

$$(CH_3)_3Ga(g)+AsH_3(g)\xrightarrow{630\sim675℃}GaAs(s)+3CH_4(g) \tag{5-54}$$

$$(CH_3)_2Cd(g)+H_2S(g)\xrightarrow{475℃}CdS(s)+2CH_4(g) \tag{5-55}$$

$$(C_2H_5)_2Zn(g)+7O_2(g)\xrightarrow{250\sim500℃}ZnO(s)+4CO_2(g)+5H_2O(g) \tag{5-56}$$

金属有机化合物化学气相沉积具有很多优点：①可以通过精确控制各种气体的流量来控制外延层的组分、导电类型、载流子浓度、厚度等特性，可以生长薄到几个埃的薄层和多层结构。②在需要改变多元化合物的成分和杂质浓度时，通过迅速改变反应室中的气体，可以实现多层结构界面和杂质分布陡峭，这对于生长异质和多层结构具有优势。③晶体生长以热分解方式进行，只要控制基底温度就可以控制外延生长，因此便于多片和大片外延生长，利于批量生产。④前驱物及反应产物中不含有 HCl 一类腐蚀性的卤化物，设备和基底不易被腐蚀。⑤对真空度的要求较低，反应室结构较简单。

这一技术的缺点在于：①反应温度低，在气相中易生长微粒并夹杂在薄膜之中，从而影响膜结构的完整性。②大多数金属有机化合物有毒、易燃，必须采取严格的操作、防护和储存等措施。③供应回路系统复杂，且要求很高。④原料价格昂贵，且供应受到限制。

根据压力的不同，金属有机化合物化学气相沉积可分为常压金属有机化合物化学气相沉积和低压金属有机化合物化学气相沉积。常压操作方便，价格成本较低。低压具有可消除反应室内热对流、抑制有害的副反应和气相成核、较低的生长温度、原材料蒸气压较低等优点，主要用于亚微米级膜层和多层结构，已成功用于多层和超晶格结构。

将金属有机化合物化学气相沉积与激光技术相结合，研究者开发出激光金属有机化合物化学气相沉积（LMOCVD）技术，利用激光的特点实现低温局域生长。此外，原子层外延（ALE）也属于金属有机化合物化学气相沉积，是生长单原子级薄膜与制备新型电子和光电子器件的先进技术，用在高质量的发光显示膜上沉积非晶和多晶 n-ⅥA 族化合物与绝缘氧化物薄膜。

金属有机化合物化学气相沉积设备可采用立式或卧式的结构形式。图 5-29 是 GaAs 生长所用的立式生长装置示意图。设备由四部分组成：气体处理系统、反应室、尾气处理和控制系统。通过气体处理系统，向反应室输送各种反应剂，并精确控制其浓度、送入的时间和顺序以及流过反应室的总气体流速等，以便生长特定成分与结构的外延层。反应室的设计直接影响外延材料的组分均匀性、生长平整度和界面梯度等，因此反应室是金属有机化合物化学气相沉积系统的核心。尾气处理可以采用高温热解炉再次分解，随后用硅油或高锰酸钾溶液处理，或把尾气通入固体吸附剂处理，以及用水淋洗尾气等多种方法。设备的运行可以通过控制电脑程序，

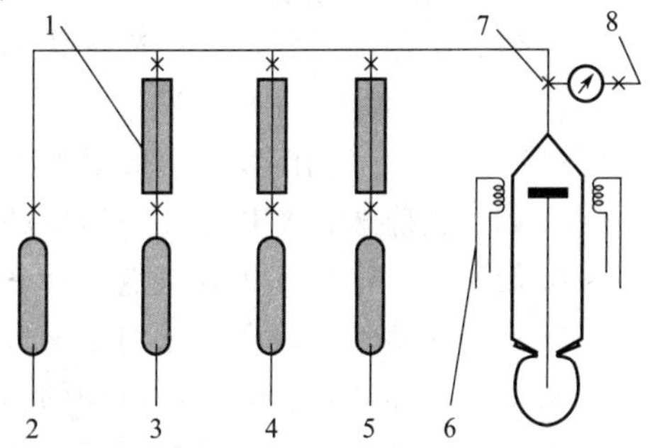

图 5-29　GaAs 生长所用的立式生长装置
1—滤波器；2—纯化的 $H_2$；3—$Ga(CH_3)_3+H_2$；4—$AsH_3+H_2$；5—$PH_3+H_2$；6—射频加热器；7—压力计；8—真空泵

加装自动保护装置，以减轻事故的危害、保护操作人员人身安全。

利用金属有机化合物化学气相沉积方法进行薄膜生长时，需要精确控制反应室的温度、压力、反应物的摩尔流量、载气流量等参数，以达到均匀性和生长质量的要求。同时，也要求物质源满足以下条件：①室温下为液体，具有适当且稳定的蒸气压，以确保精准控制输入反应室的前驱物的计量。②适宜的热分解温度。由于外延生长温度受限于前驱物的分解温度，在很多情况下要求MO源具有低的热分解温度，以便在外延温度下MO源基本能够完全分解，以提高MO源的利用率。③易于合成和提纯。④反应活性较低，不易与参与反应的其它源发生预反应。⑤毒性低。

这一技术适用范围很广泛，几乎可以生长所有化合物及合金半导体薄膜，特别适合于生长各种异质结构材料，还可以生长超薄外延层，并能获得很陡的界面过渡。此外，生长过程易于控制，薄膜纯度高，均匀性好，利于大规模生产。

# 本章小结

热氧化生长和化学气相沉积都是利用气态或蒸气态的物质在气相或气固界面上发生反应，生成固态沉积物制备薄膜材料的过程，成膜过程有化学反应。热氧化生长主要用于制备氧化物薄膜，特别是金属和半导体氧化物，也可以用于获得氧化物纳米结构，该技术设备简单，成本较低，薄膜纯度高，结晶性好，但薄膜厚度受到限制。化学气相沉积是指利用加热、等离子体激励或光辐射等方法，使前驱反应物气体在高温高压下，通过原子、分子间的化学反应，在基片表面生成固态薄膜或涂层的过程。化学气相沉积有加热方式、反应室压力、气相物理特性、等离子体技术、激活方式、反应温度、源物质类型等多种分类方式，每种化学气相沉积技术均有其独特的工艺方法、工艺参数、工艺特点和适用范围。基于本章所述基本原理，研究者和技术人员可以通过各种方式自由开发不同形式的化学气相沉积系统。

# 思考题

1. 什么是热氧化生长？热氧化生长的机制是什么？
2. 什么是化学气相沉积？简述化学气相沉积的基本过程。
3. 举例说明化学气相沉积的反应类型有哪些。
4. 影响化学气相沉积膜层质量的主要因素有哪些？
5. 如何正确选择基片在反应器中的位置？
6. 低压化学气相沉积的特点是什么？
7. 高温化学气相沉积和中温化学气相沉积各有什么优缺点？
8. 等离子体增强化学气相沉积的基本原理是什么？
9. 简述微波电子回旋共振等离子体增强化学气相沉积的基本原理及其特点。
10. 热解激光化学气相沉积与光解激光化学气相沉积有哪些差异？

# 参考文献


[1] 杨俊锋，丁明建，冯毅龙，等. 低温热氧化法制备 $Bi_2O_3$ 薄膜及其热氧化机理研究[J]. 广州化学，2018，43(4)：39-43.

[2] Zhong M L，Zeng D C，Liu Z W，et al. Synthesis，growth mechanism and gas-sensing properties of large-scale CuO nanowires[J]. Acta Materials，2010，58(18)：5926-5932.

[3] 唐春梅. 热氧化法制备基于 CuO 的一维纳米材料及其功能特性研究[D]. 广州：华南理工大学，2019.

[4] Gu Y，Xia K，Wu D，et al. Technical characteristics and wear-resistant mechanism of nano coatings：a review[J]. Coatings，2020，10(3)：233.

[5] 王福贞. 气相沉积应用技术[M]. 北京：机械工业出版社，2007：10-40.

[6] 郑伟涛. 薄膜材料与薄膜技术[M]. 2 版. 北京：化学工业出版社，2023.

[7] 李云奇. 真空镀膜[M]. 北京：化学工业出版社，2012：244-249.

[8] Sugumar D，Kong L. Chemical vapor deposition for film deposition[M]//Li D Q. Encyclopedia of microfluidics and nanofluidics. New York：Springer，2015：422-429.

[9] 赵瓛，张彬庭. 超高真空化学气相沉积外延生长锗硅材料及其应用[J]. 电子工业专用设备，2013，42(4)：1-8.

[10] 范丽莎，刘帆，吴国龙，等. 激光辅助化学气相沉积研究进展[J]. 光电工程，2022，49(2)：7-35.

# 第六章

# 薄膜旋涂和喷涂技术

旋涂和喷涂技术通常被归类于材料表面工程领域，主要用于制备涂层材料。由于其制备的涂层厚度较大，达到微米甚至毫米尺度，比一般气相沉积制备的薄膜厚得多，因此有的教科书里并没有把它们归类于薄膜制备技术中。但是，由于旋涂和喷涂也是在基片或其它基底上沉积固体材料的过程，具有薄膜制备的基本特性。同时，涂层和薄膜的定义本质上也无法截然区分，因此旋涂和喷涂也应该被定义为薄膜材料的常用制备方法。本章着重介绍薄膜旋涂和喷涂技术的基本原理、方法及其应用。

## 第一节 旋涂技术

旋涂，又称旋转涂膜法或旋转匀胶法，通常将待沉积的涂层材料以溶液的形态涂覆于基片中心，然后通过旋涂机（又称旋转涂膜机或匀胶机，其外观及结构如图 6-1 所示）以较高的转速旋转基片，液态涂层材料在离心力和液体的表面张力共同作用下形成均匀的覆盖层，待溶剂蒸发后，在基片上就会形成几纳米到几微米厚的薄膜。旋涂是溶胶-凝胶法制备薄膜过程中一种重要的涂覆方式，具有工艺简单、厚度控制精准、性价比高、污染少等优势，可用于在基材上涂覆各种材料，包括光刻胶、绝缘体、有机半导体、合成金属、纳米材料、金属和金属氧化物前驱体、透明导电氧化物等，在半导体行业、光电行业、电池产业等工业部门中应用极其广泛。

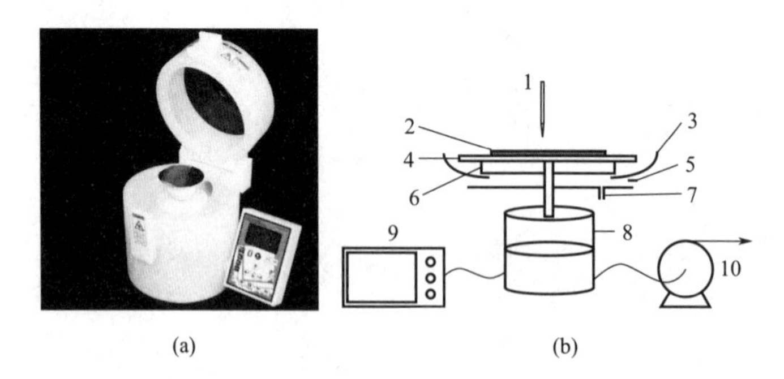


图 6-1 Laurell Technologies WS-650 旋涂机的外观（a）及结构（b）

1—涂层溶液；2—薄膜；3—托盘；4—基片；5—抽气；6—真空吸盘；7—排液；8—驱动电机；9—控制面板；10—真空泵

### 一、旋涂的基本过程

旋涂的基本过程如图 6-2 所示，主要如下。

（1）滴胶

滴胶是将旋涂液滴注到基片上。根据滴胶时基片状态的不同，可分为动态匀胶和静态匀胶两种方法，基片在滴胶时处于旋转状态的称为动态匀胶，基片在滴胶结束后再进行旋转分散的称为静态匀胶。

（2）高速旋转

完成滴胶后，基片将以一定的加速度加速至预设的旋转速度。在高速旋转的过程中，大部分溶液从基片上甩出，此过程初期旋涂液的旋转速度可能不同于基片的旋转速度，但在阻力作用下旋转速度将逐渐与基片匹配，同时使旋涂液变为水平。在黏性力和离心力共同作用下，溶液涂层的厚度先明显变薄然后保持稳定。由于光的干涉效应，薄膜颜色会发生变化，薄膜颜色停止变化即说明薄膜已经几乎干燥。在高速旋转阶段，由于溶液在基片边缘形成液滴后被甩出，因此该过程有时会出现边缘效应（edge effect），即应当从径向甩出的多余溶液未甩出基片而是聚集在边缘，从而在边缘区域形成了较厚的涂层。

（3）干燥

通过干燥以去除剩余的溶剂，从而在基片上获得厚度均匀的薄膜。在干燥阶段中，蒸发速率的不均匀可能导致沉积的薄膜不均匀。

## 二、旋涂的理论模型

旋涂涉及许多物理化学过程，如流体流动、润湿、挥发、黏滞、分散、浓缩等。因此，研究旋涂工艺需要了解流体的力学性质、传热、传动等物理原理，以及旋涂转速、旋涂溶液的黏度与挥发参数对薄膜结构、厚度、面积等参数的影响。旋涂技术工艺简单，即使不深入了解所涉及的基本原理和操作参数，仍可获得所需的薄膜材料，但是对旋涂过程的机理研究有助于设计合适的旋涂溶液、控制沉积参数，从而制备更高质量的薄膜。一般来说，旋涂膜的厚度与自旋速度平方的倒数成正比，薄膜的厚度与旋速之间的关系可以简单地表述为

$$h_f \propto \frac{1}{\sqrt{\omega}} \tag{6-1}$$

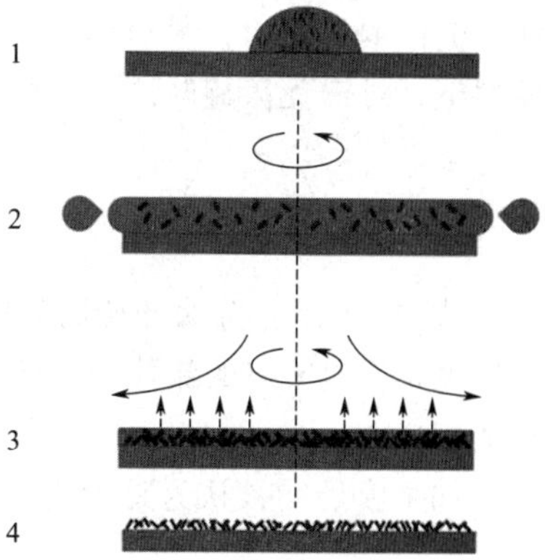

1

2

3

4

图 6-2 旋涂的基本过程

1—滴胶；2—多余的溶液被甩出；3—在基片上形成均匀的涂层；4—干燥后形成薄膜

式中，$\omega$ 是旋涂的角速度/自旋速度；$h_f$ 是最终膜厚度。

此外，膜的厚度还受材料浓度和溶剂蒸发率（溶剂的蒸发率取决于溶剂黏度、蒸气压力、温度和局部湿度）影响，因此，在研发新的旋涂溶液时，其厚度曲线需要通过实验确定，即通过测量一组不同旋速制备的薄膜厚度可以计算该溶液的自旋-厚度曲线，此方法通常具有较高的精度。图 6-3 显示了典型的溶液旋涂薄膜厚度-旋转速度曲线。

目前存在不同的理论模型描述旋涂过程中的旋涂速度和旋涂厚度的关系。

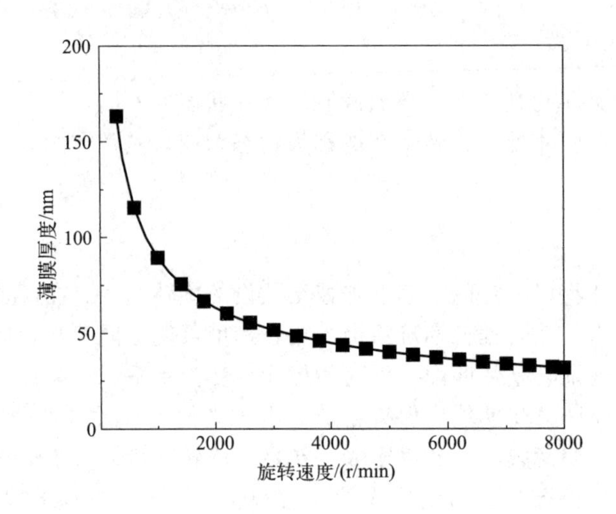


图 6-3 典型的溶液旋涂薄膜厚度-旋转速度曲线

### 1. Emslie、 Bonner 和 Peck 模型

公式（6-1）利用一个与转速相关的简单比例关系来描述旋转涂层的最终膜厚，但该方程使用范围有限，并且在没有实验数据的情况下无法预测薄膜厚度。1958 年 Emslie、Bonner 和 Peck 提出了旋涂过程中薄膜铺展的理想化力学模型。在这一模型中，旋涂液的非牛顿行为被忽略（即假设所用流体的黏度不会因应力而改变），基片上的流体流动为轴向对称，流体本身重力、科里奥利力、溶剂挥发、表面空气流动等因素也均被忽略。在这一简化模型下，对于无限旋转圆盘上的非挥发性黏性流体表述为

$$\frac{\partial h}{\partial t}+\frac{\rho\omega^2 r}{\eta}h^2\frac{\partial h}{\partial r}=-\frac{2\rho\omega^2 h^3}{3\eta} \tag{6-2}$$

式中，$t$ 是自旋涂开始的时间；$\omega$ 是角速度；$r$ 是距旋转中心的距离；$\rho$ 是溶液密度；$\eta$ 是黏度；$h$ 是最终的流体层（而不是干薄膜）厚度；$\partial h/\partial t$ 表示厚度变化率；$\partial h/\partial r$ 表示传播速度。

如果膜最初被认为是均匀的，则最终的溶液膜厚度可以表述为

$$h=\frac{h_0}{\left(1+\frac{4\rho\omega^2}{3\eta}h_0^2 t\right)^{\frac{1}{2}}} \tag{6-3}$$

式中，$h_0$ 表示旋涂开始时的膜均匀厚度（即 $t=0$）。

由于该模型不考虑蒸发，因此无法用于计算干燥后薄膜的精确厚度。通过使用溶质浓度和溶液密度，可以从液膜厚度估算干燥后的薄膜厚度。但考虑到溶剂黏度和表面张力的影响，为了获得准确的数值，需要建立更详细的模型。

### 2. Meyerhofer 模型

1978 年 Meyerhofer 充分考虑了溶剂的蒸发，修改了 Emslie、Bonner 和 Peck 的方程为

$$\frac{dh}{dt}=-\frac{2\rho\omega^2h^3}{3\eta}-E \tag{6-4}$$

式中，$E$ 是均匀溶剂蒸发率，指每单位时间、每单位面积蒸发的溶剂体积。

Meyerhofer 提出，在旋涂过程的早期，溶液的流动主导了薄膜的减薄过程，如图 6-4（a）；随后，流动减薄和蒸发减薄达到平衡，如图 6-4（b）；最后，溶液流动进一步减缓，蒸发成为薄膜减薄的主导因素，如图 6-4（c）。假设膜足够薄，溶质浓度在液膜不同深度保持均匀，如果从流体减薄到蒸发减薄存在突变过渡，则可对膜厚度进行估计。也就是说，旋涂过程中存在一个由流动减薄到蒸发减薄的过渡点，此时流动减薄速度等于蒸发减薄速度

$$E=\frac{(1-C)2\omega^2\rho h_0^3}{3\eta} \tag{6-5}$$

式中，$C$ 是溶液中溶质的体积分数；$h_0$ 是两个膜变薄区域之间过渡处的膜厚度。

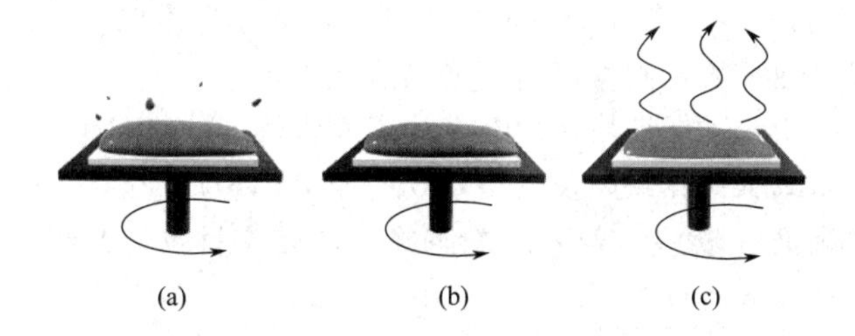


图 6-4　Meyerhofer 旋涂模型中减薄机理

（a）溶液的流动主导了薄膜的减薄；（b）流动减薄和蒸发减薄达到平衡；（c）蒸发主导薄膜减薄

由此得出最终膜厚度为

$$h_f=\left[\frac{3\eta_0E}{2(1-C_0)\rho\omega^2}\right]^{\frac{1}{3}} \tag{6-6}$$

式中，$C_0$ 是溶质的初始浓度；$\eta_0$ 等于 $\eta(C_0)$。公式中假设在蒸发减薄开始前溶质的浓度保持在 $C_0$ 不变，因而，即便在溶剂蒸发率未知的情况下，这一模型也可估计旋涂薄膜的厚度。若进一步假设旋涂过程中空气流动保持层流，则膜层厚度可以表述为

$$h_f=\left[\frac{3k\eta_0}{2C_0(1-C_0)\rho\omega^{\frac{3}{2}}}\right]^{\frac{1}{3}} \tag{6-7}$$

式中，$k$ 是针对特定涂层溶剂的常数，对于典型的旋涂溶剂 $k=1\sim5\text{cm/s}^{-1/2}$。此公式可以简单表述为 $h_f\propto\omega^{-1/2}$，相当于公式（6-1），增加的比例常数是其它几个项的乘积，包括溶液密度、黏度和浓度以及溶剂的性质。

然而，旋涂的最终膜厚度并不总是与 $\omega^{-1/2}$ 成正比。Meyerhofer 在估算薄膜减薄的过程中，发现采用平均挥发速率这样的参数会引入较大的误差。后续，研究者们关注了旋涂液的热传导性和比热容等性质在溶剂挥发中的作用，并提出温度梯度模型，进一步完善了旋涂过程中热量变化对薄膜形成的影响，量化了液膜内部物质、能量梯度的影响。而针对实际旋涂过程中液膜边缘的均匀度问题，Uddin 和 Schwartz 等分别从理论方面和计算模拟方面研

究了旋涂法中液膜边缘分布的问题，建立了旋涂过程中的边界模型。

因此，在实际的旋涂操作中，最直接的方法仍是通过实验建立旋转速度和膜厚度间的旋涂曲线，并通过曲线指导旋涂参数的选择。

## 三、旋涂的分类

根据待涂覆溶液的涂覆方式，旋涂可分为动态旋涂和静态旋涂。

### 1. 动态旋涂（动态匀胶）

旋涂的第一步操作是滴胶，若滴胶过程中，基片处于旋转状态，即为动态旋涂。基材的转速一般小于 500r/min，滴胶结束后，提高基片转速以完成后续旋涂过程。动态旋涂通常使用移液管量取溶液，旋涂液的用量与基片的尺寸相关。例如对于 20mm×15mm 的常见基片，通常量取 20μL 溶液，对于 50mm×50mm 基片，则通常量取 100μL 左右。但是，如果溶液和基片之间的润湿性一般，则可以适当增加溶液体积。

动态旋涂的优点在于：①保证快速地在基片表面将待旋涂材料铺开；②减少基材上出现灰尘和颗粒杂质，从而减少针孔缺陷及彗星条纹的产生；③减少旋涂材料的消耗；④某些特定材料与基材之间的湿润性较差，若采用静态旋涂，旋涂材料容易甩出基片，不易铺开成膜，此时动态旋涂更具优势。

但是，动态旋涂所用转速应根据所需旋涂薄膜的厚度决定，当所需旋涂转速较低时，采用动态旋涂法可能导致薄膜覆盖不完全，若待沉积液态材料黏度过大也会出现类似问题，其原因在于离心力较小，不足以令液体完全覆盖基片表面。实践经验表明，动态旋涂适用于转速大于 1000r/min 的高速旋涂。

### 2. 静态旋涂（静态匀胶）

静态旋涂是指在基片静止时就将待旋涂材料滴注到基片的中心位置。通常，当基片转速低于 700r/min 时，使用静态旋涂可以获得更高质量的薄膜。在实际旋涂操作中，一部分材料可能在低转速下才能获得更好的结晶组织，一部分材料由于材料本身黏度/溶解度等问题，在高转速下无法获得所需厚度的薄膜，在以上情况下，采用静态旋涂技术可以更好地满足薄膜沉积的需求。

静态旋涂的关键在于基片旋转前的静态涂覆操作。若待沉积溶液在基片表面不具有良好润湿性，则通常需要使用移液管尖端将液体涂抹均匀。在此过程中，操作者应小心地将移液管尖端靠近表面，使其接触溶液边缘，在不接触基片的情况下在表面周围移动液滴；移液管尖端绝对不可以接触旋涂区域中基片的表面，否则可能会改变表面性质或损坏涂层。另外，当不需要考虑基材边缘的涂层质量时，移液管尖端可以围绕基材边缘移动，以拉动溶液。若旋涂时不需考虑材料消耗，也可添加大量溶液，直至基材被完全覆盖。

与动态旋涂相比，静态旋涂存在两大局限性：其一，由于静态旋涂需要先将待旋涂材料手动涂覆于基材上，且基材开始旋转时还会甩出一部分液体，因此会增加材料的消耗；其二，在旋涂过程开始之前，溶液中的溶剂有些蒸发，对于低蒸气压溶剂（如水），溶剂的蒸发通常不会影响薄膜的质量，但是对于高蒸气压溶剂（如氯仿，相同情况下蒸发速率大约比水高 10 倍），溶剂的蒸发对薄膜质量的影响无法忽视，从涂覆溶液至开始旋转的时间会对最终薄膜的厚度和质量产生较大影响，也增加了控制沉积质量一致性的难度。因而，在选用旋涂方法时，应首先考虑待沉积薄膜旋涂参数能否满足动态旋涂的要求，若所需旋涂速度过低或溶液黏度过大，则再考虑静态旋涂。

## 四、旋涂技术的应用

与其它薄膜制备方法相比较，旋涂技术具有显著的优点：①可以实现对薄膜厚度的精准控制。可制备厚度在30～2000nm之间的薄膜，薄膜厚度较薄且均匀，可满足工业生产的需要。②操作简单快捷，设备结构简单且价格低廉，是一种技术门槛较低的薄膜制备方法。③基片高速旋转产生的气流可以使被沉积材料快速干燥，从而在宏观和微观尺度同时获得高稠度的薄膜结构，无须另外进行热处理。

但是，旋涂技术也存在一定局限性，主要体现在：①制备效率较低。旋涂本质是对单个基片进行薄膜沉积，无法进行批量操作。②材料浪费严重。实际沉积的材料量一般仅占旋涂沉积材料用量的10%，其余材料在旋涂过程中被甩出基片造成浪费。③对于某些特定纳米薄膜的沉积（例如小分子有机场效应晶体管），由于这类薄膜材料需要一定时间在溶剂中进行自组装/结晶过程，旋涂中高速旋转下的溶剂快速蒸发行为反而会对这类薄膜的质量产生消极影响。④对较厚的聚合物和光刻胶膜进行旋涂，可能会产生相对较大的边缘球状物（edge beads），旋涂薄膜的平面化存在物理限制。

尽管存在一些局限性，旋涂技术仍然是制备均匀薄膜常用手段之一，在半导体和纳米技术的研发与工业领域无处不在。

在半导体行业方面，旋涂已广泛应用于微电子行业的光刻图案化、印刷电路和集成电路的制造、光存储介质感光胶、燃料、黏合剂、物理保护层等聚合物薄膜的涂覆。其中，光刻是平面型晶体管和集成电路生产中的一个主要工艺。旋涂则是光刻工艺的重要步骤。光刻的涂底过程可以选用旋涂方法，光刻胶在基片上的涂抹过程则高度依赖旋涂。另外，通过调整基片，可以改变旋涂薄膜的面外/面内取向，旋涂过程中产生的过饱和溶液的滞流层促进了材料在单晶基片上的异相成核，而不是在本体溶液中的均相成核，有序阴离子吸附层可能会降低表面成核的活化能。

旋涂在光伏制造领域也得到了充分应用，可用于沉积钙钛矿太阳能电池的多晶薄膜。研究表明，通过简单的旋涂材料溶液或材料前体，可以在各种单晶和类单晶基片上沉积无机材料的外延膜，如溴化铯铅（$CsPbBr_3$）、碘化铅（$PbI_2$）等钙钛矿电池材料，以及氧化锌（ZnO）和氯化钠（NaCl）等化合物。

# 第二节 热喷涂技术

热喷涂（thermal spraying）是表面工程领域中的一项重要涂层制备方法，它是在喷涂枪内或外将喷涂材料加热到熔融、塑性或软化状态，喷射到经预处理的基体表面上并形成涂层的方法。使用热喷涂技术，可以在极短时间内获得具有一定结合强度的涂层，涂层材料包括但不限于金属、合金、陶瓷、塑料及其复合材料等。

## 一、热喷涂的基本过程

热喷涂的涂层形成原理与过程如图 6-5 所示，具体工艺流程可以分为四个阶段：喷涂材料加热熔化、熔滴雾化、粒子飞行和碰撞沉积形成涂层。

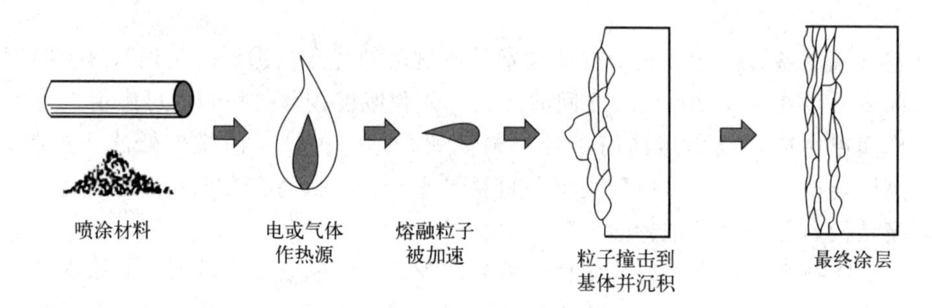


图 6-5 热喷涂的涂层形成原理与过程

（1）喷涂材料加热熔化

喷涂材料在热源下加热熔化。根据喷涂材料最初形态的不同，这一阶段的具体形态有所不同。对于线材及棒材的喷涂材料，喷涂材料端部进入热源高温区，在热源下被加热熔化；而粉末状的喷涂材料，则直接在送粉过程中，在热源下加热至熔化或半熔化状态。

（2）熔滴雾化

加热后的喷涂材料在热源的焰流或外加高速气流作用下雾化成微细的颗粒。

（3）粒子飞行

雾化后的熔滴在热源本身提供的气动动力或外加高速气流作用下被加速，形成具有一定速度的颗粒束，飞向待喷涂基材表面。

（4）碰撞沉积形成涂层

颗粒束流冲击到基体表面上，冲击到基体表面上的颗粒动能在强烈碰撞下迅速转化为热能并传递至基体，从而在基体上产生形变，在热传递的作用下迅速冷凝、体积收缩，形成叠层薄片，黏附在已涂层基体表面上，如此循环并不断堆积，最终形成层状结构的涂层。

加热熔化和碰撞沉积这两个关键阶段对于涂层的最终状况起着决定性作用。加热熔化阶段直接影响涂层的致密度，通常热源温度越高，熔滴冲击速度越大，最终形成的涂层越致密。碰撞沉积阶段则决定了涂层的结构，由热喷涂的基本原理可知，涂层的典型结构为变形扁平微细的涂层材料堆积而成的层状结构，且中间不可避免地会夹带着部分气孔和氧化物。

热喷涂的涂层中一般会有 0.025％～50％的气孔，产生的原因包括：一是未熔化颗粒的低冲击动能；二是喷涂角度不同造成的遮蔽效应；三是凝固收缩和应力释放效应。但是，气孔的存在具有双面性：一方面，气孔特别是穿孔将损害涂层的耐腐蚀性能，增加涂层表面加工后的粗糙度，降低涂层的结合强度、硬度和耐磨性；另一方面，气孔可以储存润滑剂，提高涂层的隔热性能，减小内应力并由此增加涂层厚度，以及提高涂层抗热震性能。因此，可以通过改变涂层材料的种类、喷涂方法和喷涂工艺，调控涂层气孔和氧化物的数量。

热喷涂涂层与基体之间的结合以物理结合为主，某些情况下会产生扩散结合和冶金结合。物理结合也称机械结合，其基本过程如图 6-6 所示，熔融或半熔融状的粒子撞击到经过粗化处理的基体表面，铺展扁平化为薄片状并紧贴在基体表面的凹凸点处，在冷凝时收缩并与凸点（又称抛锚点）结合。当熔融的喷涂粒子高速撞击基体表面形成紧密接触时，由于变形和高温作用，基体表面的原子得到足够的能量，使涂层与基体之间产生原子扩散，形成扩散结合。扩散的结果是使界面两侧微小范围内形成一层固溶体或金属间化合物，增加了涂层与基体之间的结合强度。当基体预热，或喷涂粒子有高的熔化潜热，或喷涂粒子发生热化反应时，熔融态的粒子与局部熔化的基体之间发生“焊合”现象，形成微区冶金结合。

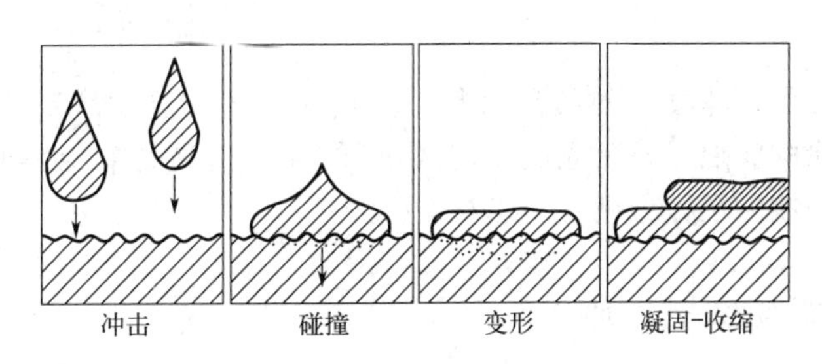


图 6-6　机械结合的基本过程

大部分涂层材料的冷却凝固伴随着收缩过程。当熔滴撞击基体并快速冷却、凝固时，涂层内部产生拉应力而在基体表面产生压应力。喷涂完成后，在涂层内部存在残余拉应力，大小与涂层厚度成正比。当涂层厚度达到一定程度后，涂层中的拉应力超过涂层与基体的结合强度或涂层自身的内聚强度时，涂层就会发生破坏。

一台典型的热喷涂设备的基本组成必须包括：①电源及控制系统，为设备提供能源供给，并控制喷涂参数。②送料系统，为喷涂过程提供丝状/棒状/粉末待喷涂材料。③喷涂枪，热喷涂设备的核心，其能够将送料系统提供的待喷涂材料熔化，并加速喷至基材上。④供气系统，为热喷涂设备提供工作气流，可为粉末热喷涂提供输送粉末的气体，或为火焰喷涂或等离子喷涂提供工作气，以生成火焰或等离子射流。根据实际情况，热喷涂设备的构造可能不限于上述四个基本组成系统，例如等离子热喷涂系统中还有冷却水系统。

与其它薄膜制备技术相比较，热喷涂技术具有以下优点：①取材范围广。涂层材料涉及几乎所有固态工程材料，包括金属、合金，陶瓷、金属陶瓷等无机非金属材料，塑料等有机高分子材料，以及这些材料的复合材料。②可应用于各种基体。金属、陶瓷器具、玻璃、石膏、木材、布、纸等几乎所有固体材料表面都可以进行热喷涂，可以通过热喷涂方式制备金属/非金属复合涂层，从而获得用其它方法难以得到的综合性能。③可使基体保持较低温度。除火焰喷熔及等离子弧粉末堆焊外，用热喷涂工艺加工的基体受热较少，温度可控制在 30～200℃区间，基体产生的应力变形很小，可保证基体不变形、不弱化。④生产效率高。每小时喷涂材料质量可达几千克至数十千克，沉积效率高，明显优于电镀。⑤喷涂物件大小不受限制。最小可喷涂 10mm 内孔（线爆喷涂），大可对桥梁、铁塔及大型工业设备进行喷涂；可以在实验室或生产车间进行真空气氛喷涂，也可实现野外施工作业；可对设备或基体进行整体喷涂，也可对基体局部进行喷涂。⑥涂层厚度较易控制。热喷涂可以在几十微米到几毫米的范围内精准控制涂层厚度。⑦可赋予普通材料特殊的表面性能。通过选择涂层材料和合适工艺方法的方式，在普通材料上制备具有减摩耐磨、耐蚀、高温强度高、耐氧化、热障功能、催化功能、电磁屏蔽吸收、导电/绝缘、耐辐射等特种功能的涂层材料，从而实现节约贵重材料、提高产品质量的效果，满足多种工程和尖端技术的需要。⑧成本较低，经济效益显著。

当然，热喷涂技术也存在一定局限性，主要体现在热效率低、材料利用率低以及涂层和基材结合强度较低三方面。尽管如此，热喷涂技术的大量优点决定了其广泛应用在各种材料的表面工程中。

## 二、热喷涂材料

热喷涂技术的发展，建立在热喷涂材料、热喷涂设备和热喷涂工艺共同发展的基础之上。因而，对热喷涂的涂层材料建立起 定认知和了解，才能更好地理解如何利用热喷涂技术制备符合需求的功能涂层，做到合理选材。

### （一）基本要求和选材原则

作为热喷涂的材料，需要满足一些基本要求：①良好的使用性能，以满足对热喷涂涂层使用功能的需求，如耐高温、耐磨、耐腐蚀、导电/绝缘等。②良好的热稳定性或化学稳定性，因为喷涂材料需要在热源中承受高温，在热源下不应发生氧化、挥发、升华，也不应发生有害的晶型转变。③不会与基体材料发生有害的化学反应，如碱性玻璃基体表面上，不能选用酸性氧化物类陶瓷作为涂层材料。④与基体材料具有良好的性能匹配关系，如具有良好的润湿性，可降低表面张力，提高液态流动性，以获得平整光滑、高结合强度且致密的涂层；具有与基体材料相近的热导率和热膨胀系数，以减少涂层在冷凝过程中的热应力。⑤工艺性能应满足热喷涂工艺要求，如线材应保证线径均匀、表面光洁无油污。⑥材料的毒性、易燃性、爆炸性需满足安全卫生和环保要求。

正确选择热喷涂材料是一个非常复杂的过程，除了满足上述的基本要求以外，还应当考虑涂层材料的生产方法及材料的价格，并将满足工况条件或设计的涂层性能指标参数放在首位。

### （二）热喷涂材料的种类

热喷涂材料具有多种分类方式，可根据材料性质、使用性能和目的或者材料形态进行分类。在实际应用中，通常根据材料形态将热喷涂材料分为粉末喷涂材料、线材喷涂材料和棒材喷涂材料。此外，经过热喷涂工艺后仍需进行扩散热处理的涂层材料，如钎焊材料和包括喷砂处理用材料、遮蔽材料和封孔材料在内的辅助材料也归于热喷涂材料的范畴。

#### 1. 粉末喷涂材料

粉末喷涂材料在热喷涂工艺中应用最为广泛，对于难以拉制成线材的、延展性差的金属或合金，多制成粉末使用，其制备通常采用气体雾化。图 6-7 为一种常见的真空感应气体雾化设备示意图，气体雾化的原理是利用气体在高速状态下对液态金属进行喷射，使金属液流被破碎成细小液滴，然后快速凝固形成粉末。材料粉末的特性直接决定喷涂层的质量和性能，这些特性包括：①粉末粒度。粉末粒度会影响粉末的输送、受热状况及涂层的致密度，因而在热喷涂过程中选用的粒度取决于喷涂热源的温度与喷涂材料的熔点、热导率、比热容和密度等材料固有特性，以及粉末在火焰射流中停留的时间。②粉末粒度分布。较宽的粒度分布会造成粉末的非均匀熔化，从而出现喷枪嘴“结珠”或涂层结构不均匀的问题，但较窄的粒度分布会导致材料制备成本的升高。③粉末流动性与粉末形貌。良好的流动性有利于喷涂过程中连续、均匀、流畅地送粉，因而球形粉末由于其良好的流动性成为了热喷涂的优选。④粉末的松装密度。指粉末松装而不摇振时单位容积粉末的质量，单位为 $g/cm^3$。材料的真实密度大，粉末球形度好，粒度较粗，则松装密度大，喷涂时粉末的沉积速率高。

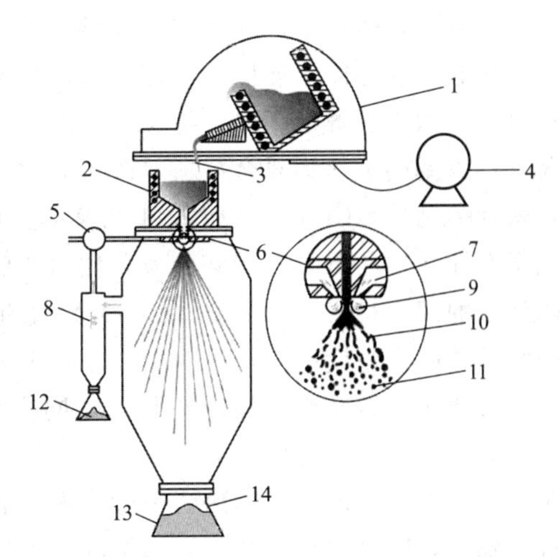


图 6-7　常见的真空感应气体雾化设备
1—真空熔化；2—漏斗；3—熔融金属；4—真空泵；5—气源；6—喷嘴；7—高速气体；8—气体；9—气体扩展区；10—液膜区；11—液滴；12—细粉；13—粉；14—收集室

常见的粉末喷涂材料包括金属及合金粉末、陶瓷粉末、塑料粉末以及复合喷涂粉末等。

（1）金属及合金粉末

金属及合金粉末可分为自熔性合金粉末和喷涂合金粉末两类。自熔性合金粉末指的是在重熔过程中，无须外加助溶剂，能“润湿”基体表面并对基材进行熔敷的合金材料。自熔性合金中加入了 Si、B 等强烈的脱氧元素，在重熔过程中优先与合金粉末中的氧和基体表面的氧化物作用，生成低熔点硼硅酸盐覆盖在表面，从而防止液态金属氧化，起到良好自熔剂的作用。此外，Si、B 等元素的加入还可以起到提高合金硬度与耐磨性、改善喷焊工艺性能、调节耐蚀性等作用。这类合金粉末包括镍基、钴基、铁基及碳化钨四种系列的粉末，主要用于粉末火焰喷涂和等离子喷涂。

除自熔性合金粉末以外的金属/合金喷涂粉末统称为喷涂合金粉末，或称为冷喷粉末。这类粉末无须或不能进行重熔处理。根据用途可分为打底层粉末和工作层粉末，前者用于增强涂层与基体间的结合强度，后者常用于获得耐腐蚀或耐磨损等特种功能的涂层材料。

（2）陶瓷粉末

陶瓷通常是金属氧化物、硼化物、氮化物、硅化物、碳化物等的统称。在金属基体上制备陶瓷涂层，可将陶瓷材料高熔点、高硬度、高刚度、高绝缘性、低热导率、低热膨胀率的特点与金属材料的特点有机地结合起来，获得具有各种复合结构的产品。但是，陶瓷材料脆性大，无塑性，对应力、裂纹敏感，耐疲劳性能差，破坏呈脆性断裂，因而陶瓷涂层不宜用于重负荷、高应力和承受冲击载荷的场合。常用的陶瓷粉末有氧化物陶瓷和碳化物陶瓷。

氧化物陶瓷在热喷涂领域较为常用，常见的有 $Al_2O_3$、$TiO_2$、$ZrO_2$、$Cr_2O_3$ 及其复合物。作为使用最广泛的高温材料，氧化物陶瓷粉末涂层具有绝缘性能好、热导率低、高温强度高等特点，适用于热屏蔽和电绝缘涂层。以氧化铝为例，其莫氏硬度高达 9，摩擦因数小，耐磨、耐冲蚀性能优异，熔点高，高温化学性能稳定，热导率较低，电阻率高，介电常数大，可用于制备耐高温、绝缘等功能涂层。在氧化铝中加入其它氧化物，可得到一系列以 $Al_2O_3$ 为基的氧化铝复合材料，改善氧化铝陶瓷的相关性能，如 $TiO_2$ 复合可以改善涂层的致密性和韧性，$Cr_2O_3$ 的加入可以满足氧化铝用于耐高温燃气冲蚀、耐海水空泡腐蚀和电化学腐蚀涂层的需求。另外，氧化锆（$ZrO_2$）的高温热稳定性优于氧化铝，是制备陶瓷热障涂层的理想材料。氧化铬（$Cr_2O_3$）具有摩擦因数小、耐磨和抛光性能好的特点，其制备的涂层致密，硬度可高达 1000 ~ 1100 $HV_{0.2}$，是优异的抗腐蚀磨损涂层材料。

碳化物陶瓷又称金属陶瓷材料，同样具有硬度高、熔点高、化学性能稳定的特点。此外，碳化物陶瓷具有典型的金属性，热导率较高，其电阻率与磁化率可与过渡金属元素及合金接近。热喷涂的碳化物陶瓷一般作为耐磨或耐热涂层使用，包括碳化钨、碳化铬、碳化硅等。然而，碳化物在空气中升高温度时容易发生氧化，且由于碳化物硬度高，喷涂时与基体金属的附着力差，因而很少单独用于喷涂中，通常采用钴、镍、镍铬合金等金属或合金作为黏结相组成复合粉末材料。

此外，硼化物、硅化物和氮化物陶瓷也可用于热喷涂涂层的制备。

（3）塑料粉末

塑料的特点是密度小、摩擦因数小、绝缘性能好、耐化学腐蚀性能优异。塑料可分为热塑性塑料和热固性塑料，其中用于热喷涂的塑料通常为热塑性塑料，如聚乙烯、聚酰胺（尼龙）、ABS 塑料等。以环氧树脂为代表的热固性塑料也可在与固化剂混合使用下作为热喷涂材料。选用的塑料粉末除需满足流动性等基本粉末选材要求以外，还需有较宽的软化和焦化温度区间，且喷涂过程中不分解、燃烧或释放有毒有害气体。利用塑料粉末，可在材料表面制备耐蚀、绝缘、减摩及装饰涂层，适合于大型基体喷涂和现场施工。

（4）复合喷涂粉末

复合喷涂粉末是由两种或两种以上不同性质的固相物质颗粒（包括金属、陶瓷、塑料、非金属矿物）经机械团聚而非合金化所形成的颗粒，其涂层具有基相材料和复合相材料的共同特点。复合喷涂粉末可分为包覆型复合粉末和组合型复合粉末，其中包覆型复合粉末具有核-壳结构，组合型复合粉末可视作是由不同相混杂的颗粒。

与单一组分粉末材料相比较，复合喷涂粉末的特点在于：①非均相体的复合粉末在热喷涂作用下形成广泛的材料组合，可制备出多功能的涂层，满足多样化需求。②复合材料间在喷涂时发生某些化学反应，改善喷涂工艺，提升涂层质量，如放热型复合粉末可使喷涂过程中涂层与基体同时发生机械结合和冶金结合，提高涂层结合强度。③对于包覆型复合粉末，包覆层可在喷涂时对核心提供保护，防止核心材料氧化或热分解。

### 2. 线材喷涂材料

线材喷涂材料由金属和合金制得，由于线材一般是用拉丝机通过冷拔制造的，因而所用的金属或合金材料一般具有一定塑性。线材喷涂材料一般常用于火焰喷涂及电弧喷涂，也可用于等离子喷涂。

线材喷涂材料必须满足一定的化学成分和喷涂工艺性能要求。喷涂工艺性能要求包括线材的尺寸及公差、表面状态、延展性及强度。首先，线材直径应与喷嘴孔径相符，误差不允许过大，否则将不能送线，线材的圆度较低或负公差较大会导致热源燃气倒流至驱动轮，从而造成火灾甚至爆炸；其次，线材的表面状态也会影响喷涂的稳定性以及涂层质量，因而线材表面应做到干净、光滑、无刮削缺口或飞边，无油污、氧化皮及其它腐蚀产物；再次，足够的延展性和硬度可以保证线材在弯曲或拉伸时不断裂，对于如锡、铅等软金属线材还应有足够硬度，以防被驱动轮压扁或擦伤。

下面介绍一些常用的喷涂用线材。

（1）纯金属线材

常用的纯金属线材包括铝、铜、钼等，表 6-1 给出了热喷涂常用的纯金属线材的特性和用途。纯金属线材在热喷涂中的用途和金属本身的性质密切相关。例如，铝与氧能迅速形成坚固的致密氧化膜，氧化铝膜在大气、海水、淡水和硝酸环境下具有优异的化学稳定性和耐蚀性，因而纯铝线喷涂涂层常用于各种钢结构件的长效防腐蚀涂层；铜具有优异的导电性和良好的导热性，纯铜线喷涂涂层常用于碳刷和电极表面的导电涂层，以及炊具底部的导热涂层。

**表 6-1　热喷涂常用的纯金属线材的特性和用途**

| 线材类型 | 纯金属特性 | 线材用途 |
| --- | --- | --- |
| 铝 | 易形成化学稳定的致密氧化膜，电极电位低于铁，高塑性、延展性、导电性、导热性 | 钢铁的长效防腐蚀保护涂层、导电涂层、海洋等腐蚀环境下的摩阻涂层 |
| 铜 | 优异的导电性能、良好的导热性能 | 导电涂层、导热涂层 |
| 钼 | 难熔金属，边界润滑条件下有良好耐磨性能，纯钼及高钼合金存在自黏结效应 | 耐磨涂层，自黏结底涂层 |
| 锡 | 耐蚀性优异（白锡），熔点低，易黏结在木材、石膏、玻璃基体表面 | 食品容器耐蚀涂层（白锡），木材/石膏/玻璃基体的喷涂黏结底层 |
| 锌 | 标准电极电位低于铁，导电性好，电磁波反射率高，在大气和水等腐蚀环境中干摩擦因数高 | 钢构件耐蚀阳极涂层，电磁波干扰屏蔽涂层，摩阻涂层 |
| 钛 | 比强度高、耐腐蚀（尤其在人体体液环境下） | 耐海水、化工介质涂层，人工股骨等人造部件耐蚀涂层 |
| 镍 | 具有一定硬度，耐腐蚀性能优越 | 防冲蚀涂层 |

（2）合金线材

铁、铝、铜、镍、铅、锡等金属的合金均可用作热喷涂的材料，相比较于纯金属线材，合金的引入有利于调控线材的各种基本特性，克服了单一纯金属性能受限的问题。

铝合金线材，相比较纯铝线材，在铝线材中添加硅可以有效提高喷涂效率，获得致密度和硬度更高的涂层结构，但会降低涂层的耐蚀性能；铝-镁-稀土合金线材，其涂层色泽均匀呈银灰色，且不易扭折，送线顺畅，可用于喷涂户外钢结构件耐环境腐蚀的长效保护涂层。铁基线材，用于碳素钢线及低合金钢线喷涂的涂层具有良好耐磨性能，成本低廉，但涂层中的氧化物含量较高，因此主要用于磨损和加工超差部件的修复。不锈钢和耐热钢线则主要用于制备耐蚀和耐热涂层。铅合金线材，一般指的是以铅-锑合金为基的铅合金线，用作低速、静载或轻载下的轴承涂层。镍基合金线材，可以用作耐热涂层的制备，如镍铬铝合金可直接用作抗高温氧化和燃气侵蚀的高温保护涂层。此外，黄铜、白铜、锡青铜、铝青铜和磷青铜亦是较为常用的铜合金线材，不同元素的加入对铜合金的特性有所影响，例如镍的加入可显著提升铜的强度、耐蚀性和电阻率。

在选用合金线材时，应从合金的基础特性出发，选择符合涂层需求的线材，同时也要注意喷涂过程中的安全性，如铅及铅蒸气有毒，选用铅合金线材时应注意热喷涂场所的抽气通风及环保防尘，并穿戴好喷涂工作服。

（3）复合线材

复合线材是由两种或两种以上具有不同性能的固相材料组成的，例如包含有 WC 芯和金属外包层的复合喷涂线材，其结构如图 6-8 所示。

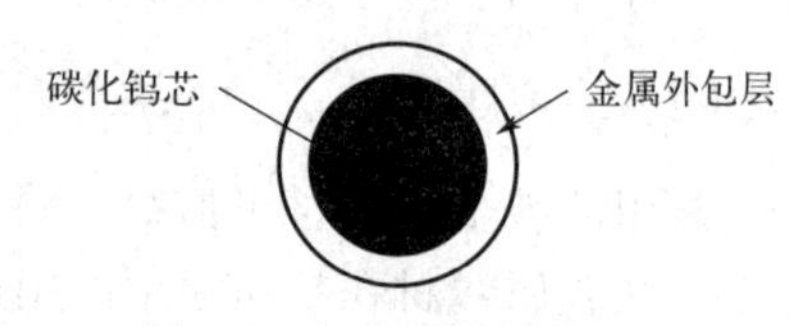

图 6-8　复合线材结构示例

根据结构和制造方法的不同，如表 6-2 所列，复合线材可以分为五种类型。其中，常用的包覆型复合线材有 Ni-Al 复合线材和 Al-$Cr_2O_3$ 药芯管状复合线材，这两种线材在喷涂时都能发生强烈的铝热反应形成金属间化合物。常用的填充型复合喷涂线材包括了填充型粉芯复合喷涂线材、管状碳化物芯线材、68Cr13 包芯管状复合线材和自熔性药芯复合线材等。

**表 6-2　热喷涂复合线材的种类及其制造方法**

| 线材种类 | 制造方法 |
| --- | --- |
| 包覆型复合线材 | 将一种金属或合金线放入另一种金属或合金管中，拉拔成一定直径的喷涂复合线材 |
| 绞股型复合线材 | 将不同的两种或多种金属或合金线材绞扭在一起，然后拉拔成具有一定名义直径的喷涂复合线材 |
| 填充型复合线材 | 将不同的金属或合金粉末、金属陶瓷粉末、陶瓷粉末，首先用黏结剂黏结，填充到金属或合金管中，即粉-管复合法，再经过挤压、拉拔、固化而制成的喷涂复合线材 |
| 弥散冶金型复合线材 | 在金属或合金的熔池中，通过弥散冶金的办法，加入一定量的陶瓷颗粒或难熔材料颗粒，然后铸锭、挤压、拉拔、退火，最后制成具有一定直径的复合线 |
| 柔性复合线材 | 将不同材料的粉末与黏结剂均匀混合，经过挤压、固化而成的复合线材 |

复合喷涂线材综合了粉末和金属线材喷涂的优点，适用于火焰喷涂及电弧喷涂，其具有许多特点：①材料组合广，突破了原有线材喷涂仅能使用金属线材的局限，可在涂层中引入陶瓷、金属陶瓷、金属间化合物等材料；②送线速度的均匀性比粉末输送更容易控制，且线材端部被电弧熔化后再被雾化成熔滴喷涂形成涂层，不会出现粉末喷涂时可能在涂层中局部未熔化的问题；③线材比表面积较粉末小，可有效减少涂层的氧化物含量；④喷涂速率高；⑤设备费用较低，采用电弧喷涂配合复合喷涂线材，成本仅为等离子喷涂的 1/5～1/8；⑥操作简单方便，适用于大面积喷涂和现场喷涂。

### 3. 棒材喷涂材料

棒材喷涂材料通常指陶瓷棒材，其主要用于火焰喷涂。陶瓷棒材是用不同的氧化物陶瓷微细粉末，加黏结剂黏结、挤压成形后经过烧结、加工而制成的。陶瓷棒端部在火焰中心被充分熔化，然后再雾化成微细陶瓷熔滴喷射到基体表面形成涂层，因此陶瓷棒材喷涂的涂层致密，气孔率低，结合强度高，不会出现陶瓷粉末熔化不充分而影响涂层质量的情况。然而，其喷涂操作较为烦琐，在喷涂大件或连续喷涂时要不断送入新棒，棒尾端难以送样且难以雾化均匀。另外，陶瓷棒成本较高，生产效率也较低。

## 三、热喷涂的分类

热喷涂技术多种多样，其分类标准也有多种，可根据热喷涂所用的材料、操作方式以及热源种类进行分类。根据热喷涂所用材料，可将热喷涂技术分为线材喷涂、棒材喷涂、芯材喷涂、粉末喷涂、溶液喷涂五类。根据热喷涂的操作方式，则可将热喷涂技术分为手工喷涂、机械化喷涂及自动化喷涂。目前，最常用的分类方式是根据热喷涂所用热源进行分类，共分为四类：第一类是火焰喷涂，包括常规的火焰喷涂和爆炸喷涂、超声速喷涂；第二类是利用电弧加热的电弧喷涂，包括电弧喷涂和等离子喷涂；第三类是电热法喷涂，包括电爆喷涂、感应加热喷涂和电容放电喷涂；第四类则为激光喷涂。

常见的热喷涂技术如图 6-9 所示。不同热喷涂技术的工艺参数不同，使得其应用范围、制备出的涂层质量也各不相同，表 6-3 对一些常用的热喷涂技术进行了简单对比。

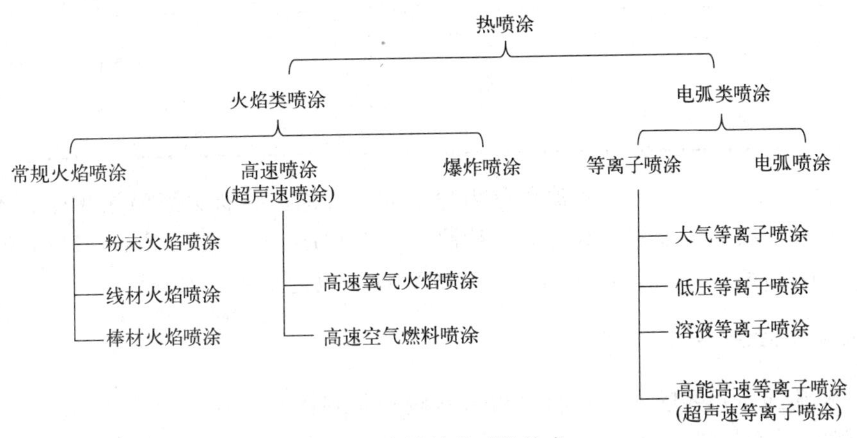


图 6-9 常见的热喷涂技术

**表 6-3 常用热喷涂技术工艺参数比较**

| 比较项目 | 火焰喷涂 | 电弧喷涂 | 等离子喷涂 | 爆炸喷涂 | 超声速火焰喷涂 |
|---|---|---|---|---|---|
| 焰流温度/℃ | 2500 | 4000 | 18000 | 4500 | 2500～3000 |
| 焰流速度/(m/s) | 50～100 | 30～500 | 200～1200 | 800～1200 | 1000～1800 |
| 颗粒速度/(m/s) | 20～80 | 20～300 | 30～800 | 约 800 | ≤800 |
| 热效率/% | 60～80 | 90 | 35～55 | 未知 | 50～70 |
| 沉积效率/% | 50～80 | 70～90 | 50～80 | 未知 | 70～90 |
| 结合强度/MPa | >7 | >10 | >35 | >85 | >70 |
| 最小空隙/% | <12 | <10 | <2 | <0.1 | <0.1 |
| 最大涂层/mm | 0.2～1 | 0.1～3 | 0.05～0.5 | 0.05～0.1 | 0.1～1.2 |
| 喷涂成本 | 低 | 低 | 高 | 高 | 较高 |
| 设备特点 | 简单，可现场施工 | 简单，可现场施工 | 复杂，适合高熔点材料 | 较复杂，效率低，应用面窄 | 一般，可现场施工 |

## （一）火焰类喷涂

火焰喷涂是以气体燃料或液体燃料在氧气或空气助燃下，形成具有一定喷射速度的燃烧火焰，以此为热源，将喷涂材料加热到熔融或半熔融状态，利用燃烧气体或压缩空气将喷涂材料雾化成微粒，高速喷射到经过预处理的基体表面，最终形成涂层。火焰喷涂历史悠久，其中线材火焰喷涂是 1910 年由瑞士的肖普博士发明的最早的喷涂方法，目前仍广泛使用。

根据燃烧火焰的性质，火焰喷涂可以分为普通火焰喷涂、超声速火焰喷涂和爆炸喷涂。火焰喷涂常用的燃烧介质为燃气和氧气，常用的燃气有乙炔、丙烷、丙烯、氢气、天然气和液化石油气等。表 6-4 给出了三种典型燃烧气体与氧气燃烧时的火焰特性。

**表 6-4　三种燃烧气体与氧气燃烧时的火焰特性**

| 燃烧气体 | $H_2$ | $C_2H_2$ | $C_3H_8$ |
| --- | --- | --- | --- |
| 体积热值/（$\times10^7$ kJ/m$^3$） | 1.08 | 5.56 | 9.36 |
| 火焰最高温度/℃ | 2860 | 3100 | 2830 |
| 与氧气燃烧的火焰速度/（m/s） | 8.9 | 135.0 | 3.7 |
| 火焰热流密度/（kW/m$^2$） | 6.57 | 11.13 | 4.82 |

根据喷涂材料的形态，火焰喷涂可分为粉末火焰喷涂、线材火焰喷涂和棒材火焰喷涂。另外，随着热喷涂技术的发展，高速火焰喷涂（high velocity oxygen fuel，HVOF）和高速空气/燃料火焰喷涂（high velocity air fuel，HVAF）也越来越受重视。

### 1. 粉末火焰喷涂

粉末火焰喷涂是将要喷涂的材料以粉末状输送给喷涂枪，在氧-燃气焰中将其加热到塑性或熔化状态，并利用膨胀燃气流喷射于经预处理的基体表面上的喷涂方法。

粉末火焰喷涂借助粉末火焰喷枪进行，图 6-10 为粉末火焰喷涂的基本原理。喷枪通过气阀分别引入氧气和燃气（通常为乙炔），两者混合后在喷嘴出口处产生燃烧火焰。喷枪上设有粉斗或进粉口，利用送粉气流产生的负压和粉末自身重力作用，抽吸粉斗中的粉末，使粉末随气流从喷嘴中心进入火焰，粉末在火焰中加热熔化或软化为熔融粒子，在焰流推动下以一定速度喷射到经预处理的基体表面形成涂层。为提高熔融粒子的飞行速度，有的喷枪配有压缩空气喷嘴，借助压缩空气使熔融粒子获得更大的动能。

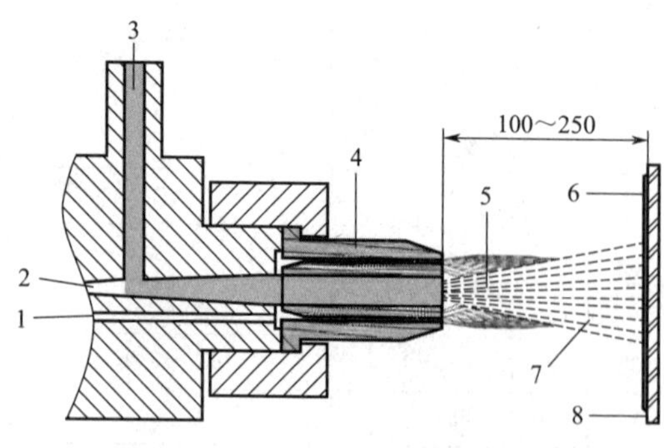

图 6-10　粉末火焰喷涂基本原理
1—燃气；2—载气；3—粉末；4—喷嘴；5—燃烧气体；6—涂层；7—喷射流；8—基体

在加热的过程中，粉末由表层向中心熔化，在表面张力的作用下熔融的粉末趋于球状，不存在雾化过程，因此粉末的粒度往往决定了涂层中变形颗粒的大小和表面质量。由于焰流不同位置的温度不同，导致部分粉末熔化或半熔化，部分则仅软化。这与线材火焰喷涂的熔化-雾化过程存在较大区别，导致粉末火焰喷涂涂层的结合强度和致密性一般不及线材火焰喷涂。粉末火焰喷涂的涂层组织为层状结构，会包括氧化物、孔隙和少量变形不充分的颗粒，涂层与基材之间属于机械结合，结合强度为10～30MPa。

粉末火焰喷涂有几个关键的工艺参数。①热源参数。应正确使用和控制火焰的性能，在预热和喷粉时要使用中性焰或微碳化焰，以避免基体表面和粉末的氧化；在功率大、强度高的焰流下，喷射粒子飞行速度高，所制备的涂层才会具有高结合强度和密度。②喷涂距离。喷枪与喷涂面距离一般控制在150～200mm区间，具体值应根据喷枪的型号、功率大小和火焰的挺直度而定，最佳距离是将合金粉末在火焰中受热状态最好的最明亮部位对在基体表面上。③基体温度。喷涂时应先对基体进行预热，钢质零件预热温度为80～120℃，喷涂过程中零件整体温度不应超过250℃。

粉末火焰喷涂设备及工艺简单、操作方便、喷涂材料广泛以及可以喷制厚涂层。

## 2. 线材火焰喷涂

线材火焰喷涂的基本原理如图6-11所示。喷枪通常采用氧气气流混入乙炔的气体混合方式，即喷枪通过气阀分别通入乙炔、氧气和压缩空气，乙炔和氧气混合后在喷嘴出口产生燃烧火焰，将连续、均匀送入火焰中的喷涂线（丝）材端部加热到熔化状态，借助高压气体将熔化状态的线材雾化成微粒，微粒在火焰和高速气流的推动下喷射到经过预处理的基材表面形成涂层。典型的线材火焰喷涂设备如图6-12所示，包括氧-乙炔供给系统、压缩空气供给系统、线材盘架、喷枪等。

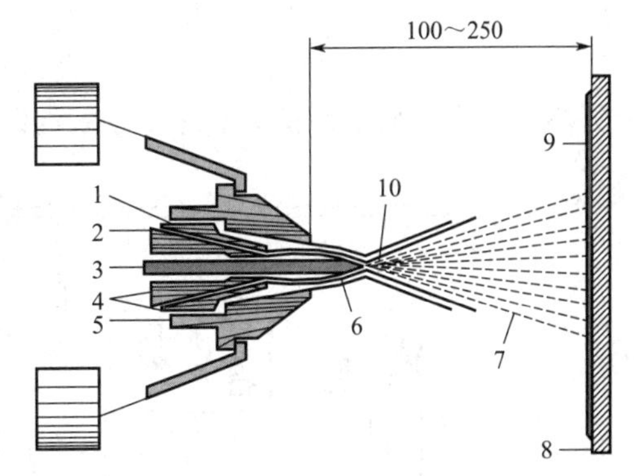


图6-11 线材火焰喷涂的基本原理

1—压缩空气；2—氧-乙炔；3—丝；4—喷嘴；5—气罩；6—燃烧气体；7—喷射流；8—基体；9—涂层；10—熔化的金属丝

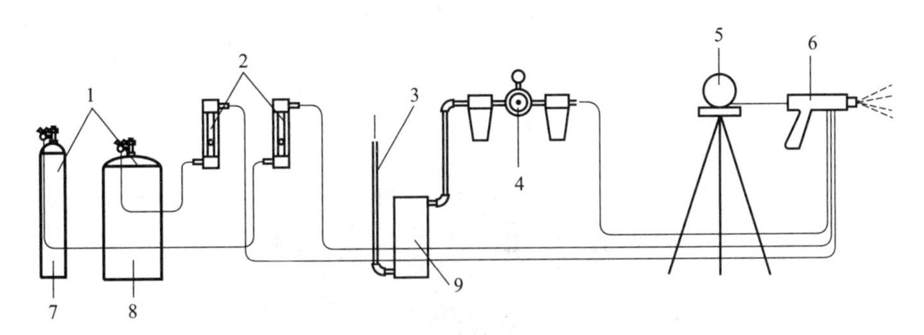


图6-12 线材火焰喷涂设备

1—气瓶；2—气体流量表；3—压缩空气；4—空气控制器；5—盘架；6—喷枪；7—氧气；8—乙炔；9—空气滤清器

压缩空气的流量和压力、氧-乙炔流量和压力以及喷嘴烧损和送丝轮的磨损都可能影响线材火焰喷涂的喷涂质量。压缩空气的流量和压力需保持恒定，否则送丝速度不稳定会影响线材的熔化效果。氧-乙炔流量和压力的大小也决定了喷枪火焰功率的大小，为了保持线材熔化的一致性和稳定性，需保证氧-乙炔流量和压力稳定不变，否则线材会出现“过熔”或熔化不良，影响涂层质量。喷嘴的烧损和送丝轮的磨损也会导致线材熔化的不一致，从而影响涂层质量。

线材火焰喷涂设备简单，操作方便，成本低，适用于现场修复作业。喷涂材料选用范围广泛，金属材料只要能拉制成丝则几乎均可喷涂，还可喷涂复合线材。在喷涂过程中，对基材传热少，基体不易受热变形的，可喷涂厚涂层。线材火焰喷涂通常用于在钢结构、储罐、机械零部件表面制备耐腐蚀、抗氧化、导电、屏蔽等金属及复合材料涂层，还可以在水泥、木材、石膏等非金属表面制备具有装饰性的金属涂层。

### 3. 棒材火焰喷涂

陶瓷材料由于其本身性质，无法加工成线材，因此棒材火焰喷涂主要指陶瓷棒材火焰喷涂。其主要特点是陶瓷棒端部在氧-乙炔火焰中停留的时间较长，使得陶瓷棒端部充分熔化后，再用射流雾化成微滴喷射到基体表面形成涂层，它克服了陶瓷粉末热喷涂中由于陶瓷熔点高，喷涂材料在火焰中停留时间短，无法充分熔化从而导致涂层质量差的问题。

图 6-13 给出了棒材火焰喷涂的设备结构及喷枪结构。除了喷枪结构与线材喷涂设备有所差别，棒材喷涂设备的其它各系统与线材火焰喷涂基本相同。

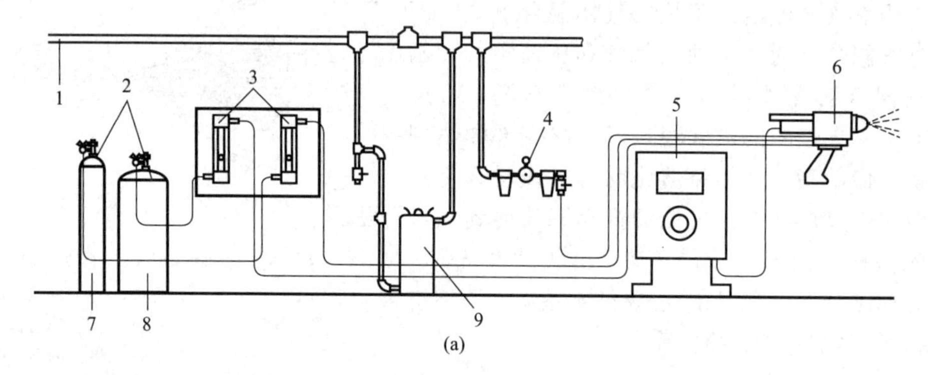


(a)

1—压缩空气；2—气瓶；3—气体流量表；4—空气控制器；
5—控制箱；6—喷枪；7—氧；8—乙炔；9—空气滤清器

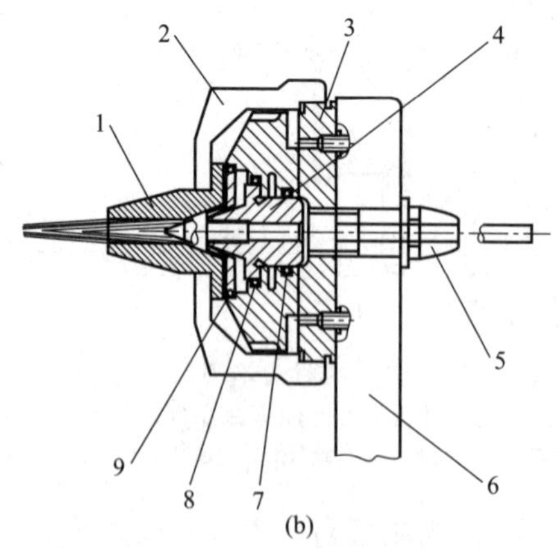


(b)

1—镀铬气帽；2—主气帽；3—混气头；4—喷嘴；
5—燃烧头导杆；6—变速器；7～9—密封圈

图 6-13　棒材火焰喷涂的设备结构（a）及喷枪结构（b）

### 4. 高速（氧气）火焰喷涂

高速火焰喷涂，也称为超声速火焰喷涂，其得名于燃烧焰流速度超过声速。高速火焰喷涂是在 20 世纪 80 年代初期，由美国 James A. Browning 最先研制成功的。该技术一经问世，就以其超高的焰流速度和相对较低的温度，在喷涂金属碳化物和金属合金等材料方面显现出了明显优势。目前，高速火焰喷涂技术在喷涂金属碳化物、金属合金等方面，已逐步取代了等离子喷涂和其它喷涂技术，成为热喷涂的一项重要工艺方法。

高速火焰喷涂的基本原理是：氢气、甲烷、乙炔、丙烯、煤油或柴油等燃料以较高压力和流量送入喷枪，并通过与燃烧室出口连接的膨胀喷嘴产生高速焰流，喷涂材料送入高速射流中被加热、加速喷射到经预处理的基体表面上形成涂层。图 6-14 是高速火焰喷涂设备的喷枪结构，煤油、氧气通过小孔进入燃烧室后混合，在燃烧室内稳定、均匀地燃烧。采用监测器来监控燃烧室内压力，以确保稳定燃烧。喷涂粉末的速度与燃烧室内压力成正比。燃烧室的“喉管”出口设计使高速气流急剧扩展加速，形成超声速区和低压区。粉末采用径向送粉，减少了粉末材料在枪管上的粘接，粉末均匀混合，在气流中加速喷出。

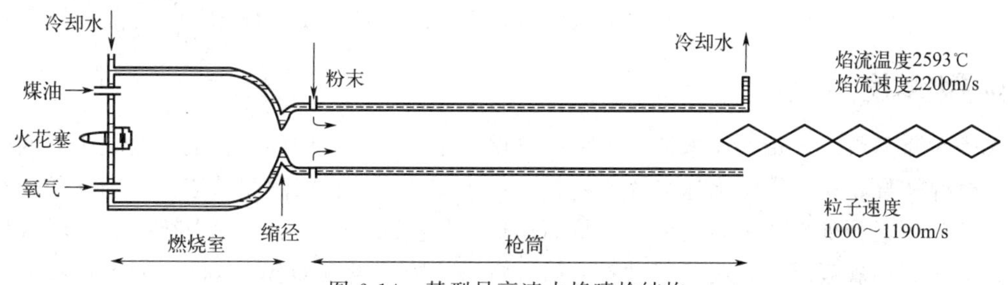

图 6-14　某型号高速火焰喷枪结构

高速火焰喷涂因其超高的焰流速度和相对较低的温度，工艺过程和涂层性能具有许多特点：①火焰及喷涂粒子速度高。火焰速度达 1800m/s 以上，粒子速度可达 800m/s。②粉末受热均匀。喷涂粉末沿轴向或径向注入燃烧室，使粉末在火焰中停留时间相对较长，熔融充分，产生集中的喷射束流。③粉末粒子飞行速度高，和周围大气接触时间短，很少与大气发生反应，喷涂材料中活泼元素烧损少。这对碳化物材料尤为有利，可避免分解和脱碳。④喷涂粉末细微，涂层光滑。用于高速火焰喷涂的粉末粒度一般为 10～45μm，属于细粒度粉末。同时，喷涂粒子速度快，熔融充分，形成涂层时变形充分，使得涂层表面粗糙度小。⑤涂层致密，结合强度高。一般高速火焰喷涂涂层的孔隙率＜2%，结合强度＞70MPa。

### 5. 高速空气燃料喷涂

高速空气燃料喷涂与高速氧气火焰喷涂的主要区别在于用空气代替了混合气体中的氧气。与高速氧气火焰喷涂一样，燃烧会产生均匀的高速射流。图 6-15 是高速空气燃料喷涂喷枪工作原理图，其主燃料气体可选用丙烷或者丙烯。压缩空气和燃料的混合物通过多孔陶瓷片进入燃烧室，经由火花塞初始点燃混合气体后，该陶瓷片被加热到混合气体的燃点以上，然后持续点燃混

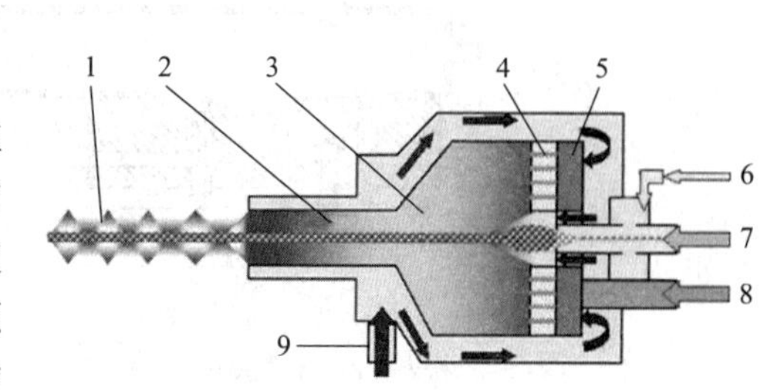

图 6-15　高速空气燃料喷涂喷枪工作原理
1—喷束；2—枪管；3—燃烧室；4—陶瓷片；
5—气体混合室；6—氢气；7—粉末；
8—燃料；9—空气入口

合物（形成激发燃烧），粉末轴向注入燃烧室，在燃烧室被加热，进入喷嘴后被加速，实现了粉末加热与加速段的分离，从而实现了粉末颗粒温度和速度的精确控制，然后高温高速的粒子撞击基体表面，形成涂层。

高速空气燃料喷涂的最高火焰温度范围为1960～2010℃，平均颗粒速度为1005.8m/s。由于最高火焰温度接近大多数喷涂材料的熔点，因此可形成更均匀、更具延展性的涂层。典型的涂层厚度为0.05～1.27mm。涂层致密度高，孔隙率可小于0.5%，氧化物含量低，接近真空喷涂的水平。涂层的机械结合强度高，大于82.74MPa。常见的涂层材料包括但不限于碳化钨、碳化铬、不锈钢、哈氏合金和铬镍铁合金。

高速空气燃料喷涂技术的优势在于：①设备简单，喷枪易损件寿命长，加工成本低；不用氧气，喷枪采用气冷，无须水冷却热交换系统；涂层制备成本较高速（氧气）火焰喷涂明显降低。②可根据涂层性能要求的高低，选择不同的工作模式，达到最佳的经济效果。③可配备多种规格的内孔喷枪，能够在基体内表面制备优质涂层，适于大型无法旋转部件内壁涂层的制备。④焰流温度低、速度快，选用专门设计的喷枪可制备铝、铜、银、钛等低含氧量涂层。⑤把喷涂粉末改换成氧化铝砂，可用于基体表面的喷砂粗化处理，实现表面粗化和基体预热同步完成，可缩短加工时间并降低成本，尤其适用于大型基体。

### 6. 爆炸喷涂

爆炸喷涂是将一定量的粉末注入喷枪的燃爆室中，燃爆室中的气体混合物发生时间间隔可控的爆炸燃烧，所产生的高速热气流将粉末粒子加热到塑性或熔化状态并使粉末粒子获得加速，喷射到经预处理的基体表面上，从而形成涂层。20世纪50年代中期，美国联合碳化物公司首先利用爆轰原理，制备了世界上第一台爆炸喷涂设备D-gun（Detonation-gun），用于各种零部件的涂层制备和修复。

爆炸喷涂的基本原理如图6-16所示。利用可燃气体爆炸产生的冲击波能量，将待喷涂的粉末颗粒与氧气和燃料的混合气体送进枪管，通过混合气的燃烧爆炸使粉末颗粒加速加热，轰击到基体表面形成涂层，粉末每喷射一次，就通入一股脉冲氮气流清洗枪管，此过程如此循环就可获得涂层。完整的爆炸喷涂设备包括爆炸喷枪、气体与粉末颗粒的输送与控制系统、点火燃爆控制系统、喷枪三维行走机构、基体夹持装置与运动机构、冷却水循环装置、粉尘回收装置和隔声室等。

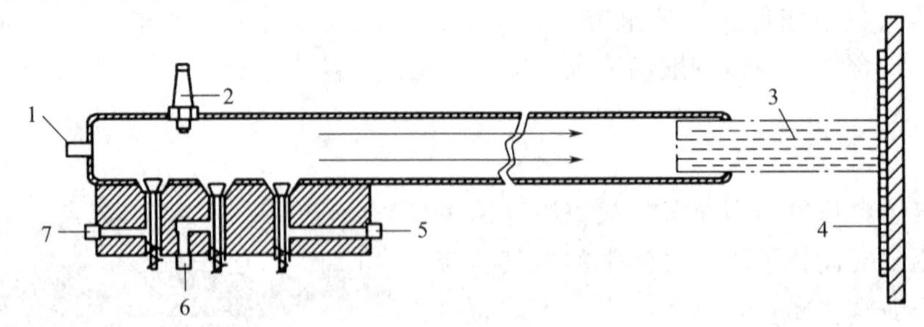


图6-16 爆炸喷涂的基本原理

1—粉末；2—脉冲火花塞；3—喷涂束流；4—涂层；5—氧气；6—燃气；7—氮气

爆炸喷涂的优点在于：①涂层结合强度高，致密性好。在高温高速气流下，涂层粉末会以800～1200m/s的速度撞击基体表面，因而可获得与基材结合强度极高的涂层，其结合强度最高可超过85MPa。②基体受热小，不变形。每次爆炸喷涂的过程仅持续几毫秒，因而基体不会受到连续加热，基体温升一般小于 100℃。③应用范围广。爆炸喷涂可对单一金属、合金、氧化物或者混合氧化物、硬质合金、金属陶瓷及各种复合材料等进行喷涂，可赋予基体表面某些特定性能，如耐磨、耐热抗腐蚀、导电、绝缘等。④适用于大尺寸基体的喷涂。爆炸喷涂过程在大气中完成，基体周围无须真空或惰性气体保护，喷枪和基体均可采用移动工作方式。

但是，爆炸喷涂所用的混合气通常为氧气-乙炔混合气，焰流温度不高，因而不适合喷涂陶瓷等高熔点材料。另外，由于爆炸喷涂的效率较低，其运行成本相对较高。

碳化物类金属陶瓷在高温下容易分解，等离子喷涂技术很难防止其分解，火焰喷涂涂层结合强度较低。爆炸喷涂较低的焰流温度可保证碳化物金属陶瓷不分解，且利用爆炸喷涂可以获得结合强度高、质量高的致密涂层，具有其它喷涂方式不可比拟的优势，因此爆炸喷涂是喷涂含碳化物金属陶瓷涂层的理想方法。

## （二）电弧类喷涂

### 1. 电弧喷涂

电弧喷涂是利用燃烧于两根连续送进的金属丝之间的电弧来熔化金属，用高速气流把熔化的金属雾化，并对雾化的金属粒子加速使它们喷向基体形成涂层的技术。电弧喷涂技术是一种应用极为广泛的表面工程技术，随着电弧喷涂设备、工艺和材料的发展，其应用范围将进一步扩大，不仅可取代普通火焰喷涂，甚至可以部分取代等离子喷涂和超声速火焰喷涂。目前，电弧喷涂在喷涂 Zn-Al 防腐蚀涂层，不锈钢、高铬钢涂层以及大型零件的修复和表面强化中应用广泛。

电弧喷涂的基本原理如图 6-17 所示，使用两根金属丝作为自耗电极和喷涂材料，两根金属丝的成分可以相同，也可以不同，金属丝喷涂材料通过送丝装置被连续且均匀地送入电弧喷涂枪的导电嘴之中，导电嘴分别与电源的正负极相连接，在两金属丝到达接触位置前，二者之间保持完整的绝缘状态，当两金属丝被不断送进而到接触位置时，因在金属丝端部出现短路而产生电弧，产生的电弧作为热源，金属丝在发热处因高温被迅速熔化，再通过压缩空气将熔化后的材料雾化成微熔滴，并以高速喷施在基体表面，从而完成热喷涂过程。

电弧喷涂设备如图 6-18 所示，主要由喷涂电源、送丝机构、喷枪和控制机构组成。

电弧喷涂技术具有以下优点：①生产率高。生产率同电弧电流成正比，当喷涂电流为 300 A 时，喷涂不锈钢丝的喷涂速率可达 14kg/h，喷涂铝丝的喷涂速率为 8kg/h。②涂层结合强度高。电弧温度高达 5000℃，熔融粒子温度高、变形量大，因此涂层结合强度和自身强度均较高。③热效率高。电弧直接作用在金属丝端部以熔化金属，提高了能源利用率，热利用率可达 60%～70%。④操作简单，维护方便，维护成本低。在喷涂过程中仅需关注喷涂电压、电流、距离以及雾化空气压力和流量四种参数，而且除喷涂距离外，单次喷涂过程中剩余的三个参数一般不会改变。⑤利用两根成分不同的金属丝可制备伪合金涂层。

但是，电弧喷涂技术也存在一定局限性。电弧喷涂温度高，由电能转化的热能除了熔化送进的丝材外，仍有大量过剩，这导致丝材在喷涂过程中过热，发生氧化和蒸发，形成烟尘而导致严重的元素烧损。另外，基于电弧喷涂的原理，不具有导电性能的线材无法应用于电弧喷涂。

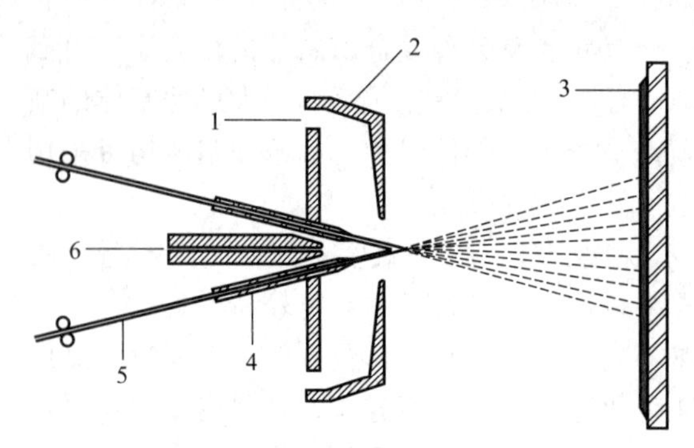


图 6-17　电弧喷涂原理

1—辅助雾化气；2—雾化帽；3—涂层；4—导电嘴；5—金属丝；6—雾化气流

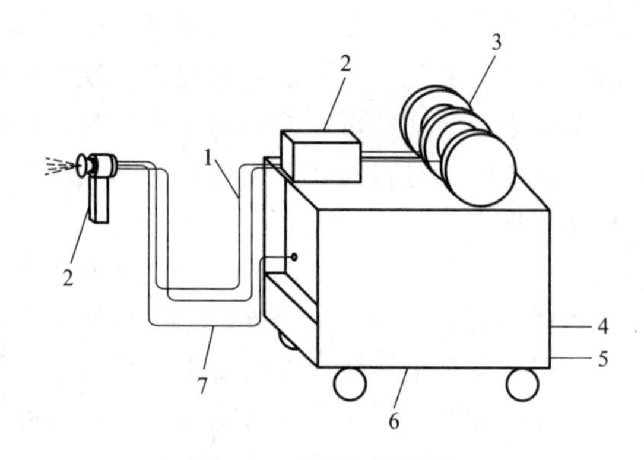


图 6-18　电弧喷涂设备

1—送丝软管；2—送丝机构；3—丝盘；4—电源 380V；5—5MPa 压缩空气供给；6—主电源；7—压缩空气管

## 2. 等离子喷涂

等离子喷涂（plasma spray）通常指大气等离子喷涂，是一种利用高温高速的等离子焰流作为热源，在焰流中加入金属或合金粉末，获得金属涂层和难熔合金涂层的热喷涂方法。等离子喷涂的基本原理如图 6-19 所示，热源来自等离子焰流（即非转移型等离子弧），焰流的产生是依靠阴极和阳极（喷嘴）间产生的直流电弧，电弧将导入的工作气体（通常为氩气、氮气，可在这类气体中掺入氢气，也可直接采用氩-氦混合气）加热电离成高温等离子体，并从喷嘴喷出形成等离子焰。在等离子喷涂过程中，等离子焰流将喷涂材料加热到熔融或高塑性状态，并在高速等离子焰流的推动下加速撞击到基体表面，被撞扁的颗粒附着在经过粗化的结晶基体表面，经淬冷凝固后与基体结合形成涂层。

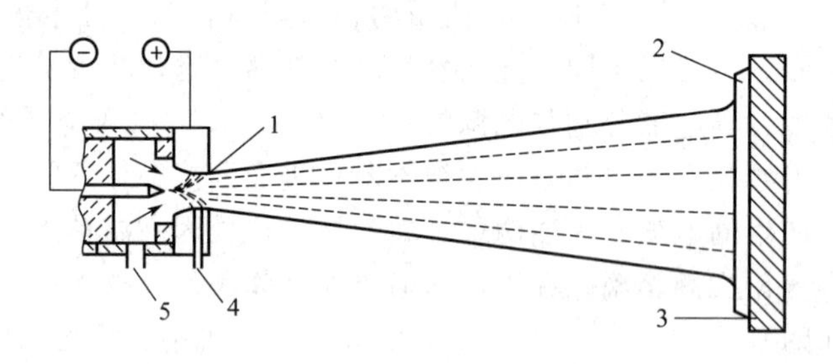


图 6-19　（大气）等离子喷涂原理

1—电弧；2—涂层；3—基体；4—粉末；5—气体

等离子喷涂制备的涂层组织细密，氧化物含量和孔隙率较低，涂层和基体间以及涂层粒子间以物理结合为主，还可能产生微区冶金结合，具有较高的涂层结合强度。相较于其它喷涂方式，等离子喷涂具有以下三个优点：①喷涂选材广泛，从低熔点金属合金到高熔点材料，如氧化铝等高熔点陶瓷均可喷涂。②涂层结合强度高、夹杂少、孔隙率低。③设备控制精度高，可制备精细涂层等。等离子喷涂的不足在于设备复杂、电能消耗较高、成本较高、工作条件较差等。

在大气等离子喷涂的基础上，低压等离子喷涂、溶液等离子喷涂以及高能高速等离子喷涂等技术得以开发和应用。下面对这些等离子喷涂技术进行简要介绍。

（1）低压等离子喷涂

低压等离子喷涂（low pressure plasma spray，LPPS）是 20 世纪 70 年代末开始推广应用的一项技术，是将等离子喷涂工艺在低压保护性气氛中进行操作，从而获得成分不受污染、结合强度高、结构致密的涂层的一种热喷涂方法。如图 6-20 所示，低压等离子喷涂设备通常由真空室、过滤器、真空机组、控制柜、真空喷涂枪及机械手等组成。其动态工作压力范围在 5000～8000Pa，喷涂组织与大气等离子喷涂基本相同，呈层状结构。

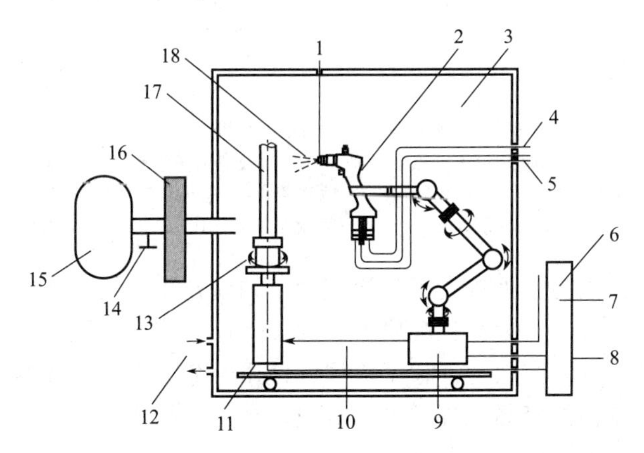


图 6-20　低压等离子喷涂系统

1—粉末；2—枪；3—真空室；4—离子气；5—水电缆；6—机械手控制装置；7—电源；8—等离子控制线；9—机械手；10—冷却气（Ar）；11—旋转工作台；12—冷却水；13—夹头；14—阀；15—真空泵；16—粉尘过滤器；17—基体；18—等离子射流

低压环境下的喷涂与大气等离子喷涂相比，具有以下显著特点：①等离子焰流的速度和温度都比大气等离子喷涂明显提高，压力越低，焰流速度和温度就越高。②粉末在等离子焰流高温区域滞留的时间增加，受热更均匀，飞行速度更高。③可大幅度提高基体表面预热温度，还可以用反极性转移弧对基体表面进行溅射清洗，清除氧化物和污垢，改善涂层和基体的结合状况。④避免了粉末和基体表面氧化，能制备各种活性金属材料涂层。⑤涂层结合强度大幅度提高，气孔率大幅度降低，涂层残余应力减小，涂层质量明显改善。但是，低压等离子喷涂设备复杂，价格昂贵，推广应用难度很大。

（2）溶液等离子喷涂

溶液等离子喷涂是采用包含纳米粒子的溶液或料浆取代传统的粉末作为等离子喷涂涂层材料，制备具有纳米结构涂层的技术。其原理与工艺过程如图 6-21 所示，以具有一定黏度的纳米溶液（料浆，纳米颗粒粒径为 5～20nm）作为等离子喷涂涂层材料，经载气流或输送泵送入等离子弧焰中，雾化后被等离子弧焰高温加热蒸发、反应沉积、烧结，从而在基体上形成具有纳米结构的涂层。

溶液等离子喷涂技术有效地解决了等离子喷涂过程中纳米粉末材料难以输送的问题，同时抑制涂层制备过程中纳米粒子长大的趋势，可得到完全纳米相结构涂层。采用多种混合溶液可制备纳米复合涂层；采用多个溶液容器、输送器同时输送不同的喷涂材料，并相应改变不同溶液输送量大小，可制备纳米梯度功能涂层和其它功能涂层。

溶液等离子喷涂所获得的涂层主要特点包括：①晶粒尺寸不超过 70nm，具有均匀的纳

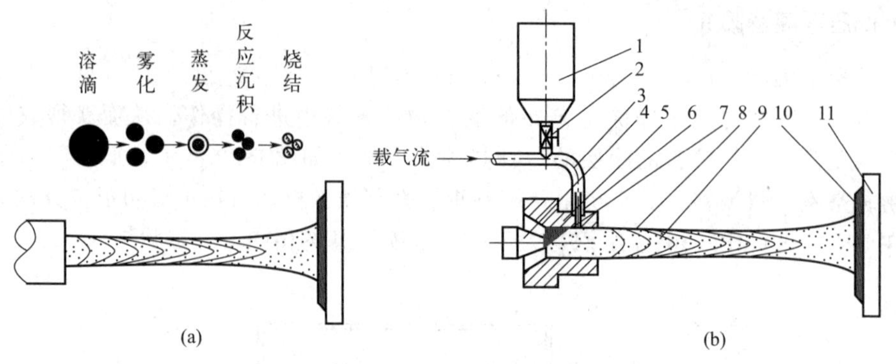


图 6-21　溶液等离子喷涂的原理与工艺过程

(a) 溶液等离子喷涂的原理；(b) 溶液等离子喷涂工艺过程

1—料浆（溶液）储存罐；2—调节阀；3—输送管；4—电极；5—喷嘴；6—等离子电弧；7—溶滴；8—等离子弧焰；9—喷涂粒子流；10—涂层；11—基体

米级和亚微米级孔隙。因为溶液等离子喷涂减少了纳米粒子之间的烧结作用，可有效抑制晶粒长大。②无层片状晶界。③表面粗糙度 $R_a \leqslant 2.2\mu m$，可制备薄涂层。④具有良好的韧性，抗热震性好，隔热效率高，有效地延长了涂层的使用寿命。⑤制备成本较传统粉末等离子喷涂低，生产效率高。⑥涂层经热处理后可有效地保持纳米结构，具有较好的自身强度和结合强度。

### (3) 高能高速等离子喷涂（超声速等离子喷涂）

高能高速等离子喷涂，即超声速等离子喷涂，将“超声速原理”引入喷枪的设计制造中，实现了高焰流速度和高粒子速度，从而改善了涂层质量，提高了喷涂沉积效率。20 世纪 90 年代初，美国 TAFA 公司研制出了高能高速等离子喷涂系统 PlazJet，拓展了超声速热喷涂的技术手段。

高能高速等离子喷涂的喷枪结构如图 6-22 所示，大流量的等离子气体在电极头周围沿径向送入，在细长管形喷嘴通道内产生旋流。喷嘴和电极间加以很高的空载电压(DC600V)，通过高频引弧装置引燃电弧，电弧在强烈的旋涡气流的作用下，向中心压缩，被引出喷嘴外部，电弧的阳极区落在喷嘴出口面上。在此条件下，弧柱被拉长到 130mm 以上，弧电压高达 400V，在弧电流为 500A 的情况下，电弧功率高达 200kW。长且高功率的弧柱对等离子气体进行充分加热，极高温度的等离子气体离开喷嘴后就可产生超声速等离子射流。

与普通等离子喷涂系统相比，高能高速等离子喷涂具有以下特点：①等离子射流集中、焰流长。喷嘴孔道压缩比高，弧柱所受机械压缩强度大，使得等离子射流集中，能量密度高，喷嘴外射流长度是普通等离子的 3～4 倍。②喷涂粉末加热时间长，熔粒速度高，喷涂速率高。由于喷嘴外等离子射流的长度可达 130mm 以上，粉末在焰流中停留的时间相对较长，熔粒的飞行速度是普通等离子喷涂工艺的 2～3 倍，可大幅度提高送粉量，使喷涂速率提高 4～8 倍。③等离子射流功率大，温度高，可使高熔点粉末粒子在获得高速度的同时，得到充分的加热而呈熔化或半熔化状态，适合喷涂高熔点的金属氧化物涂层。④涂层结合强度高，孔隙率低，硬度高。

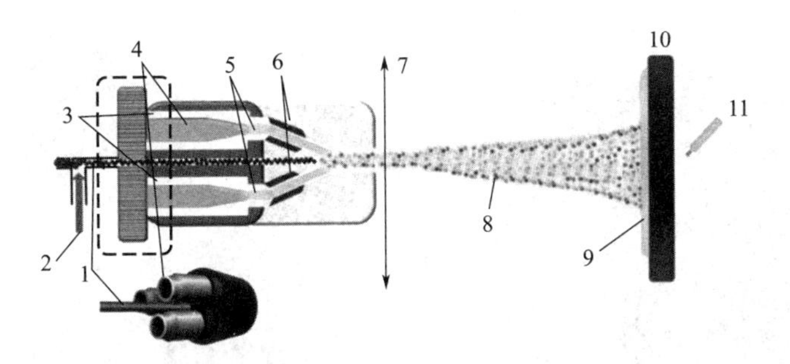


图 6-22　高能高速等离子喷涂的喷枪结构

1—等离子体；2—雾化气体（$N_2$）；3—Ar，$N_2$，$H_2$；4—阴极（三阴极）；5—离子喷射流发生器；6—阳极；7—离子枪扫描速度（1000mm/s）；8—包含熔化颗粒的离子射流；9—涂层；10—基体（铝基，50mm×50mm×50mm）；11—压缩气体冷却

## 四、热喷涂技术的应用

作为一种常用的表面涂覆手段，热喷涂技术可以根据需要在各种材料表面喷涂形成具有耐磨、耐蚀、抗氧化、热障、绝缘、导电等各种特殊功能的涂层，在制造业中应用广泛，如代替电镀硬铬、用于汽车薄板生产线退火炉辊上。

### （一）热喷涂修复技术

热喷涂修复技术广泛应用在各种领域的工件修复中，可以对因长期磨损而尺寸超差的零件进行尺寸恢复，并通过表面加工使其恢复到原来的机械尺寸。随着热喷涂技术发展，修复技术也不再局限于单纯的尺寸修复，人们对热喷涂修复中喷涂材料与原工件材质的色差、引入表面涂层的耐磨损及介质腐蚀性能等方面也逐渐重视。热喷涂修复技术也从单一对零件进行修复发展至在修复零件尺寸的同时，进一步延长零件的使用寿命。

二十世纪七八十年代，我国徐滨士院士等就提出“强化修复”的概念，即将报废零件经过等离子喷涂处理，恢复尺寸并延长使用寿命。例如，图 6-23 是石油化工领域中常用的球阀，该球阀由于在高温高压且含有腐蚀性砂浆的管线中工作，磨损非常严重，已影响阀门正常通断功能。利用超声速火焰喷涂 WC-Co 涂层对球阀进行尺寸修复再制造，可获得涂层硬度达 1200～1300 HV 的修复涂层，其涂层耐磨粒磨损和冲蚀磨损性能优于基体 3～5 倍。总之，热喷涂修复技术在工业生产制造、军事装备维护、航空航天领域等方面目前均有广泛应用。

### （二）热喷涂制备保护性涂层

对工件或大型构件喷涂保护涂层也属于热喷涂最常见的应用之一。涂层与基体形成复合材料结构，可赋予传统基体新的耐磨、抗腐蚀或热屏蔽性能，因而能够减少贵重材料消耗，提高工件性价比。

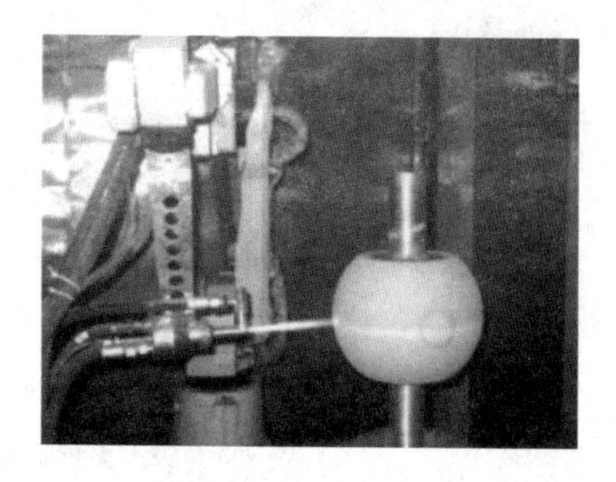

图 6-23 磨损失效的球阀及其 HVOF 喷涂修复再制造过程

（1）耐腐蚀涂层

热喷涂技术可以喷涂耐各种介质腐蚀的保护涂层，其中最为成功的热喷涂涂层是锌、铝涂层。锌、铝涂层除了与油漆和涂料一样，具有对钢铁基体的隔离和阻挡功能之外，其腐蚀电位也高于铁，即使喷涂涂层出现破损，腐蚀介质也先与锌、铝涂层发生电化学反应，从而保护钢铁构件。

非晶合金热喷涂涂层也具有良好的耐腐蚀性能。非晶合金具有短程有序、长程无序的特点，并表现出各向同性、组织结构均一的特性，没有晶体材料中滑移、位错等缺陷，或相起伏、析出物等问题。因此，非晶合金材料通常表现出高强度和耐腐蚀性。然而，其较小的成形极限尺寸与室温下的严重脆性影响了其应用。热喷涂有利于解决非晶合金成形尺寸小、脆性严重的问题，发挥非晶合金涂层二维延展性好的优势，为非晶合金在材料保护领域的应用提供了工艺方法。目前，热喷涂制备的 Fe 基、Ni 基非晶合金保护涂层可用于提高火力发电站锅炉管壁的耐中性盐溶液的腐蚀能力。Fe 基非晶合金涂层在具有干湿交替、高盐雾等特征的恶劣海洋环境中也具有媲美镀 Ni 涂层的优异耐蚀性能，因而可应用在舰船易腐蚀的关键零部件表面。

此外，热喷涂可用于制造塑料涂层，塑料涂层防腐性能好，在化工及食品工业中具有应用价值，例如葡萄酒厂发酵车间内发酵罐内壁采用火焰喷涂聚乙烯涂层后，可有效防止罐壁点蚀，控制酒中铁离子含量。

（2）耐磨涂层

热喷涂技术应用于机械零件表面的耐磨涂层，能有效延长零件的使用寿命。对于可能遭遇磨料磨损的机械部件，需要喷涂超过磨料硬度的高硬度涂层，在实践中多采用超声速火焰喷涂或爆炸喷涂技术喷涂镍基或钴基碳化钨涂层。对于纺织、造纸和印刷行业，机械零件与纤维制品摩擦导致磨损，则通常采用等离子喷涂氧化铝、氧化铬等耐磨陶瓷涂层以延长机械零件的使用寿命。对于在冲蚀和气蚀环境下工作的水轮机、抽风机等零件，一般采用等离子喷涂超细氧化铝、氧化铬等耐磨陶瓷涂层，或选用超声速喷涂、爆炸喷涂钴基碳化钨复合涂层以获得硬度高、韧性好的耐磨涂层。在热喷涂耐磨涂层的研究方面，我国周克崧院士采用超声速火焰喷涂技术，成功制造出性能优异的高硬、高韧的金属陶瓷涂层，涂层性能达到了国际先进水平。

（3）热障涂层

热障涂层一般由具有一定高温强度和结构强度的金属基体、作为陶瓷面层和基体间过渡层存在的结合打底层以及起热障-热绝缘作用的陶瓷面层组成，如图 6-24 所示。热喷涂可以应用于结合打底层和陶瓷面层的制备。例如，对于航空航天领域的燃烧部件，结合层采用保护气氛等离子喷涂 NiCoCrAlY 涂层，而耐热的氧化锆涂层则采用大气等离子喷涂。对于工业涡轮机的高压涡轮叶片，则采用 HVOF 喷涂 NiCoCrAlY 结合层，而耐热层则同样采用大气等离子喷涂，可供选择的涂层材料有氧化铝、氧化钇稳定氧化锆等材料。

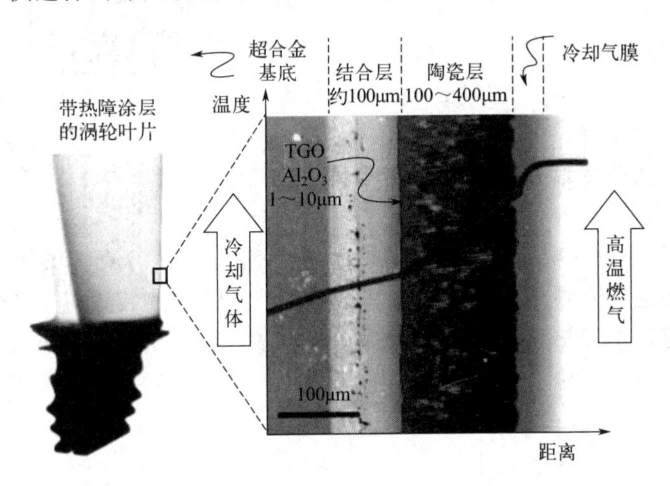


图 6-24 热障涂层的结构（TGO 为热生长氧化层）

（4）生物相容性涂层

热喷涂可以制备用于人体硬组织修复与替换材料的表面生物活性涂层。生物活性涂层可以和活体组织界面处形成键合，能够保障活体组织的正常代谢。目前，热喷涂已经成功应用于羟基磷灰石涂层、二氧化钛涂层、氧化锆等生物活性涂层的制备中。热喷涂的利用极大促进了人体植入材料的发展。

除此之外，热喷涂还可用于制备各种功能涂层，如电磁屏蔽涂层、热辐射涂层、太阳能发电系统吸收涂层等一系列具有特殊功能的涂层材料。在固体氧化物燃料电池薄膜材料的制备中，等离子喷涂技术也有望应用于空气电极的制备。

# 第三节 冷喷涂技术

20 世纪 80 年代，苏联科学家们在通过风洞研究两相高速流中细粉对靶材侵蚀的试验中观察到，靶材上迅速形成了涂层，根据这一现象开发了冷喷涂（cold spray，CS）技术。冷喷涂也称为：冷空气动力学喷涂（CGDSM：cold gas dynamic spray method，或 CGDS、CGSM）、动力喷涂（kinetic spray，KS）、超声速粒子沉积（supersonic particle deposition，SPD）等。

## 一、冷喷涂的基本过程

冷喷涂的基本原理如图6-25所示，高压气体进入冷喷涂装置并分为两路，一路经载体加热器加热后经送粉器将粉末送入喷枪，另一路的工作气则在气体加热器中预热，加大粉末颗粒的流速，进入喷枪；送入的固体粉末（直径1～50μm）与工作气体混合，经喉管进入拉瓦尔（Laval）喷嘴，将工作气体与固体粉末加速至300～1200m/s；粉末颗粒与基材碰撞，气体膨胀提供的颗粒动能转化为塑性变形能，颗粒产生塑性变形并牢固附着在基体表面上形成涂层。

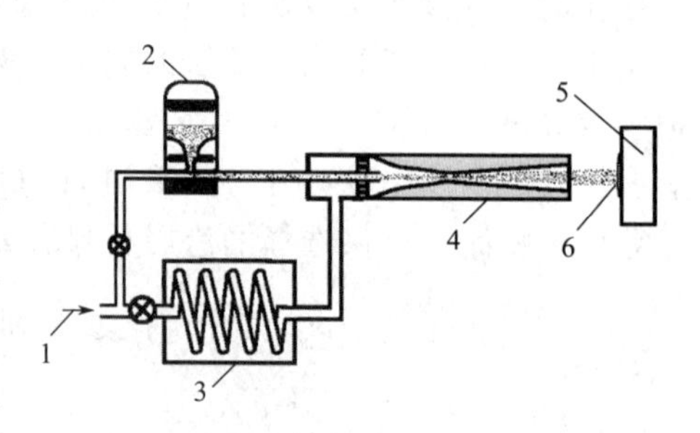


图6-25 冷喷涂的基本原理

1—高压气体；2—粉末进料器；3—加热器；4—超声速喷管；5—基体；6—涂层

图6-26是一个典型冷喷涂系统示意图，整个系统包括：①高压供气系统。用于向整个冷喷涂系统提供加速粉末颗粒的驱动气流和送粉气流。②加热装置。工作气体经管路进入蛇形管，在气体加热器中加热至所需的温度。③送粉器。将待喷涂的粉末送入送粉气流，从而带入加速喷嘴中。④喷涂枪。利用拉瓦尔喷管设计，气流经喷管狭窄喉部至扩展段而获得超声速。

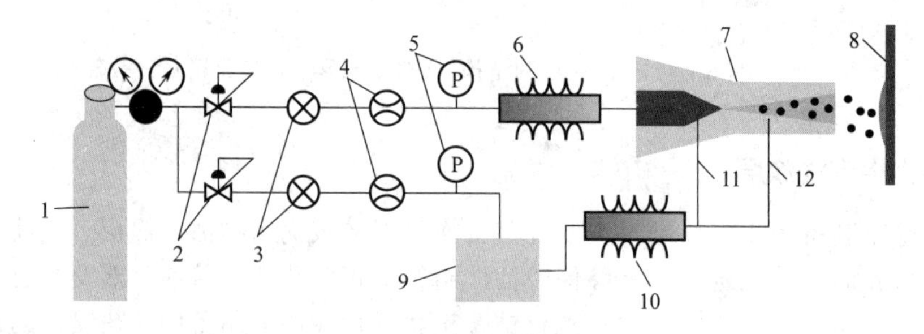


图6-26 典型冷喷涂系统

1—压缩气体；2—压力调节阀；3—流量控制阀；4—流量计；5—压力表；6—气体加热器；7—拉瓦尔喷管；8—基体；9—送粉器；10—粉末加热器；11—上游；12—下游

## 二、冷喷涂的理论模型

冷喷涂涂层的实现，在于喷射的固态粒子冲击基体表面产生的塑性变形。事实上，固态粒子加速冲击基体表面时，可能出现如下三种情况。

（1）回弹

当固态粒子以较低速度（<100m/s）正向冲击基体表面时，粒子会发生回弹。回弹能量$E_R$与粒子速度$v_p$、粒子材料的静屈服应力$P_d$有如下关系

$$E_R=\frac{e_c m_p v_p^2}{2}=P_d E^{*-1} V_p f(W), W=\rho_p v_p^2 P_d^{-1} \tag{6-8}$$

式中，$e_c$ 是粒子冲击基体的速度回弹系数；$m_p$ 为单个粒子质量；$V_p$ 为粒子体积；$\rho_p$ 为粒子的密度；$P_d=1.1\sigma_s$，其中 $\sigma_s$ 为回弹时边界应力；$E^*$ 为诱导弹性模量，其满足下式

$$E^{*-1}=(1-\nu_p^2)E_p^{-1}+(1-\nu_w^2)E_w^{-1} \tag{6-9}$$

式中，$\nu_p$、$E_p^{-1}$ 和 $\nu_w$、$E_w^{-1}$ 分别为粒子和基体的泊松比和弹性模量。

（2）对基体表面造成冲蚀磨损

当固态粒子屈服强度较高，且以倾角冲击基体表面时，会对基体表面造成冲蚀磨损。在粒子冲击速度足够高且屈服强度较高时，正向冲击也会导致基体表面冲蚀磨损，若基体硬度较低时粒子甚至会深入基体表面。

（3）在基体表面形成涂层

当固态粒子同时具有较高的速度及较低的屈服强度时，粒子会发生塑性变形，冲击动能作为塑性变形功，发生绝热剪切，局域温度升高甚至熔化，在变形活化的基体表面发生冲击粒子与基体的冷焊黏着与附着，从而沉积形成涂层。喷涂粒子高速冲击基体表面发生剪切变形与冷焊是实现冷喷涂的基础。

描述冷喷涂中涂层与基底结合最流行的理论为“绝热剪切不稳定性（adiabatic shear instability）”，当颗粒速度等于或超过一定的临界速度时，在颗粒-基体界面上就产生这种不稳定现象。当以临界速度运动的球形颗粒撞击基底时，一个强大的压力场从接触点向颗粒和基底呈球形传播。由于这种压力场，产生了剪切载荷，使材料横向加速，并导致局部剪切应变。临界条件下的剪切载荷会导致绝热剪切不稳定，其中热软化在局部占主导地位，超过工作应变（work strain）和应变硬化（strain hardening），从而导致应变和温度的不连续跳跃以及流动应力的破坏。这种绝热剪切不稳定现象导致材料以向外流动的方向黏性流动，温度接近材料的熔化温度。而在冷喷涂过程中，实现喷涂粒子的绝热剪切，沉积形成涂层所需要的最低冲击速度即称之为临界速度。由此可以看出，冷喷涂的基本条件在于：一是喷涂粒子的速度要达到临界速度；二是基体与喷涂材料都要有一定的塑性变形能力。

## 三、冷喷涂的工艺参数

影响冷喷涂涂层质量和沉积效率的主要因素包括如下几种。

（1）气体种类

由于单原子气体和双原子气体具有不同的气体比热系数，气体声速也有所不同，在使用同一喷嘴的前提下，不同工作气体下喷嘴出口处的喷涂粒子速度相差较大。相关研究表明，冷喷涂时采用单原子气体（其气体比热系数为 1.67），其喷涂粒子的速度高于双原子气体（其气体比热系数为 1.4）。喷涂粒子速度较高，则具有较大的动能，粒子撞击变形就会更为充分，从而优化涂层的孔隙率。

（2）气体温度及压力

Assadi 等给出了在相同涂层/基体下，实现冷喷涂的临界速度与喷涂粒子温度存在如下关系

$$v_{cr}=\sqrt{\frac{a\sigma}{\rho}+bc_p(T_m-T_p)} \tag{6-10}$$

式中，$\sigma$ 为随温度变化的流动应力；$\rho$ 为密度；$c_p$ 为颗粒的比热容；$T_m$ 为喷射粒子的熔化温度；$T_p$ 为喷射粒子在与基体碰撞前的平均温度；$a$、$b$ 均为实验常数。

可以看出，随喷射粒子温度的升高，实现冷喷涂的临界速度降低。因而，通过提高工作气体温度，可以提高喷射粒子的温度，进而降低冷喷涂临界速度，有利于冷喷涂沉积。另外，提高工作气体的压力也有利于提高喷涂粒子的速度，同样能起到提高冷喷涂涂层致密度和结合强度，提高涂层沉积效率的效果。

（3）喷涂粉末粒径及物理性质

Schmidt 等对 Cu 和 316L 不锈钢粉末的实验表明，临界速度和喷涂粒子粒径存在如下关系

$$v_{cr}^{Cu}=900d_p^{-0.19} \tag{6-11}$$

$$v_{cr}^{316L}=950d_p^{-0.14} \tag{6-12}$$

因此，喷涂粒子粒径越大，就越容易获得更低的临界速度。但另一方面，尺寸更大的粒子也更难加速，比热容也更大。鉴于复杂因素的影响，最佳喷涂粉末粒径并非唯一值。对于大多数金属材料来说，存在一个最佳粒径范围，过粗的粉末喷涂会导致孔隙度增高、沉积率下降。另外，根据公式（6-10），喷涂粒子实现冷喷涂的临界速度与喷涂粉末的密度、流动应力、熔化温度等物理性质有关。

（4）喷嘴设计

冷喷涂的喷嘴大致可以分为图 6-27 中的三种类型：收敛-矩形喷嘴、收敛-发散喷嘴和收敛-发散-矩形喷嘴。研究表明，具有发散结构的喷嘴，气体离开喷嘴喉道后流速显著增加，而不具有发散结构的喷嘴，气体流速相对较低。虽然收敛-矩形喷嘴颗粒速度低于其余两种喷嘴，但该喷嘴的颗粒速度与气速比更高，说明收敛-矩形喷嘴可以使颗粒获得更有效的加速度，因为颗粒速度不仅受驱动气体速度的影响，还受气体密度的影响。尽管收敛-发散喷嘴出口处的颗粒速度比其余两种喷嘴出口处的颗粒速度大，但收敛-矩形喷嘴出口处颗粒温度较高。

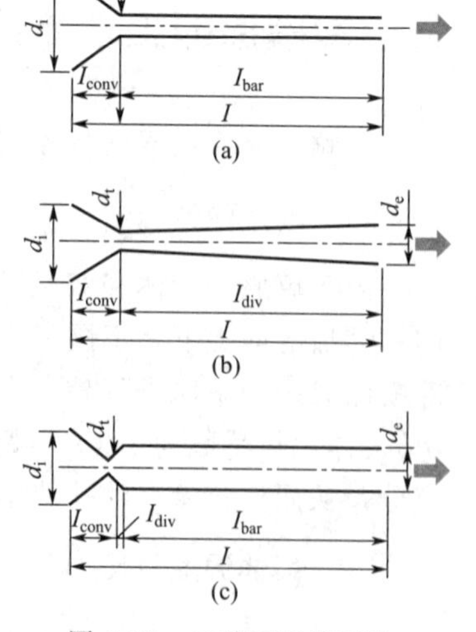


图 6-27　三种不同类型的冷喷涂喷嘴截面

（5）与基体相关的因素

在冷喷涂过程中，基体的移动速度和基体与喷涂装置的距离均对冷喷涂的涂层质量有一定的影响。在喷涂气体压力和速度相同的情况下，降低基体的移动速度会提高喷涂粒子冲击基体表面后的温度，进而获得更加致密的冷喷涂涂层。Wong 等的研究结果表明，在其它参数保持不变的前提下，当基体移动速度为 150m/s 时，基体表面温度为 185℃，涂层孔隙率为 0.9%，而当基体移动速度降低至 5m/s 时，基体表面温度为 496℃，涂层孔隙率为 0.1%。基体与喷涂装置的距离也会影响冷喷涂涂层的孔隙率。Zahiri 等利用冷喷涂获得

工业纯 Ti 的研究表明，在同样的冷喷涂参数下，减小距离有助于降低涂层的孔隙率。其结果也同样表明，大间距的冷喷涂可应用于多孔材料的制备。

综上所述，冷喷涂技术获得的涂层质量，主要受到冷喷涂粒子自身性质、喷涂装置设计以及喷涂参数（工作气体、基体）的影响。因而，冷喷涂相关技术参数的选择，应根据所需的涂层特性和经济性进行设计，目前已有用于设计冷喷涂工艺参数的设计软件包。

冷喷涂与热喷涂的不同之处在于，冷喷涂是在相对低温状态下实现涂层的沉积，其喷涂过程中并未将材料加热至熔融或软化状态，而是通过压缩空气直接将喷涂材料加速至超声速，将喷涂材料撞扁至基体表面，形成牢固的涂层。

冷喷涂技术的最大特点在于它是一种固态工艺过程，喷涂粒子在喷涂过程中未经历明显的热过程，其优点主要体现在：①可以喷涂热敏性材料和性质高度不相似的材料组合。粉末在喷涂过程中仍保持固体状态，因而在喷涂过程中，喷涂粒子仅发生纯塑性变形形成涂层，附着过程是纯机械的，粒子的微观组织未发生变化，未沉积的粒子还可回收利用。②喷涂效率高。冷喷涂系统可获得高效率的进料率，喷涂速度可达 3kg/h；沉积效率和沉积速率极高，对于铝、铜及其合金的沉积效率甚至超过 95%。③可精确控制沉积区域。由于喷嘴尺寸较小（$10\sim15mm^2$）且距离较短（25mm），可获得高度聚焦的射流。④特别适用于对温度敏感（如纳米晶、非晶）、对氧化敏感（Cu、Ti 等）以及对相变敏感（金属陶瓷）材料的涂层制备。因为冷喷涂对基材热影响小，粒子加热温度低，基本无氧化，晶粒生长速度极慢，可维持纳米尺寸组织结构，具有稳定的相结构和化学成分。⑤涂层质量高、性能好。涂层外形和基材表面形貌可保持一致，能获得高等级的表面粗糙度。涂层氧化少、热分解少，可得到基本和粉末原始成分相同的涂层。涂层致密，可制备出高导电率、高耐蚀性、高强度、高硬度、高热导率等具有良好性能的涂层。涂层与各种基材之间（包括金属、合金、复合材料甚至玻璃）具有半冶金结合，黏结应力较强，结合强度为 30～80MPa。涂层内热应力为压缩残余应力而非通常热喷涂涂层获得的拉伸残余应力，因而可获得更好的抗疲劳性能。⑥绿色环保。制备过程能耗低，无有毒废物，且无须高温气体射流，操作安全性好。

冷喷涂技术也存在一定局限性：①喷涂涂层无延展性。②可喷涂材料具有局限性。目前仅能喷涂在低温下具有延展性的金属或金属混合物。对于硬度高、脆性大的材料，塑性变形产生的机械黏附可能不如韧性颗粒有效，因而很难获得此类材料的冷喷涂涂层。③对基体材料的要求较高。基材应具有弹性或者良好的支撑涂层形成能力，才能保证喷涂颗粒发生良好塑性变形，否则在沉积过程中可能出现凹坑或者侵蚀，或者无法达到所需结合强度。④气体消耗量大。这是因为颗粒的驱动需要高速、高流量的运载气体。在某些冷喷涂过程中，需要应用氦气进行喷涂，氦气价格昂贵且具有稀缺性，会使冷喷涂的成本急剧上升。⑤对复杂形状及内表面基体的喷涂较为困难。冷喷涂和热喷涂类似，其工艺过程是一种直线沉积过程，因而在喷枪尺寸的制约下，对于零件的内表面和管道内壁，以及复杂形状的基体进行喷涂获得均匀涂层较为困难。

## 四、冷喷涂的分类

冷喷涂可以分为两种：高压冷喷涂（high pressure cold spray，HPCS）和低压冷喷涂（low pressure cold spray，LPCS）。

高压冷喷涂的工作气体为分子质量较小的氮气或氦气，气压高于 1.5MPa，流速超过 $2m^3/min$，加热功率为 18kW。在工作气体加速作用下，喷涂粉体颗粒的速度可达 1200m/s 以上，颗粒在与基体碰撞前的温度可达到 1000K 以上，用于喷涂尺寸为 5～50μm 的纯金属粉末。

低压冷喷涂的工作气体通常采用现成的空气或氮气的压缩气体，压力为 0.5～1.0MPa、流速为 0.5～$2m^3/min$、加热功率为 3～5kW。其喷涂颗粒的速度被限制在 300～600m/s 区间。低压冷喷涂系统体积更小、容易携带，更适用于现场修复使用，用于喷涂金属和陶瓷粉末的机械混合物效果更佳。

但是，无论高压冷喷涂还是低压冷喷涂都具有一定的局限性。对于高压冷喷涂，为了防止粉体回流，喷涂系统中需要使用运行压力高于工作气流压力的高压送粉机，这类送粉机体积较大，且成本较高；当喷涂粉体温度和速度较高时，可能出现喷嘴堵塞现象；高速粒子侵蚀也会导致喷嘴喉管严重磨损，使操作条件和沉积品质难以控制，喷涂粒子为硬质颗粒时这一问题更加明显。低压冷喷涂系统设备较为简单，但其喷嘴设计限制了粒子的喷出速度，一般小于 3mach（马赫，1mach=340.3m/s），粒子进料压力也有限制（小于 1MPa），否则大气压会导致喷嘴无法获得喷涂粉体。

基于常规冷喷涂系统，研究者们对系统进行了改进，拓展了冷喷涂的类型。第一种方法被称为动力学金属化（kinetic metallization，KM），由 Inovati 公司开发，与大多数其它 CS 系统（包括低压冷喷）使用 Laval 喷嘴（收敛-扩散喷嘴）将工艺气体加速到超声速不同，动力学金属化的特征是通过特殊设计的直通喷嘴，采用低压（<1MPa）He 实现金属陶瓷（如 WC-Co）涂层的制备。气体从喷嘴喉部就一直保持声速，因而兼具高速和较高的气体密度，从而使粒子从喷嘴喉部至出口段均能有效持续的对粒子连续加速，获得更高的粒子速度，而气体消耗仅需常规冷喷涂的 10%。第二种改进型称为脉冲冷气动力喷涂（pulsed gas dynamic spraying，PGDS），由渥太华大学 B. Jodoin 等于 2006 年开发，其装置中装有一激波发生器，在其与喷枪间设有控制阀门，阀门打开可导致高压工作气体膨胀产生激波，进入喷枪产生高速的中温气流（温度高于常规冷喷涂温度但仍低于喷涂材料熔化温度），从而降低粒子临界速度，且可以在保持冲击速度不变的情况下，产生较大塑性变形。第三种改进型称为真空冷喷涂（vacuum cold spray，VCS），样品被放置在真空罐中，其压力大大低于大气压力。低压环境由与真空泵耦合的真空罐提供。真空罐的引入可实现工艺气体回收以及过喷粉末收集。

## 五、冷喷涂技术的应用

由于冷喷涂技术具有温度低、沉积材料广、快速成形、绿色环保等特点，可应用于航天军工、腐蚀保护、增材制造等方面，具有广阔的应用前景。

### (1) 特种涂层制备

冷喷涂沉积相敏或温度敏感材料的能力使该技术能够制备其它热喷涂技术无法实现的涂层。通常可用于生产各种金属、合金和金属基复合材料的涂层，包括具有极高熔化温度的材料（例如钽、铌、锆、钨等难熔金属，高温合金）、复合材料（例如 Cu-W、Al-$Al_2O_3$、WC-Co）以及在高温下很容易氧化导致性能恶化的材料等。常见的氧敏感涂层有铝、铜、钛和碳化物复合材料（如碳化钨）以及由非晶态合金制成的涂层。另外，冷喷涂技术可用于在金属基体上沉积陶瓷材料，例如 Kliemann 等在韧性金属基体上利用冷喷涂沉积了有望在光催化领域及生物医学植入物等方面得到应用的 $TiO_2$ 薄膜；Zhang 等利用低压冷喷涂获得了具有良好耐蚀性能的 $Al_2O_3$ 薄膜，且孔隙率低（0.55%），黏附强度和表面残余压应力高（黏附强度 50.68MPa，表面残余压应力 48.3MPa）。

### （2）零件修复

冷喷涂技术的出现使得因长期磨损，尺寸无法满足配合要求的老旧零件再利用成为了可能，在舰船及飞机零部件修复中具有很大的优势，因此在军工领域中展现了巨大的应用潜力。在舰船修复方面，VRC Metal Systems 公司开发了多种便携式冷喷涂设备，可对因腐蚀产生的裂缝及磨损的舰船零件进行修复。在航空领域中，铝合金是飞机结构件中最常用的合金种类。飞机结构件在使用的过程中，所处的环境十分严酷，同时还承受交变或冲击载荷，易出现磨损、腐蚀和裂纹等故障。目前，采用便携式冷喷涂系统，对受到腐蚀和机械损伤的桅杆支座喷涂氧化铝-铝粉共混物（氧化铝的加入可增强沉积），其具有明显的非多孔性致密修复界面，修复前后的铝合金支架以及冷喷涂修复涂层结构如图 6-28 所示。

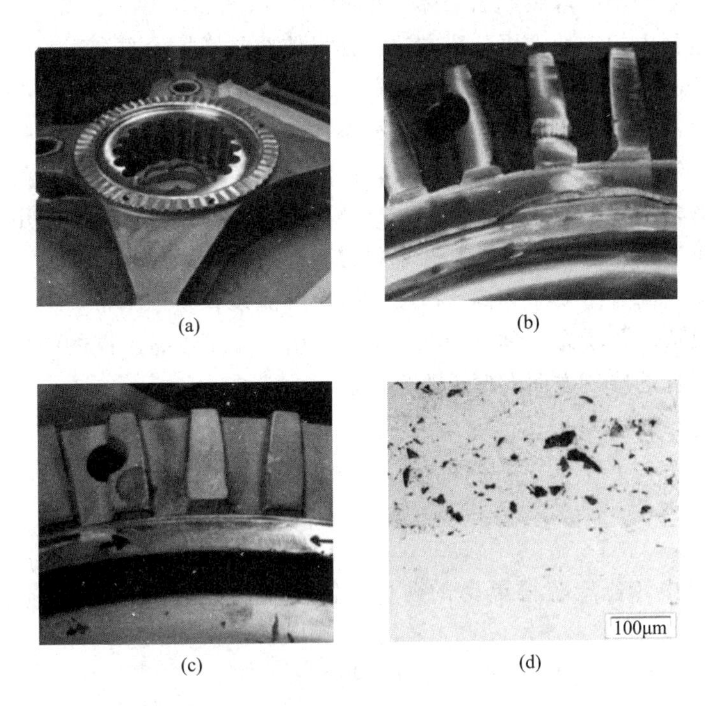


图 6-28　使用冷喷涂对铝合金桅杆支座修复

(a) 铝合金桅杆支座；(b) 修复前的损坏区域；(c) 冷喷涂修复后的区域；(d) 修复后铝合金基材上的氧化铝-铝混合物的放大截面

### （3）增材制造

冷喷涂也是增材制造（additive manufacturing）领域中的一种重要制造技术。由于冷喷涂所具有的特定优势，可应用于多层材料、混合材料等具有复杂材料结构的零件制备，以及非晶合金等相敏材料的工件制备。相比于其它增材制造技术，冷喷涂技术中沉积材料和基体均保持固态，可用于冷喷涂的喷涂粉末均可在任何理想的组合和厚度下沉积获得连续涂层，不存在其它增材制造技术中材料相容性的问题。

由于冷喷涂可同时喷涂不同种类的粉末混合物，以获得混合涂层，因而可以设置多个给粉机进行混合组分中不同种类的粉末进料，通过调整喷射点位置，从而在相同的气体流量参数下，获得每种混合物组分的最佳颗粒冲击参数。由于各组分的混合是在气动力通道中进行的，因此可以通过改变不同粉末对应给粉机给料参数来确定涂层中的组分比，获得一种组分的不同浓度的成分梯度沉积，实现具有梯度结构的三维工件的增材制造。

另外，增材制造是制备大块复杂形状非晶合金工件的有效手段，而冷喷涂技术较低的加工温度可避免因高温产生的非晶合金晶化现象，且具有更高的耐腐蚀性和耐磨性，以及更低的孔隙率，因而冷喷涂技术在制备耐腐蚀和耐磨损的非晶合金方面应用十分广泛。

# 本章小结

旋涂和喷涂都是常用的薄膜制备技术。其中，旋涂设备简单，操作工艺容易，是溶胶-凝胶法制备薄膜过程中的一种常用涂覆方法，是目前在晶圆上涂敷光刻胶的主要手段，在半导体、光电行业等具有广泛的应用。喷涂根据工作温度分为热喷涂和冷喷涂。热喷涂技术开发较早，目前针对不同的应用场景开发出多种不同类型的热喷涂工艺，待喷涂材料可以根据其物理化学性质，制备成粉末、线材或棒材，因此使用范围十分广泛。目前，热喷涂技术在热障材料、生物医学工程、工业部件防护、材料加工等方面发挥着重要作用。冷喷涂技术是在相对低温状态下实现涂层的沉积，其并未将材料加热至熔融或软化状态。冷喷涂技术又根据工作气体压力分为高压冷喷涂和低压冷喷涂。冷喷涂设备易于携带，待喷涂材料在喷涂过程中不会经过熔融或软化状态，具有特殊的应用价值，除了制备不同的结构涂层，有望在飞机、舰船及工业零件的修复方面发挥重要作用。

# 思考题

1. 在旋涂过程中，若想获得更薄的薄膜，需要增大旋转转速还是减小旋转转速？为什么？

2. 热喷涂涂层与基体之间的结合方式有哪些？

3. 爆炸喷涂的基本原理是什么？

4. 钛及其合金作为一种贵重金属，具有很多良好特性。钛及其合金是否能够制备成热喷涂线材用于热喷涂工艺当中？钛的热喷涂涂层有何应用？

5. 食品工业中的发酵罐内壁需要应用塑料涂层进行保护，可以通过何种材料及何种喷涂工艺获得所需的塑料涂层？

6. 为什么电弧喷涂技术中的喷涂材料具有局限性？

7. 假如你作为工程师，负责维护料浆管线，发现管线内阀门等部件由于高硬度磨料的长期冲蚀发生了严重磨损，请问你将采取什么措施对其进行维护，并延长管线内部件的使用寿命。

8. 热喷涂与冷喷涂的区别是什么？

9. 冷喷涂技术对基材具有一定要求，若选用聚乙烯作为冷喷涂的基材，可能会发生何种情况？

10. 简述冷喷涂涂层质量的影响因素。

# 参考文献


[1] Griffin J, Hassan H, Spooner E. Spin coating: complete guide to theory and techniques[Z/OL]. https://www.ossila.com/pages/spin-coating#spin-coating-thickness-equation.

[2] 黄剑锋. 溶胶-凝胶原理与技术[M]. 北京：化学工业出版社，2005.

[3] Cohen E, Lightfoot E J. Coating processes[M/OL]// Kroschwitz J I. Kirk-Othmer encyclopedia of chemical technology. New York: Wiley Online Library, 2011. https://onlinelibrary.wiley.com/doi/book/10.1002/0471238961.

[4] Arscott S. The limits of edge bead planarization and surface levelling in spin-coated liquid films[J]. Journal of Micromechanics and Microengineering, 2020, 30: 025003.

[5] Kelso M V, Mahenderkar N K, Chen Q, et al. Spin coating epitaxial films[J]. Science, 2019, 364(6436): 166-169.

[6] 张凯. 溶液加工大面积有机太阳电池材料与器件[J]. 高分子学报，2022，53(07)：737-751.

[7] 曾晓雁，吴懿平. 表面工程学[M]. 2版. 北京：机械工业出版社，2017.

[8] 钱苗根. 现代表面技术[M]. 2版. 北京：机械工业出版社，2016.

[9] Degitz T, Dobler K. Thermal spray basics[J]. Welding Journal, 2002, 81(11): 50-52.

[10] Kuroda S, Kawakita J, Watanabe M, et al. Warm spraying-a novel coating process based on high-velocity impact of solid particles[J]. Science and Technology of Advanced Materials, 2008, 9(3): 033002.

[11] 孙家枢，郝荣亮，钟志勇. 热喷涂科学与技术[M]. 北京：冶金工业出版社，2013.

[12] 张伟，郭永明，陈永雄. 热喷涂技术在产品再制造领域的应用及发展趋势[J]. 中国表面工程，2011，24(06)：1-10.

[13] 黄松强，何学敏，周经中，等. 热喷涂制备非晶态合金耐蚀涂层及其在电力设施防护中的应用研究进展[J]. 中国表面工程，2021，34(05)：92-104.

[14] Paulussen S, Rego R, Goossens O, et al. Plasma polymerization of hybrid organic-inorganic monomers in an atmospheric pressure dielectric barrier discharge[J]. Surface and Coatings Technology, 2005, 200(1-4): 672-675.

[15] Leroux F, Campagne C, Perwuelz A, et al. Fluorocarbon nano-coating of polyester fabrics by atmospheric air plasma with aerosol[J]. Applied Surface Science, 2008, 254(13): 3902-3908.

[16] Denis Bémer R R, Subra I, Sutter B, et al. Ultrafine particles emitted by flame and electric arc guns for thermal spraying of metals[J]. Annals of Occupational Hygiene, 2010, 54(6): 607.

[17] Suryanarayanan R. Plasma spraying: theory and applications[M]. Plasma Spraying: Theory and Applications, 1993.

[18] Villafuerte J. Modern cold spray: materials, process, and applications[M]. Berlin: Springer, 2015.

[19] Moridi A, Hassani-Gangaraj S M, Guagliano M, et al. Cold spray coating: review of material systems and future perspectives[J]. Surface Engineering, 2014, 30(6): 369-395.

[20] Assadi H, Kreye H, Gärtner F, et al. Cold spraying-a materials perspective[J]. Acta Materialia, 2016, 116: 382-407.

[21] Champagne V K. The cold spray materials deposition process[M]. Cambridge: Woodhead Publishing Limited, 2007.

[22] Zou Y, Qin W, Irissou E, et al. Dynamic recrystallization in the particle/particle interfacial region of cold-sprayed nickel coating: electron backscatter diffraction characterization[J]. Scripta Materialia, 2009, 61(9): 899-902.

[23] Zou Y, Goldbaum D, Szpunar J A, et al. Microstructure and nanohardness of cold-sprayed coatings: electron backscattered diffraction and nanoindentation studies[J]. Scripta Materialia, 2010, 62(6): 395-398.

[24] Hussain T, McCartney D G, Shipway P H, et al. Bonding mechanisms in cold spraying: the contributions of metallurgical and mechanical components[J]. Journal of Thermal Spray Technology, 2009, 18(3): 364-379.

[25] Assadi H, Gärtner F, Stoltenhoff T, et al. Bonding mechanism in cold gas spraying[J]. Acta Materialia, 2003, 51(15): 4379-4394.

[26] Schmidt T, Gärtner F, Assadi H, et al. Development of a generalized parameter window for cold spray deposition[J]. Acta Materialia, 2006, 54(3): 729-742.

[27] Wong W, Irissou E, Ryabinin A N, et al. Influence of helium and nitrogen gases on the properties of cold gas dynamic sprayed pure titanium coatings[J]. Journal of Thermal Spray Technology, 2011, 20(1): 213-226.

[28] Zahiri S H, Antonio C I, Jahedi M. Elimination of porosity in directly fabricated titanium via cold gas dynamic spraying[J]. Journal of Materials Processing Technology, 2009, 209(2): 922-929.

[29] Raoelison R N, Xie Y, Sapanathan T, et al. Cold gas dynamic spray technology: a comprehensive review of processing conditions for various technological developments till to date[J]. Additive Manufacturing, 2018, 19: 134-159.

[30] Irissou E, Legoux J G, Ryabinin A N, et al. Review on cold spray process and technology: part Ⅰ-intellectual property[J]. Journal of Thermal Spray Technology, 2008, 17(4): 495-516.

[31] Karthikeyan J. Cold spray technology: international status and USA efforts[Z/OL]. https://www.asbindustries.com/documents/int_status_report.pdf.

[32] Kliemann J O, Gutzmann H, Gärtner F, et al. Formation of cold-sprayed ceramic titanium dioxide layers on metal surfaces[J]. Journal of Thermal Spray Technology, 2011, 20(1): 292-298.

[33] Zhang Z, Liu F, Han E H, et al. Effects of $Al_2O_3$ on the microstructures and corrosion behavior of low-pressure cold gas sprayed Al 2024-$Al_2O_3$ composite coatings on AA 2024-T3 substrate[J]. Surface and Coatings Technology, 2019, 370: 53-68.

[34] 彭智伟. 冷喷涂技术及其在航空结构修复中的应用与研究现状[J]. 中国设备工程, 2022(04): 84-86.

[35] Champagne V, Helfritch D. The unique abilities of cold spray deposition[J]. International Materials Reviews, 2016, 61(7): 437-455.

# 第七章

# 气相沉积薄膜生长机制

薄膜的生长过程决定了薄膜的结构及其力学、物理和化学性能。因此，理解薄膜的生长过程非常重要。气相沉积过程中，薄膜是通过材料的气态原子凝聚而形成，实际上是一种气-固转变过程。薄膜的生长过程分成凝聚、形核和长大三个阶段。从热力学角度上看，当基片与薄膜属于同种材料时，在材料的气相分压等于或大于同样温度下其凝聚相蒸气压时，才会在基片上发生凝聚。但当基片和薄膜是不同种材料时，凝聚过程则是先从气相到吸附相，即材料的粒子（原子、离子或分子）先从气相被单个吸附在基片表面，形成吸附相，然后被吸附的单个原子相互扩散、结合、形成可运动的原子团，原子团增大最终形成薄膜。薄膜的形成与生长过程不仅与薄膜材料和基片材料有关，还受原子和离子的状态及能量、沉积速率、基片温度、杂质等多种因素的影响。本章主要介绍气相沉积过程中薄膜的形成和生长过程以及薄膜的外延生长技术。

## 第一节 凝 聚

凝聚是薄膜形核前的必要阶段，也是薄膜形成的第一个阶段，涉及原子在固体表面的吸附、表面扩散和最终凝聚等基本过程。

### 一、吸附

具有一定能量的气相原子，从蒸发源或溅射源入射到基片表面后，与基片表面可能产生三种相互作用：在基片表面发生能量交换后被吸附；气相原子被吸附后仍有较大的脱附能时，在基片表面作短暂的停留或运动后，再脱附（也被称为再蒸发）；气相原子不能与基片表面进行能量交换时，在入射到基片表面后被反射，如图 7-1 所示。

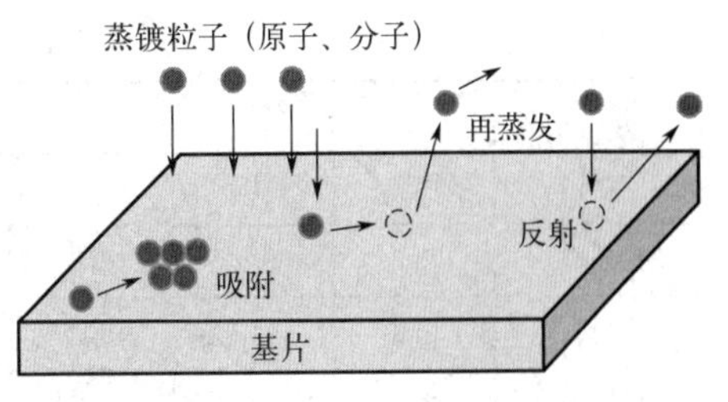

图 7-1 气相原子在基片表面的三种吸附现象

真空蒸发或溅射沉积制备薄膜时，入射到基片表面上的气相原子，绝大多数都与基片表面原子进行能量交换而被吸收。与固体内部相比，固体表面在晶体结构上会出现原子或分子间结合化学键的中断。原子或分子在固体表面形成的这种中断键称为不饱和键或悬挂键。这种键具有吸引外来原子或分子的能力导致吸附现象。如果吸附仅仅是由原子电偶极矩之间的范德瓦耳斯力起作用，则为物理吸附；若吸附是由化学键结合力起作用，则为化学吸附。而吸附在固体表面上的气相原子可能发生脱附。一个气相原子入射到基片表面上，能否被吸附，是物理吸附还是化学吸附，除与气相原子的种类、所带的能量相关外，还与基片材料、表面的结构和状态密切相关。为了说明气相原子被基片吸附这一复杂的过程，需要讨论吸附类型、基片表面的位能分布、气相原子在基片表面的吸附以及吸附原子在基片表面上所处的状态四方面的问题。

## （一）吸附过程

物理吸附时，物体表面原子的键是饱和的，表面是非活性的，与接近表面的原子、分子只是范德瓦耳斯力、电偶极子或电四极子等的静电相互作用而吸附。而化学吸附时物体表面上的原子键处于不饱和状态，靠化学键将原子或者分子吸附于表面。吸附过程伴随放热现象，物理吸附和化学吸附在放热量方面有数量级的差别，一般根据放热量来区别二者。图 7-2 为吸附位能曲线，可用来说明吸附过程。气体分子和固体表面之间因引力而互相接近，但在距表面很近的时候又由于斥力的作用而停留在某个位能最小的位置上。斥力是在分子与表面的距离 $r$ 小的时候起作用，且随着 $r$ 的减小而急剧增大；引力随着 $r$ 的变化较小，且在较大范围内连续起作用。在物理吸附的情况下，引力和斥力合成起来的位能曲线如图 7-2 中的点线所示，吸附分子落在谷底，并在那里附近作热振动。$H_p$ 为脱附活化能，简称脱附能，即从表面脱附所必需的能量，该能量等同于吸附热，即产生吸附所释放出来的能量。吸附热一般可以用液化热 $H_L$ 来代替，如表 7-1 和表 7-2 所示。例如，金属上吸附气体的情况，第一层与金属的吸附热一般比 $H_L$ 大，但是，在其上面继续吸附几层后，其实已转变为被吸附气体与同质气体的液化冷凝过程了。这时的吸附热 $H_p$ 就与液化热 $H_L$ 相近了。

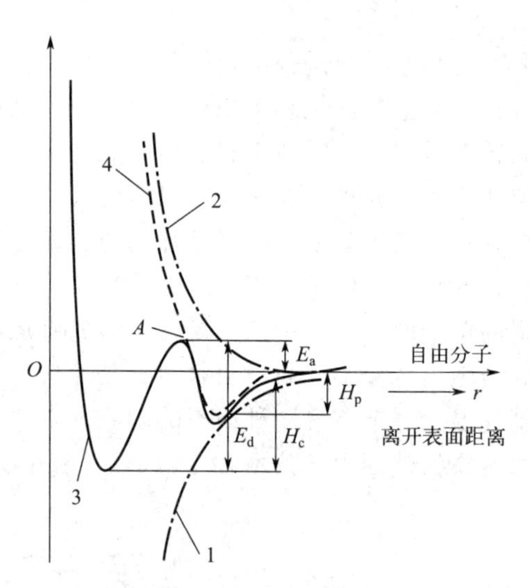


图 7-2 吸附位能曲线

1—引力；2—斥力；3—化学吸附；4—物理吸附

**表 7-1 物理吸附的吸附热 $H_p$**

| 吸附剂[②] | 吸附质[①] | | | | | | | | |
|---|---|---|---|---|---|---|---|---|---|
| | 氦 | 氢 | 氖 | 氮 | 氩 | 氪 | 氙 | 甲烷 | 氧 |
| 多孔玻璃 | 2.8 | 8.2 | 6.4 | 17.8 | 15.8 | | | | 17.1 |
| 活性炭 | 2.6 | 8.2 | 5.3 | 15.5 | 15.3 | | | 19.4 | |
| 炭黑 | 2.5 | | 5.6 | | 18.1 | | | | |
| 氧化铝 | | | | | 11.7 | 14.5 | | | |
| 石墨化炭黑 | | | | | 10.3 | 13.8 | 17.9 | | |
| 钨 | | | | | 7.9 | 18.8 | 33.5 | | |
| 钼 | | | | | | | 33.4 | | |
| 钽 | | | | | | | 22.2 | | |

续表

| 吸附剂② | 吸附质① | | | | | | | | |
|---|---|---|---|---|---|---|---|---|---|
| | 氦 | 氢 | 氖 | 氮 | 氩 | 氪 | 氙 | 甲烷 | 氧 |
| 液化热 $H_L$/(kJ/mol) | 0.08 | 0.9 | 1.8 | 5.6 | 6.5 | 9.0 | 12.6 | | |

①吸附质：被固体吸附的气体。

②吸附剂：指吸附气体的固体。

**表 7-2 液化热 $H_L$ 和生成热**

| 物质 | 液化热 $H_L$/(kJ/mol) | 氧化物的生成热/(kJ/mol) | 生成物举例 |
|---|---|---|---|
| 铜 | 304.3 | 166.5 | $Cu_2O$ |
| 银 | 253.8 | 30.5 | $Ag_2O$ |
| 金 | 310.2 | | |
| 铝 | 283.8 | 1608.6 | $\gamma$-$Al_2O_3$ |
| 钛 | 422.2 | 911.2 | $TiO_2$ |
| 锆 | 418.0 | 1079.3 | $ZrO_2$ |
| 铌 | | 1936.2 | $Nb_2O_3$ |
| 钽 | | 2089.6 | $Ta_2O_5$ |
| 硅 | 296.8 | 858.6 | $SiO_2$ |
| 锡 | 229.9 | 580.2 | $SnO_2$ |
| 铬 | 305.0 | 1127.3 | $Cr_2O_3$ |
| 钼 | | 753.8 | $MoO_3$ |
| 钨 | | 1412.4 | $W_2O_3$ |
| 镍 | 378.2 | 244.1 | NiO |
| 水 | 40.8 | 285.6 | $H_2O$，液体 |
| $In_2O_3$ | 355.3 | | |
| $\alpha$-$SiO_2$ | 8.53 | | |

在化学吸附过程中，由于发生了反应，分子会发生化学变化而改变形态。靠近表面的分子会首先被物理吸附（图 7-2）。如果由于某种原因使它获得了足够的能量而越过 $A$ 点，就会发生化学吸附，进而放出大量的能量。$E_d=H_c+E_a$ 称为化学吸附的脱附活化能（表 7-3），$H_c$ 称为化学吸附的吸附热（表 7-4），$E_a$ 称为化学吸附活化能。吸附热的数值接近于化合物的生成热，在表中未列出数值时，可以用生成热作为其估计值（表 7-2）。

**表 7-3 吸附时间常数 $\tau_0$ 和脱附活化能 $E_d$**

| 物质 | $\tau_0$/s | $E_d$/(kJ/mol) | 物质 | $\tau_0$/s | $E_d$/(kJ/mol) |
|---|---|---|---|---|---|
| Ar-玻璃 | $9.1\times10^{-12}$ | 10.2 | Cr-W | $3.0\times10^{-4}$ | 397.1 |
| DOP(邻苯二甲酸二辛酯)-玻璃 | $1.1\times10^{-16}$ | 93.6 | Be-W | $1.0\times10^{-15}$ | 397.1 |

续表

| 物质 | $\tau_0$/s | $E_d$/(kJ/mol) | 物质 | $\tau_0$/s | $E_d$/(kJ/mol) |
|---|---|---|---|---|---|
| $C_2H_6$-Pt | $5.0\times10^{-9}$ | 11.9 | Ni-W | $6.0\times10^{-15}$ | 418.0 |
| $C_2H_4$-Pt | $7.1\times10^{-10}$ | 14.2 | Ni-W(氧化物) | $2.0\times10^{-18}$ | 346.9 |
| $H_2$-Ni | $2.2\times10^{-12}$ | 48.1 | Fe-W | $3.0\times10^{-18}$ | 501.6 |
| O-W | $2.0\times10^{-16}$ | 677.2 | Ti-W① | $3.0\times10^{-12}$ | 543.4 |
| Cu-W | $3.0\times10^{-14}$ | 225.7 | Ti-W② | $1.0\times10^{-12}$ | 380.4 |

① 覆盖度 $\theta=0$。

② 覆盖度 $\theta=1$。

**表 7-4 化学吸附的吸附热 $H_c$ 和化合物的生成热**

| 组合 | 吸附热 $H_c$/(kJ/mol) | 固相 | 吸附热 $H_c$/(kJ/mol) | 组合 | 吸附热 $H_c$/(kJ/mol) | 固相 | 吸附热 $H_c$/(kJ/mol) |
|---|---|---|---|---|---|---|---|
| W-$O_2$ | 810.9 | $WO_2$ | 560.1 | Rh-$O_2$ | 317.7 | RhO | 200.6 |
| W-$N_2$ | 355.3 | $W_2N$ | 143.4 | Rh-$H_2$ | 108.7 | — | — |
| W-$H_2$ | 192.3 | — | — | Ni-$O_2$ | 480.7 | NiO | 480.7 |
| Mo-$O_2$ | 718.9 | $MoO_2$ | 585.2 | Ni-$N_2$ | 41.8 | $Ni_3N$ | −1.7 |
| Mo-$H_2$ | 167.2 | — | — | Ge-$O_2$ | 551.8 | $GeO_2$ | 539.2 |
| Pt-$O_2$ | 280.1 | $Pt_3O_4$ | 85.3 | Si-$O_2$ | 961.4 | $SiO_2$ | 877.8 |

## （二）基片表面的位能分布

基片表面是固体和气体的分界面，界面两边原子的密度和性质不同。基片表面存在表面位能，即处在基片表面上的一个原子与其内部同样一个原子的能量之差。处在基片表面上的原子受到两个力的作用：一个是气体原子对它的作用力；另一个是基片原子对它的作用力（见图7-3）。由于基片的原子密度远大于气体，所以后一个力远大于前者。因此，基片表面上的原子有向基片内移动的倾向，以降低其位能。

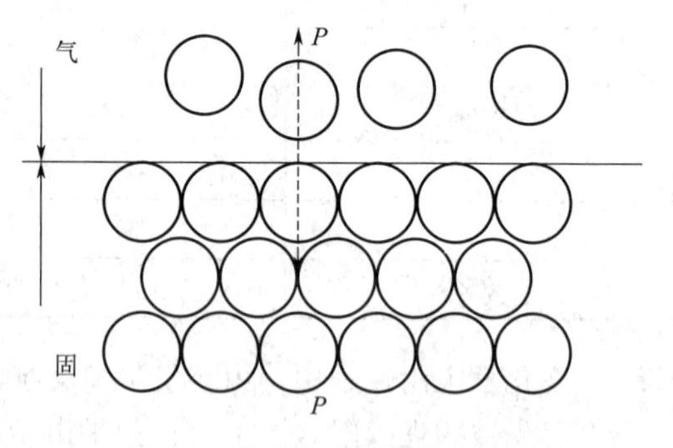

图 7-3 基片表面原子受力示意

沉积薄膜常用的基片是玻璃、单晶硅、红宝石和蓝宝石等。这些基片的表面层原子排列通常会有很大的畸变，晶格周期性受到严重破坏，因而它的表面位能分布偏离周期性较多。这类基片的表面位能分布如图 7-4 所示。取真空中的自由原子的位能为零。作为一级近似，可以认为基片表面上一个原子与基片内部原子的能量之差为 $E_s$。一个自由原子进入基片作用力场以后，如果到达基片表面被物理吸附，其吸附能 $E_p=E+E_{px}$（式中，$E_{px}=E_{p1}$ 或 $E_{p2}\cdots$）；如果该原子被化学吸附，则吸附能 $E_0=E+E_{cy}$（式中，$E_{cy}=E_{c1}$ 或 $E_{c2}\cdots$），其中 $E_{px}$ 和 $E_{cy}$ 分别为物理吸附和化学吸附时原子在表面进行迁移的活化能。

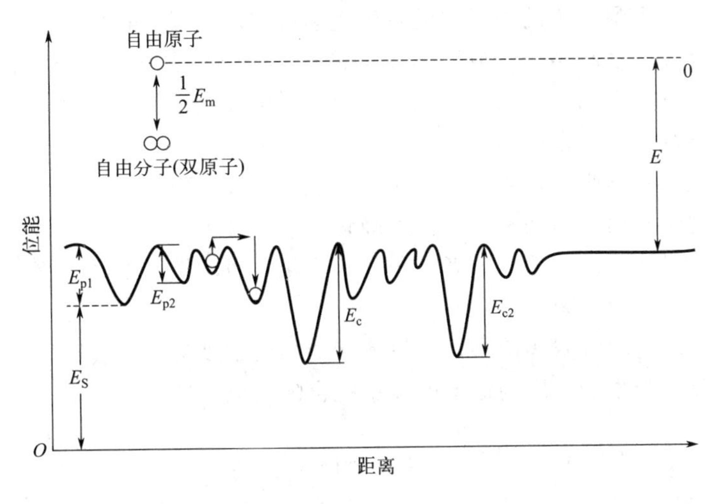


图 7-4　基片表面位能分布

物理吸附力实际上包括范德瓦耳斯力、磁力和万有引力。由于磁力和万有引力均很小，故可粗略认为基片对外来原子的物理吸引力只有范德瓦耳斯力。根据固体理论，范德瓦耳斯力来源于原子中的电荷分布随电子运动所产生的涨落。因此可以认为物理吸附的本质是由于瞬时极化。

基片表面，一个吸附原子与一个基片原子间的吸附能为

$$E'_p = -\frac{3}{2}\frac{\alpha_1\alpha_2}{r_0}h\frac{\nu_1\nu_2}{\nu_1+\nu_2} \tag{7-1}$$

式中，$\alpha_1$ 和 $\alpha_2$ 分别为吸附原子和基片原子的极化率；$r_0$ 为它们间的平衡距离；$h$ 为普朗克常数；$\nu_1$ 和 $\nu_2$ 分别为两种原子的振动频率。积分上式可得出整个基片对这个外来原子的吸附能为

$$E_p = -\frac{\pi}{4}N\frac{\alpha_1\alpha_2}{r_0^3}h\frac{\nu_1\nu_2}{\nu_1+\nu_2} \tag{7-2}$$

式中，$N$ 为基片中每个单位体积的原子数。

作为一级近似，用原子的第一电离位能 $V_1$ 和 $V_2$ 取代式（7-2）中的 $h\nu_1$ 和 $h\nu_2$，得出

$$E_p = -\frac{\pi}{4}N\frac{\alpha_1\alpha_2}{r_0^3}\frac{V_1V_2}{V_1+V_2} \tag{7-3}$$

通常物理吸附的量值小于 0.45eV。由于基片表面上各处的原子密度不同、结构和缺陷情况各异，所以各处的物理吸附能不同。由于物理吸附不需要活化能，所以吸附过程很快，并且吸附速率对基片温度及被吸附气体的压力变化非常敏感。物理吸附能就是基片与被吸附原子或分子间的物理结合能。这个能量的大小不但取决于基片表面，而且与被吸附原子或分子的性质和结构密切相关。

化学吸附的本质是在被吸附原子或分子和基片表面原子之间，发生电子转移或共有而形成化学键，使得之前原子的化学性质发生变化，最终形成新的化合物。电子转移或共有使原子中的电子位能显著降低，所以化学键能较大，可以达到 5eV 以上。若吸附的是原子，则

被吸附原子和基片表面最活泼的原子之间发生化学反应，形成新物质。若吸附的是分子，被吸附体或直接与基片表面相结合，或先被离解成原子（或自由基），而后再与基片表面相结合，形成新的化合物。有的分子虽然不能与基片原子生成真正的化合物，但由于被吸附分子被扭曲，故其化学性质也会发生变化。

显然，能否发生化学吸附，首先决定于基片表面和被吸附气体的化学活泼性。按化学活性大小，可以将化学吸附分为两种：非活性吸附和活性吸附。非活性吸附是指发生化学吸附时，不需要外部提供能量以使原子或者分子先行活化；而活性吸附则是只有外界能提供活化能的情况下才能发生化学吸附。

活化吸附往往是物理吸附为前奏，而后才转变为化学吸附。其转变条件是外界供给活化能。显然，这种化学吸附的速度与温度的关系符合阿伦尼乌斯（Arrhenius）方程

$$V=V_0\exp\left(-\frac{A}{T}\right) \tag{7-4}$$

式中，$V_0$ 和 $A$ 为常数；$T$ 为绝对温度，K。因为化学吸附能很大，在常温下通常很难或根本不可能发生逆效应（解吸附或脱附）。要发生解吸附（脱附），就得给以解吸附所需的活化能，最方便的方法就是提高基片温度，给以热能。而原子之间的范德瓦耳斯力则是普遍存在的，所以各种固体和液体材料表面都发生物理吸附。由于物理吸附能较小，故一般在低温下发生吸附，高温下则发生解析。范德瓦耳斯力的作用范围大于化学键力范围，因而一般是先发生物理吸附，而后才转为化学吸附。对于一个吸附层来说，若第一个单原子（或单分子）层或前几个单原子层是化学吸附，以后的单原子层则转变为物理吸附。但当吸附原子和基片表面原子相互向对方扩散时，则可形成多原子层的化学吸附。化学吸附层之后是物理吸附层。除此之外，还可能有介于这两者吸附之间的状态。这是因为原子和原子之间的相互作用往往是物理的和化学的结合在一起，而不是单一的某一种相互作用。

### （三）气相原子在基片表面的吸附

假设现有一个原子以速度 $v$ 射向基片表面，则它的动能为

$$E_k=\frac{1}{2}Mv^2 \tag{7-5}$$

式中，$M$ 为原子质量。通常，入射原子的动能明显大于基片原子的动能 $(3/2)kT$，其中，$k$ 为玻尔兹曼常数，$T$ 为基片温度。若入射原子很快将多余能量交出，与基片表面达到热平衡，则入射原子就能被基片吸附住；若是不能，它将被反射回大气。

可以采用适应系数（或调节系数）$\alpha$ 来定义气相原子与基片表面碰撞时相互交换能量的能力，它反映的是气体原子与基片表面间能量交换的程度，即反映入射原子一旦碰撞到基片表面，能否调整到与基片表面温度相当的动能。适应系数的定义为

$$\alpha=\frac{T_k-T_r}{T_k-T}=\frac{E_k-E_r}{E_k-E} \tag{7-6}$$

式中，$E$ 和 $T$ 分别为基片的动能和温度；$T_k$ 和 $E_k$ 是相应于入射原子动能的温度和动能；$T_r$ 和 $E_r$ 为反射或再蒸发原子温度和动能。显然，$\alpha=0$，粒子反射后没有能量损失，

属于弹性反射；$\alpha=1$，入射粒子失去全部能量，能态完全取决于基片温度，即产生吸附。通常情况下，$\alpha<1$，只是在能量交换十分完全时才有 $\alpha=1$。适应系数因表面情况及气体种类而异，当基片温度较高时，适应系数大多数情况下会变小。

对于调节系数的问题，曾进行过较多的理论研究，所得结论如下：碰撞一维晶格时，若入射原子质量等于基片原子质量时，只有在入射原子动能大于基片原子动能 25 倍的情况下，才会有 $\alpha<1$。这时的动能相应于气相温度约为 7500K。而碰撞三维晶格时，由于此种晶格比较僵硬、弹性差，故在入射动能略低的情况下有 $\alpha<1$。若入射原子质量大于基片原子质量时，$\alpha=1$。一个入射原子失去过剩的动能，调整到与基片表面温度相当的动能所需的时间为 $2/\nu$ 数量级，其中 $\nu$ 是基片表面原子的振动频率。可以看出，在物理气相沉积情况下，入射原子碰撞到基片表面以后，很快就与表面达到热平衡，从而被吸附在基片上。

## （四）吸附原子在基片表面的状态

吸附原子在基片上，可能处于直接反射回气相、重新蒸发、被激发到更高能级的振动状态、从较为稳定的结合点上被释放出来、从高能态退激发到低能态以及与其它吸附原子在基片表面结合成原子团或者直接与入射原子形成原子团等多种状态。原子在到达基片表面后，归纳起来有三种情况，即重新蒸发、在基片表面上迁移、形成原子对或原子团。现在分别讨论这三种情况。

### （1）重新蒸发

在基片表面上，一个物理吸附的原子与表面达到热平衡后，若它在垂直表面方向的振动频率为 $\nu_0$，它的解吸附概率 $P$（1/s）和停留时间 $\tau_p$（s）分别为

$$P=\nu_0\exp[-E_p/(kT)] \tag{7-7}$$

$$\tau_p=1/P=(1/\nu_0)\exp[E_p/(kT)] \tag{7-8}$$

式中，$E_p$ 是物理吸附能。

在停留时间内，这个原子可能与其它吸附原子相互作用，形成原子团；也可能从物理吸附转化为化学吸附。若以上两种情况均不发生，则当基片表面上吸附的原子达到一定数量级之后，就处于平衡状态，即单位时间内从基片上再蒸发的原子数等于入射原子中被物理吸附的原子数，或者说等于单位时间内沉积的原子数。

设单位时间内在基片单位面积上沉积的原子数（沉积速率）为 $R$，则在基片单位面积上始终停留的原子数为 $n_1$

$$n_1=R\tau_p \tag{7-9}$$

可以看出，入射一旦停止（$R=0$），几乎立刻就有 $n_1$ 等于零。显然，在这种情况下，即使连续持久的沉积，也不可能在基片上发生凝聚，形成凝聚相，生成薄膜。

### （2）在基片表面上迁移

入射原子到达基片表面以后，很快就与表面达到热平衡而被吸附。假设一个吸附原子在基片表面上水平向的振动频率为 $\nu_1$，则它在表面上的迁移速度为 $v$（以吸附点数计）如下

$$v=\nu_1\exp[-E_{px}/(kT)] \tag{7-10}$$

式中，$E_{px}$ 为表面迁移活化能。若是 $\nu_1=\nu_0$，在停留时间 $\tau_p$ 内，该原子的迁移距离 $m_a$ 为

$$m_a=v\tau_p=\exp[(E_p-E_{px})/(kT)] \tag{7-11}$$

很明显，在这个迁移距离内能碰上其它吸附原子，才能形成原子对。可以看出，该原子的捕获面积 $S$（$cm^2$）为

$$S=m_a(1/n_0) \tag{7-12}$$

式中，$n_0$ 是基片单位表面的吸附点数。由此可得出所有停留原子的捕获面积

$$S_\Sigma=R\frac{1}{\nu_0}\exp\left(\frac{E_p}{kT}\right)\frac{1}{n_0}\exp\left(\frac{E_p-E_{px}}{kT}\right)=\frac{R}{n_0\nu_0}\exp\left(\frac{2E_p-E_{px}}{kT}\right) \tag{7-13}$$

若 $S_\Sigma<1$，即初始不凝聚。此时在每个吸附原子的捕获面积内只有一个原子，故不能形成原子对，也就不能发生凝聚。若 $1<S_\Sigma<2$，即部分凝聚。在这种情况下，平均地说，吸附原子在其捕获范围内有一个或者两个吸附原子，在这些面积内会形成原子对或三原子团，其中一部分吸附原子在度过停留时间后又可能重新蒸发掉。若 $S_\Sigma>2$，即完全凝聚。平均地说，在每个吸附原子捕获面积内，至少有两个吸附原子。因此所有的吸附原子都可结合成原子对或更大的原子团，从而达到完全凝聚，由吸附相转化为凝聚相。

（3）形成原子对

前面已经提到，当 $S_\Sigma>2$ 时，吸附原子在其捕获面积内会和其它被吸附原子（或直接与入射原子）发生碰撞形成原子对。成对以后，这个原子要从基片上解吸，除了需要克服基片对它的吸附以外，还要克服另一个原子对它的结合能量。因此，它的解吸概率 $P_2$ 较小，其值为

$$P_2=\nu_0\exp\left(-\frac{E_p+E_2}{kT}\right) \tag{7-14}$$

而它的停留时间 $\tau_{p_2}$ 为

$$\tau_{p_2}=\frac{1}{P_2}=\frac{1}{\nu_0}\exp\left(-\frac{E_p+E_2}{kT}\right)=\tau_p\exp\frac{E_2}{kT} \tag{7-15}$$

式中，$E_2$ 是两个吸附原子的结合能。

由于停留时间的延长，与基片表面上做迁移运动的单个原子结合概率显著增大，从而由双原子迅速地形成原子团。

## 二、表面扩散

入射到基片表面上的气相原子被表面吸附后，便失去了在表面法线方向的动能，只具有平行于表面方向的动能。依靠平行于表面方向的动能，被吸附原子在表面上沿不同方向做表面扩散运动。在表面扩散过程中，单个被吸附原子间相互碰撞形成原子对之后才能产生凝聚。吸附原子的表面扩散运动是形成凝聚的必要条件。

图 7-5 是吸附原子表面扩散时有关能量的示意图。表面扩散激活能 $E_D$ 比脱附活化能 $E_d$ 小得多，大约是脱附活化能 $E_d$ 的 1/6～1/2。表 7-5 给出一些典型体系中脱附活化能 $E_d$ 和表面扩散激活能 $E_D$ 的实验值。

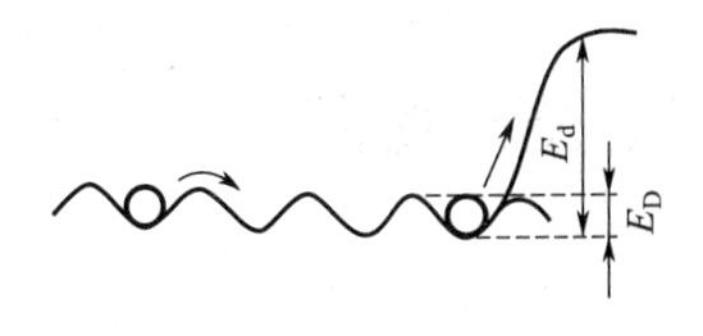


图 7-5　吸附原子表面扩散示意

**表 7-5　一些典型体系中脱附活化能 $E_d$ 和表面扩散激活能 $E_D$ 的实验值**

| 凝聚物 | 基片 | $E_d$/eV | $E_D$/eV |
|---|---|---|---|
| Ag | NaCl | | 0.2 |
| Ag | NaCl | | 0.15（蒸膜），0.10（溅射镀膜） |
| Al | NaCl | 0.6 | |
| | 云母 | 0.9 | |
| Ba | W | 3.8 | 0.65 |
| Cd | Ag（新膜） | 1.6 | |
| | Ag，玻璃 | 0.24 | |
| Cu | 玻璃 | 0.14 | |
| Cs | W | 2.8 | 0.61 |
| Pt | NaCl | | 0.18 |
| W | W | 3.8 | 0.65 |

吸附原子在一个吸附位置上的停留时间称为平均表面扩散时间，并用 $\tau_D$ 表示。它同表面扩散激活能 $E_D$ 之间的关系是

$$\tau_D=\tau_0'\exp[E_D/(kT)] \tag{7-16}$$

式中，$\tau_0'$ 是表面原子沿表面水平方向振动的周期，为 $10^{-13}\sim10^{-12}$ s。一般认为 $\tau_0'=\tau_0$。

吸附原子在表面停留时间经过扩散运动所移动的距离（从起始点到终点的间隔）称为平均表面扩散距离，并用 $x$ 表示，它的数学表达式为

$$x=(D_s\tau_a)^{\frac{1}{2}} \tag{7-17}$$

式中，$D_s$ 是表面扩散系数；$\tau_a$ 是平均吸附时间。

若 $a_0$ 表示相邻吸附位置的间隔，则表面扩散系数 $D_s=a_0{}^2/\tau_D$。这样平均扩散距离 $x$ 可表示为

$$x=a_0\exp[(E_d-E_D)/(2kT)] \tag{7-18}$$

根据式（7-18），$E_d$ 和 $E_D$ 值的大小对凝聚过程有较大影响。表面扩散激活能 $E_D$ 越大，扩散越困难，平均扩散距离 $x$ 也越短；脱附活化能 $E_d$ 越大，吸附原子在表面上停留时间 $\tau_a$ 越长，则平均扩散距离 $x$ 也越长。这对形成粒子凝聚过程非常有利。

## 三、最终凝聚

气态原子在到达基片表面后与基片产生一定的相互作用后实现了气态原子的凝聚，这一相互作用具体表现为气态原子撞击基片表面而被表面原子的偶极矩吸引住，导致气态原子垂直于基片表面的速度分量在很短时间内失去。当入射能量不高于临界值时，气态原子就会被物理吸附，被吸附的原子称为吸附原子。吸附原子可以处于完全的热平衡状态，也可以处于非热平衡状态。由于表面和本身动能热激活的存在，吸附原子可以在表面上移动。吸附原子可以一定时间内在表面停留，在这一时间里，吸附原子之间可以相互作用从而形成稳定的原子团，或被基片表面化学吸附然后释放凝聚潜热。如果吸附原子没有被吸附，则会脱附从而回到气相中。因此，凝聚是吸附和脱附过程的平衡结果。

假设热源蒸发原子的速度遵从 Boltzmann 分布，处在速度 $v$ 和 $v+\mathrm{d}v$ 中的原子数为

$$Nf(v)\mathrm{d}v=C\exp^{\left(-\frac{mv^2}{2kT}\right)}\mathrm{d}v \tag{7-19}$$

式中，$N$ 是单位体积中的原子数；$f(v)$ 是原子具有速度 $v$ 的概率；$m$ 是原子质量；$C$ 是常数。若垂直基片表面的速度分量为 $v_z$，$\mathrm{d}t$ 时间内入射到基片表面面积元 $\mathrm{d}s$ 的原子数为

$$\mathrm{d}N=Nf(v)v_z\mathrm{d}s\mathrm{d}t \tag{7-20}$$

沉积到基片表面的原子速率为 $R_\mathrm{d}$，可表示为

$$R_\mathrm{d}=C\int_{v_z>0}v_z\exp\left(-\frac{mv^2}{2kT}\right)\mathrm{d}v \tag{7-21}$$

原子与表面弹性碰撞时，每个原子交出的动量为 $2mv_z$，由此得到的压强为

$$P=C\int_{v_z>0}2mv_z^2\exp\left(-\frac{mv^2}{2kT}\right)\mathrm{d}v \tag{7-22}$$

在式（7-21）和式（7-22）中，对 $\mathrm{d}v$ 的积分从 0 到∞，即原子从一边入射到基片表面。这样，沉积速率 $R_\mathrm{d}$ 与压强 $P$ 之比为

$$\frac{R_\mathrm{d}}{P}=\frac{\int_0^\infty v_z\exp\left(-\frac{mv^2}{2kT}\right)\mathrm{d}v}{\int_0^\infty 2mv_z^2\exp\left(-\frac{mv^2}{2kT}\right)\mathrm{d}v}=\left(\frac{1}{2\pi mkT}\right)^{1/2} \tag{7-23}$$

式（7-23）中给出了沉积速度 $R_\mathrm{d}$ 与压强 $P$ 的关系。

蒸发的气相原子入射到基片表面上，除了被弹性反射和吸附后再蒸发的原子之外，完全被基片表面所凝聚的气相原子数与入射到基片表面上总气相原子数之比称为凝聚系数，并用 $\alpha_\mathrm{c}$ 表示。

当基片表面上已经存在凝聚原子时，再凝聚的气相原子数与入射到基片表面上总气相原子数之比称为黏附系数，并用 $\alpha_\mathrm{s}$ 表示

$$\alpha_\mathrm{s}=\frac{1}{J}\frac{\mathrm{d}n}{\mathrm{d}t} \tag{7-24}$$

式中，$J$ 是入射到基片表面气相原子总数；$n$ 是在 $t$ 时间内基片表面上存在的原子数。在趋近于零时 $\alpha_c=\alpha_s$。

开始时原子在表面是物理吸附，吸附原子在表面的停留时间为

$$\tau_s=\frac{1}{\nu_s}\exp\left(\frac{E_d}{kT}\right) \tag{7-25}$$

式中，$\nu_s$ 是吸附原子的表面振动频率；$E_d$ 是在给定基片上原子的吸附能；$T$ 是原子的等效温度，其值通常是在蒸发源温度和基片温度之间。

当具有高吸附能，即 $E_d>kT$ 时，$\tau_s$ 很大，这样入射原子能迅速达到温度的平衡，停留在表面的原子被局限于某一位置，或将跳跃式徙动；若 $E_d\approx kT$ 时，停留原子不能迅速达到平衡温度，因此保持了过热状态，原子在表面扩散。

在凝聚过程中，吸附能 $E_d$ 和表面扩散能 $E_D$ 是重要参量。某些材料的 $E_d$ 和 $E_D$ 值已在表 7-5 中给出。而从实验研究中得到的有关凝聚系数 $\alpha_c$、黏附系数 $\alpha_s$，与基片温度、蒸发时间以及膜厚的关系，如表 7-6 和图 7-6 所示。

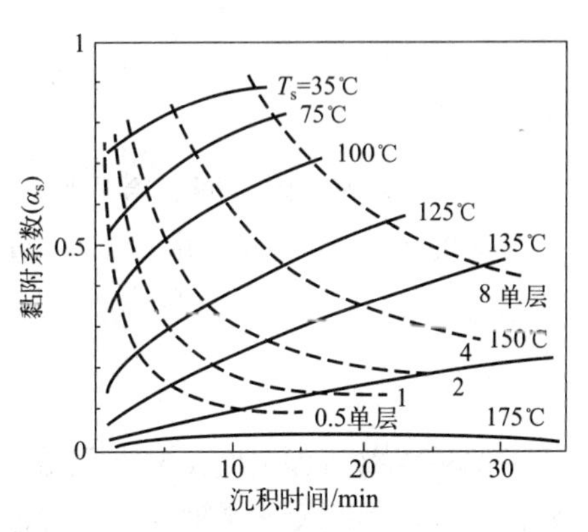


图 7-6　不同基片温度下黏附系数 $\alpha_s$ 与沉积时间的关系（虚线为等平均膜厚线）

**表 7-6　气相原子的凝聚系数与基片温度和膜厚的关系**

| 凝聚物 | 基片 | 基片温度/℃ | 膜厚/Å | 凝聚系数 $\alpha_c$ |
|---|---|---|---|---|
| Cd | Cu | 25 | 0.8 | 0.037 |
| | | | 4.9 | 0.26 |
| | | | 6.0 | 0.24 |
| | | | 42.2 | 0.26 |
| Au | 玻璃 | 25 | 刚能观察 | 0.90～0.99 |
| | Cu | | 出膜厚 | |
| | Cu | 350 | | 0.84 |
| | 玻璃 | 360 | | 0.50 |
| | Al | 320 | | 0.72 |
| | Al | 345 | | 0.37 |
| Ag | Ag（0①） | 20 | 刚能观察 | 1.0 |
| | Au（0.18①） | 20 | 出膜厚 | 0.99 |
| | Pu（3.96①） | 20 | | 0.86 |
| | Ni（13.7①） | 20 | | 0.64 |
| | 玻璃 | 20 | | 0.31 |

①点阵失配度，相当于 Ag 点阵失配的百分比。

为了确保凝聚初核的形成，沉积速度要足够大，以避免原子在未遇到另一个粒子前再蒸发。假设原子沉积速率为 $R_d$，基片上原子浓度与时间的关系满足

$$\frac{dn}{dt}=R_d-\frac{n}{\tau_s} \tag{7-26}$$

在沉积开始时，$t=0$，$n=0$，则基片表面上的原子浓度为

$$n=R_d\tau_s\left[1-\exp\left(-\frac{t}{\tau_s}\right)\right] \tag{7-27}$$

式中，$t$ 为吸附时间。若 $t$ 趋近于∞，则有 $n=R_d\tau_s$，这说明原子沉积速率 $R_d$ 等于原子再蒸发速率 $R_e$。此时由式（7-23）和式（7-25）可得到沉积速率为

$$R_d=nv_s\exp\left(-\frac{E_d}{kT}\right)=P(2\pi mkT)^{-\frac{1}{2}} \tag{7-28}$$

沉积速率与再蒸发速率之比 $R_d/R_e$，称为过饱和度。沉积速率取决于给定的热源的蒸发速率，而再蒸发速率取决于基片温度下的平衡蒸气压。沉积到基片上的原子的凝聚情况由入射原子的吸附能 $E_a$ 和升华能 $E_u$ 所决定。因此，可能会存在以下几种情况：

① 若 $E_d \ll E_u$，此时无须达到过饱和即可发生凝聚。

② 若 $E_d \approx E_u$，中等程度的过饱和即可发生凝聚。

③ 若 $E_d \gg E_u$，需要满足高过饱和才会发生凝聚。

此外，关于上述凝聚过程，Langmuir 和 Frenkel 提出了一个凝聚模型。该模型指出吸附原子会在所在的时间里通过表面移动形成原子对，并借助于原子对成为其它原子的凝聚中心。如果假设撞击表面和从表面脱附的原子相对比率保持恒定，且撞击临界原子数密度可由公式（7-29）给出，则在温度 $T$ 时，表面会形成原子对

$$R_c=\frac{\nu}{4A}\exp\left(-\frac{\mu}{kT}\right) \tag{7-29}$$

式中，$A$ 为捕获原子的界面；$\mu$ 为单个原子吸附到表面的吸附能与一对原子的分解能之和；$\nu$ 是吸附原子的表面振动频率。尽管该模型中的临界原子数密度的概念与 Cockcroft 等人的研究结果相一致，但是它与基片温度的关系要远比上述公式（7-29）中所列出的复杂，其原因在于凝聚的发生会存在一个成核势垒，而这一势垒敏感地依赖于表面温度、化学本质、结构和清洁性。

# 第二节　薄膜的形核

薄膜形成的最初阶段是凝聚和形核。形核涉及原子团的生长条件、临界核的形成参数、成核速率等。针对薄膜的形核，目前存在不同的理论模型。1916 年就有研究者提出成核的相关理论，在而后的几十年间各种成核理论也相继被提出。目前比较成熟的理论主要有以下两种：一种是均匀形核理论；另一种是原子聚集理论。

# 一、均匀形核理论

均匀形核理论也称毛吸理论或毛细理论，由 Volmer、Weber、Becker 和 Doring 在考虑了吸附原子团形成的总自由能后提出。而后 Volmer 又将其扩展到异质成核，Pound 等则将其扩展到薄膜中的特殊形状原子团成核。这种理论模型将一般气体在固体表面上凝聚成微液滴的形核理论应用到了薄膜形成过程中成核的研究。采用蒸气压、界面能和浸润角等宏观物理量，从热力学的角度分析了薄膜形核的条件和生长参数。该理论对原子数量较多的原子团是适用的，但当原子团含有的原子数量较少时，一些宏观物理量的定义并不明确，理论的使用范围受限。

## （一）临界核

沉积到基片表面上的原子，通过迁移运动相互聚集形成不同大小的原子团。而各原子团都处在产生和消失的过程中，并且一旦达到动态平衡，它们的数目就不再变化。显然，这种情况下，在基片上形成的薄膜是不稳定的。此时各原子团是处在动态平衡中，所以一旦沉积停止，各原子团的产生速率便会小于其消失速率，原子团将很快从基片上消失，不留下任何薄膜。人们习惯把这样的原子团称作临界核，并将临界核的尺寸称为临界尺寸 $r^*$ 。

如图 7-7 所示，当临界核为基片表面一个半径为 $r$ 的冠状原子团时，根据热力学理论，形成这个原子团时，总自由能变化为

$$\Delta G=a_3r^3g_v+a_1r^2\sigma_0+a_2r^2\sigma_1-a_2r^2\sigma_2 \tag{7-30}$$

式中，$a_3r^3$ 为原子团的体积，它与蒸汽的界面为 $a_1r^2$，与基片的界面为 $a_2r^2$，这里 $a_1$、$a_2$ 和 $a_3$ 是常数；$g_v=(-kT/V)\ln(p/p_e)$，是系统中过饱和蒸气压 $p$ 向平衡蒸气压 $p_e$ 转变的过程中凝聚相的单位体积自由能，同时 $p/p_e$ 被定义为过饱和度，其值为负；$\sigma_0$ 是微滴单位面积的表面能；$\sigma_1$ 是它与基片接触的单位界面的能量；$\sigma_2$ 是基片单位面积的表面能。

式（7-30）中包含有两种能量，一种是体积自由能，另一种是表面和界面能。随着原子团体积增大，体积自由能减小，而表面和界面能却增大。因而，当它的体积达到某一临界值时，总自由能的变化达到最大值，如图 7-8 所示。

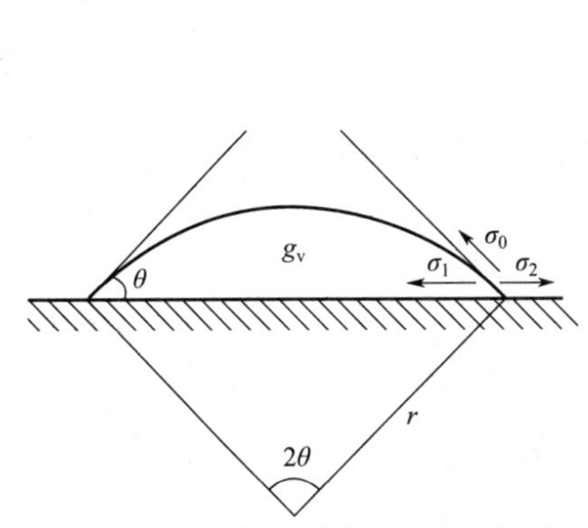

图 7-7　基片表面形成的冠状原子团

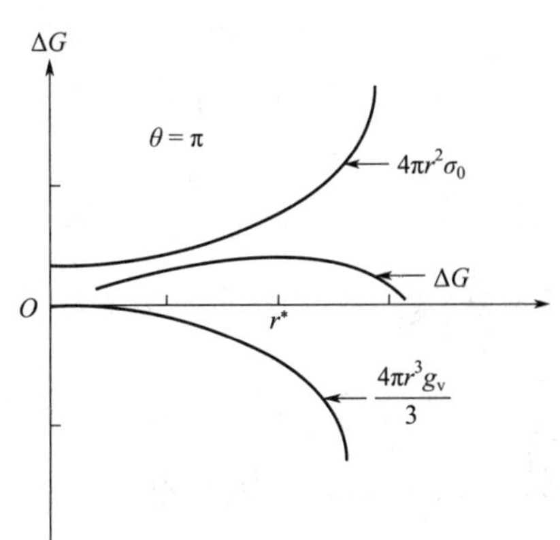

图 7-8　在等温调节下形成半径为 $r$ 的原子团时相应的自由能变化

假设原子团的大小发生变化时，它的形状和 $g_v$、$\sigma_0$、$\sigma_1$ 的数值不变，对式（7-30）求导，然后令其为零，即可求出原子团的临界尺寸，具体步骤如下

$$\frac{d\Delta G}{dr}=3a_3r^2g_v+2a_1r\sigma_0+2a_2r\sigma_1-2a_2r\sigma_2=0 \tag{7-31}$$

由此得出原子团的临界半径和总自由能变化的最大值分别为

$$r^*=\frac{-2(a_1\sigma_0+a_2\sigma_1-a_2\sigma_2)}{3a_3g_v} \tag{7-32}$$

$$\Delta G=\frac{4(a_1\sigma_0+a_2\sigma_1-a_2\sigma_2)^3}{27a_3^2g_v^2} \tag{7-33}$$

结合图 7-8 和公式（7-31），临界核的总自由能最大，因此它是不稳定的原子团。虽然相对于临界核来说，比它小或者大的原子团自由能都较低，似乎更加稳定，但真正比较稳定的是比临界核大的原子团。因为这种原子团一旦形成后就很难分解，即便要发生分解，也必须克服一个能量位垒。因此，比临界核尺寸大的原子团被称为稳定核，能够自行长大。但由于各种薄膜材料的内能以及它们与不同基片的吸附能不同，所以对每种薄膜材料与基片的组合来说，其稳定核中所包含的原子数目各不相同。而在诸多稳定核中，必然存在最小稳定核。所谓最小稳定核，就是原子团尺寸比它再小时，原子团就不再稳定，重新转变为临界核。

理论上讲，原子团可以有各种形状，如半球形、球帽形、圆盘形等。假若原子团为冠状（图 7-7），它与基片的接触角为 $\theta$，半径为 $r$，就可得出 $\Delta G^*$ 与 $\theta$ 的关系，即总自由能变化最大值与“润湿”情况的关系。

冠状原子团与气相的界面积为 $2\pi r^2(1-\cos\theta)$、与基片接触的界面积为 $\pi r^2\sin^2\theta$，因此它的表面和界面能为

$$G_s=2\pi r^2(1-\cos\theta)\sigma_0+\pi r^2\sin^2\theta(\sigma_1-\sigma_2) \tag{7-34}$$

在平衡状态下

$$\sigma_0\cos\theta+\sigma_1-\sigma_2=0 \tag{7-35}$$

由此得

$$\sigma_2=\sigma_0\cos\theta+\sigma_1 \tag{7-36}$$

将式（7-36）代入式（7-34）中得

$$G_s=4\pi r^2\sigma_0\left(\frac{2-3\cos\theta+\cos^3\theta}{4}\right)=4\pi r^2f(\theta)\sigma_0 \tag{7-37}$$

球帽形原子团的体积自由能变化为

$$G_v=\frac{4}{3}\pi r^3f(\theta)g_v \tag{7-38}$$

将式（7-37）和式（7-38）相加得出总的自由能变化为

$$\Delta G=G_v+G_s=4\pi f(\theta)\left(\frac{1}{3}r^3g_v+r^2\sigma_0\right) \tag{7-39}$$

同样将式（7-39）对 $r$ 进行求导，然后令其为0，得到

$$r^{*}=-\frac{2\sigma_0}{g_v}=\frac{2\sigma_0 V}{kT\ln(p/p_e)} \tag{7-40}$$

$$\Delta G^{*}=\frac{16\pi f(\theta)\sigma_0^3}{3g_v^2} \tag{7-41}$$

可以看出，临界核半径与接触角无关。这是因为接触角 $\theta$ 对表面界面能和对体积自由能的影响相同。随着过饱和度的增加，临界核的临界尺寸减小，说明大的饱和度利于形成大量小尺寸稳定核。但是这一变化并没有那么重要，因为根据式（7-40）进行计算得到的临界尺寸 $r^{*}$ 都是原子尺寸。例如，使用块体材料的表面能并在300K下以0.1nm/s的速率沉积Ag时，$r^{*}=0.22\text{nm}$。而且 $\theta$ 与 $\Delta G^{*}$ 密切相关，当 $\theta=0$ 时，属于完全润湿情况，这时有 $\Delta G^{*}=0$，即能够形成稳定核，不需要克服能量位垒；当 $\theta=\pi$ 时属于完全不润湿的情况，这时 $f(\theta)=1$，$\Delta G^{*}$ 的数值达到最大：$\Delta G^{*}=16\pi\sigma_0^3/3g_v^2$。这表示为了形成稳定核，所必须克服的位垒为最高。之所以出现完全润湿的情况，是由于基片的表面能很大，它的数值达到了

$$\sigma_2 \geqslant \sigma_0+\sigma_1 \tag{7-42}$$

由于基片的表面能直接决定接触角 $\theta$ 的大小，所以它与 $\Delta G^{*}$ 密切相关。由此可以看出，当基片表面上有台阶、微裂纹、静电以及可增大 $\sigma_2$ 的杂质存在时，将会促进成核过程。

## （二）形核速率

由于基片表面包括临界核在内的各种小原子团是处在动态平衡中的。因此，在适当的沉积过程中，临界核在不断形成、长大和分解，即有的地方形成新的临界核，而在有的地方则发生着临界核的核长大与分解。但一旦达到动态平衡以后，单位基片表面上的临界核数目为定值。这里所说的成核速率是指稳定核的产生速率，或者说临界核的长大速率。它的定义是单位时间内单位基片面积上产生的稳定核数目。

临界核长大的途径主要有两个：一个是同入射原子直接碰撞和结合；另一个是吸附原子在基片表面迁移时发生的碰撞和结合。相对来说，临界核的长大主要归因于吸附原子在基片表面的迁移碰撞。这种情况下，临界核长大成稳定核的速率取决于单位面积上的临界核数、每个临界核的捕获范围以及所有吸附原子向临界核运动的总速度。

临界核密度是指单位面积上的临界核数量。假设单位基片表面上吸附点数为 $n_0$（$10^{-5}\text{cm}^{-2}$ 量级），当吸附原子与各种小原子团之间处于介稳平衡态时，临界核密度为

$$n^{*}=Zn_0\exp[-\Delta G^{*}/(kT)] \tag{7-43}$$

式中，$Z$ 是泽尔多维奇（Zeldovich）修正因子，其值约为 $10^{-2}$。这是一个非平衡修正因子。因为在成核时偏离平衡态，并且临界核还在发生分解。

每个临界核的捕获面积为

$$A=2\pi r^{*}\sin\theta \tag{7-44}$$

式中，$\theta$ 是临界核与基片表面形成的接触角。

在基片表面上的吸附原子密度为

$$n_1=R\tau_p=R(1/\nu_0)\exp[E_p/(kT)] \tag{7-45}$$

式中，$R$ 是气相中单一原子的入射率；$\tau_p$ 是平均停留时间；$\nu_0$ 是吸附原子的表面振动频率；$E_p$ 是表面激活能。

每个吸附原子的表面迁移速度为

$$v=a_0\exp[-E_{px}/(kT)] \tag{7-46}$$

式中，$a_0$ 是吸附点间的距离。由此可以得出所有吸附原子向临界核运动的总速度为

$$V=n_1v=a_0R(1/\nu_0)\exp[(E_p-E_{px})/(kT)] \tag{7-47}$$

将临界核密度乘以捕获范围，再乘以总速度，就得出成核速率如下

$$I=n^*AV=Zn_0a_0R(2\pi r^*\sin\theta)\frac{1}{\nu_0}\exp\left(\frac{E_p-E_{px}-\Delta G^*}{kT}\right) \tag{7-48}$$

式（7-48）说明，成核速率是成核能量和成膜参数的强函数。该式还表明，无论沉积速率怎样低，成核速率都不会为零，总有一定量的稳定核存在，但数目可能很小以至于检测不到。为了计算成核速率和临界核有关参数，需要知道原子团的表面能和体积自由能变化。严格来说，这两种能量都随原子团的大小和形状发生变化，所以确切地求出这两种能量是相当困难的。因此，在做这方面计算时，不得不采用块体材料的相应数据。

## 二、原子聚集理论

以上毛细理论用了两个关键性的假设：一个是假设在原子团大小发生变化时其形状不变；另一个是假设原子团表面能和体积自由能为块体材料的相应数值。显然两个假设只适用于比较大的原子团，例如由 100 个以上原子组成的微滴。而在实际情况则是，当基片温度较低或者过饱和度较高时，临界核很小，只含有几个原子。显然对于这样小的原子团，不能用宏观表面能、宏观体积自由能计算其自由能。因为这样小的原子团中，每个原子的最近邻数通常比块材少，并且很少或几乎没有次近邻。除此之外，这么小的原子团，随着尺寸的变化，它的结构和形状也会发生很多改变。

为了克服毛细理论的上述困难，1924 年弗仑克尔（Frenkel）提出了成核理论的原子模型。其后几经发展和完善，变为了如今的原子聚集理论。所谓的原子聚集理论就是将核看作一个大分子聚集体，用聚集体原子间的结合能 $E_i$ 或聚集体原子与基片表面原子间的结合能代替热力学自由能。

### （一）临界核

当临界核的尺寸逐渐减小时，结合能 $E_i$（$i$ 为临界核中的原子数量）的不连续性变得非常重要。除此之外，临界核的几何形状也不能保持恒定。因此不可能像毛细理论一样求出临界核大小的解析式。但由于临界核中的原子数目很少，可以分析它所包含恒定原子数目时所有可能的形状，然后用试差法断定究竟哪种原子团是临界核。现以面心金属为例，假设沉

积速率恒定，说明原子模型临界核大小随基片温度变化的情况如下。

当温度较低时，临界核是吸附在基片表面的单原子。因为此种情况下，几乎每一个吸附原子一旦与其它原子相结合，都会形成稳定的原子对（稳定核），即从结合能上看，此时一个单键都是稳定的。由于在这个吸附原子周围的任何地方，都可以和另一个原子相结合，所以原子对的结构是单个原子无规则地与另一个原子相结合的结构。因此，基片上的原子对将不具有单一定向的性质。

当温度大于 $T_1$ 以后，临界核便是原子对。因为此时如果每个原子还只受到单键的约束便是不稳定的，必须具有双键，才能够稳定，从而形成稳定核。这种情况下，最小的稳定核是三原子团，且稳定核将以（111）面平行于基片而定向。

再一种可能的稳定核便是四原子的方形结构，但出现这种结构的概率较小。这是因为在平衡状态下，随着原子团尺寸的增大，它的密度显著变小。然而当基片表面吸附能力较弱，三原子团被吸附不牢时，动态平衡却有利于四原子结构。这种情况下，稳定核将以（100）面平行于基片。

将稳定升高到大于 $T_2$ 后，临界核将是三个或四个原子团。因为这时，双键已不能使原子稳定在核中。要形成稳定核，它的每一个原子至少要具有三个键。所以这时稳定核是四原子团或五原子团。

将基片温度再进一步升高，达到 $T_3$ 以后，临界核显然是四原子团或五原子团，有时还可能是七原子团。

上述各种情况的示意图见图 7-9。$T_1$、$T_2$ 和 $T_3$ 是转变温度。当原子团达到四原子以后，它的结构可以有两种：平面结构和角锥结构。究竟是何种结构，则要取决于基片表面吸附能和原子团内部结合能的相对变化情况。例如，原子团是四原子时，平面结构的吸附能为 $4E_p$、原子团的结合能为 $5E_2$；角锥结构的吸附能为 $3E_p$、结合能为 $6E_2$。因而当 $E_2$ 大于 $E_p$ 时，才能形成三角锥结构。对于五原子团，当 $2E_2$ 大于 $E_p$ 时，才能形成四角锥结构。

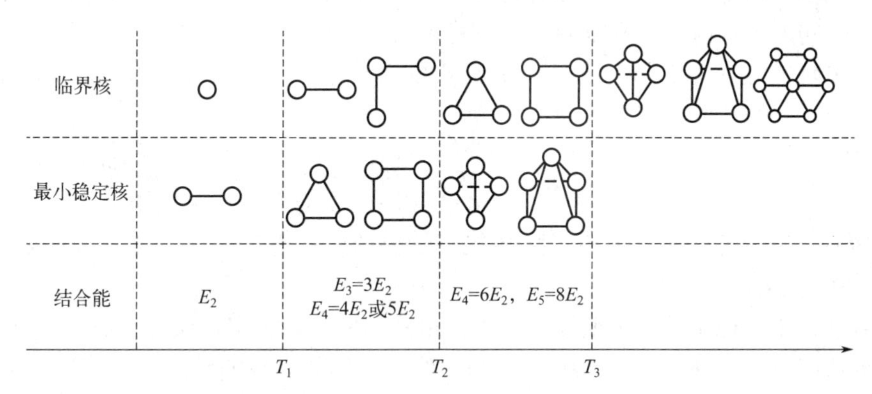


图 7-9　临界核和最小稳定核的形状随基片温度的变化

## （二）成核速率

前面的毛细理论已经介绍过，成核速率等于临界核密度乘以每个核的捕获范围，再乘以吸附原子向临界核运动的总速度。

对于临界核密度，由统计理论得出

$$n_i^* = n_0 \left(\frac{n_1}{n_0}\right)^i \exp[(E_i - iE_1)/(kT)] \tag{7-49}$$

式中，$n_0$ 和 $n_1$ 分别为基片表面上的吸附点密度和吸附的单原子密度；$i$ 为临界核中的原子数目；$E_i$ 是临界核的结合能；$E_1$ 是不计入吸附能时单原子的位能。若取 $E_1$ 为 0，则式（7-49）变为

$$n_i^* = n_0 \left(\frac{n_1}{n_0}\right)^i \exp[E_i/(kT)] \tag{7-50}$$

吸附原子向临界核运动的总速度如式（7-47）所示。所以在每个临界核的捕获范围为 $A$ 的情况下，成核速率为（设 $\nu_0 = \nu_1$）

$$I_i = n_i^* AV = Ra_0 An_0 \left(\frac{R}{\nu_0 n_0}\right)^i \exp\left[\frac{(i+1)E_p + E_i - E_{px}}{kT}\right] \tag{7-51}$$

当 $i$ 分别为 1、2 和 3 时，从上式可以得出

$$I_1 = Ra_0 An_0 \left(\frac{R}{\nu_0 n_0}\right) \exp\left(\frac{2E_p - E_{px}}{kT}\right) \tag{7-52}$$

$$I_2 = Ra_0 An_0 \left(\frac{R}{\nu_0 n_0}\right)^2 \exp\left(\frac{3E_p + E_2 - E_{px}}{kT}\right) \tag{7-53}$$

$$I_3 = Ra_0 An_0 \left(\frac{R}{\nu_0 n_0}\right)^3 \exp\left(\frac{4E_p + E_3 - E_{px}}{kT}\right) \tag{7-54}$$

在过饱和度很高的情况下，临界核可能只含有一个原子。在过饱和度逐渐降低时，临界核可能为两个或三个以及更大的原子团。

若用改变基片温度以改变过饱和度的方法，则可使临界核从一种原子团过渡到另一种原子团。因为在转变温度时，两种临界核长成稳定核的速率相等，所以可以令成核速率相等这个办法来求出转变温度。例如，要求出单原子核到双原子核的转变温度 $T_1$，则可令 $I_1 = I_2$，即可求出

$$T_1 = -(E_p + E_2) / \left[k \ln\left(\frac{R}{\nu_0 n_0}\right)\right] \tag{7-55}$$

用同样的方法，可以求出单原子核到三原子核的转变温度 $T_{1\text{-}3}$。为了弄清楚这种变化情况，引入图 7-10。

在毛细理论中，原子团的表面能和体积自由能不但很难确定，而且它们还随原子团的大小和构型有所变化；而在原子理论中，$i$ 和 $E_i$ 是两个不易确定的量。因此，为了求出 $E_i$ 的函数式，需要作出两个近似的假设。一个是设原子团中每个键的能量为 $E_b$；另一个是设对每种成膜材料，$E_b$ 不依从原子团中的键数而为常数。这样，就有

$$E_i = X_i E_b - hE_{px} \tag{7-56}$$

式中，$X_i$ 为原子团中原子间的键数；$h$ 为原子团中离开基片表面的原子数。显然，每种原子团的最佳构型是使它的结合能 $E_i$ 达到最大值。为此，就需要式（7-56）中的 $X_i$ 和 $h$ 有适当的数值。对于面心立方晶型结构的材料，一般取 $E_b$ 值等于升华热的六分之一。

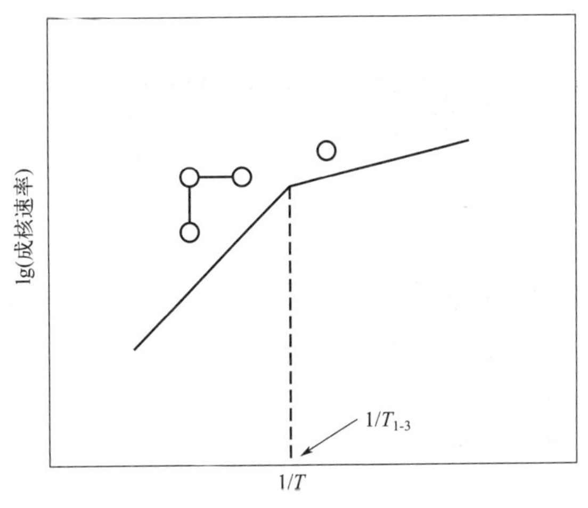


图 7-10　成核速率对基片温度的依从关系

## 三、两种成核理论的对比

均匀形核理论和原子凝聚理论这两种理论所依据的基本概念相同，因此，所得出的成核速率公式形式相同。所不同的是它们所用的能量。在毛细理论（均匀形核理论）中用的是 $\Delta G^*$，而在原子理论（原子凝聚理论）中用的则是结合能 $E_i$。显然，这两种能量相差一个熵项。除此之外，这两种理论所用的模型不同。前一理论所用的原子团模型是一个简单的理想化几何构型；而在后一种理论中用的原子组合模型则是一个分立原子的组合。显然，毛细理论用连续变化的表面能和自由能，这就预示着临界核的尺寸作连续变化。而原子聚集理论从模型中所得的结合能 $E_i$ 是随临界核尺寸和构型变化作不连续变化的。

毛细管作用模型从概念上极易理解，它特别适宜描述大的临界核。因此，对凝聚自由能低的材料，或者对于在过饱和度小的情况下沉积薄膜，这种模型比较适用。与毛细理论相反，原子聚集模型适用于很小的临界核。对于小临界核来说，原子聚集模型的不连续性是非常逼真的，因而这种模型对小核进行真实的描述。这也是原子聚集理论的主要成就所在。

这两者理论都能正确地预示出成核速率与临界核能量、基片温度和基片性质的关系。除此之外，毛细理论还能正确地表示出临界核尺寸与上述各因素的关系。由于临界核能量 $\Delta G^*$ 和 $E_i$ 是过饱和度的函数，所以成核速率随过饱和度的变化相当敏感。需要指出的是，这两种理论所给出的成核速率是指处在动态平衡下的稳定速率。这时，各种原子团间处于动态平衡，临界核数目达到它的最大值也就是达到饱和密度。在这之前存在一个过渡状态。该状态所经过的时间长短取决于入射原子达到热平衡、沉积与再蒸发达到动态平衡，以及各种原子团间达到动态平衡所需的时间。

除了以上两种模型外，针对薄膜的形核，研究者还建立了一些其它的模型。例如，有研究者使用蒙特卡罗（Monte Carlo）法来分析几个原子在成核时的凝聚过程。简单而言，就是通过对原子指定几个简单的运动规则来模拟原子的成核过程，目前得到的结果在定性上与理论上的吸附原子团聚行为是一致的。此外，二元或多元体系凝聚成核理论直接与合金和化合物膜的沉积相关，但是涉及的对象更复杂，研究的难度也就更大。总体而言，针对薄膜形核理论的研究难度较大，但各种理论在定性研究上具有广泛的一致性。

# 第三节　薄膜的生长

凝聚和形核一旦完成，薄膜进入生长阶段。这一部分主要介绍三维岛的形成、融合、生长以及最终形成连续膜的过程，同时介绍薄膜生长模式，讨论各种沉积参数和其它物理因素对薄膜生长过程的影响。

## 一、连续薄膜的形成过程

薄膜形成过程中，经过最初的凝聚和形核后，基片上会形成许多原子团。这些原子团有时被形象地称为“岛”。通过不断地接受新来的沉积原子，这些像液珠一样的小岛尺寸增大，与此同时，岛彼此靠近，大岛合并小岛而逐渐长大，当所有的岛完成合并，就会形成连续的薄膜。

连续薄膜生长过程中具有明显特征的沉积阶段按顺序可以被分为以下四个阶段，如图 7-11 中薄膜生长阶段的计算机模拟结果所示。

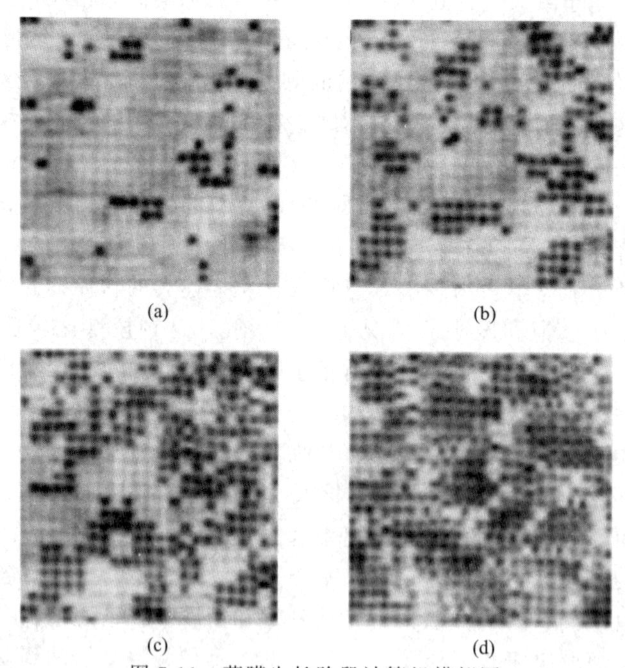

图 7-11　薄膜生长阶段计算机模拟图

(a) 三维核形成；(b) 合并阶段Ⅰ；(c) 合并阶段Ⅱ；(d) 隧道填充阶段

① 首先是三维核的形成。这些核是无序分布的，然后少量的沉积物迅速达到饱和密度，三维核随后会形成岛，岛的形状受界面能和沉积条件控制。岛的生长过程则主要是岛对原子的吸附和亚临界原子团在基片表面扩散并被稳定岛俘获。

② 合并阶段Ⅰ。岛在通过接收新粒子沉积的方式尺寸进一步增大的过程中，岛的边缘逐渐相互接近，并最终融合，从而实现岛的进一步扩大。此时岛与岛之间发生吞并联合，在这一阶段涉及岛间扩散和岛的迁移，存在可观的质量传递。

③ 合并阶段Ⅱ。当岛的分布达到临界状态时，大尺寸岛的迅速合并导致形成具有大量空隧道的联通网络结构，岛将变平并增加表面覆盖度。这个阶段开始时很迅速，但当网络形成后膜的生长速度就会慢下来。这时的网络中存在着大量的隧道，这些隧道或长或短，具有均匀宽度，均匀分布，而且在小区域内，它们会具有一定曲线形状。

④ 最后则是沉积物填充隧道的过程。在岛逐渐变平覆盖基片表面的过程中，会有足够量的沉积物缓慢填充隧道，在大面积空位和孔洞处发生二次或三次成核，二次或三次成核随着进一步沉积，一般缓慢生长和合并，最终形成连续的薄膜。所谓的二次或三次成核，其过程仍然是从原子的吸附开始，直到稳定核长大、相互结合。

上述顺序沉积阶段已经通过电子显微镜等实验结果证实。值得注意的是，上述四个阶段对于各种技术制备的气相沉积薄膜都是存在的，但由于沉积参数和沉积物-基片复合体系的不同，不同薄膜在每个阶段的运动学过程的快慢程度有较大的差别。这些差别可以用团聚和迁移率等概念来描述。总体而言，大岛数量增大的趋势是由团聚性的增加所带来的，是吸附原子、亚临界原子团、临界原子团等原子团的高表面迁移率的结果。虽然由于迁移率会受到大量的物理参数的影响，导致它不能够定量地来进行相关分析，但是可以通过对岛密度的变化率或相关物理变量（如膜厚或基片温度的岛间距离）的测量来实现对迁移率的合理估算，从而控制薄膜生长。例如，对于某些特定条件下生长的薄膜（如在光滑和惰性基片上生长的低熔点膜），通过增加基片温度、增加沉积率和沉积动能等方法来获得相对较高的迁移率。

上面描述的生长顺序中，高吸附原子迁移过程会进行得非常快，而且在作为大量质量传递的合并Ⅰ和Ⅱ阶段，岛和网络的形态会产生极大的差异。连续的原位实验结果给人们带来了岛的合并是一种“类液体”行为的印象，因而膜的生长又被研究者定义为“类液体”合并。当然岛绝不是以液体的状态存在，因为研究者们发现它们在生长的各个阶段都会产生单晶或多晶衍射图案，这说明合并过程中观察到的结果源于固态的晶体。

观察“类液体”合并对于理解薄膜的结构和性质具有重要意义，因为再结晶、晶粒生长、取向变化、缺陷生成与剔除的发生都是“类液体”合并的结果。一些在合并Ⅱ阶段的观察结果表明：首先不论合并的机制如何，合并的定性特点不受真空度较差和基片污染影响。其次，由于原位和非原位膜生长顺序相似，因此合并不是由电子束引起，但是，当存在静电荷和外加电场时合并会产生较大的改进。而且，当合并一旦开始，只需少量的额外材料，合并第Ⅱ阶段就能完成网络形成。尽管目前对合并现象的动力学分析还不够完善，但是已经有很多研究对合并现象提出较为合理的机制或理论。

Adamsky、LeBlanc、Poppa 和 Chopra 报道了在合并进行时，分立的岛间会形成明显的桥。但是 Pashley 却并未检测出这些桥，他认为如果污染物在岛上形成表皮，在表皮上的凝聚可能在沉积材料上形成桥。这一解释存在一些疑点，因为至少在像 Pashley 等所使用的清洁系统中，已经有其它的研究者观察到桥的形成。同时研究人员还发现，在污染大大减少的高温（约 350℃）时向云母上沉积 Ag，桥的形成更加明显。此外研究人员还发现桥的形成可能与膜-基片界面的本征性能以及其它因素有关（如岛上存在的静电荷）。还值得指出的有，Bassett 不仅在网结构膜中广泛发现桥和“瓶颈”，还在石墨或非晶碳上发现了 Ag 岛的小平移。然而 Pashley 等在 $MoS_2$ 基片上沉积的 Ag 和 Au 却没有这样的现象。但是他们都观察到，在生长过程中岛稍有旋转（10°角是可能的），特别是在合并过程中，两个稍有不平行的核会旋转到完全平行的方向。尽管 Pashley 等断言岛不会迁移，所有的原子团的明显移动都应当是类液体合并的结果。在 Pashley 等的假设中较大的稳定岛除非发生扩展或电子束辐照是不会移动的，但是接近临界尺寸的岛的少量移动，是解释早期生长过程中分立岛密度的迅速下降和在较晚阶段岛的迅速合并等现象所必需的。当然，岛的少量移动也可以是一些外因所导致的，这些因素可以是入射荷能气相原子撞击引起的动量传递，也可能是岛间具有电荷而产生的静电吸引等。而施加横向电场产生的岛的加速合并等实验则证明了小岛物理移动的发生。

针对“类液体”合并模型，研究者也开展了大量研究。在互相接触的岛的类液相合并中，表面能和表面扩散所控制的质量输送机制毫无疑问地起着重要作用。但是，其它一些驱动力以及限制力（如静电荷存在对岛的作用）也可能影响合并过程。形核初期形成的孤立核将随着时间的推移逐渐长大，这一过程除了包括吸收单个的气相原子之外，还包括核心之间的相互吞并联合的过程。目前研究者提出了几种核心吞并机制，如图 7-12 所示。

奥斯特瓦尔德（Ostwald）吞并机制［图 7-12（a）］认为，在形核过程中已经形成了许多不同大小的核心，为简单起见，可以把它近似看成球状。根据吉布斯-汤姆孙（Gibbs-Thomson）关系，对于不同半径 $r_i$ 晶核中原子活度 $a_i$ 有

$$a_i = a_\infty e^{\frac{2\Omega\gamma}{r_i kT}} \tag{7-57}$$

式中，$a_\infty$ 为无穷大原子团的活度；$\Omega$ 为单个原子体积；$\gamma$ 为单位表面自由能。该公式表明，较小半径核心中的原子具有较高的活度，因而其平衡蒸气压也较高。故在相互靠近的两个尺寸大小不同的核心中，尺寸较小的核心中的原子有自发蒸发的倾向，蒸发出来的原子会因尺寸较大的核心的平衡蒸气压较低，被其吸纳发生转移。其结果是，较大的核心将依靠吞并较小的核心而长大，使最终的薄膜大多由尺寸相近的岛状核心组成。这一过程的驱动力来自岛状结构的薄膜力图降低自身的表面自由能。

利用在沉积岛表面上的沉积原子的表面迁移率，Pashley 等解释了当岛互相接触时发生的合并效应，其机制与烧结过程中两个球状晶粒的合并相似，并认为只有当岛互相接触时才会发生合并。如图 7-12（b），当半径为 $r$ 的两个球在某一点接触时，在接触点形成的曲率半径为 $R$ 的瓶颈将产生一驱动力 $2\sigma/R$（$\sigma$ 为表面能），使球中的材料转移到瓶颈中。材料的输运可以由体扩散或表面扩散实现。在时间 $t$ 内，半径为 $x$ 的瓶颈（$x < 0.3r$）的生长由关系式（7-58）给出

$$\frac{x^n}{r^m} = A(T)t \tag{7-58}$$

式中，$m$ 和 $n$ 为常数，对于体扩散 $n=5$、$m=2$，对于表面扩散 $n=7$、$m=3$；$T$ 为温度，$A(T)$ 是包含轨道参数的一个函数。在 $T=400\text{K}$ 时，对于金（Au）球，可假设 $A(T)$ 的值，由此可得到通过表面扩散，获得半径为 $x=0.1r$ 的瓶颈所需时间分别为 $10^{-7}\text{s}$（$r=10\text{nm}$）和 $10^{-3}\text{s}$（$r=100\text{nm}$）。相似地，对于体扩散，其所需时间分别为 $2\times10^{-3}\text{s}$ 和 2.0s。由于实验观察到的半径为 100nm，岛达到瓶颈所需时间为几分之一秒，因此可知，表面扩散是重要的输送机制。

原子团迁移机制［图 7-12（c）］也描述了岛的迁移过程。在薄膜生长的初期，基片上的原子团还具有相当的活动能力，其行为有点像在桌面上运动的小液珠。电子显微镜的观察已经发现，只要基片温度不是很低，拥有 50～100 个原子的原子团也可以发生平移、转动和跳跃式的运动。原子团的迁移是由热激活过程所驱使，其迁移激活能 $E_C$ 与原子团的半径 $r$ 有关。原子团越小，激活能越低，其迁移也就越容易。

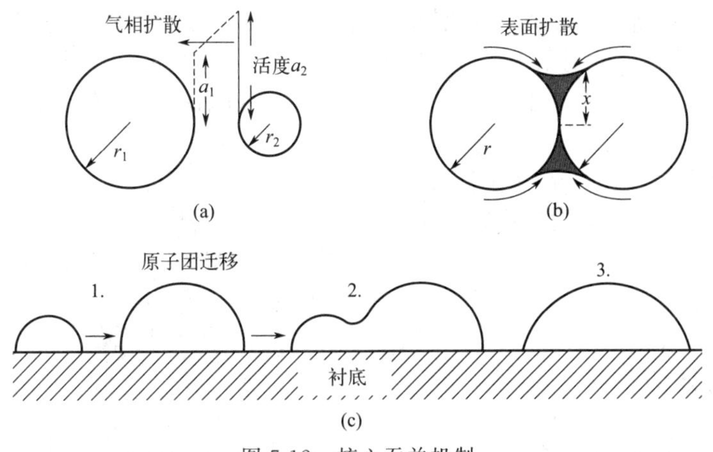


图 7-12　核心吞并机制

此外，根据表面能最低原则，研究者还解释了瓶颈和隧道的一般行为。瓶颈迅速形成，在达到某一临界尺寸后缓慢生长，生长符合公式（7-58）。这是因为对于表面扩散，生长速率 $dx/dt$ 正比于 $1/t^{0.85}$。瓶颈一旦形成就可以在几秒内继续长大，即使不提供气相沉积原子，这个过程也会为使曲率达到最小而继续下去。气相沉积的恢复引起瓶颈生长，仿佛气相供给的中断没有发生。为了解释这一现象，研究者提出了下面的假设：可迁移的气相原子在大的、负曲率半径区域如瓶颈处择优迁移。因此，可认为瓶颈的形成和起始生长完全由先前沉积材料的输送来实现，但生长后一阶段完全由在高曲率位置新来物质的择优沉积所控制。上述论证可应用到隧道填充阶段，不同的是隧道填充不会像瓶颈形成后那样生长迅速减缓下来，这是因为曲率半径（固相驱动力）不会像隧道桥变宽那样变化很大。

## 二、沉积参数的影响

一般来说，可以通过沉积参数对吸附原子的表面迁移率、成核密度和黏滞系数的影响来理解沉积参数对膜生长的影响。比如说，膜的聚集与表面迁移率成正相关，但是和成核密度成负相关。聚集的增加也就意味着膜只要在较大厚度时就可以达到连续，且膜会具有大的晶粒和少量被冻结的结构缺陷。在热力学平衡条件下，起始饱和成核密度由基片-气相系统确定，而与沉积率无关。但实际情况下，许多因素都会导致起始成核密度的增加，如沉积率特别高（原子到达基片的速率远高于原子扩散率）、气相原子或其表面存在静电荷、表面存在结构缺陷等。

此外，吸附的杂质可以作为预成核中心，可能提高成核密度。吸附原子的表面迁移或迁移率是决定聚聚和膜生长的重要因素。如果迁移为方向无序，吸附原子将在表面无序行走，直到再蒸发或被化学吸附。迁移率随表面扩散激活能减小而增加，也随基片温度和表面光滑度的增加而增加。成核生长阶段的高聚集来源于高的沉积温度、气相原子高的动能、气相入射的角度增加以及薄膜临界厚度。

原子的聚集程度在实验室中可以通过电子显微镜直接观察到，当聚集程度较好时，往往膜就达到了电性质连续性的临界厚度 $t_c$。而且，合并Ⅱ阶段的电阻曲线的斜率决定了合并速率。然而由于缺少条件的可控性，目前几乎没有研究能直接展示出生长阶段与沉积参数关系的一致性图像。Chopra 等使用石英振荡器控制和监测了 Au 与 Ag 的膜沉积率和源蒸发速率，研究结果表明随着惰性基片表面光滑度的增加，$t_c$ 的值也随之增加，该结论与已有的相关结论相符。还有研究者发现了密度和岛间距的 $\exp(-1/T)$ 形式依赖性，并通过研究Ag膜的岛间距的平均值的对数与 $1/T$ 的关系，发现了表面扩散激活能在520K以上的温度会出现较大幅度的增加，由于稳定原子团的最小尺寸是随着基片温度增加而增加的，因此可以认为上述推测是合理的。

此外，临界厚度 $t_c$ 是随着基片温度增加而增加的，同时其还遵循 $e^{-Q/(kT)}$ 关系。由前面给出的生长激活能可知，对于在玻璃上沉积的Ag膜，当温度在450K上下时，其生长激活能分别为0.26eV、0.85eV。当然，由基片温度提供的吸附原子表面迁移激活能也能通过外部施加的额外能量获得，如超声振动、电磁场作用等。

### （一）动能效应

沉积原子的动能会影响薄膜的形成过程。与蒸发相比，溅射薄膜中的合并岛会随着沉积厚度的增加而增加（图7-13），这是因为溅射的动能更大，而动能会促进原子团聚集。在电子显微镜实验中，溅射膜原子团的高聚集性也已经得到证实。当沉积厚度增加到一定程度时，溅射岛的密度接近一常数值，而后，岛变平从而得到连续的溅射膜。大岛的平整化可能源于静电荷，与蒸发沉积相比，在溅射沉积下荷电粒子更多。但是，如果溅射原子在碰撞过程中产生表面缺陷，从而导致成核密度增加，也会影响原子团的聚集。

### （二）斜向沉积

斜向碰撞（即气相沉积以非直角方式入射）会增加吸附原子在表面迁移的速度分量。在研究Au和Ag膜蒸发沉积时发现，随着入射角增加，原子团聚集会增加。但是当入射角度达到80°时，岛的早期生长和分布在膜平面是各向同性的。而随着岛尺寸的增加，自遮蔽影响增大，在入射原子方向会出现柱状生长，也就是说薄膜会在垂直于基片方向上继续生长。因此，膜电性质连续所对应的临界厚度，在大入射角时会快速增大（图7-14）。当超过某一入射角时膜表面积迅速增加，与柱状生长图像相一致，而且斜入射沉积膜的应力性质、磁性质、发射和吸收性都出现各向异性，也就说明了生长的各向异性。

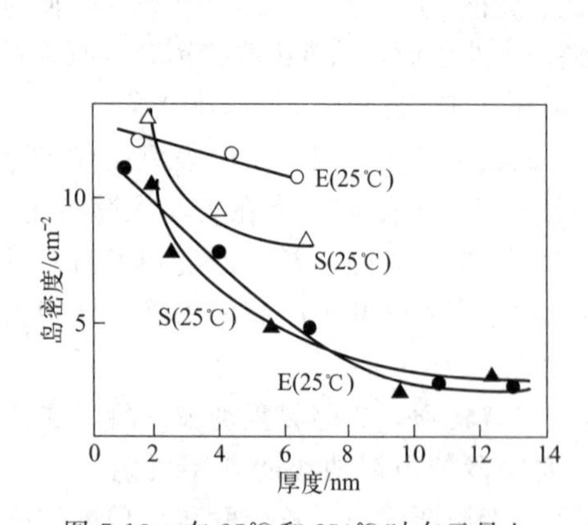


图7-13 在25℃和250℃时在云母上蒸发（E）和溅射（S）沉积Ag膜时膜厚度与岛密度的关系

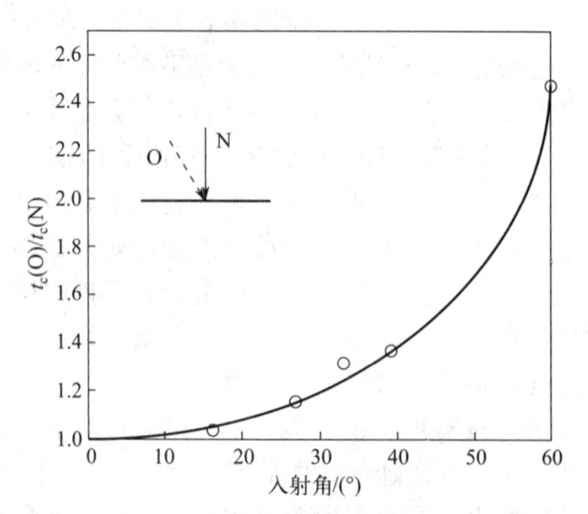


图7-14 在25℃时，在玻璃基片上蒸发沉积Ag膜的临界厚度与入射粒子角度的关系（O代表斜入射、N代表垂直入射）

目前已经清楚知道，气相粒子的入射方向和吸附原子的表面迁移率决定了各向异性的柱状生长，同时起始迁移率高各向异性生长就越不显著。因此，高温沉积 Au 和 Ag 膜显示的各向异性生长很小，即使入射角很大也是如此。然而在室温时凝聚在玻璃和食盐上的低迁移率 Al 膜则显示出明显的柱状生长。

## （三）静电效应

研究者在沉积具有较高吸附原子迁移率的金属膜的过程中发现，当外加横向直流电场（100V/cm），在比通常观察的平均厚度小的条件下，会导致合并第Ⅱ阶段出现。而所加的电场似乎使分立岛变得平整，增加了岛的表面能并迫使它们合并。而且外加电场会使膜的临界厚度减小，特别是在高温的情况下临界厚度的减小非常明显。研究者还发现，增加电场强度会使岛的表面积增大到某一临界值，当超过这一临界值时膜会在电弧作用下出现损伤。电场效应的本质是静电效应，这是因为只有在合并前电场才起作用，当合并完成后电场就可被去掉。因为焦耳热会导致岛的聚集并增加非连续性，所以观察的效应不可能是源于焦耳热。如果额外电流在网络阶段通过的话，生长行为也会由于焦耳热效应产生较大的变化。

研究发现，使用电场辅助制备的薄膜电阻率一般比未加电场所制备的薄膜电阻率低。当电场增大时，膜的电阻率减小到接近于体材料电阻率。在基片温度较高时，电阻率减小也会变得十分明显。电阻率的减小是由于在合并情况下冻结的结构缺陷减少。另外，外加电场还会导致薄膜结构变化，并可得到有取向的薄膜生长。在连续膜中岛的荷电程度受辐照或异质基片界面处的接触电位影响，在岛间强的、无序电场的存在会以相同方式影响薄膜的生长。

Chopra 根据电场与荷电岛之间的电相互作用解释了电场效应。荷电来自离化气相材料和（或）基片界面处的电位。半径为 $r$ 的球形粒子如存在电荷 $q$，将会使自由能增加，自由能此时应为表面能（$4\pi^2\sigma$，$\sigma$ 是表面能）和静电能（$q^2/\pi\varepsilon_0 r$，$\varepsilon_0$ 是介电常数）之和。总能量的增加通过表面面积的增加来协调，即球将变成扁球，准确的形状由各种自由能的平衡来决定。如果自由能进一步增加，粒子将会破碎。

此外，还必须考虑半径不同（$r_1$、$r_2$）、电量不同（$q_1$、$q_2$）、距离为 $d$ 的两个岛间的静电力。在考虑镜像力的情况下，净作用力可由式（7-59）给出

$$F=\frac{q_1q_2}{4\pi\varepsilon_0 d^2}-\frac{q_1^2r_2d}{4\pi\varepsilon_0(r_1^2-d^2)}-\frac{q_2^2r_1^2d}{4\pi\varepsilon_0(r_2^2-d^2)^2}+\cdots \tag{7-59}$$

上式表明，如果电荷比其它的量大得多时，或半径接近两岛之间的距离时，则不管电荷的正与负，镜像吸引力在这个过程中都起主要作用。

在不加外电场的情况下岛会平衡分布，而这一平衡分布会在加电场时电荷重新分布和转移下而受到干扰，同时电荷重新分布导致的电荷梯度可以使岛间合并开始，因此，可以建立一个连续非平衡状态，利用排斥库仑力来阻止快速合并的现象在整个膜内发生。

对于荷电粒子的岛受到空间不均匀辐照会出现相似的结果。在沉积前和沉积过程中，对基片的电子辐照，在早期阶段会产生岛的合并，并进一步影响膜的生长。由于基片上存在电荷可使凝聚变得容易，可以预料饱和成核密度会有所增加。早期的合并是由于成核密度增加

引起，还是由于成核和静电效应复合引起，目前尚无法确认。

Chopra 发现在沉积金属膜过程中，基片受到紫外辐照也会影响膜生长的各个过程。Knight 和 Jha 详细研究了辐照效应，并确立了当入射光线的波长对应于金属的吸收带时，一个类似于在高温基片上进行膜生长的模式出现，这一效应由吸收所产生的偶极子之间的相互作用所致。

## 三、薄膜生长模式

薄膜的生长模式一般分为三种：岛状模式（或 Volmer-Weber 模式）；层状模式（或 Frank-van der Merwe 模式）；层岛复合模式（或 Stranski-Krastanov 模式），如图 7-15 所示。

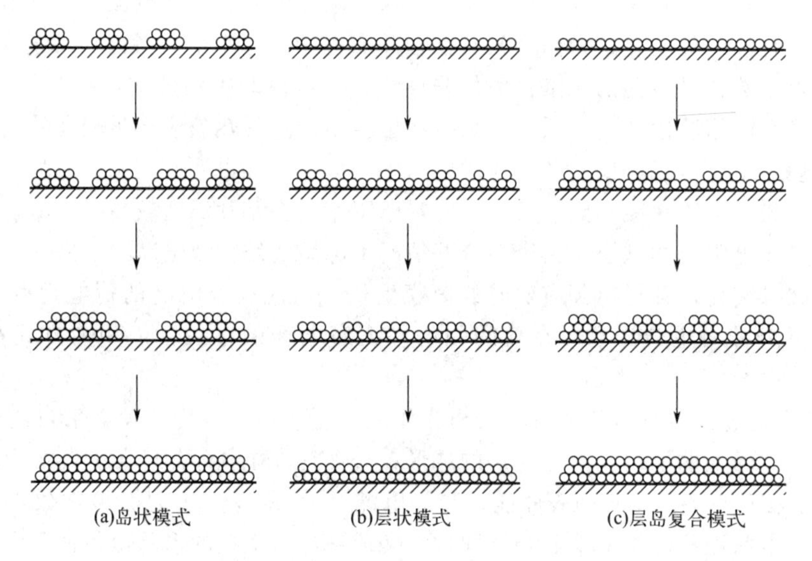


图 7-15 薄膜生长的三种基本模式

### （一）岛状模式

在岛状模式下，到达基片上的原子首先凝聚成无数不连续的小核，后续到达表面的原子不断集聚在核附近使核在三维方向不断成长，最终形成连续的薄膜。因此岛状模式又称为核生长模式。对很多薄膜与基片的组合来说，只要沉积温度足够高，沉积原子具有一定的扩散能力，薄膜的生长就表现为岛状模式。即使不存在任何对形核有促进作用的有利位置，随着沉积原子的不断增加，基片上也会聚集起许多薄膜的三维核。岛状核的形成表明，被沉积的物质与基片之间润湿性较差，因而前者更倾向于自己相互键合起来形成三维的岛，而避免与基片原子发生键合。在绝缘体、卤化物晶体、石墨、云母基片上沉积金属时，大多数显示出这一生长模式。岛状模式的生长过程与前面提到的顺序沉积相似，可以分成如下几个阶段。

（1）成核阶段

到达基片上的原子在与基片原子交换能量后，其中一部分被吸附在基片表面上，此时主要表现为物理吸附，原子将在基片表面停留一定的时间。由于原子本身还具有一定的能量，同时还可以从基片得到热能，因此原子可以在表面进行迁移或扩散。在这一过程中，一部分原子可能再蒸发，另一部分原子可能与基片发生化学作用而形成化学吸附，或者遇到其它的蒸发原子而形成原子对或原子团，从而成为稳定的凝聚核。

（2）小岛阶段

当凝聚核达到一定的浓度以后，继续蒸发就不再形成新的晶核。新入射来的吸附原子通过表面迁移将聚集在已有晶核上，晶核生长并形成小岛。这些小岛通常是三维结构，并且多数已具有该种物质的晶体结构，即已形成微晶粒。

（3）网络阶段

随着小岛的长大，相邻的小岛会互相接触并彼此结合，即前面提到的“类液体”的合并。由于小岛在结合时释放出一定的能量，这些能量足以使相接触的微晶状小岛瞬时熔化，在结合以后由于温度下降所生成的岛将重新结晶。随着小岛不断结合，将形成一些具有微晶结构的网络状薄膜。

（4）连续薄膜

随着蒸发或溅射的继续进行，吸附原子将填充岛与岛之间的间隔，也有可能在岛与岛之间生成新的小岛，由小岛的生长来填充空沟道，最后形成连续薄膜。

## （二）层状模式

当被沉积物质与基片之间的润湿性很好时，被沉积物质的原子更倾向于与基片原子键合。薄膜从形核阶段开始即采取二维扩展的模式，薄膜沿基片表面铺开。在随后的沉积过程中，一直维持这种层状的生长模式。其大致过程为：入射到基片表面上的原子，经过表面扩散和碰撞后形成二维晶核，周围的吸附原子被二维晶核捕捉生长成为二维小岛，在层状模式下，表面上形成的小岛浓度大体是饱和浓度，二维小岛之间的距离大体上等于吸附原子的平均扩散距离。在小岛成长过程中，小岛的半径小于平均扩散距离。到达岛上的吸附原子在岛上扩散以后，都被小岛边缘所捕获。在小岛表面上吸附原子浓度低，不容易在三维方向上生长，因此薄膜是以层状形式生长的。

在层状生长模式下，已没有意义十分明显的形核阶段出现。这时，每一层原子都自发地平铺于基片或薄膜的表面，因为这样会使系统的总能量降低。在极端情况下，即使在沉积物的分压低于纯组元的平衡分压时，沉积过程也会发生。如在 ZnSe 化合物沉积过程中，当 Zn、Se 的分压已低于纯组元的平衡压力（但高于化合物中组元的平衡分压）时，由于两种元素间存在相互吸引作用，一种原子仍会自发键合到另一种原子所形成的表面上。

## （三）层岛复合模式

在此模式下，最开始的一两个原子层的层状生长之后，生长模式从层状模式转化为岛状模式。导致这种模式转变的物理机制比较复杂，但根本原因应该归结于薄膜生长过程中各种能量的相互消长。而为了解释这种生长模式，研究者们提出了许多可能的假设。

有研究者认为虽然开始时的生长是外延式的层状生长，但是由于薄膜与基片底之间晶格常数不匹配，因而随着沉积原子层的增加，应变能逐渐增加。为了松弛这部分能量，薄膜在生长到一定厚度之后，生长模式转化为岛状模式。也有研究者认为当层状外延生长表面是表面能比较高的晶面时，为了降低表面能，薄膜力图将暴露的晶面改变为低能晶面。因此薄膜在生长到一定厚度之后，生长模式会由层状模式向岛状模式转变。还有部分研究者则认为这种生长模式与原子的键合有关，例如在 Si、GaAs 等半导体材料的晶格结构中，每个原子分别在四个方向上与另外四个原子形成共价键，但在 Si 的（111）晶面上外延 GaAs 时，由于 As 原子自身拥有五个价电子，它不仅可以提供 Si 晶体表面三个近邻 Si 原子所要求的三个键合电子，而且剩余的一对电子使 As 原子不再倾向于与其它原子发生进一步的键合，这时吸附了 As 原子的 Si（111）表面已具有了极低的表面能，这也就导致其后 As、Ga 原子的沉积模式转变为三维岛状的生长模式。

显然，在上述的各种机制中，一开始都是薄膜的层状生长的自由能较低，但在其后则是岛状生长模式在能量上变得更为有利，这说明能量的变化是这种生长模式的根本原因。

## 四、薄膜中缺陷及内应力的产生

缺陷和应力是薄膜固有的性能，对薄膜性能有重要影响。缺陷和内应力的产生与薄膜的生长过程密切相关。

### （一）薄膜中的缺陷

在薄膜形成的初期，岛较小的时候，都是单个的完整晶粒。但是，当它们长大后到彼此接触，除非它们相互结合后能形成单晶，否则就会出现晶界或晶格缺陷。而且即使两个初始核有着完全不同的取向，也经常能观察到两者结合后成为单晶的现象。在一些多晶薄膜中，至少在成膜的早期阶段，再结晶过程也会持续进行，这就会导致单位面积上的晶粒数远小于起始核密度。但当这些晶粒结合到一起时，大量的缺陷就会被镶嵌薄膜中，即使外延生长的单晶薄膜也是如此。

实际上，在薄膜生长过程中形成的缺陷往往要比在块体材料中还要多，这些缺陷对薄膜性能有着不同且重要的影响。缺陷的多少往往与薄膜制备工艺紧密相关，主要存在以下不同类型的缺陷。

#### 1. 小缺陷

主要指在沉积薄膜中常观察到的位错环、堆缺陷四面体和小三角缺陷等。薄膜里的位错环能长到 10～30nm。在蒸发薄膜中，可能形成大量空位，原因有两个：一个是入射原子进入薄膜晶格时的等效温度比基片温度高得多；另一个是金属薄膜迅速凝聚。因此沉积的原子层还未能与基片达到热平衡，即被新层所覆盖，这样许多空位会陷入薄膜中从而形成缺陷。

实验人员采用电镜观察蒸发薄膜，常可以发现未溶解的位错环和空位聚集体等小缺陷。

但是目前对于这类小缺陷的形成原因还没有完全厘清，并没有结论性的证据证明它们来自点缺陷的聚集。在许多薄膜的形成温度下，点缺陷的移动能力足够大，空位和间隙原子都能移动到薄膜表面上而消失。但是当薄膜的生长条件导致点缺陷的迁移能力很差时，则可能形成由于点缺陷的聚集而成的疵点。

### 2. 位错

在蒸发沉积的薄膜中最常见的缺陷当属位错，其密度为 $10^{14}\sim10^{15}\,m^{-2}$。目前有关薄膜中位错的资料大多都来自科研人员对面心立方金属薄膜的研究。在这种薄膜生长过程中，形成位错的机理有：①两个小岛的晶格彼此略为相对转向时相互结合以后形成由位错构成的次晶界。②因为基片和薄膜的晶格参数不同，所以两个岛间存在着不匹配的位移，当两岛长大到相互结合时就会产生位错。③在形成薄膜初期，薄膜中通常会有孔洞，而薄膜中的内应力正好能在孔洞边缘产生出位错。④在基片表面终止的位错能再向薄膜中延伸。⑤当含缺陷堆的小岛结合时，在连续薄膜中必须有部分位错连接这些缺陷堆。除此之外，在薄膜和基片的界面还能形成位错网以调节应变。

研究人员通过使用电镜测量了薄膜形成过程中的位错密度。实验结果表明绝大多数位错是在沟道和孔洞阶段产生，而在沟道和孔洞阶段产生的许多位错符合位移失配机理。该机理的特征之一是在孔洞边缘上形成位错。在薄膜形成过程中，即使沟道已经被填充，一些很小的孔洞（直径为 10～20nm）仍留在其中。几乎所有的这种孔洞都含有起始位错，而且常是几个位错。但若只是位移失配原理，每个孔洞只能有一个位错。因此除了这种机理外，还有产生位错的其它机理在起作用。

有人认为薄膜生长时，其中的应力和因此发生的塑性应变是在孔洞中产生多个起始位错的原因。在孔洞边缘处，当一个位错运动进入薄膜中以后，就会在对边留下一个符号相反的位错，在孔洞填充以后，就会成为一个实位错，这是因为在孔洞边缘处可以孕育多个同号位错，所以在一个孔洞边缘可以含有多个起始位错。

### 3. 晶界

薄膜中的晶粒往往非常小，这也就意味着相比于块体材料薄膜的晶界面积占比更大。薄膜晶粒尺寸的影响因素有很多。一般在吸附原子的表面迁移率很低的极端情况下，薄膜的晶粒往往并不会比临界核大很多。但是在通常情况下，当小岛长大到相互接触时，晶粒尺寸已经远大于临界核。这是因为薄膜中的晶粒尺寸主要依从于沉积条件和退火温度。当沉积速率较高时，虽然入射原子具有较大的表面活动能力，但是它却来不及扩散就已被后续层所掩埋。然而要出现这种情况，沉积速率需要超过某一临界值，小于这个临界速率时晶粒尺寸则只受温度限制；大于这个临界速率以后，才是随沉积速率的增大晶粒尺寸逐渐减小。而随着基片温度和退火温度的升高，晶粒尺寸增大。与此相反，低温则往往会导致晶粒尺寸较小。值得一提的是，即使在最低的基片温度下，如一直到液氦区，仍然看到金属沉积物是晶体结构，虽然它的晶粒很小，但是其仍然具有一定的尺寸。只有在大量的杂质与金属共沉积下，由于杂质会阻止晶粒的生长才会形成无定形或类液体结构。

晶界的大量存在会对薄膜的性能产生较大的影响。比如说，更多的晶界正是薄膜材料的电阻率往往高于块体材料的原因之一。此外，由于晶界中晶格的畸变较大，晶界上原子的平均能量高于晶粒内部原子的平均能量，这也就导致在服役环境中腐蚀和失效往往是从晶界开始的，也就是说大量晶界的存在会影响薄膜材料的服役时间。而且由于晶界中原子排列不规则，较多的空位、微量杂质原子也常富集在晶界处，因此杂质原子沿晶界扩散比穿过晶粒要容易，同时这也就可能会导致薄膜的均匀性与纯度下降从而影响薄膜的性能。

## （二）薄膜中的热应力和生长应力

前文提到多数薄膜都是在非平衡状态下制造的，各个岛也就并不是在平衡状态下充分合成的，说明制造成的薄膜往往并不是处于充分退火态，所以薄膜中基本都会存在一定的内应力。如图 7-16 所示，对于玻璃基片上的银膜来说，蒸镀银膜有收缩趋势（也就是说薄膜具有拉伸应力），而溅射银膜则有伸展的趋势（薄膜具有压缩应力）。

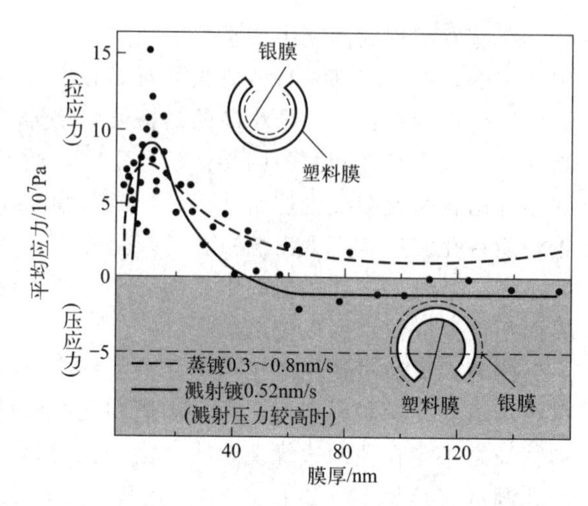

图 7-16　蒸镀银膜和溅射银膜中的残余应力

薄膜中的应力产生的原因是很复杂的，但通常可依据薄膜应力产生的根源，将薄膜中应力视为两类应力之和。其中一类是由于薄膜与基底之间热膨胀系数差别（双金属效应）而引起的热应力，另一类是由于薄膜生长过程的非平衡性或薄膜特有的围观结构所导致的本征应力。由于在实际研究中不可能把两类薄膜应力分别加以测量，因而通常的做法是根据薄膜和基底的热膨胀系数以及薄膜的沉积温度计算得出热应力数值，然后从实验测出的总应力中减去热应力的部分从而得到薄膜的本征应力数值。

### 1. 薄膜中的热应力

薄膜的热应力是指在变温过程中，由于受约束的薄膜热胀冷缩效应而引起的薄膜内应力。作为薄膜应力的重要组成部分，其产生的原因比较简单。一般薄膜的沉积过程都是在较高温度下进行的，如果薄膜与基底属于不同的材料，则在薄膜沉积后的温度变化过程中，薄膜与基底两者由于线膨胀系数的差别将有不同的热收缩倾向。由于薄膜与基底在界面处相互制约，因而薄膜与基底不同的热收缩倾向将导致薄膜与基底的应变。同时，应变将在薄膜内产生相应的应力。这部分由于薄膜与基底材料的线膨胀系数不同和温度变化引起的薄膜应力即为热应力。

### 2. 薄膜中的本征应力

薄膜的本征应力是指由于薄膜结构的非平衡性所导致的薄膜内应力。本征应力又被称为生长应力，因为它与薄膜和基底的成分、薄膜的制备方法及工艺过程都密切相关。薄膜材料的制备方法往往涉及某种非平衡的过程，比如较低温度下薄膜的沉积、高能粒子的轰击、气体和杂质原子的夹杂、较大温度梯度、大量缺陷和孔洞的存在、亚稳相或非晶态相的产生等等，这些非平衡过程都会造成薄膜材料的组织状态偏离平衡态，从而使薄膜内部产生应力。本征应力的产生及大小与薄膜的沉积过程有关。按其作用机理，薄膜本征应力的影响因素可被归纳为以下三个方面。

（1）化学成分方面的原因

在薄膜沉积的同时，薄膜内部有可能发生某种化学反应过程并在薄膜中诱发生长应力。总体来说，在沉积后不断有原子进入薄膜的情况下，薄膜中将产生压应力；而当原子以扩散的形式离开薄膜时，薄膜中则会产生拉应力。

（2）微观结构方面的原因

不同的薄膜微观组织会导致薄膜中产生不同的应力。在微观结构影响的薄膜本征应力的众多模型中，较有代表性的有以下几种。

① 薄膜结构的回复模型。这一模型认为在薄膜沉积的同时薄膜内部还存在着原子的扩散过程。这是因为在特定的沉积速度下沉积原子获得的表面扩散时间可能不够长，导致沉积原子不能在能量最低的晶格位置上安顿下来。因此，在薄膜沉积初期往往形成有序程度较低的亚稳结构。紧接着亚稳的薄膜结构将发生相变、有序化、回复与再结晶的过程。各种点缺陷和面缺陷的消除，原子排列的有序化一般总伴随组织的致密化，这种过程一般导致薄膜中产生拉应力。同时，在薄膜沉积过程中，薄膜表面以下仍进行着结构的回复过程，各种缺陷特别是孔穴、空洞在晶界和薄膜表面的湮灭均会导致薄膜体积的收缩，在薄膜中产生拉应力。这种组织的变化过程与沉积温度之间有着密切的关系，沉积温度较高、沉积速率较低的原子的表面扩散时间较长时，上述过程发生的驱动力下降。所以只有在一定的沉积温度下才会产生较大的生长应力。

② 岛状晶核合并模型。在薄膜沉积的初始阶段，相对独立的岛状薄膜核心间并不产生较大的作用力，晶核间的空洞使晶核间发生应力松弛，随着沉积的进行岛状晶核逐渐长大并相互接近，晶核表面的原子相互吸引使薄膜产生拉应力，并且当岛状结构演变为连续薄膜时，拉应力达到最大值，而在连续薄膜组织形成之后，薄膜中的拉应力有所下降。

③ 热收缩模型。在薄膜蒸发沉积的时候薄膜表面的温度高于薄膜内部，所以薄膜表面的原子可以移动，不会产生应力。而当薄膜内部温度较低时原子难以移动，同时因温度降低引起了晶格的热收缩并引起膜内产生拉应力。

晶界晶格失配模型：在外延薄膜的情况下，薄膜与基底点阵常数的失配也会在界面附近引发晶格畸变和相变的应力。

（3）粒子轰击的影响

粒子对于薄膜的轰击能够改变沉积组织从而影响薄膜中的应力。通常，一定剂量的粒子轰击会导致薄膜产生压应力，这主要是由于薄膜受到较高能量粒子的持续轰击、碰撞时会产生动量传递，这样的动量传递过程会使薄膜内产生注入缺陷和间隙原子、孔洞减少、孔洞附近的原子相互接近等现象，从而使薄膜内原子间距减小并出现组织致密化效应。因此多数溅射方法获得的薄膜具有压应力。而高的溅射功率、溅射施加负偏压、低溅射气压、低原子量的溅射气体、较高原子量的薄膜成分、低的沉积速率都会造成薄膜中气体杂质量增加从而导致压应力的提高。

当然，以上几个因素并不能完全概括薄膜生长应力产生的全部原因，在这方面还有许多问题需要进一步研究。

## 五、薄膜形成过程的计算机模拟

由于薄膜形成过程的实验研究比较困难，从 20 世纪 70 年代开始，国际上就有许多研究工作者用计算机模拟方法研究薄膜的形成过程。我国在 20 世纪 80 年代也开始利用计算机模拟技术研究薄膜的形成。常用的模拟方法有蒙特卡罗（Monte Carlo）方法和分子动力学（molecular dynamics）方法。

蒙特卡罗方法又称随机模拟法或统计试验法。用这种方法处理问题时，首先要建立随机模型，然后要制造一系列随机数用以模拟这个过程，最后再作统计性处理。在模拟薄膜形成过程时，成核、形成聚集体和形成小岛等都看成独立过程，并作随机现象处理。而分子动力学方法对系统的典型样本的演化都是以时间和距离的微观尺度进行的。

在两种方法中，处理原子和原子间相互作用时采用球对称的 Lennard-Jones 势能 $V(r)$

$$V(r)=4\varepsilon\left[\left(\frac{\sigma}{r}\right)^{12}-\left(\frac{\sigma}{r}\right)^{6}\right] \tag{7-60}$$

式中，$r$ 是原子和原子之间的距离；$\varepsilon$ 是 Lennard-Jones 势能高度；$\sigma$ 与 $r$ 有相同量纲。势能 $V(r)$ 在 $r=2.5\sigma$ 处截断，原子间相互作用时间间隔 $\alpha=0.03\sigma/[(m/\varepsilon)^{1/2}]$，$m$ 是薄膜原子的质量。

在处理离子和原子，特别是惰性气体离子和原子相互作用时，采用排斥的 Moliere 势能 $\Phi(r)$

$$\Phi(r)=\frac{Z_1Z_2\mathrm{e}^2}{r}(0.35\mathrm{e}^{\frac{-0.3r}{a}}+0.55\mathrm{e}^{\frac{-1.2r}{a}}+0.1\mathrm{e}^{\frac{-6.0r}{a}}) \tag{7-61}$$

式中，$a$ 是 Firsov 屏蔽长度，$a=0.4683(Z_1^{1/2}+Z_2^{1/2})-2/3$；$Z_1$ 和 $Z_2$ 分别是离子和薄膜原子的原子序数；e 是自然常数；$r$ 是原子间距离。下面简要介绍这两种方法。

### （一） Monte Carlo 模拟

蒙特卡罗方法是一种随机模型方法，它利用统计力学规律建立随机模型，然后通过一系列随机数模拟薄膜的形成过程。假设入射气相原子和基体原子是 Lennard-Jones 势能相互作用，则沉积气相原子在基体表面吸附过程中，在表面势场作用下具有一定横向迁移运动能量，并将沿势能最低方向从一个亚稳定位置跃迁到另一个亚稳定位置。迁移运动时的能量不断转化为晶格的热运动能，使沉积原子的迁移能量逐渐降低。如果在沉积原子周围的适当距离内存在其它沉积原子或原子聚集体，它们之间相互作用使沉积原子损失更多的迁移运动能量。这种过程一直持续到它的能量低于某一临界值，原子停止迁移运动而被吸附在基体表面上为止。假设垂直入射的气相原子转换为水平迁移运动时，其动能在一定范围内是随机分布的。以此为基础编制计算程序，可模拟出沉积原子在基体表面上的吸附分布状态。早期的蒙特卡罗方法多用于求解状态方程，模拟辐照对材料的影响以及薄膜形成过程。由于它更强调系统状态的统计性质，比起分子动力学，它能处理更多的微观事件。不过其计算过程更复杂，编制程序更烦琐。

在实际模拟计算过程中，蒙特卡罗方法只能选择一定尺寸的计算单元，要模拟宏观大系统，则必须选用合适的边界条件，这在计算中特别重要。另外一个影响模拟结果的重要因素是原子间相互作用势函数的选取。经验势函数形式简单，计算模拟较为容易，但模拟的准确度受到限制。而采用第一原理来确定原子间相互作用势函数计算量大，模拟结果一般较为精确。实际模拟计算所使用的势函数往往是两者的折中。

## （二）分子动力学模拟

对于分子动力学模拟，先假定沉积的气相原子或分子是球状的，并且它们是随机到达基片表面的。在到达基片后它们要么吸附在它们到达基体表面的位置上（迁移率为零），要么移动到由三个原子支持的最小能量位置上（对应于非常有限的迁移率）。在研究二维生长时，沉积原子不是三点支持的球状原子，而是二点支持的圆。当假设迁移率为零时，可模拟出松散聚集的链状结构薄膜，这种链状的分枝和合并则是随机的。当假设迁移率有限的情况下，可模拟出直径为几个分子尺度的从基体向外生长的树枝状结构。这种结构与实际的柱状结构有许多类似之处。

在上面研究的基础上进一步发展出另一种二维分子动力学模拟方法，其原理如图 7-17 所示。这种模型假设基体表面无任何缺陷，在这个表面上先紧密聚集原子层(平行于 $x$ 轴)。与基体表面垂直的 $z$ 轴为薄膜生长方向。入射的原子或离子都是从基体表面上方垂直入射到基体上。当基体温度 $T_S=0℃$ 时，可以消除热效应对结构变化的影响。在编排计算机程序时，对于原子与原子相互作用均采用球对称的 Lennard-Jones 势能，对于惰性气体离子与原子相互作用则采用排斥的 Moliere 热能。图 7-18 是利用这种方法模拟薄膜生长的结构图。从图中看到，当气相原子动能 $E$（ε 是 Lennard-Jones 势能）有不同值时，薄膜的结构也不同。例如，当动能 $E$ 较小时薄膜有较大的孔洞，动能 $E$ 较大时薄膜中孔洞和晶界都减少，薄膜表面比较平整光滑。

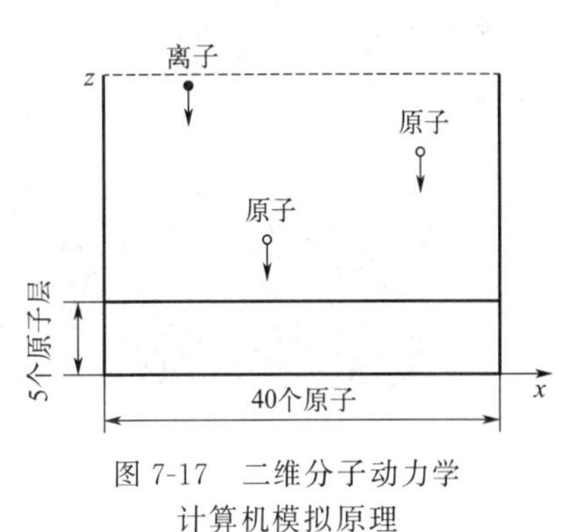


图 7-17　二维分子动力学计算机模拟原理

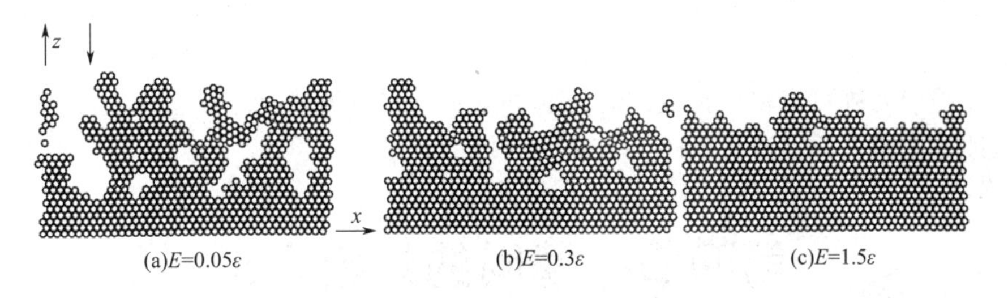


图 7-18　二维分子动力学模拟薄膜生长

图 7-19 是基体表面上最初 10 层原子平均相对密度与吸附原子入射动能 $E$ 的关系曲线。动能小于 0.5ε 的范围为真空蒸镀，大于 0.5ε 的范围为溅射镀膜。两者的差异主要和吸附原

子迁移率与入射动能有关，当动能小时吸附原子只能移动一个晶格距离，而动能较大时大多数吸附原子都能移动两个晶格距离。当动能较小时，在它们碰撞之后就向着由两个以前沉积原子形成的邻近支撑位置弛豫；当动能较大时（如 1.5ε），吸附原子更容易迁移或碰撞而移动较长的距离。

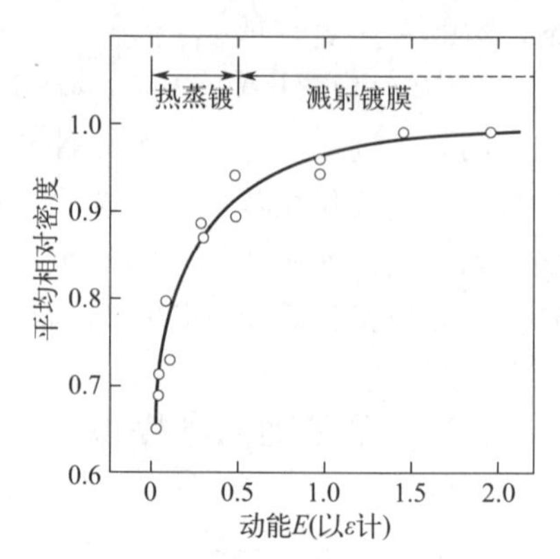

图 7-19 基体上最初 10 层原子平均相对密度与入射动能的关系

用计算机不仅可模拟一般的薄膜生长过程，还可模拟薄膜掺杂或离子（束）辅助增强沉积过程。在薄膜生长过程中对薄膜进行离子轰击或对气相原子进行轰击使之电离成离子，可提供额外的激活能增强聚集密度。计算机模拟离子（束）辅助薄膜形成过程发现，提高薄膜聚集密度的机理是增加沉积原子的迁移率和轰击展平的机械过程。图 7-20 是 Ti 薄膜形成过程中离子（束）辅助沉积的计算机模拟图。可以清楚看到，离子轰击可有效地抑制柱状结构的生长。真空蒸镀时，Ti 原子动能只有 0.1eV，形成的柱状结构非常明显。若用动能为 50eV 的 16%的 $Ar^+$ 轰击，Ti 原子迁移能量增大，薄膜中孔洞和晶粒间界显著减少；当用 $Ti^{4+}$ 对 Ti 薄膜进行轰击，因两者质量相同彼此吸引，$Ti^{4+}$ 被注入到 Ti 薄膜中使结构更加致密。

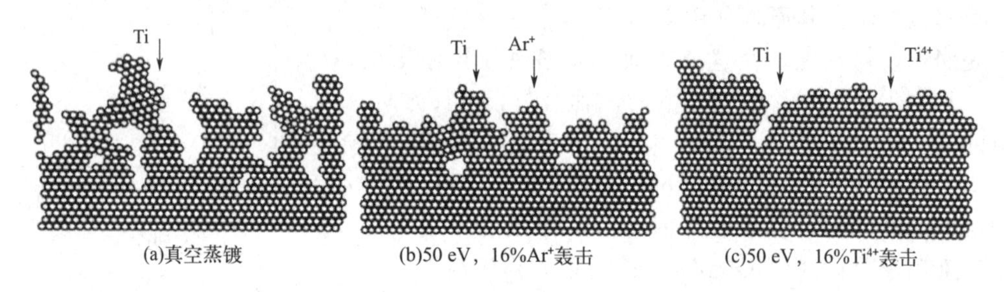

图 7-20 离子（束）辅助薄膜生长的计算机模拟

在实际应用过程中，薄膜生长的基体表面除了平整表面外还可以是其它多种形式，比如台阶型表面、尖头表面、无序表面等，而且各表面上还可能发展成鳞片状、螺旋状、沟槽等复杂结构，在这样的表面还使用简单的欧几里得形状来分析是不恰当的。但是由于定量描述粗糙表面的困难性以及相关研究的滞后性，目前大部分的理论模型都是围绕理想平整表面来分析的。随着近年来分形概念的进一步讨论和计算机模拟技术的快速发展，研究者们发现计算机模拟过程中系统可以精确控制同时还能够避免一些突发情况的出现，所以计算机模拟给探索和验证非平衡表面薄膜生长理论提供了更好的方法。

# 第四节 薄膜的外延生长

外延生长是一种薄膜制备技术，是在沉积层与基底存在晶体学位向关系时，从基底上定向生长取向薄膜或单晶薄膜的技术。外延生长是制备单晶材料的重要手段。外延的薄膜缺陷很少，非常适合研究材料的内禀性能，因此外延生长深受物理学家的青睐。

按照基底与外延薄膜化学成分的异同，外延可以分为同质外延和异质外延两种类型。同质外延是指生长外延层和基底是同一种材料。集成晶体管中从基底单晶硅晶圆上外延生长硅薄膜就属于同质外延的应用，一方面高电阻外延层与低电阻基底保证了晶体管有高的击穿电压的同时，电压饱和压降也小；另一方面外延硅薄膜具有极少的缺陷，相较于硅基底更纯也更易于掺杂。异质外延是指外延生长的薄膜材料和基底材料不同，或者生长的薄膜的化学组分甚至是物理结构和基底完全不同。相较于同质外延，异质外延具有更为广泛的应用，像发光二极管（LED）和激光等光电器件采用的化合物半导体就是利用异质外延制备的。

图 7-21 所示为三种外延结构。对于异质外延，如果外延薄膜与基底之间的晶格错配较小，外延的界面将类似于同质外延界面。薄膜与基底之间通过晶格畸变实现外延生长。但当晶格错配程度较大，这时单引入晶格应变已无法满足点阵间的连续过渡，此时在界面上将出现位错缺陷，也即弛豫外延。实际上，由于不同物质的晶格常数不可能完全一样，较厚的异质外延层会通过产生晶格缺陷来补偿晶格的失配。所以外延层里的缺陷难以避免。当晶格常数略有不同（失配）时，对于较薄的异质外延层，外延层与基底之间产生的是应力而不是缺陷。这种情况称为赝晶生长或“伪结晶”。赝晶生长层的最大厚度，取决于失配量和生长层的力学性质。在百分之几的失配之下，最大（临界）厚度为几十纳米。在界面附近，最初的几层薄膜试图匹配基底的晶体结构。外延的薄膜和基底不同的晶体结构以及晶格弛豫与重构，加上界面处的电子杂化，可能会导致一些新奇特性出现。

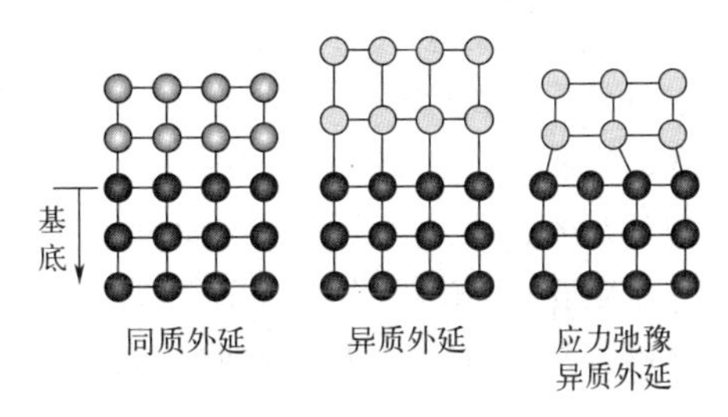


图 7-21　三种外延结构

外延技术生长薄膜易于控制薄膜的纯度、完整性以及掺杂级别，不仅能够生长纯元素单晶薄膜，而且能够用于生长各种半导体化合物乃至量子阱、超晶格甚至二维材料等。

## 一、外延生长机理

根据外延生长物质的来源，外延分气相外延与液相外延两种。气相外延根据外延过程，可以分为化学气相外延（典型例子是金属有机化合物气相外延 MOVPE）和物理气相外延（如分子束外延 MBE），现代的外延生长主要是气相生长。

### 1. 气相外延生长

在第一节中提到气相原子在入射到基片表面时仍具有一定能量，在基片表面存在气相原子的吸附、蒸发和反射等三种情况。当气相原子被固体表面的不饱和键所吸引，此时便发生了吸附现象。吸附的原子再得到能量也可能会再蒸发，其中有个停留时间，在该时间内，如果该原子发生扩散并迁移到合适的晶格位置，才会对薄膜的生长做出贡献。

吸附原子与入射原子的数目比值，称为黏附系数。在温度高于某个临界温度，或基片表面的原子密度低于某个临界值时，原子主要发生再蒸发过程不能沉积成薄膜。这个临界温度与临界密度满足以下关系式

$$n_c=4.7\times10^{22}\exp(-2800/T_c) \tag{7-62}$$

当基底的温度 $T_c$ 低于临界温度，或蒸气密度高于临界密度时，此时以凝聚为主，但一般也不是100%凝聚，凝聚（黏附）系数 $\alpha$ 小于1。

外延生长的薄膜要求形成晶格结构与取向和基片相同的单晶。因此沉积在基片表面的原子需要按基片晶格形式再排列。这就要凝聚原子克服基片表面原子对它的吸附势垒，迁移到基片表面适当的位置。当势垒高度为 $\varphi$ 时，克服势垒移动概率正比于 $\exp[-\varphi/(kT)]$。因此需要基片具有一定的温度。在图7-22中给出了常用外延生长技术的适宜温度-压强的大致范围。

气相外延生长有直接过程和间接过程两种。直接过程是指沉积并生长的材料（例如硅）本身是蒸气的源物质，先通过蒸发、升华和溅射等的方式在基片表面前形成具有一定原子密度的气相空间；然后以气相原子形态沉积在基片表面上。在合适的沉积条件下，原子在加热的基片表面上发生迁移，移动到适当的位置，并按基片的晶体结构对准排列。该过程的典型例子是在硅晶圆外延生长硅薄膜：整个外延生长过程在高真空室中进行，先利用电子束轰击硅蒸发源，在基片表面附近形成足够压强的硅蒸气。同时电子束轰击可以对基片加热，沉积在基片硅单晶上的硅原子能够有效地迁徙到形成晶体的合适位置。间接过程的源物质并不是沉积生长的物质，而是通过化学气相沉积的方式使外延生长物质沉积到基片上。在硅的化学气相淀积中，基片单晶硅被加热到合适温度，气相的硅烷化合物在基片表面发生裂解反应生成硅原子，硅原子沿基底的结晶结构定向地生长出硅膜。以 $SiH_4$ 的裂解为例：$SiH_4 \longrightarrow Si+2H_2$。其外延生长的过程包括：反应气态物质（$SiH_4$）由气流中通过扩散穿过气流的边界层到达基片的表面；反应气体的原子吸附在基片表面；在表面上发生一系列的化学反应和凝结；反应生成的气态分子解吸附和通过扩散穿过边界层到主气流中；反应生成的硅原子在表面迁移到合适位置并沿晶格方向排列。

气相外延生长技术被广泛用于生长GaAs、GaAlAs、InP、AsP、GaP、GaIn等半导体材料单晶层，制作发光二极管、激光器、太阳能电池、微波器件等。

### 2. 液相外延生长

液相外延生长是基于溶质在液态溶剂中的溶解度随温度变化而发生改变的原理，包含溶质的饱和溶液，在与单晶基底接触后发生冷却并析出，适宜条件下就能在基底上外延生长对应溶质成分的薄膜。这个过程可以用平衡相图来描述。以图7-23所示的Ga-As体系为例，用Ga作为溶剂，GaAs作为待生长的外延薄膜。溶液起始温度为 $T_a$，此时溶液中As浓度为 $C_{L1}$，当温度为 $T_A$ 时与GaAs基底接触，此时 $A$ 点处于液相区，液体溶剂溶解度上升，GaAs基底将发生溶解（俗称吃片子），等相点 $A$ 向右移动至 $A'$后，溶液饱和，GaAs基底停止溶解。如果此时降温，溶液组分沿液相线按箭头方向移动，溶解度下降，溶液呈过饱和状态，如不存在过冷，GaAs发生析出。在适宜条件下，析出的GaAs按照GaAs基底晶格方向排列形成单晶的外延薄膜。

液相外延生长涉及的因素繁多，包括液-固两相之间的热力学平衡、溶质扩散、对流、表面吸附动力学、组分过冷等等因素，因此，从平衡液相线数据计算得到的生长外延层情况与实际得到的相差很多。下面以稳态液相外延生长为例对其扩散方程进行介绍。

稳态液相外延生长中，源晶片与基底被浸入溶液的两端，源片的温度高于基底，二者之间被控制形成稳定的温度差。由于溶解度随温度下降而减小，故溶液中溶质的浓度从源晶片到基底逐渐降低，形成稳态的浓度分布。源的溶解与基底上的生长速度相等。如果溶质的输

运完全由扩散进行，扩散动力来自浓度差，平行排列的源片和基底片，其输运速率可由解稳态扩散方程（7-64）得到

$$D\frac{\delta^2 C}{\delta x^2}+f\frac{\delta C}{\delta x}=0 \quad (7\text{-}63)$$

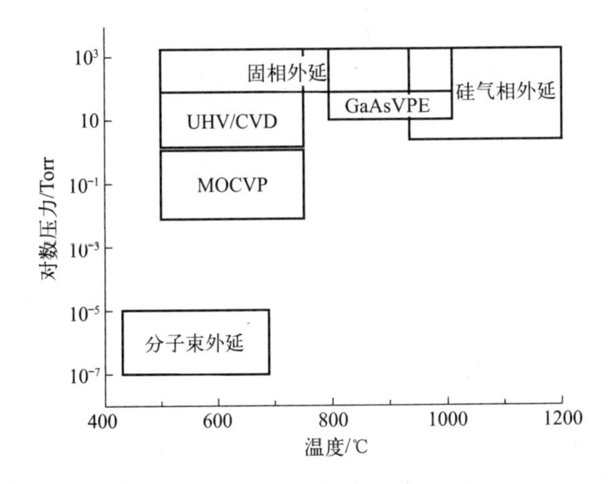


图 7-22　不同外延生长技术温度-压强分布

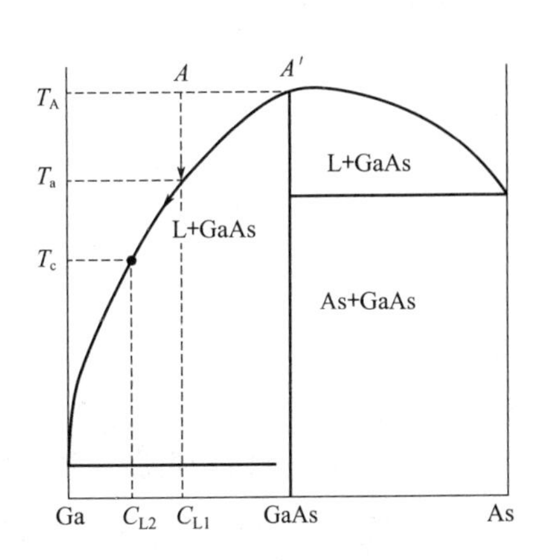


图 7-23　Ga-As 外延生长原理

式中，$D$ 为溶液内溶质的扩散常数；$C$ 是溶质浓度；$x$ 为基底表面的法线坐标；$f$ 为输运速率。假设溶液与源片和基底表面在各自温度（$T_1$、$T_2$）下分别处于平衡，则两者表面上溶质的浓度（$C_W$、$C_0$）等于由该体系的液相线所给出的在各自所处温度下的溶解度。在这些边界条件下，应用质量守恒定律就可以得出晶体生长速率

$$r=\frac{D}{W}\ln\frac{C_0-C_s}{C_W C_s} \quad (7\text{-}64)$$

式中，$C_s$ 为外延生长的固相中溶质浓度；$W$ 为平行放置的源片和基底之间的距离。就 GaAs 等二元化合物的溶解度与温度关系来说，生长速率 $r$ 与溶液内的温度梯度 $(T_1-T_2)/W$ 呈线性关系。稳态液相外延生长薄膜较厚且厚度不均匀，绝大多数化合物半导体器件所使用的是用瞬态液相外延生长的薄外延层（厚度为 0.1 微米到几个微米之间），外延层在厚度上比稳态法生长的要均匀得多。四种瞬态液相外延生长法是平衡冷却、分步冷却、过冷和两相溶液冷却。在图 7-24 中展示了液相外延期间温度随时间变化的曲线。

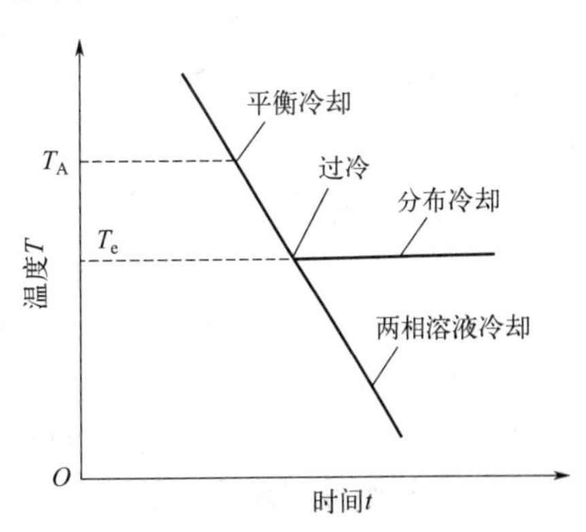


图 7-24　四种不同的瞬态液相外延生长技术的溶液冷却过程
（指示线处表示生长溶液开始与基底接触的时间）

## 二、外延生长形式

薄膜的外延生长模式本质上还是基于薄膜生长的三种形式（图 7-15）。

同质外延时或者沉积物质与基片物质具有非常接近的晶体结构参数（共度）时，外延生

长的形式是层状生长（Frank van der Merwe）型。起初沉积黏附的原子聚集形成临界核，这种临界核是二维的、单原子层形式的。继而，在这些单层核的边上发生二维岛式的生长发展，与晶格匹配，逐渐发展到生长完一个原子或分子层，再生长第二层。外延生长过程中，沉积原子层的生长过程显然与凝聚附着的沉积原子在基片表面的扩散（或称迁徙运动）有关。迁徙运动要求基片达到足够高的温度，使凝聚附着的沉积原子具有足够高的运动能量，能克服附着部位原子的局部势垒，即表面扩散激活能。原子移动到晶体结构的台阶或缺陷处，便可能停留在这里，导致晶格表面层的长大。当然，温度过高会使凝聚的原子再蒸发，也不利于外延生长过程。核化边的形成发展速率 $R_n$ 依赖于沉积物在蒸气中的密度 $n_0$、形成核化边的自由能 $F$ 和温度 $T$

$$R_n \approx n_0 \exp\left(-\frac{F}{kT}\right) \tag{7-65}$$

一般来说，异质的外延，即沉积物质与基片的晶格结构不匹配时，属于核生长（“岛”状生长——Volmer-Weber）类型。核生长的初始步骤是形成生长的核（核化）；核化的过程包括起始的凝聚并黏附的沉积原子与随后沉积上来的原子结合形成原子对或原子团，导致多层岛式临界核（约 0.5nm 的微核）的形成并随机分布在表面；微核（“岛”）以三维的形式长大形成三维结构的岛；相邻小岛接触并结合，形成网络状的薄膜；最终凝聚吸附的原子填满了空白的沟道，形成连续的薄膜。这一过程相当复杂，尤其是牵涉化学和电化学反应时，更为复杂。有人利用电子显微镜进行了实验观察上述诸过程的发展。

此外，外延生长还可以通过层核生长（Stranski-Krastanov）型方式，它是上述两种生长形式的混合形式。生长过程既有层的形式，又有岛的形式，生成的连续层上又有岛的结构。局部层的生长和岛的生长再衔接构成连续的膜时，在它们的连接部分容易产生晶体的缺陷，这些缺陷可能最终在生长出的薄膜中保留甚至发展。生长过程中的杂质和污染，会使薄膜中的缺陷大大增加。

## 三、分子束外延

分子束外延（MBE）是一种在超高真空条件下，通过加热原材料形成一种或多种定向原子/分子束，束流入射在适合温度的基片上反应并沉积生成外延薄膜的技术。由于在制备过程中保持着超高真空，配合原位监测和分析系统，MBE 能够精确控制原材料的中性分子束强度，从而得到高质量单晶薄膜。

分子束外延实质上是一种真空蒸发技术，但由于薄膜外延过程中所需的高洁净度生长环境，因此 MBE 相比传统真空蒸发方法，具有以下特点：

① 为避免杂质气体（如残余气体）污染薄膜，MBE 在外延过程保持超高真空度（低于 $10^{-7}$ Pa)，因此薄膜的纯度很高，与离子注入、干法刻蚀等半导体制备工艺具有良好的相容性。

② 超高真空的环境允许使用多种原位分析工具，如反射高能电子衍射（RHEED）和俄歇电子能谱的使用，有助于原位的监测与控制薄膜的生长过程。

③ 一般来说 MBE 外延生长缓慢，生长温度低（例如 GaAl 生长温度 600℃，生长速率 1 pm/h)，能够减少杂质的含量，避免杂质对外延层的扩散以及热膨胀引起的晶格失配。

④ 缓慢的生长速度使薄膜厚度和界面结构易于控制，可以制备原子尺度的极为平坦的膜层，便于制作超晶格、异质结等。

⑤ 利于薄膜成分以及掺杂浓度的严格控制，能够制备出掺杂浓度急剧变化的器件。

⑥ 由于外延生长过程处于非热平衡条件下进行，制备的外延层掺杂浓度甚至可以超过固溶极限。

当然相较传统真空蒸发方法，MBE技术也具有设备价格昂贵、薄膜生长时间长、不易于大规模工业化生产等缺点。

如图7-25所示，MBE设备通常包括超高真空腔体、高纯度蒸发源、过渡室、反应气体进入管、分子束盒以及诸多生长速度监控与原位测试设备，例如俄歇电子谱仪、扫描隧道显微镜、反射式高能电子衍射装置、二次离子质谱仪以及低能衍射装置等。在外延层生长过程中，可以原位监测基片表面与外延膜生长情况，并随时对外延膜生长条件进行优化，有利于对外延膜的组分和结构进行控制。为进一步获得更高的超高真空度，MBE装置除了离子泵外，还有烘烤除气系统。

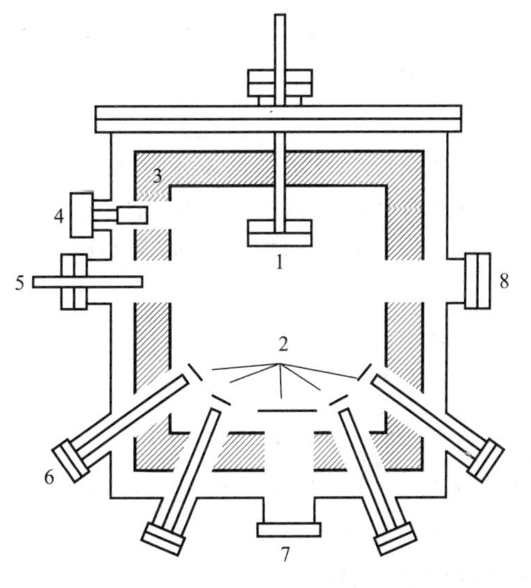

图7-25 MBE生长室简图

1—可旋转样品架；2—挡板；3—液氮冷阱；4—四极质谱仪；5—RHEED电子枪；6—束源炉；7—红外测温窗口；8—RHEED荧光屏

MBE的核心是组成膜材料的分子束源，束源一般有固态源和气态源两种。其中固态源普遍采用克努森（Knudsen）盒式蒸发源，通过电阻丝加热束源盒，将束源盒中的固态物质源加热到蒸发温度，从而产生稳定原子/分子束流。其理论基于Kundsen蒸发源模型。盒材料主要有高纯石墨、热解氮化硼（PBN），以及钨、铂、铊等高熔点金属等。在设计分子束盒时，需要对诸如快速热反应、避免盒材料与待蒸发材料发生反应、均匀加热等因素加以仔细考虑。高纯石墨作为盒材料成本低且易于机械加工，但也具有更强的化学活性。由于热解氮化硼具有较高的热稳定性和化学稳定性（使用温度小于1200℃），因此其作为盒材料更为普遍。而对于难熔金属和金属氧化物，电阻丝难以达到它们的熔点，需要通过聚焦电子束加热熔化，从而产生可用的原子/分子束流。此外，为了生长高质量外延膜，分子束盒需要与真空室有良好的热分离性，以减少真空室壁的排气，因此需要用液氮对分子束盒进行冷却。

固体分子束源的MBE技术无法用于生长具有非常高的蒸气压的物质如磷化物薄膜，此时原子往往还没有到达外延层表面，就已经来不及合并而脱附了。不同于传统固体源MBE，气源型的化学分子束外延（CBE）兼具有MBE与金属有机化合物化学气相沉积（MOCVD）等的诸多优点，被用来外延生长GaAs、AlGaAs、InGaAs和InP等化合物薄膜。在CBE技术中，Ⅴ主族元素以气相氢化物作为物质源提供，Ⅲ主族元素以固相纯金属源蒸发提供，气体分子经过耦合线圈，电离成更容易参与反应的原子或者激发的分子，解离效率更高，生长速度更快。相比于MBE，CBE具有以下优点：使用半无限大材料源便于精确控制电子束流的作用；单一的Ⅲ主族分子束能够保证薄膜成分均匀；易于获得高的沉积效率。相比于有机金属化学气相沉积，CBE可以得到界面明显的异质结和超薄层，薄膜生长环境极为干净，同时便于对外延层原位表面监测与分析。

CBE的生长系统的结构类似于在金属有机化合物化学气相沉积系统。对于Ⅲ-Ⅴ主族元素化合物薄膜，一般选用氢气作为载体输运低压气相Ⅲ主族氢化物，分立的气体入口用于有机金属和氢化物气体，利用对电子流量的精确控制来调整进入真空室的各种气体的流量。在早期，有使用比氢化物安全的Ⅴ主族烷基化合物用于CBE，但是，它们的纯度较差。在由商业化MBE系统改造的金属有机化合物MBE（MOMBE）系统中，也有人使用三甲醛或三乙醛Ga和$AsH_3$外延生长了GaAs。

CBE技术的生长动力学与MBE的完全不同，相对于MOCVD也有所不同。由于Ⅲ主族烷基分子直接碰击基片，加热基片表面或获得足够热能使金属有机化合物分解，留下Ⅲ主族原子在表面，或重新蒸发未分解或部分分解的金属有机化合物，这要取决于基片温度和金属有机化合物的到达率。在较高的基片温度下，生长速率取决于Ⅲ主族烷基的到达率；在较低温度下，生长速率则受表面分解率所限制。

例如，Hirayama等用分子束外延气源，以$SiH_4$和$GeH_4$作为Si和Ge的气相源，气源气体在另一真空室中混合，该真空室使用额外的分子泵独立抽真空，在Si（100）表面上，异质外延生长$Si_{1-x}Ge_x$层。进入此真空室的$Si_2H_6$流量保持在6.7 mL/min，而$GeH_4$流量可从0变到3 mL/min以控制$Si_{1-x}Ge_x$生长层中Ge的摩尔分数。在生长室中，混合气体被引向Si（100）基片。外延层生长速率随$GeH_4$流量的增加而缓慢减小。在外延生长过程中，系统气压在$2\times10^{-6}\sim1\times10^{-4}$ Torr范围之间，混合气体的流量大约为2 mL/min。生长过程中基片温度为630℃。

MBE系统中具备超高真空的外延生长环境，因此可以使用电子束、离子束和光学等多种测试手段对外延层的生长过程进行原位表征。这些直接原位表征设备有：低能电子衍射（LEED）、反射高能电子衍射（RHEED）、表面光吸收（SPA）、低能离子散射（LEIS）、发射差光谱（RDS）。间接表征设备有二次离子质谱仪（SIMS）、俄歇电子能谱（AES）、X射线（UV）光发射光谱（XPS，UPS）、扫描隧道显微镜（STM）、角分辨光电子能谱（ARPES）。

## 四、液相外延

液相外延（LPE）是一种从含有待生长材料熔融体或溶液中析出并生长薄膜的方法。对于熔体中生长外延薄膜，首先按照相图配置含有待生长材料的过饱和熔源，熔源和基片在系统中一开始保持分离，降到一定温度后过饱和熔源与基片接触，并按照一定的速度冷却，使待生长的合金材料以单晶薄膜的形式析出。一段时间后即可获得所要的薄膜，而且在膜中也很容易引入掺杂物。该技术生长晶体的完整性非常好，除了基片缺陷的延伸之外，其本身可以做到几乎不引入任何新的缺陷。

相比于其它外延技术，液相外延具有成本低廉、生长速率快、易于控制外延薄膜成分与厚度、掺杂灵活等优点，非常适合ⅡA-ⅤA族半导体单晶材料的外延生长。但是，LPE薄膜生长涉及因素繁多，包括液-固两相之间的热力学平衡、界面吸附动力学、溶质分凝、形核、热传递以及原子的扩散等等因素，因此对LPE薄膜生长的分析，尤其对于三元以上的

LPE 生长体系，显得十分复杂。故有时 LPE 生长的表面可能远远偏离理想生长状态。

20 世纪 60 年代，Nelson 开发 LPE 技术生长 GaAs，LPE 生长曾广泛应用于化合物半导体器件的制备。LPE 外延薄膜生长包括以下三种基本生长方法。

### 1. 倾动式液相外延生长

Nelson 开发的倾动式液相外延生长系统如图 7-26 所示，通过控制石墨盘的倾转，使基片与含有待生长物质溶质的饱和或近饱和溶液接触，冷却时，溶质从溶液中析出，在基片表面生成外延薄膜。再控制石墨盘回到原来位置，溶液离开基片，对于一些残留在基片表面的黏附物可以采用适当的溶解液去除。

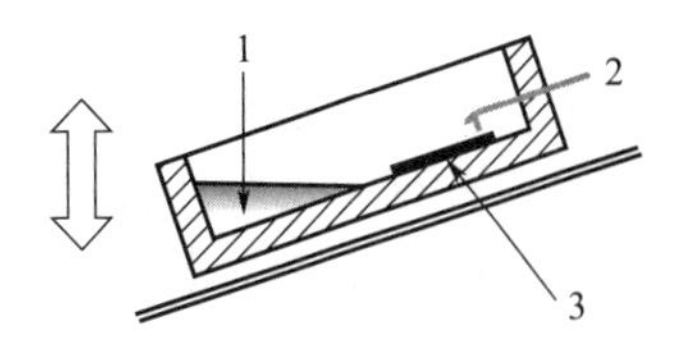

图 7-26 倾动式液相外延生长系统
1—溶液；2—基片夹板；3—基片

### 2. 基片浸透外延生长

在图 7-27 所示的垂直生长液相外延系统中，基片下方是加热到适宜温度的熔体液，通过控制基片的上下运动，从熔体中垂直提拉基片，在基片表面上形成所需的外延层薄膜。

### 3. 滑动外延生长技术

滑动技术在操作原理上与浸透系统相似，但在控制熔体与基片接触的方法上有所不同。如图 7-28 所示，整个滑动系统放置在石英炉管中，熔体被包裹在可滑动的石墨盘热源中，基片位于热源外部靠后的位置，选择适当的升温程序，一旦达到了外延薄膜的生长条件，滑板带动基片滑动到熔体下方，开始外延层薄膜的生长。在此基础上，还开发了多熔体源技术，此时石墨盘的熔体源有多个，滑板带动基片顺序地移动到不同熔体源下方依次与之接触，通过控制或选择适当的掺杂物、溶液和加热程序，可以将电学、光学以及厚度可控的不同类型膜依次地沉积在基片表面上。在 LPE 生长技术中，滑动技术使用更为常见。

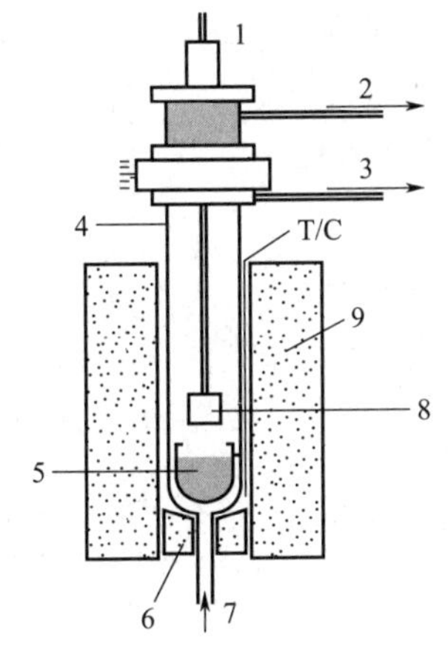

图 7-27 垂直生长液相外延系统
1—石英棒；2—真空排气口；3—氢气出气口；4—石英管；5—熔化坩埚；6—固定塞；7—氢气进气口；8—基片；9—电阻炉

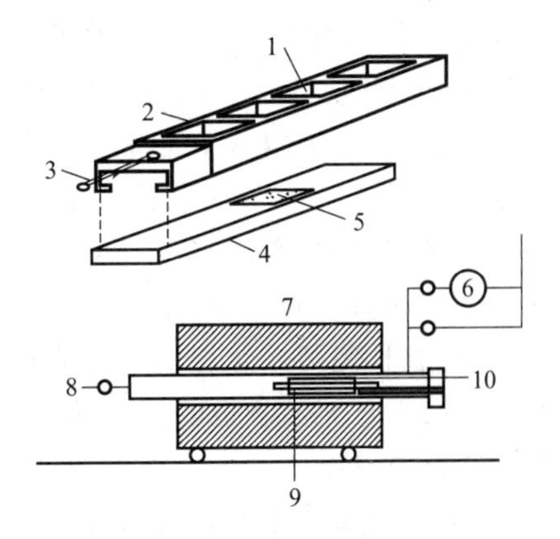

图 7-28 水平滑块式液相外延系统
1—熔解箱；2—滑块；3—推杆；4—基片支架；5—基片；6—气泵；7—移动加热炉；8—氢气进气口；9—滑块组件；10—推杆

### 4. 溶液中的外延生长

有些半导体材料，例如 GaAs，可以通过将其溶于某种溶剂的溶液里进行外延生长。实质上就是将基片浸入处于过饱和状态的溶液里，溶液的溶质析出并按基片的晶格结构生长。过饱和溶液可以通过加热状态的饱和溶液降温来获得。

溶液外延生长时，将液相的生长在电化学控制下进行，称为电控（电化学）液相外延。基片作为一个电极，在溶液中插入另一个电极，并通电形成电流。在溶液里有电流流过时，溶液里有电迁移和珀耳帖冷却效应。前者有助于补充基片附近的溶质浓度，后一效应引起溶液里有一个温度的分布梯度。在基片附近降温，有助于形成和保持过饱和溶液并影响固-液边界层的附着，大大加快外延生长的速度。InSb、InP、GaAlAs、石榴石等复杂外延薄膜都曾用这种方法成功地进行外延生长。

## 五、热壁外延

热壁外延（HWE）是一种特殊的气相外延生长技术，其实质上属于真空蒸发沉积技术。在 HWE 中蒸发源与基底被人为创造了一个接近热力学平衡的等温的蒸发腔。如图 7-29 所示，整个系统放置于密闭的真空石英管中，源材料与管壁被电阻加热器加热保持恒温，热壁保持温度均一，为气体分子的输运提供一个热力学平衡环境，管壁上的分子受热蒸发或升华，而基底处的温度则稍低以提供外延生长所需的温度梯度。和 MBE、MOCVD 等技术相比，热壁外延的设备简单、操作方便、节省原料，同时也能生长出质量优异的单晶外延层，达到了 MBE 和 MOCVD 法生长的单晶质量。这一技术还具有如下优点：①源材料的蒸发损失小；②外延膜的生长环境洁净；③源材料与基底的温度差可以大幅度降低。

基于图 7-29 所示的原始热壁系统装置，研究人员设计了许多 HWE 装置变体，利用这些变体制备了许多ⅡA-ⅥA、ⅢA-ⅤA 和ⅣA-ⅥA 族的半导体化合物薄膜。

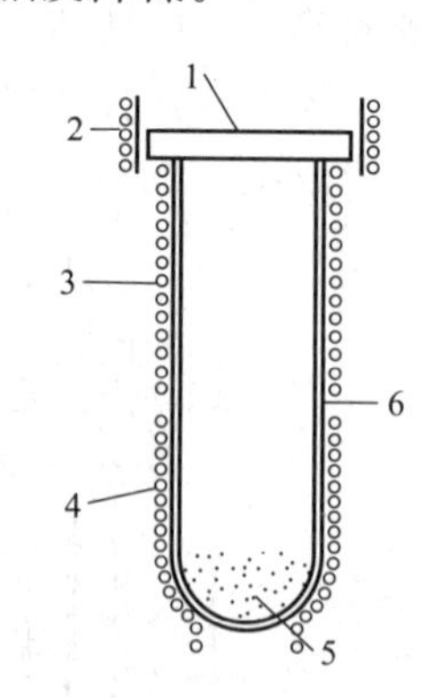

图 7-29　简单热壁系统
1—基底；2—基底加热电阻丝；3—管壁加热电阻丝；4—蒸发源加热电阻丝；5—蒸发源；6—石英管

Sadeghi 等利用 HWE 技术，在 $SrF_2$ 基片上外延生长了原子比可控的 GaAs 外延薄膜。在该 HWE 装置中，多晶 GaAs 作为源材料位于石英管的底部，在石英管上半部放置纯 Ga 用于调整 GaAs 的化学配比和生长速率，将解理的（111）晶向的 $SrF_2$ 基片作为半封闭盖，系统中布置了许多辐射屏蔽板，以防止管壁过热。所使用的各种温度范围如下：GaAs 源 900～950℃；Ga 源 850～950℃；基片 560～610℃。

Krost 等对生长ⅣA-ⅥA 化合物外延薄膜热壁系统的生长管进行了改进，采用了三元石英管系统制备了 $Pb_{1-x}Eu_xTe$ 单晶外延膜。生长管采用 $BaF_2$（111）或 KCl（100）基片密封，基片安装在 Cu 盘上以确保基片表面温度均匀。在蒸发过程中，Eu 蒸气的一部分在加热炉中反应形成 EuTe，导致气压减小，通过将包含 Te 的内管拉长，可以去除不需要的反应，沉积前真空系统的背景气压为 $0.75\times10^{-7}$ Torr，其它典型的生长条件为：$T_{壁}=60\sim660$℃；$T_{PbTe}=520\sim560$℃；$T_{Te}=300\sim350$℃；$T_{基片}=440\sim460$℃。

由于Cd与Te具有不同的黏附系数，故采用气相法生长CdTe膜一般是比较困难的。Schikora等在（100）GaAs基片上，通过HWE法外延生长了（100）取向的CdTe外延薄膜。也有人利用简单的热壁装置，在GaAs基片上生长了（100）取向CdTe外延薄膜，沉积条件包括基片温度390～420℃、源温度495～510℃、生长速率2～5μm/h。

## 六、金属有机化合物化学气相沉积外延生长

金属有机化合物化学气相沉积（MOCVD）是利用金属有机化合物发生化学反应达到薄膜沉积的气相沉积技术。沉积时将待沉积的基底（抛光晶圆片）放入外延炉反应室进行加热，反应物的ⅡA族（Mg等）、ⅢA族（Ga、In、Al等）金属元素的烷基化合物（甲基或乙基化合物）与非金属（ⅤA族或ⅥA族元素，N、P、S等）的氢化物（或烷基物）气体，通过精确电子控制其气体流速按比例进行混合送入反应室。当混合气体流经热的基底表面时，在高温下发生热分解反应，生成ⅡA-ⅤA族或ⅡA-ⅥA族化合物晶体沉积在基底上，经过不断的磊晶过程，最终得到化合物半导体外延层。作为含有化合物半导体组分的原料，化合物有一定的要求：①在常温下较稳定而且较易处理；②反应的副产物不应阻碍外延生长，不应污染生长层；③在室温下应具有适当的蒸气压（≥1Torr）。

金属有机化合物化学气相沉积法的最大特点是它可对多种化合物半导体进行外延生长。与其它外延生长如液相外延生长、气相外延生长相比，这一工艺有以下特点：①反应装置较为简单，生长温度范围较宽。②可对化合物的蒸发进行精确控制，膜的均匀性和膜的电学性质重复性好。③原料气体不会对生长膜产生刻蚀作用。因此，在沿膜生长方向上，可实现掺杂浓度的明显变化。④只通过改变原材料即可生长出各种成分的化合物。

金属有机化合物化学气相沉积生长系统一般包括五个子系统：反应室系统、原材料输运系统、控制系统、原位监测系统以及尾气处理系统。反应室系统是整个系统的核心，存在有多种类型。根据反应室工作压力则可以分为常压金属有机化合物化学气相沉积（AP-MOCVD）和低压金属有机化合物化学气相沉积（LP-MOCVD）反应室。根据气流方向与基底的关系可以分为水平式和立式反应室。图7-30给出了$Ga_{1-x}Al_xAs$生长所用的垂直式生长装置。使用的原料为三甲基镓（TMG）、三甲基铅（TML）、二乙基锌（DEZ）、$AsH_3$和n型掺杂源$H_2Se$。高纯度$H_2$作为携载气体将原料气体稀释并充入到反应室中。在外延

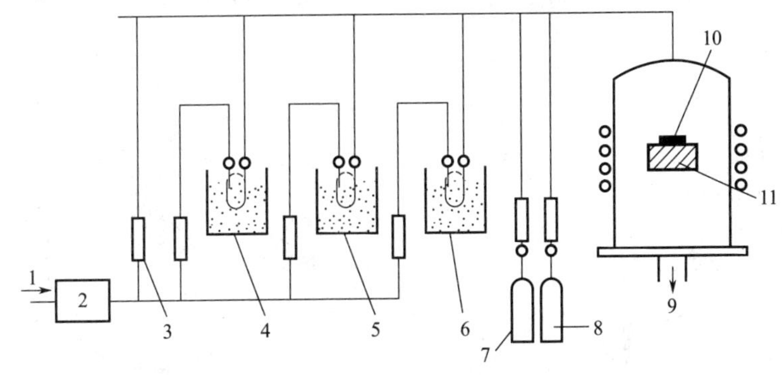


图7-30　用于外延生长$Ga_{1-x}Al_xAs$的金属有机化合物化学气相沉积系统

1—$H_2$；2—净化器；3—质量流量控制仪；4—TMG；5—TML；6—DEZ；7—$AsH_3$；8—$H_2Se$；9—排气口；10—基片；11—石墨架

生长过程中，TML、TMG、DEZ发泡器分别用恒温槽冷却，携载气体 $H_2$ 通过净化器去除其中包含的水分、氧等杂质。反应室用石英制造，基片由石墨托架支撑并能够加热（通过反应室外部的射频线圈加热）。导入反应室内的气体在加至高温的GaAs基片上发生热分解反应，最终沉积成n型或p型掺杂的 $Ga_{1-x}Al_xAs$ 膜。

在外延技术当中，外延生长温度最高的是液相外延生长法，分子束外延方法的生长温度最低，而金属有机化合物化学气相沉积法居中，它的生长温度接近于分子束外延。从生长速率上看，液相外延生长的生长速率最大，而金属有机化合物化学气相沉积方法次之，分子束外延方法最小。在所获得膜的纯度方面，以液相外延法生长膜的纯度最高，而金属有机化合物化学气相沉积和分子束外延方法生长膜的纯度次之。金属有机化合物化学气相沉积法的缺点为：所用的有机金属原料一般具有自燃性，$AsH_3$ 等ⅤA族原料气体、ⅥA族原料气体有剧毒。

## 七、离轴磁控溅射

B. N. Chapmandeng等发现同轴磁控溅射中电子和负离子会轰击基片，从而影响薄膜生长的质量。1988年他们率先采取离轴磁控溅射（OFMS）设备制备Y-Ba-Cu-O高温超导薄膜，他们将基片置于负离子流之外（此时不会产生刻蚀），但仍处于等离子辉体环外缘之内（即仍可溅射成膜），并采用可旋转的加热沉基片促进薄膜均匀生长，最终在低温下原位生长了Y-Ba-Cu-O外延薄膜。如图7-31所示，离轴磁控溅射法克服了传统磁控溅射二次电子和阴离子反刻蚀的缺点，改善外延薄膜的质量，多用于生长多种钙钛矿结构的外延薄膜。

## 八、热激光蒸发和脉冲激光沉积

在激光蒸发中，通过对激光器功率的精确控制，能够在极小的区域内保持较高的温度梯度，能够实现具有精确原子层厚度的薄膜沉积。

热激光蒸发（thermal laser evaporation，TLE）法通过激光诱导的局部加热来热蒸发纯金属源，通过气相扩散到基底表面凝聚形核，从而实现超清洁氧化物外延薄膜生长，该设备示意图如图7-32所示。薄膜形成的物理阶段包括以下几个步骤，首先待沉积材料在激光加热下蒸发，沉积原子通过气相从源材料转移到基底，最后基底表面凝聚形核。

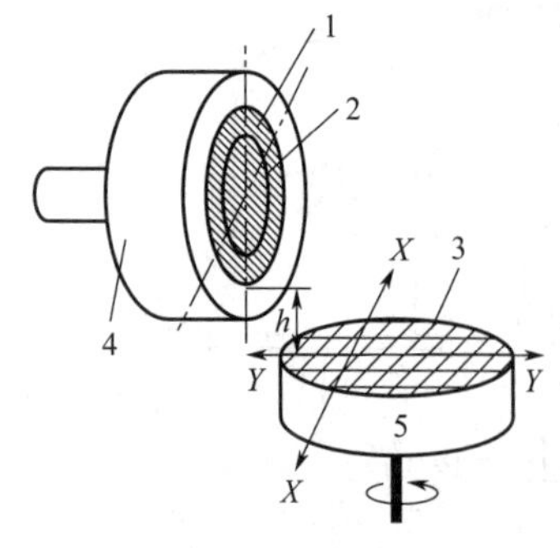


图7-31　90°离轴磁控溅射几何示意

1—标靶；2—侵蚀环；3—Si晶片；
4—溅射枪；5—基块片

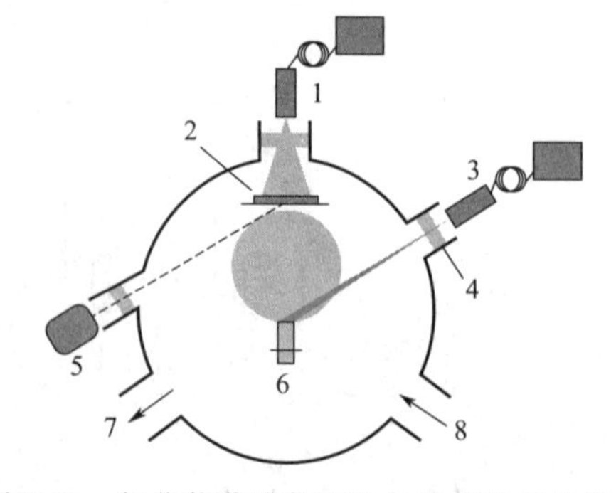


图7-32　氧化物薄膜外延生长热激光蒸发装置

1—基底加热激光；2—基底；3—源加热激光；
4—窗口；5—高温计；6—源；7—气泵；8—气体入口

热激光蒸发可以结合分子束外延（MBE）、脉冲激光沉积和电子束蒸发的优点，同时避免它们各自的缺点。首先，激光束不会污染其目标，激光可以达到极高的功率密度，因此允许非常高的蒸发温度。其次，待蒸发源不需要坩埚，由于热激光蒸发能够在极小的区域内保持较高的温度梯度，因此大多数固体源可以作为自己的坩埚，从而防止杂质掺入蒸发源中，保证外延层生长过程的超高纯度。此外，腔内结构构造简单，能够允许紧凑、简约的机械设计，可以实现短的蒸发源与基底距离的生长配置。最后，激光束不受腔室中气体的影响，可以使用任何适合生长过程的气体，能够共沉积化合物薄膜。

除了热激光蒸发，脉冲激光沉积（PLD）也可以用来制备外延薄膜。与其它沉积技术相比，使用PLD通常更容易获得多元素材料所需的化学计量可控的薄膜，可以制造包括金属、半导体和绝缘体的各种材料薄膜。

# 本章小结

气相沉积过程中薄膜的形成与生长过程大体可分为外来原子在基底（或称为基片、基体）上的凝聚、扩散、成核、晶核生长、原子或粒子团的接合及连接成膜等阶段。首先，原子在固体表面发生吸附、表面扩散和最终凝聚等基本过程。原子在固体表面的吸附过程中涉及的吸附类型、基片表面的位能分布、气相原子在基片表面的吸附以及吸附原子在基片表面上所处的状态四方面的问题。其次，薄膜的形核理论包括均匀形核理论和聚集理论等。尽管均匀形核理论和原子聚集理论所适用的临界核范围不同，但是这两者理论都能正确地预示出成核速率与临界核能量、基片温度和基片性质的关系。薄膜的生长主要为三维岛的形成、融合、生长以及最终形成连续膜的过程，不同岛合并形成网络的过程被称为"类液体"合并，针对该过程主要表现为大岛吞并小岛的现象。沉积参数对薄膜生长有重要影响，涉及沉积原子的动能效应、沉积粒子入射角度、外电场作用的静电效应等对膜生长的作用规律。薄膜的生长模式包括岛状模式、层状模式和岛复合模式。为了对薄膜的形成过程进行深入的理解，近年来计算机模拟技术成为了重要的研究手段。此外，本章还阐述了外延生长的概念和外延薄膜形成机理。详细介绍了分子束外延、液相外延、热壁外延、金属有机化合物化学气相沉积及其它外延生长技术的特点、装置与应用。

# 思考题

1. 详述薄膜形成的基本过程。

2. 详述薄膜生长过程中具有明显特征的生长顺序（沉积阶段）。

3. 详述薄膜生长的三种模式及生长条件。

4. 类液体合并机理认为岛少量移动的可能因素有哪些？

5. 决定聚集和膜生长的重要因素是吸附原子的迁移率，简述影响吸附原子迁移率的主要因素。

6. 薄膜成核生长阶段的高聚集源于哪些方面？

7. 分子束外延生长的主要特点有哪些？
8. 薄膜中的缺陷和应力是如何形成的？
9. 何为金属有机化合物化学气相沉积？对原料有什么要求？
10. 金属有机化合物化学气相沉积的特点有哪些？

# 参考文献


[1] 田民波，李正操. 薄膜技术与薄膜材料[M]. 北京：清华大学出版社，2011.

[2] 郑伟涛. 薄膜材料与薄膜技术[M]. 2 版. 北京：化学工业出版社，2023.

[3] Chopra K L. Thin filmphenomen[M]. New York：McGraw-Hill，1963.

[4] Tu K N，Mayer J W，Feldman L C. Electronic thin film science for electrial engineers and materials scientists[M]. New York：Macrillan，1992.

[5] Neugebauer C A. Handbook of thin-fim technology[M]. New York：McGraw-Hill，1970.

[6] Walton D，Rhodin T N，Rollins R W. Nucleation of silver on sodium chloride[J]. The Journal of Chemical Physics，1963，38(11)：2698-2704.

[7] Adamsky R F，LeBlanc R F. Nucleation and initial growth of single-crystal films[J]. Journal of Vacuum Science & Technology A，1965，2(2)：79-83.

[8] Poppa H. The interaction of small particles and thin films of metals with gases Ⅰ. a brief review of the early stages of oxide formation[J]. Thin Solid Films，1976，37(1)：43-64.

[9] Chopra K L，Randlett M R. Duoplasmatron ion beam source for vacuum sputtering of thin films[J]. Review of Scientific Instruments，1967，38(8)：1147-1151.

[10] Pashley D W. The nucleation，growth，structure and epitaxy of thin surface films[J]. Advances in Physics，1965，14(55)：327-416.

[11] Bassett G A. A new technique for decoration of cleavage and slip steps on ionic crystal surfaces[J]. The Philosophical Magazine：A Journal of Theoretical Experimental and Applied Physics，1958，3(33)：1042-1045.

[12] Knudsen M. Die molekularströmung der gase durch öffnungen und die effusion：von martin knudsen[J]. Ann Physics，1909，28：909.

[13] Tsang W T，Dayem A H，Chiu T H，et al. Chemical beam epitaxial growth of extremely high quality InGaAs on InP[J]. Applied Physics Letters，1986，49(3)：170-172.

[14] Hirayama H，Hiroi M，Koyama K，et al. Selective heteroepitaxial growth of $Si_{1-x}Ge_x$ using gas source molecular beam epitaxy[J]. Applied Physics Letters，1990，56(12)：1107-1109.

[15] Nelson H. Epitaxial growth from the liquid state and its application to the fabrication of tunnel and laser diodes[J]. RCA Review，1963，24：603.

[16] Panish M B，Hayashi I，Sumski S. Double-heterostructure injection lasers with room-temperature thresholds as low as 2300 $A/cm^2$[J]. Applied Physics Letters，1970，16(8)：326-327.

[17] Sadeghi M，Sitter H，Gruber H. Epitaxial growth of thin GaAs layers by hot-wall epitaxy on transparent substrates[J]. Journal of Crystal Growth，1984，70(1-2)：103-107.

[18] Krost A，Harbecke B，Schlegel H，et al. Growth and characterisation of $Pb_{1-x}Eu_xTe$[J]. Journal of Physics C：Solid State Physics，1985，18(10)：2119.

[19] Schikora D，Stter H，Humenberger J，et al. High quality CdTe epilayers on GaAs grown by hot-wall epitaxy[J]. Applied Physics Letters，1986，48(19)：1276-1278.

[20] Chapman B N, Downer D, Guimaraes L J M. Electron effects in sputtering and cosputtering[J]. Journal of Applied Physics, 1974, 45(5): 2115-2120.
[21] Sandstrom R L, Gallagher W J, Dinger T R, et al. Reliable single-target sputtering process for high-temperature superconducting films and devices[J]. Applied Physics Letters, 1988, 53(5): 444-446.

# 第八章

# 薄膜加工技术

许多薄膜材料，例如应用于微电子半导体的薄膜，通常需要通过特定的加工技术获得微细结构以实现特定的功能。特别是，随着集成电路规模增大和集成度的提高，微电子器件精度也从毫米发展到微米、亚微米甚至纳米尺度，这对构成器件薄膜材料的加工技术提出了越来越高的要求。

常见的薄膜加工技术有刻蚀、激光加工和微机械加工等。在微电子技术中，刻蚀通常用于微纳图形结构的转移，将光刻、压印或电子束曝光得到的微纳图形结构从光刻胶上转移到功能材料表面。随着技术的不断发展，聚焦离子束刻蚀或激光加工等新技术可以直接实现在薄膜上加工微细结构。本章着重介绍各种薄膜加工技术的基本原理、方法及其应用。

## 第一节　刻蚀的基本概念

刻蚀（etching）是半导体制造过程中与光刻相联系的图形化处理的一种主要工艺，在微电子、集成电路制造以及微纳制造中相当重要。所谓刻蚀，狭义上的理解就是光刻腐蚀，先通过光刻将光刻胶进行光刻曝光处理，然后通过其它方式实现腐蚀处理掉所需除去的部分。是用化学或物理方法有选择地从硅片或其它基片表面去除不需要的材料的过程，其基本目标是在涂胶的硅片上正确地复制掩模图形。随着微制造工艺的发展，刻蚀的内涵越来越广，目前刻蚀已经成为通过溶液、反应离子或其它机械方式来剥离、去除材料的一种统称，成为微加工制造工艺中的一种普适叫法。

### 一、刻蚀的工艺过程

早期的刻蚀技术一般采用化学溶液进行刻蚀，称为湿法刻蚀。但是随着集成电路线宽的细微化，湿法刻蚀已经不能满足要求，因此新的刻蚀方法应运而生。相较于湿法刻蚀，这些新的刻蚀方法不使用化学溶液，因此称为干法刻蚀。随着反应离子刻蚀、电感耦合等离子体-反应离子刻蚀等结合了物理与化学过程的新技术出现，通过干法、湿法刻蚀对当下刻蚀技术的分类仅取决于在刻蚀过程中是否使用溶液。此外，部分新的刻蚀技术已经不需要转移图形，可以实现直接在功能材料上刻蚀特定的结构，如聚焦离子束激光直接刻蚀以及无掩模刻蚀等。根据实际的需求，刻蚀技术还可以用于打磨、抛光、粗化、清洗等材料处理。

利用刻蚀在薄膜上加工微细结构的工艺一般包括薄膜制备、光刻胶涂覆、掩模覆盖、曝光、显影、刻蚀和去胶等基本步骤。如图 8-1 所示。

① 薄膜制备。通过物理气相沉积、化学气相沉积或其它工艺首先在基底上沉积薄膜。

② 光刻胶涂覆。一般利用旋涂技术将光刻胶涂覆在待刻蚀的薄膜表面，形成微米级厚

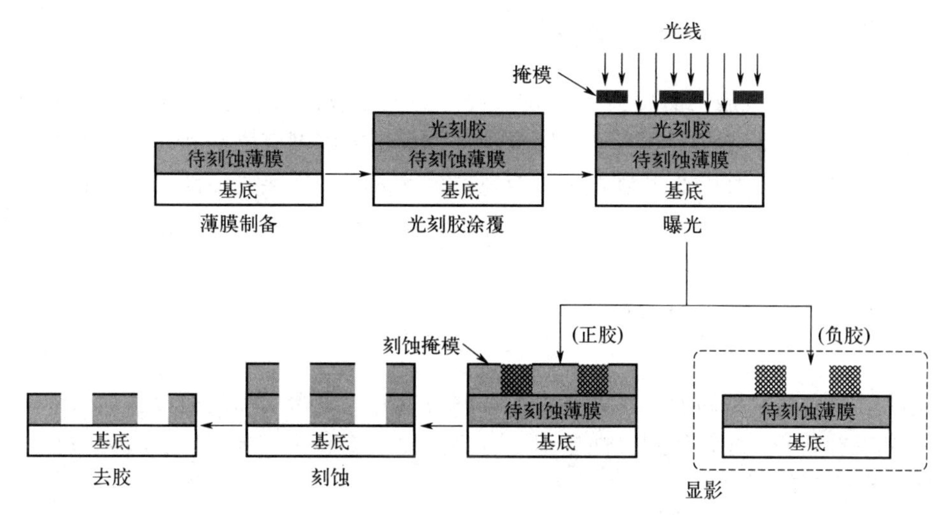

图 8-1　通过光刻与刻蚀结合制备微细结构的工艺过程以及光刻胶在光刻、显影中的应用

度的光刻胶膜。光刻胶的主要成分是树脂、感光化合物以及能调节光刻胶力学性能并使其保持液体状态的溶剂，其抗刻蚀能力在光照后发生改变。光刻胶又分为正胶和负胶两种类型。正胶在光束的照射下以断链反应为主，发生降解反应，可溶于特定的显影液，显影形成后的光刻胶图形与掩模版（mask）上的图形一致。负胶则在光照下以交联反应为主，曝光部分不溶解，显影后形成的图形与掩模版上的图形相反，如图 8-1 所示。光刻胶的断链或交联反应是通过吸收一定波长光来完成的，因此一种光刻胶通常只在某一特定的波长范围内使用。

③ 掩模覆盖。光刻胶涂覆完成后，再在其表面覆盖一层掩模版。掩模版又称光罩、光掩模、光刻掩模版等，由不透明的遮光薄膜在透明基底上形成掩模图形，在芯片制造过程中用于转移电路设计。掩模版一般由透光的基底材料和不透光的金属吸收层组成。在现在半导体工业中，基底材料常用石英玻璃，金属吸收层常用铬。掩模版在加工前需要根据薄膜器件的结构和电路特征生成图像，然后利用光学或电子束曝光及刻蚀技术，将生成的图像转移到金属层上，形成透光与不透光的区域。

④ 曝光。使用特定波长的光线进行曝光。通常，曝光时使用的光线波长越短越好，目前荷兰 ASML 公司的光刻机已经从使用波长为 193nm 的 DUV 光刻机发展到了使用波长为 13.5nm 的 EUV 光刻机，波长的缩小意味着可以在光刻胶上曝光特征尺寸更小的图案。

⑤ 显影。将曝光后的光刻胶浸入特定的溶液中进行选择性的腐蚀，称为显影。显影液通常是有机胺或无机盐配置而成的水溶液，显影过程中正胶曝光区域被溶解，而负胶则正好相反，未曝光区域被溶解（图 8-1）。显影的方法大致可分为三种：浸没法、喷淋法和搅拌法。浸没法只需将薄膜和光刻胶浸入装有显影液的容器里，一段时间后取出，用蒸馏水或去离子水清洗后使用干燥气体吹干即可。喷淋法是将显影液喷淋到高速旋转的基底表面，对曝光后的光刻胶进行选择性的溶解，清洗和烘干也可以在基底旋转过程中完成。搅拌法结合了前两者的特点，显影过程中先将显影液覆盖在基底表面，浸泡一段时间后高速旋转基底，同时喷淋显影液一定时间，然后喷淋蒸馏水或去离子水进行清洗，并在旋转过程中对样品进行烘干。

⑥ 刻蚀。显影后就可以使用相应的刻蚀工艺对薄膜进行刻蚀。在刻蚀过程中，暴露在

外的薄膜会被去除，而被光刻胶覆盖的薄膜会保留下来，最终在薄膜上加工出所需的微细结构。

⑦ 去胶。刻蚀完成后，需要去除薄膜上残留的光刻胶。去胶包括湿法和干法两种。湿法是用各种酸碱类溶液或有机溶剂将胶层腐蚀掉，常用的溶剂有硫酸和双氧水的混合液、丙酮等。湿法去胶通常还可以通过超声振动增强效果，或通过加热腐蚀液提高去胶速度。干法去胶多采用氧化去胶或等离子体刻蚀去胶，但不适用于 Ag、Cu 等易氧化的基底。

## 二、刻蚀的主要工艺参数

将掩模图形完整、精确地转移到薄膜上，制备具有一定深度和剖面形状的微细结构是对刻蚀工艺的基本要求。通常使用刻蚀速率、抗刻蚀比、方向性、分辨率、均匀性和基底损伤等参数评判刻蚀工艺的优劣。

### （1）刻蚀速率和抗刻蚀比

刻蚀速率是指单位时间内目标材料的刻蚀深度。为提高生产效率，刻蚀速率越高越好。抗刻蚀比也称选择比，刻蚀过程要求去掉抗蚀胶掩模的开孔部分下面的薄膜材料，但又要求尽量不腐蚀抗蚀胶未开孔部分和抗蚀胶下面覆盖的基底。对暴露于抗蚀胶掩模窗口内的薄膜物质的刻蚀速率与对抗蚀胶的刻蚀速率比值称为抗蚀胶的抗刻蚀比，对于两种物质 1 和 2，抗刻蚀比为对两种物质刻蚀速率的比值，即

$$S=\frac{r_1}{r_2} \tag{8-1}$$

式中，$r_1$ 为被刻蚀的基底或薄膜材料的刻蚀速率；$r_2$ 为不希望被刻蚀的抗蚀胶或位于被刻蚀薄膜下方基底材料的刻蚀速率。在实际的薄膜加工中，$S$ 通常要达到 20～50 以满足刻蚀需求。对于特定深度的材料刻蚀，可以通过选择抗刻蚀比确定掩模需要满足的最小厚度。高的抗刻蚀比表明刻蚀过程中掩模消耗小，有利于进行深刻蚀。

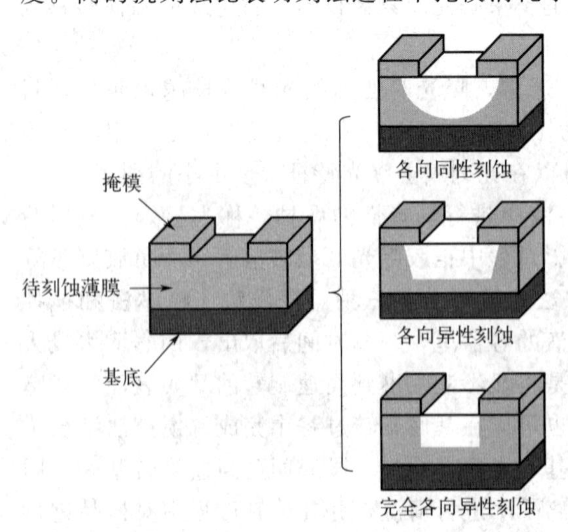

图 8-2　各向同性、各向异性和完全各向异性刻蚀的刻蚀剖面

### （2）方向性

刻蚀过程的方向性（directionality）或各向异性（anisotropy）是掩模图形中暴露位置下方的基底材料在不同方向上刻蚀速率的比值。在各个方向上刻蚀速率相同的称为各向同性刻蚀，在某一方向上的刻蚀速率比其它方向上的刻蚀速率大的则称为各向异性刻蚀。薄膜加工中通常希望刻蚀出的图形轮廓陡直，即在垂直掩模方向上刻蚀速率最大，同时平行于掩模方向上刻蚀速率为零，这种情况称为完全各向异性刻蚀。图 8-2 为不同方向性刻蚀所形成的刻蚀剖面示意图。非完全各向异性刻蚀会对掩模下的薄膜产生横向腐蚀，造

成刻蚀工艺的误差。当掩模窗口的宽度极小时，刻蚀的截面将成为一个半圆形。因此，刻蚀的方向性限制了刻蚀工艺能够形成的最小沟槽微结构的宽度，或限制刻蚀的分辨率。

（3）分辨率

刻蚀的分辨率（resolution）或纵横比（aspect ratio）是指刻蚀沟槽形成微细结构时，沟槽最大深度和最大宽度的比值，用于评估基体在刻蚀过程保持各向异性刻蚀的性能。由于化学反应物和生成物局部浓度的变化，或者轰击粒子能量的改变，随着刻蚀深度的增加，刻蚀过程将停止，因此每一种刻蚀工艺加工特定尺寸结构时都存在极限的刻蚀深度。同时，横向刻蚀的存在限制了沟槽结构的纵横比。通常，刻蚀的分辨率受刻蚀的均匀性、选择性和各向异性等因素的影响。

（4）均匀性

刻蚀的均匀性是指抗蚀胶窗口所在位置下的薄膜要有相同的刻蚀速度和刻蚀深度，刻蚀工艺均匀性很大程度上决定了微细加工图形的质量。

（5）基底损伤

刻蚀的损伤通常指刻蚀过程中可能对基底材料产生物理或化学损伤，刻蚀的损伤在影响基底的同时也影响薄膜上刻蚀的微细结构。

# 第二节　湿法刻蚀

湿法刻蚀是通过化学刻蚀液和被刻蚀物质之间的化学反应将被刻蚀物质剥离下来的刻蚀方法。湿法刻蚀过程可以分为三个基本步骤：液体刻蚀剂向待去除的结构扩散；液体刻蚀剂和被刻蚀掉的材料之间发生化学反应；反应中的副产物从反应表面扩散。在刻蚀过程中，通常希望抗蚀胶和被抗蚀胶覆盖的下层薄膜物质或基底不受影响，刻蚀过程中化学反应的副产物应当溶解在溶液里被带走，或副产物是可以逸出溶液的气态物质。

上述三个步骤中进行最慢者为速率控制步骤，也就是说该步骤的反应速率即为整个反应之速率。通常情况下，通过控制溶液的浓度和反应温度来控制反应的速率。溶液浓度制约着反应物和反应产物到达或离开反应表面的速率，而温度制约着化学反应的速率。大部分的刻蚀过程包含了一个或多个化学反应步骤，各种形态的反应都有可能发生，但常见的反应是将待刻蚀层表面先予以氧化，再将此氧化层溶解，并随溶液排出，如此反复进行以达到刻蚀的效果，如刻蚀硅、铝时即是利用此种化学反应方式。

## 一、湿法刻蚀的均匀性

均匀性是衡量湿法刻蚀工艺的关键指标之一。保持刻蚀均匀性是保证产品制造性能一致性的关键，因为过刻蚀或刻蚀不完全都会直接导致产品质量低下，甚至报废。

由于湿法刻蚀是将晶片浸泡在腐蚀溶液中完成的，要保证刻蚀的均匀性，必须保证刻蚀溶液各参数在工艺槽内各处一致。相关参数主要有：溶液温度、溶液流场、溶液浓度等。其中，溶液流场决定着晶片局部接触有效刻蚀成分的概率，所以紊流会造成刻蚀的不均匀性，因此应该尽量设计成层流方式以改善流场，如将溶液注入口设计为倒圆锥结构，且在顶部设计相应的匀流板。

提高湿法刻蚀均匀性的方法有搅拌、晶片转动、溶液溢流循环、溶液层流设计等几种。搅拌是指在刻蚀槽内设置搅拌装置，刻蚀过程中溶液不断搅拌，从而使溶液温度、浓度等均匀性提高，进而提高刻蚀的均匀性。晶片转动是指在晶片化学处理过程中，使晶片在片盒中做自转运动，避免某一边缘区域始终处于卡槽内，可以改善由于卡槽遮挡造成的刻蚀不均匀。相比溶液静态刻蚀，利用泵让四面溢流循环起来，刻蚀均匀性会有很大的提升，因为溢流循环可显著改善溶液的温度均匀性、浓度均匀性和流场状态。

此外，还有许多其它方法可以提高刻蚀均匀性，例如在工艺槽底部加装氮气鼓泡装置或超声换能器等，利用氮气或超声搅动提高溶液各参数的均匀性。在静态溶液加热的场合，相比传统的投入式加热管，选用槽体四面贴膜加热的方式具有更高的温度均匀性。

## 二、常用的湿法刻蚀技术

对于不同的被刻蚀物质，或对于同种被刻蚀物质，为了实现不同的刻蚀结构，需要根据被刻蚀物质的物理、化学性质，选择合适的腐蚀溶液。目前，常用的薄膜湿法刻蚀技术有以下几种。

（1） Si的各向同性刻蚀

由于芯片的集成和制造多以Si为基体，因此，Si的湿法刻蚀工艺在实际生产中被广泛应用。Si的湿法刻蚀普遍使用的腐蚀剂是硝酸（$HNO_3$）、氢氟酸（HF）和醋酸（$CH_3COOH$）的混合液。腐蚀包括两个过程：先使用强氧化剂如硝酸使Si氧化，再用HF腐蚀去掉$SiO_2$。其化学反应为

$$Si+HNO_3+6HF = H_2SiF_6+H_2+H_2O+HNO_2 \tag{8-2}$$

在使用$HNO_3$和HF刻蚀Si时，通常会添加$CH_3COOH$限制$HNO_3$的解离。

在刻蚀过程中常加入缓冲剂（buffering agent，BUA），如常加入氟化铵（$NH_4F$），防止氧化物腐蚀进程中阴离子被耗尽，通过$NH_4F$的解离反应保持HF的浓度。

$$NH_4F = NH_3+HF \tag{8-3}$$

这种缓冲剂也称为缓冲氢氟酸，刻蚀过程称为缓冲氧化物刻蚀（buffered oxide etching，BOE）。添加缓冲剂$NH_4F$可使腐蚀溶液在较长的时间中保持对Si基体的腐蚀能力，还可以降低抗蚀胶的腐蚀速度，通过控制腐蚀液的pH值，使氧化物刻蚀进程中抗蚀胶的剥离程度降到最低。

（2） Si的各向异性刻蚀

需要形成特殊腐蚀沟槽结构的微机械时，通常利用单晶Si的各向异性或定向腐蚀性能。化学腐蚀的各向异性反映的是晶格结构各向异性。硅的［111］面堆积程度最密集，腐蚀速率通常最低，对［110］面和［100］面的腐蚀速率则依次增高。

有些腐蚀液对Si的某个晶面的腐蚀速率远高于其它晶面，即具有明显的各向异性腐蚀

性能。例如，一种由水、乙烯二胺和邻苯二酚混合组成的腐蚀液，在 100～110℃下，在垂直于 Si<100>、<110>和<111>晶面方向的腐蚀速率比分别是 50：30：3（μm/h）。由于<111>的晶面法线方向的腐蚀速率特别低，所以各向异性腐蚀的结果就是腐蚀出的孔、腔的停留界面为<111>的晶面。透过一个圆形的掩模针孔窗口，如图 8-3（a）所示，可以得到交角是 54.7°的 V 形锥槽结构；当抗蚀胶掩模的窗口是矩形或条形时，如图 8-3（b）所示，得到的是倾斜边界的平底的刻蚀结构；如果基底是<110>的晶面，如图 8-3（c）所示，则获得很好的垂直向下的刻蚀结构。

利用氢氧化钾、异丙醇和水（23.4：13.5：63）的混合溶液对单晶 Si 腐蚀时，其对<100>的晶面法线方向的腐蚀速率比对<111>的晶面法线方向的腐蚀速率高 100～200 倍。利用这一腐蚀剂，可以形成纵横比非常大的深而窄的沟槽结构，或者图 8-3（a）和图 8-3（b）所示的 V 形结构。

某些特殊腐蚀剂还可能实现对 Si 的掺杂或缺陷的选择性腐蚀。一种最常用的具有掺杂选择的 Si 腐蚀剂是体积比为 1：3：8 的 $HF/HNO_3/CH_3COOH$ 混合物，其对两种类型的重掺杂硅（$>10^{19}cm^{-3}$）层的腐蚀速度是轻掺杂层的 15 倍以上。这种掺杂选择性可应用于优化一些半导体器件加工工艺。

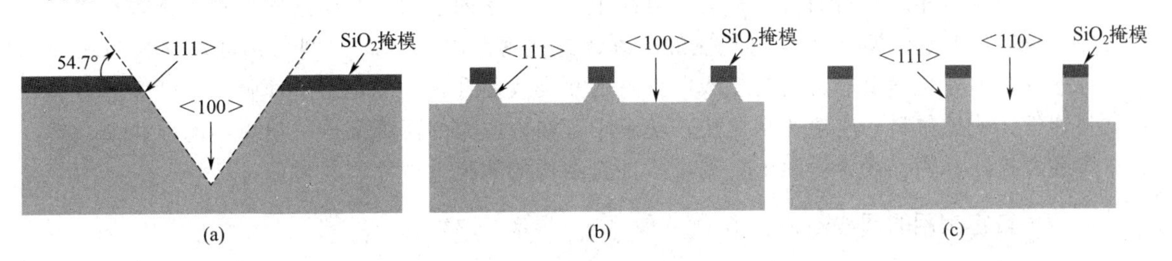


图 8-3　Si 的各向异性刻蚀

（a）透过圆形针孔窗口得到的 V 形槽结构；（b）通过窗口形成 Si 的<100>晶面；（c）透过窗口形成 Si 的<111>晶面

### （3） $SiO_2$ 的刻蚀

$SiO_2$ 薄膜具有两个主要作用：介电层或掺杂/刻蚀掩模，这两种用途都需要对 $SiO_2$ 薄膜图案化。刻蚀 $SiO_2$ 薄膜通常使用稀释的 HF 溶液，腐蚀液的组分配方为 $V_{H_2O}:V_{HF}=6:1$，或 10：1，或 20：1，腐蚀的化学反应为

$$SiO_2+6HF=H_2+SiF_6+2H_2O \tag{8-4}$$

体积比为 6：1 的溶液对热氧化形成的 $SiO_2$ 膜的腐蚀速率约为 120nm/min。HF 腐蚀液对 Si（基底）有很高的选择腐蚀比，约 100：1。腐蚀剂中还会加入 $NH_4F$，利用其分解时产生的 HF 补充刻蚀过程中的 HF 消耗。

### （4）氮化硅的刻蚀

氮化硅（$Si_3N_4$）薄膜是一种应用广泛的介质材料，通常用于半导体元件的表面封装。$Si_3N_4$ 薄膜也可以用 HF 刻蚀，在室温下其刻蚀速度比较低。例如，使用体积比为 20：1 的缓冲 HF 腐蚀液，其腐蚀速度为 1nm/min。而在 140～200℃（沸腾状态）下用磷酸（$H_3PO_4$）作腐蚀剂则可以达到较高的腐蚀速度。

（5）砷化镓的刻蚀

砷化镓（GaAs）的禁带宽度和电子迁移率比 Si 高很多，其器件具有高频率、高电子迁移率、高输出功率、低噪声以及线性度良好等优越特性，并可以在同一芯片上同时处理光电信号，被公认是新一代的通信应用材料。由于 GaAs 晶格结构的特点，As 晶面的化学活性高于 Ga 晶面，所以其腐蚀速率更高一些。腐蚀的一般过程包括：GaAs 在溶液中发生解离，As 和 Ga 均失去电子形成正离子；这些正离子与溶液中的 $OH^-$ 发生反应，生成 As 和 Ga 的氧化物；这些氧化物再通过与酸或碱作用，形成可溶的盐类或复合物。

现已有多种针对 GaAs 的腐蚀剂。一种常用的 GaAs 腐蚀剂是强氧化剂过氧化氢与硫酸的混合物（体积比 $H_2SO_4 : H_2O_2 : H_2O = 8 : 1 : 1$）。它对 Ga［111］面的腐蚀速率是 0.8μm/min，其它界面的腐蚀速率为 1.5μm/min。提高温度时腐蚀速率相应增高。使用腐蚀成分浓度较低的溶液，可以提高腐蚀的各向异性。另外一种常用的腐蚀剂是磷酸、过氧化氢与水的混合液，其腐蚀作用与半导体材料的掺杂浓度基本无关。

（6）非晶态及多晶态材料的刻蚀

非晶态及多晶态材料的薄膜在集成电路中也有广泛的应用。由于这些材料不具备长程的有序性，所以其化学腐蚀是各向同性的。刻蚀这些薄膜材料的腐蚀剂与刻蚀块体材料相一致，原理是通过化学反应将其转变成可溶解的盐类或复合物。但是由于薄膜的尺度效应，膜材料通常比块体材料的腐蚀速率更快，薄膜中存在内应力的薄膜部分一般更容易被腐蚀，具有多孔、疏松结构，或者微观上呈复合或混合结构的薄膜也更加容易被腐蚀。

（7）其它常用的湿法刻蚀技术

除了上述薄膜材料之外，常见的还有 Al、$Al_2O_3$、$SiN_4$ 等材料，其相应的刻蚀溶液如表 8-1 所示。

**表 8-1　湿法刻蚀材料及其刻蚀溶液**

| 被刻蚀材料 | 刻蚀溶液 | 被刻蚀材料 | 刻蚀溶液 |
| --- | --- | --- | --- |
| Al | $H_3PO_4$-$HNO_3$-$CH_3COOH$<br>$KOH$-$K_3[Fe(CN)_6]$<br>HCl<br>$H_3PO_4$ | Ti | HF<br>$H_3PO_4$<br>$H_2SO_4$<br>$CH_3COOH$（$I_2$）-$HNO_3$-HF |
| | | $SiO_2$<br>PSG（磷硅酸盐玻璃）<br>BSG（硼硅酸玻璃） | 缓冲 HF ＋ $NH_4F$<br>HF<br>HF-$HNO_3$ |
| $Al_2O_3$ | $H_3PO_4$<br>$H_2SO_4$→BHF（缓冲氢氟酸） | Ti<br>Cu | HF<br>$H_3PO_4$<br>$H_2SO_4$<br>$CH_3COOH$（$I_2$）-$HNO_3$-HF<br>$FeCl_3$ |
| $SiN_4$ | $H_3PO_4$<br>HF<br>HF-$CH_3COOH$ | Ta | $HNO_3$-HF |
| | | Mo | $H_3PO_4$-$HNO_3$ |

## 三、湿法刻蚀的应用

除了对薄膜进行微细结构加工以外，湿法刻蚀还有很多其它应用，这些应用均充分利用了湿法刻蚀的优点，并能在全自动装置上完成加工，实现了大批量的工业生产。

（1）基片清洗

新购入的基底或者准备加工的晶片表面常常会残留一些小的异物颗粒，这是需要除掉的杂质，这种情况下就需要使用湿法刻蚀处理。

严格来说，湿法刻蚀和湿法清洗是两个不同的概念。从本质上来讲，选用的化学溶液种类和浓度以及应用的场合，决定了该工艺是刻蚀还是清洗。强酸、强碱溶液用于刻蚀，如高浓度的氢氟酸（49%）、磷酸（70%）等；而低浓度的酸、碱溶液用于清洗，如水和氢氟酸体积比为 500：1 的混合溶液、低浓度氨水和双氧水混合液等。从原理上讲，现在的湿法清洗也就是轻微的湿法刻蚀。半导体硅片常用的 RCA 清洗（一套标准的晶圆清洁步骤），在清洗过程中晶片表面材料会被氨水腐蚀掉一部分，然后通过电性排斥的原理去除污染颗粒，从而达到清洗晶圆表面的目的。

（2）三维集成电路中硅通孔的形状调整

随着集成电路的发展，通过减小特征尺寸来提升性能的成本越来越高，因此，三维结构封装成为了另一种提高性能的途径。与传统的芯片封装相比，三维集成封装需要在硅基底上制备大量、高密度的硅通孔（through silicon via，TSV）。芯片之间通过这些直径 $1\sim3\mu m$、高度为 $20\sim50\mu m$、深宽比达到 20 的 TSV 微孔，垂直上下互联，形成高密度的三维集成。对于直径很小的硅通孔，为了能在后续工序中使用溅射等方法在通孔中直接填入接线材料，一般都要求入口比孔径稍大一些。此时可利用湿法刻蚀的各向同性特征，先在基底上刻蚀出一个较大的入口，然后在入口的基础上，通过各向异性刻蚀如深反应离子刻蚀等工艺制作出满足要求的通孔，最终制备出高质量的通孔结构。

（3）微机械制作

微机械和现今的半导体芯片相比，尺寸比较大。加工微机械器件时，通常在其上表面进行横向刻蚀，此时要求较高的刻蚀速率，一般采用湿法刻蚀。

（4）薄膜的高选择性刻蚀

主要用于薄膜材料的微结构刻蚀。例如，HF 刻蚀 $SiO_2$/ Si 具有极高的选择比。HF 对 $SiO_2$ 的刻蚀速率可以达到 $0.1\mu m/min$ 以上，但完全不会刻蚀 Si。刻蚀过程中，HF 接触到 Si 就停止腐蚀，且不会对 Si 造成损伤。此种方法被广泛用于薄栅氧化膜的刻蚀，如用湿法刻蚀制备亚微米级的 ZnO：Al 光栅。

## 四、电化学刻蚀

电化学刻蚀也属于湿法刻蚀的范畴，将待刻蚀的工件作为阳极，两电极间保持一定距离并通以直流电，以电解质为导电介质构成回路，从而发生电化学反应，以达到刻蚀的目的。被刻蚀的工件通常作为阳极通电，通过电极表面物质与溶液中物质的化学反应来去除薄膜的表层物质，用离子流带走反应生成物。电化学刻蚀常用于金属或合金工件的微细加工，以及硅的表面微细加工。

以硅的电化学刻蚀为例，硅作为阳极，铂作为阴极，HF（含水或者不含水）液体作为电解质，硅在溶液中发生电化学腐蚀，硅和 HF 的反应可以根据电流密度不同而发生改变

$$Si+6HF = H_2SiF_6+H_2+2H^++2e^- \quad \text{（低电流密度）} \tag{8-5}$$

$$Si+6HF = H_2SiF_6+4H^++4e^- \quad \text{（高电流密度）} \tag{8-6}$$

在低电流密度下，硅的腐蚀导致孔、槽等刻蚀结构的产生，而高电流密度通常用来作为电化学抛光。图 8-4 所示为硅的电化学刻蚀的基本原理，其中图 8-4（a）所示为刻蚀硅片的低电流密度和高电流密度工作状态。在低电流密度时，电化学反应在表面的电场较强处发生，形成刻蚀后物质带有一定的微孔结构；而在高电流密度时，电化学腐蚀在整个表面发生，形成很光滑的表面。图 8-4（b）所示为硅电化学刻蚀装置。

电化学刻蚀可以使用电参数控制刻蚀的速率，具有对环境污染很小、对操作工人身体健康无害等优点，缺点是刻蚀深度较小，大面积刻蚀时，容易因为电流分布不均匀导致刻蚀深度难以控制。

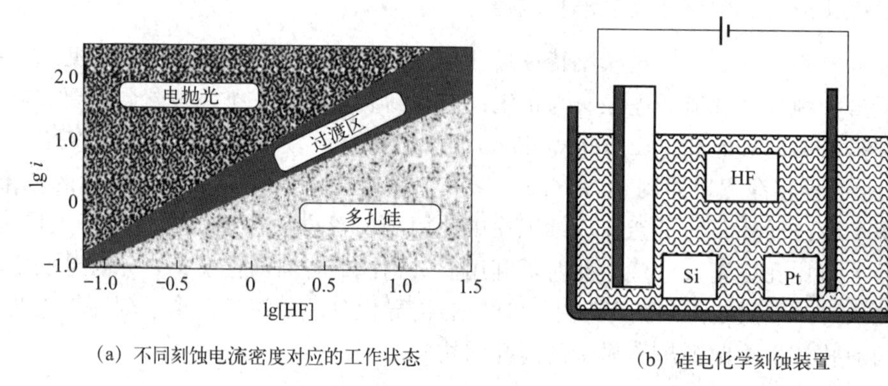


（a）不同刻蚀电流密度对应的工作状态

（b）硅电化学刻蚀装置

图 8-4 硅的电化学刻蚀基本原理

# 第三节 干法刻蚀

湿法刻蚀是一种纯化学刻蚀，具有优良的选择性，刻蚀完当前薄膜就会停止，而不会损坏下面一层其它材料的薄膜。由于所有的半导体湿法刻蚀都具有各向同性，所以无论是氧化层还是金属层的刻蚀，横向刻蚀的宽度都接近于垂直刻蚀的深度。这样一来，上层光刻胶的图案与下层材料上被刻蚀出的图案就会存在一定的偏差，也就无法高质量地完成图形转移和复制的工作，因此随着特征尺寸的减小，在图形转移过程中基本不再使用。此外，与干法刻蚀相比较，湿法刻蚀仍有以下缺点：需花费较高成本的反应溶液及去离子水；化学药品处理时人员所遭遇的安全问题；光刻胶附着性问题；气泡形成及化学刻蚀液无法完全与晶圆表面接触所造成的不完全及不均匀的刻蚀；废气及潜在的爆炸性。因此，目前湿法刻蚀一般被用

于工艺流程前面的晶圆片准备、清洗等不涉及图形的环节，而在图形转移中干法刻蚀已占据主导地位。

干法刻蚀是利用等离子体化学活性较强的性质对薄膜进行刻蚀的技术。根据刻蚀机理不同，干法刻蚀分为两种：物理性刻蚀和物理化学性刻蚀。其中，物理性刻蚀又称为溅射刻蚀，方向性很强，可以做到各向异性刻蚀，但不能进行选择性刻蚀，常见的如离子束溅射刻蚀。物理化学性刻蚀如反应离子刻蚀，其过程同时存在物理性的溅射和化学反应，相比物理性溅射刻蚀，选择性更好，刻蚀速率更高，更适合于高精度刻蚀。表 8-2 对比了离子束刻蚀和反应离子刻蚀的机理及其特点。

**表 8-2 离子束刻蚀和反应离子刻蚀的机理及其特点**

| 刻蚀类型 | 离子束溅射刻蚀 | 反应离子刻蚀 |
|---|---|---|
| 刻蚀机理 | 物理离子溅射 | 离子溅射和活性元素化学反应 |
| 刻蚀剖面 | 各向异性 | 各向异性 |
| 选择比 | 低/难提高（1∶1） | 高（5∶1～100∶1） |
| 刻蚀速率 | 适中 | 高 |
| 线宽控制 | 好 | 很好 |

## 一、等离子体在刻蚀中的应用

由于等离子体中含有大量活性粒子，在一定范围内频繁高速撞击固体物质的表面，会诱发其与固体的相互作用，从而应用于薄膜的各种加工技术中。

### （一）等离子体与固体的相互作用

当加速能量（加速电位）高达 1keV 至数 keV 的离子束与固体物质相互作用时，作为质量较大的带电粒子，离子进入固体后受到固体物质内部原子体系静电场的作用，进入的离子受到散射（碰撞）的作用，其运动方向发生变化或者偏转，同时伴随着能量的转移或损失。能量损失的积累可能使离子最终以某种形式停留在样品内部，称为离子注入（或植入）。

由于撞击离子本身质量较大，散射或碰撞过程也伴随着动量的转移，引起固体物质原子的运动，称为反冲（recoil）。足够强的反冲作用可能使样品内原子脱离晶体内原子间作用力的束缚，离开原有位置，产生位错类型的缺陷，称为辐射损伤。足够大的反冲力还可能导致样品原子脱离固体表面的约束而被抛射出固体，即为溅射。与电子的作用不同，入射的各类型离子可能还有多种特殊的作用，如化学反应、电荷转移等。图 8-5 显示了离子与固体碰撞后的多种相互作用，包括离子-原子（背）散射（ion-atom scattering）、引起样品的表面位错（surface dislocation）和内部位错（internal dislocation）、物理溅射（physical sputtering）、离子注入（植入）（ion implantation）、化学溅射（chemical sputtering）、离子与样品原子的电荷转移（charge transfer）、离子吸附（ion absorption）、离子轰击导致电子发射（electron emission）、离子轰击导致表面原子电离逸出（ionized surface atom emission，即二次离子发射）等，以上物理或化学现象均可应用于材料的微细加工或微细结构的分析。

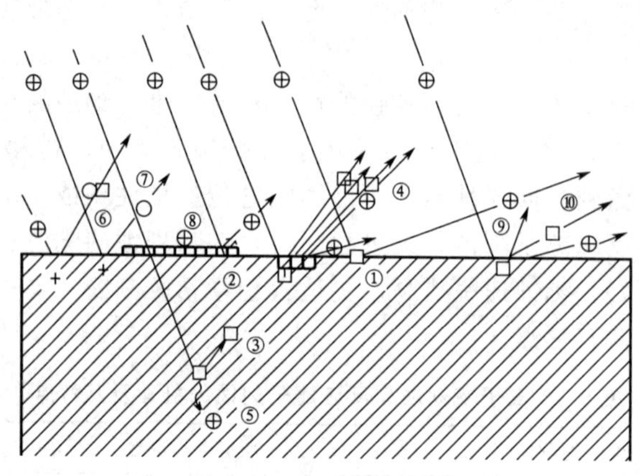

图 8-5　离子与固体的相互作用

①离子-原子散射；②表面位错；③内部位错；④物理溅射；⑤离子注入；⑥化学溅射；⑦电荷转移；⑧离子吸附；⑨电子发射；⑩二次离子发射

### （二）等离子体刻蚀

等离子体刻蚀（plasma etching）是利用等离子体的离子溅射作用和化学反应增强作用对薄膜材料进行刻蚀的一类技术，属于干法刻蚀范畴，具体的等离子体刻蚀形式和装置多种多样。不同气压下等离子体刻蚀有多种形式。一般在很低的气压下，以等离子体内离子的溅射刻蚀作用为主，机理比较单纯，主要是离子轰击溅射这一物理作用，称为离子束溅射刻蚀；气压增高后，等离子体的各种化学作用同时显现并起到主要的刻蚀作用，称为反应离子刻蚀。在多种等离子体刻蚀过程中，物理的溅射和化学的腐蚀作用常常同时存在、共同起作用。下面将重点介绍离子束溅射刻蚀和反应离子刻蚀的基本原理、工艺参数及其应用。

## 二、离子束溅射刻蚀

离子束溅射不仅可以用于薄膜沉积，也可以用于刻蚀。离子束溅射刻蚀（ion beam etching，IBE）也称为离子溅射刻蚀或离子铣（ion beam milling，IBM），即等离子体内的高能离子轰击到被刻蚀工件上，溅射出工件物质的原子，以达到刻蚀的作用。离子束溅射刻蚀是 20 世纪 70 年代发展起来的一种纯物理刻蚀方法，也是最早的物理干法刻蚀，适用于任何材料。定向运动的入射离子轰击材料表面的作用范围约为 $10^{-20}\mathrm{cm}^{-3}$，作用时间约为 $10^{-12}$ s，因此具有很高的分辨率和极好的各向异性。离子束溅射刻蚀的过程可以比较方便地由气体放电的电参数控制，刻蚀产生的结构质量较好，均匀度达到±1%～2%，重复性也较好。同时还没有液相腐蚀的废液和废渣颗粒等问题，刻蚀环境洁净、污染少，这在高分辨大规模集成工艺中非常重要。

### （一）离子束溅射刻蚀的基本原理与过程

在离子束溅射刻蚀中，被刻蚀的工件放置在气体放电等离子体中，通常工件接负电，用作气体放电的阴极，因此也称为溅射（阴极溅射）刻蚀。气体放电形成电子和正离子，等离子体区域内的正离子在放电的阴极区电场的加速作用下，以较高的能量（和动量）轰击作为阴极的工件。在气压较低时，轰击离子的能量为

$$E=q(V_c+V_p+E_t) \tag{8-7}$$

式中，$q$ 是离子的电荷；$V_c$ 是阴极区的电位降落；$V_p$ 是等离子体的电位（以阳极的单位作基准）；$E_t$ 是等离子体内离子热运动的能量。轰击离子进入工件，与工件物质的原子及离子碰撞后，由于动量的交换发生工件物质原子的溅射。

离子束溅射刻蚀过程中，首先把氩气等惰性气体充入离子源放电室，并使其电离形成等离子体，然后由栅极将离子呈束状引出并加速，让入射离子在低压下（0.1～10Pa）高速轰击目标材料表面，当传递给材料原子的能量超过其结合能（数个电子伏特）时，固体原子被溅射脱离其晶格位置，使目标材料的原子逐层连续被去除，达到刻蚀目的。

图 8-6 是离子束溅射刻蚀系统的结构示意图。热阴极发射的电子通过阳极加速获得足够能量与惰性气体分子碰撞形成等离子体。等离子体区的离子通过加速电极引出，轰击到样品表面。如果样品为绝缘材料，正离子轰击会积累电荷形成表面正电场，对离子产生拒斥作用。在样品架附近可以加装一个热阴极，称为中性化阴极，其发射的电子能够被样品表面的正电场吸引而中和由于离子电荷积累形成的正电场。因此，离子束溅射可以刻蚀导电材料或绝缘材料。在 1000eV 的离子能量与 1mA/cm$^2$ 的离子束流下，溅射刻蚀的速率可以达到 10～300nm/min。

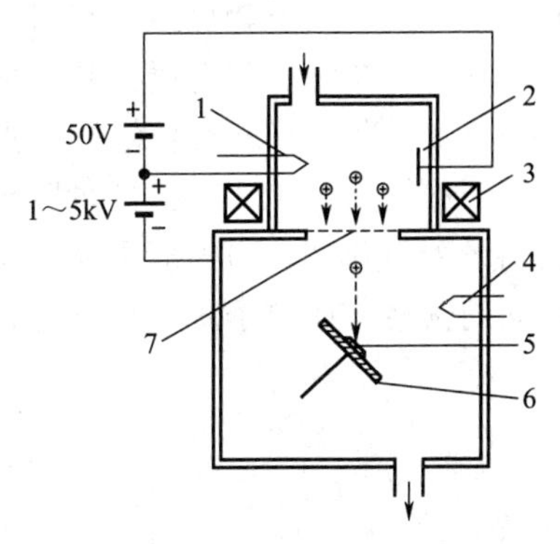

图 8-6 离子束溅射刻蚀系统的结构
1—阴极；2—阳极；3—聚焦线圈；
4—热阴极中性化源；5—基底；
6—样品架；7—加速电极

但离子束溅射刻蚀同样存在难以克服的问题：由于纯物理刻蚀对任何材料都能进行刻蚀，因此离子束溅射刻蚀对掩模和基底的刻蚀选择比差，难以实现较深的刻蚀；由于入射到目标材料表面的离子能量很高，在溅射的同时还会穿过材料表面产生离子注入，不可避免地对目标样品造成损伤；离子束溅射刻蚀的产物通常是非挥发性的，可能再次沉积到样品的其它位置，造成二次沉积，影响微细加工的效果。

## （二）离子束溅射刻蚀的工艺参数

离子束溅射刻蚀技术通常需要考虑刻蚀速率、刻蚀分辨率、结构的截面轮廓、表面污染和损伤等刻蚀质量因素以及掩模的选择。离子束溅射刻蚀对某一特定材料的刻蚀速率与离子能量、束流密度、入射方向、温度等诸多因素有关。但是从本质上讲，它是离子对材料的物理溅射过程，所以离子束溅射刻蚀速率与离子对被刻蚀材料的溅射产额有着内在的直接关系。

（1）刻蚀速率

提高离子束的能量可以提高刻蚀速率，但是过高的离子束能量会造成材料损伤。所以，

在实际应用中，通常尽可能增加束流密度来提高刻蚀速率。离子束溅射刻蚀对不同材料的溅射速率相差不大，因此对掩模的消耗较快，难以实现深刻蚀。表 8-3 列出了几种常用材料的离子束溅射刻蚀速率。

**表 8-3 常用材料的离子束溅射刻蚀速率**

| 材料 | Si(100) | $SiO_2$（块材） | $SiO_2$（蒸发膜） | $Al_2O_3$（1102） | Cu（块材） | Riston 14（抗蚀胶） |
|---|---|---|---|---|---|---|
| 刻蚀速率/(Å/min) | 215 | 330 | 280 | 83 | 450 | 250 |

注：溅射离子为能量 500eV 的氩离子，电流密度为 $1mA/cm^2$，离子垂直入射。

### （2）溅射产额

溅射产额（sputtering yield）是指单个轰击离子产生溅射原子的概率，或溅射出固体的原子数与入射离子数比值。溅射产额除与材料自身的原子序数、晶格常数等性质有关外，还与入射离子能量、溅射阈值和入射角度有关，可以通过刻蚀速率进行表征。

图 8-7 为离子束溅射刻蚀工艺中，入射 Ar 离子能量对不同材料溅射产额的影响。当溅射离子的能量低于“阈值能量”时，溅射产额为零。超过阈值后，溅射产额随着轰击离子能量的增大而升高。当等离子体能量低于 10keV 时，溅射速率随着离子能量加大而上升，且不同的惰性气体离子溅射产额与粒子能量的关系类似。

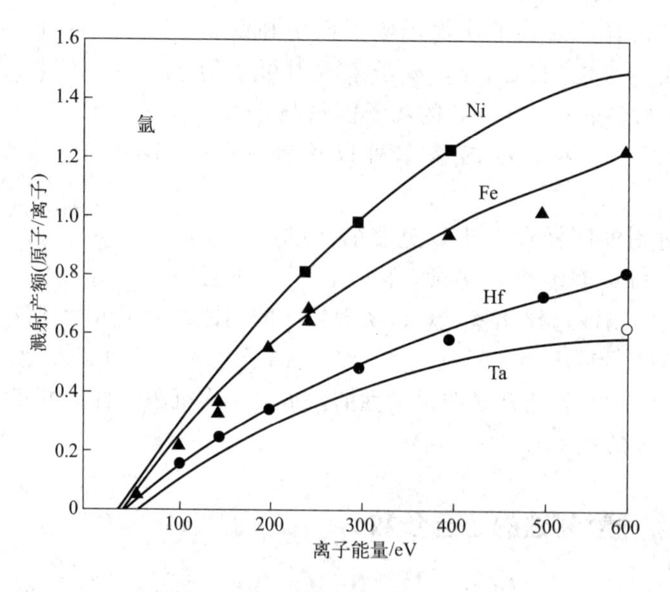


图 8-7 离子能量与溅射产额的关系

增加入射角（离子束与法向夹角）时，离子能量在纵深方向上的耗散范围减小，主要作用于薄膜近表面层，使最外层原子获得向外逃逸的动量。所以，当入射角从 0°开始增加，刻蚀速率也逐渐增加，一般在 30°～60°范围出现刻蚀速率极大值，但由于溅射产额是入射角的余弦函数（$1<x<2$），随着入射角度的继续增加，刻蚀速率减小。图 8-8 为离子束入射角对 Cr、GaN 和 GaP 刻蚀速率的影响：当入射角大于 80°时，材料与入射离子表现为弹性散射，刻蚀速率达到极小值。

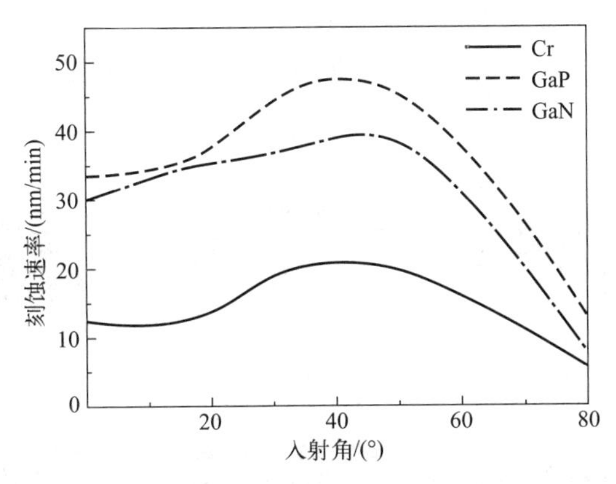


图 8-8　Cr、GaN 和 GaP 等材料在不同入射角下的刻蚀速率

（3）刻蚀质量

对于离子束溅射刻蚀来说，刻蚀结构的质量最为关键，所以通常以牺牲一定的刻蚀速率为代价保证理想的刻蚀质量。当刻蚀所得的结构深度（50nm 以下）比较小时，离子束溅射刻蚀过程中物理刻蚀溅射出的粒子几乎全部飞出结构外部，这种情况下会获得较高的分辨率、陡直的轮廓，而且表面没有污染。但是，当刻蚀深度大于 50nm 或者深宽比大于 2 时，刻蚀过程中溅射出的粒子会再次沉积在结构和掩模的侧壁，形成二次沉积效应。此时，用适当地倾斜样品台的方法来增加入射角，不仅能够提高轮廓的陡直度，而且还能在一定程度上消除二次效应。通过选取合适的入射离子能量、束流密度和入射角刻蚀百纳米厚的金薄膜，可以获得轮廓陡直、边壁干净的高质量金属亚微米孔。另外，对于导电能力差的样品，中和热阴极的加入可以克服带正电荷的离子束在绝缘样品表面的电荷积聚效应，提高半导体和绝缘体材料结构的刻蚀质量。

（4）掩模选择

刻蚀掩模的选择对离子束溅射刻蚀同样具有重大的作用。在所有材料中，碳的刻蚀速率最小，紧随其后的是氧化铝和铝，而金、银、Ⅲ-Ⅴ族化合物（即ⅢA 族化合物和ⅤA 族化合物）的刻蚀速率是铝的刻蚀速率的 10 倍以上。因此，可以用碳、氧化铝和铝薄膜作为金、银、Ⅲ-Ⅴ族化合物的刻蚀掩模。

## （三）离子束溅射刻蚀在薄膜加工中的应用

离子束溅射刻蚀技术自诞生以来，一直应用于各类微纳米器件、结构的制备。随着反应离子刻蚀等新技术的发展，离子束溅射刻蚀在很多场合被逐渐取代。但对于化学性质稳定、难以通过化学反应方式刻蚀的材料（如金属、陶瓷）等，离子束溅射刻蚀仍然有着广泛的应用。

（1）在 Au 薄膜上加工微细结构

图 8-9 是在 Au 薄膜上加工微细结构的工艺流程，首先在基体上沉积 Au 薄膜并涂覆光刻胶，通过掩模将待加工的微细结构图形利用曝光转移到光刻胶上，移除掩模并将未曝光的

光刻胶移除后，使用离子束溅射刻蚀即可在 Au 薄膜上加工出所需的图形。控制合适的工艺参数，可以在 Au 薄膜上加工微细结构的同时去除已曝光的光刻胶。

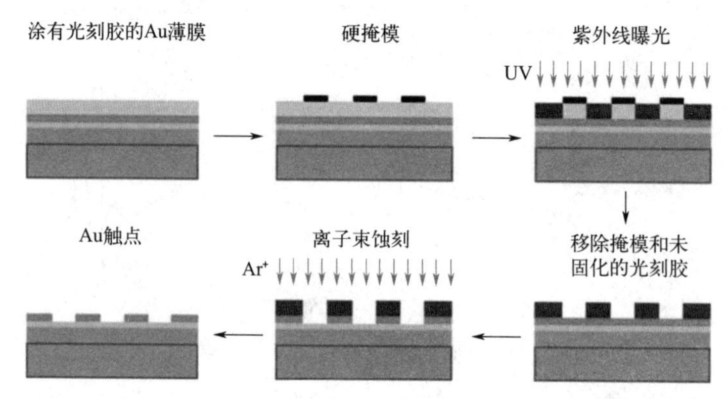


图 8-9 使用离子束溅射刻蚀在 Au 薄膜上加工微细结构的工艺流程

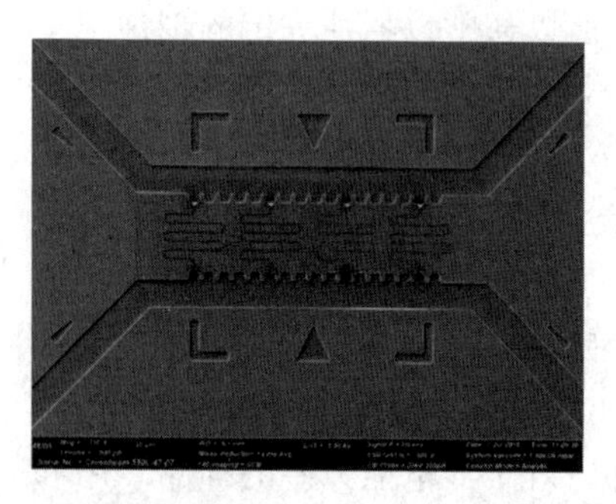

图 8-10 使用离子束溅射刻蚀在硅母版中加工的纳米流体通道

（2）在硅母版上加工纳米流体通道

离子束溅射刻蚀设备可用于刻蚀任何材料的三维结构，刻蚀陡直度优于 85°，刻蚀精度可小于 10nm。图 8-10 为使用离子束溅射刻蚀在硅母版中加工的纳米流体通道。

（3）其它应用

除了薄膜的微细结构加工，离子束刻蚀还广泛应用于材料表面清洗和表面抛光。利用离子束轰击材料表面可以去除表面污染层，可用于清洗各种材料表面。因其清洗过程属于纯物理原理，所以离子束清洗是材料表面纯净化最彻底的方法，不会发生二次污染。此外，利用离子束的高能量和高速度，对材料表面进行抛光，可使材料表面达到最小粗糙度。抛光的过程中，离子束会撞击材料表面，将材料表面的微观凹凸去除，从而使表面变得更加光滑、平整。这种抛光方法可对各种材料进行加工，包括金属、陶瓷、玻璃、塑料等。

## 三、反应离子刻蚀

基于物理溅射作用的离子刻蚀对一切被刻蚀材料的溅射去除速率差不多，即刻蚀的选择性较差。而对不同材料，以化学反应为基础的刻蚀容易实现较大的速率差异，且通常刻蚀速率比离子溅射快得多。针对离子束溅射刻蚀的缺点，研究者发展出多种结合了物理溅射和化学反应的等离子体刻蚀技术，包括反应离子刻蚀、高压等离子体刻蚀和高密度等离子体刻蚀等。

反应离子刻蚀（reactive ion etching，RIE）是当前应用广泛的刻蚀技术，很好地结合了物理与化学刻蚀机制，具有二者共同的优点，是半导体工艺与微纳加工技术中的主流刻蚀技术。与湿法刻蚀和离子束溅射刻蚀相比，反应离子刻蚀具有很多突出的优点：刻蚀速率高，各向异性好，选择比高，大面积均匀性好，可实现高质量的精细线条刻蚀，并能够获得较好的刻蚀剖面质量。

## （一）反应离子刻蚀的基本原理

反应离子刻蚀是在很低的压强下（0.1～10Pa），通过反应气体在射频电场作用下辉光放电产生等离子体，通过等离子体形成的直流自偏压作用，使离子轰击阴极上的目标材料，实现离子的物理轰击溅射和活性粒子的化学反应，完成高精度的图形刻蚀。

反应离子刻蚀系统如图 8-11 所示。整个真空壁接地作为阳极，阴极是功率电极。刻蚀气体按照一定的工作压力和配比充满了整个反应室。辉光放电在零点几到几十帕的低真空下进行，放电时的电位大部分降落在阴极附近。需要被刻蚀的基片放在功率阴极上，大量带电粒子受垂直于基片表面的电场加速，垂直入射到基片表面上，以较大的动量进行物理刻蚀，同时它们还与薄膜表面发生强烈的化学反应，产生化学刻蚀作用。

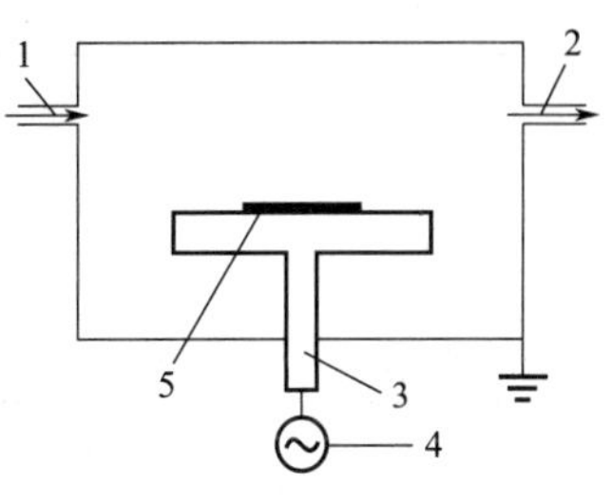

图 8-11　反应离子刻蚀系统

1—刻蚀气体；2—真空泵；3—阴极；4—射频电流；5—基片

在芯片生产线及电子器件的大批量生产中，会用到大量的反应离子刻蚀装置，与离子束溅射刻蚀相比，反应离子刻蚀的配套工艺要更为复杂。这些装置基本上都是由计算机控制的，配置有几个不同的刻蚀室和硅片架，能实现自动化生产。

## （二）反应离子刻蚀工艺参数

影响反应离子刻蚀的工艺参数主要包括刻蚀气体的组分、刻蚀速率、离子能量和反应温度。

（1）刻蚀气体的组分

常用的刻蚀气体主要有三类：①氟基气体，如 $CF_4$、$CHF_3$、$SF_6$、$C_4F_8$，其中 $C_4F_8$ 一般用作保护气体；②氯基气体，如 $BCl_3$、$Cl_2$ 等；③混合基气体，如 $CCl_2F_2$ 等。选择合适的刻蚀气体组分，不仅可以获得理想的刻蚀选择性和速度，还可以使活性基团的寿命缩短，有效地抑制因这些基团在薄膜表面附近的扩散所造成的侧向反应，大大提高了刻蚀的各向异性。

反应离子刻蚀的材料包括介电材料、多晶硅和金属。不同的材料，其对应的刻蚀气体也不相同。表 8-4 列出了 RIE 部分刻蚀材料与其对应的刻蚀气体，但随着新元件、新工艺的出现，新材料也被不断开发出来，与此对应的也需要寻找新的刻蚀气体组分。

**表 8-4　RIE 部分刻蚀材料与其对应的刻蚀气体**

| 刻蚀材料 | 刻蚀气体 |
| --- | --- |
| 多晶 Si | $CF_4/O_2$，$CCl_4$，$CCl_4/He$，$CCl_2F_2$，$Cl_2$，$Cl_2/CBrF_3$，$CBrF_3/N_2$，$SF_6$，$NF_3$，CClF |
| Si | $CCl_2F_2$，$CF_4$，$CF_4/O_2$ |
| $Si_3N_4$ | $CF_4$，$CF_4/O_2$，$CF_4/H_2$ |
| $SiO_2$ | $CF_4/H_2$，$CHF_3$，$CHF_3/O_2$，$CHF_3/CO_2$，$C_2F_8$，$C_4F_{10}$ |
| Al | $CCl_4$，$CCl_4/He$，$CCl_4/BCl_3$，$Cl_2/BCl_3$，$SiCl_4$ |

续表

| 刻蚀材料 | 刻蚀气体 |
| --- | --- |
| $Al_2O_3$ | $BCl_3$，$CCl_4$，$CCl_4/Ar$（He） |
| Cr，$CrO_2$ | $CCl_4$/空气，$CCl_4/O_2$，$Cl_2/O_2$ |
| GaAs | $Cl_2$，$CCl_4$，$CCl_2F_2$，$CCl_4/H_2$ |
| Mo，MoSi | $CF_4$，$CF_4/O_2$，$CCl_4/O_2$，$CCl_2F_2/O_2$ |
| W | $CF_4$，$CF_4/O_2$，$CCl_4/O_2$ |
| Ti | $CF_4$，$CF_4/O_2$，$CCl_4$ |
| Ta | $CF_4$ |
| Au | $CCl_2F_2$，$C_2Cl_2F_4$ |
| Pt | $C_2Cl_2F_4/O_2$，$C_2Cl_3F_3/O_2$，$CF_4/O_2$ |
| $In_2O_3$，$SnO_2$ | $CCl_4$ |
| 聚酰胺 | $O_2$ |

（2）刻蚀速率

刻蚀速率与电源（射频）功率、刻蚀压力和气体流量密切相关。在常见的用 $CF_3$ 气体刻蚀 $SiO_2$ 中，保持刻蚀压力和气体流量不变，随着射频功率的增加，刻蚀速率非线性地增加，达到最大值后，继续增加射频功率，刻蚀速率反而下降。一方面是因为射频功率的增大加快了反应气体的离化、分解，促进表面化学反应，加快刻蚀速率；另一方面，射频功率增大，自由电子能量升高，物理轰击作用增强，加快刻蚀速率。但功率达到一定值，离化分解的分子数达到饱和，继续加大功率会增大自偏压，反而降低刻蚀速率。

在保持功率和气体流量不变的情况下，增大气压可以增加刻蚀速率，在达到最大值后继续增大压力，反而会降低刻蚀速率。这是因为增大压力就增大了反应室中的气体浓度，增强了化学反应，因此加快了刻蚀速率；但压力过大，则增大了离子碰撞的概率，损失能量多，削弱了刻蚀作用，降低了刻蚀速率。

保持功率与刻蚀压力不变，增大气体流量，刻蚀速率不断降低。这是因为气体流量增加了离子的碰撞概率，能量损失多，削弱刻蚀作用，同时气体流量大，抽走的活性物质也增多，降低了刻蚀速率。

（3）离子能量

刻蚀过程中离子入射对反应的促进程度会根据材料的不同而不同。用不同的气体刻蚀 Si，随着 $Cl^-$、$F^-$、$Br^-$ 等离子能量提高，刻蚀速率增加，说明离子能量高时，刻蚀速率大，而离子能量较低（低于 10eV）时，基本上只有活性基团参与反应，因此总的刻蚀速率低。用相同的气体刻蚀不同的材料，离子能量的影响有不同的情况。例如用 $Cl^-$，分别对 C、Si、B、Al 基片进行刻蚀，其中 B 和 Al 的刻蚀速率与 $Cl^-$ 的入射能量无关，而 C 和 Si 的刻蚀速率随 $Cl^-$ 入射能量增大而增大。

（4）反应温度

在使用 $SF_6$ 刻蚀 Si 材料时，Si 的刻蚀速率不随温度降低而降低；而对光刻胶和 $SiO_2$ 来说，低温时刻蚀速率急剧下降。当基片温度降到−40～−180℃，由于侧壁反应冻结，无须聚合物保护层，既能提高刻蚀选择比，又能提高刻蚀的洁净度。

### （三）反应离子刻蚀的方法

随着技术的发展，反应离子刻蚀逐渐采用高密度等离子体进行高速刻蚀，这些采用高密度等离子体进行物理化学刻蚀的技术具有一些共同特征：①离化率高，传统的射频等离子体的离化率为 $10^{-4}$ 到 $10^{-5}$ 左右，与之相比，高密度等离子体的离化率在 $10^{-2}$ 左右，提高了2～3个数量级。②刻蚀与等离子体的发生相互独立，便于对基片偏压和等离子体的流动等进行控制。③采用无电极式，电极重金属材料造成的污染少。④在 $10^{-2}$～$10^{-3}$Pa 的气压下，可生成稳定等离子体，气压低。⑤离子能量比普通反应离子刻蚀的离子能量低得多，造成的损伤小。

图 8-12 列出了反应离子刻蚀的几种不同装置，包括平行平板型等离子体刻蚀、电子回旋共振型等离子体刻蚀、磁控型等离子体刻蚀和感应等离子体型刻蚀。

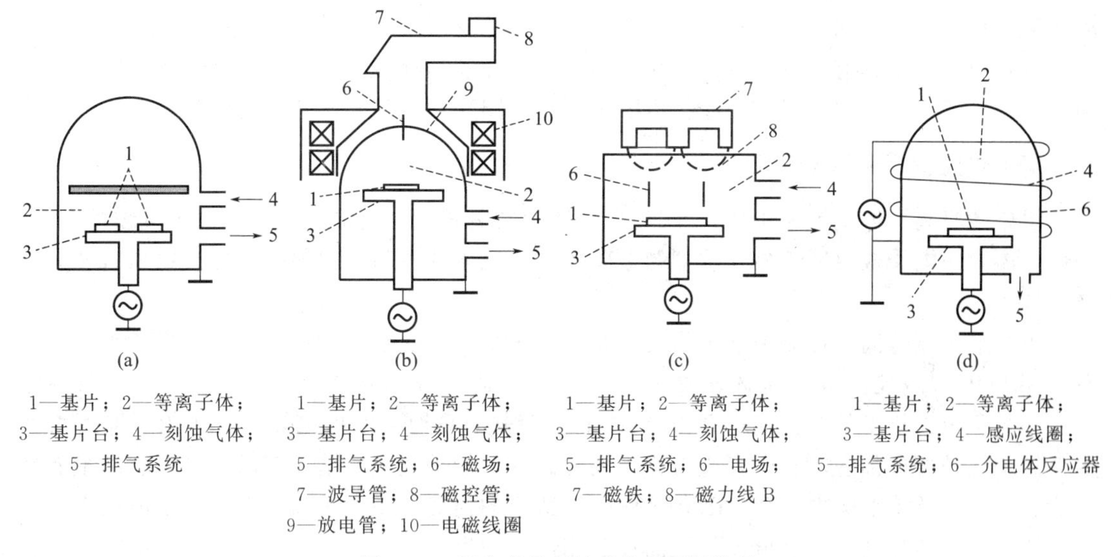


图 8-12　反应离子刻蚀的几种不同装置

（a）平行平板型；（b）电子回旋共振型；（c）磁控型；（d）感应等离子体型

#### （1）平行平板型等离子体刻蚀

平行平板型等离子体刻蚀采用如图 8-12（a）所示的平板二极型溅射装置，这是最早投入应用的反应离子刻蚀装置，又称溅射刻蚀。如果将普通溅射中的 Ar 用氟利昂气体替代，会发现刻蚀速率增大数十倍，刻蚀过程既有溅射的物理作用，又有氟利昂气体与薄膜发生反应的化学作用。这种方法的等离子体分布均匀性最好，刻蚀选择比非常高，同时具有较好的各向异性，刻蚀速率高，工艺成熟稳定，特别适用于 Al、$SiO_2$ 等材料的刻蚀。

然而，平行平板型等离子体刻蚀缺点也很明显：工作气压高，不利于各向异性刻蚀；离子能量高，会造成被刻蚀材料损伤；电极材料及光刻胶被溅射会造成污染。因此，其不宜直接用于集成电路芯片的微细图形制作，但在平板显示领域使用非常方便，应用也较多。

### （2）电子回旋共振型等离子体刻蚀

电子回旋共振（ECR）型等离子体刻蚀装置如图 8-12（b）所示。若在气体压力为 $10^{-2}$～$10^{-3}$Pa 和 2.45GHz 的微波作用下，并在放电空间的某一区域维持 ECR 磁场条件（87.5 mT），则可产生电子回旋共振放电。电磁铁装置在放电室的外部，将轴向磁场强度分布设计成发散磁场，电子在磁场作用下绕发散磁场的磁力线做螺旋运动，并向着磁场减弱的方向（基片方向）移动，当电子回旋的周期同微波周期一致时，电子吸收微波能量的效率最高，即为电子回旋共振。

与此同时，离子也向着基片的方向移动，但比电子的移动速度慢得多，而且在等离子体流中，离子被加速，电子被减速，形成两极性电场，即由离子正电荷和电子负电荷所决定的等离子体电场，最终达到稳定态。离基片越近，等离子体的电位越低，在基片附近会形成等离子体鞘层，离子能量与等离子体的电位相当，大约为 10eV。这比平行平板型等离子体刻蚀的离子能量（约 800eV）或磁控型等离子体刻蚀的离子能量（约 200eV）低得多。但是，这种等离子体流以发散状射向基片，当基片比较大时，离子并不一定是垂直入射的。因此，需要在基片附近施加辅助磁场，以保证离子垂直入射。此外，在基片上加高频偏压，也能使离子垂直基片入射，同时可分别独立控制放电状态和入射离子的能量。ECR 型产生等离子体的电源和刻蚀用的射频电源可以独立分隔，操作和控制都很方便，且等离子体密度高，刻蚀电源电压低，不用担心损伤问题，但由于用到线圈和微波输入，其结构比较复杂。

### （3）磁控型等离子体刻蚀

磁控型等离子体刻蚀采用如图 8-12（c）所示的装置。在放电空间中，电场与磁场垂直，等离子体中的电子被束缚于相互垂直的电磁场中，气体的电离效率很高，可产生高密度的等离子体。

平行平板型等离子体刻蚀的工作气压在 10～1Pa，而磁控型等离子体刻蚀的工作气压只有 1～0.1Pa。磁控型等离子体刻蚀的离化率、等离子体密度等明显提高，其优点包括：①比平行平板二极型的刻蚀速率高 10 倍以上；②离子平均自由程比等离子体鞘层厚度大得多，离子在鞘层中加速时很少发生与原子间的碰撞，能垂直入射基片表面；③入射离子能量约为 200eV，低于平面平板型 RIE 的 800eV，造成的损伤较小；④高密度等离子体集中于磁极下方，可调节磁场大小和分布，从而控制刻蚀均匀性。

### （4）感应等离子体型刻蚀

随着微纳米结构与器件研究的不断发展，越来越多的微纳米器件要求高深宽比的精细结构，即在图形特征尺寸不变的条件下，要求刻蚀的深度越来越深，这就对刻蚀工艺提出了三项更高的要求：第一，更好的刻蚀方向性，足够好的各向异性刻蚀才能保证刻蚀工艺按照掩模图形尺寸不断进行；第二，更高的刻蚀选择比，保证掩模足够耐刻，在对材料进行深刻蚀的同时，还要保证掩模能够经受同样长时间的刻蚀；第三，更快的刻蚀速率，材料的刻蚀必须在合理的时间内完成，否则将失去实际应用的价值。

传统的反应离子刻蚀却难以满足以上三点，尤其是要进一步提高刻蚀速率，只能通过提高等离子体密度或等离子体能量实现，这就需要提高激发等离子体的射频功率。但是，随着射频功率的提高，样品电极的自偏置电压也将提高，粒子轰击样品的能量增加，物理轰击作用增强，从而导致抗蚀比下降，刻蚀深度也因此受限。为解决这一矛盾，感应等离子体型刻蚀技术应运而生。

感应等离子体型刻蚀使用如图 8-12（d）所示的装置，这种刻蚀方法是利用感应线圈在介质容器内诱发电磁场而产生等离子体，因为能够在大面积下产生均匀的等离子体，所以受到广泛关注。比较常见的有感应耦合等离子体（inductive coupled plasma，ICP）型、螺旋波型、变压器耦合等离子体（transformer coupled plasma，TCP）型和表面波等离子体（surface wave plasma，SWP）型等。其中，ICP 型和螺旋波型都具有较高的等离子体密度，并且都已经实用化了。

ICP 刻蚀是通过套在放电室上的螺旋线圈或螺旋电极输入高频电场，在放电室中产生高密度等离子体（$n_e=10^{11}\sim10^{12}cm^{-3}$）。刻蚀室与放电室分离，基片置于刻蚀室中，离子和活性基团被输送到刻蚀室进行刻蚀。在 ICP 刻蚀装置中，通常要在基片上施加高频偏压，使得放电室的放电状态和刻蚀室中的离子能量可以独立调节，以便控制刻蚀速率与图形形状等，提高刻蚀质量。另外，当在基片上加偏压时，等离子体中的电子辐射会造成损伤，偏压高频功率越大，损伤越严重。通过在等离子体源的输出部位导入某些气体，可以对刻蚀进行控制。例如将 $C_4H_8$ 作为刻蚀气体时，导入适量的 $H_2$ 可以提高 $SiO_2$ 和 Si 的刻蚀选择比。

螺旋波等离子体刻蚀所使用的装置与电子回旋共振等离子体刻蚀的装置一样，放电室与刻蚀室分离。外加高频电场和磁场，可以放电，但不必满足 ECR 放电的条件。外加磁场的磁感应强度较小，几十毫特即可。放电气压在 1～0.1Pa，可实现很强的各向异性刻蚀。可控制照射离子的能量以及等离子体的均匀性。螺旋波等离子体刻蚀采用低气压下的高密度等离子体，会促进反应气体分解、激发，入射离子数量也会增多，使选择比减小。为了提高刻蚀选择比，通常采取三种措施：一是筛选刻蚀气体，并且通过添加气体等来抑制刻蚀气体的分解；二是选择最佳的照射离子能量；三是采用脉冲的方式输入高频功率，抑制等离子体解离度的升高等。

此外，随着感应等离子体型刻蚀技术在微纳加工领域日益广泛地应用，出现了很多相关的辅助技术以提高刻蚀效果。例如，样品台采用静电吸盘技术（electro-static chuck），抛弃了传统的机械固定模式，通过静电吸附样品以提高刻蚀的均匀性，减少尘埃颗粒；用热交换器和背面氦气冷却技术进行温度控制，以保证整个样品在刻蚀过程中温度均匀，减小温度变化对刻蚀速率和均匀性的影响；增加刻蚀终点检测系统，通过对特定波长的光探测信号的检测确定刻蚀是否结束。

目前，感应等离子体型刻蚀技术还存在一些问题：需要合适的反应气体来进行，不是对所有材料都适用；等离子体刻蚀可能会引起材料的损伤，但这种损伤有时可以通过退火或湿法处理的方式消除。

### （四）反应离子刻蚀在薄膜加工中的应用

反应离子刻蚀技术可以刻蚀多种材料，如介电材料（$SiO_2$、$Si_3N_4$ 等）、硅基材料（Si、a-Si、多晶 Si）、Ⅲ-Ⅴ材料（GaAs、InP、GaN 等）和金属（Al、Cr、Ti 等）等。

（1）加工金属栅格

图 8-13 是利用反应离子刻蚀加工的金属栅格截面的 SEM 图像。在具体的加工工艺中，

使用的反应气体要根据刻蚀材料进行选择，在电介质刻蚀中通常使用基于氟的等离子体，在金属刻蚀中通常使用氯基化学物质。

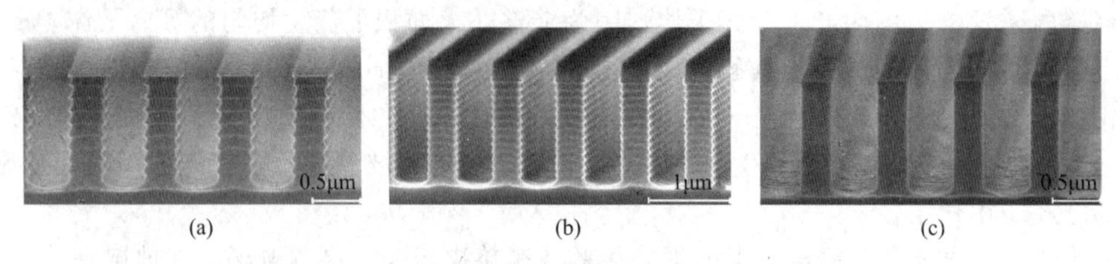


图 8-13 Bosch DRIE 工艺加工后的金属栅格截面的 SEM 图像
（a）45nm；（b）25nm；（c）10nm

（2）在碳化硅薄膜上加工高深宽比结构

图 8-14 显示利用电感耦合等离子体反应离子刻蚀在碳化硅薄膜上加工出的高深宽比结构。碳化硅是一种化合物半导体材料，具有多种独特的材料特性，如能带间隙大、机械强度高、电子和空穴迁移率高、热稳定性高等，是用于多种微电机系统（MEMS）、微机械系统和微电子应用的绝佳材料。许多应用都需要将 SiC 加工成高深宽比的结构，但由于 SiC 的化学性质稳定，常规方法很难实现。使用电感耦合等离子体反应离子刻蚀，可以实现超过 150μm 的刻蚀，甚至完全穿过 500μm 或更厚的碳化硅基体。

（3）加工蓝宝石基底

蓝宝石基底的微米、纳米图案化是氮化镓 LED 领域发展的主要趋势，图 8-15 是使用感应耦合等离子体反应离子刻蚀加工的圆锥形蓝宝石基底。氮化镓（GaN）及其合金的带隙覆盖了从红色到紫外的光谱范围，是一种理想的短波长发光器件材料。蓝宝石（$\alpha$-$Al_2O_3$）以其独特的晶体结构，优异的光学性能、力学性能和化学稳定性，成为氮化镓最为理想的基底材料。在蓝宝石基底上设计和制造出微米级或纳米级的具有特定凹凸结构的规则图案，可以控制氮化镓的外延生长，减少氮化镓材料位错缺陷，提升氮化镓晶体的质量，提高发光效率。凹凸结构还通过光的反射、散射或折射，减少光的全反射，增加光的取出率。

图 8-14 使用电感耦合等离子体反应离子刻蚀在碳化硅薄膜上加工出的高深宽比结构

图 8-15 使用感应耦合等离子体反应离子刻蚀加工的圆锥形蓝宝石基底

# 第四节 飞秒激光烧蚀

激光具有方向性好、相干性好、单色性好等特点，因此激光的研究及其在各个领域的应用发展迅猛。飞秒激光因其超短的脉冲持续时间、超高的峰值功率等特点，可用于加工几乎所有的材料。根据飞秒激光与材料的相互作用机制以及加工后的材料状态，可以将飞秒激光加工分为三类：飞秒激光增材加工、飞秒激光改性加工和飞秒激光烧蚀加工。由于飞秒激光的持续时间远小于材料的热扩散时间，因此可以克服加工过程中热效应的弊端，达到极高的加工精度。

## 一、飞秒激光烧蚀的基本原理

飞秒（femtosecond，fs）是衡量时间长短的单位，在国际单位制中，$1fs=10^{-15}s$。光线在1fs内可传播约0.3μm，这一尺寸与病毒的直径相当。飞秒激光（femtosecond laser）是一种以脉冲形式发射的，脉冲持续时间在飞秒量级的激光，由于飞秒激光的脉冲宽度一般小于电子晶格的散射时间，因此飞秒激光加工过程中对周围材料影响较小，是一种近乎无热效应的冷加工方式。由于此类型的激光并非只涵盖单一波长的激光，因此会使用中心波长来描述它的激光频率。此外，飞秒激光具有非常高的瞬时功率，可以达到百万亿瓦级别，足以激发任何材料发生相变，因此几乎可用于加工所有材料。

激光烧蚀是利用强激光束与物质的相互作用从固体中去除物质原子，改变材料的形貌和性质的加工方法。不同材料对激光的吸收机理不同，通常可分为线性吸收和非线性吸收。非透明材料对飞秒激光的吸收主要是线性吸收，透明材料对激光的吸收通常为非线性吸收。激光的脉冲宽度不同时，其与材料的烧蚀作用也存在显著的差异，如图8-16所示。当激光的脉冲宽度在飞秒尺度时，单个激光脉冲作用在材料上的时间远小于电子能量耦合到晶格的时间，烧蚀的材料几乎不会受到热效应的影响，因此飞秒激光烧蚀技术具有更高的加工精度。

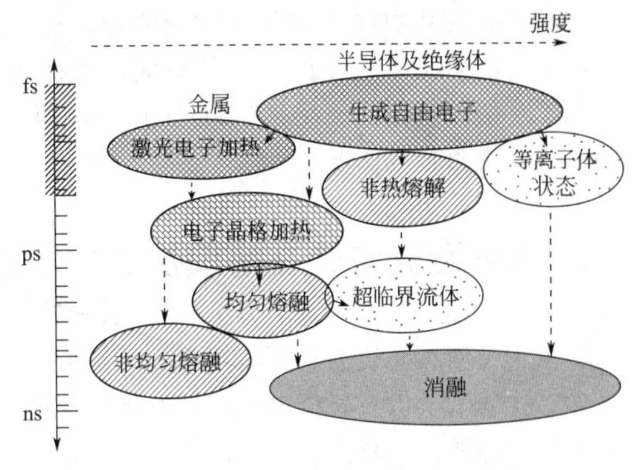


图8-16 不同脉冲宽度与材料的相互作用

飞秒激光单脉冲能量服从高斯分布，如图8-17所示。飞秒激光刻蚀材料的烧蚀阈值即为在加工目标上有效烧蚀区域边缘的激光能量密度$\varphi_{th}$。在实际的飞秒激光线性扫描加工过程中，若要在加工目标表面加工出具有连续性的表面结构，必须将焦点扫描速度限制在脉冲分离临界速度之内，此时刻蚀区域并非由单脉冲激光加工而成，而是飞秒激光多脉冲效应累积的结果。

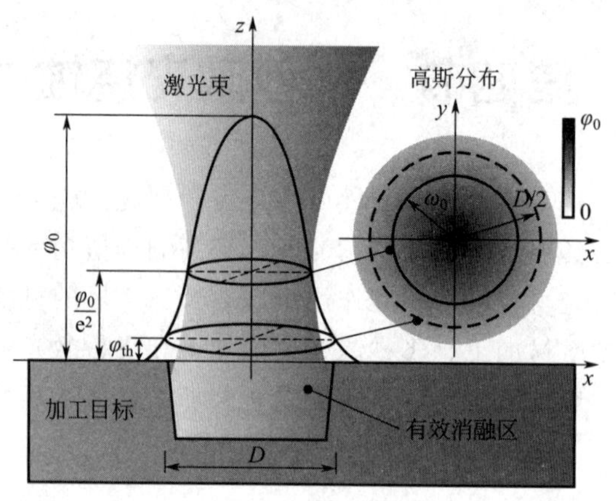


图 8-17　飞秒激光能量分布

$\varphi_0$—归一化的飞秒激光能流密度；$\varphi_0/e^2$—飞秒激光光束的束腰半径处的能流密度，e 为自然常数；$\varphi_{th}$—材料的烧蚀阈值；$\omega_0$—飞秒激光光束的束腰半径；$D$—烧蚀直径

## 二、飞秒激光烧蚀加工系统

图 8-18 为一种典型的飞秒激光烧蚀加工装置，主要由飞秒激光器、半波片、反射镜、衰减片、透镜以及固定试样的三维移动平台组成。飞秒激光器产生特定频率的激光，通过反射镜改变激光光路传播方向，半波片与衰减片协同调节飞秒激光能量，通过透镜聚焦后的飞秒激光垂直照射到工件表面，对样品表面进行加工。按照预定的路径移动 3D 工作台，即可以在样品上加工出预定的图案。

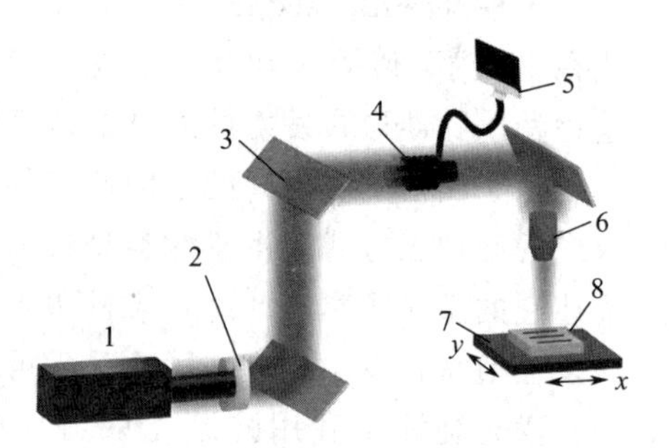


图 8-18　飞秒激光烧蚀加工装置

1—激光源；2—半波片；3—反射镜；4—功率衰减器；5—计算机；6—物镜；7—3D 工作台；8—样品

## 三、飞秒激光烧蚀在薄膜加工中的应用

由于飞秒激光烧蚀具有高精度、无须掩模以及几乎可以加工所有材料的优点，因此在微光学、生物医学以及智能电子器件等领域都展现出巨大的应用潜力。得益于飞秒激光烧蚀过程中的“冷加工”特点，其在薄膜加工领域应用也非常广泛。

（1）对氮化铝薄膜进行图案化加工

作为一种超宽带隙半导体，氮化铝（AlN）有广阔的应用前景，如射频功率晶体管、深紫外（DUV）光源、薄膜体声谐振器（FBAR）、日盲探测器等。氮化铝基底是制造 DUV LED 的理想选择，但这种基底的生长非常困难，多年来，人们一直在努力取代在蓝宝石基底上外延氮化铝薄膜的主流技术，但未能成功。由于晶格和热膨胀系数的不匹配，使用异质基底生长氮化铝通常会引入薄膜应变、高穿透位错密度（TDD），甚至裂纹，导致半导体器件性能劣化。因此，开发具有缺陷控制的高质量氮化铝外延薄膜对于氮化铝基器件至关重要。

武汉大学通过飞秒激光烧蚀，对蓝宝石上生长的氮化铝薄膜进行图案化加工，如图8-19。通过控制典型的脉冲能量，将设计的图案精确地写入氮化铝薄膜中。研究表明，仅晶体质量发生微小变化即可实现一致的形态。激光图案化后，氮化铝薄膜的拉应力得到释放，薄膜表面受到轻微压缩，加工质量较好，且加工过程中电子与晶格之间的热相互作用可以忽略。

（2）用于修复掩模版

掩模版的质量直接决定了光刻胶的曝光质量，因此掩模版上的缺陷需要及时修复。图8-20为IBM公司分别使用纳秒激光脉冲［图（a）］和100fs激光脉冲［图（b）］对熔融石英光掩模基片上100nm厚的Cr层的烧蚀去除效果。使用纳秒激光烧蚀去除连接两条水平Cr线的Cr桥时，可以在卷边中观察到热损伤，并且可观察到明显的Cr飞溅。相比之下，使用100fs的飞秒激光烧蚀的Cr区域，切口边缘锋利，没有金属飞溅或碎片的迹象。

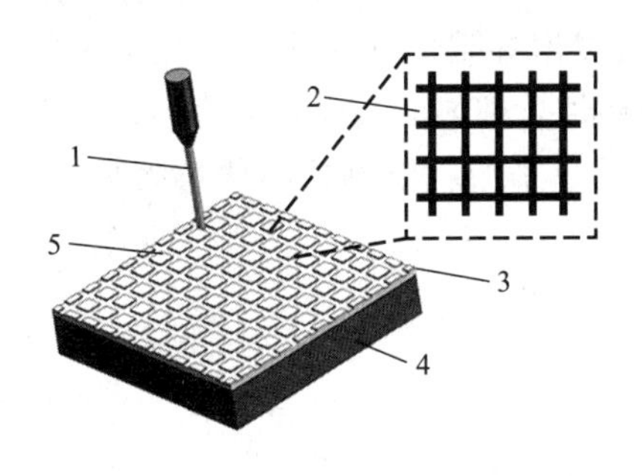


图 8-19　使用飞秒激光在约 1.3μm 厚的氮化铝薄膜上加工边长为 1～2μm、间距为 0.5～1μm 的凸台

1—激光束；2—激光的移动路径；3—氮化铝薄膜；4—蓝宝石基体；5—氮化铝方形凸台

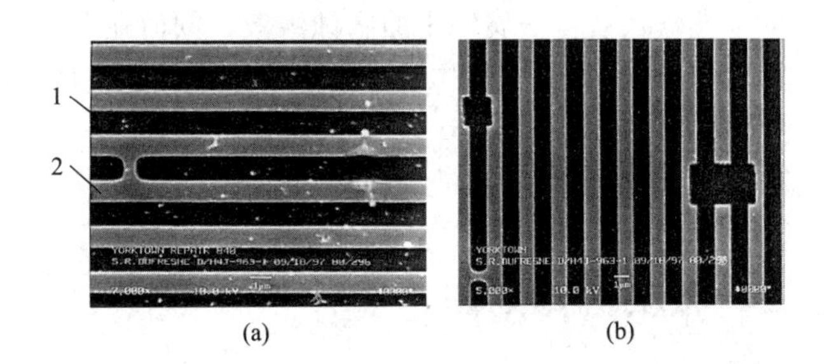


图 8-20　使用纳秒激光脉冲（a）和 100fs 激光脉冲（b）对熔融石英光掩模基片上 100nm 厚的 Cr 层的烧蚀去除效果

1—玻璃基片；2—Cr 掩模

# 第五节　其它薄膜加工技术

除了上述的薄膜加工技术外，为了满足多样的应用场景，科研人员开发出多种用于薄膜微细结构加工的技术，结合多种技术特点而开发的新技术也层出不穷。本节简要介绍几种有代表性的技术。

## 一、反应气体刻蚀

反应气体刻蚀又称为气浴刻蚀，是一种通过气态的反应气体直接与刻蚀材料进行反应的刻蚀方法，主要用于微机械器件的制造。通常使用的气浴刻蚀方法只有一种，即二氟化氙（$XeF_2$）对硅的高选择性刻蚀，由于气态的 $XeF_2$ 可以对 Si 进行各向同性刻蚀，因此可通过刻蚀牺牲层，获得微机械结构。图 8-21 为 SAMCO 公司使用 $XeF_2$ 刻蚀的可移动聚对二甲苯结构。

图 8-21 使用 $XeF_2$ 刻蚀的可移动聚对二甲苯结构

气态 $XeF_2$ 可以直接与 Si 反应生成挥发性 $SiF_4$ 产物，而对金属、二氧化硅或其它掩模材料几乎没有侵蚀，具有极高的刻蚀选择比。如对氮化硅为（400～800）∶1，对光刻胶、金属、氧化硅的选择比可达上千。因此，利用二氟化氙可以对硅表面进行各向同性的刻蚀，特别是对作为牺牲层的硅去除，是一种非常理想的干法刻蚀方法，有利于悬臂梁以及中空结构的制备。目前，已有气浴刻蚀方法制备投影显示器芯片等方面的报道。

$XeF_2$ 刻蚀硅的速度一般在 1～3μm/min，刻蚀表面非常粗糙，其粗糙度达到微米量级，通过与其它卤素气体（如 $BrF_3$ 和 $ClF_3$）混合使用可以改善表面的粗糙程度。

由于气浴刻蚀完全是化学反应过程，其特点与湿法腐蚀非常相似，主要的区别是用 $XeF_2$ 蒸气代替湿法腐蚀中的腐蚀溶液，同时避免了溶液浸泡导致的样品沾污或光刻胶脱落等缺点。特别是悬空结构的牺牲层去除，如果使用湿法腐蚀，液体的表面张力容易使悬空的微结构黏附到基底表面，从而导致整个结构的破坏。然而，采用气浴刻蚀的化学处理方法，则很好地避免了湿法腐蚀中的缺点。

## 二、激发气体刻蚀

激发气体刻蚀的原理与等离子体刻蚀一样，两者只有刻蚀主体的区别。激发气体刻蚀的配套工艺和等离子体刻蚀也基本一致。产生等离子体的装置有许多种，在放电空间中没有电极的形式称为无电极式。无电极式中比较常见的有两种：板极式和线圈式。板极式的构造为两块板状电极之间夹有石英或者玻璃制的容器，在容器内部产生等离子体。线圈式则是将板极式的板状电极改成线圈电极，在中间放置石英或者玻璃制的容器，容器内通过无电极放电产生等离子体。

在放电空间内放置有电极的等离子体装置称为电极式，常见的有同轴式内腔和外腔之间产生的等离子体通过小孔进入到反应室内部进行刻蚀，如图 8-22 所示。这种方法的刻蚀均匀性好，基片不直接置于放电空间中，因此刻蚀时温度较低，损伤小。这种方法的刻蚀主体不是等离子体，而是激发态的原子和原子游离基，因此被称为激发气体刻蚀。

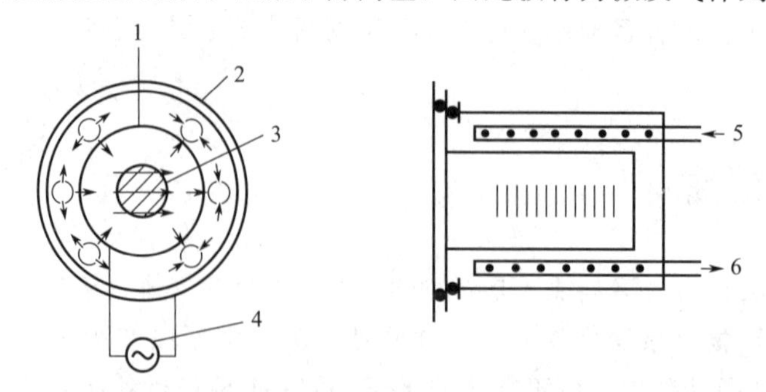


图 8-22 激发气体刻蚀装置的结构

1—$Al_2O_3$ 内腔；2—$Al_2O_3$ 外腔；3—Si 片；4—射频电流；5—充气口；6—抽气口

## 三、 激光诱导正向转移技术

激光诱导正向转移（laser induced forward transfer，LIFT）技术是通过脉冲激光辐照目标薄膜材料，在辐照过程中激光和材料之间发生相互作用，实现目标薄膜材料的精准定向转移，其工作原理如图 8-23 所示。加工过程中无须掩模版，且可以实现多层薄膜沉积，加工过程中可以实现薄膜转移、沉积以及图案化。借助激光的高精度、高能量以及高可靠性，激光诱导正相转移可用于多种薄膜材料的加工，早年曾被用于全彩 OLED 显示器件的制备，目前在多层 OLED 结构的直接印刷、高分辨率显示器制备领域备受关注。

根据工艺不同，激光诱导正相转移可以分为激光烧蚀转移（laser ablative transfer，LAT）、激光诱导成像（laser induced thermal imaging，LITI）以及激光诱导升华（laser induced patternwise sublimation，LIPS）等，激光诱导成像在 OLED 显示器制造中应用广泛，随着大尺寸、高品质 OLED 显示器的需求激增，对激光诱导成像的研究也备受关注。图 8-24 为 Cho 等通过研究激光成像条件，在停留时间为 100μs 时获得的 OLED 器件。

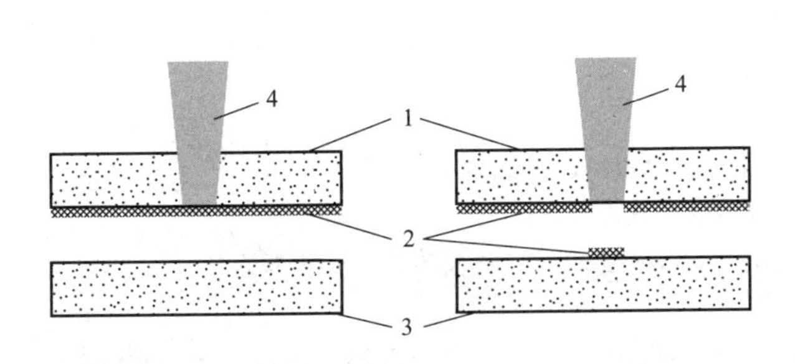


图 8-23　激光诱导正向转移技术工作原理
1—转移基片；2—薄膜；3—接收基片；4—激光

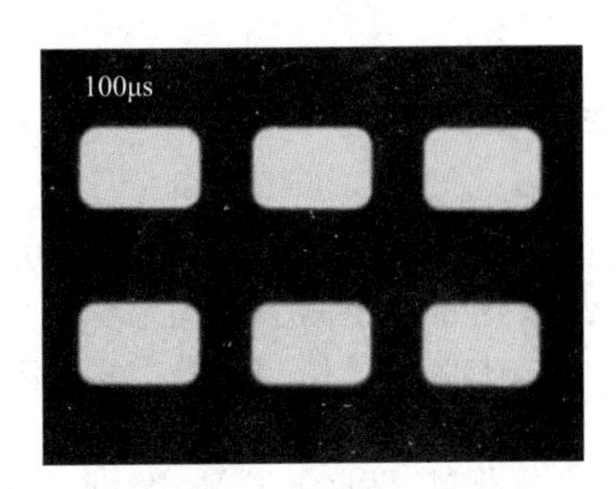


图 8-24　使用激光诱导成像制备的 OLED

# 本章小结

薄膜微细结构加工是伴随着集成电路发展的一类涵盖多学科原理的应用技术。其应用领域涉及大规模集成电路技术、纳米电子技术、光子技术、高密度磁存储技术、微机电系统技术、生物芯片技术和纳米技术等高新技术发展领域。尽管薄膜加工的工艺方法有很多种，但目的只有一个，即在沉积好的薄膜上制作出具有实际用途的微纳米结构。薄膜微纳米结构加工的基本过程可以概括为：薄膜沉积（thin film deposition）、图形成像（lithographic patterning）和图形转移（pattern transfer）。在图形转移过程中的几种代表性的工艺技术包括湿法刻蚀、干法刻蚀、飞秒激光双光子聚合微纳加工技术等。需要指出的是，在实际应用中为了满足不同的应用场景，薄膜加工技术正在不断发展。

# 思考题

1. 湿法刻蚀的基本原理和基本过程是什么？
2. 在湿法刻蚀中，提高刻蚀均匀性的方式有哪些？
3. 干法刻蚀和湿法刻蚀哪种工艺的加工精度高？为什么？
4. 湿法刻蚀与电化学刻蚀的主要区别是什么？
5. 离子束溅射刻蚀和反应离子刻蚀有哪些相同点和区别？
6. 离子束溅射刻蚀的工艺参数有哪些？
7. 反应离子刻蚀的工艺参数有哪些？
8. 什么是飞秒激光？
9. 激发气体刻蚀与等离子体刻蚀的主要区别是什么？
10. 简述刻蚀技术的发展和应用。

# 参考文献


[1] 何宇亮. 非晶态半导体物理学[M]. 非晶态半导体物理学，1989.

[2] 王春伟. 湿法刻蚀均匀性的技术研究[D]. 上海：复旦大学，2012.

[3] 刘仁臣，吴永刚，夏子奂，等. 湿法和溶脱法的亚微米 ZnO：Al 光栅制备[J]. 强激光与粒子束，2012，24(11)：5.

[4] Tilli M，Paulasto K M，Petzold M，et al. Handbook of silicon based MEMS materials and technologies [M]. 3th ed. Amsterdam：Elsevier，2020.

[5] Ren B，Picardi G，Pettinger B. Preparation of gold tips suitable for tip-enhanced Raman spectroscopy and light emission by electrochemical etching[J]. Review of Scientific Instruments，2004，75(4)：837-841.

[6] 赵丽华，周名辉，王书明，等. 离子束刻蚀[J]. 半导体技术，1999，24(1)：4.

[7] 范玉殿. 电子束和离子束加工[M]. 北京：机械工业出版社，1989.

[8] Esmek F，Bayat P，Perez-Willard F，et al. Sculpturing wafer-scale nanofluidic devices for DNA single molecule analysis[J]. Nanoscale，2019，28：11.

[9] Franssila S，Sainiemi L. Reactive ion etching(RIE)[M]//LI D. Encyclopedia of microfluidics and nanofluidics. Boston：Springer，2008：1772-1781.

[10] 郝慧娟，张玉林，卢文娟. 二氧化硅的反应离子刻蚀[J]. 电子工业专用设备，2005，34(7)：4.

[11] 麻蒔立男. 薄膜制备技术基础[M]. 陈国荣，刘晓萌，莫晓亮，译. 北京：化学工业出版社，2009.

[12] Dirdal C A，Milenko K，Summanwar A，et al. UV-nanoimprint and deep reactive ion etching of high efficiency silicon metalenses：high throughput at low cost with excellent resolution and repeatability[J]. Nanomaterials，2023，13(3)：436.

[13] Shin B，Park I H，Chung C W. Inductively coupled plasma reactive ion etching of $Co_2$ MnSi magnetic films for magnetic random access memory[M]//Rhee H K，Nam I S，Park J M. Studies in surface science and catalysis. Amsterdam：Elsevier. 2006：377-380.

[14] Seong T Y，Han J，Amano H，et al. Ⅲ-nitride based light emitting diodes and applications[M].

Boston: Springer, 2013.
[15] Rethfeld B, Sokolowski-Tinten K, von der Linde D, et al. Timescales in the response of materials to femtosecond laser excitation[J]. Applied Physics A, 2004, 79(4): 767-769.
[16] Dong F, Li R, Wu G, et al. An investigation of aluminum nitride thin films patterned by femtosecond laser[J]. Applied Physics Letters, 2020, 116(15): 154101.
[17] Haight R, Wagner A, Longo P, et al. High resolution material ablation and deposition with femtosecond lasers and applications to photomask repair[J]. Journal of Modern Optics, 2004, 51(16-18): 2781-2796.
[18] Cho S H, Lee S M, Suh M C. Enhanced efficiency of organic light emitting devices (OLEDs) by control of laser imaging condition[J]. Organic Electronics, 2012, 13(5): 833-839.

# 第九章

# 薄膜的厚度和组织结构表征

薄膜的表征技术是薄膜材料科学与技术的重要组成部分。与块材不同，薄膜材料不仅厚度很小，而且附着在基底上，与基底之间存在相互作用。因此，许多块材的组织和性能表征方法无法直接用于薄膜材料的表征，因而薄膜材料的表面分析技术具有特殊性。本章主要介绍薄膜的厚度、成分、结构、表面形貌及微观组织的表征方法。

## 第一节　薄膜的厚度监测与测量

与块材不同，薄膜材料的组织和性能与其厚度密切相关，薄膜的许多性能会随厚度的变化而变化。薄膜厚度的表征主要包括两个方面：一方面，在薄膜的制备过程中需要检测薄膜的实时生长厚度，即薄膜的原位监测；另一方面，薄膜制备完成后需要测量薄膜的最终厚度，即薄膜的厚度测量。通常，薄膜的厚度测量也可用于校准原位监测。

### 一、薄膜的厚度监测

薄膜的厚度监测不仅能够控制薄膜的最终厚度，也有助于理解薄膜的生长机理。在薄膜的制备过程中，常用的薄膜厚度监测方法主要包括以下几种。

#### （一）气相密度测量

气相密度测量的原理主要是通过测量沉积过程中蒸发原子密度的瞬时值，确定撞击在基底上的原子流率，然后通过积分运算得到单位面积沉积的薄膜重量或厚度。如图 9-1 所示，在靠近蒸发源位置设置离化检测计，当溅射原子进入离化检测计时，溅射原子由于发生电离，产生电流。相应的电流 $I_i$ 与离子的数量和离化电子电流 $I_e$ 成正比。其中离子数对应气流中的粒子密度 $n$，则

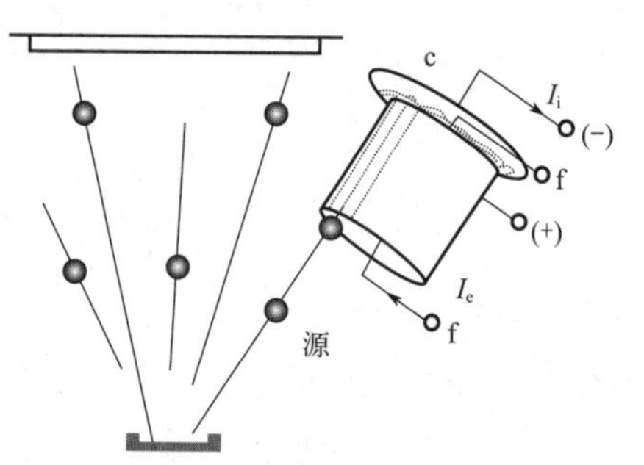


图 9-1　通过测量蒸气密度测量膜厚的离化检测计

f—灯丝；c—收集极；$I_i$—离子电流；$I_e$—电子电流

$$\dot{\mu} \propto n \propto \frac{I_i}{I_e} \tag{9-1}$$

薄膜厚度 $D$ 满足

$$D = \frac{1}{\rho}\int_0^t \dot{\mu}\,dt = \frac{a}{\rho}\int_0^t \frac{I_i}{I_e}dt \approx \frac{a}{\rho}\frac{I_i}{I_e}t \tag{9-2}$$

式中，$n$ 为气相粒子密度；$\rho$ 为膜材料密度；$a$ 为

常数；$t$ 为溅射时间。

从上式可看出，薄膜的厚度与离子电流成正比。因此可以通过对薄膜的厚度测量结果进行校准，获得 $D$-$I_i$ 的关系，进而通过监控 $I_i$ 的大小，实现薄膜厚度的原位监测。

但是这一方法存在一定的缺点，如它的测量结果易受到蒸发源的温度和真空中残留气体气压（对离子电流有贡献）的影响，目前积分值 $D=\frac{1}{\rho}\int \dot{\mu}\,\mathrm{d}t$ 的相对误差在10%左右。气相密度测量方法主要用于物理气相沉积制备的薄膜。

## （二）石英晶体振荡法

石英晶体振荡法的基本原理是在沉积过程中，把薄膜同时沉积在基底和附近的石英晶体上，石英晶体具有压电效应，在外加交变电场下会产生尺寸变化，然后以一定的频率振动，这一频率称为石英晶体的固有振荡频率。当石英晶体被沉积了某种薄膜之后，随着薄膜厚度的增加，石英晶体机械振动系统的惯性增加，振动频率衰减。因此，通过测量石英振动频率的变化可以得到薄膜的厚度。由于这种方法是通过测定薄膜的质量，进而确定薄膜的厚度，因此，这种方法测定的是薄膜的质量厚度。

石英晶体的固有振荡频率需要满足以下条件

$$f=\frac{v}{\lambda}=\frac{v}{2D_q} \tag{9-3}$$

式中，$v$ 为厚度方向上波长为 $\lambda$ 的弹性波的传播速度；$D_q$ 为石英晶体的厚度。

在石英晶体上沉积一层质量为 $\mathrm{d}m$、密度为 $\rho_q$ 的薄膜，当薄膜的厚度足够小时，薄膜的弹性作用尚未发生，整体性质接近于石英晶体本身。如果 $S$ 为石英晶体上薄膜的覆盖面积，则石英晶体上厚度的增加量 $\mathrm{d}t=\mathrm{d}m/(\rho_q S)$，而厚度变化引起的频率变化 $\mathrm{d}f=-\frac{v}{2t^2}$，即

$$\mathrm{d}f=-\frac{2f^2}{v\rho_q}\frac{\mathrm{d}m}{S} \tag{9-4}$$

负号表示随着石英晶体上沉积薄膜的质量增加，石英晶体的频率下降。假定沉积在石英晶体上的薄膜厚度均匀，则薄膜的质量厚度 $\mathrm{d}M$ 则满足 $\mathrm{d}m=\mathrm{d}M\rho S$，代入式（9-4）得

$$\mathrm{d}M=-\frac{\rho_q v}{2\rho f^2}\mathrm{d}f \tag{9-5}$$

在假定薄膜的有效面积等于石英晶体的面积下上式成立，但是实际过程中两者通常并不等同，因此测量时需要进行仪器校正。这种方法测量的薄膜厚度的灵敏度主要由石英晶体的质量灵敏度决定，石英晶体的质量灵敏度越大，测量的薄膜质量厚度越大，通常约为 $10^{-7}$ $\mathrm{g/cm^2}$。在实际应用时，石英晶体周围的温度需要保持恒定。

石英晶体振荡法简洁灵敏，能够测量金属、半导体和绝缘体薄膜的质量厚度。利用上述原理设计的石英晶体膜厚监控仪（图 9-2），主要用于电阻或电子束蒸发设备，起到实时监控金属、半导体和绝缘体薄膜质量厚度的作用。

## （三）光学监测

光学监测薄膜厚度通常通过光学厚度监测仪实现（图 9-3）。光学厚度监测仪的理论基础是光的干涉效应。当单色平行光照射到薄膜样品表面时，薄膜上、下表面的两束反射光在上表面相遇，产生干涉。当一束光入射薄膜样品时，反射光或透射光的特性随着薄膜厚度改变。通过测定这种变化，确定薄膜厚度。由于空气和薄膜对光的折射率不同，从薄膜表面反射的光线和经过薄膜从基底反射的光线之间存在光程差，进而产生干涉。但是由于基底上下表面本身存在光的干涉现象，因此这种方法主要用于观察能够产生光学干涉现象的薄膜的生长情况，也就是只适用于透明薄膜厚度的监控及测量。

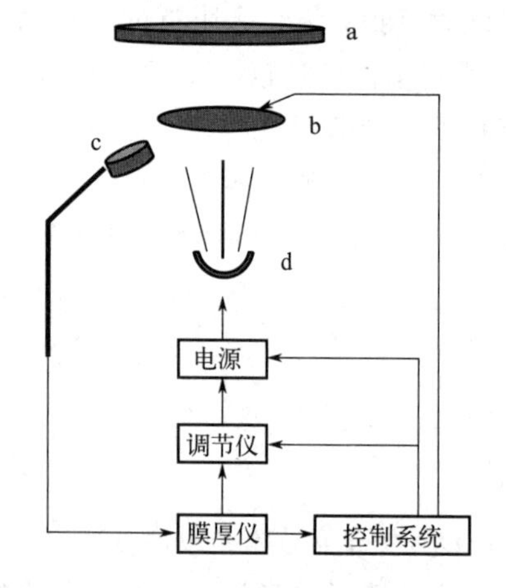


图 9-2　石英晶体膜厚监控仪

a—基底；b—挡板；c—探头；d—蒸发源

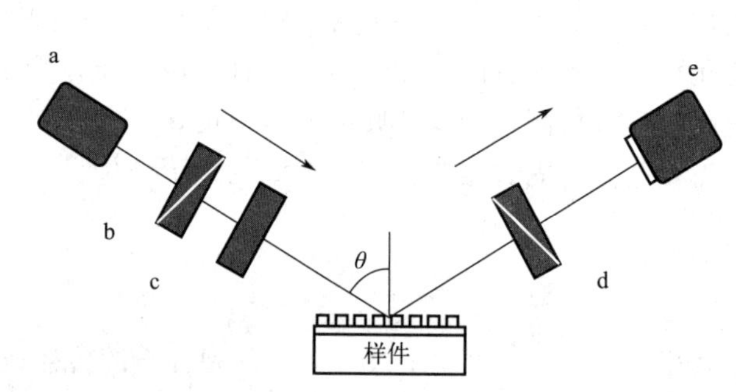


图 9-3　光学厚度监测仪

a—光源；b—起振器；c—补偿器；d—检偏器；e—探测器

在薄膜生长过程中，如图 9-4，如果发生干涉的两束光的波程差等于半波长的偶数倍，则两束光相互加强；如果波程差等于半波长的奇数倍，则两束光相互削弱。因此当膜层厚度相差半波长（光学厚度）时，即膜层的几何厚度相差 $1/n$ 倍半波长（$n$ 为薄膜材料的折射率）时，基底和薄膜的反射率相同，这是利用光干涉法测量薄膜厚度的基础。在薄膜的沉积过程中，通过记录薄膜反射率经过极值点的次数，监控薄膜的厚度，在反射率达到某一极值时，中断沉积过程。

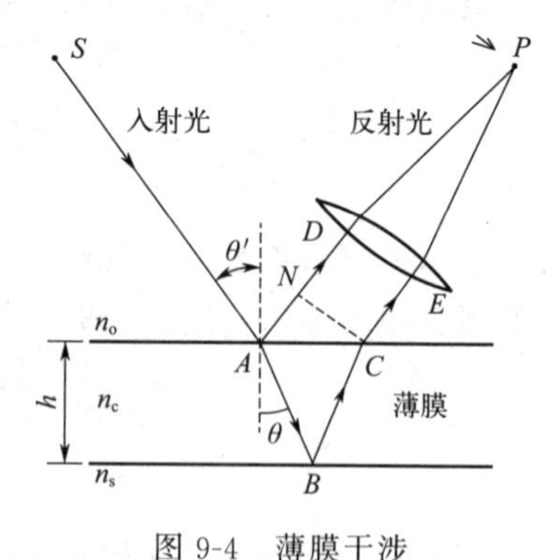


图 9-4　薄膜干涉

## （四）其它监测仪

任何与厚度相关的性质参数都可用于薄膜厚度的监测，但是薄膜的许多性质对气压、沉积率、温度比较敏感，只有保持这些参数不变时，薄膜的性质才能与厚度关联，如椭圆偏振法等。椭圆偏振法的主要原理是起振器产生的线偏振光在经过特定取向的滤波片后，变成特殊的椭圆偏振光，当投射到薄膜样品表面时，只要起振器选用适当的透光方向，线偏振光就能够从薄膜样品表面反射。根据偏振光在反射前后的偏振状态变化，确定薄膜的光学厚度。

## 二、薄膜的厚度测量

许多膜厚监测仪在使用时必须进行校正，而校正通常是由监测仪与薄膜厚度的最终测量结果比较实现的，因此薄膜厚度的最终测量非常重要，目前厚度的测量方法主要包括光干涉法、X 射线干涉法、电容法、台阶法和直接观察法等。

### （一）光干涉法

通常通过干涉仪测量薄膜厚度，干涉仪主要利用斐索盘来测量薄膜厚度。斐索盘能够发生多种反射，产生明显的光干涉现象（图 9-5），其干涉强度为

$$I_R(\Delta\varphi)=I_0\left\{1-\frac{T^2}{1-R^2}\left[\frac{1}{1-F\sin^2(\Delta\varphi/2)}\right]\right\} \tag{9-6}$$

$$F=4R(1-R)^2 \tag{9-7}$$

式中，$I_0$ 表示原光速的强度；$T$ 为透过率；$R$ 为反射率；$\Delta\varphi=(2\pi/\lambda)2t\cos\theta$，表现出总反射强度与膜表面和斐索盘距离的相关性。

总反射强度与薄膜表面和斐索盘之间的间距有关，因此可以通过在薄膜上形成阶梯，观察干涉条纹极小值的漂移来测量薄膜厚度（图 9-6）。目前常用的干涉仪主要包括：泰曼干涉仪和斐索干涉仪，下面以泰曼干涉仪为例。泰曼干涉仪的工作原理是在薄膜的沉积过程中，基底的一部分被边缘锐利的遮板覆盖，进而形成台阶，测量时斐索盘与薄膜靠近，形成两个光学面，且有微小倾角。当波长为 $\lambda$ 的单色光入射两个光学面时，两表面出现两种条纹。当 $d=n/2$ 时，透射光最强，出现亮条纹；当 $d=(n+1/2)\lambda/2$ 处，透射光最弱，出现暗条纹。

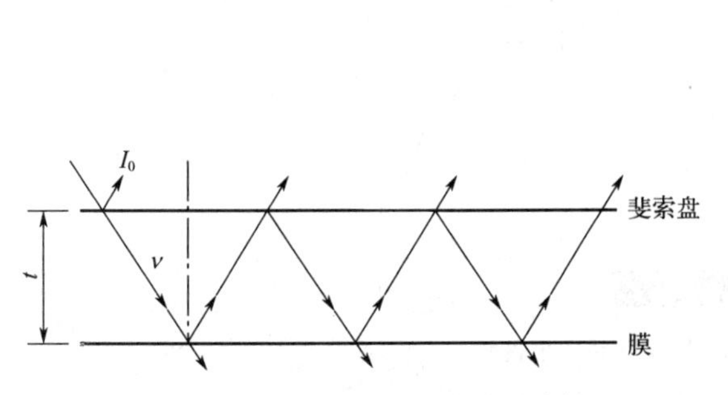

图 9-5 厚度的绝对测量光学干涉仪

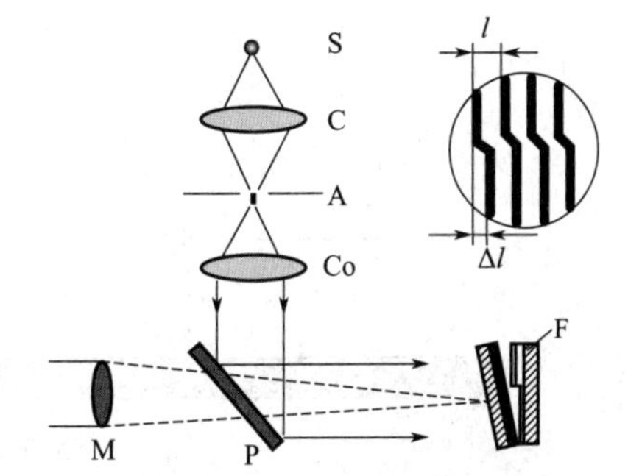

图 9-6 泰曼膜厚测量方法

S—光源；C—聚光透镜；A—孔径光栅；Co—平行光管；P—半透明平板；M—显微镜；F—待测薄膜

相邻两条明暗条纹间距 $l$，薄膜台阶处条纹产生位移 $x$，则薄膜的形状厚度 $D$

$$D=\frac{\lambda x}{2l} \tag{9-8}$$

泰曼干涉仪条纹移动 $x/l$，$D$ 的分辨率为 1～3nm。斐索干涉仪条纹移动为 $\Delta\lambda_N=2DN$，$N$ 为干涉级次，用于估算条纹距离，分辨率为 0.1nm。为了使薄膜和阶梯底部获得相同的反射率，薄膜表面必须进行镀银处理。这种方法精度高，测量的最小薄膜厚度一般在 10～30nm。

### （二） X 射线干涉法

X 射线干涉也能够测量薄膜厚度，与上述的干涉法类似，当一束单色 X 射线光照射薄膜样品时，样品中原子周围的电子受到 X 射线周期变化的电场作用，发生振动，从而使每个电子成为发射球面电磁波的次生波源。所发射的球面波的频率与入射的 X 射线频率一致。基于晶体结构的周期性，晶体中各个原子、电子的散射波可相互干涉叠加，称为相干散射或衍射。X 射线在晶体中的衍射现象，实质上是大量原子散射波相互干涉的结果。每种晶体产生的衍射花样反映了晶体内部的原子分布规律。当掠入射时，X 射线被薄膜表面反射和透过，反射级数稍稍不同于 1，此时 $n=1-\delta$，$\delta$ 为 $\frac{Ne^2\lambda^2}{8\pi^2\varepsilon_0 mc^2}$，约 $10^{-4}$。根据光的折射定律 $\sin\nu/\sin\nu'=n$，变化后可得

$$\theta'=(\theta^2-2\delta)^{1/2} \tag{9-9}$$

式中，$\theta'$、$\theta$ 分别为 X 射线的散射角和入射角。

对于表面和界面反射，光程差为 $2D\sin\theta'+\lambda/2$，在反射曲线中极大值在角度为 $n\lambda$（$n=$1、2…）出现（图 9-7），则

$$D=K\frac{\lambda}{4}\frac{1}{\sqrt{\theta_k^2-2\delta}}(K=1、3、5\cdots) \tag{9-10}$$

在薄膜中的散射，正确的 $K$ 值（$K$ 值可以尝试）应最小，$\theta_k$ 为临界角。因此这种方法仅对厚度小于 100nm 的薄膜有效，分辨率为 0.1～0.5nm。

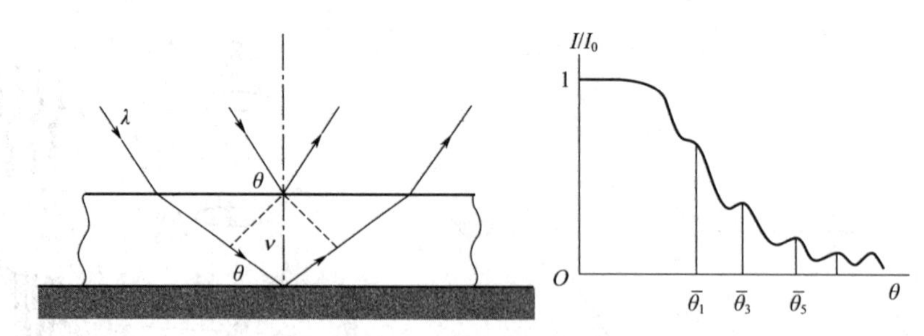


图 9-7 X 射线干涉仪和反射曲线

### （三）电容法

电容法的原理是利用电容传感器与极板之间介质的介电常数与厚度的关系来测量薄膜厚度。2001 年，有研究者设计了基于电容传感器的薄膜厚度测量系统，利用平板电容器中介质厚度变化导致的介电常数改变所产生的输出信号来完成薄膜或涂层的厚度测量。测量范围

为 10～100μm，误差在±15μm 以内。图 9-8 为电容测厚仪的基本原理图。

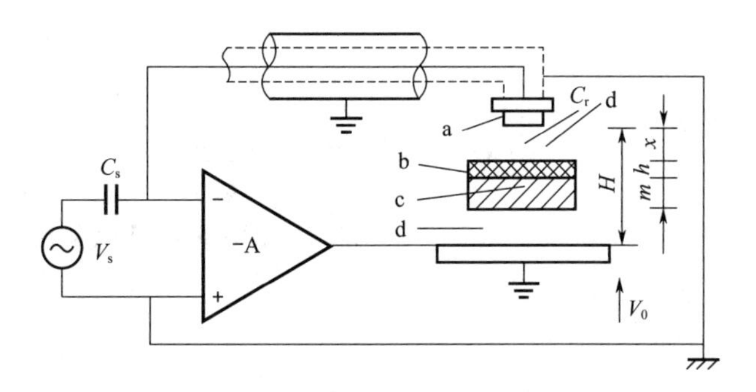


图 9-8　电容测厚仪的基本原理

a—传感器；b—涂层；c—薄膜；d—空气

测量电路采取线性优良的高输入阻抗放大器，构成反馈式模拟运算电路。$V_0$ 为主放大器对地的输出电压，$V_s$ 为 20kHz 的高稳幅方波信号，$C_s$ 是一个标准电容（一般为 1pF 左右），其输入输出的关系表达式为

$$V_0=-\frac{(1/C_T)}{(1/C_s)}V_s=-\frac{C_s}{C_T}V_s \tag{9-11}$$

$$C_T=\frac{1}{\frac{1}{C_1}+\frac{2}{C_2}+\frac{1}{C_3}+\frac{1}{C_4}} \tag{9-12}$$

式中，$C_1=\pi\varepsilon_0 d^2/(4x)$，为上层空间电容；$C_2=\pi\varepsilon_0\varepsilon_p d^2/(4D)$，为涂层空间电容；$C_3=\pi\varepsilon_0\varepsilon_r d^2/(4m)$，为薄膜基底层空间电容；$C_4=\pi\varepsilon_0 d^2/[4(H-D-m-x)]$，为下层空间电容；$C_T$ 为传感器测头的有效待测电容；$\varepsilon_0$ 为真空介电常数；$\varepsilon_p$ 为涂层介电常数；$\varepsilon_r$ 为基底层介电常数；$d$ 为传感器的有效直径；$x$ 为涂层与测头之间的距离；$D$ 为涂层厚度；$m$ 为基底层厚度；$H$ 为测头到薄膜机床架之间的距离。由于 $1/C_1+1/C_4=4\times(H-D-m)/(\pi\varepsilon_0 d^2)$ 是一个与 $x$ 无关的量，因此电容传感器已自动消除了薄膜带传动时振动的影响。将 $C_1$、$C_2$、$C_3$、$C_4$ 代入式（9-11）得到

$$V_0=-V_sC_s\left[\frac{4(H-m)}{\varepsilon_0\pi d^2}+\frac{4m}{\varepsilon_0\varepsilon_r\pi d^2}+\left(\frac{1}{\varepsilon_p}-1\right)\frac{4}{\varepsilon_0\pi d^2}D\right] \tag{9-13}$$

当涂层厚度 $D=0$ 时，即只有薄膜基底时，厚度和电压输出的关系为

$$m=K_1V_0+b_1 \tag{9-14}$$

式中，$K_1$、$b_1$ 均为常数。

$$K_1=\frac{\varepsilon_0\varepsilon_r\pi d^2}{4V_sC_s(\varepsilon_r-1)} \tag{9-15}$$

$$b_1=\frac{\varepsilon_r H}{\varepsilon_r-1} \tag{9-16}$$

当涂层厚度 $D\neq 0$ 时，厚度和电压输出的关系为

$$h=(V_0-T)/K_2 \tag{9-17}$$

$$K_2=\left(1-\frac{1}{\varepsilon_p}\right)\frac{4C_sV_s}{\varepsilon_0\pi d^2} \tag{9-18}$$

$$T=-C_sV_s\left[\frac{4(H-m)}{\varepsilon\pi d^2}+\frac{4m}{\varepsilon_0\varepsilon_r\pi d^2}\right] \tag{9-19}$$

式中，$K_2$ 和 $T$ 均为常数，因此涂层厚度与电压输出变化量成正比。

## （四）台阶法

台阶法主要是一种测量薄膜形状厚度的方法。金刚石探针沿表面移动时，探针在垂直方向做跳跃运动，产生的位移通过位移放大器转化为电信号，然后直接进行读数或由记录仪画出轮廓曲线。使用的仪器为台阶仪或表面轮廓仪（图 9-9）。当测量薄膜厚度时，必须形成台阶，这需要薄膜样品的相邻部位必须完全无膜，主要通过遮盖或腐蚀实现。当触针横扫台阶时，这两部分的高度差通过位移传感器显示，进而得到薄膜的形状厚度 $D_T$（图 9-9）。采用金刚石触针，能够迅速测定薄膜的厚度及分布，结果可靠直观，分辨率可达到 1～2nm，适用于硬质薄膜，但不能测定表面存在比探针直径小的窄裂缝、凹陷的薄膜，且易划伤、损坏薄膜。针对柔软薄膜样品，必须采用较轻质量和较大直径的触针，才能避免薄膜划伤或薄膜材料黏附在触针尖，造成测试误差。

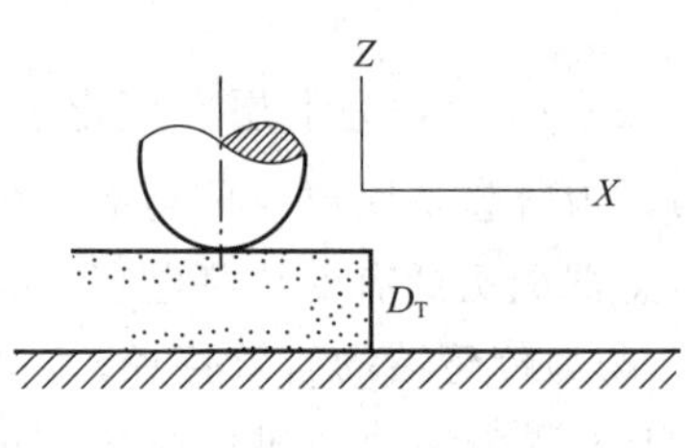


图 9-9　台阶仪及薄膜厚度测量

## （五）直接观察法

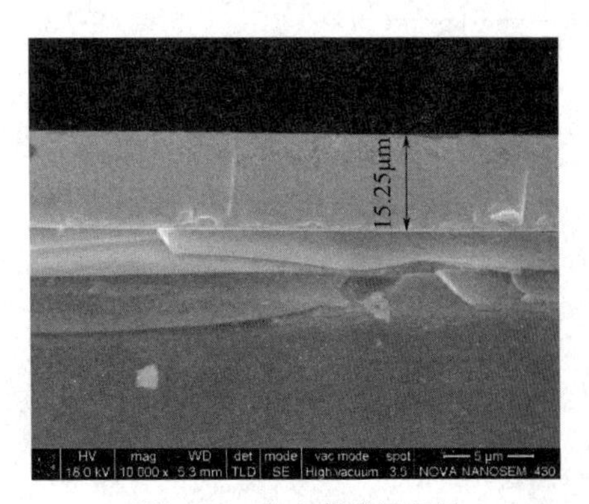


图 9-10　合金薄膜厚度的扫描电子显微镜图

利用扫描电子显微镜和透射电子显微镜根据薄膜横截面所呈扫描图像进行厚度测量，也可以得到薄膜的厚度。所测薄膜厚度为形状厚度，是一种直接测量方法。由于薄膜和基底之间存在成分差异，进而造成电镜照片的视觉差异，因此可以根据材料的基本特性对电镜图片进行标定，从而确定薄膜厚度（图 9-10）。与台阶法相比，这一方法不需要对样品进行特殊处理，可避免损伤薄膜，或引起薄膜的物性改变，测量简单，数据处理便捷。但只能观察垂直界面，并且当薄膜厚度很薄时，无法直接观察到。

# 第二节　薄膜成分表征

由于薄膜材料的特殊结构，许多块体材料的成分表征方法对于薄膜材料并不适用。薄膜材料的成分表征通常基于薄膜材料中激发出来的各粒子的能量和丰度，而用于激发的粒子主要包括离子、电子、X射线、中子、α粒子等。一般情况下，获得的仅是表层或者微小区域的成分。

## 一、薄膜成分分析设备

薄膜成分分析设备，通常由真空系统、辐射源和探测器构成，如图9-11。辐射源提供入射粒子束，入射粒子束与薄膜样品相互作用，从样品中激发出各种粒子，如电子、光子、离子及X射线等，通过分析激发的粒子束，可以确定样品的成分。入射粒子束在样品表面可以发生弹性散射或者引起样品原子中电子的跃迁（图9-12）。散射粒子或出射粒子的能量包含薄膜原子的特征，由于跃迁能量是原子的标识，因此只要能够测量出射粒子的能量谱，便可识别样品中的原子。出射粒子的能量为鉴定和识别原子提供依据，而出射粒子的辐射强度可以提供粒子的数量，进而确定薄膜样品的成分。值得注意的是，这类方法不仅适用于薄膜材料，也是其它材料常见的分析方法。

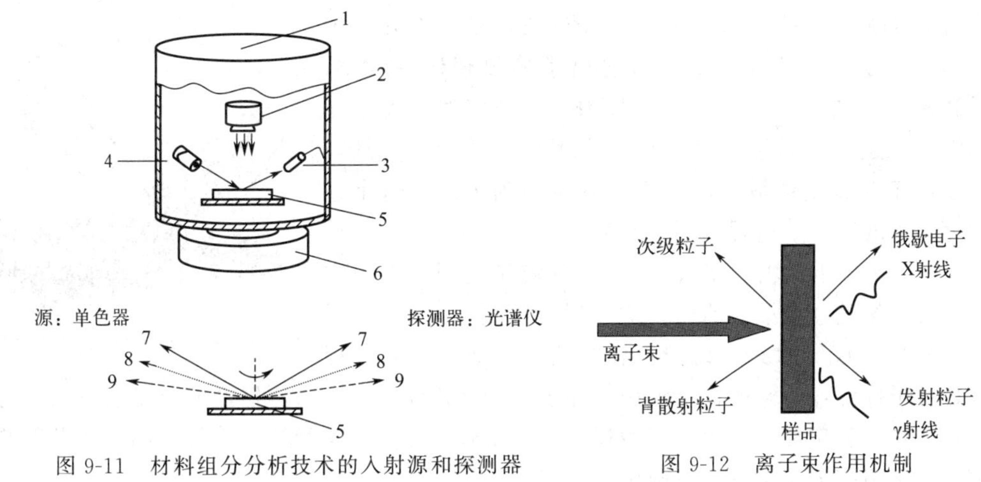


图9-11　材料组分分析技术的入射源和探测器

1—分析室；2—溅射源；3—探测器；4—源；5—样品；6—真空系统；7—电子；8—光子；9—离子

图9-12　离子束作用机制

基于入射粒子和检测粒子的种类不同，薄膜成分表征有很多种方法。表9-1总结了薄膜材料的主要成分表征方法及分析能力。

**表9-1　主要成分表征方法及分析能力**

| 分析方法 | 入射束 | 出射束 | 元素范围 | 探测极限/% | 空间分辨率 | 深度分析率 |
|---|---|---|---|---|---|---|
| X射线能量色散谱 | 电子 | X射线 | Na～U | 0.1 | 1μm | 1μm |
| 电子探针 | 电子 | 电子、X射线等 | B～U | 0.01 | | |

续表

| 分析方法 | 入射束 | 出射束 | 元素范围 | 探测极限/% | 空间分辨率 | 深度分析率 |
| --- | --- | --- | --- | --- | --- | --- |
| 俄歇电子能谱 | 电子 | 电子 | Li～U | 0.1～1 | 50nm | 1.5nm |
| X 射线光电子能谱 | X 射线 | 电子 | Li～U | 0.1～1 | 100nm | 1.5nm |
| 卢瑟福背散射 | 离子 | 离子 | He～U | 1 | 1mm | 20nm |
| 二次离子质谱 | 离子 | 靶离子 | H～U | 0.0001 | 1nm | 1.5nm |

## 二、卢瑟福背散射分析

卢瑟福背散射分析或卢瑟福背散射谱学（Rutherford backscattering spectrometry, RBS），有时被称为高能离子散射谱学（high-energy ion scattering，HEIS），是一种离子束分析技术。使用高能离子束（通常是质子或 α 粒子）轰击样品，使具有较高能量且质量较小的离子在与物质碰撞时发生散射现象，这个过程被称为卢瑟福散射。通过检测背向反射的离子能量，可确定薄膜样品的原子种类、浓度和成分的深度分布。利用这种物理现象作为探测、分析薄膜材料化学成分的方法，被称为卢瑟福背散射技术。

### （一）原理

当入射离子能量 $E$ 在 100KeV/amu[1]$\leqslant E \leqslant$1MeV/amu 范围内，薄膜中原子的核外电子对入射离子的屏蔽作用较小，且离子和原子核的短程相互作用（核力）可忽略时，离子在固体中沿直线运动，通过与电子相互作用损失能量，直到与原子核发生库仑碰撞被散射后，又沿直线回到表面。这个过程被称为离子的背散射过程（图 9-13）。

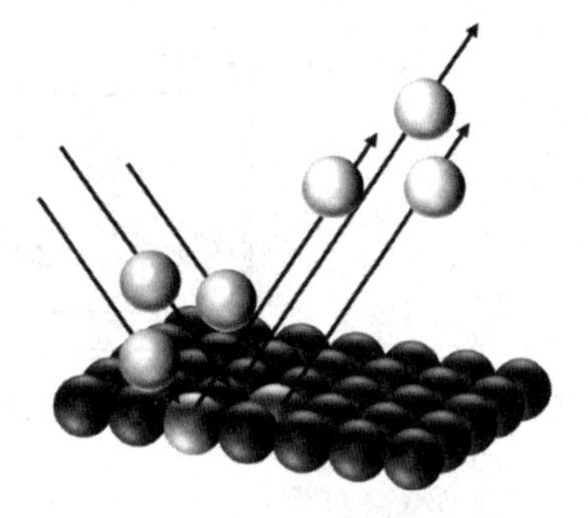

图 9-13 离子的背散射过程

在所有的分析技术中，卢瑟福背散射较易应用。因为它是基于中心力场的经典散射原理，除了提供能量为 MeV 粒子束的加速器外，仪器的其它结构也较为简单，如图 9-14。探测器为核粒子探测器，它的输出电压脉冲正比于从样品散射到检测器中的粒子能量。卢瑟福背散射技术是一种定量化技术，碰撞运动学与薄膜样品内的化学键合无关，因此背散射测量对薄膜的电子组态或化学键合不敏感。

### （二）弹性碰撞和运动学因子

在卢瑟福背散射中，具有单一能量的入射 α 粒子（He 离子）与薄膜原子发生碰撞，然后被散射到探测器。如图 9-15，在碰撞中，能量从运动粒子传递给静止的薄膜原子。两个粒子之间发生弹性碰撞引起的能量转移可以用能量和动量守恒原理解释。碰撞前，入射粒子

[1] amu 为原子质量单位。

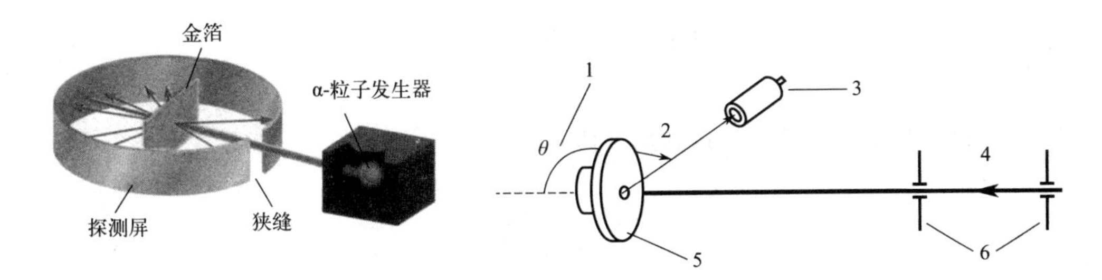


图 9-14　卢瑟福背散射实验系统

1—散射角；2—θ-散射束；3—核粒子探测器；4—兆电子伏特的 He 入射束；5—样品；6—准直径

的质量为 $m_1$，速度为 $v$，能量为 $E_0$（$E_0=1/2m_1v^2$）。质量为 $m_2$ 的样品原子处于静止状态。碰撞后，入射粒子的速度为 $v_1$，能量为 $E_1$（$E_1=1/2m_1{v_1}^2$），样品原子的速度为 $v_2$，能量为 $E_2$（$E_2=1/2m_2{v_2}^2$）。

根据能量守恒和动量守恒

$$\frac{1}{2}m_1v^2=\frac{1}{2}m_1v_1^2+\frac{1}{2}m_2v_2^2 \tag{9-20}$$

$$m_1v=m_1v_1\cos\theta+m_2v_2\cos\phi \tag{9-21}$$

$$0=m_1v_1\sin\theta-m_2v_2\sin\phi \tag{9-22}$$

化简整合可得粒子速度比

$$\frac{v_1}{v}=\frac{\pm(m_2^2-m_1^2\sin^2\theta)^{1/2}+m_1\cos\theta}{m_1+m_2} \tag{9-23}$$

对于 $m_1<m_2$，取“+”号，则发射粒子的能量比为

$$\frac{E_1}{E_0}=\left[\frac{(m_2^2-m_1^2\sin^2\theta)^{1/2}+m_1\cos\theta}{m_1+m_2}\right]^2 \tag{9-24}$$

运动学因子 $K=E_1/E_0$，表明散射后粒子的能量仅由散射角和靶材质量决定。当入射离子种类（$m_1$）、能量（$E_0$）和探测角度（$\theta$）一定，$E_1$ 与 $m_2$ 成单值函数关系。所以，通过测量一定角度散射离子的能量，可以确定样品原子的质量数 $m_2$，从而确定原子的种类。这就是背散射定性分析样品元素种类的基本原理。

当 180°散射时，碰撞后粒子的能量达到最小值

$$\frac{E_1}{E_0}=\left(\frac{m_2-m_1}{m_1+m_2}\right)^2 \tag{9-25}$$

当 90°散射时

$$\frac{E_1}{E_0}=\frac{m_2-m_1}{m_1+m_2} \tag{9-26}$$

当 $m_2=m_1$ 时，粒子碰撞后静止，能量被传递给样品原子

$$\frac{E_2}{E_0}=\frac{4m_1m_2}{(m_1+m_2)^2}\cos^2\phi \tag{9-27}$$

其中 $\theta=180°$时，样品原子的能量达到最大值

$$\frac{E_2}{E_0}=\frac{4m_1m_2}{(m_1+m_2)^2} \tag{9-28}$$

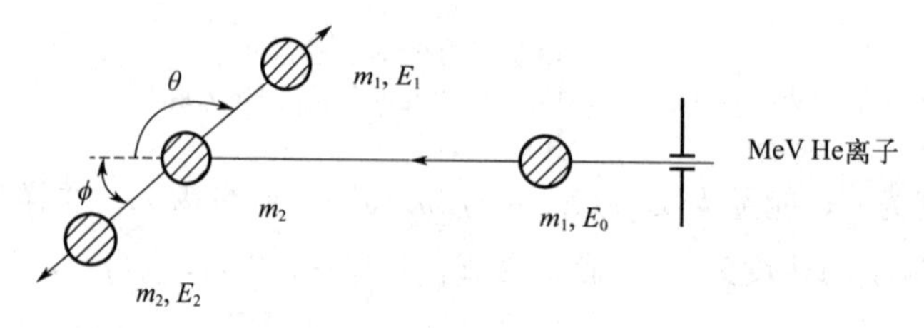


图 9-15　弹性散射过程

实际上，当样品包含两种不同的原子，且两种原子的质量差 $\Delta m_2$ 较小时，需要调整试验装置（角度），迫使 $E_1$ 尽可能产生较大的变化 $\Delta E_1$。由于 $\theta=180°$是最佳选择方向，因此称为背散射。采用背散射测量时，来自半导体的信号以脉冲电压形式出现，脉冲的高度与粒子的入射能量成正比，通过测量弹性碰撞后的散射粒子能量来识别样品原子。

## （三）散射截面和探测灵敏度

设 $Q$ 为单元素样品上撞击的离子总数，$\mathrm{d}\Omega$ 为位于散射角上的探测器的微分立体角，$\mathrm{d}Q$ 为此微分立体角中探测器接受的背散射离子数，$N$ 为样品原子体积密度（$\mathrm{cm}^{-3}$），$t$ 为样品的厚度（$N_t$ 为样品的面密度 $\mathrm{cm}^{-2}$），$\Omega$ 为散射立体角。定义散射截面的微分为

$$\frac{\mathrm{d}\sigma}{\mathrm{d}\Omega}=\frac{1}{N_t}\frac{1}{Q}\frac{\mathrm{d}Q}{\mathrm{d}\Omega} \tag{9-29}$$

然后通过对整个立体角空间求取平均值，得到平均散射截面

$$\sigma(\theta)=\frac{1}{\Omega}\int_{\Omega}\frac{\mathrm{d}\sigma}{\mathrm{d}\Omega}\mathrm{d}\Omega \tag{9-30}$$

因为探测器的立体角是有限的，因此取平均散射截面，则探测器接收到的背散射离子数为

$$A=\int_{\Omega}N_tQ\frac{\mathrm{d}\sigma}{\mathrm{d}\Omega}\mathrm{d}\Omega=N_tQ\int_{\Omega}\frac{\mathrm{d}\sigma}{\mathrm{d}\Omega}\mathrm{d}\Omega=N_tQ\sigma\Omega \tag{9-31}$$

对于一个具体的背散射实验，探测器的立体角可以测量，因此如果知道散射截面 $\sigma$，就可以通过测量探测器中接收的离子数 $A$ 和入射离子总数 $Q$，然后根据上式计算样品原子的面密度 $N_t$。这就是背散射定量分析的基本原理。

由于散射粒子数 $A$ 与散射截面 $\sigma$ 成正比，因此散射截面越大，计数越多，分辨率越高。其中卢瑟福散射截面公式为

$$\sigma_{\mathrm{R}}=(E,\theta)=\left(\frac{Z_1Z_2q_{\mathrm{e}}^2}{4E}\right)^2\times\frac{4[(M_2^2-M_1^2\sin^2\theta)^{\frac{1}{2}}+M_2\cos^2\theta]}{M_2\sin^4\theta(M_2^2-M_1^2\sin^2\theta)^{\frac{1}{2}}} \tag{9-32}$$

式中，$Z_1$、$Z_2$ 分别为粒子和靶原子的原子序数；$M_1$、$M_2$ 分别为粒子和靶原子的原子质量；$q_e$ 为电子电荷；$E$ 为入射能量；$\theta$ 为散射角。

由上式可知，卢瑟福背散射分析的灵敏度与以下因素有关：微分散射截面正比于 $Z_1^2$，因此使用较重的入射离子可以提高探测灵敏度；微分散射截面正比于 $Z_2^2$，因此重元素的探测灵敏度高于轻元素，即背散射较适用轻基底上的重元素分析，不适合重基底上的轻元素分析；微分散射截面反比于 $E$，因此背散射分析灵敏度随入射离子能量的降低而提高。另外，当散射角减小时，散射截面快速增大。因此在质量分辨率不影响的前提下，适当减小角度可提高灵敏度。

### （四）卢瑟福背散射的应用

在离子能量低于样品原子发生核反应能的前提下，入射离子与样品原子核发生弹性碰撞而被散射。通过测定散射离子的能谱，可对样品中所含元素作定性、定量和深度分析。散射与晶体的结构有关，通过测定沟道谱还可对样品的晶体性质进行判断，对缺陷进行测定等。卢瑟福背散射分析可提供成分和深度的信息。一般的深度分析分辨率为 150Å 左右；较精细的分析可以达到 50Å 的分辨率。卢瑟福背散射对于薄膜样品分析非常有用，可程序化地分析厚度在微纳米级的薄膜。分析可在 10min 左右完成，快速方便。卢瑟福背散射对重元素较敏感，可精确测定单层薄膜的信息，但对轻元素敏感度较差。

图 9-16 是氮铝镓晶体薄膜的卢瑟福背散射随机谱图。通过计算机拟合的拟合精度中包含了堆积校准不确定度，按照计算模拟结果，铝元素粒子浓度大约为 $6.5\times10^{18}\mathrm{cm}^{-2}$，铝元素粒子浓度拟合偏差为 $2.78\times10^{16}\mathrm{cm}^{-2}$，谱图拟合与堆积校准因素引入组分的测量结果的不确定度大约为 0.43%。计数统计产生的不确定度主要由 Al、Ga 元素的背散射产额计数决定，此不确定度主要是由粒子的非卢瑟福散射引起。足够的产额计数统计误差通常在 5%左右。按照 5%的误差进行计算，则由元素背散射产额计数统计引入的不确定度为 0.087%。

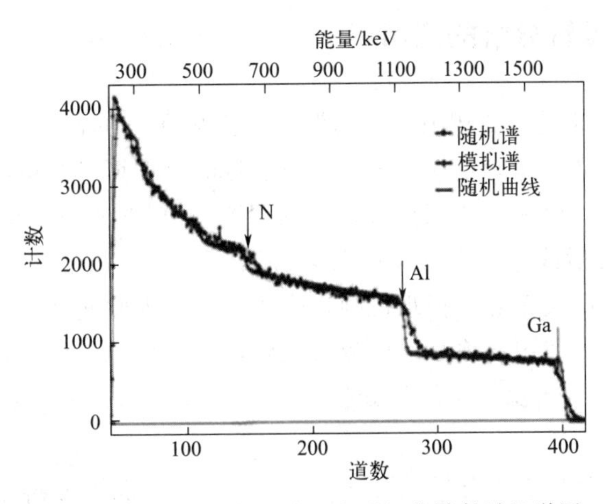


图 9-16　氮铝镓晶体薄膜的卢瑟福背散射随机谱图

## 三、电子显微探针分析

电子显微探针分析（electron microprobe analysis，EMA）是以具有一定能量的电子束照射样品使样品激发特征 X 射线，通过对特征 X 射线进行谱分析，进而获得材料微区成分的方法。这一方法与块材分析方法相似，在很多材料分析方法教科书中都已做了详细的介绍。

### （一）电子显微探针分析的原理

聚焦的电子束轰击试样表面局部微米级区域，激发样品表面组成元素原子的内层电子，使其发生跃迁，产生电离。此时内层轨道出现空位，原子处于不稳定状态，为降低系统能量，外层电子会发生陷落，迅速填补内层空位，其跃迁的能量会以光子的形式释放，产生特征 X 射线。轰击电子束由电子枪产生，能量一般为 5～50kV。电子显微探针分析包括 X 射线能量色散谱分析和波长色散光谱分析。X 射线能量色散谱分析利用不同元素的 X 射线光子特征能量进行成分分析。当 X 射线光子进入检测器后，在 Si（Li）晶体内激发出一定数目的电子空穴对，产生一个空穴对的最低平均能量 $\varepsilon$ 是一定的（在低温下平均为 3.8eV），则一个 X 射线光子造成的空穴对的数目 $N=\Delta E/\varepsilon$。因此，入射 X 射线光子的能量越高，$N$ 越大。利用加在晶体两端的偏压收集电子空穴对，经前置放大器转换为电流脉冲，电流脉冲的高度取决于 $N$ 的大小。电流脉冲经过放大器转换成电压脉冲并进入多道脉冲高度分析器，脉冲高度分析器按高度把脉冲分类进行计数，进而获得不同能量大小的图谱。波长色散光谱分析是利用棱镜或光栅分散光束，然后用检测器测量不同波长的辐射能量。因此波谱仪可生成具有高分辨率、高灵敏度的光谱图像。波长色散光谱分析的工作原理涉及光的分散和检测两个过程。首先，入射光经过分光装置（如光栅）或离散元件（如狭缝、棱镜）进行分离，然后被光传感器读取。在读取过程中需要对光信号进行放大和数字化处理，以获取具体数据。最终，在计算机显示器上观察到波长和强度之间的关系。

### （二）电子显微探针分析的应用

电子探针主要利用 X 射线波谱或者能谱测量入射电子与样品相互作用产生的 X 射线的波长与强度，达到对样品中元素定性、定量分析的目的。在形成的谱图中，根据谱峰位置确定样品的元素组成情况，根据谱峰强度计算元素含量。通过 X 射线能量色散谱分析检测样品中不同能量的特征 X 射线，确定样品中所含元素的种类，虽然定性分析速度快，但分辨率低，而且在谱峰发生严重重叠时很难得到正确的结果，因此通常将波长色散光谱分析与 X 射线能量色散谱分析结合使用。除了定性分析之外，电子显微探针分析能够根据测量薄膜和已知标样某成分的 X 射线强度，经修正分析出薄膜中成分的百分含量。分析形式通常包括点分析、线分析及面分析等。

X 射线能量色散谱分析能够分析的元素范围为 Na-U，能量分辨率低，约 150eV，而波长色散光谱分析的元素范围则为 B-U，且能量分辨率高，可达 5～10eV。图 9-17 为 FeSiMn 薄膜的 X 射线能量色散谱分析和波长色散光谱分析分析图谱，与能谱相比，波谱能够更加精确地反映特征峰。

图 9-18 为在冷压银表面电沉积碲化铋薄膜的 X 射线能量色散谱定量分析。结果表明铋和碲的化学计量比为 2∶3，是 $Bi_2Te_3$ 化合物。

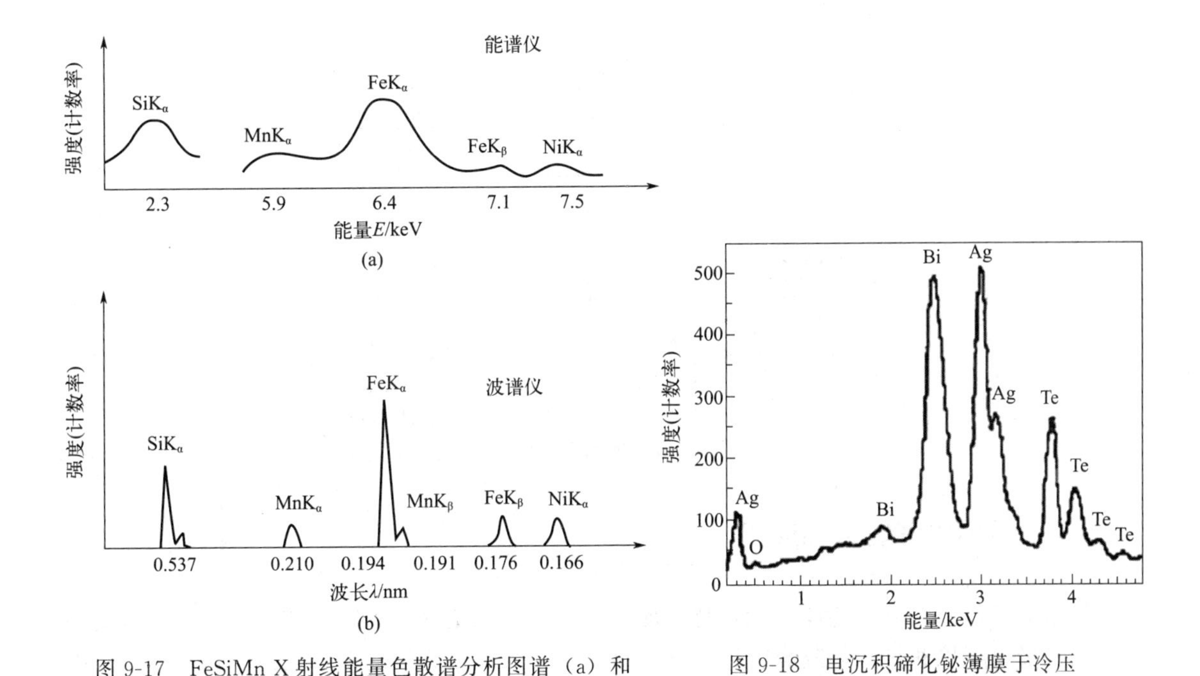


图 9-17　FeSiMn X 射线能量色散谱分析图谱（a）和 FeSiMn 波长色散光谱分析图谱（b）

图 9-18　电沉积碲化铋薄膜于冷压银表面的 X 射线能量色散谱

## 四、俄歇电子能谱

俄歇电子能谱（auger electron spectroscopy，AES）是使用具有一定能量的电子束（或 X 射线）激发样品产生俄歇效应，通过检测俄歇电子的能量和强度，获得有关材料表面化学成分和结构信息的方法。

### （一）俄歇电子能谱的原理

材料内层电子被激发后，当电子由高能级向低能级跃迁时，引起另一高能级电子电离，从而产生一个具有特征能量的电子，这种由于非辐射跃迁产生的电子被称为俄歇电子。

俄歇电子跃迁包括三种方式：KLL 俄歇跃迁、LMM 俄歇跃迁和 Coster-Kronig 跃迁，如图 9-19。$KL_1L_3$ 俄歇跃迁：外加能量束激发 K 层产生空位，$L_1$ 上的电子填充空位时，发生俄歇跃迁，释放能量给 $L_1$ 或 $L_3$ 电子，使之从原子中发射出来，发射的电子称为俄歇电子。$L_1M_1M_1$ 俄歇跃迁：外加能量束激发 L 层产生空位，M 层电子向 L 层空位跃迁，多余能量使另一 M 层电子发射。Coster-Kronig 跃迁：外加能量束激发 $L_1$ 层产生空位，$L_2$ 电子向 $L_1$ 层跃迁，多余能量使 M 层电子电离。Coster-Kronig 跃迁的跃迁率比正常的俄歇跃迁高，影响俄歇线谱的相对强度。

俄歇电子能量与入射粒子的种类和能量无关，只依赖物质原子的电子结构和俄歇电子发射前所处的能级位置，原则上由俄歇电子跃迁前后原子系统总能量的差值决定。俄歇电子穿透力较差，逸出的电子发射深度仅限于表面以下 2nm（几个原子层）。俄歇跃迁过程至少涉及两个能级和三个电子参与，所以 H 和 He 均不能发生俄歇跃迁。

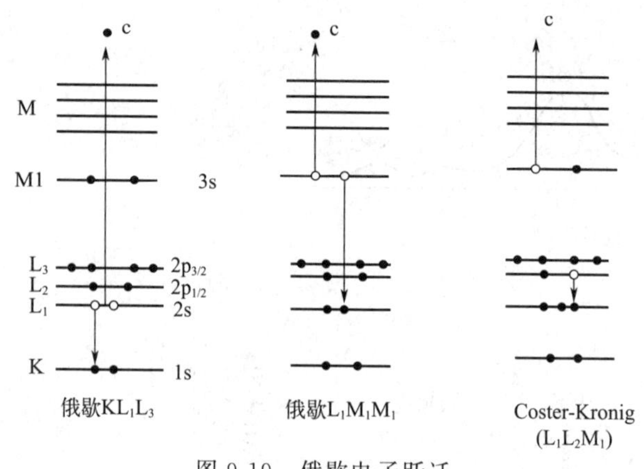


图 9-19 俄歇电子跃迁

## （二）俄歇电子能谱的应用

俄歇电子能谱有五个特征参数：特征能量、强度、峰位移、谱线宽和线型。通过对这些参数的分析，可以获得固体表面特征、化学组成、覆盖度、化学键中的电荷转移、电子态密度和表面化学键中的电子能级。

（1）表面元素定性分析

俄歇电子的能量仅与原子本身的轨道能级有关，与入射电子的能量无关，即与激发源无关。对于特定的元素或俄歇跃迁过程，俄歇电子的能量具有特征性。因此，可根据俄歇电子的动能定性分析样品表面物质的元素种类。由于每个元素存在多个俄歇峰，因此定性分析的准确性较高。通过将测得的俄歇电子谱与纯元素的标准谱进行比较，对比峰的位置和形状，进而识别元素的种类。

定性分析时应注意以下情况：化学效应或物理因素引起的峰位移或谱线形状变化；区分与大气接触或试样表面被污染时产生的峰；核对的关键部位在于峰位，而非峰高；同一元素的俄歇峰可能存在多个，不同元素的俄歇峰可能发生重叠，甚至变形，微量元素的俄歇峰可能被湮没，而俄歇峰没有发生明显的变异；当谱图中出现无法比对的俄歇电子峰时，可能是一次电子的能量损失峰。

（2）表面元素半定量分析

由于俄歇电子在固体激发过程中的复杂性，因此难以用俄歇电子能谱进行确定的定量分析。此外，俄歇电子强度还与样品表面光洁度、元素存在状态以及仪器的状态有关，谱仪的污染程度、样品表面的 C 和 O 污染、激发源能量的不同都对定量分析结果有影响，因此，俄歇电子能谱只能进行半定量分析。从样品表面射出的俄歇电子强度与样品中该原子的含量呈线性关系，因此可以根据测得的俄歇电子信号强度来确定产生俄歇电子的元素在样品表面的浓度，从而对元素进行半定量分析。

（3）化学组态分析

原子“化学环境”是指原子的价态或在形成化合物时，与该（元素）原子相结合的其它原子（元素）的电负性等情况。如：原子发生电荷转移（如价态变化）引起内层能级变化，从而使俄歇跃迁能量发生改变，导致俄歇峰位移；原子“化学环境”变化，不仅可能引起俄歇峰位移（称化学位移），也可能引起其强度的变化，这两种变化的交叠，将引起俄歇峰（图）形状的改变；俄歇跃迁涉及三个能级，元素化学态变化时，能级状态有小的变化，结果导致俄歇电子峰与零价态的峰相比有几个电子伏特的位移。因此，俄歇电子峰的位置和形状可以判断样品表面区域原子的化学环境或化学状态等信息。

（4）元素沿深度方向的分布分析

深度分析是俄歇电子能谱最有用的分析功能。例如，可以采用能量为 500eV～5keV 的惰性气体氩气离子将一定厚度样品的表面层溅射掉，然后使用俄歇电子能谱仪对样品进行原位分析，测量俄歇电子信号强度随溅射时间和深度的变化关系曲线，进而获得元素在样品中沿深度方向的分布。

（5）表面微区分析

微区分析是俄歇电子能谱分析的重要功能，主要包括：选点分析、线扫描分析和面扫描分析。选点分析：了解元素在不同位置的存在状态。俄歇电子能谱选点分析的空间分辨率能够达到束斑面积大小。因此，利用俄歇电子能谱可在极微小的区域进行选点分析。线扫描分析：俄歇电子能谱线扫描分析可在微观和宏观的范围内进行（1～6000μm），了解元素沿某一方向的分布情况。面扫描分析：把某个元素在某区域内的分布以图像的形式显示。俄歇电子能谱的表面元素分布分析不仅适用微型材料研究，也适合表面扩散等领域的研究。

图 9-20 是未经溅射键合点的俄歇电子能谱谱图。通过对未经溅射的结合点进行俄歇电子能谱分析，发现氯元素，进而判断键合点表面存在氯元素污染，氯元素以氯化物形式存在，从而腐蚀键合点且导致键合点失效。

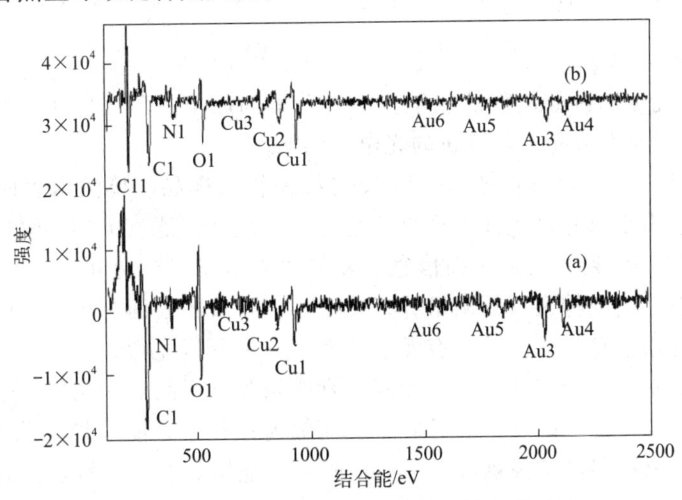


图 9-20 未经溅射键合点的俄歇电子能谱谱图
［（a）正常键合点；（b）失效键合点］

## 五、X 射线光电子能谱

X 射线光电子能谱（X-ray photoelectron spectroscopy，XPS）是应用最广泛的表面分

析方法，主要用于材料的成分和化学态分析。基于爱因斯坦光电理论，当单色 X 射线照射样品时，具有一定能量的入射光子与样品原子相互作用，导致光子电离产生光电子，这些光电子从产生位置到达样品表面，然后克服逸出功发射。通过利用能量分析器分析光电子的动能，得到光电子产额（光电子强度）与光电子动能或光电子结合能的分布曲线，这个曲线就是 X 射线光电子能谱。

## （一） X 射线光电子能谱分析的原理

X 射线光电子能谱分析的基本原理是使用一束具有足够能量（$h\nu$）的 X 射线光子照射固体样品，X 射线在固体样品中具有较强的穿透能力，当光子的能量（$h\nu$）超过原子核核外电子的束缚能（$E_b$）时，原子内层电子会挣脱束缚而被激发，激发后剩余的能量成为电子的动能（$E_k$）被检测采集，如图 9-21。

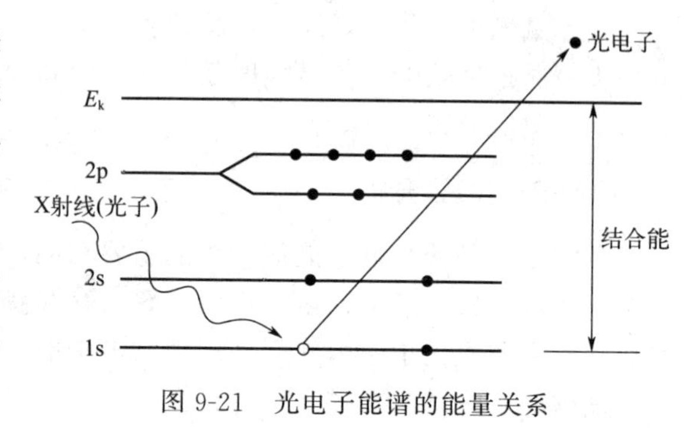

图 9-21　光电子能谱的能量关系

对于孤立原子，光电子动能 $E_k$ 为

$$E_k = h\nu - E_b \tag{9-33}$$

式中，$h\nu$ 为入射光子能量；$E_b$ 为电子结合能。$E_k$ 可用能量分析仪测定，通过上述公式得到 $E_b$。

固体样品在光电过程中，$E_k$ 定义为把电子从所在能级转移到费米能级所需的能量

$$E_k = h\nu - E_b - W_s \tag{9-34}$$

式中，$W_s$ 为克服功函数所需的能量。同一元素的原子在不同能级上的 $E_b$ 不同，因此在相同 $h\nu$ 下，同一元素会有不同能量的光电子谱峰。

由于 X 射线光电子能谱分析技术是用 X 射线去辐射样品，检测由表面出射的光电子来获取表面信息的。由于只有极浅深度产生的光电子，能够把能量无损地输送到样品表面，因此 X 射线光电子能谱得到的只是表面信息。X 射线光电子能谱分析主要用于鉴定物质的元素组成及化学价态，是一种很好的微量分析技术。在所有的表面分析能谱中，X 射线光电子能谱分析获得的化学信息最多，并具有元素定性、定量分析能力，不仅能够测定元素在化合物中存在的价态形式，还能够检测其它元素、官能团和原子团对内壳层电子影响产生的化学位移。此外，X 射线光电子能谱分析对样品表面辐射损伤小，能够检测除 H、He 以外周期表中的所有元素，具有很高的灵敏度。X 射线光电子能谱具有以下特点：对样品表面几乎无破坏，且分析时样品用量非常少；绝对灵敏度高，但相对灵敏度较低，定量分析的准确性受到材料表面状态的影响；分析元素范围广，可对固体样品中除 H、He 外的所有元素进行分析；可对元素的组成、含量、电子结合能、化学态进行分析，探测表面深度一般为 35nm。

## （二）X 射线光电子能谱的定性分析

X 射线光电子能谱的定性分析一般利用 X 射线光电子能谱仪的宽扫描程序。为了提高

分析的灵敏度，加大分析器的通能，提高信噪比。X 射线光电子能谱图的横坐标为结合能，纵坐标为光电子的计数率。分析谱图时，由于金属和半导体样品不会产生荷电，因此无须校准。但对于绝缘样品，必须进行校准。因为，当荷电较大时，结合能位置出现较大偏移，即荷电位移，导致错误判断。当自动标峰时，也会发生类似情况。通常，只要某种元素存在，相对应的所有的强峰都应存在，否则应考虑是否存在其它元素的干扰峰。激发出来的光电子依据激发轨道的名称进行标记，如从 C 原子的 1s 轨道激发出来的光电子用 $C_{1s}$ 标记。由于 X 射线激发源的光子能量较高，可以同时激发多个原子轨道的光电子，因此在 X 射线光电子能谱图上会出现多组谱峰。大部分元素可以激发出多组光电子峰，可利用这些峰排除能量相近峰的干扰，对元素进行定性标定。由于相近原子序数的元素激发出的光电子的结合能存在较大差异，因此相邻元素间的干扰作用较小。

### （三）X 射线光电子能谱的定量分析

光电子谱峰的谱线或面积强度可用于薄膜元素的定量分析。谱线的强度取决于多个因素，主要包括光子横截面、电子逃逸深度、光谱仪的透过率、表面粗糙度或非均匀性及存在的卫星结构（导致主峰强度的降低）。

本质上，X 射线从 X 射线光电子能谱信号发出的深度范围内不会衰减，因为 X 射线的吸收长度比电子的逃逸深度大多个数量级。对于亚壳层 K 中每产生一个光子的概率 $P_e$ 是

$$P_e=\sigma^K N_t \tag{9-35}$$

式中，$N_t$ 是样品厚度为 $t$ 的表层上单位面积内的原子数；$\sigma^K$ 是从已知轨道 K 发射光电子的散射截面，散射截面与原子序数存在紧密的联系。

未经弹性碰撞从固体中逸出的电子束随着深度的增加以 $e^{(-x/\bar{\lambda})}$ 的形式减少，此处 $\bar{\lambda}$ 为平均自由程。每平方厘米产生能够检测到的光电子数为 $N\bar{\lambda}$，每一入射光从亚壳层 K 中产生一个能够检测到的光电子的概率 $P_d$ 为

$$P_d=\sigma^K N\bar{\lambda} \tag{9-36}$$

但有部分的亚壳层光电子对谱峰没有贡献，这个谱峰对应内壳层中单个空位的基态组态，激发态使谱峰强度削弱。产生谱峰信号的效率在 0.7～0.8 之间变化，强烈依赖外界化学环境。

仪器效率是电子动能的函数，通常以 $E^{-1}$ 的形式变化。在化学分析中，分析样品中元素 A 和 B 的相对浓度 $n_A/n_B$，只需要求出谱线的面积比（强度比 $I_A/I_B$），则

$$\frac{n_A}{n_B}=\frac{I_A}{I_B}\frac{\sigma_B}{\sigma_A}\frac{\bar{\lambda}_B}{\bar{\lambda}_A}\frac{Y_B}{Y_A}\frac{T_B}{T_A} \tag{9-37}$$

式中，$\sigma_A$、$\sigma_B$ 分别表示元素 A 和 B 的光子散射横截面；$\bar{\lambda}_A$、$\bar{\lambda}_B$ 分别表示元素 A 和 B 的电子逃逸深度；$T_A$、$T_B$ 分别表示元素 A 和 B 的仪器效率；$Y_A$、$Y_B$ 分别表示元素 A 和 B 产生谱峰信号的效率。

如果谱峰具有相同的能量，则 $\bar{\lambda}_A=\bar{\lambda}_B$，$T_A=T_B$，谱峰效率相等，成分比可近似为

$$\frac{n_A}{n_B}=\frac{I_A\sigma_B}{I_B\sigma_A} \tag{9-38}$$

但前提条件为：样品表面均匀平整、洁净、表层无污染，光子各向同性发射。

检测元素的灵敏度取决于元素的散射截面和其它元素的背底信号。在较好的条件下，分析的灵敏度可达到 1/1000。X 射线光电子能谱分析主要用于确定固体表面区域原子的化学键合。

### （四）X 射线光电子能谱的价态分析

表面元素的化学价态分析是 X 射线光电子能谱最重要的功能，也是 X 射线光电子能谱图解析最难、易出错的部分。在进行元素的化学价态分析前，必须对结合能进行校准。因为结合能随化学环境的变化较小，而当荷电校准误差较大时，很容易标错元素的化学价态。此外，有一些化合物的标准数据本身存在较大差异，在这种情况下这些标准数据仅作为参考，需要重新制备标准样，进而获得正确的结果；有一些化合物的元素不存在标准数据，必须用自制的标准样进行对比，进而判断具体价态；还有一些元素不能使用 X 射线光电子能谱的结合能进行有效的化学价态分析，在这种情况下，可以从线形和伴峰结构进行分析，进而获得化学价态信息。

图 9-22 是基底温度为 573K 溅射的薄膜 $Ni^2p$ 和 $Ti^2p$ 的 X 射线光电子能谱图。薄膜表面未见 $Ni^2p$ 的结合能峰，随着刻蚀深度的变化，在薄膜内部仅出现金属态零价 Ni（852.8eV）的结合能峰，而在薄膜和基底的界面上出现氧化态 $Ni^{2+}$（854.3eV）的结合能峰。由右图可看出，薄膜表面只有 $Ti^{4+}$（$TiO_2$）对应的结合能峰，因此存在 $TiO_2$ 氧化层。

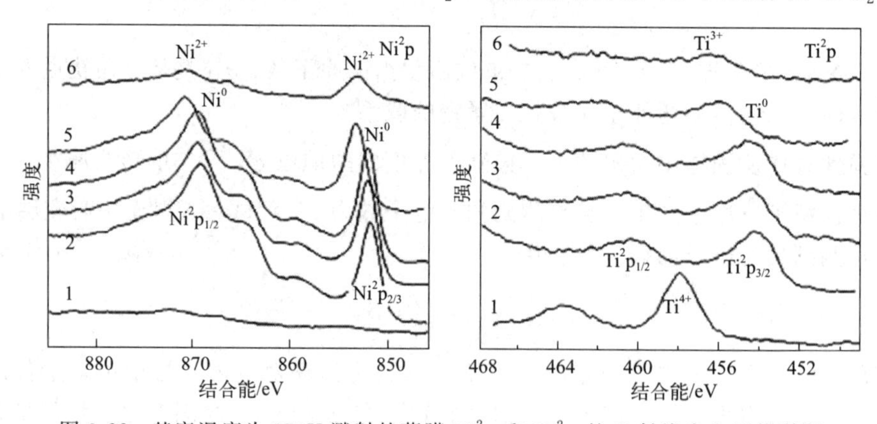


图 9-22　基底温度为 573K 溅射的薄膜 $Ni^2p$ 和 $Ti^2p$ 的 X 射线光电子能谱图

## 六、二次离子质谱

二次离子质谱（secondary ion mass spectroscopy，SIMS）是一种非常灵敏的表面成分分析方法，通过高能量的离子束轰击样品表面，使样品表面的分子吸收能量，进而溅射产生二次离子，通过质量分析器收集、分析这些二次离子，得到包含样品表面信息的图谱。

### （一）二次离子质谱原理

样品表面被高能聚焦的离子轰击时，离子注入样品，把动能传递给样品中的固体原子，这些固体原子发生层叠碰撞，进而导致中性粒子和带正负电荷的二次离子发生溅射，根据溅射的二次离子的质量信号，对被轰击样品的表面和内部的元素分布特征进行分析。

质谱方法是根据电离后原子、分子或原子团质量不同的特点，进而分辨其化学构成的方法，使用的分析仪器被称为质谱仪。利用质谱仪可以直接对处于气体状态的原子或分子进行分析，但对于固态物质，需要用特定手段将原子变成离子状态。质谱仪利用离子溅射的手段，首先从固体样品的表面溅射出二次离子，然后对其进行质量分析，如图 9-23。所有的质谱仪都具有分析表面元素和元素深度的能力，但有时溅射离子束穿过样品表面会留下刻蚀坑，进而影响分析结果。

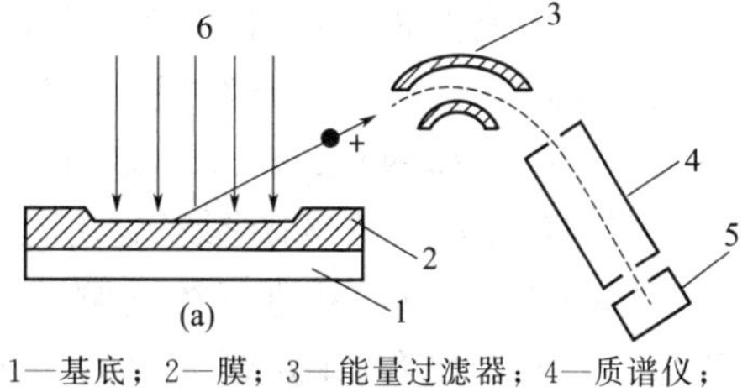

1—基底；2—膜；3—能量过滤器；4—质谱仪；5—二次离子检测器；6—入射离子

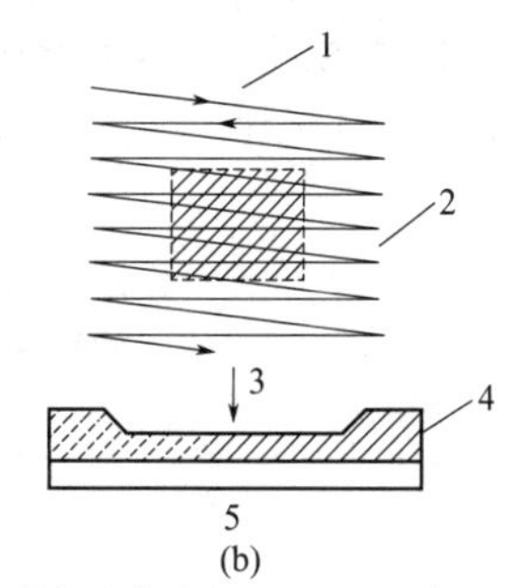

1—溅射离子束路径；2—电子端口区域；3—轰击坑；4—样品表面；5—基底

图 9-23 质谱仪装置

## （二）二次离子质谱的应用

二次离子质谱不仅能够分析元素的组成信息，也可用于分析同位素、原子团、官能团或分子结构，因此常被用于分析无机材料和有机物大分子，被广泛应用于微电子、材料、化工、生物医药等领域。

二次离子质谱理论上能够对元素周期表上含氢元素在内的所有元素进行低浓度的半定量分析，具有亚微米级（$<100nm$）的离子成像分辨率。质谱分析分为四极杆质谱、磁质谱、飞行时间质谱，其中飞行时间质谱是当前表面分析技术中分辨率最高的技术。按照一次离子束的能量和纵向扫描方式，二次离子质谱可分为静态二次离子质谱和动态二次离子质谱。其中静态二次离子质谱要求真空度小于 $10^{-7}Pa$，电子束能量低于 5keV，同时需要在低束流密度下对材料微区进行轰击，保证只有单层原子激发，以达到超高的表面分辨率。静态二次离子质谱的软电离技术能够得到官能团、有机大分子的分子量，用于分析材料表面有机分子结构。带有飞行时间质谱分析器的质谱仪具有超高的分辨率、灵敏度，可同时检测无机物、有机物，常被用于检测硅晶元件的元素定位和表面有机物污染。动态二次离子质谱是利用高能量、高密度的离子束对材料进行逐层剥离，检测不同深度的二次离子信息，动态地剖析材料元素在三维空间的分布情况。因此动态二次离子质谱是一种破坏性较大的表面分析技术，主要用于无机样品的深度剖析、痕量杂质鉴定等，检测深度从几纳米到数十微米。

二次离子质谱的特点：能够获得薄膜样品最表层 1～3 个原子层的深度信息、材料最表层（原子层）的结构，有效检测样品表面的组成结构（小于 50nm）；检测同位素，用于同位素分析；达到 $10^{-6}\sim10^{-9}$ 级的探测极限；并行探测所有元素和化合物，离子传输率可达到 100%；采用高效的电子中和枪，精确分析绝缘材料；具有较小的信息深度（小于 1nm）；极高的空间分辨率，探测的质量数范围涵盖 12000 原子量单位以下的所有材料，包括 H、He 等元素；可给出分子的离子峰和官能团的碎片峰；分析化合物和有机大分子的整体结构；采用双束离子源可对样品进行深度剖析，深度分辨率小于 1nm。

在二次离子的常规检测中，样品可以是固体，也可以是粉末、纤维、块状和片状，甚至是液体（微流控装置）。如果考虑样品的导电性，样品不仅可以是导电性好的材料，也可以是绝缘体或半导体。化学组成上，样品可以是有机样品，如高分子材料、生物分子，也可以是无机样品，如钢铁、玻璃、矿石等。

图 9-24 是 Al 浓度随深度变化的二次离子质谱测试结果。采用二次离子质谱对激光辐照掺杂后的 Al 薄膜样品进行浓度测试，确定激光辐照 Al 膜制备的 p 型 4H-SiC 中的 Al 分布及掺杂浓度，其中 Al 膜厚度为 120nm，激光能量密度为 $1.17J/cm^2$，脉冲个数为 50，重复频率为 1Hz。结果表明，当深度小于 30nm 时，浓度几乎不变，约为 $1\times10^{20}cm^{-3}$，说明在此深度范围内 Al 的掺杂浓度较均匀；30～80nm 时，浓度迅速衰减，达到 80nm 时，Al 原子浓度下降到 $1\times10^{17}cm^{-3}$；超过 80nm 时，检测噪声增大，且 Al 原子的可观测浓度接近检测极限。

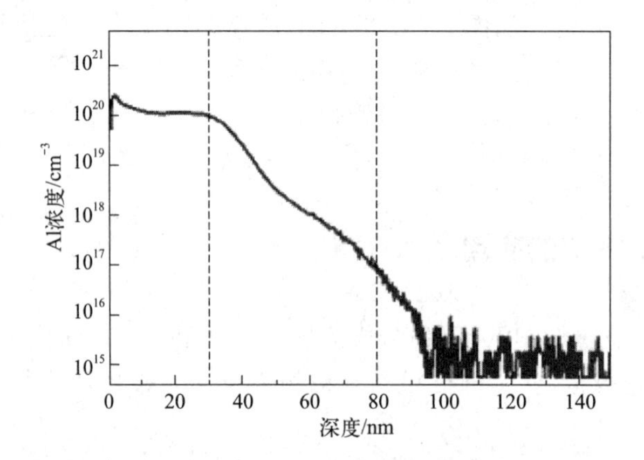


图 9-24　Al 浓度随深度变化的二次离子质谱测试结果（激光能量密度）

# 第三节　薄膜的结构表征

晶体结构是材料的重要特性。在薄膜的制备过程中，大多数材料倾向于形成结晶相。结晶相中原子的有序排列可以通过衍射技术来识别。在一定波长的入射束照射下，具有点阵结构的晶体会产生明显的衍射图案，此图案可用来识别化合物或单质。因此，衍射是表征薄膜结构的主要技术。

## 一、衍射基础

物质对 X 射线散射的实质是物质中的电子与 X 光子相互作用。当入射光子碰撞电子后，若电子能牢固地保持在原来位置（原子对电子的束缚力很强），则光子产生刚性碰撞，其作用效果是辐射出电磁波，即散射波。这种散射波的波长和频率与入射波完全相同，新的散射波之间将可以发生相互干涉，即相干散射。X 射线的衍射现象正是基于相干散射。

当物质中的电子与原子之间的束缚力较小（如原子的外层电子），电子可能被 X 光子撞击，成为反冲电子。因反冲电子带走一部分能量，光子能量减少，从而使随后的散射波波长发生改变。入射波与散射波不再具有相干能力，成为非相干散射，作为晶体衍射的背底。

特定波长的 X 射线与晶体学晶面发生相互作用时，产生 X 射线的衍射，如图 9-25。衍射发生的条件是布拉格公式（各物理量含义参见图 9-25）

$$2d\sin\theta = n\lambda \tag{9-39}$$

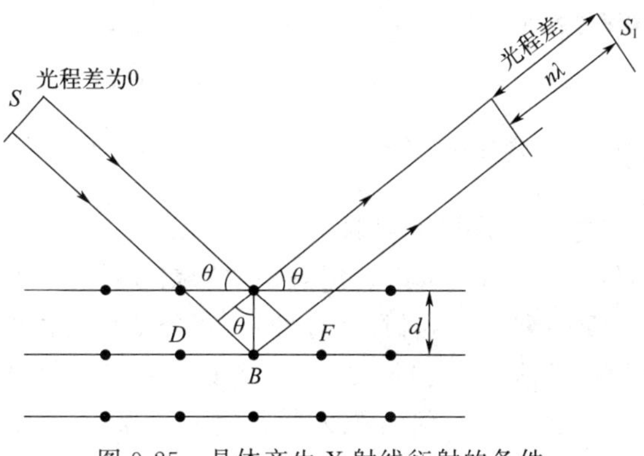


图 9-25 晶体产生 X 射线衍射的条件

当晶面与 X 射线满足上述几何关系时，X 射线的衍射强度相互加强。因此，收集入射和衍射 X 射线的角度信息及强度分布，可获得材料的晶体点阵类型、点阵常数、晶体取向、缺陷和应力等一系列结构信息。X 射线对物质的穿透能力较强（10～100μm），要产生足够的衍射强度，所需样品数量较多。因此使用 X 射线衍射确定材料结构时，空间分辨率较低，在薄膜结构研究中应用受限。

## 二、掠入射 X 射线衍射

常规的 X 射线结构分析技术是在较大穿透深度下通过对材料进行统计平均得到的结果，对薄膜等二维材料不适用，因为薄膜材料在布拉格反射几何条件下，表面或近表面的原子散射贡献较小，因此散射强度较弱。20 世纪 80 年代，掠入射 X 射线衍射（grazing incident X-ray diffraction，GIXRD）技术得到迅速发展，具有贯穿深度小、信噪比高、分析深度可控等特点，常被用于分析表面或界面重构、多层膜和超晶格结构等。

掠入射 X 射线衍射技术是 X 射线以较小的角度射入薄膜样品表面，从而得到薄膜的结构信息。测量过程中主要包括两种模式：对称偶合模式和非偶合模式。前者是入射角与反射角同步等步长增加，常用于测量薄膜的密度、厚度、粗糙度和密度分布等信息；后者是入射角不变，在大角度区扫描测量样品的衍射信息，常被用来表征薄膜的结晶信息，如晶型、取向、结晶度和结晶尺寸等。与常规的 X 射线衍射技术（对称偶合模式）相比，掠入射 X 射线衍射的优点主要包括：①入射深度较浅，可以避免或减小基底信号的影响（图 9-26）；②小角度入射时被照射面积较大，能够产生较多的衍射信号；③入射深度与入射角相关，可以进行分层分析。

采用非偶合模式工作时，掠入射 X 射线衍射可以在不同方向扫描，得到不同方向的衍射信号，进而分析出薄膜样品不同方向的结晶信息。

掠入射 X 射线衍射的入射角通常只有零点几度，因此要求 X 射线具有很高的平行度，一般实验室的商用 X 射线衍射仪需要在 X 射线源后面加装多层膜反射镜，使光束平行。此

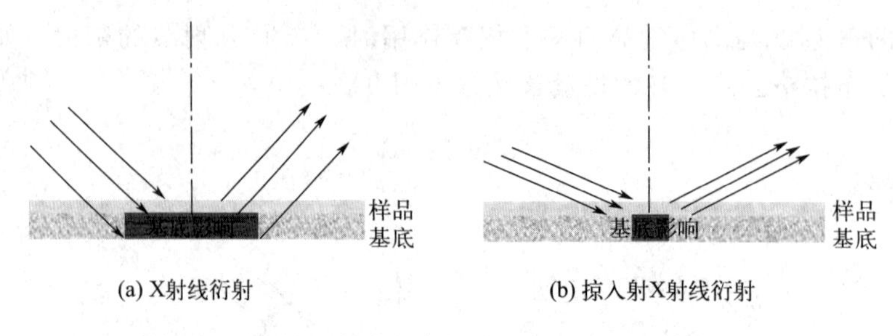


图 9-26　常规 X 射线衍射与掠入射 X 射线衍射的区别

外同步辐射光源由于具有高亮度、高准直性等特点，成为掠入射 X 射线衍射实验的首选。实验过程中，保持一定的掠入射角，可以选用点探测器扫描模式进行测量。一般为了消除基底的影响，入射角选择在薄膜和基底的临界角之间。高分子材料密度较小，临界角较小，而常用的硅片或玻璃基底的临界角为 0.21°～0.23°，所以入射角通常选用 0.2°或更小。根据探测器的扫描方向可以分成一维面外 X 射线掠入射衍射和一维面内 X 射线掠入射衍射，分别对应薄膜面外和面内的结晶信息。

用点探测器进行扫描的方法虽然分辨率高，但耗时严重，而且不能得到薄膜的全面三维结构信息，因此多采用二维掠入射 X 射线衍射测量。与透射模式下得到的二维掠入射 X 射线衍射图不同，由于薄膜样品自身的遮挡，二维掠入射 X 射线衍射图只能反射上半部分的衍射。

薄膜样品（厚度 20～100nm）可以采用 Read 照相法和 Seemann-Bohlin X 射线衍射仪表征，两个仪器的构型基本上都是掠入射 X 射线衍射装置，且入射角固定。当使用掠入射角时，薄膜中参与衍射的体积相对较大。

两种方法的实验装置如图 9-27。在这两种装置中，X 射线衍射谱由 X 射线单色束（$CuK_\alpha$）以 6°～14°入射角入射到样品表面得到。在 Read 照相法中，入射束通过两个针孔进行准直，所有角度的衍射谱同时记录在感光胶片上。在 Seemann-Bohlin 装置中，X 射线需要聚焦，使入射束的焦点和衍射束的焦点位于衍射圆的圆周上，随检测器沿衍射圆移动。

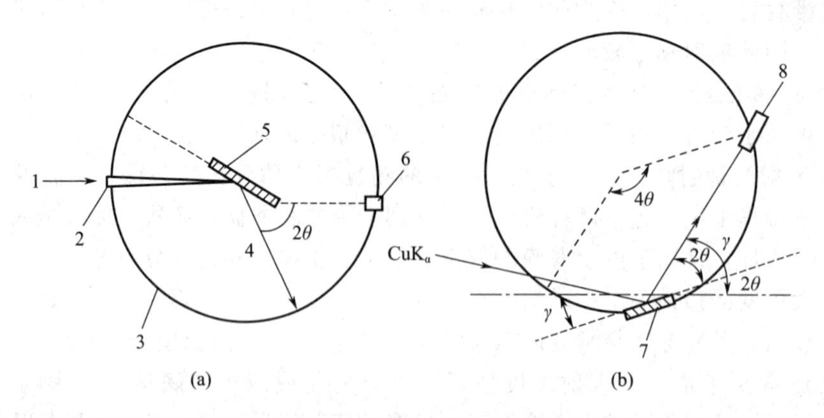


图 9-27　Read 照相法（a）和 Seemann-Bohlin X 射线衍射的实验装置（b）

1—X 射线光束；2—准直器；3—感光膜；4—衍射束；5—样品；6—光束截止；7—样品；8—计算器

掠入射 X 射线衍射技术可以用来确定生长的金属间化合物、硅化物及化合物相的厚度。对于横向均匀分布的薄膜层（硅化物一般满足此条件），总的衍射积分强度正比于薄膜的厚度，因为此时薄膜中 X 射线的吸收峰校正较小。掠入射 X 射线衍射的测量信号取决于结构和几何因子，除此之外，人们也常用卢瑟福背散射校正衍射法确定薄膜的厚度。另外，掠入射 X 射线衍射还可以测定薄膜的表面粗糙度及密度。

## 三、低能电子衍射

低能电子衍射（low energy electron diffraction，LEED）是指能量为 10～500eV 的电子束照射晶体样品表面产生的衍射现象，能够获得样品表面 1～5 个原子层的结构信息，是研究晶体表面结构的重要方法。

### （一）原理

波长 $\lambda$ 的电子垂直撞击到原子间距为 $a$ 的周期排列原子，当电子被散射时，从一个原子出来的次波与相邻原子的次波相干涉（图 9-28）。当相干干涉发生时，将产生新的波前。相干干涉的条件是次波相长而非相消，因此，它们必须是同位相，即对于来自不同原子的波前沿散射方向的波程差必须为整数，这一相干干涉条件为

$$n\lambda = a\sin\theta \tag{9-40}$$

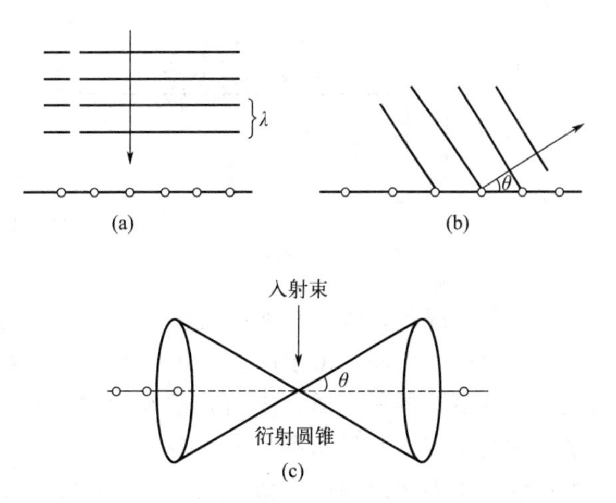

图 9-28　一系列散射中心粒子的衍射

（a）入射平面波；（b）散射波前；（c）相干圆锥

式中，$n\lambda$ 为波长的整数倍；$a\sin\theta$ 是原子间距沿次波传播方向的投影，为相邻原子形成的次波间的间距，$a$ 与 $\lambda$ 相关，对于相干干涉可以在几个角度上出现，由于一系列原子具有一维对称性，因此沿轴线的相干干涉会形成圆锥，圆锥上可以获得发现电子的概率。

但是若原子间距为 $a$ 和 $b$ 的二维周期排列，产生两组必须同时满足的衍射条件，即

$$\lambda_a = a\sin\theta_a \tag{9-41}$$

$$\lambda_b = b\sin\theta_b \tag{9-42}$$

新的一组圆锥也是唯一相干干涉区域，由于两条件必须同时满足，因此找到电子的唯一区域为这些圆锥的截线。

低能电子衍射仪主要由电子光学系统、记录系统、超高真空系统和控制电源组成，衍射图案可直接在屏幕上观察，如图 9-29。这一设备包含一组阻挡栅以反射非弹性电子，而弹性电子具有足够高的能量，能够克服这一阻挡。通过阻挡栅后，弹性电子进一步加速，从而使硫荧屏发光。这一模式下，低能电子衍射图案可很快地确定单晶表面处的结晶序数。但实验必须在高真空条件下进行，因为表面污染会严重影响衍射图案质量。低能电子衍射以半球形荧光屏接收信息。荧光屏上显示的衍射花样由若干衍射点组成，每一个斑点对应样品表面一个晶向族的衍射，即对应一个倒易点，因此低能电子衍射花样是样品表面二维倒易点阵的投影像。荧光屏上与倒易原点对应的衍射斑点（00）处于入射线的镜面反射方向上。尽管根据低能电子衍射图标定原子位置不唯一，但从真实空间原子的组态可判断低能电子衍射图案

的对称性，因此低能电子衍射图案一般揭示的是表面原子的周期性和对称性。

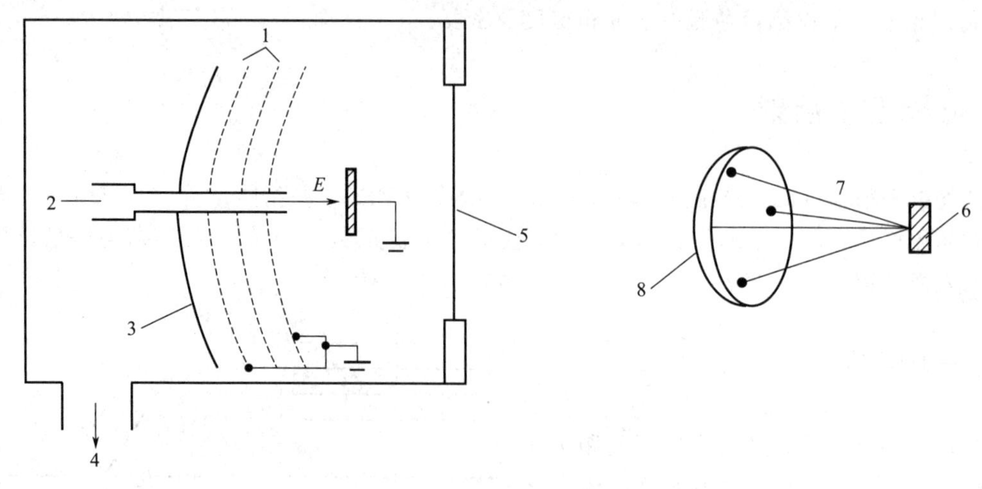


图 9-29 低能电子衍射装置

1—栅；2—电子枪；3—荧光屏；4—真空；5—观察口；6—样品；7—衍射束；8—荧光屏

通常情况下，表面周期性变化将导致衍射图案变化，这种变化很容易被观察到，可用新的二维对称性解释。由于晶体结构的周期性在表面中断，单晶表面的原子排列有三种可能的状态：体原子的暴露面、表面弛豫和表面重构。表达晶体周期性的点阵基本单元被称为网格。网格由表示其形状和大小的两个矢量 ***a*** 与 ***b*** 描述，称为点阵基矢或单元网络矢量。与三维点阵的排列表达规则相似，二维点阵的排列可用 5 种二维布拉菲点阵表达，主要包括：正方、长方、菱形（面心长方）、六角和平行四边形。图 9-30 给出立方晶体（100）表面上的层结构以及相关的低能电子衍射图。图中的字母 P 代表单胞为原胞，对于 P（2×2）低能电子衍射图具有额外的半级斑点，图中字母 C 代表单胞在中心处有一额外散射点，它是衍射图中引起（1/2，1/2）的斑点。

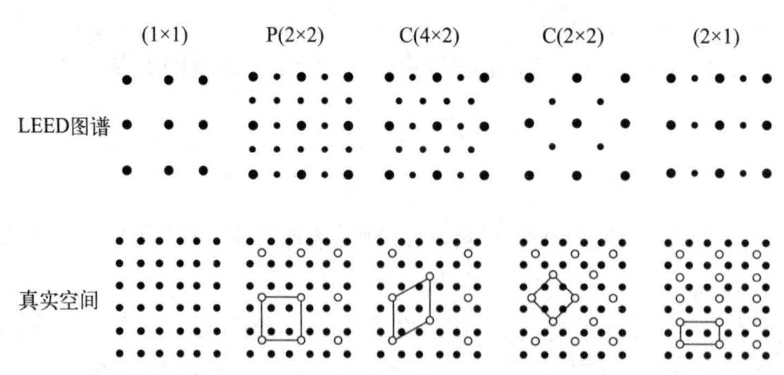


图 9-30 立方晶体（100）表面上的层结构以及相关的低能电子衍射

## （二）应用

低能电子衍射主要用于晶体表面结构研究，包括晶体表面及吸附层二维点阵单元网络的形状与大小，表面原子位置及沿表面深度方向原子三维排列情况；不仅适用于半导体、金属和合金等材料表面结构与缺陷、吸附、偏析和重构相的分析，还适用于气体吸附、脱附及化学反应、外延生长、沉积、催化等过程的研究；也可应用于表面动力学过程，如生长动力学和热振动的研究等。

## 四、反射高能电子衍射

低能电子衍射的高灵敏度主要来自低能电子大的散射界面，中等能量电子衍射和反射高能电子衍射（RHEED）将能量区扩展到约 50keV，使这一技术对薄膜材料的表征更加有效。这些技术通常在掠入射角几何条件下实现，对材料表面平整度有较高要求。反射高能电子衍射利用 10～50keV 的高能电子束经准直、聚焦和偏转，以掠射的方式（掠射角<5°）照射平滑的样品表面，使弹性散射仅发生在近表层，装置示意图如图 9-31。使用反射高能电子衍射时，入射电子仅覆盖 1cm 长的表面，衍射斑点大，虽然表面结构分析精度不如低能电子衍射，但可弥补低能电子衍射在 500℃以上无法观察到衍射图案的不足，主要用于研究与温度有关的表面结构变化过程。

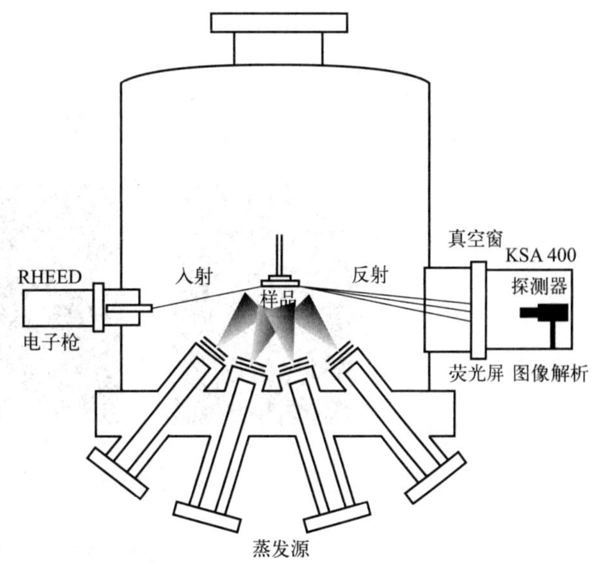


图 9-31　反射高能电子衍射装置

## 五、透射电子显微镜

电子衍射是用于识别材料微观晶体结构的有效技术。从晶体点阵产生的电子衍射可以用满足波长增强和相干的 Bragg 方程的运动学散射来描述。通常情况下，样品用化学刻蚀或离子减薄的方法减薄到几百埃的厚度。电子透过薄膜样品时会形成特定的电子衍射图案，如图 9-32，类似 X 射线衍射时产生的特征峰。对于单晶样品，电子衍射为斑点，细精粒的多晶样品为衍射环，大晶粒多晶且包含织构的样品则为环加斑点。

不同于其它结构分析（如低能电子衍射、掠入射 X 射线衍射），透射电子显微镜是一种消耗性分析。因此，在连续的测试过程中，电子显微镜技术通常作为最后一步使用。透射电子显微镜在制备样品时，不仅能够使用传统的减薄技术制备表面样品，还能够制备横截面样品。制备样品时，将样品切成几百微米厚的薄片，然后将薄片固定在托架上，露出截面，抛光至 50μm，然后离子研磨至 50～100nm，如图 9-33。抛光后的截面可以对薄膜反应区边缘进行直接观察。

样品制备过程中需注意：透射电子显微镜利用穿透样品的电子束成像，要求被观察的样品对入射电子束是“透明”的；电子束穿透固体样品的能力主要取决于加速电压和样品的物质原子序数，通常加速电压越高，样品原子序数越低，电子束可以穿透样品的厚度就越大；透射电镜常用 100kV 电子束，样品的厚度控制在 100～200nm；对于块体材料，表面复型技术（表面形貌观察）和样品减薄技术（内部结构观察）是制备样品的主要方法；对于粉状材料，可以采用超声波分散制备样品。

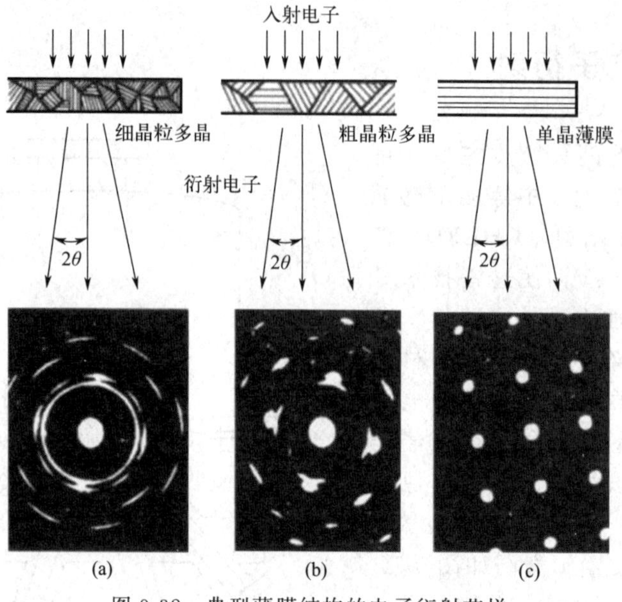


图 9-32 典型薄膜结构的电子衍射花样

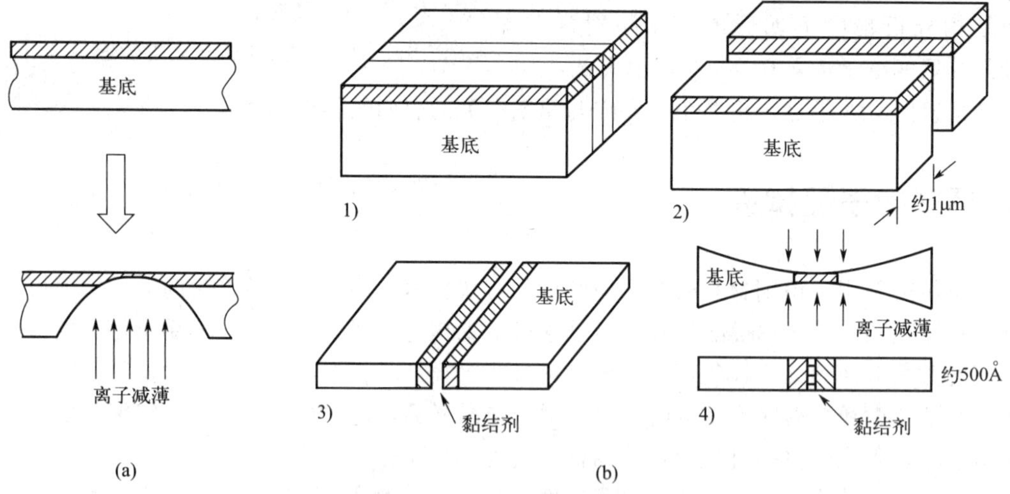


图 9-33 透射电子显微镜的样品制备

（a）平面样品制备；（b）截面样品制备

# 第四节 薄膜中原子化学键表征

由于制备方法不同，即使在相同成分的薄膜材料中，原子也能够以不同的方式结合在一起。因此，除了要对薄膜组分和结构表征之外，还需要对材料中的原子通过何种方式聚集在一起进行研究，也就是需要表征原子的化学键合。表征薄膜材料中原子化学键合的主要方法包括扩展 X 射线（extended X-ray）、振动光谱，如红外吸收光谱（infrared absorption spectrum，IR）和拉曼光谱（Raman spectrum，Ram）及电子能量损失谱（electron energy loss spectroscopy，EELS）等。

## 一、扩展 X 射线

X 射线的衰减通常是由吸收、散射和电子对的产生三种原因造成。在一般情况下，主要是由光电吸收造成。X 射线的吸收系数不仅与具体的原子有关，还受 X 射线波长的影响。随着 X 射线波长变化，X 射线的吸收曲线出现一些强烈的陡变。吸收曲线的这些变化，对应原子各壳层或亚壳层的吸收限（激发限），是由强烈的光电吸收造成的，这种吸收陡变，常被称为吸收边。对应原子各个壳层电子的激发，各吸收边也相应地被称为 K 吸收边、L 吸收边等。

当高能光子束穿入薄膜样品，引起光子束的衰减主要包括：光电子的产生、康普顿散射、电子-正电子对。在康普顿效应中，X 射线被吸收材料中的电子所散射，反射束由两部分组成，一部分是原来的波长 $\lambda$，另一部分是波长变长的辐射（能量降低）。通常情况下，具有动量 $P=\hbar/\lambda$ 的光子与具有静止能量 $mc^2$ 的静止电子发生弹性碰撞，以 $\theta$ 角散射后，光子的 $\lambda$ 变长，其增量为 $\Delta\lambda=[\hbar/(mc)](1-\cos\theta)$，此处 $\hbar/(mc)=0.0243\text{Å}$，为电子的康普顿波长。

如果光子能量大于 $2mc^2=1.02\text{MeV}$，光子将会湮灭，同时产生电子-正电子对，这一过程被称为电子-正电子对的产生。光电子的产生、康普顿散射和电子-正电子对的产生中的每一个过程，都在其对应的光子能量区域起主导作用（如图 9-34）。对于 X 射线和低能 $\gamma$ 射线，光子穿过材料时的光子衰减主要由光电吸收造成，这一能量区域也是材料分析原子作用过程的基本关注点。

对于入射强度为 $I_0$ 的入射线，穿过薄膜样品时，所透过的 X 射线强度遵守指数衰减关系，即

$$I=I_0 e^{-\mu x}=I_0 \exp(-\mu/\rho)\rho x \tag{9-43}$$

式中，$\rho$ 是固体的密度，$g/cm^3$；$\mu$ 为线性衰减系数；$\mu/\rho$ 为质量衰减系数，$cm^2/g$；$x$ 是穿透距离。

图 9-35 是 Ni 的质量衰减系数与 X 射线波长的关系曲线。衰减系数强烈依赖光电子散射截面与能量的关系。在 K 吸收边，光子从 K 壳层激发出电子。当光子波长对应 K 吸收边时，吸收主要由 L 壳层的光电子主导；在短波长 $\hbar_\omega \geqslant E_B$（K）时，在壳层的光电子吸收则起主导作用。

对于已知壳层或亚壳层中电子的质量吸收系数，可由光电散射截面 $\sigma$（$cm^2$）计算得到

$$\mu/\rho=\sigma N n_s/\rho \tag{9-44}$$

式中，$\rho$ 为密度，$g/cm^3$；$N$ 为原子浓度，$cm^{-3}$；$n_s$ 为壳层中的电子数。

对单质元素，质量吸收系数只与元素的原子序数和 X 射线的波长有关。当吸收体是由 $n$ 种元素构成的化合物、混合物、溶液等时，则质量吸收系数为

$$\mu_m=w_1\mu_{m1}+w_2\mu_{m2}+\cdots+w_n\mu_{mn} \tag{9-45}$$

式中，$w_1$、$w_2 \cdots w_n$ 分别为各组分元素的质量分数。

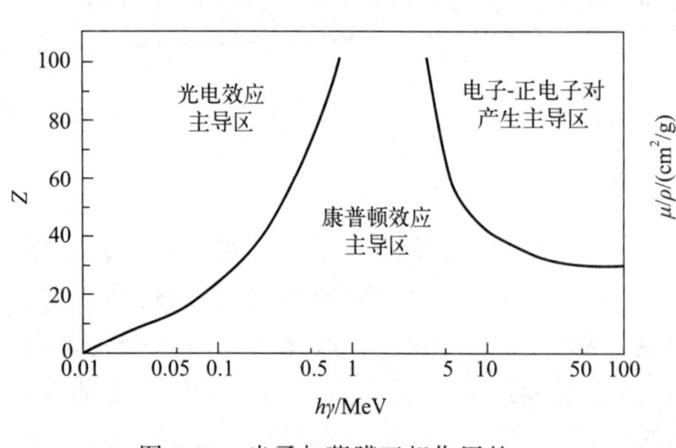


图 9-34 光子与薄膜互相作用的三个主要过程与能量关系

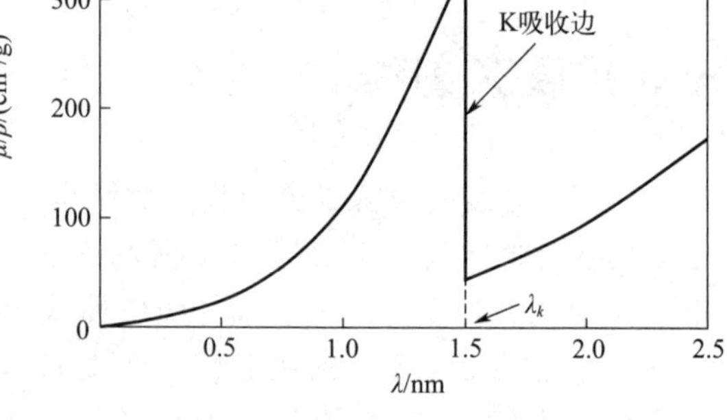


图 9-35 Ni 质量衰减系数 $\mu/\rho$ 与 $\lambda$ 的关系

前面侧重介绍光电散射截面和吸收边，没有考虑吸收边以上的能量所具有的精细结构，即入射能量从 1keV 延伸到 K 吸收边以上的部分。在这一能量区域，存在着吸收振动，这就是扩展 X 射线吸收精细结构（extended X-ray absorption fine structure，EXAFS）。振动具有的能量大约为吸收边以上能量区域吸收系数的 10%，主要来自逸出电子被邻近原子散射引起的干涉效应。从已知原子的吸收谱分析，可预估围绕在吸收原子周围的原子种类和数量。扩展 X 射线吸收精细结构对短程有序结构敏感，因此，它能够探测出吸收原子周围 6Å 左右的环境。由于同步辐射能够提供较强的能量，因此同步辐射常被用于扩展 X 射线吸收精细结构的测量。

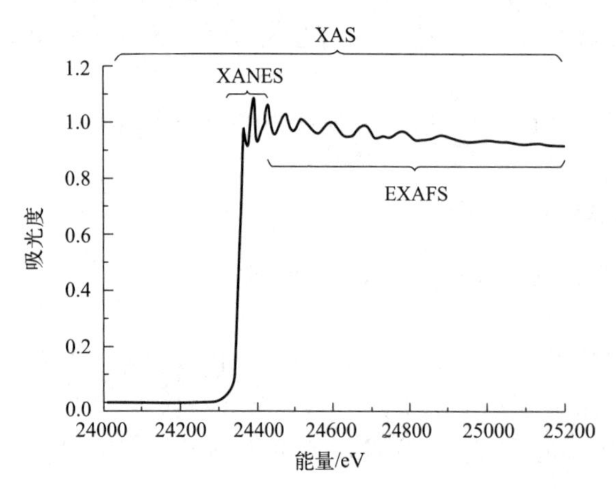


图 9-36 扩展 X 射线吸收精细结构谱图
XAS—X 射线吸收光谱；XANES—X 射线吸收近边结构

扩展 X 射线吸收精细结构是一种局域原子结构的表征方法，通常指高于吸收边 50～1000eV 的数据（图 9-36），能够反映发射电子周围的局部结构。在吸收边高能一侧，吸收系数并不是单调变化的，而是呈现某种随能量起伏的精细结构。吸收边附近的部分，称为近边结构。由于光电吸收的光电子波向外传播时遇到周围其它原子的散射，这种出射波与散射波相互干涉，在某些能量处相互增强，形成波峰，在某些能量处相互减弱，形成波谷，使光电吸收的概率发生变化，引起吸收系数的振荡，因此产生扩展 X 射线吸收精细结构。

扩展 X 射线吸收精细结构的产生与吸收原子及周围其它原子的散射有关，即与结构有关。因而可通过扩展 X 射线吸收精细结构研究吸收原子周围的近邻结构，得到原子间距、配位数、原子均方位移等参量。扩展 X 射线吸收精细结构能够对不同种类原子进行分别测量，给出指定元素的原子近邻结构，也可区分近邻原子的种类。利用同步辐射（带电粒子在电磁场的作用下沿弯转轨道行进时所发出的电磁辐射）提供较强的能量光束时，可用于研究催发剂、多组元合金、无序和非晶固体、稀释杂质和表面原子，确定单晶表面吸附原子键长和位置。

## 二、红外吸收光谱

红外吸收光谱和拉曼光谱都属于测量薄膜样品的分子振动光谱，用于测量样品中的分子振动能。分子振动通常与薄膜的化学组成、结构和化学键合有关，而化学键合直接决定分子的振动能。分子振动频率通常从红外到远红外。当红外线照射到薄膜样品，与样品分子振动频率相同的红外光会被分子共振吸收。由于不同分子的振动频率是确定的，因此利用红外吸收光谱可以标记薄膜中所含的分子，进而确立分子间的键合特性。

当一束具有连续波长的红外光通过物质，物质分子中某个基团的振动频率或转动频率与红外光的频率相同时，分子能够吸收能量由原来的基态振（转）动能级跃迁到能量较高的振（转）动能级，发生跃迁后，此处的波长光被物质吸收。因此红外光谱实质上是一种利用分子内部原子间的相对振动和分子转动等信息来确定物质分子结构或鉴别化合物的分析方法。通过将分子吸收红外光的情况用仪器记录下来，得到红外光谱图。红外光谱图通常用波长（$\lambda$）或波数（$\sigma$）为横坐标，表示吸收峰的位置，用透光率（$T\%$）或者吸光度（$A$）为纵坐标，表示吸收强度，是记录红外光的百分透射比与波数或波长关系的曲线。这就是红外吸收和傅里叶红外光谱（Fourier transform infrared spectrum，FTIR）的基本原理。产生红外吸收的条件如下：一是辐射光子具有的能量与发生振动跃迁所需的跃迁能量相等；二是辐射与物质之间存在耦合作用，即分子振动必须伴随偶极矩的变化，只有发生偶极矩变化的振动才能够引起可观测的红外吸收光谱。

当外界光子照射分子时，照射光子的能量与分子的两能级差相等，光子被分子吸收，引起分子向对应能级跃迁，宏观表现为透射光强度变小。光子能量与分子两能级差相等是物质产生红外吸收光谱必须满足的条件之一，这决定了吸收峰出现的位置。红外吸收光谱产生的第二个条件是红外光与分子之间存在偶合作用。为了满足这一条件，分子振动时偶极矩必须发生变化，因为这是红外光的能量能够传递给分子的表现。并不是所有的振动都会产生红外吸收，只有偶极矩发生变化的振动才能够引起可观测的红外吸收，这种振动称为红外活性振动；偶极矩等于零的分子振动不能产生红外吸收，称为红外非活性振动。分子的振动形式主要分为两大类：伸缩振动和弯曲振动。前者是指原子沿键轴方向做往复运动，振动过程中原子的键长发生变化。后者指原子垂直于化学键方向做振动。理论上，每一个基本振动分子都能吸收与振动频率相同的红外光，在红外光谱的对应位置产生吸收峰，但实际上有一些振动分子没有发生偶极矩变化，是非活性的红外；而且当一些分子的振动频率相同时，会发生兼并；还有一些分子振动频率超出仪器检测范围，使得实际红外谱图中的吸收峰数目大大低于理论值。

通常将红外光谱分为三个区域：近红外区（波长范围为 0.75～2.5μm，波数范围为 12820～4000$cm^{-1}$）、中红外区（波长范围为 2.5～25μm，波数范围为 4000～400$cm^{-1}$）和远红外区（波长范围为 25～1000μm，波数范围为 400～10$cm^{-1}$）。通常，近红外光谱是由分子的倍频、合频产生的；中红外光谱属于分子的基频振动光谱；远红外光谱则属于分子的转动光谱和某些基团的振动光谱。由于绝大多数有机物和无机物的基频吸收带都出现在中红外区，因此中红外区是研究和应用最多的区域，通常所说的红外光谱是指中红外光谱。

傅里叶变换红外法是通过测量干涉图，然后对干涉图进行傅里叶变化的方法来测定红外光谱。红外光谱的强度 $h$（$\delta$）与形成该光的两束相干光的光程差 $\delta$ 之间存在傅里叶变换。传统的红外光谱主要依赖红外光束通过格栅色散到单色元件中，并对整个光谱区进行扫描。

当光束照射到样品上，各种红外波长被样品吸收，结果以红外光谱的形式记录下来。通常为 $4cm^{-1}$ 的分辨率，对样品的扫描需要 2～3min。图 9-37 给出色散光学系统和 Michelson 干涉仪系统的对比。傅里叶红外光谱由标准红外源、准直镜、分光器、固定镜和移动镜组成。一半的光束通过分光器，另一半返回。结果在分光器处，通过入射线和反射线不同的光程差产生干涉条纹。

当 $L_2=L_1+n\lambda$ 时，相长干涉出现，当 $L_2=L_1+n\lambda/4$ 时，相消干涉出现，对于单色光源，由此给出强度干涉图，它以正弦波动的形式传播。一般的红外源覆盖较宽的波长，干涉图为所有单个干涉图案的复合体，只有在 $L_1=L_2$ 的点所有波动具有同位相，从而具有很强的干涉中心，远离这一点，在任意一个方向传播的各种波长趋向于相消，使信号变弱。

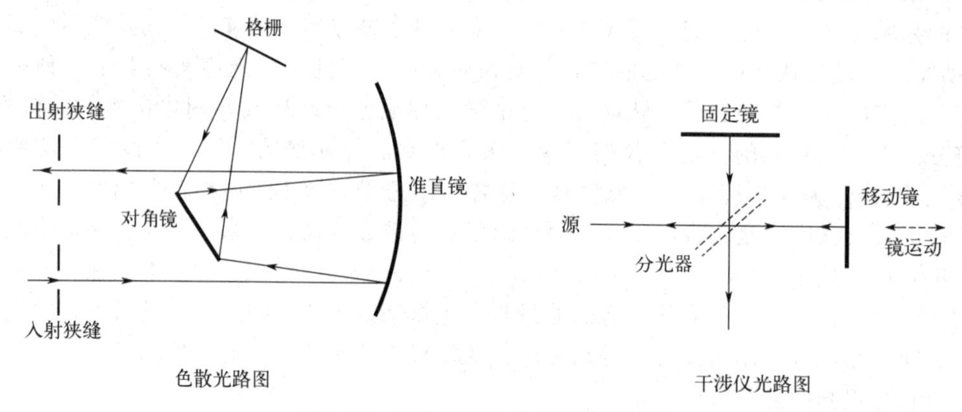


图 9-37　色散和干涉仪的光路图比较

红外吸收光谱是由分子振动产生的，分子振动是指分子中各原子在平衡位置附近做相对运动，多原子分子可组成多种振动图形。当分子中各原子以同一频率、同一相位在平衡位置附近做简谐振动时，这种振动方式被称为简正振动（例如伸缩振动和弯曲振动）。分子振动的能量与红外射线的光量子能量对应，因此当分子的振动状态被改变时，红外吸收光谱就会产生，因红外辐射激发分子振动也能够产生红外吸收光谱。每种分子都有其独有的红外吸收光谱，由其组成和结构决定，因此可以对分子进行结构分析和鉴定（图 9-38）。与红外吸收光谱不同，拉曼光谱测定的是样品的发射光谱。

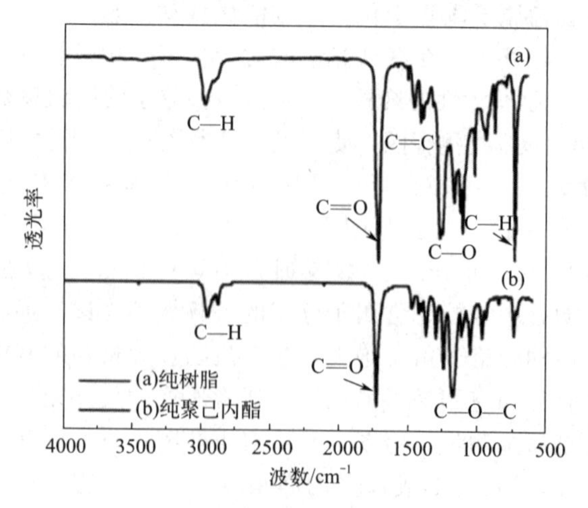


图 9-38　官能团的红外吸收光谱分析

## 三、拉曼光谱

如果照射薄膜样品的入射光不是红外光而是可见光或紫外光，当入射光照射到样品后，由于分子振动，反射出来的散射光频率会发生少许改变。通过测量这种频率改变（波数位移），可以分析和鉴别薄膜样品的化学组成或键合。这就是拉曼光谱分析的基本原理。1928年印度科学家 Raman 实验发现，当光穿过透明介质，被分子散射的光发生频率变化，这一现象称为拉曼散射。拉曼散射属于非弹性散射，包括斯托克斯散射和反斯托克斯散射。散射引起的频率变化实际上是一种能量变化，这种能量变化与分子振动的能级变化有关。对与入射光频率不同的散射光谱进行分析可以得到分子振动、转动方面的信息。

在透明介质的散射光谱中，频率与入射光频率 $\nu_0$ 相同的成分称为瑞利散射；频率对称分布在 $\nu_0$ 两侧的谱线或谱带 $\nu_0 \pm \nu_1$，即为拉曼光谱。入射光子与分子发生非弹性散射，分子吸收频率为 $\nu_0$ 的光子，发射 $\nu_0 - \nu_1$ 的光子（即吸收的能量大于释放的能量），同时分子从低能态跃迁到高能态（斯托克斯线）；分子吸收频率为 $\nu_0$ 的光子，发射 $\nu_0 + \nu_1$ 的光子（即释放的能量大于吸收的能量），同时分子从高能态跃迁到低能态（反斯托克斯线）。

拉曼光谱仪的基本原理和组成如图 9-39，其元件主要包括激光源、光路系统、分光系统、检测记录系统。激光源的种类较多，其中以氩激光器最为常用。现已开发出紫外激光产生不同频率光的激光源。

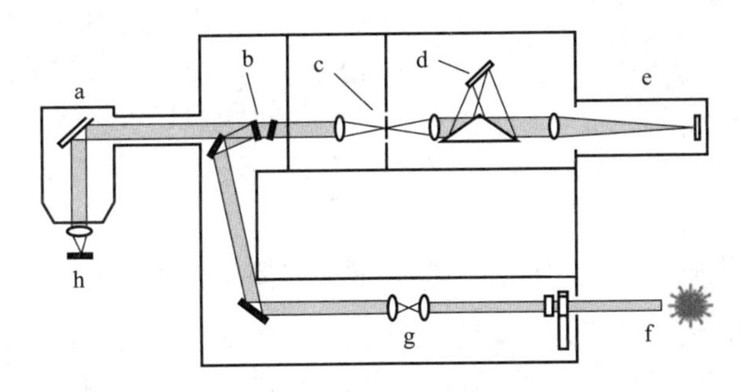


图 9-39　拉曼光谱仪的基本原理和组成

a—显微镜；b—拉曼滤光；c—狭缝；d—光栅；e—CCD 检测器；f—激光；g—扩束器；h—样品

## 四、电子能量损失谱

电子能量损失谱（electron energy lose spectroscopy，EELS）是一种利用入射电子束轰击薄膜样品后，与固体薄膜中的原子发生相互作用，使电子束呈现特征能量损失现象，进而获得固体薄膜中原子相互作用信息的分析方法。电子在固体表面发生非弹性散射损失能量的现象通称为电子能量损失。

对于定量分析而言，确定电子的逃逸深度非常重要。逃逸深度是指具有能量为 $E_c$ 的电子可以沿薄膜深度传播而不损失能量的距离（图 9-40）。入射线（无论是光子还是电子）具有足够的能量进入固体深处，经历非弹性碰撞。从激发处到表面损失能量 $\delta E$ 的电子以较低的能量离开固体薄膜，同时贡献背底信号在主信号谱峰以下延伸几百电子伏特的带尾。

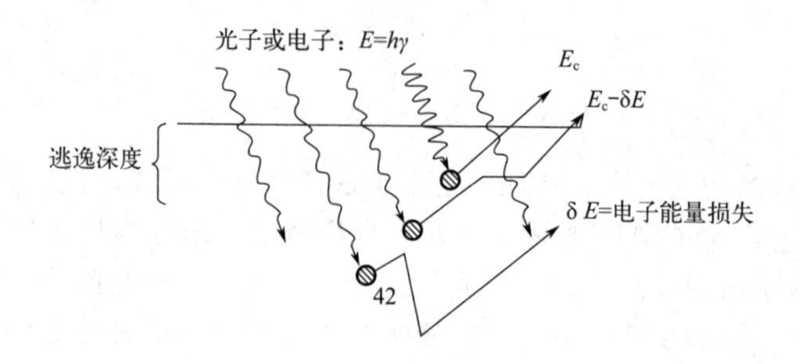


图 9-40　高能光子入射到表面在固体相对深度产生特征电子

考虑以具有能量 $E_c$ 的电子流（$I_0$）作为源，轰击基底上沉积的薄膜时，在薄膜内任意非弹性碰撞均使其从能量为 $E_c$ 的电子中除去。考虑非弹性散射截面为 $\sigma$，在沉积膜中每立方厘米有 $N'$个散射中心，电子从初始集团除去 $\mathrm{d}I$，每个散射中心为 $\sigma I$，每单位厚度增量 $\mathrm{d}x'$所除去的电子数为

$$-\mathrm{d}I=\sigma IN'\mathrm{d}x' \tag{9-46}$$

从而得到

$$I=I_0\mathrm{e}^{-\sigma N'x'} \tag{9-47}$$

平均自由程与截面的关系定义为

$$1/\bar{\lambda}=N'\sigma \tag{9-48}$$

所以，式（9-47）可写成

$$I=I_0\mathrm{e}^{-x'/\bar{\lambda}} \tag{9-49}$$

由此可见，从沉积膜表面逃逸的电子数随着薄膜厚度呈指数衰减。通常将平均自由程与逃逸深度作为同义词，使用符号 $\bar{\lambda}$。从固体深处激发出来的电子产额由 $\int I(x)\mathrm{d}x=I_0\bar{\lambda}$ 给出，因此厚的基底似乎作为厚度为 $\bar{\lambda}$ 的靶。电子平均自由程与能量相关，在 100eV 附近，平均自由程具有较宽的最小值，且相对于电子横向穿越的材料不敏感。电子平均自由程和能量的曲线关系称为“普适曲线”。

高能入射电子与薄膜样品发生交互作用，一部分经受弹性散射，另一部分则经受非弹性散射成为损失能量的电子。能量损失主要包括：声子激发，这一过程造成的能量损失为 0.02eV 量级；价电子激发，包括带内跃迁和带间跃迁；内壳层电离，这时能量损失值对应于原子的电离能；激发价电子的集体振荡（等离子体激元）。

当电子束穿过薄膜或被表面反射时，其特征能量的损失可提供有关固体本质及相应的结合能等信息。电子能量损失谱电子束能量范围为 1～100eV。低能区主要用于表面研究，低能电子束接近表面时会与晶体表面发生相互作用，被反射的电子得到固体的表面结构信息。它主要集中于与吸附分子相关的振动能，分子振动能与化学组成、结构化学键合相关。高能区，其主导作用的峰对应等离子振子损失。分离的边峰对应原子能级的激发和离化，这些特征可用于元素识别。谱线扩宽是由于入射电子能够连续地转移能量给束缚电子，例如，一能级电子可能被激发到未被占据态或从固体中发射出来。散射截面有很强的趋向，即有利于小能量转移，因此激发为主导过程。高分辨率下的损失谱可以给出未被占据态的密度信息。一束能量为 $E_p$ 的电子与样品碰撞时将部分能量传递给样品中的原子或分子，使之激发到费米能级以上的空轨道 $E_f$，而自身损失了 $E_l$ 能量的电子以 $E'_p$ 的动能进入检测器而被记录下来：$E_l = E_p - E'_p$。

电子能量损失谱可用来确定薄膜样品的组分或杂质。当检测一个损失能量为 $E_A$ 的入射电子，穿过厚度为 $t$、含原子 A 的材料时的产额 $Y_A$ 为

$$Y_A = QN_A t\sigma_A \eta\Omega \tag{9-50}$$

式中，$Q$ 为入射电流密度积分；$N_A$ 为 A 原子对非弹性散射有贡献的原子数；$\sigma_A$ 为 A 原子在已知能级电子的跃迁截面；$\eta$ 为收集效率；$\Omega$ 是检测器收集角。

假设收集电子只经历单一的非弹性散射，只要从 A 原子散射的收集效率等于从 B 原子散射的收集效率，则原子 A 与原子 B 的原子比为

$$(N_A/N_B) = (Y_A/Y_B)(\sigma_B/\sigma_A) \tag{9-51}$$

式中，$Y_A$ 和 $Y_B$ 可通过测量在吸收边以上的能量窗口区域面积得到。

电子能量损失谱原则上可用于测量原子组成、化学键合、价带和导带、表面性能以及特殊元素对距离的分布函数。大多数情况下并不是直接用来确定组分或少量杂质，它的主要优点是小区域分析（<100nm）检测微量元素的析出和组分变化及原子间的化学键合。例如，利用 4D-电子能量损失谱手段研究界面色散（图 9-41）。

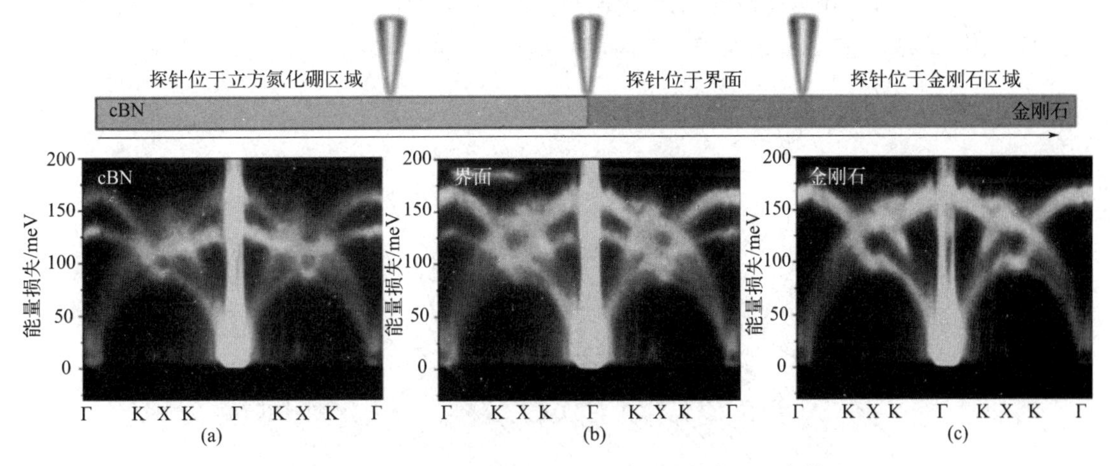


图 9-41 利用 4D-电子能量损失谱手段研究界面色散

(a) 立方氮化硼区域测量获得的色散关系；(b) 界面区域测量获得的色散关系；(c) 金刚石区域测量获得的色散关系，可见 cBN 中的 T0 模式完全消失

# 第五节 薄膜表面形貌与微观组织分析

材料的表面形貌和显微组织分析主要依靠显微分析技术，常见的技术有：光学显微（optical microscope，OM）分析，用于分析微米以上尺度特征；扫描电子显微（scanning electron microscope，SEM）分析，可以分析亚微米和纳米尺度特征。对于薄膜材料，由于

其特殊的结构，还存在很多先进的显微分析方法，包括：场离子显微镜（field-ion microscope，FIM）、扫描探针显微镜（scanning probe microscope，SPM）、原子力显微镜（atomic force microscope，AFM）等。本节重点介绍针对薄膜材料表面形貌和微观组织的分析方法。

## 一、场离子显微镜

场离子显微镜是最早达到原子分辨率，能够观察到原子尺度结构特征的显微镜。它主要用于观察固体表面原子的排列。

当气体分子靠近薄膜样品表面时，强大的正电场改变了气体原子中电荷的分布，气体分子被极化，受到电场的吸引向针尖飞去。当气体分子靠近具有高电场的导体表面时，气体分子中电子的位能势垒因受到导体表面电场的影响而变形。当位能势垒宽度逐渐变窄时，气体分子中最外层电子获得机会穿隧而出，到达样品表面，此时气体分子即离化成“气体离子”。因为气体离子与具有正电场的样品表面相排斥，并沿着电场的方向飞离（图 9-42）。当离化现象大量发生时，这些气体离子所造成的离子流会沿着表面电场向外辐射射出，并撞击不远处的荧光屏。荧光屏上的明暗分布，代表离子流的大小，即样品表面电场的强弱分布，而这些强弱不同的电场是由样品表面不同曲率引起的，在同一平面上只有原子的形状可以造成这些不同曲率的现象，因此荧光屏上的明暗分布是表面原子形状的放大。一般以惰性保护气体（氦气、氖气、氩气）作为成像气体，因此仪器观察到的实际上是样品表面一颗颗原子的排列结构，因此场离子显微镜是原子尺度的显微镜。

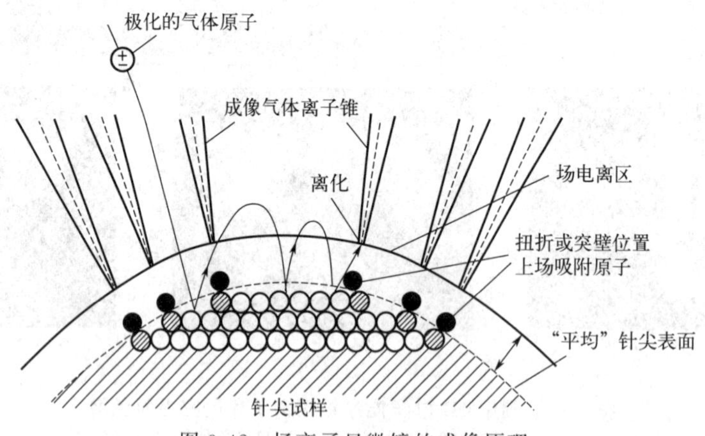

图 9-42　场离子显微镜的成像原理

场离子显微镜的主体为一玻璃真空室，样品为阳极，电子通道板增强信号强度（图 9-43）。当使用场离子显微镜时，样品需要处理成针状，针的末端曲率半径在 200～1000 Å。工作时首先将容器抽到 $1.33\times10^{-6}$ Pa 的真空度，然后通入压力约 $1.33\times10^{-1}$ Pa 的成像气体，例如惰性气体氦气。当样品被施加足够高的电压时，气体原子发生极化和电离，荧光屏上显示尖端样品表层原子的清晰图像，图像中每一个亮点都是单个原子的像。场离子显微镜只适用于观察某些能制成针状的金属样品，且需要在真空、液氮或液氦的低温下操作。样品要求必须制成非常尖锐的针尖状，针尖顶部必须光滑，无表面膜和污染，材料不可有较多的裂缝、气孔等缺陷。对于非常软的材料，如铅或锻铜很难制出合格的样品，因此场离子显微镜很难用于观察一些高蒸气压的材料或低熔点材料样品。

近几年，为了解决导电性较差的绝缘材料对瞬时脉冲“场蒸发”的问题，一种新的脉冲激光型场离子显微镜被发展，具有广阔的应用前景。场离子显微镜及脉冲激光型场离子显微镜不仅能够用于观察薄膜样品表面的原子排列，研究各种晶体缺陷（空位、位错及晶界等），还能够利用场蒸发观察材料从表面到内部的原子三维分布情况。场离子显微镜的早期研究，主要侧重于观察金属样品表面的结构缺陷，如合金的晶界、偏析及有序-无序结构相变和辐照损伤等，目前已逐步扩展到表面吸附、表面扩散、表面原子间的相互作用和由温度或电场诱导下的各种表面超结构的研究，图 9-44 为场离子显微镜观测到的原子图。

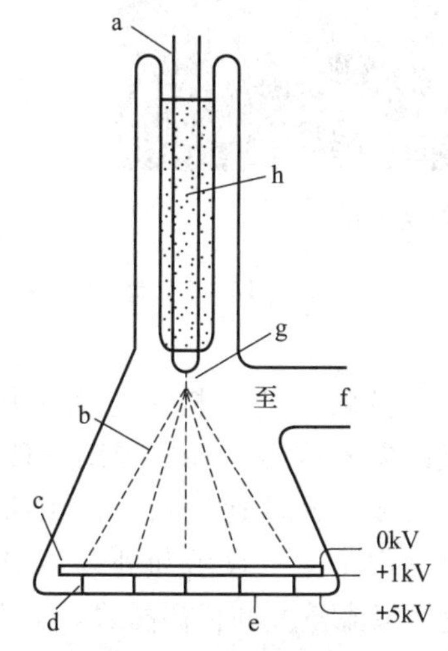

图 9-43 场离子显微镜的结构

a—样品加热导线；b—离子轨迹；c—通道板电子倍增器；d—电子轨道；e—荧光屏；f—真空泵和气源；g—样品；h—样品冷却剂

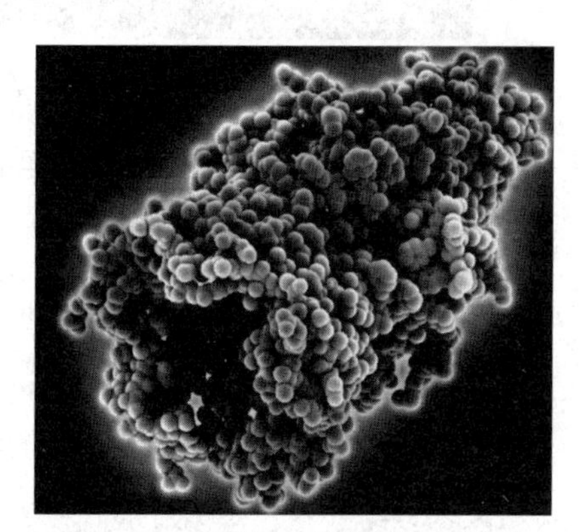
图 9-44 场离子显微镜观测的原子

## 二、扫描探针显微镜

扫描探针显微镜是扫描隧道显微镜（scanning tunneling microscope，STM）及在扫描隧道显微镜基础上发展起来的各种新型探针显微镜（原子力显微镜、静电力显微镜、磁力显微镜、扫描离子电导显微镜及扫描电化学显微镜等）的统称，是国际上近年发展起来的表面分析仪器。下面通过了解扫描隧道显微镜的工作原理来了解扫描探针显微镜。

扫描隧道显微镜的基本原理是利用量子理论中的隧道效应，如图 9-45。当原子尺度的针尖在不到一个纳米的高度上扫描样品时，此处电子云重叠，在外加电压（2mV～2V）作用下，针尖与样品之间发生隧道效应，电子逸出形成隧道电流。电流强度与针尖和样品之间的距离有关，当探针沿物质表面给定高度扫描时，由于样品表面的原子凹凸不平，探针与物质表面间的距离不断发生改变，从而导致电流不断发生改变。通过将电流的这种改变进行图像化，显示样品在原子水平的凹凸形态，如图 9-46。将原子线度上的极细探针和薄膜样品的表面作为两个电极，当样品与针尖距离非常近时（通常小于 1nm），在外

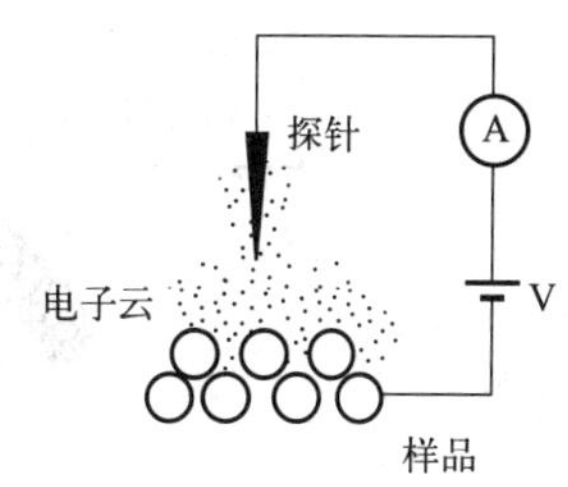

图 9-45 扫描隧道显微镜的工作原理

加电场的作用下，电子会穿过两个电极之间的势垒，向另一电极移动，这种现象就是隧道效应。隧道电流 $I$ 是电子波函数重叠的量度，与针尖和样品之间的距离 $S$ 和平均功函数 $\Phi$ 有关

$$I \propto V_b \exp(-A\Phi^{1/2}S) \tag{9-52}$$

式中，$V_b$ 是施加在针尖和样品之间的偏置电压；$A$ 是常数。

图 9-46　扫描隧道显微镜观测到的显微图片

由上式可知，隧道电流强度对针尖与样品表面之间的距离非常敏感，如果距离 $S$ 减小 0.1nm，隧道电流 $I$ 将增加一个数量级。

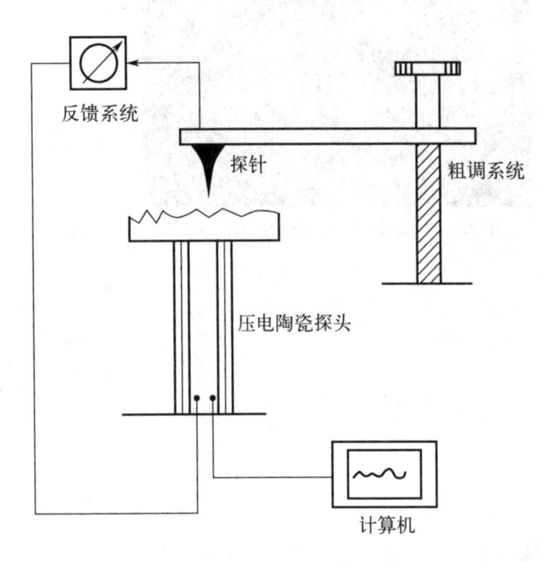


图 9-47　扫描隧道显微镜的结构

扫描隧道显微镜的结构示意图如图 9-47，主要包括带针尖的传感元件、传感元件运动检测装置、监控传感元件运动的反馈回路、机械扫描系统及图像采集、显示和处理系统。工作模式主要包括恒流模式和恒高模式，如图 9-48。在恒流模式下工作时，利用电子反馈线路控制隧道电流 $I$，使其保持恒定。然后通过计算机系统控制针尖在薄膜样品表面进行扫描。由于控制隧道电流 $I$ 不变，针尖与样品表面之间的局域高度也保持不变，因而针尖会随样品表面的高低起伏而做相同的起伏运动，样品的高度信息被反映。在恒高模式下工作时，样品扫描过程保持针尖的绝对高度不变，因此针尖与样品表面的局域距离将发生变化，隧道电流 $I$ 的大小也随之变化，即得到相应的显微图像。

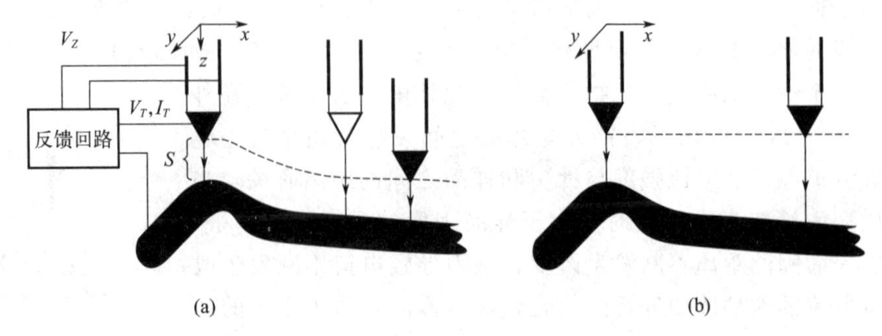


图 9-48　扫描隧道显微镜的两种工作模式

(a) 恒流模式；(b) 恒高模式

扫描探针显微镜作为新型的显微工具，与以往的显微镜及分析仪器相比有着明显的优势，具体如下：

第一，具有极高的分辨率，能够轻易地“看到”原子。

第二，得到的样品表面高分辨率图像实时且真实，不同于通过间接或计算的方法推算出来的样品表面结构。因此，扫描探针显微镜能够真正地看到原子。

第三，使用环境宽松。电子显微镜等仪器对工作环境要求较苛刻，样品必须在高真空下进行测试。而扫描探针显微镜既可以在真空下工作，也可以在大气、低温、常温和高温，甚至溶液中工作。因此扫描探针显微镜工作环境宽松。

## 三、原子力显微镜

扫描隧道显微镜需要样品表面导电性较好，不适用于绝缘材料薄膜，而原子力显微镜则更加简便有效，可用于绝缘材料薄膜。原子力显微镜用于观察薄膜样品的表面结构，主要通过检测薄膜样品表面与微型力敏感元器件间的极微弱原子间相互作用力来研究薄膜样品表面的结构及性质。

原子力显微镜的基本原理如图 9-49，将一个对微弱力极敏感的微悬臂一端固定，另一端放置一个微小的针尖，针尖与样品表面轻轻接触。由于针尖尖端原子与样品表面原子之间存在极微弱的排斥力（$10^{-8}$～$10^{-6}$N），通过扫描时控制这种力的恒定，带有针尖的微悬臂将在针尖与样品表面原子间作用力的等位面上做垂直于样品表面方向的起伏运动。利用光学检测法或隧道电流检测法，可测得微悬臂对应扫描各点的位置变化，获得薄膜样品的表面形貌等信息。

原子力显微镜的工作模式主要包括以下三类（图 9-50）。

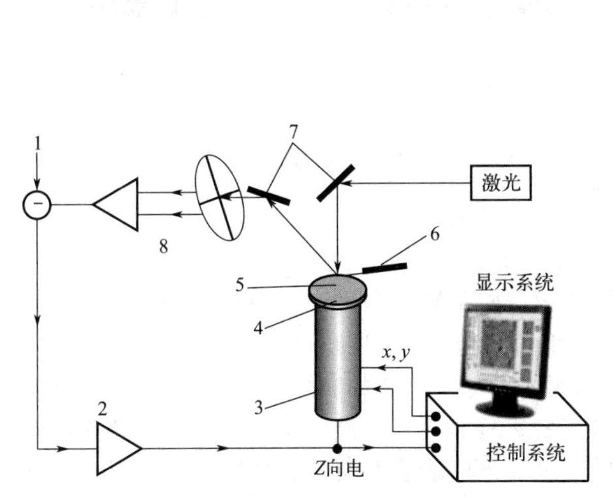


图 9-49　原子力显微镜的工作原理

1—设置点；2—反馈控制；3—压电扫描；4—样品；5—针尖；6—微悬臂；7—反射镜；8—光电探测

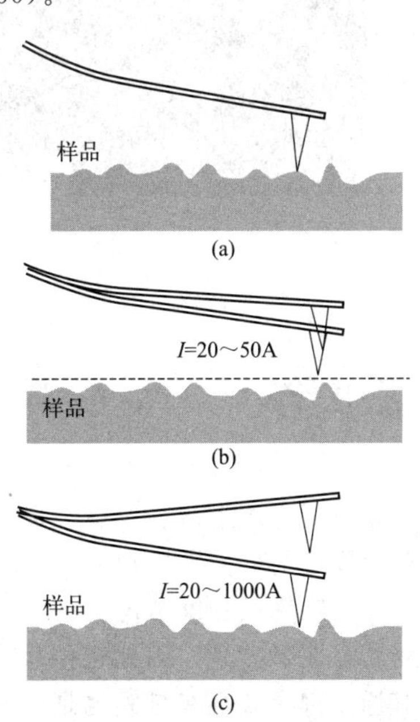


图 9-50　原子力显微镜的工作模式

（a）接触模式；（b）非接触模式；（c）轻敲模式

第一种是接触模式。这种模式下，显微探针与样品表面接触，探针直接感受到表面原子与探针间的排斥力。由于探针与薄膜样品接触较近，因此感受到的斥力（$10^{-6}\sim10^{-7}$N）较强，此时仪器的分辨能力较高。

第二种是非接触模式。在这种模式下，探针以一定的频率在距样品表面5～10nm的距离振动。此时感受到的是表面与探针间的引力，大小只有$10^{-12}$N左右，因而分辨能力较低。这种模式的优点在于探针不直接接触样品，对硬度较低的样品表面不会造成损坏，且不容易引起样品表面污染。

第三种是上述两种模式的结合，即轻敲模式。探针处于上下振动状态，振幅为5～100nm。在每次振动时，探针与样品表面接触一次。这种模式也能达到与接触模式相近的分辨能力。此外，并不要求被观察的样品表面具有导电性。

与扫描电子显微镜相比，原子力显微镜具有许多优点。不同于电子显微镜只能提供二维图像，原子力显微镜能够提供真正的三维表面图（图9-51）。同时，原子力显微镜不需要对样品做特殊处理，如镀铜或碳，故不会对薄膜样品造成不可逆转的伤害。而且电子显微镜需要在高真空条件下运行，原子力显微镜在常压或液体环境下仍能良好工作。与扫描隧道显微镜相比，由于能够观测非导电性样品，应用更广泛。但是原子力显微镜成像范围较小，且速度慢，受探头的影响较大。目前原子力显微镜已衍生如磁力显微镜等结构。

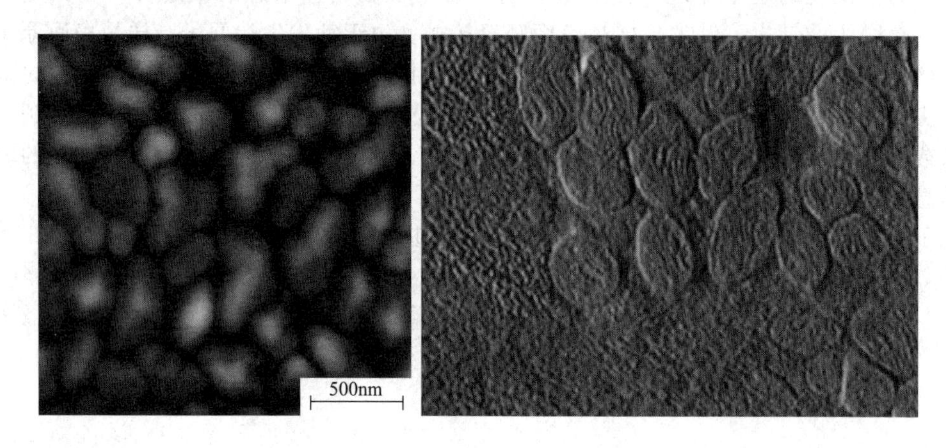


图9-51　原子力显微镜观察到的三维样品表面

# 本章小结

本章主要介绍了薄膜厚度、成分、结构、原子键合与微观组织等表征方法。与块材不同，薄膜厚度与性能直接相关，因此薄膜生长厚度原位检测技术和最终薄膜厚度测量非常重要。由于其特殊的二维结构，厚度方向尺寸非常小，薄膜的成分、结构和微观组织表征也与块体材料有明显差别，因此也催生了专门的表征技术。此外，由于薄膜材料特殊的制备方法，其原子键合表征有时候也是必需的。表9-2总结了不同薄膜特性及与之对应的测试方法。值得一提的是，本章介绍的成分、结构、原子键合与微观组织等表征技术不仅适用于薄膜材料，也适用于纳米材料，而且广泛应用于块体材料的微区表征。

表 9-2 薄膜特性与相应测试方法

| 薄膜的特性 | 测试方法 |
|---|---|
| 薄膜厚度的监测与测量 | 气相密度测量、石英晶体振荡法、光学监测、椭圆偏振仪法、扫描电子显微镜（SEM）、透射电子显微镜（TEM）、光干涉法、X射线干涉法、电容法、台阶法 |
| 成分分析 | 二次离子质谱（SIMS）、俄歇电子能谱（AES）、X射线光电子能谱（XPS）、卢瑟福背散射（RBS）、电子显微探针分析（EMA） |
| 化学键分析 | 扩展X射线、红外吸收光谱（IR）、拉曼光谱（Ram）、电子能量损失谱（EELS） |
| 结构分析 | X射线衍射、低能电子衍射（LEED）、反射高能电子衍射（RHEED）、透射电子显微镜（TEM） |
| 薄膜组织分析 | 扫描电子显微镜（SEM）、原子力显微镜（AFM）、场离子显微镜（FIM）、扫描探针显微镜（SPM） |

# 思考题

1. 简述不同薄膜测量方法的特点。
2. 影响卢瑟福背散射的因素分别是什么？其主要应用有哪些？
3. 简述俄歇电子能谱的原理及与X射线光电子能谱相比的应用特点。
4. 简述X射线能量色散谱的分析形式及其应用。
5. 简述X射线衍射的基本原理及应用。
6. 简述掠入射X射线衍射的工作原理及应用。
7. 简述场离子显微镜的主要原理及应用。
8. 简述扫描隧道显微镜的主要原理及应用。
9. 简述原子力显微镜的主要原理及与其它手段相比具有的应用特点。
10. 简述薄膜的透射电子显微镜样品如何制备。

# 参考文献


[1] 郑伟涛. 薄膜材料与薄膜技术[M]. 2版. 北京：化学工业出版社，2023.

[2] 门智新，何翔，孙奉娄. 一种简单的光学薄膜厚度测量方法[J]. 真空，2011，48（05）：32-34.

[3] 种贺，周宇昕，刘金杰，等. 基于电容法与光干涉法相结合的油膜测量方法[J]. 润滑与密封，2023，48（02）：135-141.

[4] 刘运传，周燕萍，王雪蓉，等. $Al_xGa_{1-x}N$ 晶体薄膜中铝含量的卢瑟福背散射精确测定[J]. 物理学报，2013，62（16）：162901.

[5] 朱文，杨君友，郜鲜辉，等. 电化学原子层外延法制备碲化铋薄膜[J]. 应用化学，2005（11）：1167-1171.

[6] 尹燕萍，罗江财，杨晓波，等. 光电材料的俄歇电子谱分析[J]. 半导体光电，2000（S1）：84-86.

[7] 杨文超，刘殿方，高欣，等. X射线光电子能谱应用综述[J]. 中国口岸科学技术，2022，4（02）：30-37.

[8] 李永华，孟繁玲，刘常升，等. NiTi合金薄膜厚度对相变温度影响的X射线光电子能谱分析[J]. 物理学报，2009，58（04）：2742-2745.

[9] Majjane A, Chahine A, Et-tabirou M, et al. X-ray photoelectron spectroscopy (XPS) and FTIR studies of vanadium barium phosphate glasses[J]. Materials Chemistry and Physics, 2013, 143(2): 779-787.

[10] Kinoshita H, Tanaka N, Jamal M, et al. Application of energy dispersive X-ray fluorescence spectrometry (EDX) in a case of methomyl ingestion[J]. Forensic Science International, 2013, 227 (1-3): 103-105.

[11] Chen X, Gao W P, Sivaramakrishnan S, et al. In situ RHEED study of epitaxial gold nanocrystals on $TiO_2$(110) surfaces[J]. Applied Surface Science, 2013, 270: 661-666.

[12] Shinichi S, Koji Y, Akihiko F, et al. X-ray absorption near edge structure and extended X-ray absorption fine structure studies of P doped (111) diamond[J]. Diamond & Related Materials, 2020, 105: 107769.

[13] Evan P J, William M H, Alexander S D, et al. An improved laboratory-based X-ray absorption fine structure and X-ray emission spectrometer for analytical applications in materials chemistry research [J]. Review of Scientific Instruments, 2019, 90: 024106.

[14] 林亚楠，吴亚东，程海洋，等. $PdSe_2$ 纳米线薄膜/Si 异质结近红外集成光电探测器[J]. 光学学报，2021，41 (21)：2125001.

[15] 高晓英，涂聪，孟子岳. 激光拉曼光谱仪定量测定硅酸盐熔体包裹体中水含量及其地质应用[J]. 地球科学，2022，47 (10)：3616-3632.

[16] Mo B, Guo Z, Li Y, et al. In situ investigation of the valence states of iron-bearing phases in Chang'E-5 Lunar soil using FIB, AES, and TEM-EELS techniques[J]. Atomic Spectroscopy, 2022, 43 (1): 53-59.

[17] 毛瑞麟，时若晨，武媚，等. 亚纳米尺度测量界面晶格振动的方法:四维电子能量损失能谱技术[J]. 电子显微学报，2023，42(5)：605-614.

[18] Zhang H M, Grytzelius J H, Johansson L S O. Thin Mn germanide films studied by XPS, STM, and XMCD[J]. Physical Review B, 2013, 88 (4): 045311.

[19] 高扬. 原子力显微镜在二维材料力学性能测试中的应用综述[J]. 力学学报，2021，53 (4)：929-943.

[20] 马秀梅，尤力平. 薄膜材料透射电镜截面样品的简单制备方法[J]. 电子显微学报，2015，4：42-45.

# 第十章

# 薄膜材料性能分析

由于薄膜是二维材料，且存在膜、界面和基体三者之间的交互作用，传统的块体材料的力学性能表征手段，如工程上广泛采用的拉伸、冲击等并不适用于薄膜材料。另一方面，薄膜的表面积大，表面的化学成分、原子排列、电荷分布、原子振动状态等都与其内部不同，在表面两侧呈现不对称性。加之薄膜中的结构缺陷密度通常远大于块体材料，导致薄膜与同种块体材料在物理化学性质上也存在明显差别。因此，薄膜材料性能的表征与评价不仅非常必要，而且有其特殊性。本章主要介绍薄膜应力、力学性能、磁学性能、电学性能和光学性能的表征方法。

## 第一节　薄膜应力表征

应力普遍存在于薄膜中，薄膜的应力状态直接影响着薄膜在基体上的附着情况与稳定性。无论利用何种材料和制备方法，所制备的薄膜几乎都处于某种应力状态（一般为 $10^7$～$10^9$ Pa 量级）。

应力 $\sigma$ 定义为作用在单位面积上的力，单位为 $N/m^2$ 或 Pa，即

$$\sigma=\frac{F}{A} \tag{10-1}$$

对于薄膜，式中 $F$ 为作用在薄膜上的力，$A$ 为力的作用面积。$\sigma<0$ 时称为压应力，$\sigma>0$ 时称为拉应力。由于薄膜和基体的相互作用，当基体向外侧弯曲时，薄膜承受压应力作用，当压应力超过薄膜的弹性限度时，会使薄膜向基体内侧卷曲，导致出现起皱、鼓泡和剥离等现象。相反，当基体向内侧弯曲时，薄膜承受拉应力，当拉应力超过薄膜的弹性限度，薄膜就会破裂甚至剥离基体而翘起，如图 10-1 所示。

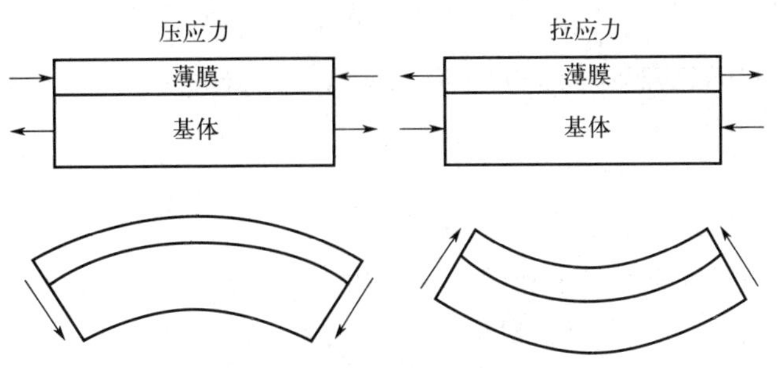


图 10-1　薄膜应力产生的两种形变

由于薄膜和基体材料的热膨胀系数不同，形成薄膜时不可避免地出现热应力。如果所沉积薄膜和基体的热膨胀系数 $\alpha_f$、$\alpha_s$ 已知，则薄膜的热应变可由下式给出

$$\varepsilon_{th}=\int[\alpha_f(T)-\alpha_s(T)]dT=(\alpha_f-\alpha_s)(T_D-T_R) \tag{10-2}$$

式中，$T_D$、$T_R$ 分别为薄膜沉积温度和室温。如果薄膜的厚度 $t_f$ 相对于基体的厚度 $t_s$ 小，则当 $\alpha_f>\alpha_s$ 时，薄膜存在拉应力，而当 $\alpha_f<\alpha_s$ 时，薄膜存在压应力。

在厚基体上沉积的薄膜一般可认为处于双轴应力状态。沿垂直于基体平面的方向无应力 $\sigma_z=0$，而 $x$、$y$ 方向薄膜呈各向同性，如图 10-2 所示，则有 $E_x=E_y=\varepsilon$，从而 $\sigma_x=\sigma_y=\sigma$，应力和应变存在如下关系

$$\sigma=\frac{E_s}{1-\nu_s}\varepsilon \tag{10-3}$$

式中，$E_s$、$\nu_s$ 分别为基体的弹性模量和泊松比。

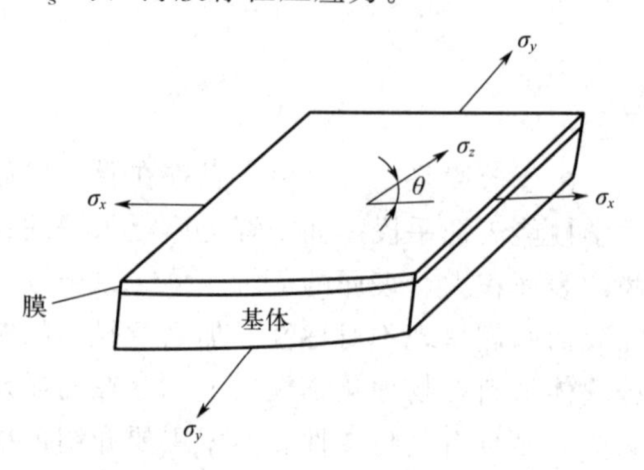

图 10-2　薄膜的双轴应力

关于薄膜应力的测量始于 1877 年，但首次成功测得电镀膜层内应力是在 1909 年 Stoney 利用基体的变形完成的。对于基体弯曲情况，假设薄膜厚度 $t_f$ 远小于基体厚度 $t_s$，薄膜所受应力可由 Stoney 方程给出

$$\sigma_f=\frac{E_s t_s^2}{6(1-\nu_s)rt_f} \tag{10-4}$$

式中，$E_s$、$\nu_s$ 分别为基体的弹性模量和泊松比；$t_s$、$t_f$ 分别为基体和薄膜的厚度；$r$ 为基体的弯曲半径。

目前，用于表征薄膜应力的方法主要分为直接测量法和间接测量法两类。

## 一、直接测量法

当膜层内存在应力时，膜层本身的伸长或收缩都会导致基体变形。如前所述，膜层拉应力使得基体变形成为弯曲的内侧面；压应力使得基体变形成为弯曲的外侧面。假设膜层由于应力作用发生的变形为 $\delta_1$，由热应力作用发生的变形为 $\delta_{DTE}$，则基体的总变形量 $\delta$ 为

$$\delta=\delta_1+\delta_{DTE} \tag{10-5}$$

从基体的应变中计算薄膜应力的方法有悬臂法、圆盘法和单狭缝衍射法等。

### （一）悬臂法

图 10-3 为悬臂法测量应力的示意图。基体的一端固定，另一端可自由弯曲，形成悬臂。求出膜生长时产生的自由端位移 $\delta$，根据 Stoney 方程，应力为

$$\sigma=\frac{E_s t_s{}^2\delta}{3(1-\nu_s)L_s^2 t_f} \tag{10-6}$$

式中，$L_s$ 是基体的长度。Berry 等对镀膜后的悬臂梁变形进行了更深入的力学分析，

对悬臂梁法的 Stoney 公式进行修正，修正后的悬臂梁法测定薄膜应力的公式为

$$\sigma=\frac{E_s t_s^2 \delta}{3(1-\nu_s^2) L_s^2 t_f} \tag{10-7}$$

为了便于测量，并获得较高的灵敏度，要求基体弹性好、厚度均匀、厚度与长度的比值很小。常用的基体是云母片和玻璃片，有时也用硅或金属片。该方法的灵敏度取决于能检测出的基体一端的最小位移量。

悬臂法中，基体的长宽比通常为 2～25 或更大，而厚度则通常在 25～250μm 之间。位移 $\delta$ 的测量主要利用光学杠杆放大原理，采用游动显微镜测量因薄膜应力引起的自由端位移，也可在金属基体或者绝缘基体的部分表面上沉积金属膜，从带膜基体与其它固定极板间的电容量变化，求出 $\delta$。在薄膜沉积过程中，导致基体自由端位移的因素除内应力外，还有热效应引起的位移量和入射原子的动量转移引起的位移量，但后两者在沉积结束一段时间后就会消失。

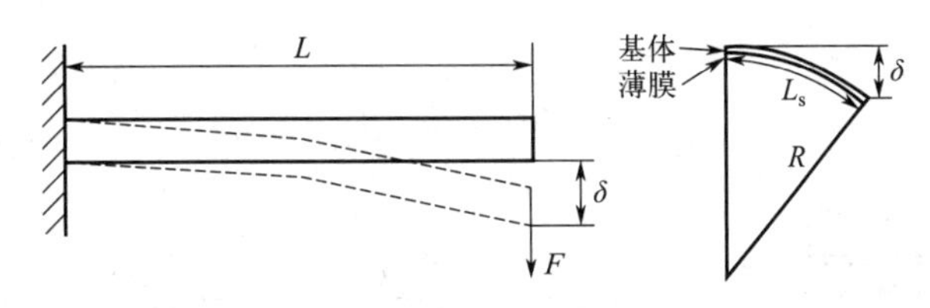


图 10-3　悬臂法测量应力

例如，在尺寸为 45mm×4mm×0.11mm 马氏体不锈钢（4Cr13）基体悬臂梁上电镀厚度为 5μm 的 Cu 膜，得到自由端的位移 $\delta$ 为 1.17mm。其中 $E_s=210\text{GPa}$，$\nu_s=0.3$，$L_s=41\text{mm}$，$t_s=0.11\text{mm}$，利用公式（10-7）求得 Cu 膜的薄膜应力约为 130MPa。

### （二）圆盘法

该方法的基本原理是用圆形基体，分别在沉积薄膜前后，测量基体的曲率半径 $R_1$ 和 $R_2$，然后由下式计算薄膜应力

$$\sigma=\frac{E_s t_s^2}{6t_f(1-\nu_s)}\left(\frac{1}{R_2}-\frac{1}{R_1}\right) \tag{10-8}$$

式中，$R_1$、$R_2$ 分别为基体沉积薄膜前后中心处的曲率半径。

为了保证测试有较高的灵敏度，需要选用合适的基体和检测方法。目前常用的基体是玻璃、石英和单晶硅等，对基体表面要进行光学抛光。测量曲率半径最常用的方法是牛顿环法，如图 10-4 所示，将圆形基体置于平面玻璃上，通过单色光照射测量牛顿环半径，从而获得圆形基体的曲率半径

$$R=\frac{D_m^2-D_n^2}{4\lambda(m-n)} \tag{10-9}$$

式中，$D_m$、$D_n$ 分别是级数为 $m$ 和 $n$ 的牛顿环的直径；$\lambda$ 为单色光波长。由此求得基体沉积薄膜前后的曲率半径 $R_1$ 和 $R_2$，再由式（10-9）求得薄膜应力。

### （三）单狭缝衍射法

将基体一端折边，在折边上做成单狭缝，把平行光照射在单狭缝上，用光电元件测量衍射光的强度，原理如图 10-5 所示。单狭缝的衍射波强度 $I$ 与基体变形量的函数关系式为

$$I=\frac{I_0\{\sin[kx\delta/(2R)]\}^2}{[k\delta x/(2R)]^2} \tag{10-10}$$

式中，$I_0$ 为入射光强度；$k$ 为波数；$\delta$ 为狭缝宽度（等于基体变形量）；$x$ 为狭缝中心至弯折处距离；$R$ 为测量点至狭缝间的距离。根据上式计算得到基体变形量 $\delta$，由 Stoney 方程进一步计算薄膜应力。

如果实验室配有表面形貌分析仪，那么薄膜的厚度以及基体的弯曲半径很容易测得，因此利用 Stoney 方程确定薄膜应力的方法是最常用的方法。

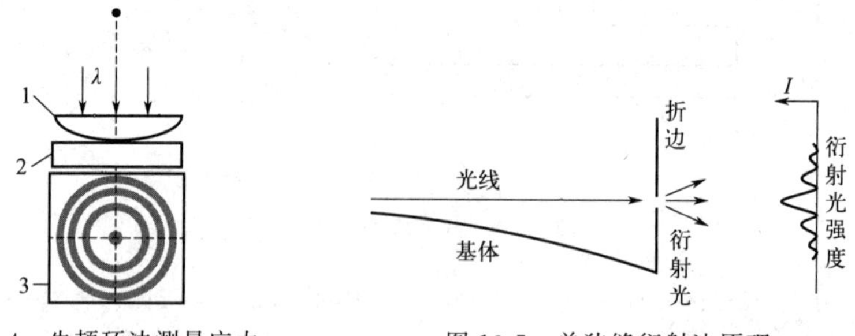


图 10-4　牛顿环法测量应力

1—圆形基体；2—平面玻璃；3—暗环

图 10-5　单狭缝衍射法原理

## 二、间接测量法

薄膜中的应力不仅会引起宏观的应变，也会使薄膜中的晶格参数发生改变，通过各种表征手段测量晶格参数的改变，进而计算薄膜中应力的方法称为间接测量法，常见的间接测量薄膜应力的方法有 X 射线衍射法和拉曼光谱法等。

### （一） X 射线衍射法

X 射线衍射法测量薄膜应力是建立在对晶体晶面间距测量基础上的一种间接测量法，这种方法要求薄膜厚度至少有几十纳米。由所测的晶面间距的变化，可计算出点阵应变和应力。从原理上讲，如果薄膜具有宏观应力，则 X 射线衍射峰会出现位移；而如果薄膜具有微观应力，则衍射峰的宽度会变宽。一般可采用两种方法来测量薄膜应力，一种是改变 X 射线入射角的同时改变探测器方向，观察正衍射方向的衍射图形；另一种是保持 X 射线的入射角不变，改变探测器的方向观察衍射线图形。

对于第一种方法，在 X 射线入射方向改变 $\theta$ 角的同时，使探测器旋转 $2\theta$ 角，观测在正衍射方向上的衍射图形。若由（$hkl$）各晶面所产生的衍射角为 $\theta_{hkl}$，X 射线波长为 $\lambda$，则面

间距 $d_{hkl}$ 可由布拉格方程计算

$$d_{hkl}=\frac{\lambda}{2\sin\theta_{hkl}} \tag{10-11}$$

如果（$hkl$）面平行于薄膜表面和基体表面，（$hkl$）面的正常面间距为 $d_0$，则该面上 $<hkl>$ 方向上的应变 $\varepsilon$ 为

$$\varepsilon=\frac{d_0-d_{hkl}}{d_0} \tag{10-12}$$

薄膜面内的内应力 $\sigma$ 为

$$\sigma=\frac{E\varepsilon}{2\nu} \tag{10-13}$$

式中，$E$ 为薄膜的弹性模量；$\nu$ 为薄膜的泊松比。

对于第二种方法，保持 X 射线入射方向不变，改变探测器方向观测衍射图形，即固定 X 射线的入射方向，在相对于样品的两个入射角上，测定（$hkl$）面的面间距。首先将入射角调整到某一值，使在平行于基体表面的（$hkl$）发生衍射，测定衍射角 $\psi_{hkl}$，由布拉格公式确定面间距 $d_{hkl}$，随后将探测器旋转至适当角度，测出不平行基体表面的（$hkl'$）面上衍射角 $\psi_{hkl'}$，求得面间距 $d_{hkl'}$，则薄膜内应力 $\sigma$ 为

$$\sigma=\frac{[(d_{hkl'}-d_{hkl})/d_{hkl}][E/(1+\nu)]}{\sin^2\psi_{hkl'}} \tag{10-14}$$

## （二）拉曼光谱法

拉曼光谱依赖于光子的非弹性散射，即拉曼散射，利用拉曼光谱可以间接测量薄膜的应力。拉曼光谱法测量薄膜应力起源于 1981 年日本东京大学的 Yamazaki 研究小组应用拉曼光谱法对蓝宝石上硅薄膜的退火过程进行相应的研究，他们发现薄膜的拉曼光谱图中隔离区域的边缘有最大的拉应力，在活性区的边缘有最大的压应力。拉曼光谱法使用单色光源，通常是可见光、近红外或近紫外范围内的激光，也可以使用 X 射线。激光与固体中的分子振动、声子或其它激发相互作用，导致激光光子的能量向上或向下跃迁。激光光子的跃迁模式反映了固体中分子的振动模式。依据力常数和键长的关系，当固体受压应力作用时，分子的键长通常要缩短，力常数就要增加，从而增加振动频率，谱带向高频方向移动；反之，当固体受拉应力作用时，谱带向低频方向移动。薄膜中的应力引起晶格振动变化，从而引起拉曼谱线的蓝移或红移，通过测量散射光谱峰的偏移方向可用于确定薄膜应力的符号（拉应力或压应力），而散射光谱峰的幅值则可用于确定薄膜应力的大小。

因此，薄膜中存在应力时，某些应力敏感的谱带会产生移动和变形，其中拉曼峰频率偏移的改变与应力成正比

$$\Delta\gamma=k\sigma \text{ 或 } \sigma=a\Delta\gamma \tag{10-15}$$

式中，$\Delta\gamma$ 为被测试样和无应力标准试样对应力敏感的相同谱峰的频率差，即频移，$cm^{-1}$；$k$ 和 $a$ 为应力因子。如果确定了 $a$ 值，即可由上式求得 $\sigma$。而 $a$ 的确定要进行标定实

验，通过测量固体在不同载荷下的同一拉曼峰的频移变化，得到拉曼峰频移与应力的关系曲线。通常这一关系曲线呈直线，斜率为 $a$。

拉曼光谱法测试简单，可以很方便地用于高温原位测定，但使用拉曼光谱法测定薄膜应力时，由于应力因子难以标定，因此难以根据波谱位移量定量计算应力。通常会结合其它薄膜应力测定方法，获得比较准确的应力值。

# 第二节　薄膜力学性能表征

薄膜的力学性能关系到薄膜的工艺优化和服役可靠性，特别是对硬质涂层材料非常重要。本节介绍常用的硬度、断裂韧性、摩擦磨损、界面结合强度等力学性能的表征方法。

## 一、硬度

硬度是用来衡量物体对机械压痕或磨损引起的局部塑性变形的抵抗力，主要利用划痕、压痕和回弹表征。对薄膜材料而言，硬度是定量分析其质量的基本指标。然而，传统的用于块体材料的硬度检测手段会压透薄膜直至基体，并不适用于薄膜。因此，薄膜材料有其特定的硬度测试方法。

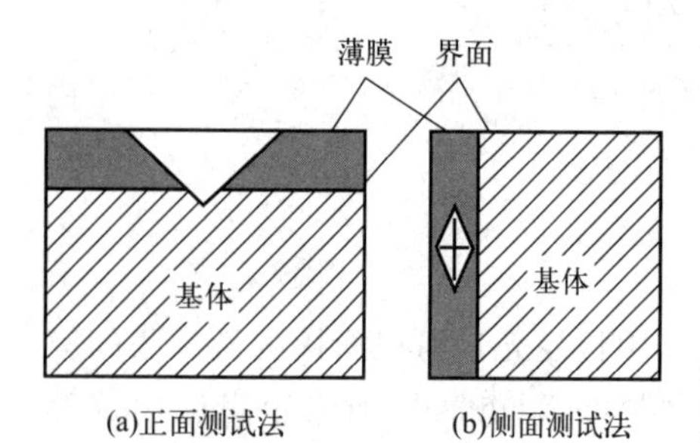

图 10-6　两种测试显微硬度的方法

### （一）直接测试法

#### （1）显微硬度计测量

显微硬度计是最直接、最有效的测量薄膜硬度的方法。根据测试方法不同，可以分为正面测试和侧面测试，如图 10-6 所示。

正面测试法如图 10-6（a）所示，压头压入方向与涂层和基体的界面垂直。对于较厚膜层，可以仿照测量块体材料的方法进行。但是，当膜层较薄时，为了避免基体影响测试结果，应尽量减小压头压入的深度。一般认为，压入深度必须小于膜层厚度的 1/7～1/10。

侧面测试方法如图 10-6（b）所示，压头压入的方向与基体和膜层的界面平行。此方法可以有效地避免基体的影响，测试简便。但是，当膜层较薄时，此方法不再适用。

常用的显微硬度计一般采用维氏压头，维氏硬度计以金刚石压入试样所得压痕对角线的长度计算硬度值。金刚石压头的形状为四方角锥体，锥面夹角为 136°，它的压痕是一个压下去的四方角锥体。对于薄膜来说，过深的压痕会导致形变的范围到达基体，因此载荷重量应尽可能地小。如果测得压痕对角线的平均长度为 $d(\mu m)$，施加于压头的载荷是 $P(g)$，则维氏硬度

$$\mathrm{HV}=\frac{1854P}{d^2}(\mathrm{kg/mm^2}) \tag{10-16}$$

对薄膜样品进行硬度试验时，多数情况下载荷的质量都小于1g，将这样小的载荷以尽可能慢的速度加载到试验面上并不容易。为了把载荷能垂直加到试验面上，硬度计还有荷重机构以便承载荷重砝码，荷重机构本身也有重量，如果其重量为 $m$，移动速度为 $v$，则荷重机构的动量 $mv$ 将会给测量带来误差，加载速度越大，压痕越深。研究表明，如果荷重机构可动部分的质量为1 g，荷重砝码为10 mg，为了使荷重误差小于1%，加载到试验面上的速度应小于10μm/s。

按压头形状，可将显微硬度试验分为表10-1所示的几种类型。其中，维氏硬度压头应用最普遍，努氏硬度压头用于特殊情况，努氏硬度压头压陷出的凹痕较浅，试样凹痕的对角线较长，而且凹痕在四个方向上不对称，便于测量各向异性材料的硬度。

**表 10-1 显微硬度试验类型**

| 试验名称 | 压头 | 硬度值计算方法 |
|---|---|---|
| 维氏显微硬度 HV | 正四角锥体，对面角为136° | $HV=\frac{2F\sin136°/2}{d^2}$ |
| 努氏硬度 HK | 四角锥体，棱角为130°、172° | $HK=\frac{F}{0.07028d^2}$ |
| 巴氏硬度 HT | 正三角锥，锥面与轴线成65° | $HT=\frac{1.570F}{d^2}$ |

注：表中 $F$ 为试验载荷，$d$ 为压痕对角线的长度。

显微硬度计测量膜层硬度操作简单，是一种很有效的手段。但在正面测量中，基体变形的影响很难消除，且小载荷压入时，很难准确测量对角线长度。侧面测量虽然可以避免基体变形的影响，但不适用于较薄的膜层。

（2）超显微硬度测试

为适应材料科学、薄膜物理、表面工程和纳米技术的发展，借助SEM或位移传感器测试精度高的特点，在显微硬度的基础上又出现了一种负荷小于 $10^{-2}$ N的新型超显微硬度(ultra micro hardness，UMH)。1969年，N. Gane成功地在一台改装后的扫描电镜样品室里安装了世界上第一台超显微硬度仪，将显微硬度测量的载荷下限扩展到 $10^{-6}$ N，其硬度压头被固定在检流计的指针上，通过改变检流计中的电流大小控制指针运动，从而给硬度压头施以不同的压力使之压入试样表面，实现对样品的超显微硬度测试。

超显微硬度测试时，所测得的压痕对角线长度 $d$ 与测试负荷 $P$ 间遵循Meyer定律

$$P=ad^n \tag{10-17}$$

式中，$a$ 是取决于压头几何形状和压头材料本征硬度的常数；$n$ 为Meyer指数，受多种因素的影响，在具体的条件下，对特定的材料而言，其值为常数。

将上式代入维氏硬度的计算公式可得

$$UMH=P/S=2\cos22°P/d^2=2\cos22°a^{\frac{2}{n}}P^{\frac{n-2}{n}}=cP^{\frac{n-2}{n}} \tag{10-18}$$

式中，$S$ 为卸载后残留压痕的表面积；$c$ 为常数。显然：当 $n=2$ 时，UMH不随 $P$ 的变化而变化，始终保持恒定值，与常规维氏硬度试验一样；当 $n>2$ 时，UMH随 $P$ 的下降而下降；当 $n<2$ 时，UMH随 $P$ 的下降而上升。对大多数材料而言，$n$ 小于2，即其超显

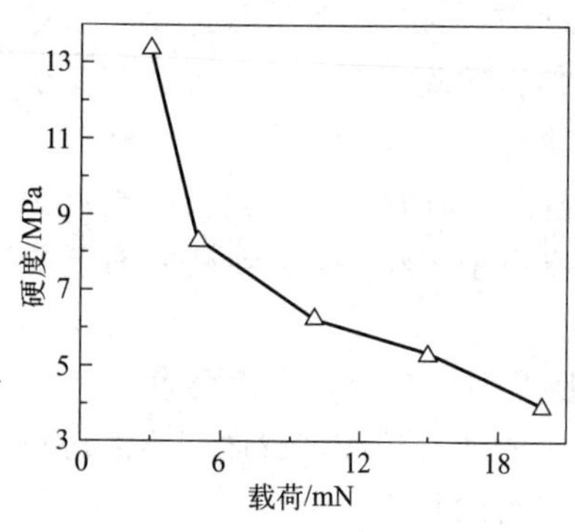


图 10-7 Ni-P 合金表面镀层硬度值与测试载荷的关系曲线

微硬度值随测试载荷的下降呈指数规律上升。图 10-7 为运用国内第一台载荷小于 20mN 的超显微硬度仪测量的 Ni-P 合金表面镀层硬度值与测试载荷的关系曲线。

由图可知，薄膜材料的超显微硬度除了取决于膜层本身，还与测试载荷密切相关，这就是超显微硬度的负荷依存性。因此，膜层的硬度值不能用单一负荷下的 UMH 代表，而应是一条随 $P$ 变化的关系曲线。关于超显微硬度的负荷依存性，目前尚有不同的解释，需要进一步研究。为了对膜层的硬度进行粗略比较，应在同一测试载荷、同一厚度下进行。测量与基体材料无关的膜层本征硬度值时，所选的载荷应使位于压头下的塑性变形区局限在膜层内部，不能超越膜基界面扩展至基体中。因此，测试时压痕深度 $t$ 与膜厚 $D$ 的比值存在一临界值，且随膜基系统不同而不同，一般认为 $t/D$ 应小于 0.1～0.2。

超显微硬度适用于研究薄膜材料、微观质点和微区域的力学行为。配合电镜分析、X 射线结构分析和计算机模拟等方法，可以综合评价薄膜材料和材料改性表层。

(3) 纳米压痕法

纳米压痕法最早开发于 1970 年代中期，可以在纳米尺度上测量材料的力学性质。从测试原理上看，压痕法测量硬度都是通过测量作用在压头上的载荷和压入样品表面的深度（位移）获得硬度和弹性模量。图 10-8 为纳米压痕实验的典型载荷-位移曲线和加、卸载过程中压痕剖面。膜层的硬度可由下式求得

$$H=\frac{F_{\max}}{A} \tag{10-19}$$

式中，$F_{\max}$ 为施加的最大载荷；$A$ 为接触面积。显然 $A$ 是压入接触深度 $h_c$ 的函数。对于理想的玻氏三角锥压头，$A=24.56{h_c}^2$，但由于压头在加工研磨时存在一定的形状尺寸误差，并且压头在使用过程中不可避免地出现磨损，使压头端部偏离理想情况，故需在理想面积函数的基础上进行修正，接触面积 $A$ 一般用下式拟合

$$A=\sum_{n=0}^{8} C_n h^{\frac{1}{2n-1}} \tag{10-20}$$

式中，$C_n$ 为曲线拟合常数；$h$ 为压入深度。

卸载曲线顶部斜率 $S=\mathrm{d}F/\mathrm{d}h$，即为弹性接触刚度，则复合弹性模量为

$$E_r=\frac{\sqrt{2}}{2\beta}\frac{S}{\sqrt{A}} \tag{10-21}$$

式中，$\beta$ 为与压头形状有关的常数（玻氏压头 $\beta=1.034$，维氏压头 $\beta=1.012$，圆柱形压头 $\beta=1.000$），这样薄膜样品的压入模量 $E$ 可由下式求得

$$\frac{1}{E_r}=\frac{1-\nu}{E}+\frac{1-{\nu_i}^2}{E_i} \tag{10-22}$$

式中，$E$、$\nu$ 分别为膜层样品的压入弹性模量和泊松比；$E_i$、$\nu_i$ 分别为压头的弹性模量

和泊松比。对于金刚石压头：$E_i=1141GPa$、$\nu_i=0.07$。

需指出的是，以上获得的接触刚度是根据卸载曲线起始点的斜率计算的，只能得到最大深度处对应的硬度和模量。为此，Oliver 等提出将一频率为 45 Hz 的简谐力叠加在准静态的加载信号上，测量压头的简谐响应。在整个压入过程，通过反馈电路控制简谐力产生交变位移，振幅始终保持在 1～2nm。通过对接触刚度的连续测量，实现了对硬度和模量随压入深度变化的连续测量，这就是连续刚度测量（continuous stiffness measurement，CSM）。连续刚度测量的应用，使得纳米压痕法扩展了传统硬度试验的能力，可以在不用分离薄膜与基体材料的情况下简单地从试验的载荷-位移曲线直接获得薄膜材料除了硬度以外的力学性能，如弹性模量、屈服强度、加工硬化指数等数据。

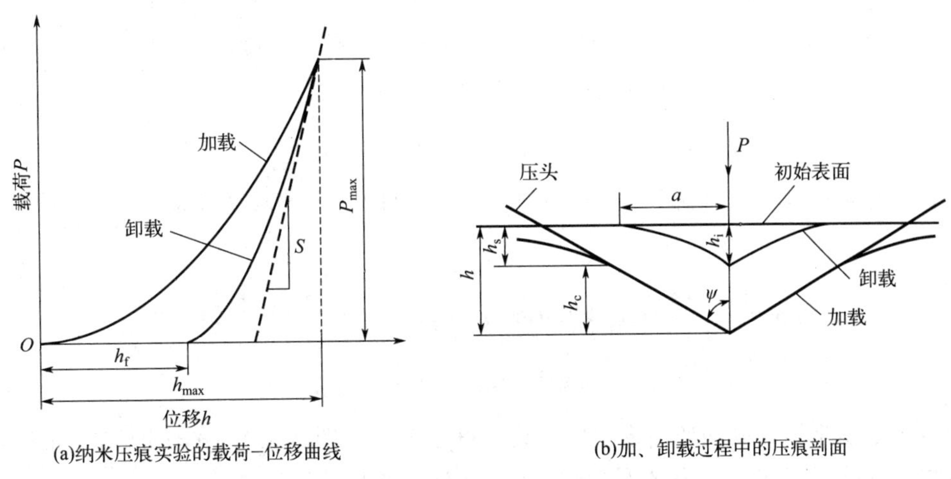


图 10-8　纳米压痕实验的载荷-位移曲线和加、卸载过程中的压痕剖面

## （二）间接测试法

对于很薄的膜层，测量硬度时很难完全避免基体的影响，一般情况下获得的硬度是一种膜与基体的复合硬度。为了获得薄膜的真实硬度，科学工作者提出了许多模型和测试方法。

（1） Jonsson-Hogmark（JH）公式

Jonsson 和 Hogmark 介绍了一种薄膜硬度测量的简单方法。他们认为一般测定薄膜的硬度值 $H_c$ 包括基体和膜层的影响，称之为复合硬度，其表示方法为

$$H_c=\frac{A_f}{A}H_f+\frac{A_s}{A}H_s \tag{10-23}$$

式中，$A_f$、$A_s$ 分别为膜与基体各自承受力的面积；$A=A_f+A_s$ 为压痕总面积。于是，根据压头形状及压痕几何形变关系得出膜层的本征硬度 $H_f$

$$H_f=H_s+\frac{h^2(H_c-H_s)}{2hct-(ct)^2} \tag{10-24}$$

式中，$H_s$ 为基体硬度；$t$ 为膜层厚度；$h$ 为压痕深度；$c$ 是一个与压痕几何形状及界面

特性相关的常数，当薄膜比基体硬时，$c=2\sin^2 11°$，当薄膜比基体软时，$c=\sin^2 22°$。

JH 法较好地从膜层与基体的复合硬度中分离出膜层的本征硬度，而且考虑了压痕尺寸效应的影响，得到的硬度值比较接近薄膜硬度的真实值。但是 JH 公式是基于膜层破裂的模型建立的，而实际测试中未必产生模型假设的破裂现象，所以该模型与实际情况还存在一定的差异。

### (2) 外推法

显微硬度测量通常要求薄膜厚度为压痕深度的 10 倍以上。Weissmantel 提出外推法测量薄膜硬度，通过作出不同负荷下压痕深度 $D$ 与显微硬度 $H$ 的关系曲线，外推至距表面 1/10 或 1/5 膜厚处（$D/t=1/10$）的硬度值，并将其定义为该膜的硬度 $H_f$。

外推法建立在假定距表面 1/10 膜厚处的硬度为薄膜硬度的基础上，其本身具有较大的误差，外推的随意性比较大，且未考虑压痕尺寸效应的影响。

### (3) Meyer 图

在测量显微硬度时，载荷 $P$ 与压痕对角线长 $d$ 之间遵从 Meyer 关系

$$P=ad^n \tag{10-25}$$

式中，$a$、$n$ 为常数，对上式两边同时取对数得

$$\lg P=\lg a+n\lg d \tag{10-26}$$

以 $\lg d$ 为横坐标，以 $\lg P$ 为纵坐标，绘制得到 Meyer 图。从 Meyer 图可知，$\lg P$ 与 $\lg d$ 呈线性关系。把式（10-25）代入显微硬度公式 $H=1854P/d^2$ 得

$$H=1854ad^{n-2} \tag{10-27}$$

取 $D/t=1/10$ 时的 $d$ 值（$d\approx 7t$），代入上式可得

$$H=1854a(7t)^{n-2} \tag{10-28}$$

如果膜层厚度 $t$ 已知，便可求得涂层薄膜的硬度 $H_f$。由 Meyer 图，用 $H=1854ad^{n-2}$ 公式求 $H_f$，只要 Meyer 图制作准确，此方法求薄膜的硬度比用 JH 公式更可靠、简便。

表 10-2 总结了几种薄膜硬度测量方法的优缺点。总之，间接法要比直接法麻烦一些。如果不要求获得膜层的本征硬度，而仅为了比较膜的硬度值大小，没有必要分离出膜的硬度值。

**表 10-2　几种薄膜硬度测量方法的优缺点**

| 测量方法 | 优点 | 缺点 |
| --- | --- | --- |
| JH 公式 | 考虑了压痕尺寸效应；易分离出薄膜的本征硬度 | 建立的模型与实际测试不完全符合 |
| 外推法 | 求解方便，易分离出薄膜的本征硬度 | 未考虑尺寸压痕效应，随意性较大 |
| Meyer 图 | 只要 Meyer 图制作准确，求取更可靠、简便，易分离出薄膜的本征硬度 | 对角线测量不精准 |
| 显微硬度计 | 操作简单 | 薄膜层较薄时不适用，对角线不易测量 |

续表

| 测量方法 | 优点 | 缺点 |
| --- | --- | --- |
| 纳米压痕法 | 避免人为误差，计算机自动记录压入位移；若将压入深度与薄膜厚度的比值控制在一定范围内，可以较好地消除压痕尺寸效应 | 价格昂贵，对测试环境要求严格 |
| 超显微硬度 | 能较好研究薄膜微区域的力学行为 | 薄膜硬度值与测试载荷密切相关，存在负荷依存性 |

## 二、断裂韧性

与硬度和杨氏模量一样，韧性是硬质薄膜最重要的力学性能之一。对于大块材料，断裂韧性是材料抵抗已有裂纹或缺陷增长的能力。典型的断裂韧性试验是通过对具有已知尺寸和几何形状缺陷的试样施加拉应力来进行，并根据相关标准考虑应力强度计算断裂韧性。对于薄膜而言，由于难以获得独立薄膜并在薄膜中引入预裂纹，断裂韧性难以测量，因此表征薄膜的断裂韧性不能简单套用块体材料的方法。一般采用薄膜划擦实验脆性开裂的临界载荷(划擦韧性)、一定载荷下纳米压入时薄膜裂纹长度、压入塑性变形深度、塑性变形能量等来定性地衡量薄膜韧性的优劣。近年来，薄膜断裂韧性参量也普遍用来定量地评价脆性薄膜材料的韧性。目前常用于表征薄膜断裂韧性的方法有压入法和拉伸法。

### (一) 压入法

压入法是表征硬质薄膜韧性的重要方法，按照压入载荷大小可以分为常规压入和纳米压入两类。采用维氏硬度计进行常规压入，更接近薄膜的实际受力情况，而且方法简单、结果直观；采用纳米测试仪进行纳米压入，反映的是薄膜微区的性能，受薄膜的均匀性、微观组织结构影响显著。

压入法最先是用来评定整体材料的断裂韧性，其原理基于如下的试验现象：显微硬度计的维氏压头压入试样，载荷达到一定值后，材料所受应力值超过屈服强度，产生塑性变形，裂纹在压痕下方的塑性变形区形核。随着载荷的增加，中位裂纹扩展，最后穿出试样外表面，表现为在压痕尖角处的径向裂纹，如图 10-9 所示，$a$ 表示压痕对角线长度，$c$ 表示压痕对角线径向裂纹的长度。该方法最早用来测量块体脆性陶瓷材料的断裂韧性，后来证明也可用于研究硬质薄膜的断裂韧性。在压入载荷大小相同的条件下，通过比较对角线径向裂纹长度来确定薄膜的断裂韧性，也可以通过比较薄膜的剥落直径来比较薄膜的断裂韧性，这些都是定性的方法。在定量的研究方法中，计算硬质薄膜断裂韧性的公式

$$K_{IC}=\varepsilon\left(\frac{E}{H}\right)^{1/2}\left(\frac{F}{c^{3/2}}\right) \tag{10-29}$$

式中，$F$ 为压入载荷的大小；$c$ 为径向裂纹的长度；$E$ 和 $H$ 分别为薄膜的弹性模量和硬度；$\varepsilon$ 为压头形状有关的常数，对于标准的维氏金刚石棱锥和立方压头，$\varepsilon$ 通常分别取 0.016 和 0.0319。应用该公式有一限定条件，径向裂纹的长度需要大于或等于压痕对角线长度，即 $c\geqslant a$，否则计算结果存在较大误差。

压入法的测试过程可分为三步：加载压入、观察形貌、对比或计算。压头压入硬质薄膜表面可以分为三个阶段，如图 10-10 所示，三个阶段分别为：由于在压头的附近会产生很大的应力场而产生第一个环向裂纹，此裂纹通常贯穿薄膜的整个厚度；由于产生的侧向应力而导致的界面开裂、失稳和剥落；第二个贯穿薄膜厚度的环向裂纹产生，由于产生的弯曲应力使得失稳的薄膜剥落。

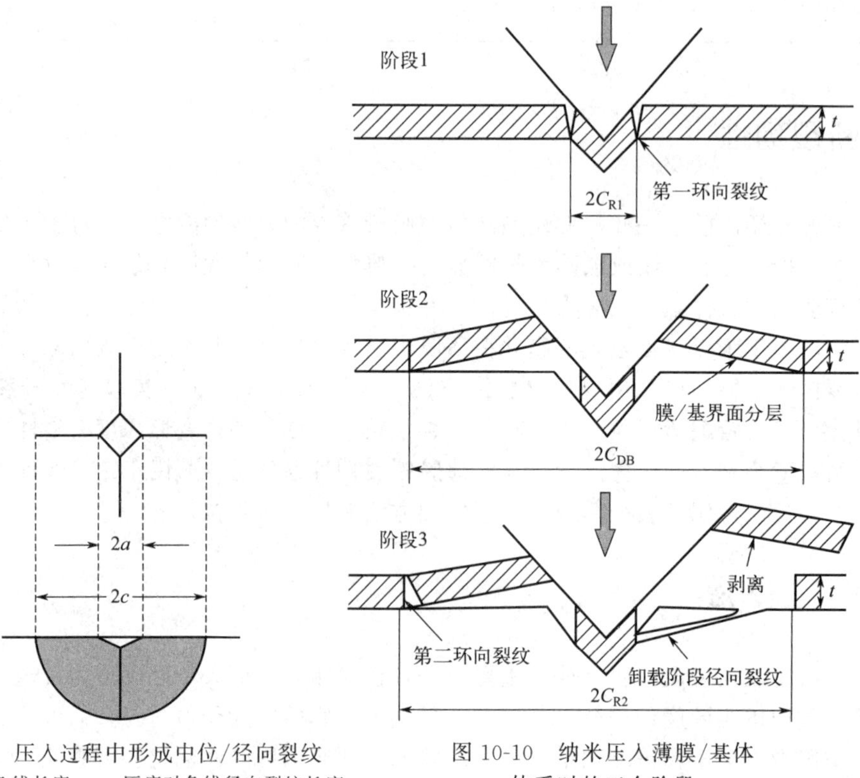


图 10-9　压入过程中形成中位/径向裂纹

$a$—压痕对角线长度；$c$—压痕对角线径向裂纹长度

图 10-10　纳米压入薄膜/基体体系时的三个阶段

硬质薄膜的压痕有多种形貌，如图 10-11 所示。图 10-11（a）的压痕完整，无明显的压痕对角线径向裂纹，具有非常好的塑性变形能力和韧性；图 10-11（b）的压痕完整，有明显的对角线裂纹，且裂纹长度与压痕对角线长度相当；图 10-11（c）压痕开始不完整，围绕压痕出现环状裂纹，薄膜与基体剥离；图 10-11（d）的压痕破碎，薄膜从基体上剥落。四组压痕形貌对应着薄膜韧性由好到差的过程，因此观察压痕形貌可定性地比较薄膜的韧性。

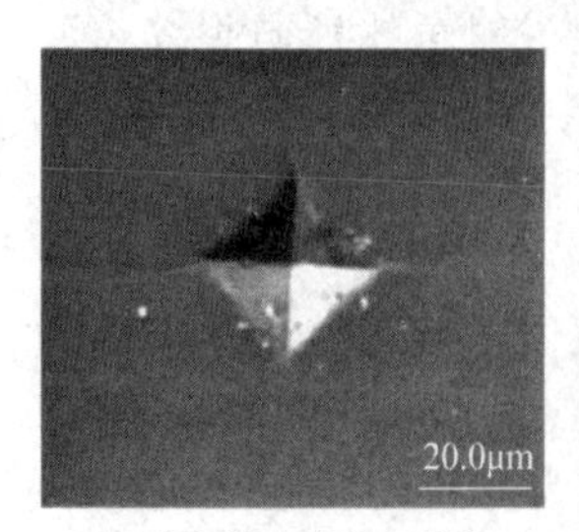


(a)压痕完整，无径向裂纹

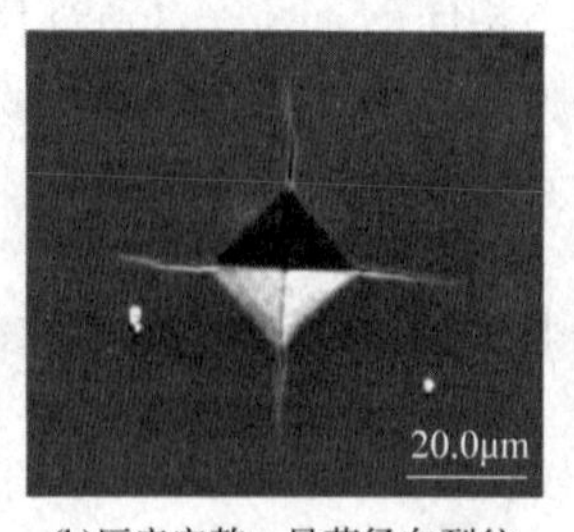


(b)压痕完整，显著径向裂纹

(c)压痕不完整

(d)压痕破碎

图 10-11　硬质薄膜不同压痕形貌

压入法的主要影响因素有基体和载荷。对于韧性基体（如金属），小载荷时硬质薄膜与金属同步塑性变形，大载荷下薄膜破裂，但可能是结合失效破裂，并不能反映薄膜的韧性。对于脆性基体（如 Si 片），小载荷时裂纹会在 Si 片中形核并扩展到薄膜中，形成压痕对角线径向裂纹，大载荷时薄膜会严重破裂。脆性薄膜的断裂韧性的测量可利用纳米压入仪器的载荷和位移高精度实现，使用超低载荷压入避开基体的影响。定量评价薄膜韧性时，一般采用硬质薄膜/Si 片体系，采用纳米压入仪测定薄膜的硬度和弹性模量，以 0.98～9.8N 载荷压入脆性基体，采用显微镜测量径向裂纹的长度，再通过 Lawn 公式计算断裂韧性。

### （二）拉伸法

拉伸法是最直接地准确测量薄膜自身（无基体材料约束）断裂韧性的方法。但自由薄膜的微拉伸实验操作非常困难，自由薄膜的制备（包括预制裂纹）、夹持、对齐及其加载测量都是极具挑战性的难题。对单侧有预制裂纹的条形薄膜样品（图 10-12），测量薄膜断裂的临界应力，采用下式计算薄膜的断裂韧性，其难度在于如何解决微小自由薄膜的钳制和拉伸的微力度。

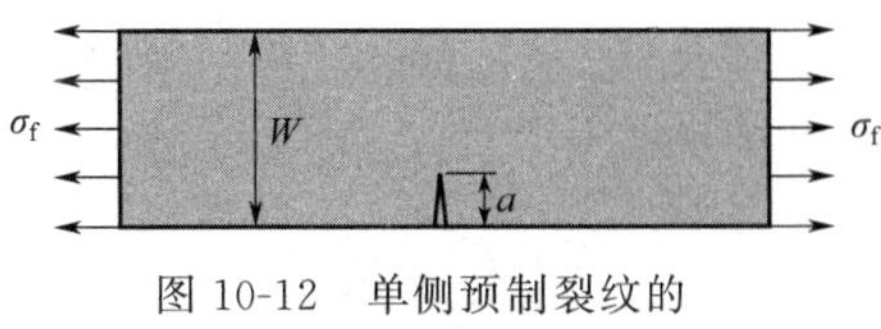


图 10-12　单侧预制裂纹的薄膜单轴拉伸测试

$$K_{IC}=\sigma\sqrt{\pi a}\left[1.12-0.23\left(\frac{a}{W}\right)+10.55\left(\frac{a}{W}\right)^2-21.72\left(\frac{a}{W}\right)^3+30.41\left(\frac{a}{W}\right)^4\right] \tag{10-30}$$

式中，$\sigma$ 是薄膜断裂的临界应力；$a$ 是薄膜上预制裂纹的长度；$W$ 是薄膜的宽度。

## 三、摩擦磨损

对刀具、刃具上的膜层以及有接触摩擦的运动零部件上的膜层，往往都有摩擦磨损和工件寿命的要求。相互接触的物体在相对运动或具有相对运动趋势时，其接触表面会发生摩擦，摩擦伴随的必然结果是磨损的发生。

目前常用的磨损评定方法有：磨损量、磨损率和耐磨性。

（1）磨损量

评定材料磨损的三个基本磨损量是长度磨损量 $W_l$、体积磨损量 $W_v$ 和质量磨损量 $W_m$。长度磨损量是指磨损过程中零件表面尺寸的改变量，这在实际设备的磨损监测设备中经常使用。体积磨损量和质量磨损量是指磨损过程中零件或试样的体积或质量的改变量。实验室试验中，往往首先测量试样的质量磨损量，然后再换算成为体积磨损量来进行比较和分析研究。对于密度不同的材料，用体积磨损量来评定磨损的程度比用质量磨损量更为合理些。

摩擦磨损试验通常使用微振磨损机和球-盘式摩擦磨损试验机测量，主要采用对比法评定薄膜的摩擦磨损性能。例如，在相同的摩擦条件下，磨损量越大，耐磨性越差。磨损量通常采用称重法确定，即用高精度的分析天平称出样品磨损试验前后的质量差值，或用显微镜精确测定其磨痕的形状与尺寸来评判比较。

（2）磨损率

在所有的情况下，磨损都是时间的函数。因此，有时也用磨损率 $R$ 来表示磨损的特性，如单位时间的磨损量、单位摩擦距离的磨损量。

摩擦试验结束后，为了准确计算摩擦试验的磨损率，常采用非接触式三维轮廓仪测量磨痕的磨损体积 $V$，磨损率 $R$ 由下式计算

$$R=\frac{2A\pi r}{FL} \tag{10-31}$$

式中，$A$ 为磨痕截面面积；$r$ 为磨痕半径；$F$ 为法向载荷；$L$ 为摩擦路程。

（3）耐磨性

材料的耐磨性是指一定工作体积下材料耐磨的特性。这里引入材料的相对耐磨性 ε 概念，是指两种材料 A 与 B 在相同的外部条件下磨损量的比值，其中材料 A 是标准（或参考）试样。

$$\varepsilon=W_{\mathrm{A}}/W_{\mathrm{B}} \tag{10-32}$$

式中，磨损量 $W_{\mathrm{A}}$ 和 $W_{\mathrm{B}}$ 一般用体积磨损量，特殊情况下可使用其它磨损量。

耐磨性通常用磨损量或磨损率的倒数来表示，使用最多的是体积磨损量的倒数。

在许多情况下，膜层的硬度可以反映其耐磨性，但硬度高的膜层，其耐磨性并不一定好。除了硬度外，影响耐磨性的因素还有服役条件（如载荷、气氛、温度、压力等）、润滑条件和对磨材料的性质等因素。

## 四、界面结合强度

界面结合强度是膜层最主要性能之一，直接关系到膜层使用效果和决定膜层能否实用化，膜层的许多性能如耐磨性、耐腐蚀性、抗氧化性和使用寿命都与其直接相关。一种有效的结合强度测试方法必须满足：能使膜层脱离基体，并有良好的物理模型；可准确地测量有关的力学参量；试验方法应简单可靠。目前，国内外膜基结合强度的测试方法较多，可分为定性和定量两大类。定性法有黏带法、杯突法、弯折法、锉刀法、X 射线衍射法和超声法等。这类方法操作简单易行，通常以经验判断和相对比较为主，无须专门的仪器设备，但其结果一般难以给出具体力学参量。定量方法有拉伸法、划痕法、压痕法、刮剥法、四点弯曲法、断裂力学法、接触疲劳法、热疲劳法、核化法、电容法等。

目前常用的界面结合强度评定方法有：拉伸法、划痕法和压痕法。

### （一）拉伸法

拉伸法是一种被广泛用来评价界面结合强度的定量评价方法，如图 10-13 所示，黏结拉伸的原理是在膜基界面的法线方向施加一拉力，并逐渐增大载荷，当膜脱落时的拉力即为界面结合力 $F$，涂层从基体上拉脱时单位面积所需要的力的大小即为基体与涂层的界面拉伸结合强度。这种测试方法只有黏结剂的黏结强度大于膜层与基体之间的界面结合强度时才适用。同样，对于一些黏结性差和疏松的膜层也不适用，因为黏结剂的渗入可能导致测量结果与实际不符。

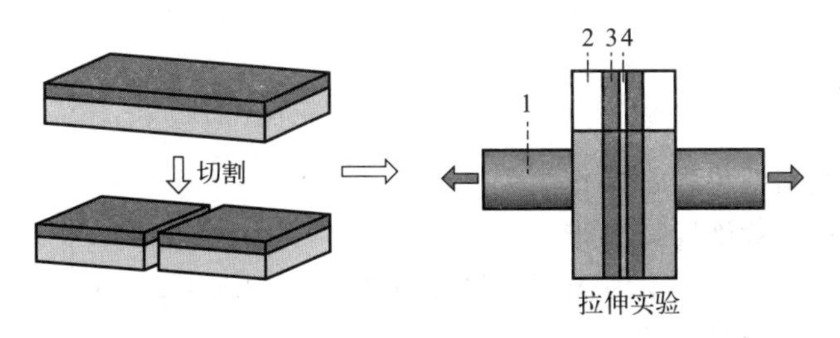


图 10-13　拉伸

1—拉伸杆；2—基体；3—膜层；4—黏结剂

## (二) 划痕法

划痕法简单方便，很早就被用于检测膜层的界面结合强度。划痕试验时，压头在膜层表面以一定速度 $v$ 划过，同时作用在压头上的垂直压力 $N$ 不断地增加，增加的方式有步进式和连续式两种。当压力足够大时，膜层从基体剥落时最小压力称为临界载荷 $P_c$。根据膜层剥离时应变能释放模型可推导 $P_c$，其公式为

$$P_c=\frac{A_1}{\nu\mu_c}\left(\frac{2EW}{t}\right)^{\frac{1}{2}} \tag{10-33}$$

式中，$A_1$ 为划痕轨道的面积；$\nu$ 为膜层材料的泊松系数；$\mu_c$ 为摩擦系数；$E$ 为弹性模量；$W$ 为膜层的附着功；$t$ 为薄膜厚度。

在划痕法中，判断膜层从基体剥落的开始位置至关重要，否则无法准确确定临界载荷。膜层破坏的检测手段有：显微镜观察，即对透明基体用透射光，其它基体用反射光直接观察剥落处；声发射技术，声发射图形曲线中第一个突增峰即为膜层破坏点；摩擦力测量，即利用膜层破坏后摩擦系数的突变检查破坏点，通常选切向力信号曲线的第一拐点，或是两条不同平均斜率曲线的交汇点的载荷为临界载荷。

划痕仪通过测量作用在膜层样品表面上的法向力、切向力和划入深度的连续变化过程，不仅可以研究界面结合强度、摩擦磨损、变形和破坏性能，还用于研究薄膜的黏着失效和黏弹行为。划痕法测试条件易于实现，定量精度较高，重复性也较好，并且有商品化的测试仪器，所以使用最广也最成熟。

但划痕法也存在一些问题，如临界载荷 $P_c$ 的物理意义不清，$P_c$ 与膜基结合强度之间的内在关系不清等。划痕法中造成膜层破坏的应力、应变场颇为复杂，除了压痕周围的弹塑性应力场外，还有内应力和切向的摩擦力等。在划痕法中，所谓“临界载荷”被定义为使薄膜发生膜基界面分离所需的法向载荷，用光镜和扫描电镜观察时，如膜层已经剥落或已被撕破，则容易判断。但如果仅观察到表面裂纹，很难据此判断膜基是否脱离，因为表面裂纹只能说明膜层发生破裂。若膜层塑性、韧性很好，即使已与基体脱离，但仍未发生开裂，就更无法判断。因此，通过划痕法测得的临界载荷反映的是膜层自身破裂时膜-基系统对法向载荷的承受能力，并非真正的界面结合力。用声发射监听时，杂音很多且并不能完全消除，当膜层与基体脱开所发生的声音很微弱或膜层自身先破裂时，往往难以做出正确的判断。另外，膜基的破坏方式不下十余种，压头压入深度往往远比膜厚深，测得临界载荷并未全部用于使薄膜自基体剥离。

### （三）压痕法

压痕法是一种实用性很强、操作简单、不需专门制备样品，可在一般硬度计上进行的界面结合强度无损检测方法。图 10-14 为压痕法测量界面结合强度的示意图。当载荷不大时，膜层与基体一起变形，但在载荷足够大时，膜层与基体界面上产生横向裂纹，裂纹扩展到一定阶段就会使膜层脱落。能够观察到涂层破坏的最小载荷称为临界载荷 $P_c$。

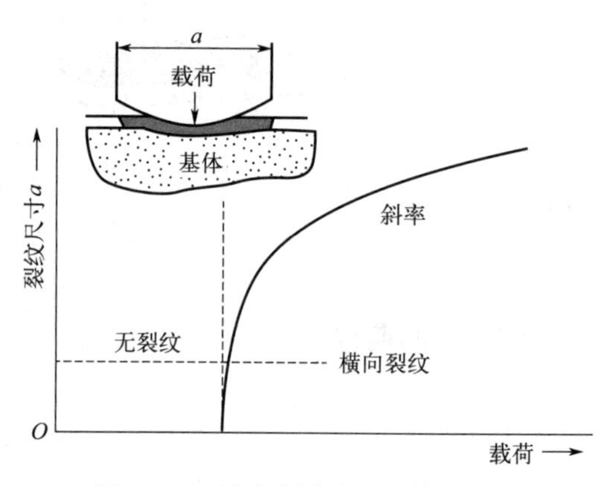

图 10-14　压痕法测量界面结合强度

与划痕法相比，压痕法的优点之一就是 $P_c$ 对基体的硬度不敏感，但同样存在与划痕法相类似的理论机制问题，临界载荷 $P_c$ 与界面结合强度密切相关，但并不完全一致。

## 第三节　薄膜磁性能表征

磁性薄膜是一种二维磁性材料，广泛用于传感器件、磁记录介质、薄膜磁头、数据存储和自旋电子技术中，对其磁性能的表征至关重要。

## 一、基本磁学参数测量

### （一）常规磁性测量方法

常见的磁性能测试方法有磁秤法和感应法。磁秤法是通过测量材料在非均匀磁场中所受到的力测量材料的磁矩。这种方法灵敏度较高，但不容易测量不同结晶取向下的磁矩。基于磁秤法的磁测量仪器有交变梯度磁强计等。感应法是以感应定律为基础，将样品放在一个均匀的磁场中，让样品和测量线圈之间做相对运动，通过测量线圈中的感应电压推断出材料的磁特性。基于感应法的磁测量仪器有振动样品磁强计、提拉样品磁强计等。这些仪器测试简便、迅速，具有很高的灵敏度，是目前广泛采用的一类测试方法。

采用以上方法测量薄膜的磁性基本参量，包括饱和磁化强度 $M_s$（或饱和磁感应强度 $B_s$）、矫顽力 $H_c$、剩余磁化强度 $M_r$（或剩余磁感应强度 $B_r$）、磁导率 $\mu$、磁化率 $\chi$ 等。其基本原理和块体材料相似，这里不再做详细介绍。但是，对于薄膜材料，由于薄膜均附着在基体上，且是二维结构，测量有其特殊性。

首先，为得到磁性薄膜的磁化强度，必须预知其厚度，进而根据面积计算其体积，因为磁化强度是单位体积内的磁矩。

其次，磁性薄膜通常具有磁各向异性，由于薄膜生长的各向异性，大多数情况下平行于薄膜和垂直于薄膜方向的磁性会有显著差异。在某一水平方向磁场下制备的薄膜在平行于薄膜的平面内还会存在各向异性。因此沿不同方向测量薄膜的磁性能是必须的。此外，形状各向异性的影响也是薄膜材料出现各向异性的另一个原因，由于薄膜厚度方向尺寸较小，退磁场很大，薄膜的磁矩优先沿面内排列，特别是对于超薄的薄膜材料。对于永磁薄膜的磁滞回线测量，当沿着垂直于薄膜平面方向测量时，必须获得退磁因子 $N$ 的数据。理论上，薄膜沿面内的退磁因子接近于 0，而垂直方向的退磁因子接近于 1，如图 10-15 所示。但是，当薄膜具有更复杂的微观结构时，退磁因子的确定是个很大的问题。很多情况下，使用退磁因子 $N=1$ 进行退磁曲线矫正时，会导致矫正过大。

再次，由于薄膜体积小，磁性弱，在用常规方法测量矫顽力很低的软磁薄膜的软磁性能时会遇到很多困难。尤其是测量薄膜的交流软磁性能，由于无法实现闭路测量，测量难度较大。

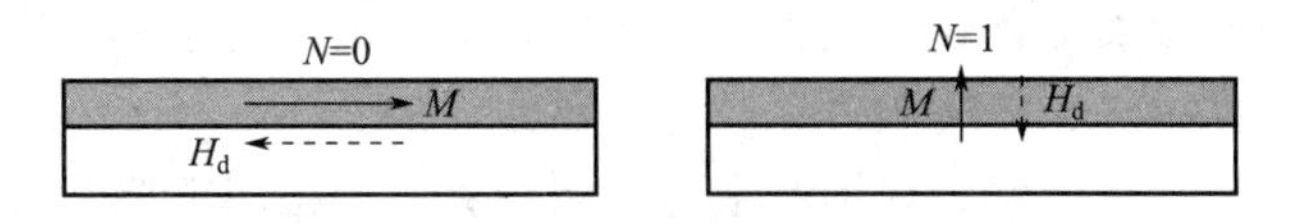


图 10-15　薄膜材料磁化强度 $M$、退磁场 $H_d$ 和退磁因子 $N$

## （二）磁光克尔效应磁强计

此外，还可以利用各种与磁相关的物理效应（法拉第效应、磁光克尔效应、铁磁霍尔效应、微波磁共振现象等）测量磁性能数据，但只适用于那些物理效应较明显的材料，有一定的局限性，下面对磁光克尔效应磁强计作简要介绍。

1877 年 John Kerr 在观察从抛光过的电磁铁磁极的偏振光反射时，发现了磁光克尔效应。1985 年，Moog 和 Bader 在进行铁磁超薄膜在金单晶（100）面上的磁光克尔效应实验时，得到了一个原子层厚度物质的磁滞回线，提出了表面磁光克尔效应（surface magneto-optical Kerr effect，SMOKE）。近年来，以激光为光源的表面磁光克尔效应磁强计广泛应用于磁性薄膜的磁性表征和磁畴结构成像，具有灵敏度高、可实现超快特性与表面局域性测量、非接触等优点，其对于磁畴结构的表征将在“二磁畴结构表征”部分进行介绍，此处简要介绍其对磁性能的表征。

当线偏振光入射到不透明样品表面时，如果样品是各向异性的，反射光将变成椭圆偏振光且偏振方向会发生偏转。如果样品为铁磁状态，还会导致反射光偏振面相对于入射光的偏振面额外转过一小角度，这个角度称为克尔旋转角 $\theta_k$，即椭圆长轴和参考轴间的夹角，如图 10-16 所示。同时，一般而言，由于样品对 $p$ 偏振光（偏振方向平行于入射面）和 $s$ 偏振光（偏振方向垂直于入射面）的吸收率不同，即使样品处于非磁化状态，反射光的椭偏率也会发生变化，而铁磁性会导致椭偏率有一附加的变化，称为克尔椭偏率 $\varepsilon_k$，即椭圆长短轴之比。按照磁场相对入射面的偏振状态不同，表面磁光克尔效应可以分为三种：极向克尔效应（磁化方向垂直于样品表面且平行于入射面）、横向克尔效应（磁化方向

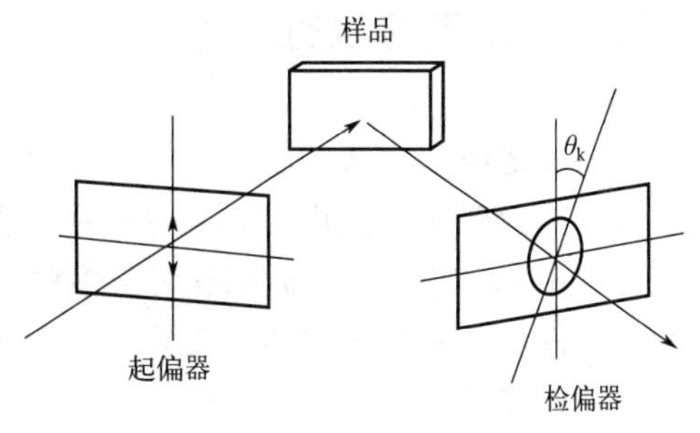


图 10-16　表面磁光克尔效应原理

在样品膜面内且垂直于入射面）和纵向克尔效应（磁化方向在样品膜面内且平行于入射面），如图 10-17 所示。

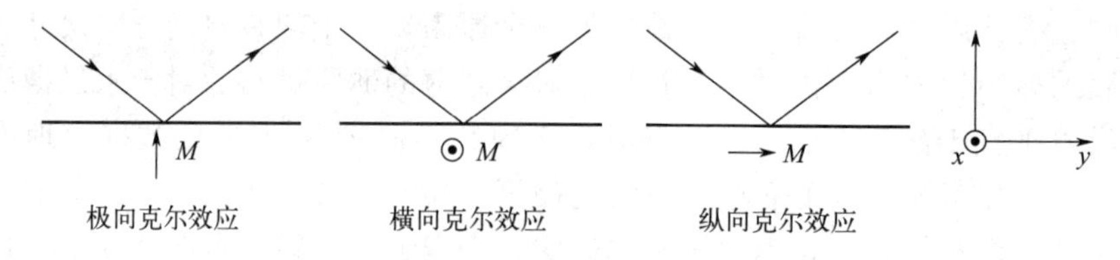


图 10-17　表面磁光克尔效应的类型

虽然表面磁光克尔效应的测量结果是克尔旋转角或克尔椭偏率，并非直接测量磁性样品的磁化强度，但磁光克尔效应的量子力学研究表明，在一级近似的情况下，克尔旋转角和克尔椭偏率均与磁性薄膜表面磁化强度成正比。所以，表面磁光克尔效应实际上测量的是磁性样品的磁滞回线，因此可以获得矫顽力、磁各向异性等。

极向磁光克尔磁强计由光路、磁场产生与检测、克尔角检测电路、接口电路和计算机组成。光路部分包括半导体激光器、电源控制器、起偏器、分束镜、偏振分光镜、光敏传感器。其作用产生一束低功率线偏振光，入射到被测样品上，然后检测反射光中的 $p$ 方向光和 $s$ 方向光。克尔角检测电路将 $p$ 方向光和 $s$ 方向光转换成电信号，然后分别作两者的加法和减法运算，加法运算的结果一方面输入到电源控制器稳定激光器输出，另一方面与减法运算的结果一起输入到接口电路，在计算机里进行运算求得克尔角的大小。磁场产生与检测部分包括电磁铁、磁场控制器、霍尔元件、磁场检测电路等，其作用是产生一个线性变化的磁场，磁场强度由霍尔元件检测，然后输出到接口电路进入计算机里。计算机处理软件功能主要是采集克尔角信号和磁场强度信号，定标、画出克尔角-磁场强度关系曲线及计算相关参数等。

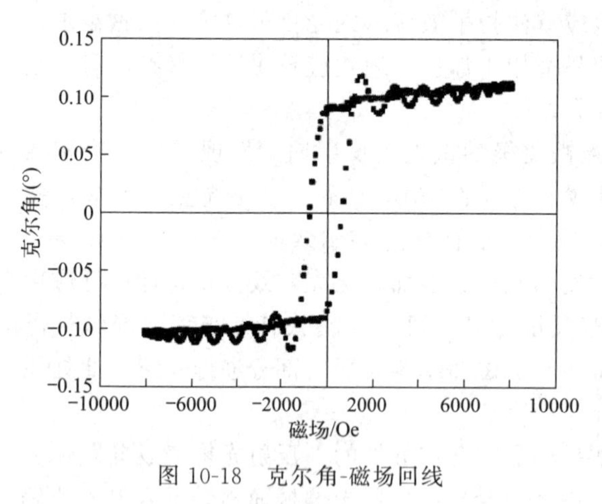


图 10-18　克尔角-磁场回线

以一个 TbFeCo 磁性薄膜样品为例，其厚度为 150nm，光斑直径 1mm，外加磁场 8000Oe（1Oe＝79.5775A/m），测量结果如图 10-18 所示。克尔角为 0.112°，矫顽力为 850Oe。

## 二、磁畴结构表征

磁性薄膜和块状磁性材料一样，为了降低总体系的能量，在薄膜内部又分成许多磁畴，在一个畴内磁化方向相同且沿晶体的易轴方向。畴和畴之间的界面称为畴壁，畴壁有一定的宽度。根据结构的不同磁畴分为很多种，如片形畴、封闭畴、条纹畴以及多种衍生畴等。磁性薄膜的许多实用性质都与磁畴有关，研究磁畴的形状、大小及分布有助于理解并改进磁性薄膜的性能。

目前常用的磁畴结构表征方法有：磁光效应和磁力显微镜。

## （一）磁光效应

利用磁光效应来观察磁畴的方法可分为克尔效应法和法拉第效应法，随着磁性薄膜研究的进展，已能观察磁畴和畴壁内部的磁化精细结构。克尔效应法的原理如前所述，是平面偏振光在磁性物质表面上反射时偏振面会发生旋转，旋转方向取决于磁畴中磁化矢量的方向，旋转角与磁化矢量成比例，由此可以观察不透明磁性体的表面磁畴结构。法拉第效应法的原理是平面偏振光透过磁性物质时偏振面会发生旋转，同样由于旋转的方向和大小与磁畴中磁化矢量的方向和强度有关，因此可用于观察半透明磁性物质内部的磁畴结构。

表面磁光克尔效应试验系统由电磁铁电源控制主机和可控磁铁、偏光显微镜系统、控制系统和计算机等部分组成，如图 10-19 所示。用表面磁光克尔效应观察铁磁体的磁畴，不同的磁畴有不同的自发磁化方向，引起反射光振动面的不同旋转，通过偏振片观察反射光时，将观察到与各磁畴对应的明暗不同的区域。在偏光显微镜下看到的这些明暗相间的区域是磁化方向相反的两类磁畴，正是由于磁化方向的不同，透过两种磁畴的偏振光的旋转角也就不同，因而形成两种磁畴图像明暗的差别，“明”畴磁化方向垂直于样品表面向下，“暗”畴磁化方向垂直于样品表面向上。如果在垂直膜面法线的方向施加一个外磁场 $H_b$，那么磁化方向与它相同的“暗”畴就要扩张，“明”畴就要缩小。图 10-20 为磁光克尔显微镜观测到的磁畴结构图。若配以高质量的起偏器、检偏器和高速摄影装置，还可以显示出数量级为 $1\mu s$ 的磁化和反磁化过程。

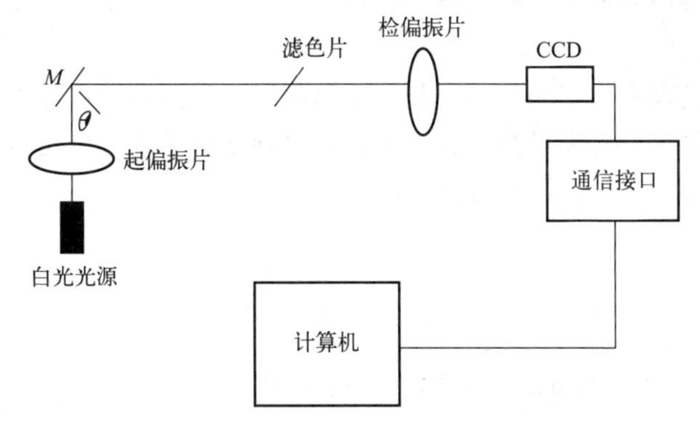


图 10-19　表面磁光克尔效应试验系统

图 10-20　磁光克尔显微镜下的磁畴结构

## （二）磁力显微镜

磁力显微镜（magnetic force microscope，MFM）是一种原子力显微镜，其成像原理是依靠检测磁性针尖与样品杂散场之间的相互作用力，生成磁力梯度分布图，从而检测磁性材料磁畴，还可以同步获得样品表面的微结构图像。

磁力显微镜常使用非接触式扫描，可以用来对天然及人工制作的磁畴结构进行成像。如图 10-21（a）所示，针尖涂有一层铁磁性薄膜，依赖针尖-样品间的磁场变化所引发的微悬臂共振频率的变化检测。由于原子间磁力作用的距离大于原子间范德瓦耳斯力作用的距离，所以当针尖以非接触模式靠近样品表面时，得到的是形貌信息，当针尖与样品间距增大，则显现出磁力信息。扫描测试过程中，对磁性材料表面的每一次均进行两次扫描过程：第一次扫描使用轻敲模式，获得材料在这一行的表面形貌信息并将其记录下来；第二次扫描使用磁性探针的抬起模式，令磁性探针抬高到某一范围（一般为 10～200nm），并按照第一次扫描所得到磁性材料表面的形貌轨迹引起振幅与相位发生相应的变化。系统记录第二次扫描过程中的磁性探针相位与振幅产生的变化，便可以得到磁性材料表面磁场的精细梯度分布，经过分析获得材料的磁畴结构。图 10-21（b）为实测厚度为 300nm 的 NiFe 磁性薄膜的磁畴结构图，可观察到该薄膜具有明暗相间的条纹磁畴结构。

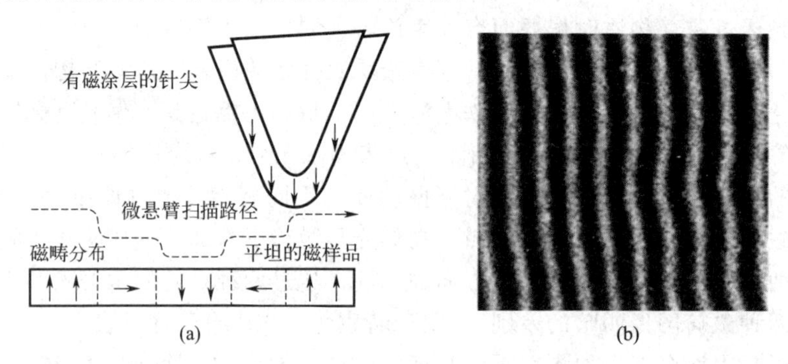


图 10-21　磁力显微镜工作原理（a）及 300nm 厚 NiFe 薄膜的磁畴结构（扫描区域：$5\times5\mu m^2$）（b）

# 第四节　薄膜的电学性能表征

材料成分不同，薄膜电学性能的测试内容大不相同。例如，金属薄膜主要测试与电导有关的性能；介质薄膜通常需要对其介电常数、击穿场强进行分析；光电导是半导体薄膜特有的电学性能。本节主要介绍与电导有关的电学性能测试方法。

## 一、电阻率和电导率

由于结构缺陷和尺寸效应，薄膜的电阻率和电导率不同于块体材料。理论上，电阻率（$\rho$）是电导率（$\sigma$）的倒数，即 $\rho=\frac{1}{\sigma}$，表示导体的导电能力。常用的薄膜电阻率测试方法有四探针法和范德堡法。

### （一）四探针法

四探针法测量薄膜的电导率时，四个探针的针尖同时接触薄片表面，外侧 2 个探针与恒流源相连，内侧 2 个探针与电压表相连，如图 10-22 所示。当电流从恒流源流出流经外侧 2 个探针时，流经薄膜产生的电压可从电压表中读出。在薄膜面积为无限大或远大于四探针中相邻探针间的距离时，被测薄膜的电阻率 $\rho$ 可以由下式给出

$$\rho=\frac{\pi}{\ln 2}\frac{V}{I}d \tag{10-34}$$

式中，$d$ 是薄膜厚度，由螺旋测微器测得；$I$ 是流经薄片的电流，即图 10-22 中所示恒流源提供的电流；$V$ 是电流流经薄片时产生的电压，即图 10-22 所示电压表的读数。然后根据欧姆定律求解出所测样品的电导率 $\sigma$(S/m)。

## （二）范德堡法

范德堡法测量薄膜电阻率适用于厚度均匀的薄片或薄膜样品，其优势在于对样品的几何形状没有严格限制。四个探针点在样品边缘，在整个测量过程中保持电极位置不变，如图 10-23 所示。在测量过程中，依次在相邻电极施加电流，测量另一对电极的电压，然后反转电流，再次测量电压，两次电压测量值取平均值（用于消除热电动势）。

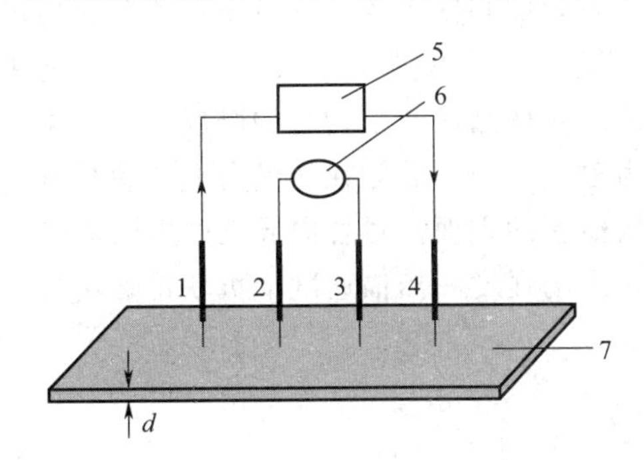


图 10-22　四探针法测量薄膜电导率

1、2、3、4—探针；5—恒流源；6—电压表；7—薄片

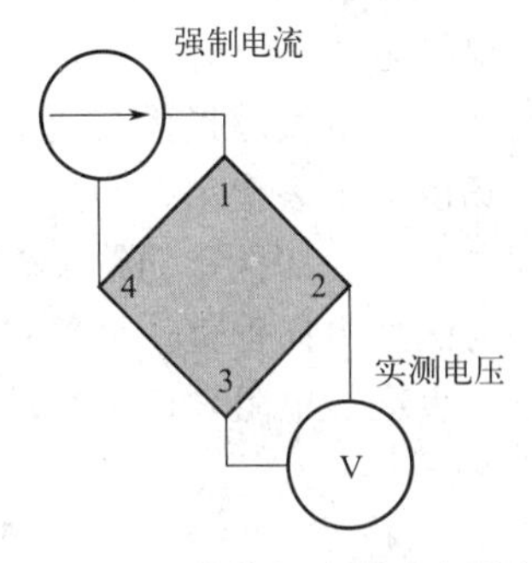


图 10-23　范德堡法测试电阻率

测试电阻率前需要注意：电流电压表的校准调零，以免引入误差；测试金属薄膜时电流取值不宜过大，以免引起薄膜样品温度变化；4 个接触点尽量分布在样品的 4 个角上。

范德堡测试薄膜表面电阻公式可以表示为

$$\exp\left(-\frac{\pi R_A}{R_S}\right)+\exp\left(-\frac{\pi R_B}{R_S}\right)=1 \tag{10-35}$$

式中，$R_S$ 为薄膜表面电阻；$R_A$ 和 $R_B$ 是测量参数。测量的具体流程如下，施加恒流直电流 $I_{12}$ 从接触 1# 进入，并从接触 2# 流出，此时测试接触点 4# 和接触点 3# 间的电压为 $V_{43}$，得到电压 $R_{12}=V_{43}/I_{12}$。接着反向电流方向 $I_{21}$ 从接触 2# 进入并从接触 1# 流出，测试电压接触点 3# 和接触点 4# 间的电压为 $V_{34}$，得到电压 $R_{21}=V_{34}/I_{21}$。采用同样的方法，可以得到电阻值 $R_{23}$、$R_{32}$、$R_{34}$、$R_{43}$、$R_{41}$、$R_{14}$。根据电流逆向测量一致性要求，有 $R_{12}=R_{21}$、$R_{23}=R_{32}$、$R_{34}=R_{43}$、$R_{41}=R_{14}$。同时，根据电路的互易定理，得 $R_{12}+R_{21}=R_{34}+R_{43}$ 和 $R_{23}+R_{32}=R_{14}+R_{41}$。这时，范德堡法公式中的两个重要参 $R_A$ 和 $R_B$ 可以得到为

$$R_A=\frac{1}{4}(R_{12}+R_{21}+R_{34}+R_{43}) \tag{10-36}$$

$$R_B=\frac{1}{4}(R_{23}+R_{32}+R_{14}+R_{41}) \tag{10-37}$$

由范德堡公式（10-35）中薄膜表面电阻 $R_S$ 与 $R_A$ 和 $R_B$ 的关系，可以求出 $R_S$。通过测试薄膜厚度 $d$，可以计算出薄膜体电阻率为

$$\rho = R_S d \tag{10-38}$$

## 二、磁电阻

磁电阻（magnetic resistance，MR）效应是指磁性材料置于磁场中产生的电阻变化。由于磁电阻薄膜多为磁性金属或其合金，其电阻值非常小（$10^{-3} \sim 10^{-1}\Omega$），且薄膜很薄不能施加大的电流，因此取样电压很小，一般仅有几百微伏。通常采用四探针法、光刻法以及平行电极法测量薄膜的磁电阻效应，并在测量前确定电流和磁场之间的夹角。其中，四探针法是最为常见的测试方法。

基于四探针法测试原理设计的薄膜材料磁电阻效应测试系统包含可调恒流源、磁场取样电压表、信号电压表及计算机数据采集卡等。恒流源可以提供 0.5～50mA 的工作电流；扫描电源给亥姆霍兹线圈提供交变的励磁电流，使之在样品区产生均匀的磁场。亥姆霍兹线圈产生的磁场由电压表指示，经过定标后可转换为磁场；把样品放在样品台上，使具有金属薄膜的一面向上。让四探针的针尖轻轻接触到金属薄膜的表面。对各向异性磁电阻薄膜，易磁轴方向要与磁场方向垂直。设置扫描电源的最大磁场强度和扫描速度即可获得磁场与电压的关系曲线。表征磁电阻效应大小的物理量为 MR

$$\mathrm{MR} = \frac{\Delta\rho}{\rho} = \frac{\rho - \rho_0}{\rho_0} \times 100\% \tag{10-39}$$

式中，$\rho$ 表示物质在某一不为零的磁场中的电阻率；$\rho_0$ 表示样品在退磁状态下零磁场中的电阻率。按磁电阻值的大小和产生机理的不同，磁电阻效应可分为：正常磁电阻（ordinary magnetoresistance，OMR）效应、各向异性磁电阻（anisotropic magnetoresistance，AMR）效应、巨磁电阻（giant magnetoresistance，GMR）效应和超巨磁电阻（colossal magnetoresistance，CMR）效应等。其中，OMR 来源于磁场对电子的洛伦兹力，该力致使载流体运动发生偏转或产生螺旋运动，因此使电阻升高。大部分材料的 OMR 都比较小。图 10-24 为典型的 InSb 磁感应强度与磁电阻的关系曲线。

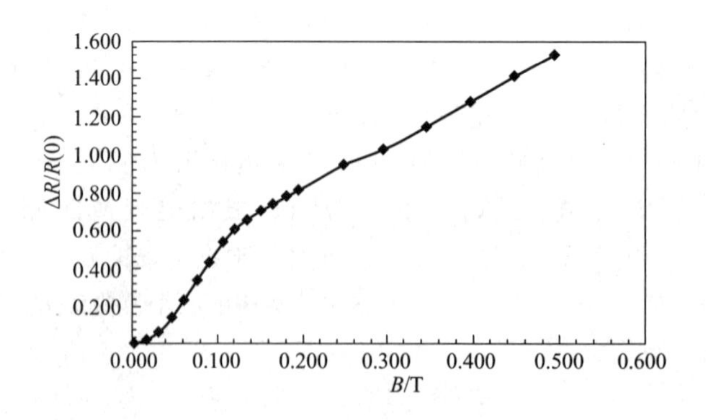


图 10-24 InSb 的磁感应强度与磁电阻关系曲线

外加磁场方向与电流方向的夹角不同，饱和磁化时电阻率不一样，即磁电阻具有各向异性。AMR 采用非共线四探针法测量，通常取外磁场方向与电流方向平行（$\rho_{\parallel}$）和垂直

（$\rho_{\perp}$）两种情况测量AMR。在居里温度以下，铁磁性薄膜的$\rho_{\parallel} \neq \rho_{\perp}$，因此AMR可以定义为

$$\mathrm{AMR}=\frac{\rho_{\parallel}-\rho_{\perp}}{\rho_0} \tag{10-40}$$

铁、钴的各向异性磁电阻约为1%，而坡莫合金（$Ni_{81}Fe_{19}$）为15%。图10-25是$Ni_{81}Fe_{19}$的各向异性磁电阻曲线，图中的双峰是材料的磁滞引起的。GMR和CMR往往存在于多层膜中，通常采用共线四探针法进行测量。

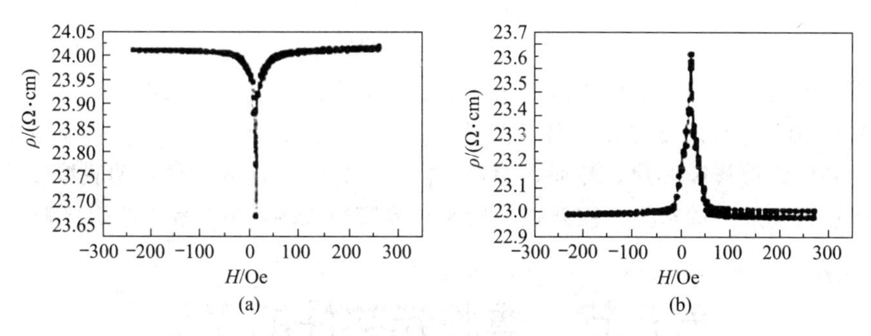


图10-25　$Ni_{81}Fe_{19}$的各向异性磁电阻曲线

（a）电流方向与磁场方向平行；（b）电流方向与磁场方向垂直

## 三、霍尔系数

霍尔效应从本质上讲是运动的带电粒子在磁场中受洛仑兹力作用而产生的偏转，当带电粒子（电子和空穴）被约束在固体材料中，这种偏转就导致在垂直于电流和磁场的方向上产生正负电荷的积累，从而形成附加的横向电场，即霍尔电场，如图10-26所示。沿$Z$方向加以磁场B，沿$X$方向通以工作电流，则在$Y$方向产生出电动势$V_H$

$$V_H=\frac{IB}{end}=R_H\frac{IB}{d} \tag{10-41}$$

式中，$I$是电流；$B$是磁感应强度；$d$是样片的厚度；$R_H$是霍尔系数；$e$是单位电荷；$n$是载流子浓度。

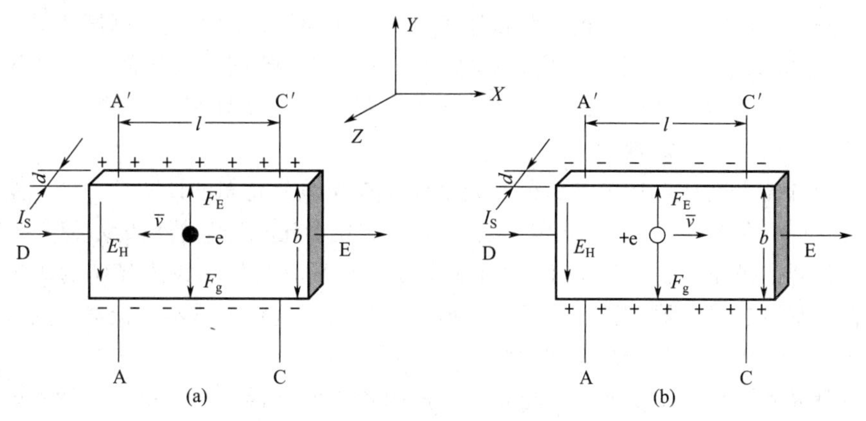


图10-26　霍尔效应原理

测定霍尔电压 $V_H$，就可得到半导体薄膜的载流子浓度 $n$，同时利用范德堡法可以方便地测量出半导体薄膜的电阻 $R$，利用下面的关系式即可求得载流子的霍尔迁移率

$$\mu_H = \frac{|V_H|}{RIB} \tag{10-42}$$

已知薄膜的厚度 $d$，则样片的体电阻率和载流子浓度分别为

$$\rho = Rd, n = \frac{1}{e\mu_H |R|} \tag{10-43}$$

根据霍尔电压的正负，还可以判断出样品的导电类型。如图 10-26（a）所示，霍尔电压为负，即 $V_H<0$，样片属 n 型半导体；反之，图 10-26（b）的样片为 p 型半导体。早期测量霍尔效应采用矩形薄膜样片。然而，测量中薄膜要符合一定的条件：薄膜厚度均匀，表面平坦；接触点在薄膜的周边上；接触点一般小于薄膜边长的 1/6，且为欧姆接触。

# 第五节　薄膜光学性能表征

薄膜的光学性能包括光谱特性（透射率、反射率）和光学损耗（吸收、散射和激光损伤阈值）。为了使实际制备的光学薄膜尽可能地符合要求，需要对薄膜的光学常数进行测量，用于分析并修正薄膜器件的光学特性。

## 一、透射率和反射率

透射率和反射率是光学中两个重要的概念，用于描述光在界面上的透射和反射行为。

### （一）透射率

当入射光强度 $I_0$ 一定时，薄膜吸收光的强度 $I_a$ 越大，则透过光的强度 $I_t$ 越小。用 $I_t/I_0$ 表示光线透过薄膜的能力，称为透射率，以 $T$ 表示，即 $T=I_t/I_0$。薄膜透射率主要采用光谱仪测量，不同类型光谱仪的测量原理不同。按照波段的不同，测试装置可划分为紫外-可见光分光光度计、红外分光光度计；按照测试原理的不同，测试装置可以分为单色仪型分光光度计和干涉型光谱仪。此外，光谱测试分析时一定要仔细考虑样品的形状、基底、光谱特性等对测试结果的影响。

单色仪型分光光度计包括单光路分光光度计和双光路分光光度计两种。单光路分光光度计的特点是只有一条光束。如图 10-27 所示，通过交换参比和样品的位置，使其分别进入光路。通常薄膜样品被贴附在 K9 玻璃基底上，扣除基底后，将样品进入光路的信号和参比信号进行比较，就可在显示器上读出样品的透射率。然而，这种方法不能抵消因杂散光、光源波动、电子学的噪声等对测试结果的影响。

双光路分光光度计采用双光路测量，其中一束透过测试样品的光束为测量光束，另一束光不透过测试样品作为参比光束。将这两束光分别用两只相同的光电探测器接收后直接比

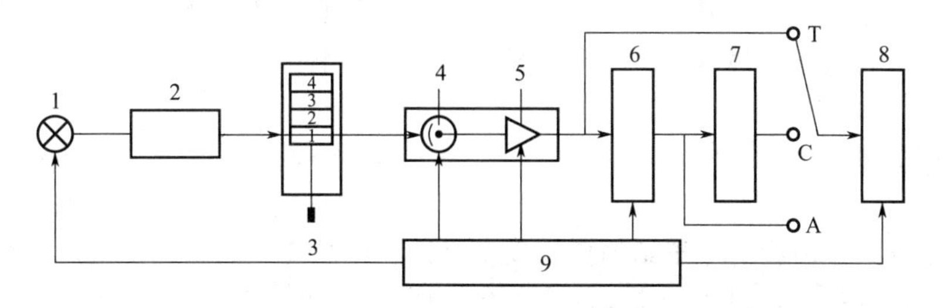


图 10-27　单光路分光光度计测试原理

1—光源；2—单色器；3—检测室；4—检测器；5—放大器；6—对数放大器；7—浓度调节器；8—数字显示器；9—恒压电源

较，最终获得透射率；或用一只检测器交替地对两束光进行接收并进行比较，得到透射率。图 10-28 是双光路分光光度计测量透射率原理图，光闸使测量光束和参比光束交替地进入单色仪，然后由检测器接收。参比光强和测量光强由接收器转换成相同形式的电信号后，再进行检波，将参比电信号和测量电信号分开并进行放大比较，最后把二者的比率按波长用记录仪记录下来，按照单色仪的出射波长进行自动光谱扫描，就可直接记录透射率随波长变化的光谱透射率曲线。

干涉仪利用光干涉现象来测量所需的物理量。干涉型光谱仪测量透射率是利用迈克尔逊干涉系统对不同波长的双光束进行频率调制，在测量波长范围内记录干涉强度随光程差改变的干涉信号，并对测量数据进行傅里叶逆变换，从而得到待测样品的透射率。干涉型光谱系统应用场景较为广泛，其中红外傅里叶变换光谱仪多用于光学薄膜的测试与分析。红外傅里叶变换光谱仪工作原理如图 10-29 所示，光源发出的光束被分束镜分成两束，一束经反射到达动镜，另一束经透射到达定镜。两束光分别经定镜和动镜反射后再回到分束镜。动镜以一恒定速度做直线运动，因而经分束镜分束后的两束光，由于动镜的运动，将形成随时间变化

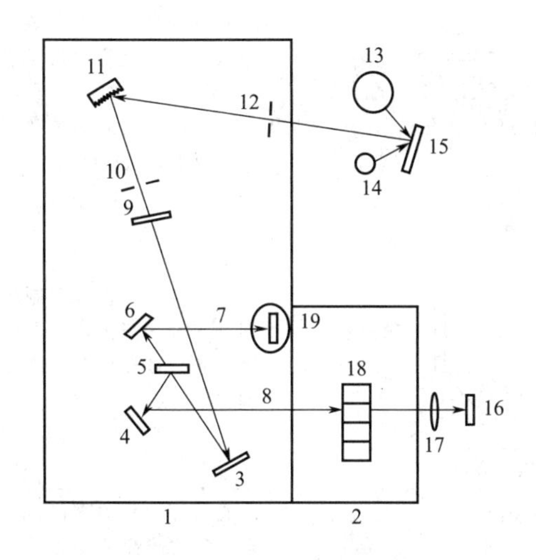


图 10-28　双光路分光光度计测量透射率原理

1—分光系统；2—样品室；3，4，6—反光镜；5—半透半反镜；7—参比光束；8—测量光束；9—滤光片；10—出射狭缝；11—光栅；12—入射狭缝；13—氘灯；14—钨灯；15—光源镜；16—检测器 1；17—聚焦镜；18—样品池；19—检测器 2

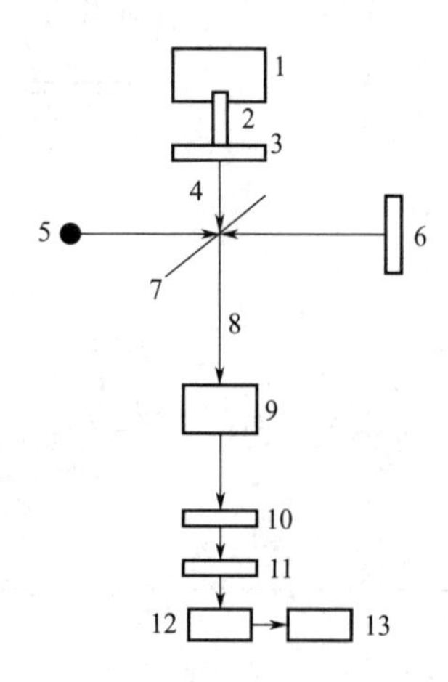


图 10-29　红外傅里叶变换光谱仪工作原理

1—动镜驱动装置；2—活塞；3—动镜 B；4—光束 B；5—光源；6—定镜 A；7—分束镜；8—合并光束；9—样品池；10—检测器；11—A/D 转换；12—计算机；13—记录仪

的光程差，经分束镜汇合后形成干涉，干涉光通过样品池后被检测，就可得到随动镜运动而变化的干涉图谱，最终经傅里叶逆变换获得薄膜的透射率。

## （二）反射率

反射率是指由于薄膜的原子结构排列及结晶性、结晶度等原因，使入射光线从薄膜表面反射出来导致的透过光量损失。薄膜的反射率（$R$）可以由折射率 $n$ 计算得到

$$R=\frac{(n-1)^2}{(n+1)^2}\times 100\% \tag{10-44}$$

然而获得高精度的反射率并不容易，常见的薄膜反射率测量方法由简至繁可归纳为：通过测量计算反射光和入射光能流比值的单次反射法；增加反射次数来提高精度的多次反射法；测量计算反射与入射光通量比值的积分球测量法；构建谐振腔利用腔内损耗与插入样品反射率的关系来测量反射率的方法；采用参考光束与测试光束进行测量的双光束分光光度法以及测量光束在谐振腔内的衰减时间来计算反射率的光腔衰减振荡法。以上反射率测量方法从装置复杂程度、测量精度以及测试原理等归纳如表 10-3。

**表 10-3　常见薄膜反射率测量方法**

| 测量方法 | 示意图 | 测试原理 |
| --- | --- | --- |
| 单次反射法 | 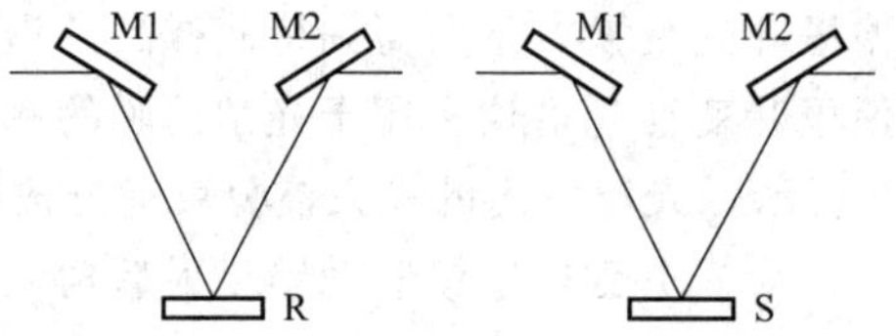 M1 M2 R；M1 M2 S | 固定入射光角度的晶面反射，适用于多种材料 |
| 多次反射法 | 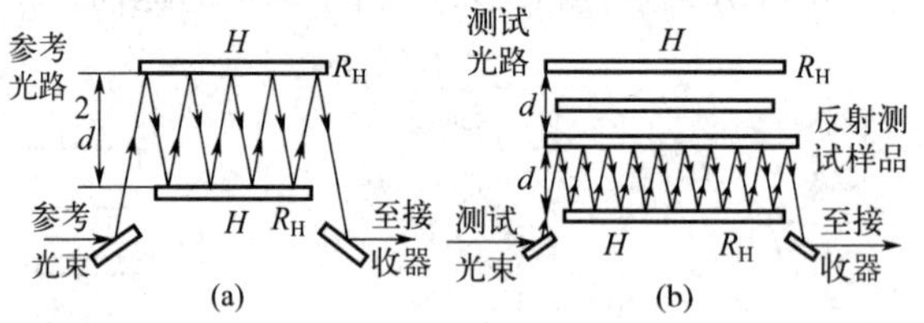 (a) 参考光路 H $R_H$ 2 d 参考光束 H $R_H$ 至接收器；(b) 测试光路 H $R_H$ d 反射测试样品 d 测试光束 H $R_H$ 至接收器 | 被测薄膜对入射光源进行 $N$ 次反射，然后再将反射光强与入射光强的比值开 $N$ 次方根，此方法的测量精度比单次反射测量精度高 |
| 积分球反射率测量法 | 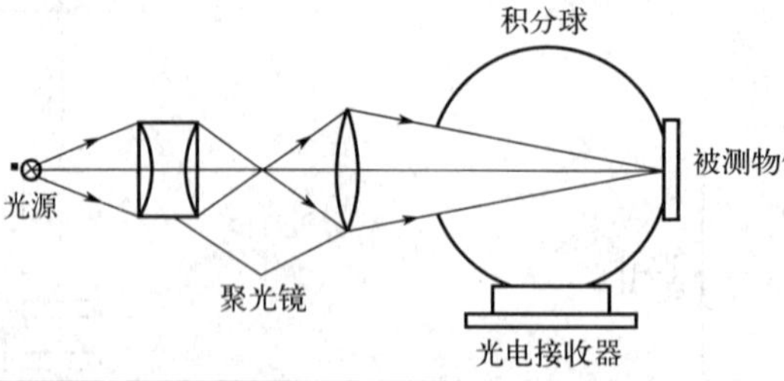 积分球 光源 被测物体 聚光镜 光电接收器 | 入射光经斩波器调制后入射到被测薄膜上，经过积分球匀光后被探测器接收并获得薄膜的透反射率 |
| 谐振腔损耗比较测量法 | 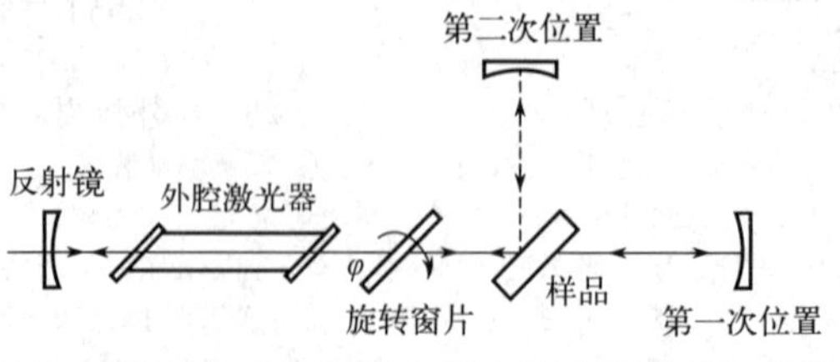 第二次位置 反射镜 外腔激光器 $\varphi$ 旋转窗片 样品 第一次位置 | 将频率可调激光注入谐振腔，使之产生受迫振荡。用光电探测器接收振荡功率信号，输入计算机分析，通过测量谱线半波宽度、纵模间隔，计算出薄膜元件的反射率 |

| 测量方法 | 示意图 | 测试原理 |
| --- | --- | --- |
| 双光束分光光度测量法 | 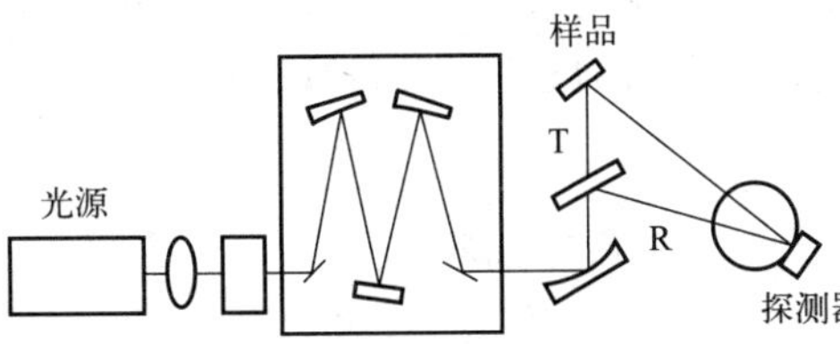 样品 T R 光源 探测器 | 同一光源发出的光被分成两束，分别经过两个单色器，得到两束不同波长的单色光，再利用切光器使两束不同波长的单色光以一定频率交替照射同一薄膜元件上并获得反射率、吸光度参数 |
| 光腔衰减振荡反射测量法 | 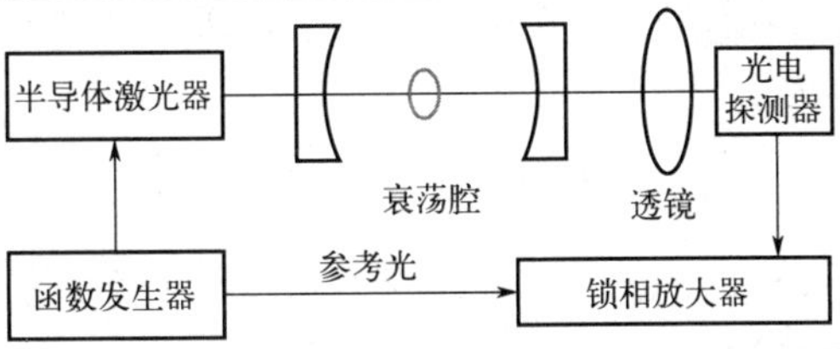 半导体激光器 衰荡腔 透镜 光电探测器 函数发生器 参考光 锁相放大器 | 通过测量光在谐振腔中的衰减振荡时间来确定薄膜的损耗或者待测镜的反射率 |

## 二、光吸收和散射

光吸收是光通过材料时，与材料发生相互作用，光的能量被部分地转化为其它能量形式的物理过程。当被吸收的光能量以热能的形式被释放，即形成了光热吸收；当未被吸收的光能量被物体反射、散射或透射，便影响物体的色彩。散射是指光线经过材料表面时，发生折射和反射现象，从而实现光的散射。薄膜器件的光热吸收来源于薄膜材料的表面能量沉积和薄膜内部热传导的过程。薄膜对入射光的散射损耗来源于界面粗糙度与薄膜内的折射率不均匀性。随着人们对光学薄膜的光热吸收和散射损耗机理的研究，一些测量光热吸收和散射损耗的技术也应运而生。

### （一）光吸收

测量薄膜光热吸收的方法有很多。激光量热法是目前国际标准（ISO 11551：2019）使用的吸光测量法，可以直接测量吸收的绝对值而不需要定标，且装置简单。当激光束照射到薄膜表面时，光能被吸收，转化为热能，使薄膜表面的温度升高。通过测量薄膜的温度变化来推断薄膜元件对激光的吸收情况。图 10-30 是激光量热装置。装置中使用一套灵敏度极高的负温度系数温度传感器来测量薄膜样品的温度，再用第二套温度传感器来检测样品室内环境温度的漂移情况，通过桥式电路对温度进行补偿，使用该技术测量得到的温度灵敏度可达到 $\mu$K 级。国际标准 ISO 11551：2019 中规定，激光量热法的测量应包括照射前（至少 30s）、照射加热（5～300s）和冷却（至少 200s）三个过程。照射和冷却过程中被测样品的温度变化计算公式为

$$T(t)=T(t_1)+\frac{\alpha P}{\gamma C_{\mathrm{eff}}}\{1-\exp[-\gamma(t-t_1)]\} \tag{10-45}$$

$$=T(t_1)+A\{1-\exp[-\gamma(t-t_1)]\},(t_1\leqslant t\leqslant t_2)$$

$$T(t)=T(t_2)+B\{1-\exp[-\gamma(t-t_1)]\},(t>t_2) \tag{10-46}$$

式中，$\alpha$ 是样品吸光度；$P$ 是照射激光束的功率；$C_{eff}$ 和 $\gamma$ 分别是样品及样品夹具的有效热容量和热损失系数；$t_1$ 和 $t_2$ 分别为激光照射在样品表面开始和结束的时间；$A$ 和 $B$ 是实验参数。通常可以利用指数拟合法和脉冲法来确定样品对激光的吸收情况，在指数拟合法中将式（10-45）和式（10-46）拟合成测量温度曲线得到 $A$、$B$ 和 $\gamma$ 数值，从而确定测量样品的绝对吸光度 $\alpha$

$$\alpha=\frac{f_c\gamma C_{eff}A}{P} \tag{10-47}$$

式中，功率 $P$ 由激光功率计测量；$f_c$ 为实验定标因子，通过测量已知吸收值的标准样品确定。有效热容量 $C_{eff}$ 可表示为

$$C_{eff}=C_H+mC_p \tag{10-48}$$

式中，$C_H$ 为样品夹具的有效热容量，可通过实验测定；$m$ 和 $C_p$ 分别为被测样品的质量和比热。

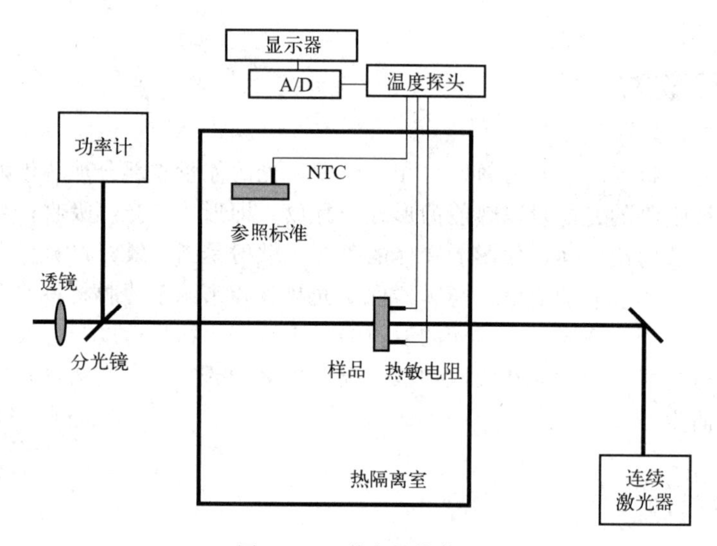


图 10-30　激光量热装置

在特殊光照射环境下，例如在强激光系统中，光学薄膜的吸收不仅引起薄膜元件的热畸变，还会导致薄膜抗激光损伤的能力明显下降。由于薄膜存在本征吸收和外因吸收，因此，当激光作用在薄膜上时，薄膜就会吸收激光的能量并将其转化为热。通常出现激光损伤的最终温度主要取决于基底材料的熔点，而不是膜料本身的熔点。光学薄膜激光损伤阈值的测量方法被归类在光学表面激光损伤阈值的测量方法中，而光学表面又分为镀膜面和未镀膜面（裸表面）两种情况。在各个国家研究机构的通力协作下，国际标准化组织于 1992 年制定了激光损伤阈值测试的国际标准（ISO 11254），并于 2011 年发布了新的标准（ISO 21254），我国同样基于 ISO 21254 制定了国家标准。激光损伤阈值的测量方法主要由 1-on-1、S-on-1、R-on-1、N-on-1 四种方法。其中“1 对 1”即“1-on-1”测量，也称为“单次辐照测量”，即元件的一个点上只辐照一次，这种方法主要用于单次激光器；“S 对 1”即“S-on-1”测量，也称为“多次辐照测量”，是指用相同的激光能量脉冲以相同的时间间隔在元件的同一点上辐照多次，这种方法主要用于重复频率激光器。此外，还包括“N-on-1 测量”，是指激

光能量脉冲由小到大逐渐增加到破坏阈值，在该过程中，激光束以相同的时间间隔多次辐照在元件的同一点上；而“R-on-1 测量”，是指用等比例增加的激光能量脉冲以相同的时间间隔在元件同一点上辐照多次，直至发生了损伤。

虽然激光量热法是测量光学元件吸收损耗的国际标准，但是其响应慢，时间和空间分辨率低，且不适合测量大尺寸薄膜元件，使得其在实际测量吸收损耗的过程中存在诸多问题。随着激光吸收过程中的光声、光热效应在光学元件领域逐渐受到关注，发展出了光热辐射技术、光声光谱技术、光热偏转技术、表面热透镜技术等基于光声、光热效应的光吸收测量技术。其中，基于探测器件的不同，光声光谱技术可分为压电光声检测技术和传声器光声检测技术两种。

使用光声光谱技术测量光吸收时，由于辐射到薄膜样品表面的加热光是周期性的，因此，样品表面会产生时变的热胀冷缩，从而产生时变的热应变和热应力。为了获得这种光声信号，可直接在薄膜样品上耦合一个压电换能器，这就是所谓的压电光声检测技术。该技术具有测量设备简单、紧凑且测量灵敏度高等特点。光热偏转技术是通过测量折射率梯度和样品表面热弯曲引起的探测光的偏转来测量光学薄膜的微弱吸收的。

表面热透镜技术强调调制的抽运激光会聚入射到薄膜样品表面，薄膜吸收热量并扩散到基底引起薄膜系统的温升，温升导致热膨胀形成“表面热包”，这种现象也被称为“光热形变”。一束探测激光近乎垂直地照射到热包表面上，热包位于探测光斑的中心且小于探测光斑。受热包的影响，反射探测激光将出现衍射环，这种现象被称为“表面热透镜效应”。在一定条件下，反射探测激光中心光强随热包高度的变化呈线性变化，而热包的高度与薄膜的吸收率成正比，因此表面热透镜技术可用于测量薄膜吸收。

## （二）光散射损耗

散射使原来传播方向上的光强减弱，并遵循如下指数规律

$$I_s=I_0\exp[-(\alpha_a+\alpha_s)l]=I_0e^{-\alpha l} \tag{10-49}$$

式中，$I_0$ 为入射光强度；$I_s$ 为散射光强度；$l$ 是平行光束在薄膜中通过的距离；$\alpha_a$ 是吸收系数，是一般吸收部分；$\alpha_s$ 是散射系数；两者之和 $\alpha$ 称为衰减系数。

光学薄膜的散射可以分为体内散射和界面散射（或表面散射），体内散射与薄膜内部折射率的不均匀性有关。表面散射起因于表面缺陷和表面微观粗糙度。对高精度光学表面上制备的光学薄膜器件，一般薄膜散射均属于表面或多层膜界面的微粗糙现象造成的。由微粗糙度引起的光散射理论主要有标量理论和矢量理论两种。散射损耗的特点是薄膜之间对入射光束产生了偏离反射和透射方向的其它杂散光。因此散射损耗的测试可分为总积分散射损耗和角分布散射损耗两种。

COIL 高反射膜积分散射测量装置如图 10-31 所示，氧碘化学激光器（chemical oxygen iodine laser coil）的工作角度为 0°和 45°，根据这种需求设计了半球测量装置。该测量系统主要由光学系统、光电转换、数据采集和处理等部分组成。样品放在半球内，距离半球球心 5mm 处，探测器放在另一侧与之对称处。测正入射的光束时，一束光从顶部通光孔以约 2.5°入射角（准正入射）照射在样品上，镜面反射光从同一个孔被反射出半球外，被吸收体吸收掉。若入射光斑足够小，则散射光的行为与点光源发出的光相似，从被照射处出发，射

向各个方向。经半球反射后，这些散射光将会聚于放置在与样品被照射点关于半球球心对称处的探测器上，这样便得到了总散射光的光强信号。积分球内样品的位置可以有几种。其中偏置法、中置法测量的是透射散射和反射散射之和。而在边置法中，前边置仅测量透射散射，应用于减反射膜；后边置仅测量反射散射，应用于高反射膜。

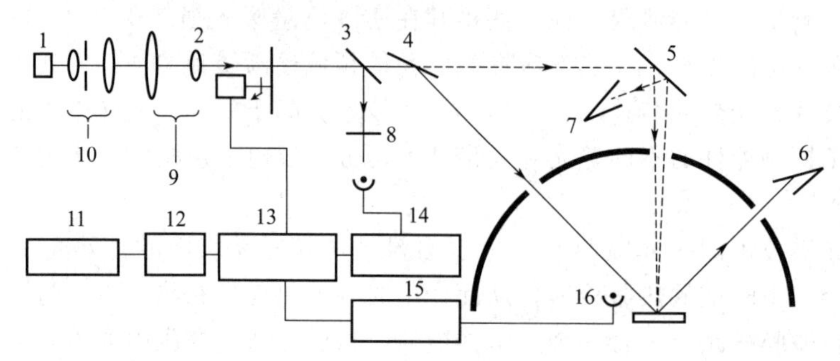


图 10-31　COIL 高反射膜积分散射测量装置

1—激光器；2—斩光器；3—分光镜；4，5—反射镜；6，7—吸收体；8—衰减片；9—收束系统；10—准直系统；11—计算机；12—A/D 转换；13—锁相放大；14，15—前置放大；16—探测器

角分布散射测量基于矢量散射理论，是将各向同性的随机分布粗糙表面看作是许多光栅常数和位相、周期均不同的正弦光栅的二维叠加，散射光的角度分布可以从单个正弦光栅的衍射特性出发进行研究，即可获得不同方向的散射光。

## 三、相位特性

传统意义上的光学特性一般指的是光学薄膜器件的振幅特性，例如透射率、反射率以及损耗等。然而，在很多器件中，薄膜的相位特性对光有一定的作用。根据傅里叶变换理论，任何一个周期性运动都可以分解为一系列简谐运动的合成，所以薄膜相位是对于一个光波特定时刻在它循环中的位置（从波峰到波谷的每个点），相位描述信号波形变化的度量，通常以度（°）为单位，也称作相交。当信号波形以周期的形式变化，波形循环一周即为 360°。光学薄膜相位特性不仅包含了薄膜的反射相位和透射相位，还包含与相位变化相关的群延迟、群延迟色散以及高阶色散等。

以单层膜为例，对薄膜的反射相位和透射相位的形成和表达式进行理论分析，如图 10-32 所示，当一束光以某个角度入射到一个厚度为 $d$、折射率为 $n$ 的薄膜结构表面时，一部分光透过该薄膜，另一部分光被反射。最后的反射光由多束光程不同的反射光形成。

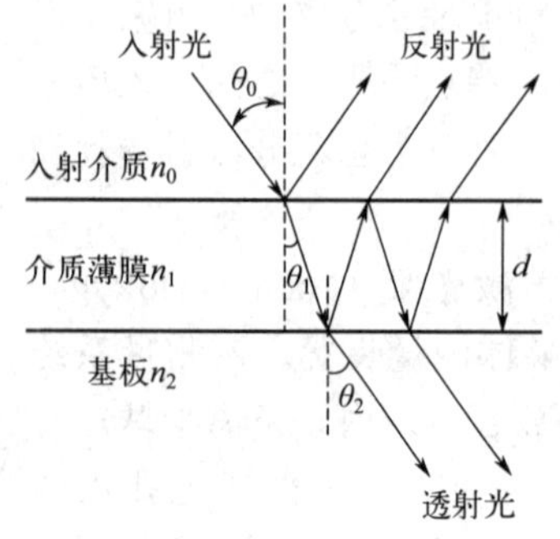


图 10-32　薄膜透反射相位测量原理

透射相位的测试方法有很多，比如泰曼-格林干涉仪、马赫-曾德尔干涉仪、法布里-珀罗干涉仪等。基于白光干涉的相位测试——迈克尔逊白光干涉仪是最简单也是最通用的透射相位测量法。

迈克尔逊干涉仪的基本结构如图 10-33 所示，$M_1$ 和 $M_2$ 为两个镀银或镀铝的平面反射镜，其中，$M_2$ 固定在仪器基座上，$M_1$ 可以借助于精密丝杆螺母沿导轨前后移动，$G_1$ 和 $G_2$ 为两块相同且平行的平面分光镜，由同一块平板玻璃切割而得，因而具有相同的厚度和折射率，$G_1$ 的分光面涂以半透半反膜，$G_2$ 为补偿板，不镀膜。$G_1$、$G_2$ 和 $M_1$、$M_2$ 均成 45°，激光器 S 上的一点发出的光在 $G_1$ 的分光面上有一部分发生反射，转向 $M_1$，再由 $M_1$ 反射，透过 $G_1$ 后进入观察系统。入射光的另一部分透过 $G_1$ 和 $G_2$ 后再由 $M_2$ 反射，回穿过 $G_2$ 后由 $G_1$ 反射也进入观察系统，它们都由激光器 S 的同一点发出的光分解而来，因此是相干光，进入观察系统后形成干涉。通过调节 $M_1$ 和 $M_2$ 的相对位置，改变平板的厚度和倾角，可以实现平行平板的等倾干涉，得到楔板的混合型条纹，并在楔板角度不大、厚度很小的条件下得到等厚条纹。

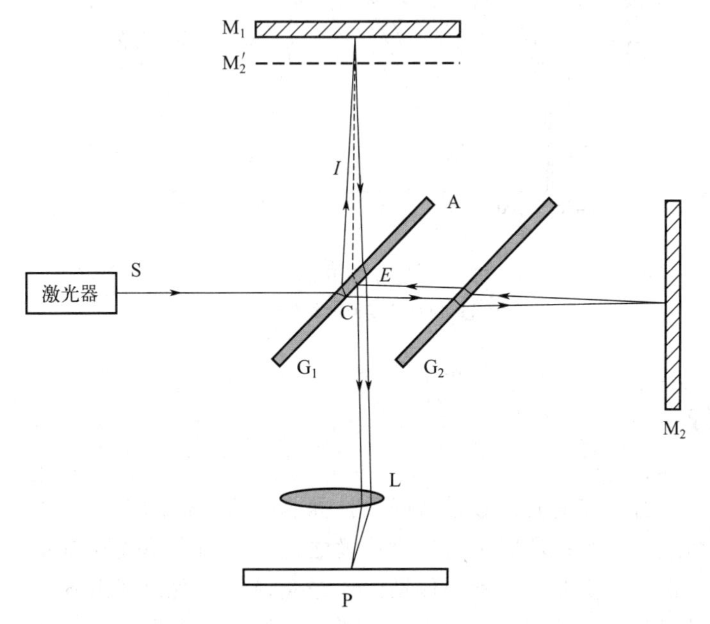


图 10-33　迈克尔逊干涉仪的基本结构

L—正透镜；P—接收屏；S—激光器；$M_1$、$M_2$—平面反射镜；

$G_1$、$G_2$—平面分光镜

如图 10-33 所示，假设干涉系统中两束光经过分光镜后，干涉时的电场强度分别为 $E_1(\lambda)$ 和 $E_2(\lambda)$，那么对于具有一定带宽的白光光源，系统探测到的光强值 $S(\lambda)$ 可表示为

$$\begin{aligned} S(\lambda) &= [E_1(\lambda)+E_2(\lambda)]^2 \\ &= E_1(\lambda)^2+E_2(\lambda)^2+2E_1(\lambda)E_2(\lambda)\cos[\varphi(\lambda)] \\ &= I_1(\lambda)+I_2(\lambda)+2\sqrt{I_1(\lambda)I_2(\lambda)}\cos[\varphi(\lambda)] \end{aligned} \tag{10-50}$$

式中，$I_1(\lambda)$ 和 $I_2(\lambda)$ 分别表示两束白光发生干涉时的光场强度；$\varphi(\lambda)$ 表示白光在干涉仪两臂中的光程差，它包含了干涉仪本身的色散和样品的色散两部分造成的相位偏移。在实际的测试系统中，常采用探测光纤来将光能量入射到迈克尔逊干涉仪输出端的光谱仪中。

此时，提取的相位偏差是包含膜相位在内的系统总相位，是由干涉仪两臂的光程差 $\Delta(\lambda)$ 引起的。由于存在初始相移使得到的总相位包含了 $2m\pi$ 的不确定度（$m$ 是干涉级次），因此总光程差 $\Delta(\lambda)$ 可表示为

$$\Delta(\lambda)=\frac{\lambda}{2\pi}[\varphi(\lambda)+2m\pi]=2L+2n(\lambda)T_{\rm ef}-\lambda\delta(\lambda)/2\pi \tag{10-51}$$

式中，$2L$ 为干涉仪两臂在空气中的光程差；$2n(\lambda)T_{ef}$ 为干涉仪两臂在折射率为 $n(\lambda)$ 的分光棱镜中的光程差，因此实际使用时分光棱镜两侧的几何厚度不同会产生光程差，通常用一个相同材料的厚度为 $T_{ef}$ 的平行薄板来等效；$\delta(\lambda)$ 为被测薄膜的相位。图 10-34 为厚度为 460nm 的单层 $TiO_2$ 薄膜在迈克尔逊干涉仪中测得的干涉信号。

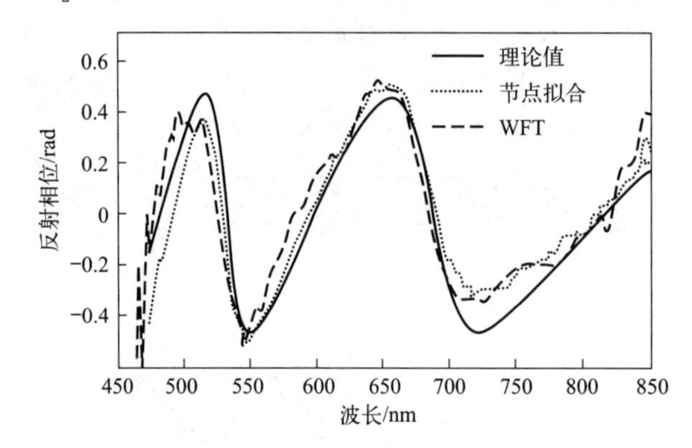


图 10-34　单层 $TiO_2$ 在迈克尔逊干涉仪中测得的干涉信号

（WFT 为窗口傅里叶变换解相位法的计算结果）

## 四、光学常数

光学常数中的折射率和消光系数是薄膜设计和制备所必需的重要参数。其中，折射率为光在真空中的传播速度与光在薄膜中的传播速度之比，而消光系数则与光吸收有关。测量薄膜光学常数的方法很多，主要包括椭圆偏振法、布儒斯特角法、利用波导原理的棱镜耦合法以及表面等离子激元法等。其中，最常用的是椭圆偏振法和布儒斯特角法。

### （一）椭圆偏振法

椭圆偏振测量（椭偏术）是一种非接触式、非破坏性的薄膜厚度、光学特性检测技术。椭偏术测量的是电磁光波斜射入表面或两种介质的界面时偏振态的变化。如图 10-35，它是一种高灵敏度的薄膜光学常数的检测方法，对金属薄膜、介质薄膜都适用，而且由于灵敏度高，所以也是超薄光学薄膜的基本测试手段。该方法除了可以测量薄膜的基本光学常数，还可以用来测量薄膜的厚度、吸收率、色散特性和各向异性，特别是在研究薄膜生长的初始阶段，沉积晶粒生长到能用电子显微镜观察以前的阶段，用来计算吸附分子层的厚度和密度等。椭圆偏振测量的应用范围很广，如半导体、光学掩模、介质薄膜、玻璃（或镀膜）、激光反射镜、有机薄膜等，也可用于介电、非晶半导体、聚合物薄膜、薄膜生长过程的实时监测等。

绝对透明的薄膜并不存在，但是在大多数情况下，可以将实际薄膜近似成理想的透明薄膜，这就需要对薄膜的性质做三点假设：一是膜层具有均匀的折射率，即不考虑膜层折射率的非均匀性；二是薄膜没有色散，即薄膜在各个波长下具有相同的折射率；三是薄膜在各波长点的消光系数为零，即满足 $A+R+T=1$。对于符合以上假设的光学薄膜，在光学厚度为 $\lambda/2$ 整数倍处，透射率和反射率就等于基底的透射率和反射率。在光学厚度为 $\lambda/4$ 奇数倍处，反射率恰好是极值。如果薄膜的折射率 $n_{\mathrm{f}}$ 小于基底的折射率 $n_{\mathrm{s}}$，反射率为极小值，反之为极大值。这时薄膜的反射率为

$$R_{\mathrm{f}}=\left[\frac{n_0-\left(\frac{n_{\mathrm{f}}^2}{n_{\mathrm{s}}}\right)}{n_0+\left(\frac{n_{\mathrm{f}}^2}{n_{\mathrm{s}}}\right)}\right]^2 \tag{10-52}$$

式中，$n_0$ 是入射介质的折射率。从上式可求得薄膜的折射率为

$$n_{\mathrm{f}}=\sqrt{\frac{(1+\sqrt{R_{\mathrm{f}}})n_{\mathrm{s}}n_0}{1-\sqrt{R_{\mathrm{f}}}}} \tag{10-53}$$

由薄膜透射率和反射率的测量可知，利用分光光度计可以较准确地测出薄膜的透射率曲线，以及对应 $\lambda/4$ 奇数倍处的透射率峰值，利用 $R=1-T$ 就可以换算出反射率的极值。在修正了基底后表面的反射影响后，代入式（10-53）就可求出薄膜的折射率。

## （二）布儒斯特角法

布儒斯特角（Brewster's angle），又称为起偏角，是以苏格兰物理学家大卫·布儒斯特命名的。当自然光在两种各向同性电介质的分界面上反射和折射时，光的偏振状态会改变。通常情况下，反射光和折射光不再是自然光，而是部分偏振光，在反射光中垂直于入射面的光振动要多于平行振动，而折射光则相反。反射光的偏振化程度与入射角有关，当入射角度等于布儒斯特角时，反射光就成为只有垂直于入射面的线偏振光，此规律称为布儒斯特定律。布儒斯特角等于两种介质的折射率之比的反正切，因此通过测量布儒斯特角可以计算介质的折射率。

如图 10-36 所示，设 $\alpha$ 为入射角，$\beta$ 为折射角。根据折射定律有

$$n_1\sin(\alpha)=n_2\sin(\beta) \tag{10-54}$$

如果反射角（$\theta_{\mathrm{B}}$）和折射角垂直，则

$$n_1\sin(\theta_{\mathrm{B}})=n_2\sin(90°-\theta_{\mathrm{B}})=n_2\cos(\theta_{\mathrm{B}}) \tag{10-55}$$

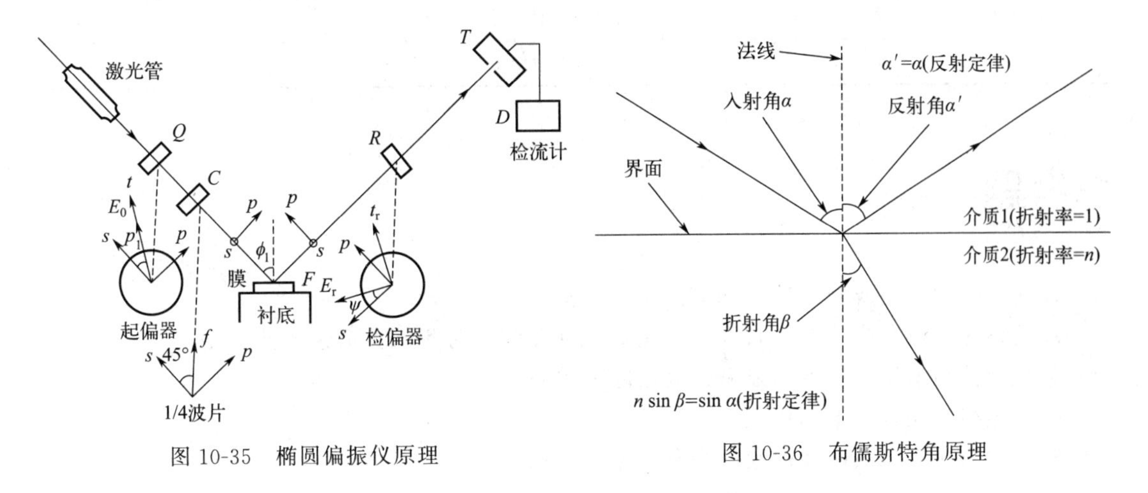


图 10-35　椭圆偏振仪原理

图 10-36　布儒斯特角原理

整理，得

$$\theta_B = \arctan\left(\frac{n_2}{n_1}\right) \tag{10-56}$$

式中，$n_1$ 和 $n_2$ 为两种介质的折射率。

# 本章小结

薄膜材料需要满足特定的性能要求，因此需要对其力学、磁学、光学、电学等性能进行测试。本章介绍了薄膜应力、薄膜硬度、界面结合强度、断裂韧性及摩擦磨损抗力等的测试方法以及薄膜磁性、磁畴结构、电导率、电阻率、光学特性、相位和光学常数等物理性能的测量方法。表 10-4 列出了常用的薄膜性能及相应的表征方法。值得注意的是，虽然由于其特殊的结构，薄膜的性能表征方法有自己的特色，许多块材表征技术无法直接应用于薄膜表征。但反过来，薄膜的表征技术很多可以应用于块材的表征，特别是块材微区表征。

**表 10-4　常用的薄膜性能及相应的表征方法**

| 薄膜的性能 | 测试性能 | 表征方法 |
|---|---|---|
| 薄膜应力 | 应力 | 悬臂法、圆盘法、单狭缝衍射法、X 射线衍射法、拉曼光谱法 |
| 力学性能 | 硬度 | 纳米压痕法、超显微硬度计 |
| | 断裂韧性 | 压入法、拉伸法 |
| | 摩擦磨损 | 对比法 |
| | 界面结合强度 | 拉伸法、划痕法、压痕法 |
| 磁学性能 | 基本磁学参数 | 磁光克尔效应磁强计 |
| | 磁畴结构 | 磁力显微镜 |
| 电学性能 | 电阻率、磁电阻率 | 四探针法、范德堡法 |
| | 霍尔系数 | 霍尔效应 |
| 光学性能 | 透射率和反射率 | 分光光度计法、干涉法 |
| | 光吸收和散射 | 激光量热法、半球积分散射法 |
| | 光学常数 | 椭圆偏振法、布儒斯特角法 |

# 思考题

1. 简述两种测量薄膜内应力的方法。
2. 简述为获得薄膜的本征硬度值，超显微硬度测试时测试负荷选择的原则。
3. 试分析纳米压入硬度与显微硬度之间的关系。
4. 简述纳米压入技术的用途。
5. 简述磁光克尔效应在薄膜磁性分析中的应用。

6. 简述振动样品磁强计测量材料磁化曲线的原理。

7. 四探针法测量薄膜电阻率的原理是什么？其测得的方块电阻与薄膜电阻率之间的关系是什么？

8. 试解释薄膜电阻率测试方法与块体材料的区别。

9. 如何利用霍尔系数判断薄膜的电学属性？

10. 薄膜材料的性能测量与块体材料有什么不同？

# 参考文献


[1] Moridi A, Ruan H, Zhang L C, et al. Residual stresses in thin film systems: effects of lattice mismatch, thermal mismatch and interface dislocations [J]. International Journal of Solids and Structures, 2013, 50 (22-23): 3562-3569.

[2] Berry B S, Pritchet W C. Internal stress and internal friction in thin-layer microelectronic materials[J]. Journal of Applied Physics, 1990, 67 (8): 3661-3668.

[3] 邵淑英，范正修，范瑞瑛，等. 薄膜应力研究[J]. 激光与光电子学进展，2005，42 (1)：22-27.

[4] Yamada M, Yamazaki K I, Kotani H, et al. Thermally-assisted pulsed-laser annealing of SOS[J]. MRS Proceedings, 1980, 1: 503.

[5] 杨晓豫，周平南，蔡询. 化学镀 Ni-P 合金表面镀层的超显微硬度研究[J]. 机械工程材料，1995，19 (3)：15-18.

[6] Oliver W C, Pharr G M. An improved technique for determining hardness and elastic modulus using load and displacement sensing indentation experiments[J]. Journal of Materials Research, 1992, 7 (6): 1564-1583.

[7] Jönsson B, Hogmark S. Hardness measurements of thin films[J]. Thin Solid Films, 1984, 114 (3): 257-269.

[8] Weissmantel C. Mechanical properties of hard carbon films[J]. Thin Solid Films, 1979, 61 (2): L5-L7.

[9] Burnett P J, Rickerby D S. The mechanical properties of wear-resistant coatings: Ⅱ: experimental studies and interpretation of hardness[J]. Thin Solid Films, 1987, 148 (1): 51-65.

[10] 杨光，葛志宏. 几种薄膜涂层硬度测试方法的比较[J]. 表面技术，2008，37 (2)：85-87.

[11] Herrmann K, Jennett N M, Saunders S R J, et al. Development of a standard on hardness and Young's modulus testing of thin coatings by nanoindentation[J]. International Journal of Materials Research, 2022, 93 (9): 879-884.

[12] Zhang S, Sun D, Fu Y, et al. Effect of sputtering target power on microstructure and mechanical properties of nanocomposite nc-TiN/a-$SiN_x$ thin films[J]. Thin Solid Films, 2004, 447: 462-467.

[13] Fox-Rabinovich G S, Beake B D, Endrino J L, et al. Effect of mechanical properties measured at room and elevated temperatures on the wear resistance of cutting tools with TiAlN and AlCrN coatings[J]. Surface and Coatings Technology, 2006, 200 (20-21): 5738-5742.

[14] Zhang S, Zhang X. Toughness evaluation of hard coatings and thin films[J]. Thin Solid Films, 2012, 520 (7): 2375-2389.

[15] Huang P S, Ni J. Angle measurement based on the internal-reflection effect using elongated critical-angle prisms[J]. Applied Optics, 1996, 35 (13): 2239-2241.

[16] Optics and optical instruments-test methods for radiation scattered by optical components: ISO 13696

[S]. Geneva: International Organization for Standardization, 2002.
[17] 武梅好, 王静, 李斌成. 偏振光腔衰荡技术测量单层 $SiO_2$ 薄膜特性[J]. 光电工程, 2021, 48 (11): 210270.
[18] 刘旭, 于德强, 任寰, 等. 平面反射镜反射率检测系统研究[J]. 光学技术, 2011, 37 (4): 397-400.
[19] 李斌成, 龚元. 光腔衰荡高反射率测量技术综述[J]. 激光与光电子学进展, 2010, 47 (2): 27-37.
[20] 朱耀南. 光学薄膜损伤阈值测试方法的介绍和讨论[J]. 激光技术, 2006, 30 (5):532-535.
[21] Campbell J H, Hawley R A, Stolz C J, et al. NIF optical materials and fabrication technologies: an overview[J]. Proc of SPIE, 2004, 5341:84-101.
[22] Wang P J, Fan S H. Resaerch of nanometer materials using laser photothermal effect[J]. Chinese Journal of Lasers, 1997, 24 (11): 981-984.
[23] Atkinson R. Development of a wavelength scanning laser calorimeter[J]. Applied Optics, 1985, 24 (4): 464-471.
[24] Murphy J C, Wetsel G C. Photothermal methods of optical characterization of materials[J]. Materials Evaluation, 1986, 44 (10): 1224-1230.
[25] Li B, Xiong S, Zhang Y. Fresnel diffraction model for mode-mismatched thermal lens with top-hat beam excitation[J]. Applied Physics, B. Lasers and Optics, 2005, 80 (4): 527-534.
[26] Postava K, Yamaguchi T, Oda H, et al. Spectroellipsometric characterization of materials for multilayer coatings[J]. Applied Surface Science, 2001, 175/176: 276-280.
[27] 张三慧. 大学物理学: 热学、光学、量子物理[M]. 3 版. 北京: 清华大学出版社, 2009: 2.
[28] 郑伟涛. 薄膜材料与薄膜制备技术[M]. 2 版. 北京: 化学工业出版社, 2023.